高等教育规划教材

AUTOCAD 2008 JICHU JIAOCHENG

AutoCAD2008基础教程

（第二版）

主　编　余桂英　郭纪林
副主编　游步东　胡　莹　仲生仁

大连理工大学出版社

图书在版编目(CIP)数据

AutoCAD 2008 基础教程 / 余桂英，郭纪林主编. --
2 版. -- 大连 ：大连理工大学出版社，2021.2(2023.3 重印)
高等教育规划教材
ISBN 978-7-5685-2946-4

Ⅰ. ①A… Ⅱ. ①余… ②郭… Ⅲ. ①AutoCAD 软件－高等学校－教材 Ⅳ. ①TP391.72

中国版本图书馆 CIP 数据核字(2021)第 018262 号

大连理工大学出版社出版

地址:大连市软件园路 80 号　邮政编码:116023
发行:0411-84708842　邮购:0411-84708943　传真:0411-84701466
E-mail:dutp@dutp.cn　URL:http://dutp.dlut.edu.cn

大连雪莲彩印有限公司印刷　　大连理工大学出版社发行

幅面尺寸:185mm×260mm　印张:27　字数:654 千字
2008 年 8 月第 1 版　2021 年 2 月第 2 版
2023 年 3 月第 2 次印刷

责任编辑:王晓历　责任校对:王瑞亮
封面设计:对岸书影

ISBN 978-7-5685-2946-4　定　价:65.00 元

前言

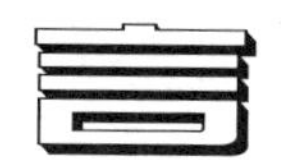

本教材重点介绍了 AutoCAD 2008 中文版的新功能及各种基本方法、操作技巧和应用实例。本教材最大的特点是,在对知识点进行讲解的同时,列举了大量的实例,使读者能在实践中掌握 AutoCAD 2008 的使用方法和操作技巧。

本教材共 12 章,包括 AutoCAD 2008 绘图基础,基本绘图命令,绘图辅助工具,图形的编辑,绘制和编辑二维图形,文字与表格,尺寸标注,块及外部参照,样板图与设计中心及其他图形设计辅助工具,绘制机械图样应用实例,绘制三维实体基础,图形的打印和输出。

本教材内容翔实,图文并茂,语言简洁,思路清晰。既可作为机械设计与建筑设计初学者的入门与提高教材,也可作为机械与建筑工程技术人员的参考工具书。

为响应教育部全面推进高等学校课程思政建设工作的要求,本教材编写团队深入推进党的二十大精神融入教材,不仅围绕专业育人目标,结合课程特点,注重知识传授能力培养与价值塑造统一,还体现了专业素养、科研学术道德等教育,立志做有理想、敢担当、能吃苦、肯奋斗的新时代好青年,让青春在全面建设社会主义现代化国家的火热实践中谱写绚丽华章。

本教材由南昌大学余桂英、郭纪林任主编;南昌大学游步东、胡莹,甘肃武威职业学院仲生仁任副主编;南昌大学易美荣参与了编写。具体编写分工如下:余桂英编写第 7 章;郭纪林编写第 11 章;游步东编写第 1、2、12 章;胡莹编写第 8～10 章;仲生仁编写第 3、4 章;易美荣编写第 5、6 章。

在编写本教材的过程中,我们参考、引用和改编了国内外出版物中的相关资料以及网络资源,在此对这些资料的作者表示诚挚的谢意。请相关著作权人看到本教材后与出版社联系,出版社将按照相关法律的规定支付稿酬。

尽管我们在探索教材建设特色方面做出了许多努力,但由于时间仓促,加上编者水平有限,教材中可能存在疏漏之处,恳请各相关单位和读者在使用本教材的过程中给予关注,并将意见及时反馈给我们,以便下次修订时改进。

编 者

2021 年 2 月

所有意见和建议请发往:dutpbk@163.com
欢迎访问高教数字化服务平台:http://hep.dutpbook.com
联系电话:0411-84708445　84708462

目　录

第1章

AutoCAD 2008 绘图基础

1.1 安装、启动和退出 AutoCAD 2008

1.1.1 系统要求

AutoCAD 2008 对非网络用户的计算机系统有以下最低要求：

操作系统(32 位)	Windows XP Professional Service Pack 2 Windows XP Home Service Pack 2 Windows 2000 Service Pack 4 Windows XP Vista Enterprise ……
浏览器	Microsoft Internet Explorer 6.0 Service Pack 1 或更高版本
处理器	Pentium Ⅲ或更高主频(最小为 450MHz)
图形卡	1024×768VGA(真彩色)
硬盘	750MB
RAM	512MB
CD-ROM	适用于软件安装的速度

1.1.2 安 装

在 CD-ROM 驱动器中放入 AutoCAD 2008 的安装盘，安装程序自动运行后会显示安装界面，单击【安装软件】，如果没有自动运行的话，请在安装盘所在的驱动器双击安装程序“Autorun.exe”。或者打开软件包文件，单击图 1-1 所示的“Setup.exe”图标，进入设置初始化，弹出如图 1-2 所示的信息框。

图 1-1 安装图标

图 1-2 “设置初始化”信息框

完成初始化后会弹出如图 1-3 所示的安装向导界面，单击“安装产品”选项，AutoCAD 安装向导进入安装设置操作，并依次显示各安装设置界面，用户可根据提示进行设置(一般按默认配置即可)。完成安装设置后,单击“安装”按钮,显示出如图 1-4 所示的安装界面,开始安装软件,此过程需要几分钟时间,直至软件结束。

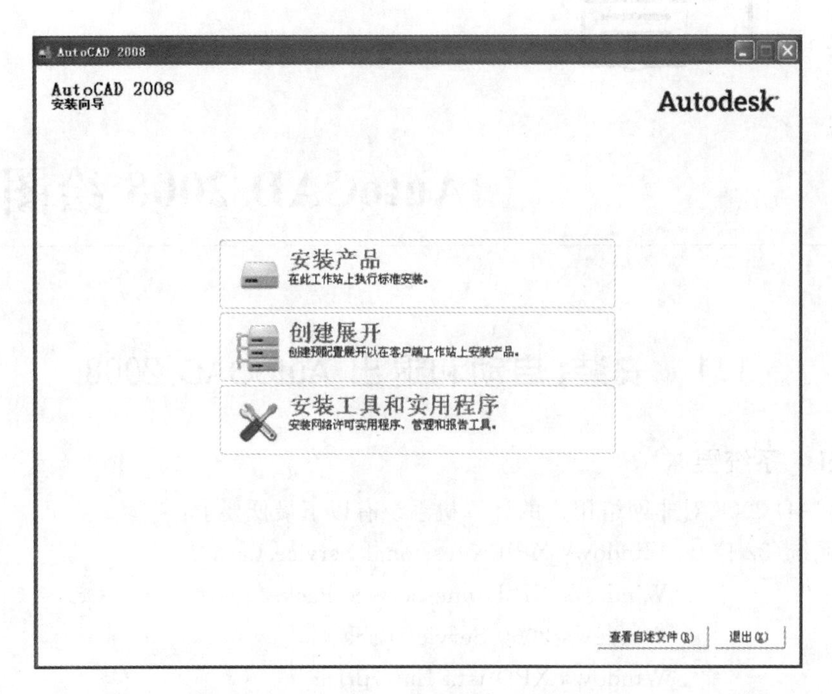

图 1-3 安装向导界面

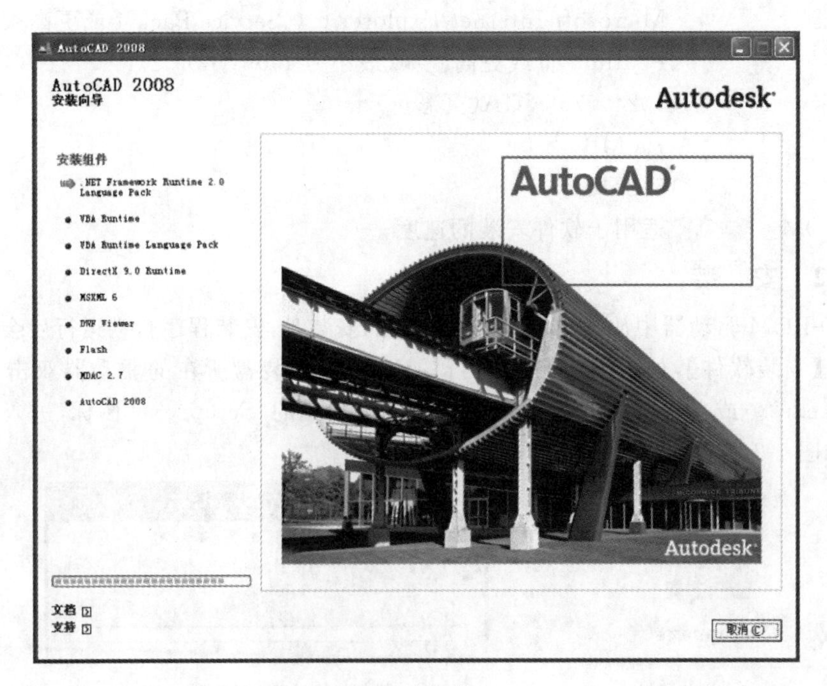

图 1-4 安装界面

成功地安装 AutoCAD 2008 后，第一次运行产品时需要输入序列号，对产品进行注册并激活。注册激活的方法是将产品申请号复制到注册机上(注册机就是用来生成该软件注册码的一个小程序)。然后单击“Calculate”按钮得到激活码，将注册机上的激活码复制到激活对话框中，完成激活。

1.1.3 启 动

在默认的情况下，成功地安装好 AutoCAD 2008 中文版以后，系统会自动在桌面上生成一个快捷图标，如图 1-5 所示。同时“开始”菜单中的“程序”子菜单中也自动添加了 AutoCAD 2008 中文版的程序组，如图 1-6 所示。

图 1-5 启动快捷图标

移植自定义设置
AutoCAD 2008
标准批处理检查器
参照管理器
附着数字签名
许可证转移实用程序

图 1-6 AutoCAD 2008 中文版的程序组

启动 AutoCAD 2008 中文版可以通过下列两种方法：

(1)双击桌面上的快捷图标。

(2)选择电脑左下角“开始”菜单中 AutoCAD 2008 中文版程序组中的“AutoCAD 2008”程序选项。

1.1.4 退 出

退出 AutoCAD 2008 中文版的绘图环境，可以用下列四种方法：

(1)命令行：QUIT 或 EXIT(命令行在后文讲解)。

(2)菜单栏：“文件”→“退出”。

(3)工具按钮：AutoCAD 操作界面右上角的“关闭”按钮。

(4)标题栏左侧 AutoCAD 2008 程序的控制按钮。

执行上述命令后，若用户对图形所做的修改尚未保存，则会出现系统警告信息框。单击“是”按钮，系统将保存文件，然后退出；单击“否”按钮，系统将放弃从上一次存盘到目前为止对图形所做的修改，然后退出；单击“取消”按钮，将返回到 AutoCAD 2008 绘图环境。

若用户在退出 AutoCAD 2008 中文版以前对图形所做的修改已经保存，则不会出现警告信息框而直接退出。

1.2 AutoCAD 2008 的工作界面

AutoCAD 2008 的工作空间有三种形式：AutoCAD 经典、二维草图与注释、三维建模，用于绘制不同类型的图形。二维草图与注释和三维建模是 AutoCAD 2008 新增的工作空间。

选择 AutoCAD 2008 的工作空间可以通过下列两种方法：

(1)菜单栏："工具"→"工作空间"。

(2)工具栏："工作空间"工具栏。

在图 1-7 所示工作空间工具栏的下拉列表框中选中"二维草图与注释"，即可打开如图 1-8 所示的二维草图与注释工作空间，界面右侧为"二维草图与注释"的面板。

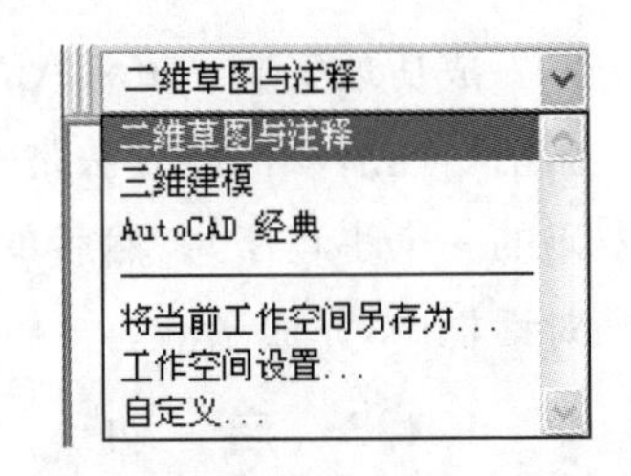

图 1-7　工作空间工具栏的"二维草图与注释"选项

本节仅介绍 AutoCAD 经典工作空间的显示界面，三维建模工作空间将在第 11 章介绍。

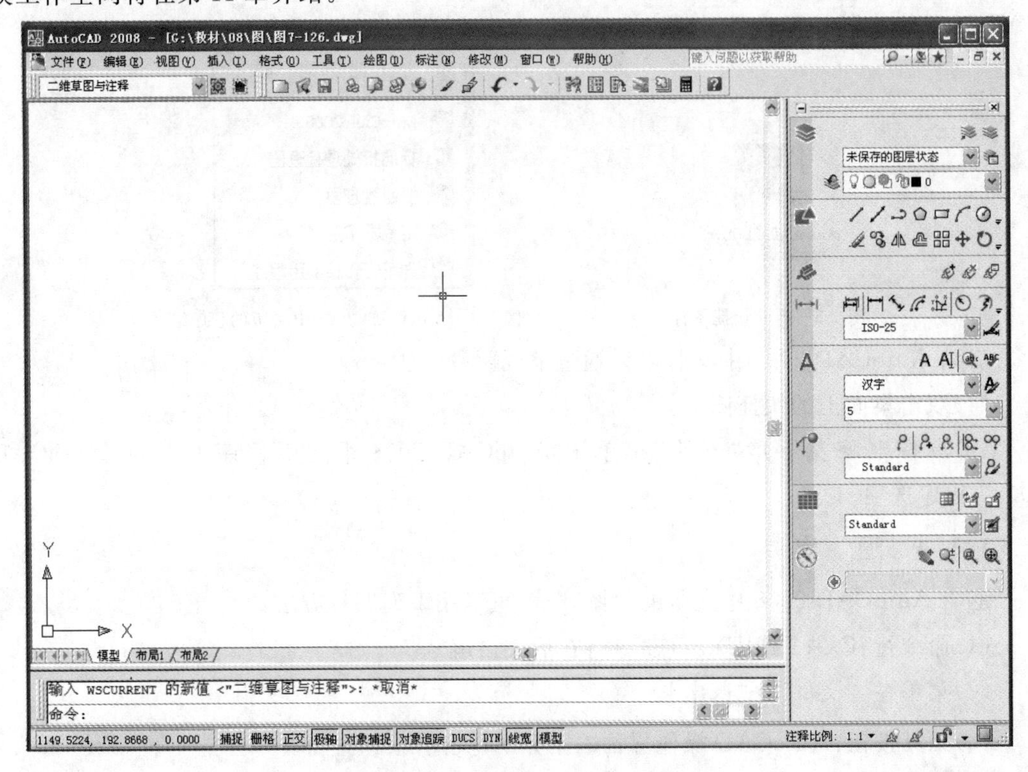

图 1-8　"二维草图与注释"工作空间

启动 AutoCAD 2008 后，系统即进入如图 1-9 所示的 AutoCAD 2008 的经典工作界面，一个完整的 AutoCAD 的显示界面包括标题栏、菜单栏、工具栏、绘图区、命令窗口、状态栏等。在第一次启动 AutoCAD 2008 后，如果在工作界面还显示出其他绘图辅助窗口，可以将其关闭，在绘图过程中需要时再打开。

1.2.1　标题栏

在 AutoCAD 2008 中文版显示界面的最上端是标题栏。在标题栏中，显示了系统当前正在运行的应用程序(AutoCAD 2008)和用户正在使用的图形文件。在用户刚刚启动 AutoCAD或当前图形文件未保存时，标题栏中将显示 AutoCAD 2008 在启动时创建的图形文件名，默认名称为"Drawingl. dwg"。在标题栏的左侧，是标准 Windows 应用程序的控制按钮。在标题栏的右侧，有三个按钮，分别是"最小化窗口按钮""还原窗口按钮""关闭程序按钮"。

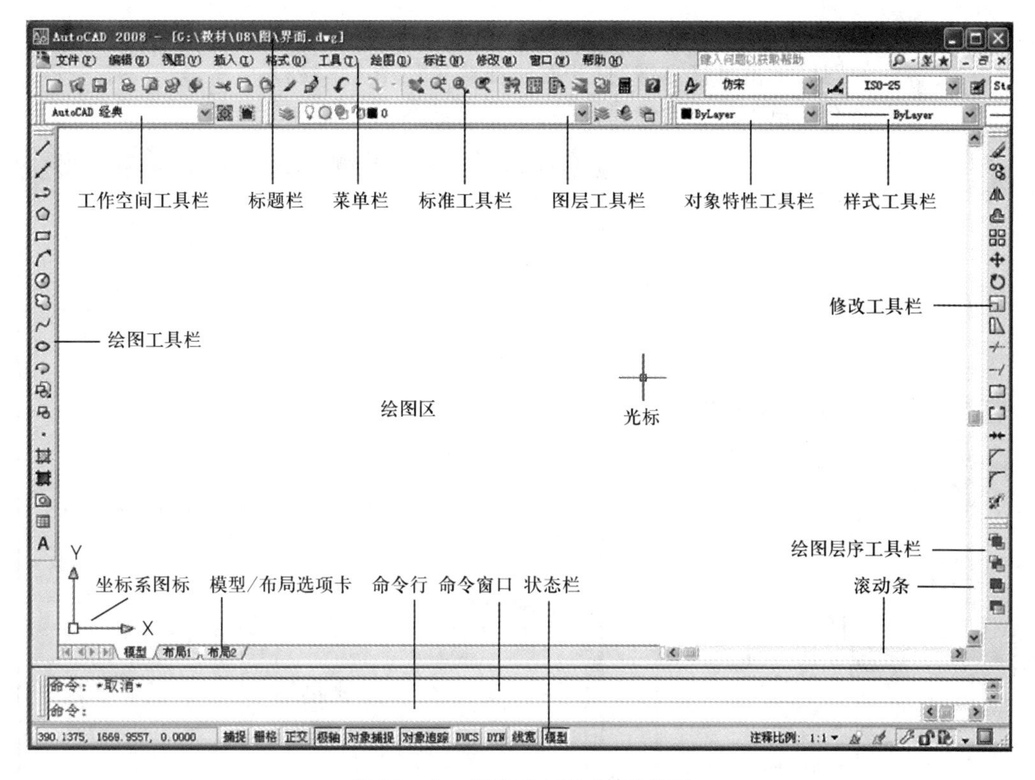

图 1-9　AutoCAD 2008 经典工作界面

1.2.2　菜单栏

在 AutoCAD 2008 绘图窗口标题栏的下方是菜单栏。同其他 Windows 程序一样，AutoCAD 2008的菜单也是下拉形式的，如图 1-10 所示的绘图下拉菜单及其子菜单。AutoCAD 2008的菜单栏中包含 11 个菜单，即“文件”“编辑”“视图”“插入”“格式”“工具”“绘图”“标注”“修改”“窗口”“帮助”。

在菜单栏的左侧是绘图窗口的控制按钮，右侧是绘图窗口的最小化按钮、还原按钮和关闭按钮。

一般来说，AutoCAD 2008 下拉菜单中的命令选项有以下 3 种形式：

1. 右侧带有符号“▶”的菜单选项

这种形式的菜单选项带有子菜单。例如，单击菜单栏中的“绘图”菜单，指向其下拉菜单中的“圆(C)▶”命令，屏幕上就会出现绘制圆命令的子菜单，如图 1-10 所示。

2. 右侧带有符号“…”的菜单选项

这种形式的菜单选项带有对话框。例如，单击菜单栏中的“绘图”菜单，指向其下拉菜单中的“图案填充(H)…”命令，屏幕上就会打开对应的“图案填充和渐变色”对话框，如图 1-11 所示。

3. 右侧没有任何标识的菜单选项

单击这种形式的菜单将直接进行相应的绘图或其他操作。

【提示、注意、技巧】

AutoCAD 还提供快捷菜单，用于快速执行一些常用命令。随当前的操作不同和光标所处的位置不同，快捷菜单中的某些选项也会不同，有些选项还有子菜单。打开快捷菜单的方法如下：

(1)光标在绘图区单击鼠标右键，打开的快捷菜单如图 1-12 所示。

(2)光标在命令行单击鼠标右键，打开的快捷菜单如图 1-13 所示。

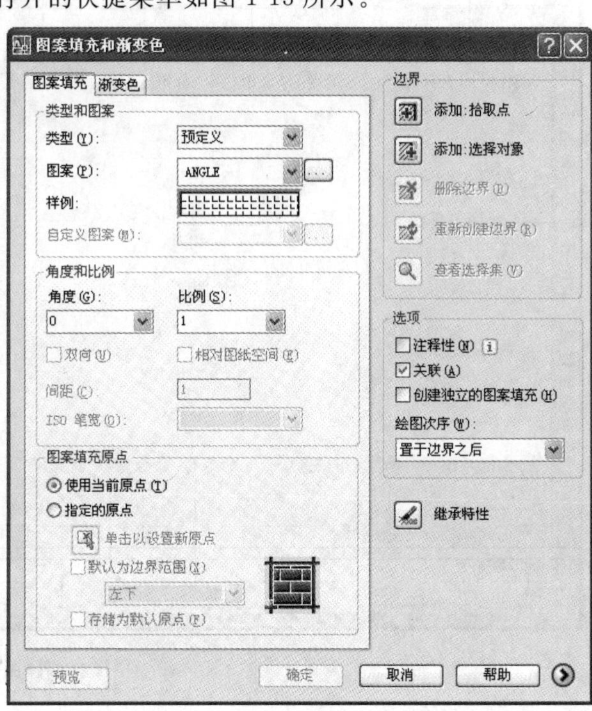

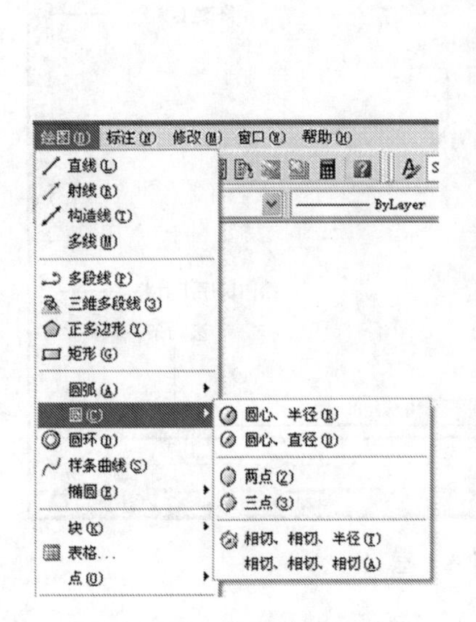

图 1-10 “绘图”下拉菜单及其子菜单

图 1-11 “图案填充和渐变色”对话框

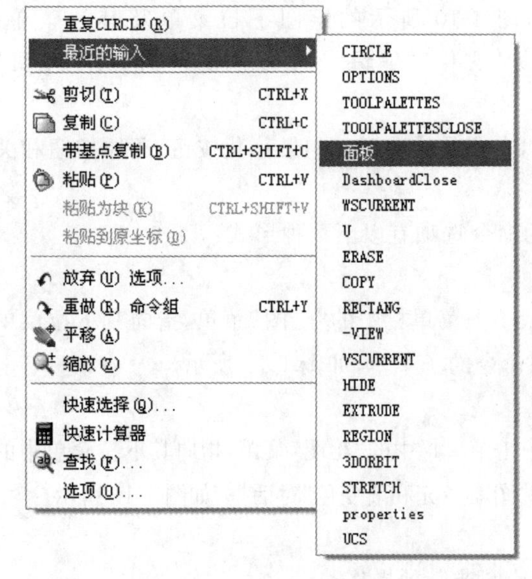

图 1-12 绘图区快捷菜单

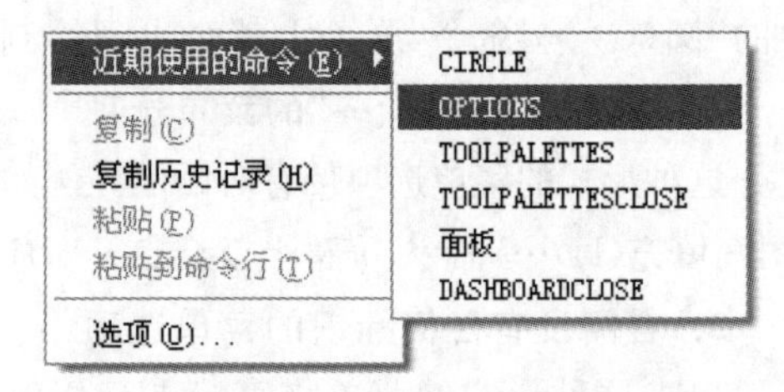

图 1-13 命令行快捷菜单

1.2.3 工具栏

工具栏是一组图标型工具按钮的集合，它包含了最常用的 AutoCAD 2008 命令。在 AutoCAD 经典工作空间的绘图区顶部，水平分布了“标准”工具栏、“样式”工具栏、“工作空间”工具栏、“图层”工具栏以及“对象特性”工具栏，绘图区的左侧和右侧垂直分布了“绘图”工具栏、“修改”工具栏以及“绘图层序”工具栏，如图 1-9 所示。

把光标移动到某个工具按钮稍停片刻，会在其一侧显示出相应的文字标签，同时在状态栏中，显示对应的说明和命令名。图 1-14 所示光标在“标准”工具栏的“窗口缩放”工具按钮上显示出的文字标签，在状态栏中，显示出“放大或缩小显示当前视口中对象的外观尺寸：ZOOM”的说明。

图 1-14　工具按钮上显示出的文字标签

在工具栏中，有些按钮是单一型的，有些按钮是嵌套式的，嵌套式按钮的右下角带有一个实心的小三角符号“◢”，它提供的是一组相关的命令。在嵌套式按钮上按住鼠标左键，会拉开相应的工具按钮下拉列表，选中某一按钮，按住鼠标左键不放，同时将其拖动到工具栏的某一位置放手，该按钮将成为当前工具按钮。单击当前按钮，即可执行相应的命令，如图 1-15 所示。

1. “工具栏”的打开

AutoCAD 2008 的标准菜单提供有 37 种工具栏，可通过打开“自定义用户界面”对话框的工具栏标签来对其进行管理，如图1-16所示。调出“自定义用户界面”对话框的方法有两种，即：

(1)菜单：“视图”→“工具栏”。

(2)命令行：输入“TOOLBAR”。

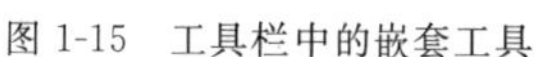

图 1-15　工具栏中的嵌套工具

将光标放在任一工具栏的非标题区，单击鼠标右键，系统会自动打开单独的工具栏快捷菜单，如图 1-17 所示，图中的快捷菜单被分为两列。

用鼠标单击某一工具栏名，系统将自动在界面中打开或关闭该工具栏(√表示打开)。

2. 工具栏的“固定”“浮动”与“展开”

工具栏可以在绘图区“浮动”，称为“浮动”工具栏，“浮动”工具栏的上方有该工具栏的标题和关闭按钮，如图 1-18 所示。用鼠标可以拖动“浮动”工具栏至绘图区边界，此时该工具栏标题隐藏，变为“固定”工具栏。也可以把“固定”工具栏拖出，使其成为“浮动”工具栏。

1.2.4 绘图区

1. 视窗

在 AutoCAD 2008 界面中间的一个大空白区域，是绘图区，也叫视图窗口，即视窗。绘图区是用户使用 AutoCAD 2008 绘制图形的区域，用户绘制一幅设计图形的主要工作都是在绘图区域中完成的。绘图区没有边界，用“ZOOM”命令即视窗缩放命令，可使视窗根据需要增大或缩小。因此，无论图形大小，都可置于其中，清晰显示。

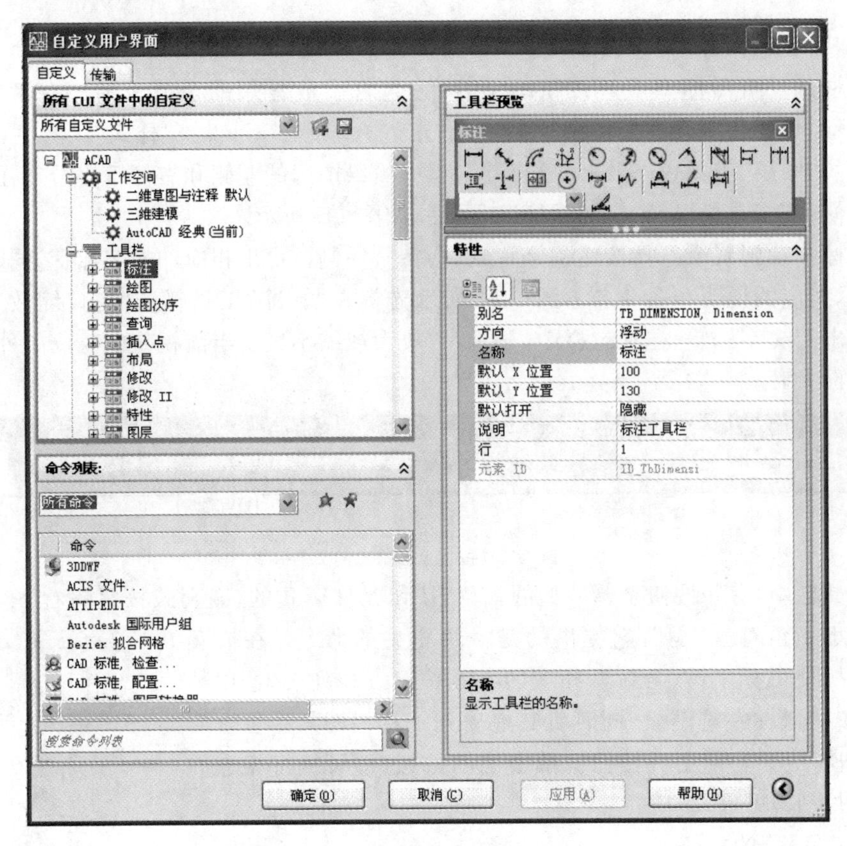

图 1-16 “自定义用户界面”对话框

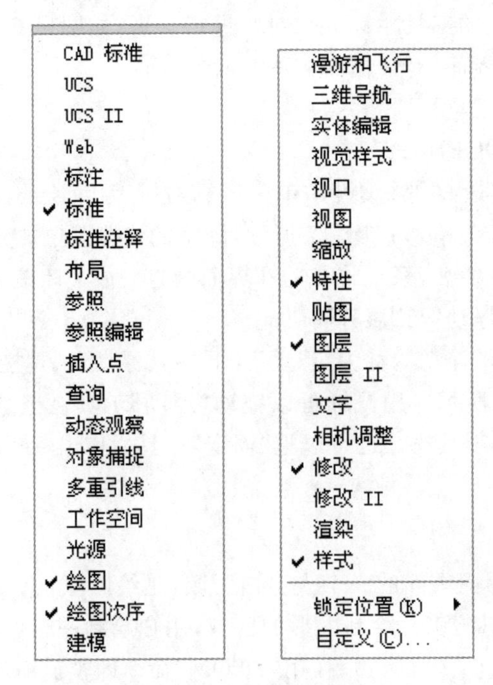

图 1-17 工具栏快捷菜单

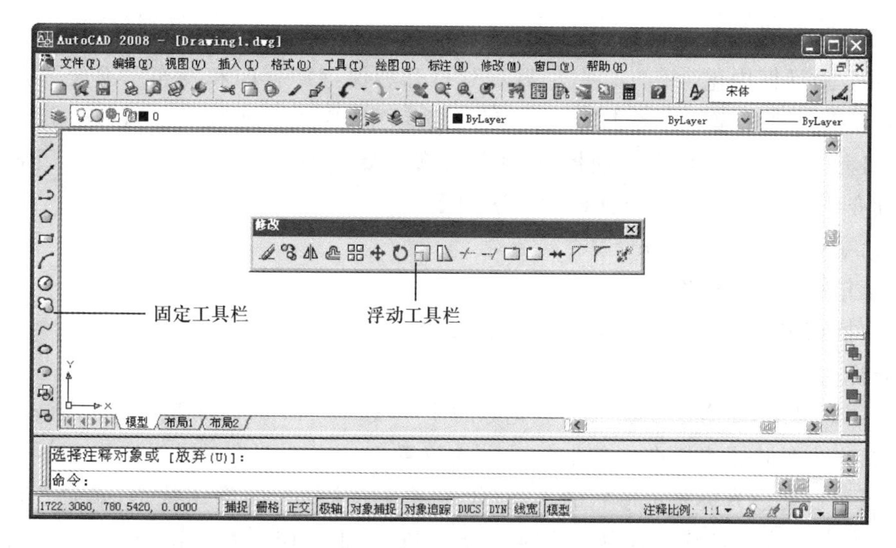

图 1-18　“浮动”工具栏与“固定”工具栏

2. 滚动条

视窗的右下方和右侧，分别有一个水平滚动条和竖直滚动条，在滚动条中单击鼠标或拖动滚动块，可使视窗上下或左右移动，方便用户在绘图窗口中按水平或竖直两个方向浏览图形。为了增加绘图空间，可以通过设置，在绘图区中不显示滚动条。设置方法为：打开“选项” 对话框，单击“显示”选项卡，在“窗口元素”选项组中，取消“图形窗口中显示滚动条” 选项的选取，如图 1-19 所示。

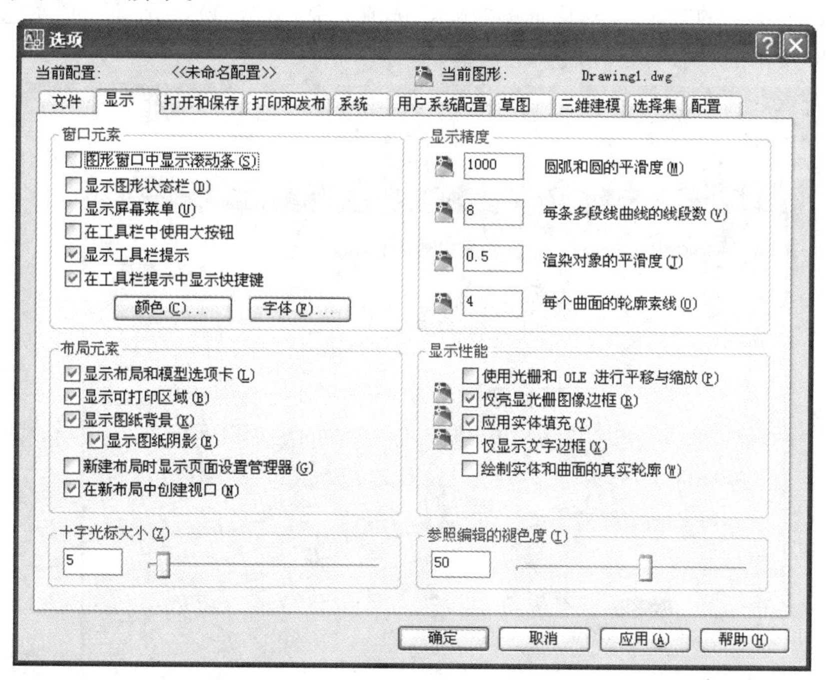

图 1-19　“选项”对话框的“显示”选项卡

【提示、注意、技巧】

"选项" 对话框中包含有"文件"" 显示""打开和保存""打印和发布""系统""用户系统配置""草图""三维建模""选择集""配置"10 个选项卡，通过这些选项卡可以进行诸如文件管理、窗口元素、显示精度、自动捕捉、选择等许多重要选项的设置，其设置将在后续相关内容中陆续介绍。打开"选项" 对话框的方法如下：

(1)命令行：输入 OPTIONS。

(2)菜单："工具"→"选项"。

(3)快捷菜单："选项"(快捷菜单见图 1-12、图 1-13)。

3. 光标

在绘图区域中，还有一个作为类似光标的十字线，在 AutoCAD 2008 中，将该十字线称为光标，其交点反映了光标在当前坐标系中的位置，AutoCAD 除了通过光标显示当前点的位置外，还可以通过光标显示形状的不同，代表当前所应执行的操作状态，如输入状态或选择状态。十字线的方向与当前用户坐标系的 *X* 轴、*Y* 轴方向平行，其长度系统预设为屏幕大小的 5%。用户可以根据绘图的实际需要更改其大小，改变光标大小的方法为：

在图 1-19 所示的"显示"选项卡中，在"十字光标大小"选项组中的文本框内直接输入数值，或者拖动文本框后的滑块，即可对十字光标的大小进行调整。

4. 绘图窗口的颜色

在默认情况下，AutoCAD 2008 的绘图窗口是黑色背景、白色线条。用户可以根据需要修改绘图窗口或其他窗口背景的颜色，操作步骤为：

在图 1-19 所示的"选项" 对话框的"显示"选项卡中，单击"窗口元素"的"颜色"按钮，将打开图 1-20 所示的"图形窗口颜色"对话框。

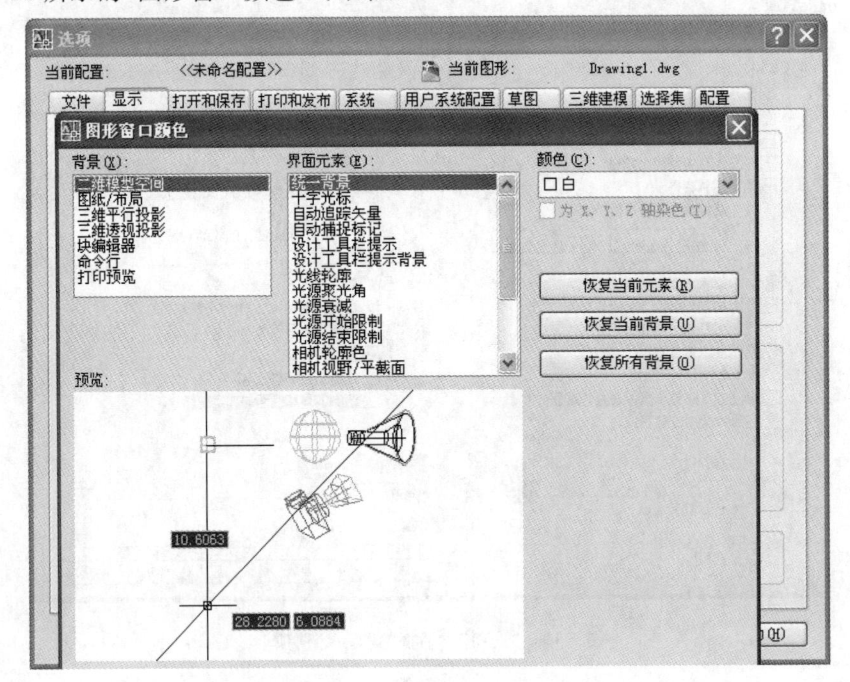

图 1-20 "图形窗口颜色"对话框

单击“颜色”下拉列表框右侧的按钮，在打开的下拉列表中选择需要的窗口颜色，然后单击“应用并关闭”按钮，此时 AutoCAD2008 的绘图窗口变成了已经设置的窗口背景色。

5. 坐标系图标

在绘图区域的左下角，有一个箭头指向图标，称之为坐标系图标，表示用户绘图时正使用的坐标系形式。坐标系是用来确定点位置的一个参照系。坐标的确定将在 1.3.6 小节介绍。根据绘图需要，用户可以选择将坐标系图标关闭或者打开。方法是：选择菜单命令“视图”→“显示”→“UCS 图标”→“开”，如图 1-21 所示。

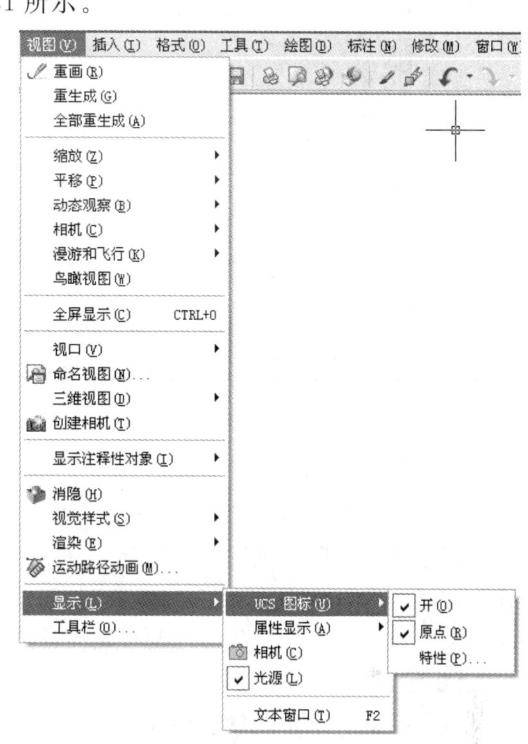

图 1-21 坐标系图标的打开或关闭

6. 布局标签

在绘图区左下方有 3 个标签，即“模型”空间布局标签和“布局 1”“布局 2”两个图纸空间布局标签。标签的左边有 4 个滚动箭头，用于滚动显示标签。AutoCAD 有两种视图显示方式：模型空间和图纸空间。模型空间是我们通常绘图的环境，模型空间是指单一视图显示法，我们通常使用的都是这种显示方式；图纸空间是指在绘图区域创建图形的多视图，在图纸空间中，用户可以创建“浮动视口”区域，以不同视图显示所绘图形，用户可以对其中每一个视图进行单独操作。AutoCAD2008 系统默认打开模型空间，用户可以通过单击鼠标来选择需要的布局。

1.2.5 命令窗口

命令窗口是输入命令名和显示命令提示的区域，默认的命令窗口布置在绘图区下方。命令窗口由两部分组成，即命令行和命令历史窗口，如图 1-22 所示。

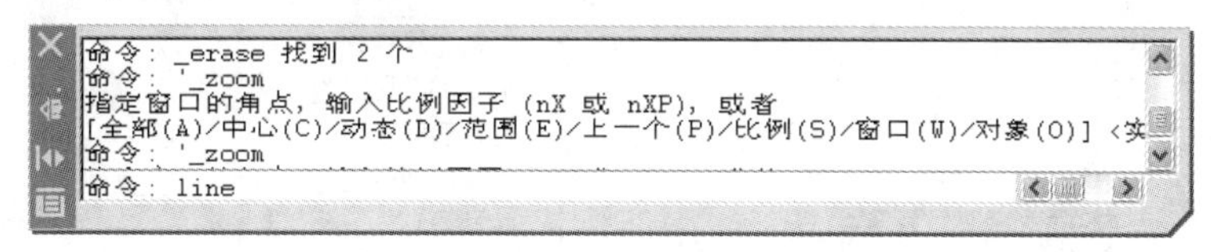

图 1-22 命令窗口

命令行用于显示当前输入的内容；命令历史窗口列出了启动 AutoCAD2008 所用过的全部命令及提示信息。对命令窗口，还可以进行下列操作：

(1) 命令窗口右边有滚动条，可以上下滚动，查看信息。

(2) 移动拆分条，可以扩大与缩小命令窗口。

(3) 可以拖动命令窗口，将其布置在屏幕上的其他位置。默认情况下，布置在图形窗口的下方。

(4) 对当前命令窗口中输入的内容，可以按 F2 键用编辑文本的方法进行编辑，如图 1-23 所示。AutoCAD 文本窗口和命令窗口相似，系统可以显示当前 AutoCAD 进程中命令的输入和执行过程，在执行 AutoCAD 某些命令时，系统会自动切换到文本窗口，列出有关信息。AutoCAD 通过命令窗口反馈各种信息，包括出错信息。因此，用户要时刻关注在命令行中出现的信息。

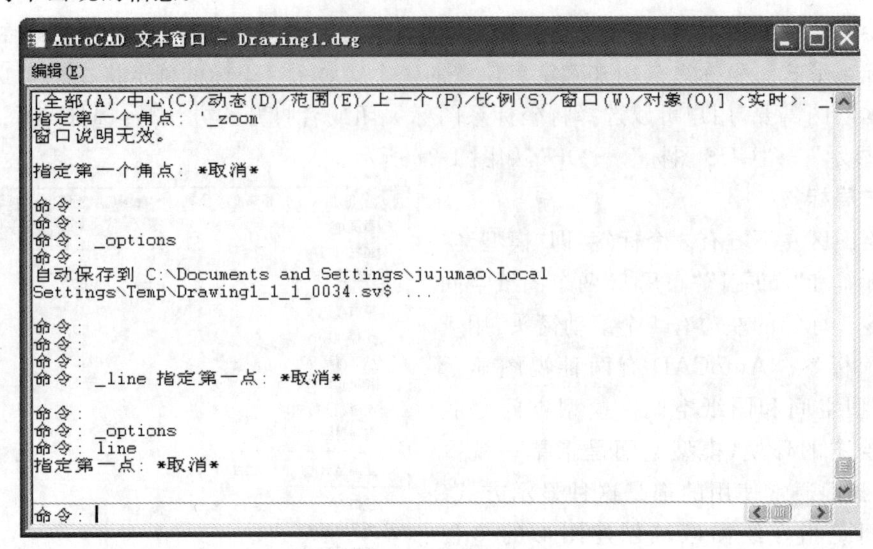

图 1-23　AutoCAD 文本窗口

1.2.6　状态栏

状态栏在屏幕的底部，左端显示绘图区中光标定位点的坐标 X,Y,Z，在右侧依次有“捕捉”“栅格”“正交”“极轴”“对象捕捉”“对象追踪”“DUCS”“DYN”“线宽”“模型”10 个功能开关按钮，“DUCS”是 AutoCAD2008 的新增功能。单击这些开关按钮，可以实现这些功能的开关。这些开关按钮的功能与使用方法将在以后的章节中陆续介绍。

【提示、注意、技巧】

状态栏的右下角是状态栏托盘，如图 1-24 所示。可以进行下列操作：

(1) 单击托盘中的锁形图标，系统打开工具栏/窗口位置锁快捷菜单，如图 1-25 所示。可以控制是否锁定工具栏或图形窗口在图形界面上的位置。

图 1-24　状态栏托盘

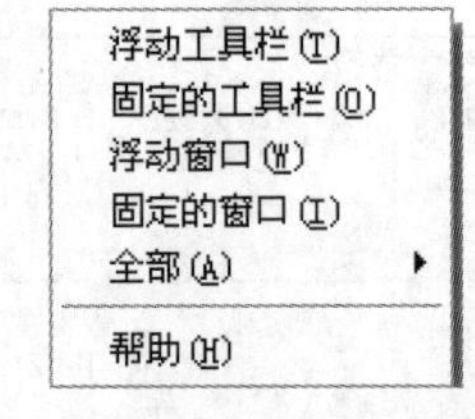

图 1-25　“工具栏/窗口位置锁”快捷菜单

(2) 单击托盘中的“▼”符号，可以控制状态栏功能开关按钮的显示或隐藏以及更改托盘设置。

(3)单击托盘中的方形符号，可以控制是否全屏显示。

1.3　AutoCAD 2008 命令的基本输入方式

AutoCAD 是用户和计算机交互绘图，必须输入必要的指令和参数。

1.3.1　命令的输入

AutoCAD 的命令有三百多个，例如：直线(Line)、圆(Circle)、圆弧(Arc)、复制(Copy)等，有些命令有简捷形式，例如：直线(L)、圆(C)、圆弧(A)、复制(CO)。AutoCAD 命令的输入方式有以下几种：

1. 通过键盘在命令行输入

当命令行的提示为“命令：”时，表示当前处于待命状态，此时可键入命令名或简捷命令，再按“Enter”键或“空格”键，即可启动相应命令，同时在命令窗口提示相关操作。如输入画圆命令可键入“CIRCLE”或“C”。

执行命令时，在命令窗口提示中经常会出现多重命令选项，如画圆命令：

命令：CIRCLE

指定圆的圆心或［三点(3P)/两点(2P)/相切、相切、半径(T)］：2P↙

指定圆直径的第一个端点：(在屏幕上指定端点或输入端点的坐标)

指定圆直径的第二个端点：(在屏幕上指定端点或输入端点的坐标)

选项中不带括号的提示为默认选项，因此可以直接输入圆心的坐标或在屏幕上指定一点，如果要选择其他选项，则应该首先输入该选项的标识字符。如“两点”画圆选项的标识字符是 2P，输入 2P 回车后按系统提示输入数据即可。

在命令选项的后面有时候还带有尖括号，尖括号内的数值为默认数值。如下面的操作：

在提示指定圆的半径或［直径(D)］＜20.0000＞：后，直接回车即可画出半径为 20 的圆。

命令：CIRCLE

指定圆的圆心或［三点(3P)/两点(2P)/相切、相切、半径(T)］：

(在屏幕上指定圆心或输入圆心的坐标)

指定圆的半径或［直径(D)］＜20.0000＞：↙

【提示、注意、技巧】

(1)键入字符不需区分大小写，例如绘制直线时，可在命令行键入“LINE”，也可键入“line”。

(2)AutoCAD 在执行命令的过程中，键盘除了处于键入文字状态以外，“空格”键均可替代“Enter”键。

2. 选择菜单栏的命令选项

移动鼠标，将光标移至菜单栏的某一菜单上，单击鼠标左键(简称单击)，即打开菜单，弹出下拉菜单。移动光标至下拉菜单某一子菜单上单击，执行相应命令。

除键盘外，鼠标是最常用的输入工具，灵活地使用鼠标，对提高画图、编辑的速度起着至关重要的作用。在 AutoCAD 中鼠标的左右两个键有特定的功能。左键代表选择，用于选择目标、拾取点、选择菜单命令选项和工具按钮等；右键代表确定，相当于“Enter”键，用于结束当前的操作。

3. 单击工具栏中的工具按钮

移动鼠标，将光标移至工具栏的某一图标按钮上单击，执行相应命令。

选择菜单栏或单击工具栏方式，在命令窗口中都可以看到对应的命令名及有关操作提示，命令的执行过程和结果与命令行方式相同，但与键盘输入方式不同的是在显示的命令名

前有一下划线。如执行菜单操作:“绘图” → “圆”→“相切、相切、半径”,命令窗口显示:

命令:_CIRCLE

指定圆的圆心或[三点(3P)/两点(2P)/相切、相切、半径(T)]:_ttr

4. 单击工具面板中的工具按钮

如图 1-26 所示为绘制二维图形的面板,打开面板的方法如下:

(1)命令行:DASHBOARD。

(2)菜单:“工具”→“选项板” →“面板”。

5. 单击工具选项板或面板中的工具按钮

如图 1-27 所示为绘图工具选项板,打开工具选项板的方法如下:

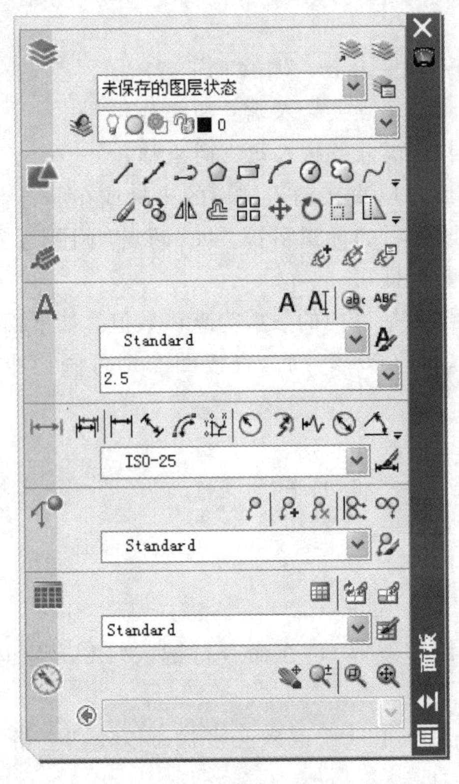

图 1-26 绘制二维图形面板

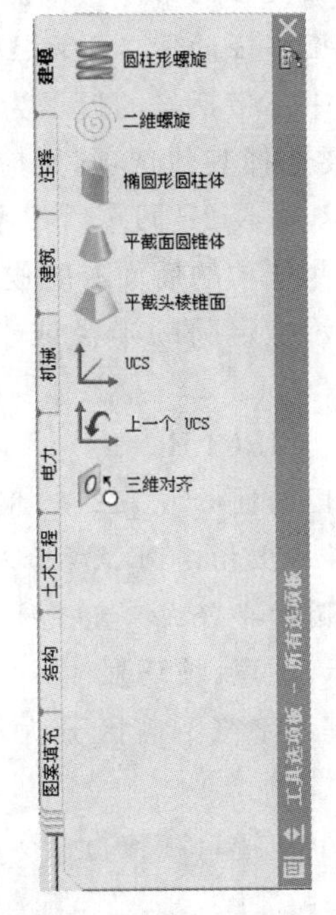

图 1-27 绘图工具选项板

(1)命令行:TOOLPALETTES。

(2)菜单:“工具”→“选项板” →“工具选项板”。

1.3.2 命令的终止、重复、撤销、重做

1. 命令的终止

在执行命令的过程中,如有需要可以随时通过以下方式终止并退出命令的执行:

(1)按快捷键“Esc”。

(2)快捷菜单:“取消”。

(3)在下拉菜单或工具栏调用其他命令。

2. 命令的重复

(1)一个命令完成了或是被取消了,按一下回车键或空格键可以重复调用这个命令。

(2)如果用户要重复使用上一个命令,打开快捷菜单,选择其中的“重复…”命令选项,系统将重复执行上次使用的命令。

(3)如果要重复最近使用过的命令,打开绘图区或命令行快捷菜单,在“最近的输入”或“近期使用的命令”子菜单中选择需要的命令选项,如图 1-12、图 1-13 所示。“近期使用的命令”子菜单中储存有最近使用过的 6 个命令,如果画图时经常地重复使用某些命令,这种方法就比较快速简便。

3. 命令的撤销

在完成的操作中,如果出现错误,可通过以下方式撤销前面执行过的命令:

(1)菜单栏:“编辑”→“放弃”。

(2)工具栏:“标准”→“放弃”。

(3)快捷菜单:“放弃(U)…”。

以上操作连续使用,可逐次撤销前面执行的命令。单击“放弃”按钮右边的下拉箭头,可在下拉列表中选择要放弃的操作,如图 1-28 所示。

(4)命令行:“UNDO”。输入要放弃的命令的数目,可一次撤销前面执行的多个命令。例如要撤销最后的 6 个命令,可进行如下操作:

命令: UNDO

当前设置: 自动 = 开,控制 = 全部,合并 = 是

输入要放弃的操作数目或[自动(A)/控制(C)/开始(BE)/结束(E)/标记(M)/后退(B)] <1>: 6

【提示、注意、技巧】

“放弃”命令不能撤销对硬件设备发布读写数据的命令,如“保存”“打开”“新建”等。

4. 命令的重做

已被撤销的命令还可以通过以下方式恢复重做:

(1)菜单栏:“编辑”→“重做”。

(2)工具栏:“标准”→“重做”。

(3)快捷菜单:“重做(R)…”。

(4)命令行:“REDO”。

“重做”命令恢复的是最后撤销的一个命令。由于“放弃”命令的执行是依次进行的,所以“重做”命令也可以依次恢复被撤销的命令。单击标准工具栏中“重做”按钮右边的下拉箭头,可在下拉列表中选择要重做的操作,如图 1-28 所示。

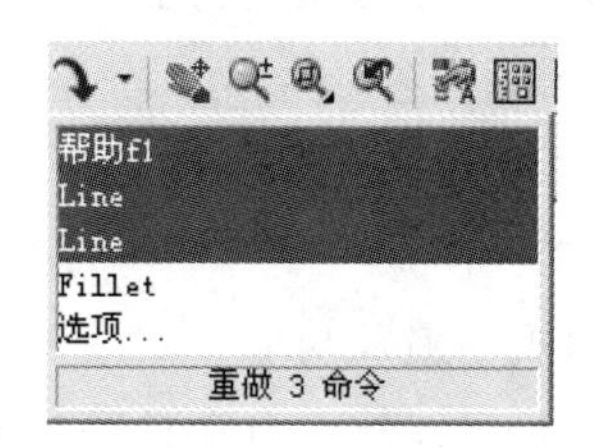

图 1-28 多重放弃和重做

1.3.3 透明命令

在 AutoCAD2008 中有些命令可以在其他命令的执行过程中，插入并执行，待该命令执行完毕后，系统继续执行原命令，这种命令称为透明命令。透明命令多为修改图形设置或绘图辅助工具等命令，如栅格(GRID)、对象捕捉(OSNAP)、缩放(ZOOM)等。

在命令行输入透明命令应在命令名前先输入一个单引号“'”，透明命令的提示信息前有一个双折号“＞＞”。如：

命令：arc

指定圆弧的起点或 [圆心(C)]：　　(指定一点为圆弧的起点)

指定圆弧的第二个点或 [圆心(C)/端点(E)]：'zoom　　(输入透明缩放命令 ZOOM)

＞＞指定窗口的角点，输入比例因子 (nX 或 nXP)，或者

[全部(A)/中心(C)/动态(D)/范围(E)/上一个(P)/比例(S)/窗口(W)/对象(O)] ＜实时＞：w　　(选择窗口方式)

＞＞指定第一个角点：　　(指定一点为第一个角点)

＞＞指定对角点：　　(指定一点为第二个角点)

正在恢复执行 ARC 命令。

指定圆弧的第二个点或 [圆心(C)/端点(E)]：　　(继续执行圆弧命令)

1.3.4 键盘按键定义

在 AutoCAD 2008 中，命令的输入除了可以通过在命令行输入、单击工具栏图标或选择菜单选项来实现外，还可以使用键盘上的一组功能键或组合键。在绘图或图形编辑过程中，经常需要改变系统的某些工作方式，如打开或关闭正交模式、对象捕捉功能等。AutoCAD 对一些常用的绘图状态设置命令提供了功能键和组合键，为方便操作，用户可以在任何时候，包括在命令执行过程中使用这些键，快速实现指定功能。如按 F1 键，系统打开 AutoCAD 2008 帮助对话框。为了提高绘图速度，可记住一些常用的功能键和组合键。

下面给出了 AutoCAD 2008 常用的功能键和组合键：

常用功能键	常用组合键
F1—系统帮助	Ctrl＋N—建立新图形文件
F2—打开、关闭文本窗口	Ctrl＋S—保存图形文件
F3—打开、关闭对象捕捉功能	Ctrl＋O—打开图形文件
F5—等轴测捕捉的各方向轮换功能	Ctrl＋P—打印图形文件
F7—打开、关闭栅格	Ctrl＋Q—退出 AutoCAD
F8—打开、关闭正交模式	Ctrl＋C—复制图形
F9—打开、关闭捕捉模式	Ctrl＋V—粘贴图形
F10—打开、关闭极轴追踪功能	Ctrl＋A—全选图形
F11—打开、关闭目标捕捉点自动追踪功能	Ctrl＋X—剪切至剪贴板

1.3.5 命令的执行方式

有的命令有两种执行方式，即通过对话框和通过命令行执行命令。若要指定使用命令

行方式，要在输入命令名前加一短划线，如“-LAYER”表示用命令行方式执行“图层”命令，根据命令窗口提示进行操作；而如果在命令行输入“LAYER”，系统则会自动打开“图层特性管理器”对话框，通过对话框进行操作。

1.3.6 坐标的输入方法

1. 坐标系

由于 AutoCAD 提供了一个很大的作图空间，为了准确定位，必须以某个坐标系作为参照，绘制出精确的工程图。AutoCAD 采用两种坐标系：世界坐标系（WCS）与用户坐标系（UCS）。

世界坐标系又称通用坐标系，是固定的坐标系统，是坐标系统中的基准。在默认情况下，AutoCAD 的坐标系统就是世界坐标系，其 X 轴正向水平朝右，Y 轴正向垂直朝上，Z 轴与屏幕垂直，正向由屏幕朝外。绘制图形时多数情况下都是在这个坐标系统下进行的。

用户坐标系是用户自己创建的坐标系，其坐标原点可以设置在相对于世界坐标系的任意位置，也可以通过转动或倾斜坐标系，改变 X 轴的正方向，以满足绘制复杂图形的需要。关于创建和调用用户坐标系将在三维绘图中作详细介绍。

在绘图过程中，AutoCAD 通过坐标系图标显示当前坐标系统，在二维图形中显示的世界坐标系图标与用户坐标系图标，如图 1-29 所示。

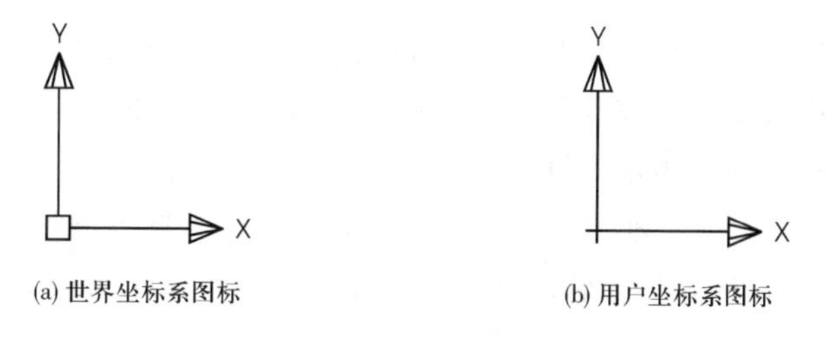

图 1-29 二维图形显示的坐标系图标

2. 坐标输入方法

在 AutoCAD 2008 中，点的坐标可以用直角坐标、极坐标、球面坐标和柱面坐标表示，其中常用的是直角坐标和极坐标，每一种坐标又分别有两种输入方式，即绝对坐标和相对坐标。相对坐标是指当前点相对前一点的坐标值。下面分别介绍：

(1)绝对直角坐标法

用 X,Y,Z 坐标值确定当前点相对坐标原点的位置，输入时以逗号分隔 X 值、Y 值和 Z 值，即“X,Y,Z”。X 值是当前点沿水平轴线方向到原点的正或负的距离，Y 值是当前点沿垂直轴线方向到原点的正或负的距离，创建二维图形对象时，Z 坐标始终赋予 0 值，可以不输入。例如：绘制如图 1-30 所示的一条线段，以 X 值为 −2，Y 值为 1 的位置为起点，以 X 值为 3，Y 值为 4 的位置为终点。操作过程如下：

命令：LINE　　　　　　　　　　　　（输入直线命令）

指定第一点：−2,1　　　　　　　　　（输入起点绝对直角坐标）

指定下一点或［放弃(U)］：3,4　　　（输入终点绝对直角坐标）

指定下一点或［放弃(U)］：↙　　　　（结束命令）

(2)相对直角坐标法

用 X,Y,Z 坐标值确定当前点相对前一点的位置，输入时需要在坐标值的前面加上 @ 符号，即“@X,Y,Z”。绘制如图 1-31 所示的线段，也可执行如下操作：

命令：LINE

指定第一点：-2,1

指定下一点或［放弃(U)］:@ 5,3　　　(相对直角坐标)

指定下一点或［放弃(U)］:↙

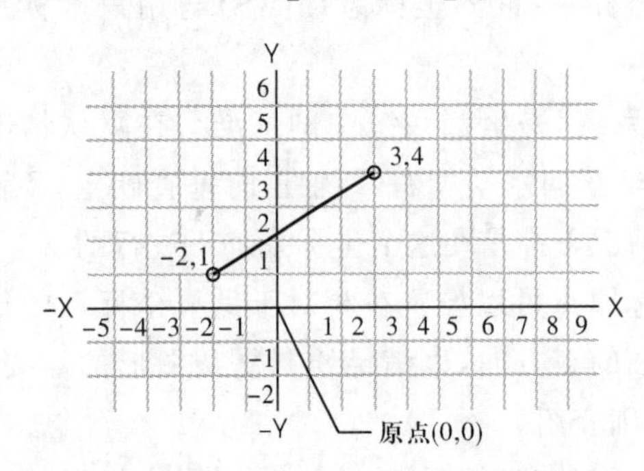

图 1-30　绝对直角坐标法绘制直线

图 1-31　相对直角坐标法绘制直线

(3)绝对极坐标法

用距离和角度确定当前点相对坐标原点的位置，输入时以角括号分隔距离和角度，即“长度<角度”。其中长度表示该点到坐标原点的距离，角度为该点至原点的连线与 X 轴正向的夹角。极坐标只能用来表示二维点的坐标。

默认的角度设置，约定 X 轴正向为 0°方向，角度按逆时针方向增大，按顺时针方向减小。要指定顺时针方向，请为角度输入负值，例如，输入 5<30 和 5<-330 效果相同。

可以使用 UNITS 命令改变当前图形的角度约定。

下例显示了使用绝对极坐标法绘制的直线。在最后一个“下一点”提示下，按“Enter”键结束命令，如图 1-32 所示。

命令:LINE

指定第一点:0,0

指定下一点或［放弃(U)］:4<120　　　(绝对极坐标)

指定下一点或［放弃(U)］:5<30　　　(绝对极坐标)

指定下一点或［放弃(U)］:↙

(4)相对极坐标法

用距离和角度确定当前点相对前一点的位置，输入时也需要在前面加上@符号，即“@长度<角度”，如“@3<45”。

下例显示了在图 1-32 的基础上使用相对极坐标法绘制的直线。在最后一个“下一点”提示下，按“Enter”键结束命令，结果如图 1-33 所示。

命令:LINE↙

指定第一点:0,0 ↙

指定下一点或［放弃(U)］:4<120 ↙

指定下一点或［放弃(U)］：5＜30 ↙

指定下一点或［放弃(U)］：@3＜45 ↙　　　　（相对极坐标）

指定下一点或［闭合(C)/放弃(U)］：@5＜285 ↙　　（相对极坐标）

指定下一点或［闭合(C)/放弃(U)］：↙　　　　（结束命令）

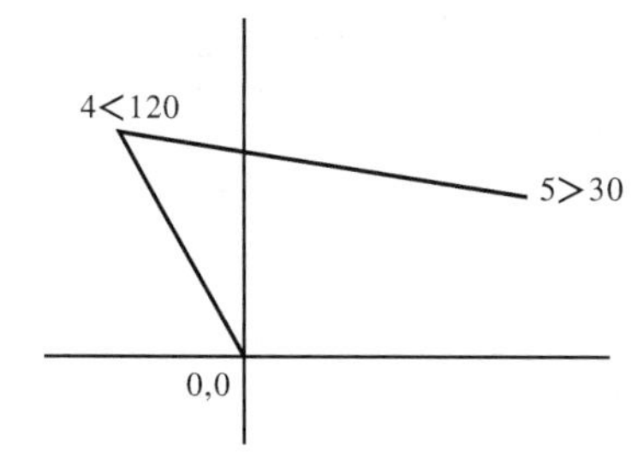

图 1-32　绝对极坐标法绘制的直线

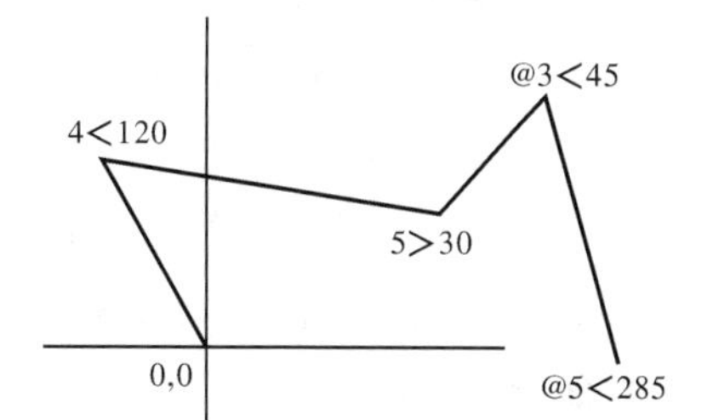

图 1-33　用相对极坐标法绘制直线

3. 使用动态输入

这是 AutoCAD 2008 新增的功能。单击状态栏上的“Dyn”可以打开和关闭“动态输入”。启用“动态输入”时，将在光标附近显示提示信息以及坐标框，坐标框显示的是光标所在位置，显示的信息会随着光标移动而动态更新。此时可以根据屏幕上显示的提示信息动态地输入有关参数，使用动态输入，需加 ＃ 前缀指定绝对坐标，不加＃前缀指定的是相对坐标。如图 1-34 所示。

图 1-34　启用“动态输入”屏幕显示

下面两例显示了使用动态输入绘制的直线。在最后一个“指定下一点”提示下，按“Enter”键结束命令，操作结果如图 1-35 和图 1-36 所示。

命令：LINE　　（输入直线命令）

指定第一点：＃ －2,1　　（动态输入起点绝对直角坐标）

指定下一点或：5,0　　（动态输入第二点相对直角坐标）

指定下一点或：＃3,4　　（动态输入第三点绝对直角坐标）

指定下一点或：↙　　（结束命令）

命令：LINE

指定第一点或：0,0　　（动态输入起点绝对极坐标）

指定下一点或：4＜120　　（动态输入第二点绝对极坐标）

指定下一点或：5＜30　　（动态输入第三点绝对极坐标）

指定下一点或：@3＜45　　（动态输入第三点相对极坐标）

指定下一点或：↙

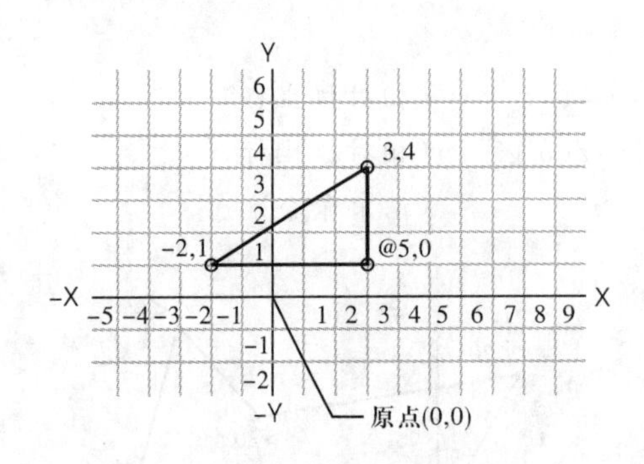

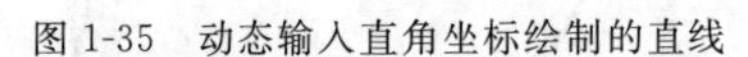
图 1-35　动态输入直角坐标绘制的直线

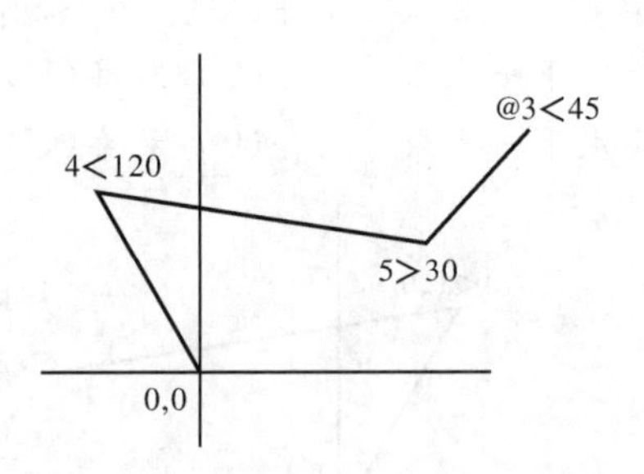

图 1-36　动态输入极坐标绘制的直线

4. 点的其他输入方法

实际绘图过程中，除了用输入坐标值的方法确定图形位置外，AutoCAD 还提供了一些更为方便的方法。

(1)直接用鼠标定位：当不需要确定图形的准确位置时，可用鼠标等定标设备移动光标，单击左键在绘图区中直接取点。

(2)对象捕捉方式：捕捉屏幕上已有图形的特殊点，如端点、中点、中心点、插入点、交点、切点、垂足点等。

(3)沿某一方向直接输入距离：先指定一点，再用光标拖拉出橡筋线或极轴线确定方向，然后用键盘输入距离。这样有利于准确控制对象的长度等参数，如果绘制一条 10 mm 长的线段，方法如下：

命令：LINE↙

指定第一点：(在屏幕上指定一点)

指定下一点或[放弃(U)]：

这时在屏幕上移动鼠标指明线段的方向，但不要单击鼠标然后在命令行中输入“10”，这样就在指定方向上准确 地绘制了长度为 10 mm 的线段，如图 1-37 所示。若设置了极轴增量角，可快速地绘制出与增量角成倍数关系的定角度定长度线段。

(4)对象捕捉方式和对象追踪方式结合：用光标以目标捕捉点为对象拖拉出橡筋线确定横平竖直的对齐点，或者水平方向、垂直方向对齐的任意点，如图 1-38 所示。

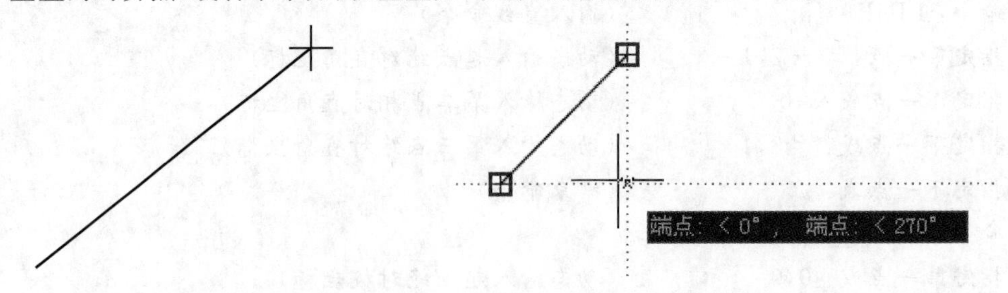

图 1-37　直接绘制直线　　　　图 1-38　对象捕捉方式和对象追踪方式相结合绘制直线

(5)正交方式：用正交方式画水平线和垂直线。

(6)捕捉与栅格方式：启用自动捕捉沿栅格点绘图。

有关目标捕捉、极轴、对象追踪、正交、栅格等功能的设置及详细的使用方法，将在第 3 章介绍。

【例 1-1】使用上述 4 种坐标表示法,创建如图 1-39 所示三角形 ABC。

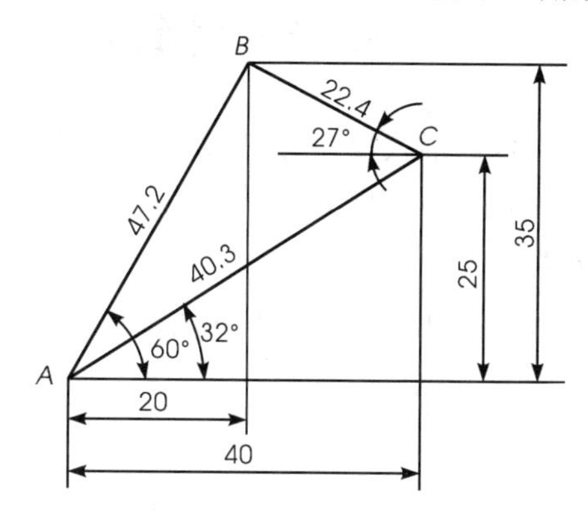

图 1-39 绘制三角形 ABC

【作图步骤】

(1)使用绝对直角坐标

命令:LINE

指定第一点: 0,0↙ (指定第一点为坐标原点)

指定下一点或 [放弃(U)]: 20,35↙ (输入 B 点的绝对直角坐标)

指定下一点或 [放弃(U)]: 40,25↙ (输入 C 点的绝对直角坐标)

指定下一点或 [闭合(C)/放弃(U)]:C↙ (闭合三角形)

(2)使用绝对极坐标

命令:LINE

指定第一点: 0,0↙ (指定第一点为坐标原点)

指定下一点或 [放弃(U)]: 47.2<60↙ (输入 B 点的绝对极坐标)

指定下一点或 [放弃(U)]: 40.3<32↙ (输入 C 点的绝对极坐标)

指定下一点或 [闭合(C)/放弃(U)]:C↙ (闭合三角形)

(3)使用相对直角坐标

命令:LINE

指定第一点:0,0↙ (指定第一点为坐标原点)

指定下一点或 [放弃(U)]: @20,35↙ (输入 B 点的相对直角坐标)

指定下一点或 [放弃(U)]: @20,−10↙ (输入 C 点的相对直角坐标)

指定下一点或 [闭合(C)/放弃(U)]:C↙ (闭合三角形)

(4)使用相对极坐标

命令:LINE

指定第一点:0,0↙ (指定第一点为坐标原点)

指定下一点或 [放弃(U)]: @47.2<60↙ (输入 B 点的相对极坐标)

指定下一点或 [放弃(U)]: @22.4<−27↙ (输入 C 点的相对极坐标)

指定下一点或 [闭合(C)/放弃(U)]:C↙ (闭合三角形)

【提示、注意、技巧】

在输入点的坐标时,不要局限于某种方法,要综合考虑各种方法,哪种方法适合,哪种方法简单,就用哪种。

1.4 图形文件管理

用户绘制的图形都是以文件的形式保存的，有关文件管理的一些基本操作，包括新建图形文件、打开已有图形文件、保存图形文件等，这些都是进行 AutoCAD 操作最基础的知识。

1.4.1 新建图形文件

启动 AutoCAD2008，即进入默认的绘制图形环境，如果启动后要创建新的图形文件，可用以下方法：

(1)命令行：NEW。

(2)菜单："文件"→"新建"。

(3)工具栏："标准"工具栏→□。

默认的情况下输入"新建" 命令，系统将打开如图 1-40 所示的"选择样板"对话框。在"文件类型"下拉列表框中有后缀分别为.dwt,.dwg,.dws 的 3 种图形样板。

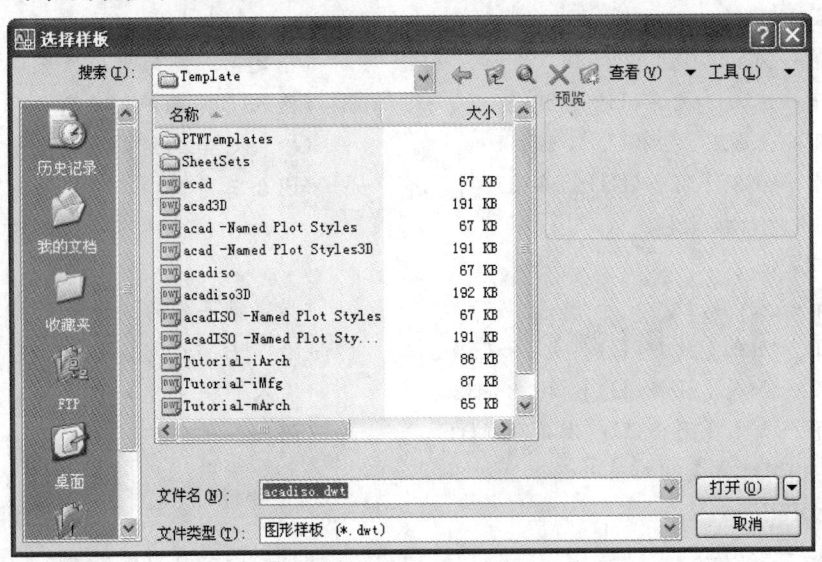

图 1-40 "选择样板"对话框

在每种图形样板文件中，系统根据绘图任务的要求进行统一的图形设置，如绘图单位类型和精度要求、绘图界限、捕捉、网格与正交设置、图层、图框和标题栏、尺寸及文本格式、线型和线宽等。

一般情况下，.dwt 文件是标准的样板文件，通常将一些规定的标准性的样板文件设置成.dwt 文件，若要进入默认的绘图环境可选择 acadiso.dwt 样板文件；.dwg 文件是普通的样板文件；而.dws 文件是包含标准图层、标注样式、线型和文字样式的样板文件。

使用图形样板文件开始绘图的优点在于，在完成绘图任务时不但可以保持图形设置的一致性，而且可以大大提高工作效率。用户也可以根据自己的需要设置新的样板文件。样板文件的设置将在第 9 章介绍。

1.4.2 打开已有图形文件

打开已有图形文件可用以下方法：

(1)命令行:OPEN。

(2)菜单:"文件"→"打开"。

(3)工具栏:"标准"工具栏→[图标]。

执行上述命令后,系统打开"选择文件"对话框,如图 1-41 所示。在"文件类型"下拉列表框中可以选择.dwg 文件、.dwt 文件、.dxf 文件和.dws 文件。.dxf 文件是用文本形式存储的图形文件,能够被其他程序读取,许多第三方应用软件都支持.dxf 格式。

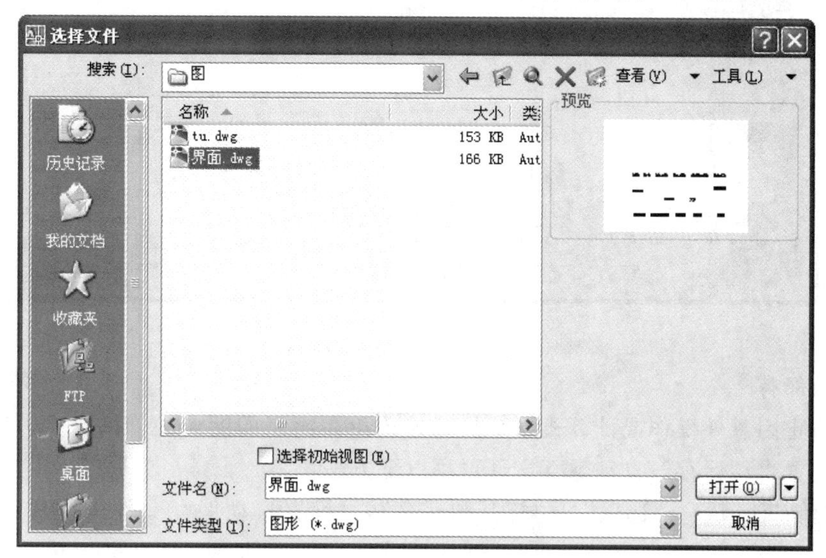

图 1-41　"选择文件"对话框

1.4.3　保存图形文件

1.保存

保存图形文件可用以下方法:

(1)命令行:QSAVE。

(2)菜单:"文件"→"保存"。

(3)工具栏:"标准"工具栏→[图标]。

执行上述命令后,若文件已命名,则 AutoCAD 自动保存;若文件未命名(为默认的文件名 drawingl.dwg),则系统打开"图形另存为"对话框,如图 1-42 所示,用户可以命名保存。在"保存于"下拉列表框中可以指定保存文件的路径;在"文件类型"下拉列表框中可以指定保存文件的类型。

2.另存为

另存图形文件有以下方法:

(1)命令行:SAVEAS(或 SAVE)。

(2)菜单:"文件"→"另存为"。

执行上述命令后,打开"图形另存为"对话框,AutoCAD 用另存为保存,并把当前图形更名。

【提示、注意、技巧】

SAVE 与 SAVEAS 是有区别的,执行 SAVE 以后,原来的图形文件仍为当前文件。而执行 SAVEAS 以后,另存的图形文件成为当前文件。

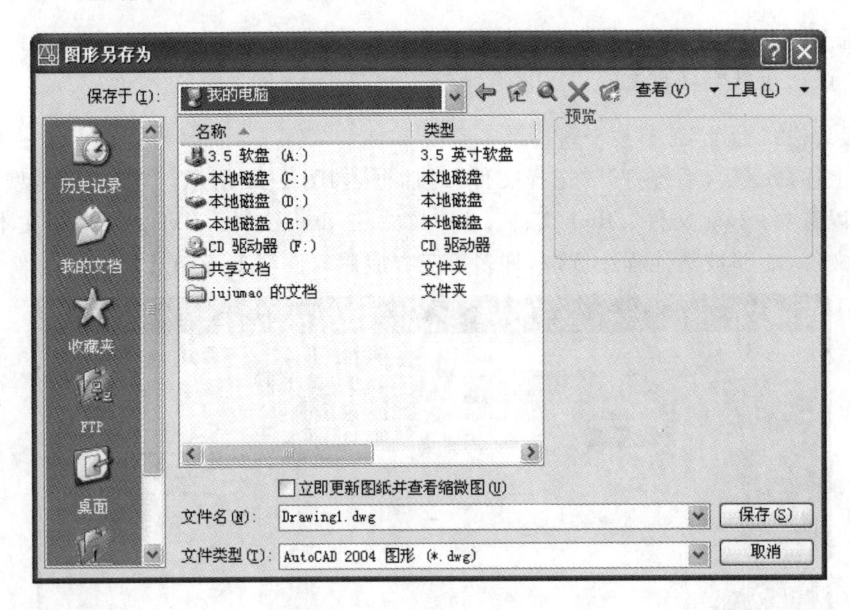

图 1-42 “图形另存为”对话框

3. 自动保存

为了防止因意外操作或计算机系统故障导致正在绘制的图形文件的丢失，可以对当前图形文件设置自动保存。自动保存文件可用以下方法：

(1)菜单：“工具” →“选项” →“打开和保存”，可设置自动保存文件位置及自动保存的时间间隔。

(2)利用系统变量 SAVEFILEPATH 设置所有“自动保存”文件的位置，如：C:\HU \。

(3)利用系统变量 SAVEFILE 存储“自动保存”文件名。该系统变量存储的文件名文件是只读文件，用户可以从中查询自动保存的文件名。

(4)利用系统变量 SAVETIME 指定在使用“自动保存”时多长时间保存一次图形。

1.4.4 密码与数字签名

密码有助于在进行工程协作时确保图形数据的安全。如果保留图形密码，当将该图形发送给其他用户时，可以防止未经授权的人员对其进行查看。

当绘图者准备发布某个图形时，可以使用 AutoCAD 附加数字签名。要附加数字签名，首先需要从认证机构获得一个数字 ID。

加设密码及数字签名的方式为：

(1)命令行：SECURITYOPTIONS。

执行上述命令后，系统打开“安全选项”对话框，如图 1-43 所示。

在“安全选项”对话框中有 “密码”和 “数字签名” 两个选项卡，分别用于在保存图形时为图形添加密码，发布图形时为图形添加数字签名。

(2)在图 1-42 所示的“图形另存为”对话框的“工具”下拉列表中选择“安全选项”命令，打开“安全选项”对话框，如图 1-44 所示。

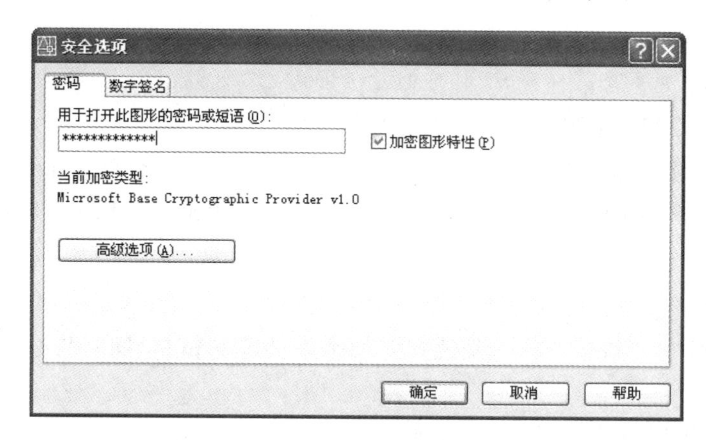

图 1-43 “安全选项”对话框

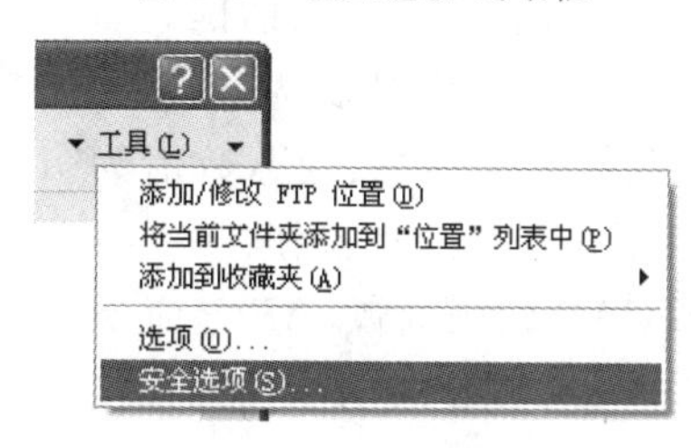

图 1-44 “图形另存为”对话框中的“工具”下拉列表

习　　题

一、基本操作题

1. 启动 AutoCAD 2008，进入绘图界面。
2. 调整操作界面大小。
3. 设置绘图窗口颜色与光标大小。
4. 打开、移动、关闭工具栏。
5. 尝试同时用命令行、下拉菜单和工具栏绘制一条线段。
6. 进行自动保存设置。
7. 进行加密设置。
8. 将图形以新的文件名保存。
9. 退出该图形文件。
10. 尝试打开已保存的图形文件。

二、选择题

1. 打开未显示工具栏的方法是：(　　)

A. 选择“视图”→“工具栏”命令，在弹出的“工具栏”对话框中选中欲显示工具栏项前面的复选框。

B. 用鼠标右击任一工具栏，在弹出的“工具栏”快捷菜单中单击该工具栏名称，选中欲显示的工具栏。

C. 在命令行输入 TOOLBAR 命令。

D. 以上均可。

2. 调用 AutoCAD 命令的方法有(　　)

A. 在命令行输入命令名。　　B. 在命令行输入命令缩写字。

C. 选择下拉菜单中的菜单选项。　　D. 单击工具栏中的对应图标。

E. 以上均可。

三、练习题

1. 执行“文件”→“新建”命令,系统打开一个新的绘图窗口,同时打开“创建新图形”对话框。

(1)选择其中的“高级设置”向导选项。

(2)单击“确定”按钮,系统打开“高级设置”对话框。

(3)分别逐项选择:测量单位为“小数”,精度为“0.00”;角度的测量单位为“度,分,秒”,精度为“0d00′00″”;角度测量的起始方向为“其他”,数值为“135”;角度测量的方向为“顺时针”;绘图区域为“297×210”;然后单击“完成”按钮。

2. 请用四种方法调用 AutoCAD 的画圆弧(ARC)命令。

3. 请将下面左侧所列功能键与右侧相应功能用线连接。

(1)Esc	(a)剪切
(2)UNDO(在“命令:”提示下)	(b)弹出帮助对话框
(3)F2	(c)取消和终止当前命令
(4)F1	(d)图形窗口.文本窗口切换
(5)Ctrl+X	(e)撤销上次命令

4. 请将下面左侧所列文件操作命令与右侧相应命令功能用线连接。

(1)OPEN	(a)打开图形文件
(2)QSAVE	(b)将当前图形另名存盘
(3)SAVEAS	(c)退出
(4)QUIT	(d)将当前图形存盘

5. 打开文件“C:\Program Files\AutoCAD2008\Sample\colorwh.dwg”。

6. 将第 5 题中打开的文件另存为“D:\图例\xxx”,并加密码“123”,退出系统后重新打开。

7. 分别以 A,B 为起点绘制如图 1-45 所示的平面图形,不需标注尺寸。

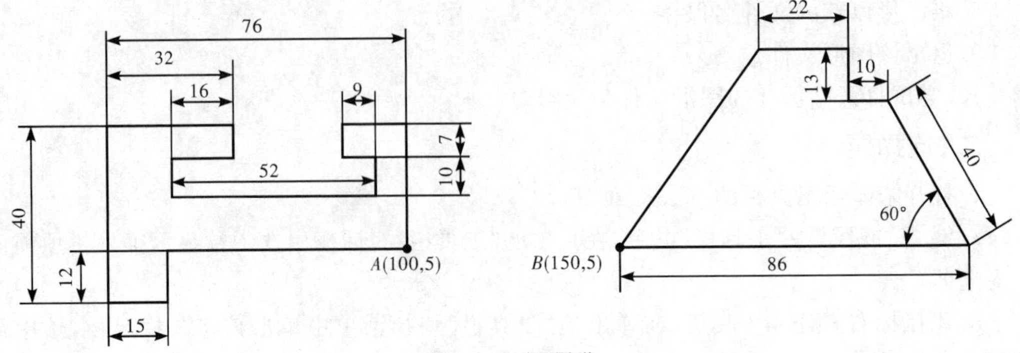

图 1-45　平面图形

第 2 章

基本绘图命令

AutoCAD 提供了大量的绘图工具,可以帮助用户完成二维图形及三维图形的绘制,而图形主要由一些基本几何元素组成,如点、直线、圆弧、圆、椭圆、矩形、多边形等。本章介绍这些基本几何元素的画法,所使用的命令主要是在"绘图"菜单和"绘图"工具栏中,如图2-1、图 2-2 所示。其中常用命令的图标、命令名、简捷命令及功能列于表 2-1 中。

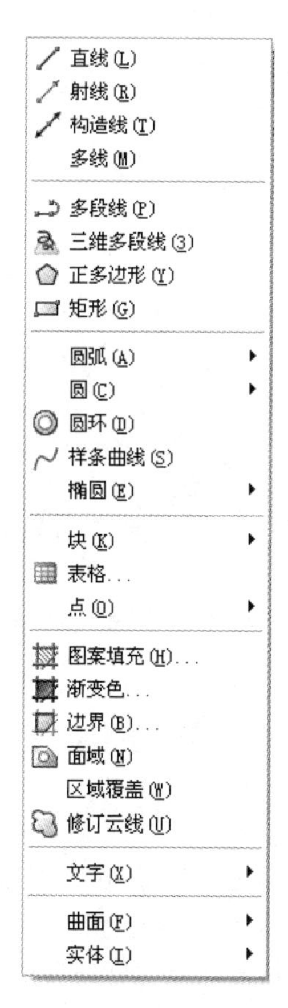

图 2-1 "绘图"菜单

图 2-2 "绘图"工具栏

表 2-1　　常用命令的图标、命令名、简捷命令及功能

序号	图标	命令名	简捷命令	功能
1		LINE	L	绘制直线
2		XLINE	XL	绘制构造线
3		PLINE	PL	绘制多段线
4		POLYGON	POL	绘制正多边形
5		RECTANG	REC	绘制矩形
6		ARC	A	绘制圆弧
7		CIRCLE	C	绘制圆
8		SPLINE	SPL	绘制样条曲线
9		ELLIPSE	EL	绘制椭圆
10		ELLIPSE	EL	绘制椭圆弧
11		INSERT	I	插入块
12		BLOCK	B	创建块
13		POINT	PO	绘制点
14		HATCH	H	图案填充
15	A	TEXT	T	注多行文本

2.1 绘制直线

直线是由起点和终点来确定的，起点和终点通过鼠标或键盘输入。启动“直线”命令，可以使用下列方法之一：

(1)命令行：LINE 或 L。

(2)菜单：“绘图”→“直线”。

(3)工具栏：“绘图”→ 。

【操作步骤】

命令：line

指定第一点：　(输入直线段的起点，用鼠标指定点或者指定点的坐标)

指定下一点或[放弃(U)]：　(输入直线段的端点)

指定下一点或[放弃(U)]：　(输入下一直线段的端点。输入选项 U 表示放弃前面的输入；单击鼠标右键选择“确认”命令，或回车 Enter，结束命令)

指定下一点或[闭合(C)/放弃(U)]：　(输入下一直线段的端点，或输入选项 C 使图形闭合，结束命令)

【提示、注意、技巧】

(1)若用回车键响应“指定第一点：”提示，系统会把上次绘制线(或弧)的终点作为本次操作的起始点。若上次操作为绘制圆弧，回车响应后将绘出通过圆弧终点且与该圆弧相切的直线段，该线段的长度由鼠标在屏幕上指定的一点与切点之间线段的长度确定。

(2)执行画线命令一次可画一条线段，也可以连续画多条线段。在“指定下一点：”提示

下，用户可以指定多个端点，从而绘出多条直线段，每条线段都是一个独立的图形实体。

AutoCAD 中所指的图形实体是图形对象中的最小单元，如直线、折线、曲线或一个平面图形等，可独立进行各种编辑操作，在后续内容中将做进一步说明。

(3)绘制两条以上直线段后，若用“C”响应“指定下一点:”提示，系统会自动连接起始点和最后一个端点，从而绘出封闭的图形。

(4)若用“U”响应“指定下一点:”提示，则擦除最近一次绘制的直线段。

(5)若设置动态数据输入方式，则可以动态输入坐标或长度值。后面介绍的命令同样可以设置动态数据输入方式，效果与非动态数据输入方式类似。除了特别需要，以后不再强调，而只按非动态数据输入方式输入相关数据。

【例 2-1】 绘制如图 2-3 所示的五角星。

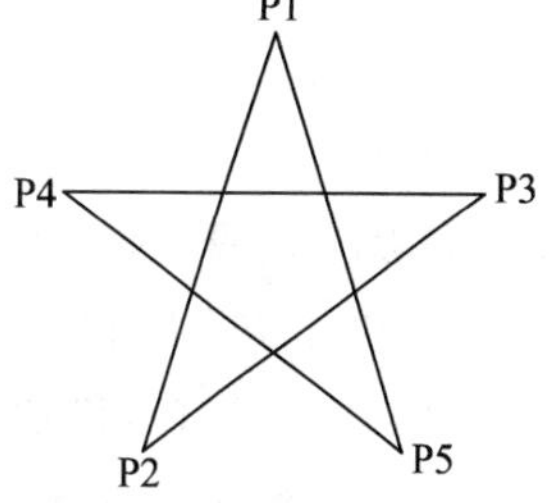

图 2-3　五角星

命令:line

指定第一点:100,100↙　（顶点 P1 的位置，也可以用鼠标在绘图区任意确定一点）

指定下一点或[放弃(U)]:@100<252↙　（P2 点，也可以按下“DYN”按钮，在鼠标位置为 108°时，动态输入 100）

指定下一点或[放弃(U)]:@100<36↙　（P3 点）

指定下一点或[闭合(C)/放弃(U)]:@ 100,0↙　（错位的 P4 点，也可以按下“DYN”按钮，在鼠标位置为 0°时，动态输入 100）

指定下一点或[闭合(C)/放弃(U)]:U↙　（取消对 P4 的输入）

指定下一点或[闭合(C)/放弃(U)]:@ －100,0　（P4 点，也可以按下“DYN”按钮，在鼠标位置为 180°时，动态输入 100）

指定下一点或[闭合(C)/放弃(U)]:@100<－36↙　（P5）

指定下一点或[闭合(C)/放弃(U)]:C↙　（封闭五角星并结束命令）

2.2 绘制射线

射线是一条单向无限长直线。启动“射线”命令，可以使用下列方法之一:

(1)命令行:RAY。

(2)菜单:“绘图”→“射线”。

【操作步骤】

命令:ray

指定起点:　　（给出起点）

指定通过点:　　（给出通过点，画出射线）

指定通过点:　　（过起点画出另一条射线，用回车结束命令）

2.3 绘制构造线

构造线是一条双向无限长直线。启动“构造线”命令，可以使用下列方法之一:

(1)命令行:XLINE。

(2)菜单:“绘图”→“构造线”。

(3)工具栏:“绘图”→[icon]。

【操作步骤】

命令:xline

指定点或[水平(H)/垂直(V)/角度(A)/二等分(B)/偏移(O)]:(给出根点 1)

指定通过点:(给定通过点 2,绘制一条双向无限长直线)

指定通过点:(继续给点,继续绘制线,回车结束)

操作结果如图 2-4 所示。

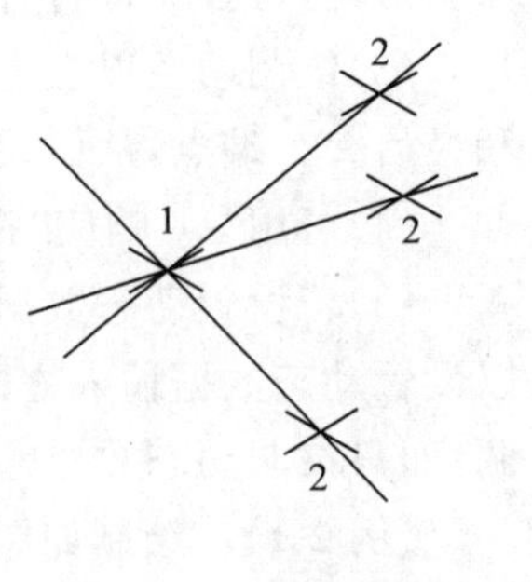

图 2-4 构造线

【提示、注意、技巧】

(1)执行选项中有“指定点”“水平”“垂直”“角度”“二等分”“偏移”六种方式绘制构造线。

(2)这种线可以模拟手工作图中的辅助作图线。用特殊的线型显示,在绘图输出时可不予输出。常用于辅助作图。

应用构造线作为辅助线绘制机械图中三视图是构造线的最主要用途,构造线的应用保证了三视图之间“长对正、高平齐、宽相等”的对应关系。

2.4 绘制多线

多线是一种复合线,如图 2-5 所示。它由 1 至 16 条平行线组成,这些平行线称为元素,通过创建多线样式,可以控制元素的数量及特性。这种线的一个突出优点是,能够提高绘图效率,保证图线之间的统一性。可以对所绘多线进行编辑,编辑多线的有关知识将在第 4 章中介绍。

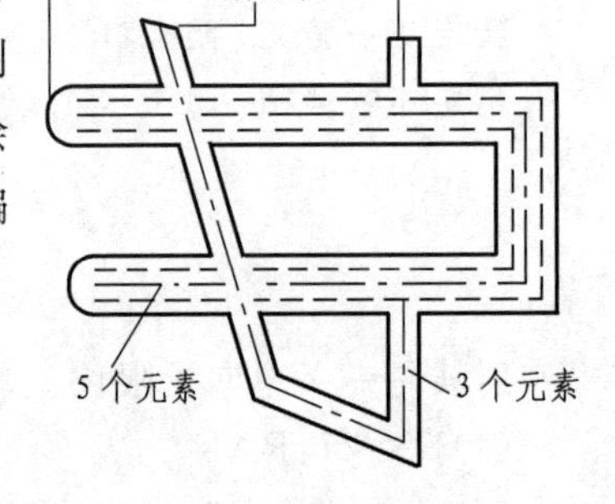

图 2-5 多线图例

2.4.1 创建多线样式

(1)命令行:MLSTYLE。

(2)菜单:“格式”→“多线样式”。

【提示、注意、技巧】

系统执行该命令,打开如图 2-6 所示的“多线样式”对话框。在该对话框中,用户可以对多线样式进行定义、保存和加载等操作。下面通过定义一个新的多线样式来介绍该对话框的使用方法。欲定义的多线样式由三条平行线组成,中心轴线为黄色的中心线,其余两条平行线为黑色实线,相对于中心轴线上、下各偏移 0.5。步骤如下:

(1)在“多线样式”对话框中单击“新建”按钮,系统打开“创建新的多线样式”对话框,如图 2-7 所示。

(2)在“新样式名”文本框中键入“3”,然后单击“继续”按钮。系统打开“新建多线样式”对话框,如图 2-8 所示。

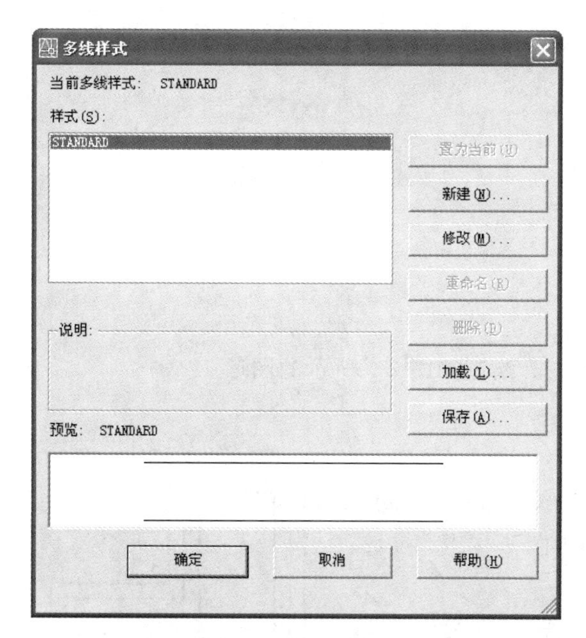

图 2-6　“多线样式”对话框

图 2-7　“创建新的多线样式”对话框

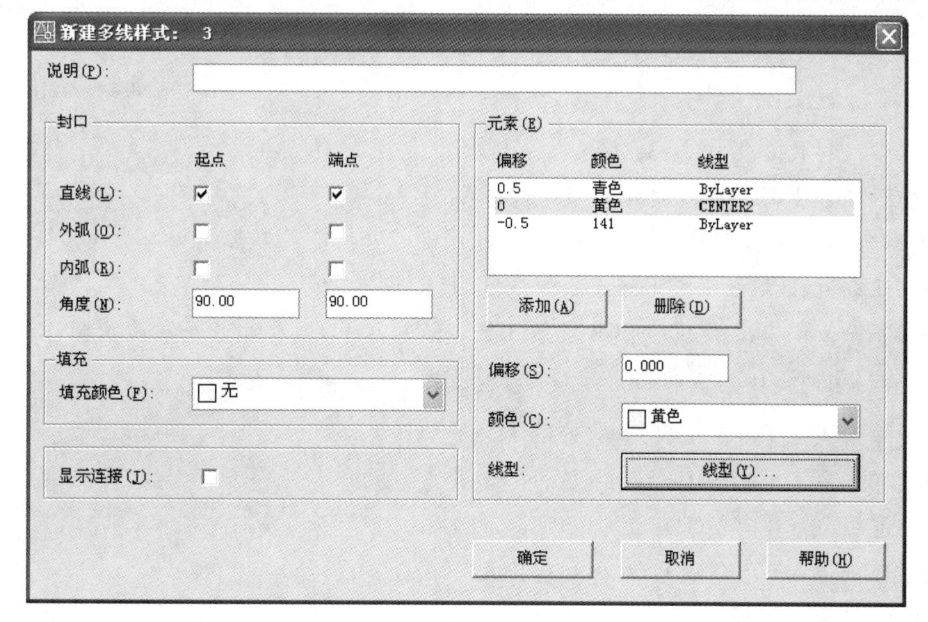

图 2-8　“新建多线样式”对话框

(3)在“封口”选项组中设置多线起点和端点的形式，封口可以选择“直线”“外弧”“内弧”，还可以设置封口直线或圆弧的“角度”。样式 3 选择封口为“直线”“角度”默认为 90°。

(4)在“元素”选项组中可以设置组成多线的元素的特性。单击“添加”按钮，可以为多线添加元素；反之，单击“删除”按钮，可以为多线删除元素。在“偏移”文本框中可以设置选中元素的位置偏移值。在“颜色”下拉列表框中可以为选中元素选择颜色。按下“线型”按钮，可以为选中元素设置线型。

(5)在“填充颜色”下拉列表框中可以选择多线填充的颜色。

(6)设置完毕后，单击“确定”按钮，系统返回到“多线样式”对话框，在“样式”列表中会显示刚设置的多线样式名，选择该样式，单击“置为当前”按钮，则将刚设置的多线样式设置为当前样式，下面的预览框中会显示当前多线样式。

(7)单击“确定”按钮，完成多线样式设置。

2.4.2　多线的画法

启动“多线”命令，可以使用下列方法之一：

(1)命令行：MLINE。

(2)菜单：“绘图”→“多线”。

【例 2-2】　按照上述步骤设置的多线样式 3，绘制如图 2-9 所示的图形。

【操作步骤】

命令：mline

当前设置：对正 = 上，比例 = 20.00，样式 = STANDARD

指定起点或[对正(J)/比例(S)/样式(ST)]：S↙　（选择比例选项）

输入多线比例 <20.00>：2↙

当前设置：对正 = 上，比例 = 2.00，样式 = STANDARD

指定起点或[对正(J)/比例(S)/样式(ST)]：ST↙　（选择样式选项）

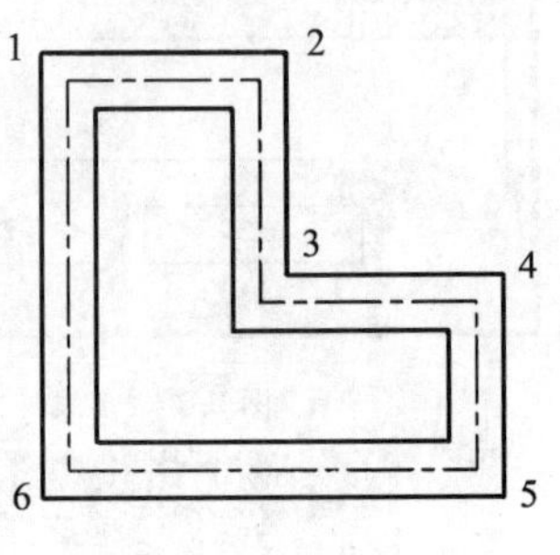

图 2-9　用多线绘制的图形

输入多线样式名或[?]：3↙

当前设置：对正 = 上，比例 = 2.00，样式 = 3

指定起点或[对正(J)/比例(S)/样式(ST)]：　（指定第 1 点）

指定下一点：（继续给定下一点绘制线段，指定第 2 点）

指定下一点或[放弃(U)]：（指定第 3 点。若输入 U，则放弃前一段的绘制；若单击鼠标右键，在弹出的快捷菜单中单击“确定”按钮或按 Enter 键，结束命令）

指定下一点或[闭合(C)/放弃(U)]：（指定 4 点）

指定下一点或[闭合(C)/放弃(U)]：（指定 5 点）

指定下一点或[闭合(C)/放弃(U)]：（指定 6 点）

指定下一点或[闭合(C)/放弃(U)]：C↙（闭合多线）

【提示、注意、技巧】

(1)对正(J)：该项用于给定绘制多线的基准。共有上对正、无对正和下对正三种选择，其中，“上对正(T)”表示以多线上侧的线为基准，其他依此类推。

(2)比例(S)：选择该项，要求用户设置平行线的间距。输入值为零时平行线重合，输入值为负时多线的排列倒置。

(3)样式(ST)：该项用于设置当前使用的多线样式。

2.5　绘　制　圆

绘制圆命令是 AutoCAD 中最简单的曲线命令。启动“圆”命令，可以使用下列方法之一：

(1)命令行:CIRCLE。

(2)菜单:“绘图”→“圆”。

(3)工具栏:“绘图”→。

【操作步骤】

命令:circle

指定圆的圆心或[三点(3P)/两点(2P)/相切、相切、半径(T)]:(指定圆心)

指定圆的半径或[直径(D)]＜默认值＞:(直接输入半径数值或用鼠标指定半径长度)

指定圆的直径＜默认值＞:(输入直径数值或用鼠标指定直径长度)

【提示、注意、技巧】

(1)三点(3P):用指定圆周上三点的方法画圆。

(2)两点(2P):指定直径的两端点画圆。

(3)相切、相切、半径(T):按先指定两个相切对象,后给出半径的方法画圆。

【例 2-3】 绘制如图 2-10 所示的图形。

【操作步骤】

命令: line

指定第一点:　(指定第一点)

指定下一点或[放弃(U)]:　(指定第二点)

指定下一点或[放弃(U)]:　(指定第三点)

指定下一点或[闭合(C)/放弃(U)]:↙　(回车退出)

命令: circle

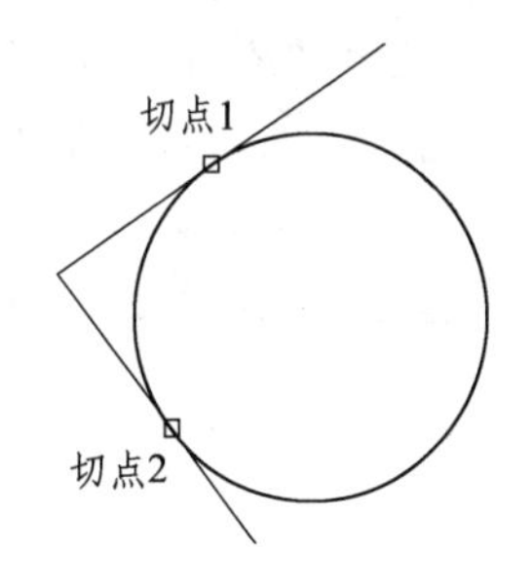

图 2-10　相切、相切、半径画圆

指定圆的圆心或[三点(3P)/两点(2P)/相切、相切、半径(T)]: T↙

指定对象与圆的第一个切点:　(指定第一个切点)

指定对象与圆的第二个切点:　(指定第二个切点)

指定圆的半径＜30.0000＞:↙　(默认)

(4)相切、相切、相切

菜单中的画圆选项比工具栏选项多一种,即“相切、相切、相切”的方法,如图 2-11 所示。

当选择此方式时系统提示:

指定圆上的第一个点:_ tan 到(指定相切的第一条线)

指定圆上的第二个点:_ tan 到(指定相切的第二条线)

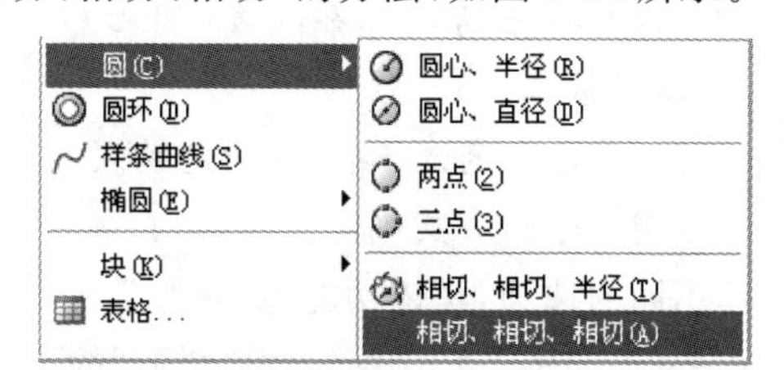

图 2-11　“绘图”菜单中的“圆”子菜单

指定圆上的第三个点:_ tan 到(指定相切的第三条线)

【例 2-4】 绘制如图 2-12 所示的图形。

【操作步骤】

命令:line

指定第一点： （指定第一点）

指定下一点或[放弃(U)]： （指定第二点）

指定下一点或[放弃(U)]： （指定第三点）

指定下一点或[闭合(C)/放弃(U)]:↙ （回车退出）

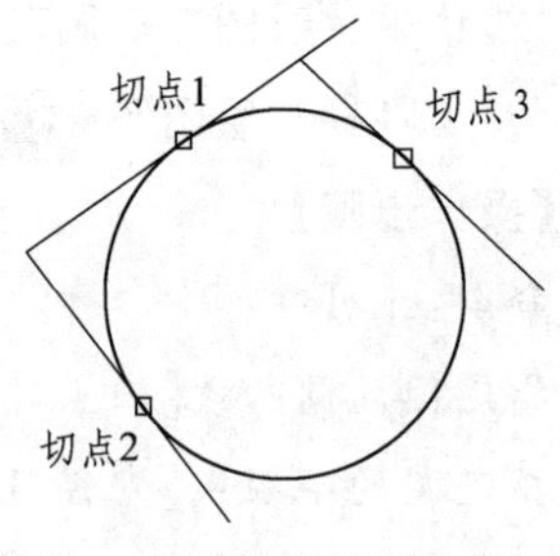

图 2-12 相切、相切、相切画圆

命令:line

指定第一点： （重复直线命令,指定第一点）

指定下一点或[放弃(U)]： （指定第二点）

指定下一点或[闭合(C)/放弃(U)]:↙ （回车退出）

命令:circle

指定圆的圆心或[三点(3P)/两点(2P)/相切、相切、半径(T)]：3P↙

(菜单:"绘图"→"圆" →"相切、相切、相切")

指定圆上的第一个点：_ tan 到（指定第一个切点）

指定圆上的第二个点：_ tan 到（指定第二个切点）

指定圆上的第三个点：_ tan 到（指定第三个切点）

2.6 绘制圆弧

启动"圆弧"命令,可以使用下列方法之一：

(1)命令行:ARC(缩写名:A)。

(2)菜单:"绘图"→"圆弧"。

(3)工具栏:"绘图"→ 。

【操作步骤】

命令:_ arc

指定圆弧的起点或[圆心(C)]： （指定起点）

指定圆弧的第二个点或[圆心(C)/端点(E)]：（指定第二点）

指定圆弧的端点： （指定端点）

用命令行方式画圆弧时,可以根据系统提示,选择不同的选项,具体功能与"圆弧"子菜单的 11 种方式相似,如图 2-13 所示。用"圆弧"的 11 种方式所绘图形,如图 2-14 所示。

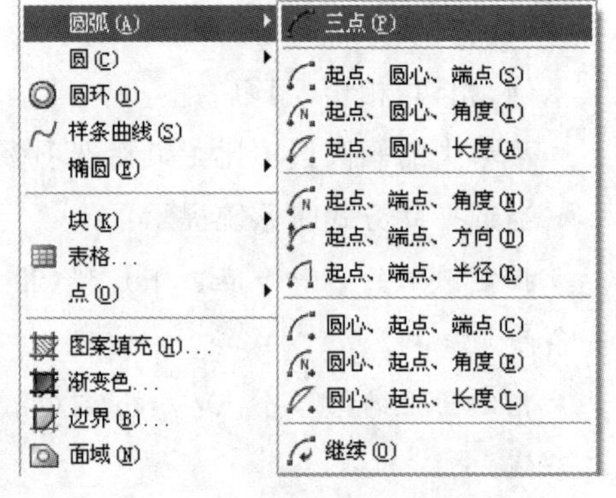

图 2-13 "绘图"菜单中的"圆弧"子菜单

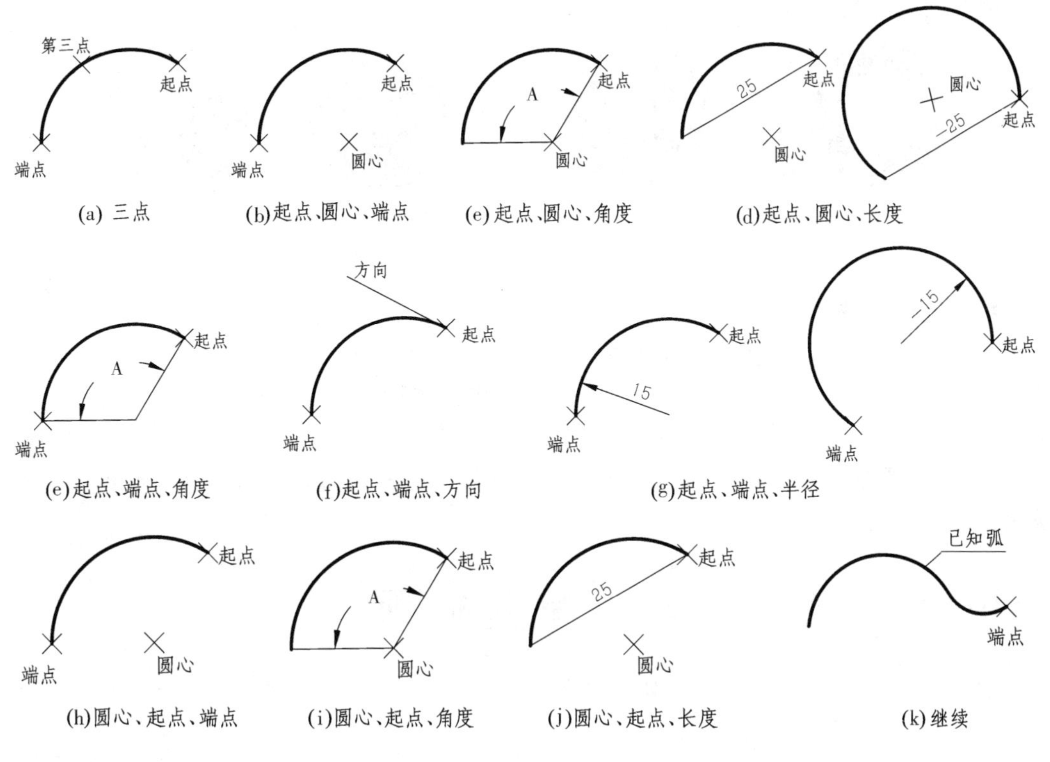

图 2-14　11 种绘制圆弧的方式

【提示、注意、技巧】

(1)用“起点、圆心、长度”方式画圆弧，长度是指连接弧上两点的弦长。沿逆时针方向画圆弧时，若弦长值为正，则得到劣弧；反之，则得到优弧。

(2)用“起点、端点、半径”方式画圆弧时，只能沿逆时针方向画，若半径值为正，则得到劣圆弧；反之，则得到优弧。

(3)用“继续”方式绘制的圆弧与上一线段或圆弧相切，因此继续画圆弧段，只要提供端点即可。

2.7　绘制圆环

启动“圆环”命令，可以使用下列方法之一：

(1)命令行：DONUT。

(2)菜单：“绘图”→“圆环”。

【操作步骤】

命令：donut

指定圆环的内径＜默认值＞：↙　(指定圆环内径，回车)

指定圆环的外径＜默认值＞：↙　(指定圆环外径，回车)

指定圆环的中心点或＜退出＞：↙　(指定圆环中心点，回车)

指定圆环的中心点＜退出＞：↙　(继续指定圆环的中心点，则继续绘制相同内外径的圆环。用回车、空格键或鼠标右键结束命令)

操作结果如图 2-15(a)所示。

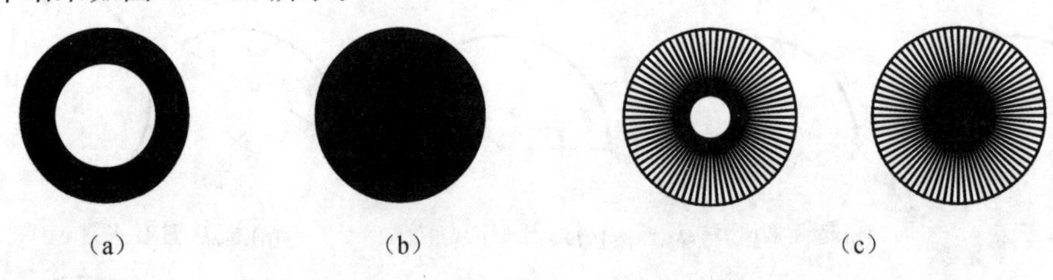

图 2-15　用“圆环”命令绘制的圆环和实心圆

【提示、注意、技巧】

(1)若指定内径为零,则画出实心填充圆,如图 2-15(b)所示。

(2)命令 FILL 可以控制圆环是否填充,具体操作方法是:

命令:fill

输入模式[开(ON)/关(OFF)]＜开＞:　(选择 ON 表示填充,选择 OFF 表示不填充,如图 2-15(c))

2.8　绘制椭圆

启动“椭圆”命令,可以使用下列方法之一:

(1)命令行:ELLIPSE 或 EL(简捷命令)。

(2)菜单:“绘图”→“椭圆”。

(3)工具栏:“绘图”→ 。

如图 2-16 所示,用“椭圆”命令绘制椭圆有多种方式,但实际上都是以不同的顺序输入椭圆的中心点、长轴、短轴三个要素。在实际应用中,应根据条件灵活选择。

【操作步骤】

命令:ellipse

指定椭圆的轴端点或[圆弧(A)/中心点(C)]:　(指定轴端点 1)

指定轴的另一个端点:　(指定轴端点 2)

指定另一条半轴长度或[旋转(R)]:　(指定另一条半轴端点 3)

操作结果如图 2-17 所示。

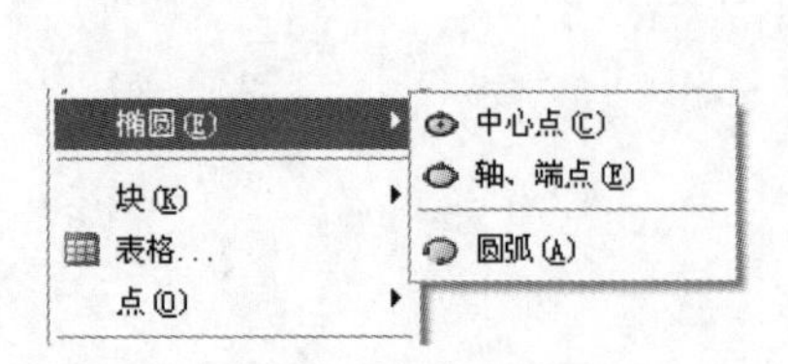

图 2-16　“绘图”菜单中的“椭圆”子菜单

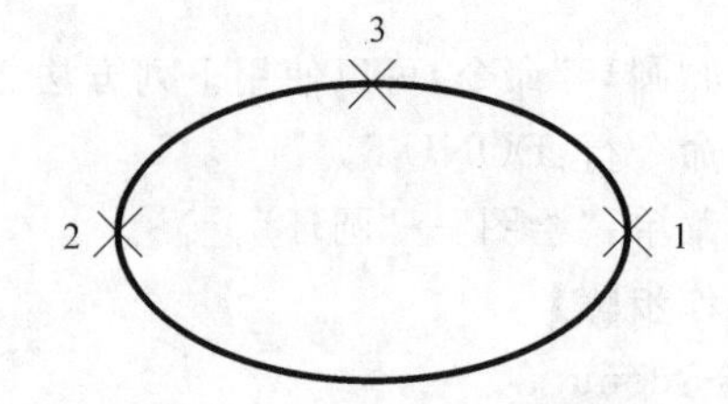

图 2-17　定义轴端点绘制椭圆

【提示、注意、技巧】

(1)指定椭圆的轴端点:根据两个端点定义椭圆的第一条轴。第一条轴的角度确定了整个椭圆的角度。第一条轴既可定义椭圆的长轴也可定义椭圆的短轴。

(2)中心点(C):通过指定的中心点创建椭圆。

(3)旋转(R):通过绕一条轴旋转圆来创建椭圆。相当于将一个圆绕椭圆长轴翻转一个角度后的投影视图,如图 2-18 所示。

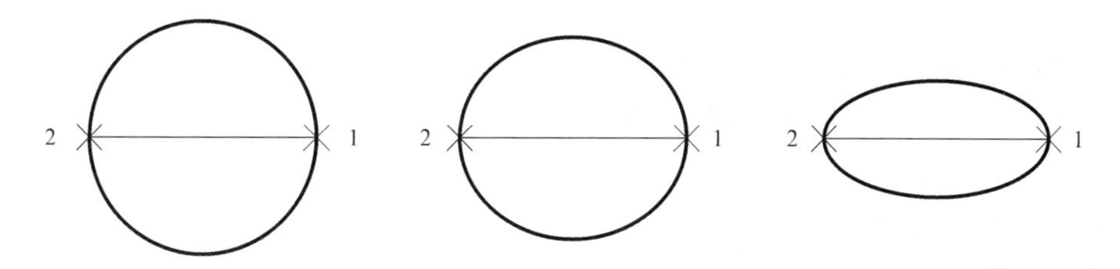

图 2-18 定义长轴和翻转一个角度绘制椭圆

2.9 绘制椭圆弧

启动"椭圆弧"命令,可以使用下列方法之一:

(1)命令行:ELLIPSE(或简捷命令 EL)→"圆弧"。

(2)菜单:"绘图"→"椭圆" →"圆弧"。

(3)工具栏:"绘图"→ 。

该命令用于创建一段椭圆弧,与"绘图"工具栏中 的功能相同。其中第一条轴的角度确定了椭圆弧的角度。第一条轴既可定义椭圆弧长轴也可定义椭圆弧短轴。选择该项,系统提示:

命令:ellipse

指定椭圆的轴端点或[圆弧(A)/中心点(C)]:A↙ (输入 A,选择画椭圆弧)

指定椭圆弧的轴端点或[中心点(C)]: (指定端点或输入 C)

指定椭圆弧的中心点:

指定轴的端点: (指定端点)

指定另一条半轴长度或[旋转(R)]: (指定另一条半轴长度或输入 R)

指定起始角度或[参数(P)]: (指定起始角度或输入 P)

指定终止角度或[参数(P)/包含角度(I)]:

【提示、注意、技巧】

(1)角度:指定椭圆弧端点的两种方式之一,光标和椭圆中心点连线与水平线的夹角为椭圆端点位置的角度,如图 2-19 所示。

(2)参数(P):指定椭圆弧端点的另一种方式,该方式同样是指定椭圆弧端点的角度,但是通过以下矢量参数方程来创建椭圆弧。

(3)包含角度(I):定义从起始角度开始的包含角度。

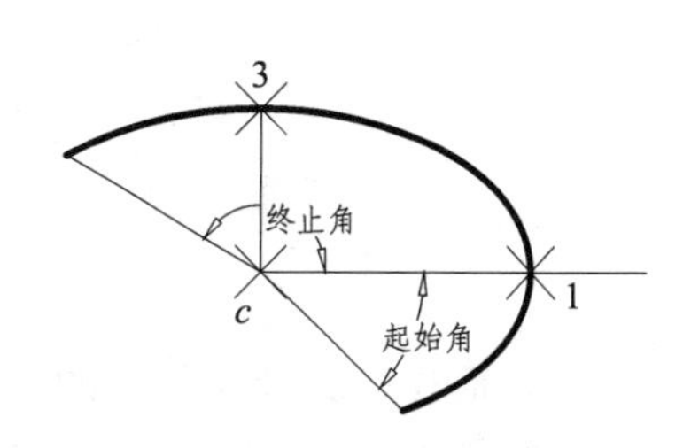

图 2-19 定义角度绘制椭圆

2.10 绘制矩形

启动“矩形”命令，可以使用下列方法之一：

(1)命令行：RECTANG(缩写名：REC)。

(2)菜单：“绘图”→“矩形”。

(3)工具栏：“绘图”→▭。

【操作步骤】

命令：rectang

指定第一个角点或[倒角(C)/标高(E)/圆角(F)/厚度(T)/宽度(W)]：（指定一点）

指定另一个角点或[面积(A)/尺寸(D)/旋转(R)]：

【提示、注意、技巧】

(1)第一个角点：通过指定两个角点确定矩形，如图 2-20(a)所示。

(2)倒角(C)：指定倒角距离，绘制带倒角的矩形，如图 2-20(b)所示。每一个角点的逆时针和顺时针方向的倒角可以相同，也可以不同，其中第一个倒角距离是指角点逆时针方向倒角距离，第二个倒角距离是指角点顺时针方向倒角距离。

(3)标高(E)：指定矩形标高(Z 坐标)，即把矩形画在标高为 Z 且与 XOY 坐标面平行的平面上，并作为后续矩形的标高值。

(4)圆角(F)：指定圆角半径，绘制带圆角的矩形，如图 2-20(c)所示。

(5)厚度(T)：指定矩形的厚度，如图 2-20(d)所示。

(6)宽度(W)：指定线宽，如图 2-20(e)所示。

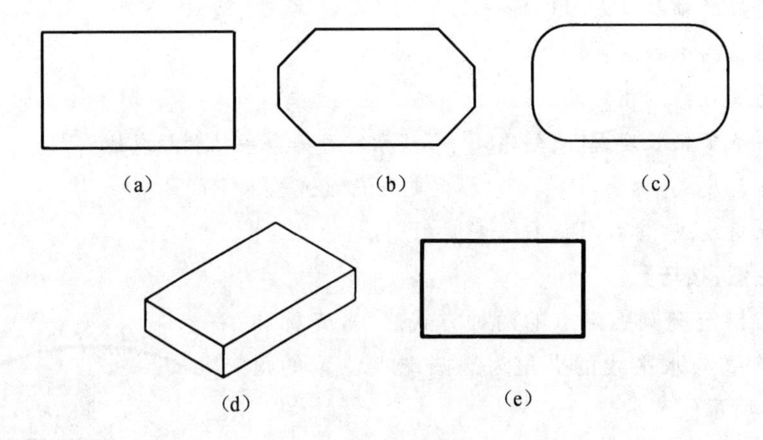

图 2-20 绘制矩形

(7)面积(A)：指定面积的长或宽创建矩形。选择该项，系统提示：

输入以当前单位计算的矩形面积<20.0000>：（输入面积值）

计算矩形标注时依据[长度(L)/宽度(W)]<长度>：（回车或输入 W）

输入矩形长度<4.0000>：（指定长度或宽度）

指定长度或宽度后，系统会自动计算绘制出矩形。如果矩形是倒角或圆角，则长度或宽度计算中会考虑此设置。

(8)尺寸(D)：使用长和宽创建矩形。第二个指定点将矩形定位在与第一角点相关的四个位置之一。

(9)旋转(R)：旋转所绘制的矩形的角度。选择该项，系统提示：

指定旋转角度或[拾取点(P)]＜45＞：（指定角度）

指定另一个角点或[面积(A)/尺寸(D)/旋转(R)]：(指定另一个角点或选择其他选项)

指定旋转角度后，系统按指定角度创建矩形。

2.11　绘制正多边形

启动“正多边形”命令，可以使用下列方法之一：

(1)命令行：POLYGON。

(2)菜单：“绘图”→“正多边形”。

(3)工具栏：“绘图”→。

【操作步骤】

命令：polygon

输入边的数目＜4＞：(指定多边形的边数，默认值为 4)

指定正多边形的中心点或[边(E)]：（指定中心点）

输入选项[内接于圆(I)/外切于圆(C)]＜I＞：（指定内接于圆或外切于圆，I 表示内接于圆，C 表示外切于圆）

指定圆的半径：（指定外接圆或内切圆的半径）

所绘正多边形如图 2-21(a)、图 2-21(b)所示。

【提示、注意、技巧】

如果选择“边”选项，则只要指定多边形的一条边，系统就会按逆时针方向创建该正多边形，如图 2-21(c)所示。

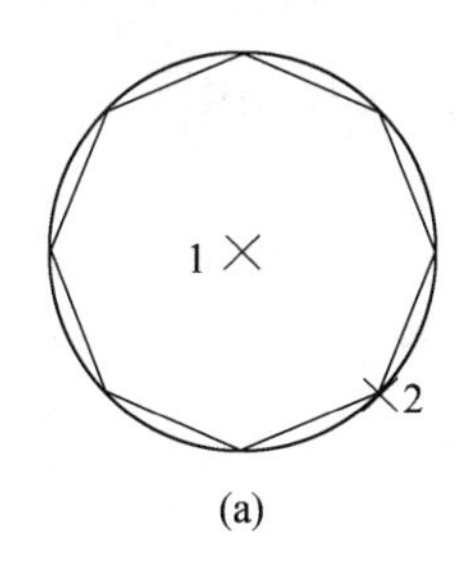

(a)

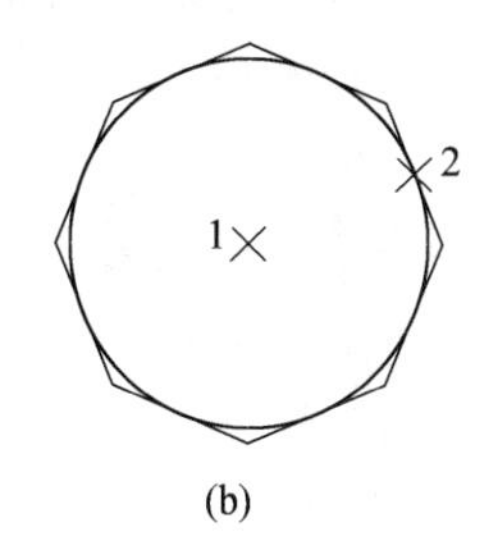

(b)

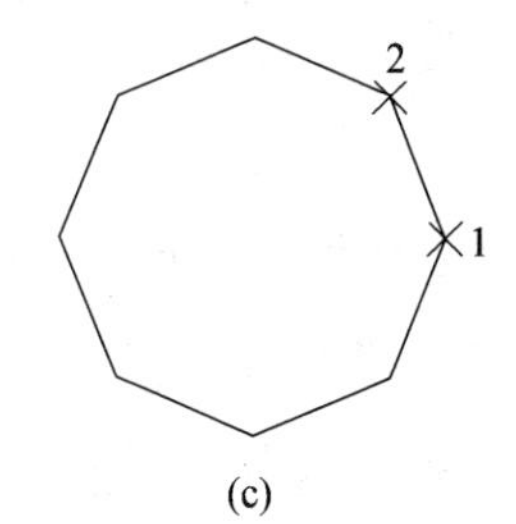

(c)

图 2-21　绘制正多边形

【例 2-5】　绘制如图 2-22 所示的螺母外形图。

【操作步骤】

(1)利用“圆”命令绘制一个圆。命令行提示与操作如下：

命令：circle

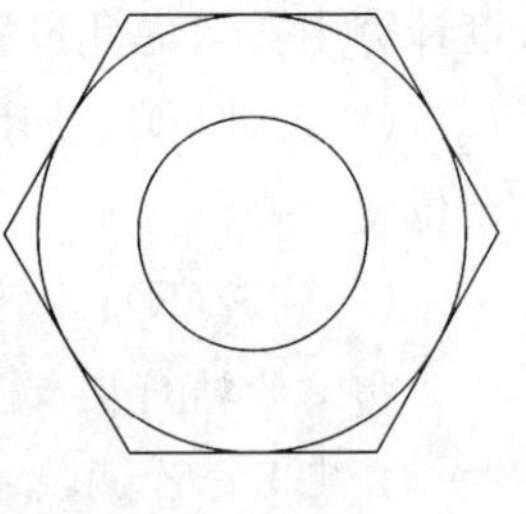
图 2-22　绘制螺母外形

指定圆的圆心或[三点(3P)/两点(2P)/相切、相切、半径(T)]:150,150↙

指定圆的半径或[直径(D)]:50↙

得到的结果如图 2-23 所示。

(2)利用“正多边形”命令绘制正六边形,命令行提示与操作如下:

命令:polygon

输入边的数目<4>:6↙

指定正多边形的中心点或[边(E)]:150,150↙

输入选项[内接于圆(I)/外切于圆(C)]<I>:C↙

指定圆的半径:50↙

得到的结果如图 2-24 所示。

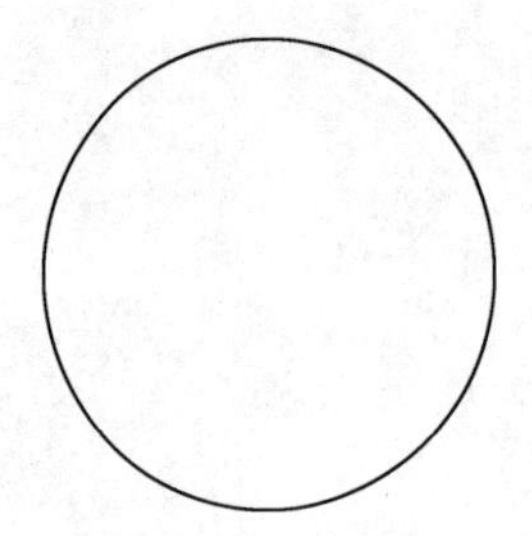
图 2-23　绘制圆

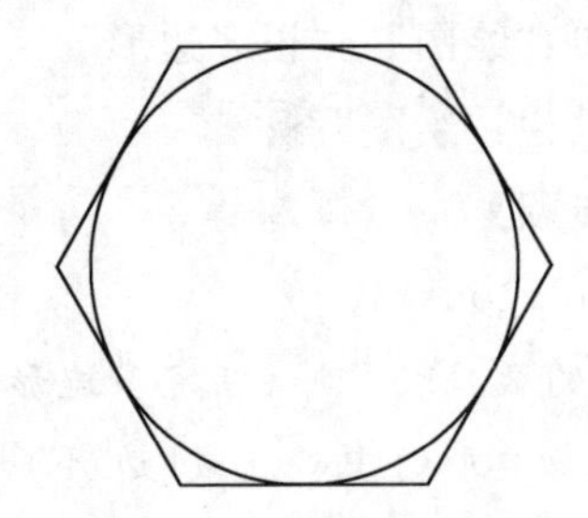
图 2-24　绘制正六边形

(3)同样以(150,150)为中心、30 为半径绘制另一个圆,结果如图 2-22 所示。

2.12　绘　制　点

2.12.1　点

在 AutoCAD 中,点可以作为实体,用户可以像创建直线、圆和圆弧一样创建点。同其他实体一样,点具有各种实体属性,也可以编辑。启动“点”命令,可以使用下列方法之一:

(1)命令行:POINT。

(2)菜单:“绘图”→“点”→“单点”/“多点”。

(3)工具栏:“绘图”→ 。

【操作步骤】

命令:point

指定点:(指定点所在的位置)

【提示、注意、技巧】

(1)通过菜单方法操作如图 2-25 所示。“单点”命令表示只输入一个点,“多点”命令表示可输入多个点。

(2)可以打开状态栏中的“对象捕捉”开关,设置点捕捉模式,帮助用户拾取点。

(3)点在图形中的表示样式共有 20 种。可通过命令“DDPTYPE”或菜单命令“格式”→“点样式”，在弹出的“点样式”对话框中进行设置，如图 2-26 所示。

图 2-25　“绘图”菜单中的“点”子菜单

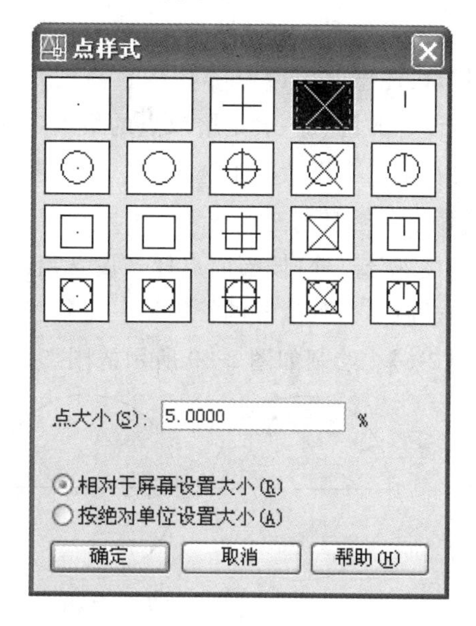

图 2-26　“点样式”对话框

2.12.2　定数等分

启动“定数等分”命令，可以使用下列方法之一：

(1)命令行：DIVIDE(缩写名：DIV)。

(2)菜单：“绘图”→“点”→“定数等分”。

【操作步骤】

命令：divide

选择要定数等分的对象：（选择要等分的实体）

输入线段数目或[块(B)]：（指定实体的等分数）

绘制结果如图 2-27 所示。

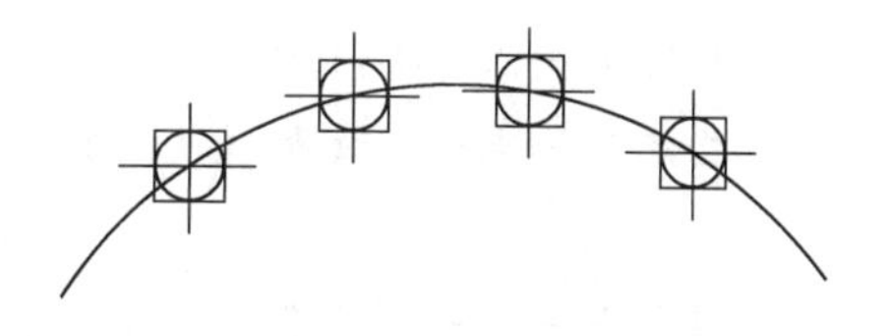

图 2-27　绘制等分点

【提示、注意、技巧】

(1)等分数范围为 2～32 767。

(2)在等分点处，按当前点样式设置画出等分点。

(3)在第二个提示行中选择“块(B)”选项时，表示在等分点处插入指定的块（“块”见第 8 章）。

2.12.3　定距等分

启动“定距等分”命令，可以使用下列方法之一：

(1)命令行：MEASURE(缩写名：ME)。

(2)菜单：“绘图”→“点”→“定距等分”。

【操作步骤】

命令：measure

选择要定距等分的对象：（选择要设置测量点的实体）

指定线段长度或[块(B)]：（指定分段长度）

绘制结果如图 2-28 所示。

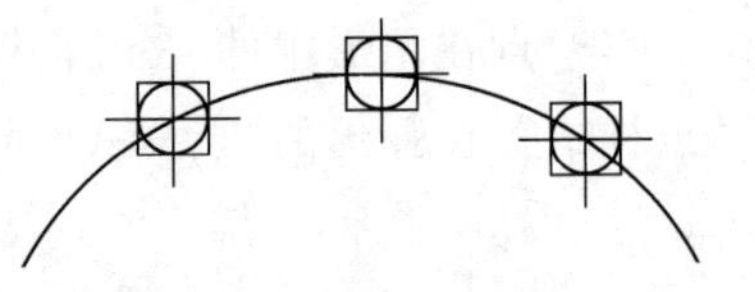

图 2-28 定距等分点

【提示、注意、技巧】

(1)设置的起点一般是拾取点的最近定起点。

(2)在第二个指示行中选择“块(B)”选项时，表示在测量点处插入指定的块，后续操作与上节等分点相似。

(3)在等分点处，按当前点样式设置绘制出等分点。

(4)最后一个测量段的长度不一定等于指定分段长度。

【例 2-6】 绘制如图 2-29 所示的图形。

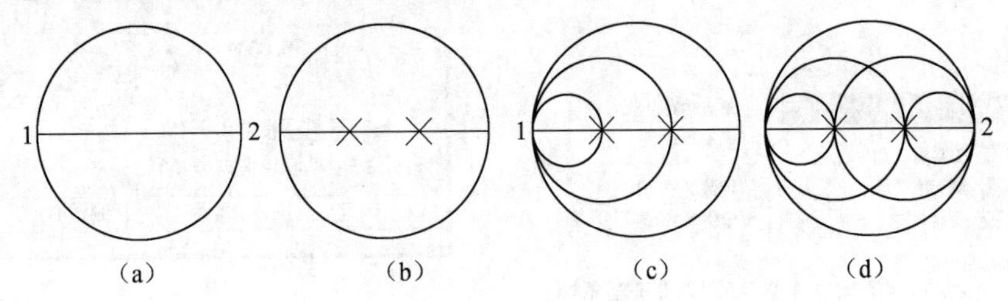

图 2-29 利用“定距等分”命令绘制图形

【操作步骤】

命令：circle

指定圆的圆心或［三点(3P)/两点(2P)/相切、相切、半径(T)］：100,100↙

指定圆的半径或［直径(D)］<30.0000>：30↙ （绘制半径为 30 的圆）

命令：line

指定第一点：70,100↙

指定下一点或［放弃(U)］：130,100↙ （绘制 1→2 的直径线，结果如图 2-29(a)所示）

指定下一点或［放弃(U)］：↙ （退出“直线”命令）

命令：divide

选择要定数等分的对象：

输入线段数目或［块(B)］：3↙（结果如图 2-29(b)所示）

命令：circle

指定圆的圆心或［三点(3P)/两点(2P)/相切、相切、半径(T)］：2P↙

指定圆直径的第一个端点：70,100↙

指定圆直径的第二个端点：90,100↙ （以两点方式画圆，1 为起点，等分点为终点）

命令：circle

指定圆的圆心或［三点(3P)/两点(2P)/相切、相切、半径(T)］：2P↙

指定圆直径的第一个端点：70,100↙

指定圆直径的第二个端点：110,100↙

（以两点方式画圆，1 为起点，等分点为终点，结果如图 2-29(c)所示）

命令：circle

指定圆的圆心或［三点(3P)/两点(2P)/相切、相切、半径(T)］：2P↙

指定圆直径的第一个端点：130,100↙

指定圆直径的第二个端点：110,100↙（以两点方式画圆，2 为起点，等分点为终点）

命令：circle

指定圆的圆心或［三点(3P)/两点(2P)/相切、相切、半径(T)］：2P↙

指定圆直径的第一个端点：130,100↙

指定圆直径的第二个端点：90,100↙

（以两点方式画圆，2 为起点，等分点为终点。绘制结果如图 2-29(d)所示）

2.13　绘制多段线

多段线是由多个线段和圆弧组合而成的单一实体对象，一条多段线中，无论包含多少段直线或弧它都是一个实体。这种线由于其组合形式多样，线宽可变化，弥补了直线或圆弧功能的不足，适合绘制各种复杂的图形轮廓，因而得到了广泛的应用。多段线可以利用“PEDIT”命令进行编辑，有关知识将在第 4 章中介绍。

启动“多段线”命令，可以使用下列方法之一：

(1)命令行：PLINE(缩写名：PL)。

(2)菜单：“绘图”→“多段线”。

(3)工具栏：“绘图”→。

【操作步骤】

命令：pline

指定起点：（指定多段线的起点）

当前线宽为 0.0000

指定下一个点或［圆弧(A)/半宽(H)/长度(L)/放弃(U)/宽度(W)］：（指定多段线的下一点）

如果在上述提示中选择“圆弧(A)”，则命令行提示：

指定圆弧的端点或［角度(A)/圆心(CE)/闭合(CL)/方向(D)/半宽(H)/直线(L)/半径(R)/第二个点(S)/放弃(U)/宽度(W)］：

绘制圆弧的方法与“圆弧”命令相似。

【提示、注意、技巧】

(1)当多段线的宽度大于 0 时，如果绘制闭合的多段线，一定要用“闭合”选项才能使其完全封闭，否则起点与终点会出现一段缺口。如图 2-30 所示，图 2-30(a)所示为使用“闭合”选项的情况，图 2-30(b)所示为没有使用“闭合”选项的情况。

(2)在绘制多段线的过程中如果选择“U”，则取消刚刚绘制的那一段多段线，当确定刚画的多段线有错误时，选择此项。

(3)多段线起点宽度值以上一次输入值为默认值,而终点宽度值以起点宽度值为默认值。

(4)当使用分解命令对多段线进行分解时,多段线的线宽信息将丢失。

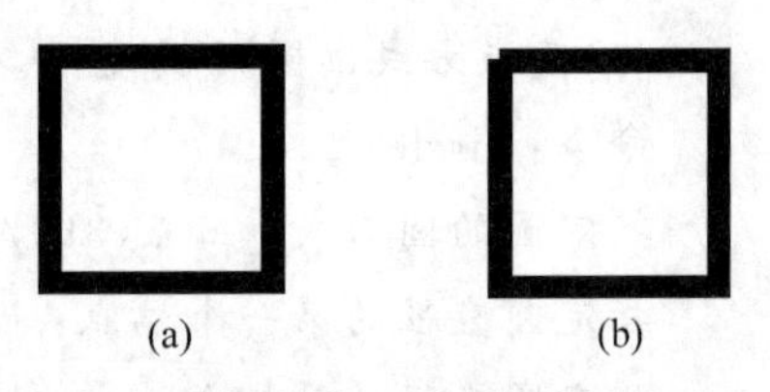

图 2-30　封口的区别

如图 2-31(a)所示的两个图形是用多段线命令绘制的,分别为几何公差中的圆跳动符号和电路中二极管符号。

【例 2-7】 用多段线命令绘制如图 2-31(b)所示的图形。

图 2-31　利用“多段线”绘制的图形

【操作步骤】

命令:pline

指定起点: (指定一点为 A 点)

当前线宽为 0.0000↙

指定下一个点或[圆弧(A)/半宽(H)/长度(L)/放弃(U)/宽度(W)]: W↙ (选择宽度选项)

指定起点宽度＜0.0000＞: 2↙ (起点线宽 2)

指定端点宽度＜2.0000＞: ↙ (终点线宽 2)

指定下一个点或[圆弧(A)/半宽(H)/长度(L)/放弃(U)/宽度(W)]: @0,15↙ (给出 B 点)

指定下一点或[圆弧(A)/闭合(C)/半宽(H)/长度(L)/放弃(U)/宽度(W)]: A↙ (选择画弧方式)

指定圆弧的端点或[角度(A)/圆心(CE)/闭合(CL)/方向(D)/半宽(H)/直线(L)/半径(R)/第二个点(S)/放弃(U)/宽度(W)]: W↙ (选择宽度选项)

指定起点宽度＜2.0000＞: 2↙ (起点线宽 2)

指定端点宽度＜2.0000＞: 0↙ (终点线宽 0)

指定圆弧的端点或[角度(A)/圆心(CE)/闭合(CL)/方向(D)/半宽(H)/直线(L)/半径(R)/第二个点(S)/放弃(U)/宽度(W)]: R↙ (选择半径选项)

指定圆弧的半径: 9↙ (指定半径为 9)

指定圆弧的端点或[角度(A)]: @－18,0↙ (给出 C 点)

指定圆弧的端点或[角度(A)/圆心(CE)/闭合(CL)/方向(D)/半宽(H)/直线(L)/半径(R)/第二个点(S)/放弃(U)/宽度(W)]: L↙ (选择直线选项)

指定下一点或［圆弧(A)/闭合(C)/半宽(H)/长度(L)/放弃(U)/宽度(W)］：@0,—15↙（给出 *D* 点）

指定下一点或［圆弧(A)/闭合(C)/半宽(H)/长度(L)/放弃(U)/宽度(W)］：↙（结束命令）

2.14　绘制样条曲线

样条曲线是经过或接近一系列给定点的光滑曲线。样条曲线可以是规则的或不规则的曲线。如图 2-32～图 2-34 所示。

有两种方法创建样条曲线：使用“样条曲线—SPLINE”命令创建样条曲线；使用“多段线编辑—PEDIT”命令拟合多段线使之转换为样条曲线。“多段线编辑—PEDIT”的有关知识将在第 4 章中介绍。

启动“样条曲线”命令可以使用下列方法之一：

(1)命令行：SPLINE。

(2)菜单：“绘图”→“样条曲线”。

(3)工具栏：“绘图”→[图标]。

【操作步骤】

命令：spline

指定第一个点或［对象(O)］：（指定一点选择“对象(O)”选项）

指定下一点：（指定一点）

指定下一个点或［闭合(C)/拟合公差(F)］<起点切向>：

【提示、注意、技巧】

(1)对象(O)：将二维或三维的二次或三次样条曲线拟合多段线转换为等价的样条曲线，然后(根据 DELOBJ 系统变量的设置)删除该多段线。

(2)闭合(C)：将最后一点定义为与第一点一致，并使它在连接处相切，这样可以闭合样条曲线。选择该项，系统继续提示：

指定切向：(指定点或按 Enter 键)

用户可以指定一点来定义切向矢量，或者使用“切点”和“垂足”对象捕捉模式使样条曲线与现有对象相切和垂直。如图 2-32 所示。

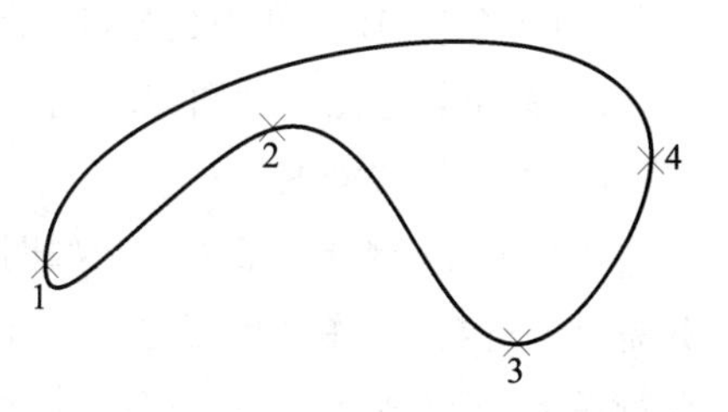

图 2-32　闭合的样条曲线

(3)拟合公差(F)：修改当前样条曲线的拟合公差，根据新公差以现有点重新定义样条曲线。公差表示样条曲线拟合所指定的拟合点集时的拟合精度。公差越小，样条曲线与拟合点越接近。公差为 0，样条曲线将通过该点。输入大于 0 的公差，将使样条曲线在指定的公差范围内通过拟合点。在绘制样条曲线时，可以改变样条曲线拟合公差以查看效果。如图 2-33 所示的两条样条曲线使用的点相同，但公差却不同。

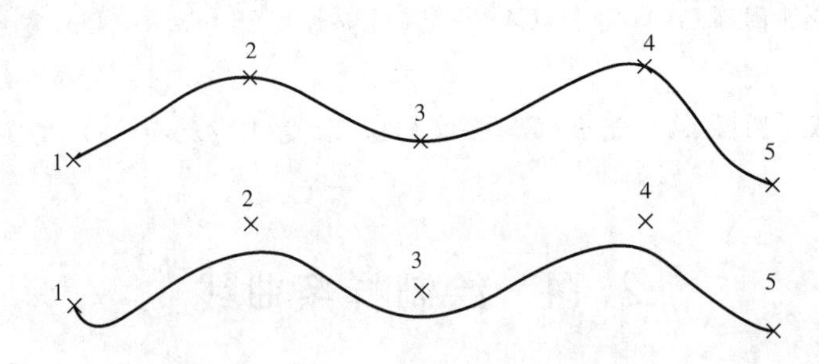

图 2-33　公差等于 0 和大于 0 的样条曲线

(4)＜起点切向＞：定义样条曲线的第一点和最后一点的切向。可以指定一点来定义切向矢量，或者使用“切点”和“垂足”对象捕捉模式使样条曲线与现有对象相切和垂直，如果按Enter键，AutoCAD 将计算默认切向。如图 2-34 所示的两条样条曲线使用的点相同，但起点切线和端点切线不同。

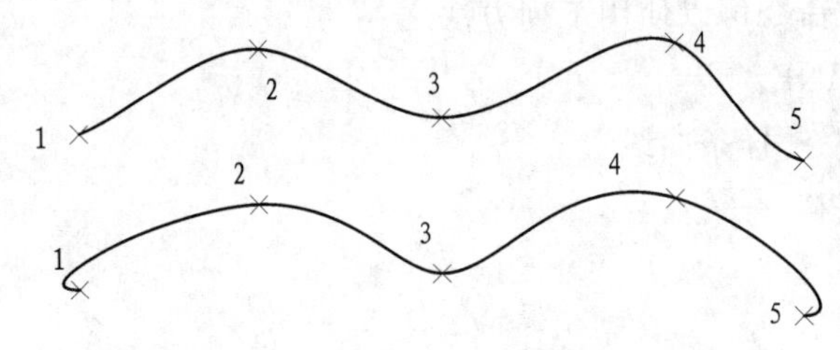

图 2-34　起点切线和端点切线不同的样条曲线

2.15 图案填充

当需要用一个重复的图案颜色填充一个区域时，可以使用图案填充命令建立一个相关联的填充对象，然后在指定的区域内进行填充。已填充的图案可以利用“HATCHEDIT”命令进行编辑，有关知识将在第 4 章中介绍。

【操作步骤】

(1)命令行：BHATCH 或 HATCH(_HATCH)。

(2)菜单：“绘图”→“图案填充”。

(3)工具栏：“绘图”→。

执行上述命令后，系统打开如图 2-35 所示的“图案填充和渐变色”对话框(右边孤岛部分需要单击右下角的伸缩箭头才会被拉开)，如果在命令提示下输入“_HATCH”，将显示命令行提示，可按提示在命令窗口进行操作。下面介绍“图案填充和渐变色”对话框各选项卡中各选项的含义。

2.15.1 “图案填充”选项卡

此选项卡中的各选项用来确定图案及其参数。打开此选项卡后，可以看到图 2-35 左边的选项。下面介绍各选项的含义。

图 2-35　“图案填充和渐变色”对话框

1. 类型

“类型”下拉列表框用于确定填充图案的类型。单击右侧的下三角按钮，弹出其下拉列表，系统提供三种图案类型可供用户选择。

(1)预定义：指图案已经在 acad. pat 文本文件中定义好。

(2)用户定义：使用当前线型定义的图案。

(3)自定义：指定义在除 acad. pat 外的其他文件中的图案。设计填充图案定义要求具备一定的知识、经验和耐心。只有熟悉填充图案的用户才能自定义填充图案，因此建议新用户不要进行此操作。

2. 图案

“图案”下拉列表框用于确定标准图案文件中的填充图案。在弹出的下拉列表中，用户可从中选取填充图案。选取所需要的填充图案后，在“样例”框内会显示出该图案。只有用户在“类型”下拉列表框中选择了“预定义”，此项才以正常亮度显示，即允许用户从“预定义”的图案文件中选取填充图案。

如果选择的图案类型是“预定义”，单击“图案”下拉列表框右边的按钮，会弹出如图 2-36 所示的“填充图案选项板”对话框，该对话框中显示了“预定义”图案类型所具有的图案，用户可从中确定所需要的图案。

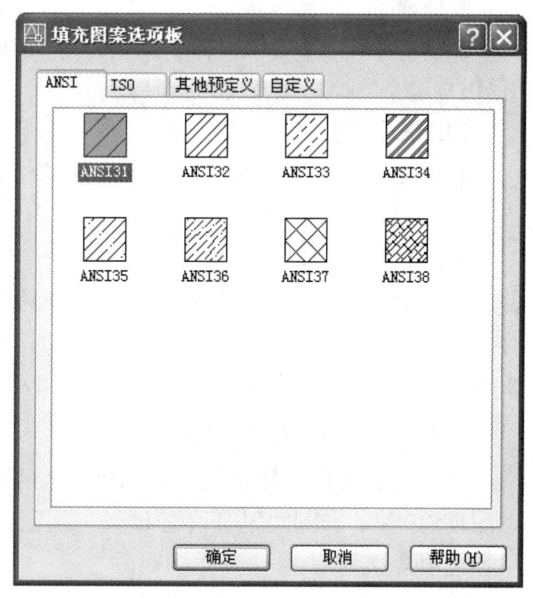

图 2-36　“填充图案选项板”对话框

填充图案和绘制其他对象一样,图案所使用的颜色和线型将使用当前图层的颜色和线型。AutoCAD 提供实体填充以及 50 多种行业标准填充图案,可以使用它们区分对象的部件或表现对象的材质。AutoCAD 还提供 14 种符合 ISO(国际标准化组织)标准的填充图案。

3. 样例

此框是一个"样例"图案预览小窗口。单击该窗口,同样会弹出如图 2-36 所示的"填充图案选项板"对话框,以利于迅速查看或选取已有的填充图案。

4. 自定义图案

此下拉列表框用于从用户定义的填充图案中进行选取。只有在"类型"下拉列表框中选用"自定义"选项后,该项才以正常亮度显示,即允许用户从自己定义的图案文件中选取填充图案。

5. 角度

此下拉列表框用于确定填充图案的旋转角度。每种图案在定义时的旋转角度为零,用户可在"角度"下拉列表框中输入所希望的旋转角度。

6. 比例

此下拉列表框用于确定填充图案的比例值。每种图案在定义时的默认比例为 1,用户可以根据需要放大或缩小,方法是在"比例"下拉列表框内输入相应的比例值。

7. 双向

用于确定用户临时定义的填充线是一组平行线,还是相互垂直的两组平行线。只有在"类型"下拉列表框中选用"用户定义"选项,该项才可以使用。

8. 相对图纸空间

确定是否用相对图纸空间来确定填充图案的比例值。选择该选项,可以按适合于版面布局的比例方便地显示填充图案。该选项仅仅适用于图形版面编排。

9. 间距

即指定线之间的间距,在"间距"文本框内输入值即可。只有在"类型"下拉列表框中选用"用户定义"选项,该项才可以使用。

10. ISO 笔宽

此下拉列表框告诉用户根据所选择的笔宽确定与 ISO 有关的图案比例。只有选择了已定义的 ISO 填充图案后,才可确定它的内容。

11. 图案填充原点

控制填充图案生成的起始位置。某些填充图案,例如砖块图案,需要与图案填充边界上的一点对齐。默认情况下,所有图案填充原点对应于当前的 UCS 原点。也可以选择"指定的原点"及下面一级的选项重新指定原点。

2.15.2 "渐变色"选项卡

渐变色是指从一种颜色到另一种颜色的平滑过渡。渐变色能产生光的效果,可为图形添加视觉效果。单击"图案填充和渐变色"对话框中的"渐变色"选项卡,如图 2-37 所示,其中各选项含义如下:

1.“单色”单选按钮

单色即指定使用从较深着色到较浅色调平滑过渡的单色填充。选择“单色”时，AutoCAD 显示带“浏览…”按钮和“着色”“渐浅”滑动条的颜色样本。其下面的显示框显示了用户所选择的真彩色，单击右边的“浏览”按钮，系统打开“选择颜色”对话框，如图 2-38 所示。该对话框将在第 3 章的图层设置部分详细介绍。

2.“双色”单选按钮

单击此单选按钮，系统指定在两种颜色之间平滑过渡的双色渐变填充。AutoCAD 分别为“颜色 1”和“颜色 2”显示带“浏览”按钮的颜色样本。填充颜色将从“颜色 1”渐变到“颜色 2”。“颜色 1”和“颜色 2”的选取与单色选取类似。

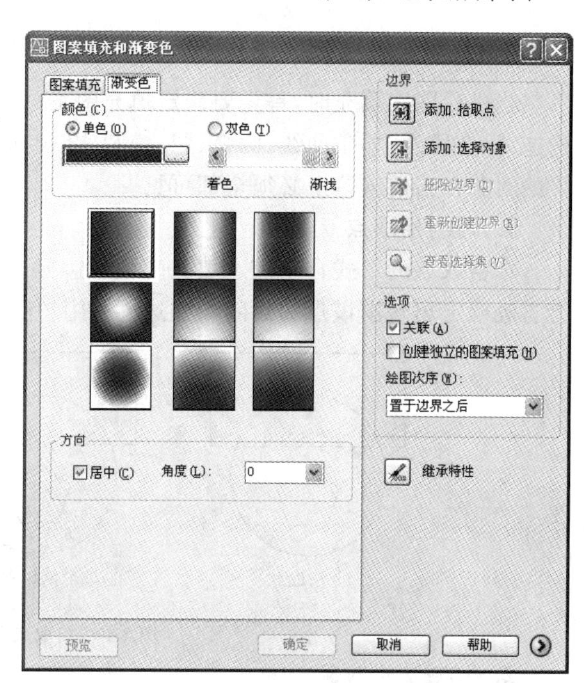

图 2-37　“渐变色”选项卡

3.“颜色样本”

在“颜色”选项组的下方有九种渐变样板，包括线形、球形和抛物线形等方式。

4.“居中”复选框

指定对称的渐变配置。如果没有选定此选项，渐变填充将朝左上方变化，创建光源在对象左边的图案。

5.“角度”下拉列表框

在该下拉列表框中选择角度，此角度为渐变色倾斜的角度。

不同角度的渐变色填充如图 2-39 所示。

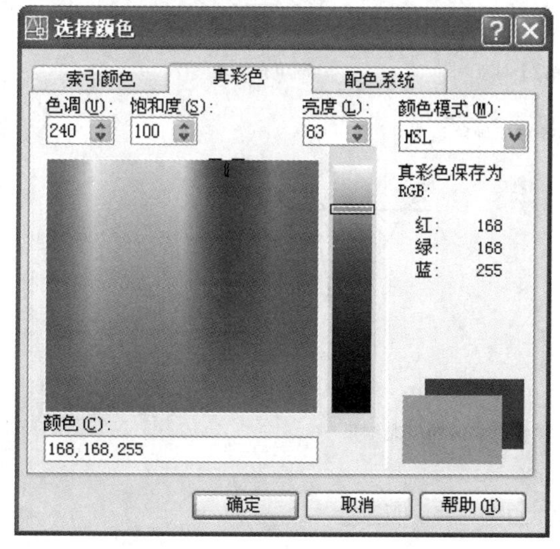

图 2-38　“选择颜色”对话框

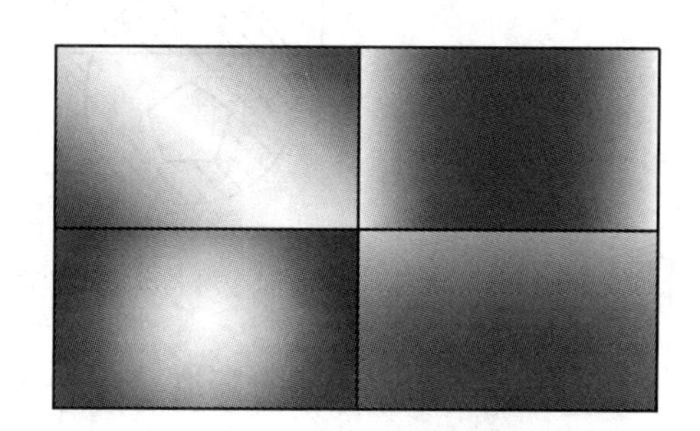

图 2-39　不同角度的渐变色填充

2.15.3 边 界

当进行图案填充时，首先要确定填充图案的边界。定义边界的对象可以是直线、射线、构造线、多段线、样条曲线、圆弧、圆、椭圆、椭圆弧、面域等，或用这些对象定义的块，作为边界的对象在当前屏幕上必须全部可见。

1. 添加：拾取点

以拾取点的形式自动确定填充区域的边界。在填充的区域内任意点取一点，AutoCAD会自动确定出包围该点的封闭填充边界，并且这些边界以高亮度显示，如图 2-40 所示。

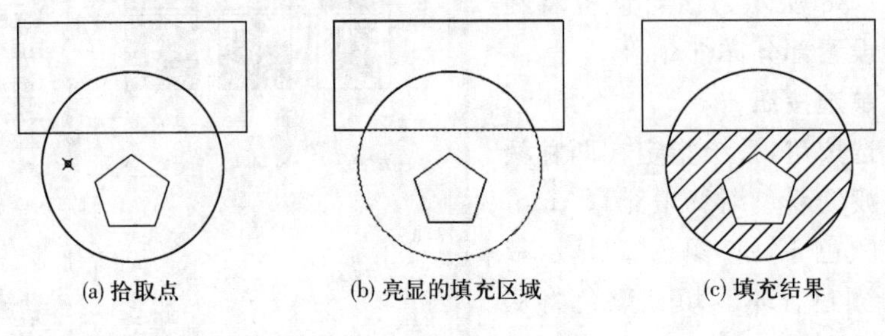

(a) 拾取点　(b) 亮显的填充区域　(c) 填充结果

图 2-40　拾取点确定边界

2. 添加：选择对象

以选择对象的方式确定填充区域的边界。用户可以根据需要选取构成填充区域的边界对象。同样，被选择的边界也会以高亮度显示，如图 2-41 所示。但如果选取的边界对象有部分重叠或交叉，填充后将会出现有些填充区域混乱或图案超出边界的现象，如图2-42所示。因此，最好少用这种方式来选择边界。

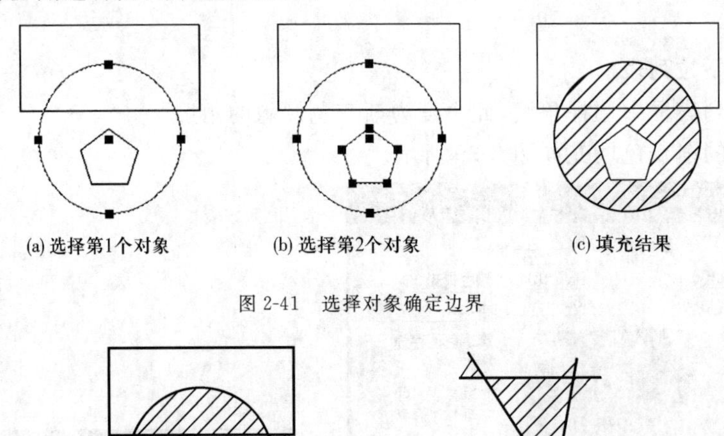

(a) 选择第1个对象　(b) 选择第2个对象　(c) 填充结果

图 2-41　选择对象确定边界

图 2-42　选择对象重叠或交叉的填充结果

3. 删除边界

从边界定义中删除以前添加的任何对象，如图 2-43 所示。

4. 重新创建边界

围绕选定的图案填充或填充对象创建多段线或面域。

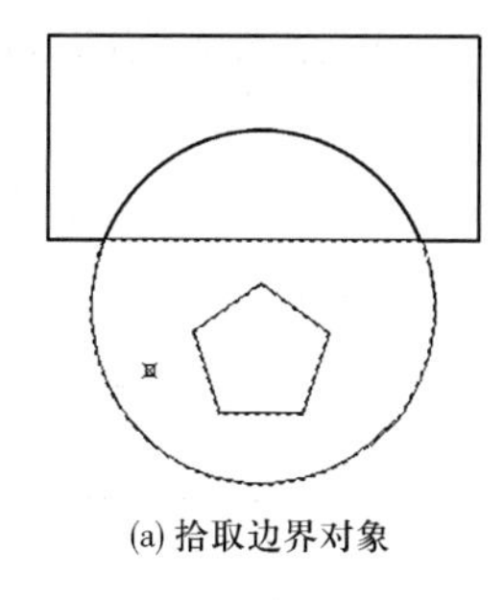

(a) 拾取边界对象

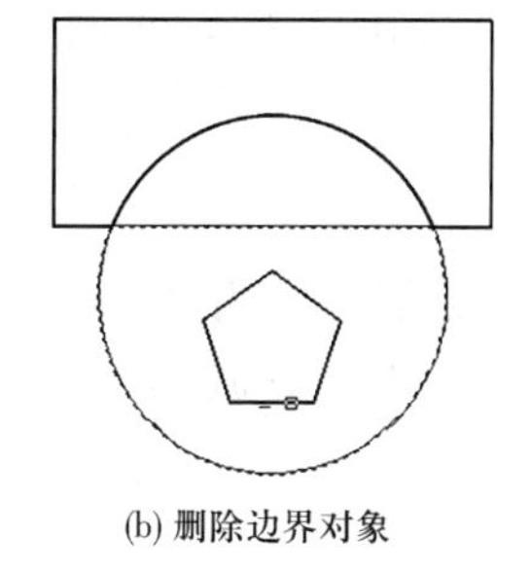

(b) 删除边界对象

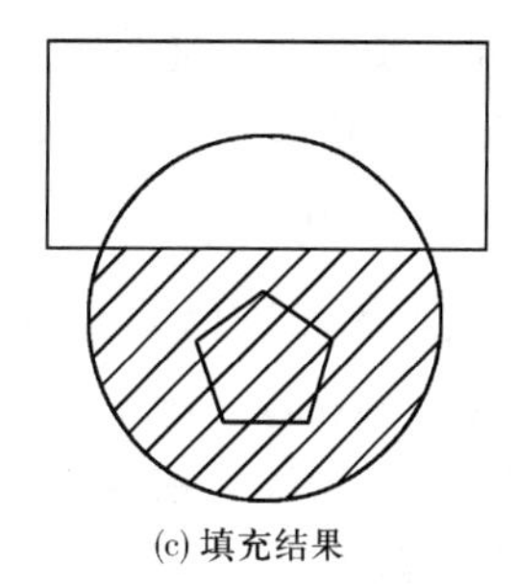

(c) 填充结果

图 2-43　删除边界后的新边界

5. 查看选择集

观看填充区域的边界。单击该按钮，AutoCAD 将临时切换到作图屏幕，将所选择的作为填充边界的对象以高亮方式显示。只有通过“添加:拾取点”按钮或“添加:选择对象”按钮选取了填充边界，“查看选择集”按钮才可以使用。如果对所定义的边界不满意，可以重新定义。

2.15.4　选　项

1. 关联

此复选按钮用于确定填充图案与边界的关系。若单击此复选按钮，则填充的图案与填充边界保持着关联关系，即图案填充后，当对边界进行拉伸、移动等修改时，AutoCAD 会根据边界的新位置重新生成填充图案。关联与不关联的区别如图 2-44 所示。

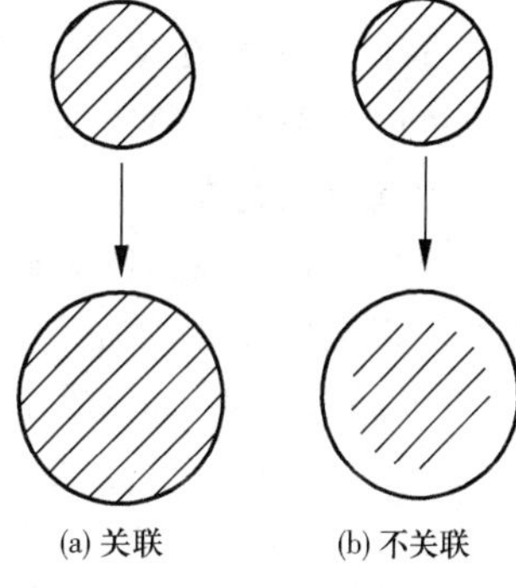

(a) 关联　　(b) 不关联

图 2-44　关联与不关联的区别

2. 创建独立的图案填充

当指定了几个独立的闭合边界时，控制创建的填充图案对象可以是不独立的，也可以是相互独立的。如图 2-45 所示。填充图案独立时，有利于对个体图形进行编辑。另外用“分解”命令还可以将填充图案炸开，使图案中的每条线或点成为一个独立实体，这些实体可以被单独编辑。

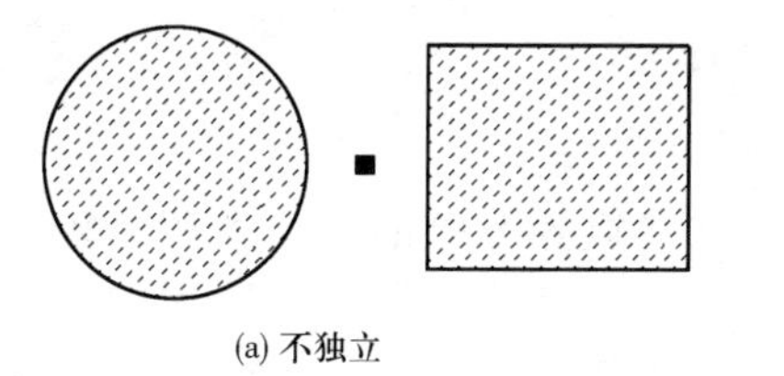

(a) 不独立

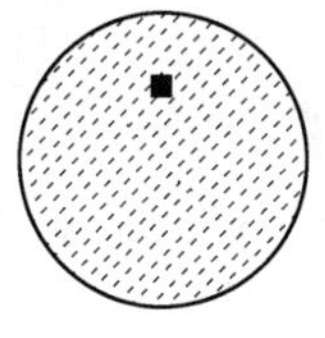

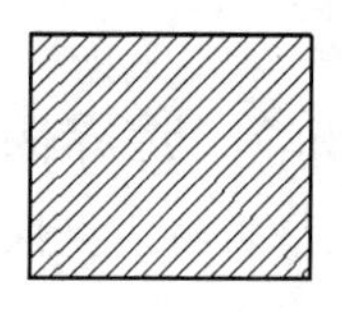

(b) 独立

图 2-45　不独立与独立的区别

3. 绘图次序

指定图案填充的绘图顺序。图案填充可以放在所有其他对象之后、所有其他对象之前、图案填充边界之后或图案填充边界之前。

2.15.5　继承特性

此按钮的作用是继承特性，即选用图中已有的填充图案作为当前的填充图案。新图案继承原图案的特性参数，包括图案名称、旋转角度、填充比例等。在绘制复杂图形时，如果有多个相同类别的图形区域需要填充，选用该功能既快速又方便。例如，在机械工程的装配图中,要求同一个零件在不同视图中的剖面线要间隔相同,方向一致,填充剖面线图案时可选用“继承特性” 功能。

2.15.6 孤　岛

在进行图案填充时,我们把位于总填充域内的封闭区域称为孤岛,如图 2-46 所示。如果要对孤岛进行填充,则必须确切地点取这些孤岛。

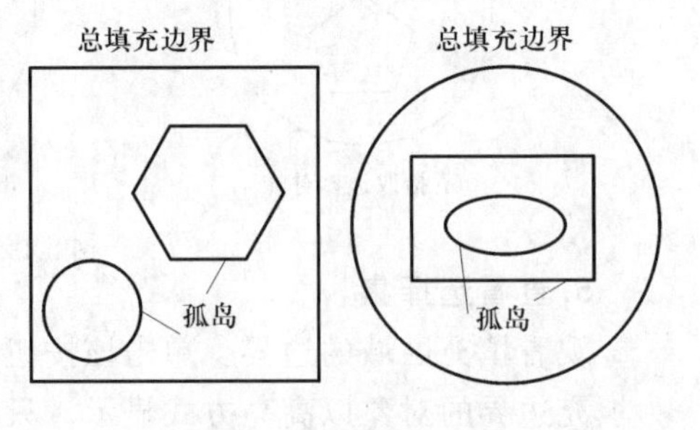

图 2-46　孤岛

1. 孤岛检测

确定是否检测孤岛。

2. 孤岛显示样式

该选项组用于确定图案的填充方式。在进行图案填充时,需要控制填充的范围,AutoCAD为用户设置了三种填充方式实现对填充范围的控制。用户可以从中选取所需要的填充方式。默认的填充方式为“普通”。用户也可以在右键快捷菜单中选择填充方式。

(1)普通方式:如图 2-47(a)所示,该方式将从最外层边界开始,交替填充第一、三、五等奇数层区域。该方式为系统内部的默认方式。

(2)外部方式:如图 2-47(b)所示,将只填充最外层的区域。

(3)忽略方式:如图 2-47(c)所示,该方式忽略边界内的对象,所有内部结构都被剖面符号覆盖。

(a) 普通方式

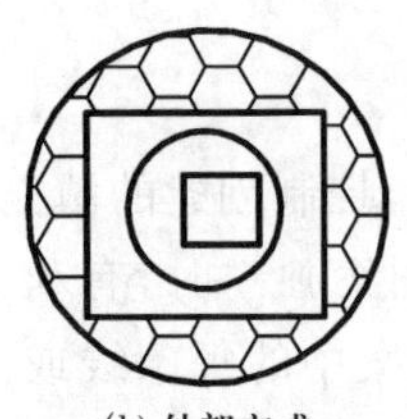

(b) 外部方式

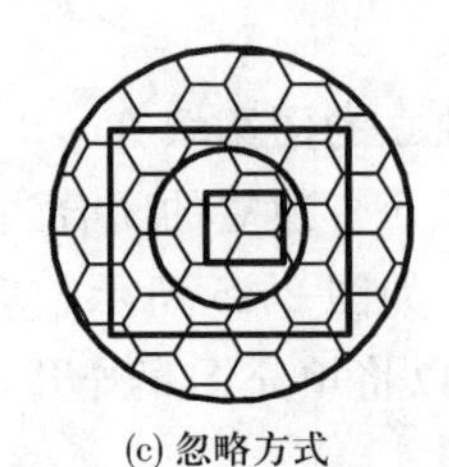

(c) 忽略方式

图 2-47　填充方式

2.15.7 边界保留

指定是否将边界保留为对象,并确定应用于这些边界对象的对象类型是多段线还是面域。

2.15.8 边界集

此选项组用于定义边界集。当单击“添加:拾取点”按钮以根据一指定点的方式确定填充区域时,有两种定义边界集的方式:一种是将包围所指定点的最后的有效对象作为填充边界,即“当前视口”选项,该项是系统的默认方式;另一种方式是用户自己选定一组对象来构造边界,即“现有集合”选项,选定对象通过选项组中的“新建”按钮实现,按下该按钮后,AutoCAD临时切换到作图屏幕,并提示用户选取作为构造边界集的对象,此时若选取“现有集合”选项,AutoCAD 会根据用户指定的边界集中的对象来构造一封闭边界。

2.15.9 允许的间隙

设置将对象用作图案填充边界时可以忽略的最大间隙。默认值为 0,此时指定对象必须是封闭区域而没有间隙。

2.15.10 继承选项

使用“继承特性”创建图案填充时，控制图案填充原点的位置。

2.16 绘制徒手线和绘制修订云线

徒手线和修订云线是两种不规则的线，如图 2-48 所示。这两种线正是由于其不规则性和随意性，给刻板规范的工程图绘制带来了很大的灵活性，有利于绘制者个性化和创造性地发挥，绘制出自然形象的图画。

2.16.1 绘制徒手线

绘制徒手线主要是通过移动鼠标来实现的，用户可以根据自己的需要绘制任意形状的图形。比如，个性化的签名或印鉴等。

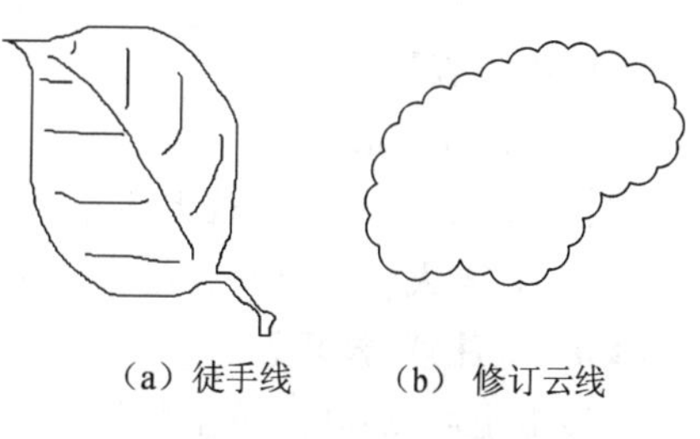

(a) 徒手线　　(b) 修订云线

图 2-48 两种不规则的线

徒手画的时候，鼠标就像画笔一样，单击左键将把画笔放到屏幕上，这时可以进行绘图，再次单击将提起画笔并停止画图。徒手所绘图画由许多条线段组成，每条线段都可以是独立的对象或多段线，用户可以设置线段的最小长度或增量。

启动“徒手线” 命令的方法如下：

命令行：SKETCH

【操作步骤】

命令：sketch

记录增量<0.1000>：（输入增量）

徒手画。画笔(P)/退出(X)/结束(Q)/记录(R)/删除(E)/连接(C)。

【提示、注意、技巧】

(1)记录增量：输入记录增量值。徒手线实际上是将微小的直线段连接起来模拟任意曲线，其中的每一条直线段称为一个记录。记录增量的意思实际上是指单位线段的长度，不同的记录增量绘制的徒手线精度和形状不同，如图 2-49 所示。

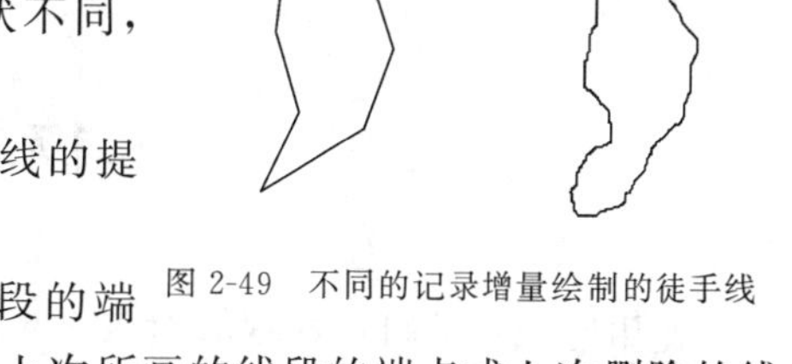

图 2-49 不同的记录增量绘制的徒手线

(2)画笔(P)：按 P 键或单击鼠标左键表示徒手线的提笔和落笔。在用定点设备选取菜单项前必须提笔。

(3)连接(C)：自动落笔，继续从上次所画的线段的端点或上次删除的线段的端点开始画线。将光标移到上次所画的线段的端点或上次删除的线段的端点附近，系统自动连接到上次所画的线段的端点或上次删除的线段的端点，并继续绘制徒手线。

2.16.2 绘制修订云线

修订云线是由连续圆弧组成的多段线而构成的云线形对象，其主要是作为对象标记使用。用户可以从头开始创建修订云线，也可以将闭合对象（例如圆、椭圆、闭合多段线或闭合样条曲线）转换为修订云线。将闭合对象转换为修订云线时，如果 DELOBJ 设置为 1（默认值），原始对象将被删除。

用户可以为修订云线的弧长设置默认的最小值和最大值。绘制修订云线时，可以使用拾取点选择较短的弧线段来更改圆弧的大小，也可以通过调整拾取点来编辑修订云线的单个弧长和弦长。

启动方式：

(1)命令行：REVCLOUD。

(2)菜单："绘图"→"修订云线"。

(3)工具栏："绘图"→。

【操作步骤】

命令：revcloud

最小弧长：2.0000　最大弧长：2.0000　样式：普通

指定起点或[弧长(A)/对象(O)/样式(S)]＜对象＞：

【提示、注意、技巧】

(1)指定起点：在屏幕上指定起点，并拖动鼠标指定云线路径。

(2)弧长(A)：指定组成云线的圆弧的弧长范围。选择该项，系统继续提示：

指定最小弧长＜0.5000＞：（指定一个值或回车）

指定最大弧长＜0.5000＞：（指定一个值或回车）

(3)对象(O)：将封闭的图形对象转换成修订云线，包括圆、圆弧、椭圆、矩形、多边形、多段线和样条曲线等，如图 2-50 所示。选择该项，系统继续提示：

选择对象：（选择对象）

反转方向[是(Y)/否(N)]＜否＞：（选择是否反转，修订云线完成）

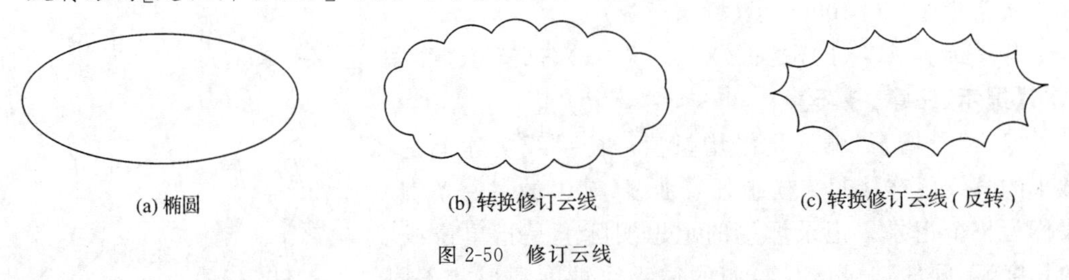

(a) 椭圆　(b) 转换修订云线　(c) 转换修订云线（反转）

图 2-50　修订云线

2.17　区域覆盖

使用区域覆盖可以在现有对象上生成一个空白区域，用于添加注释或详细的屏蔽信息。

区域覆盖是一块多边形区域，它可以使用当前背景色屏蔽底层的对象。此区域由覆盖边框确定，用户可以打开此区域进行编辑，也可以关闭此区域进行打印。如图 2-51 所示。

通过使用一系列点指定多边形的区域创建区域覆盖，也可以将闭合多段线转换成区域覆盖。

图 2-51 用区域覆盖添加注释

启动方式：

(1)命令行：WIPEOUT。

(2)菜单："绘图"→"区域覆盖"。

【操作步骤】

命令：wipeout

指定第一点或[边框(F)/多段线(P)]<多段线>：

习 题

一、思考题

1.将下面的命令与其命令名进行连线。

直线段	RAY
构造线	PLINE
多段线	XLINE
射线	LINE

2.画图时可以设置线宽的有(　　)。

A.构造线　　B.多段线　　C.射线　　D.矩形

3.下面的命令能绘制出直线段或类似直线段图形的有(　　)。

A.LINE　　B.SPLINE　　C.PLINE　　D.XLINE　　E.ARC

4.请指出"PLINE"与"LINE"的异同点。

5.请写出六种以上绘制圆弧的方法。

二、练习题

1.绘制如图 2-52 所示的图形。

2.绘制如图 2-53 所示的矩形。外层矩形长为 100,宽为 76,线宽为 5,圆角半径为 10。

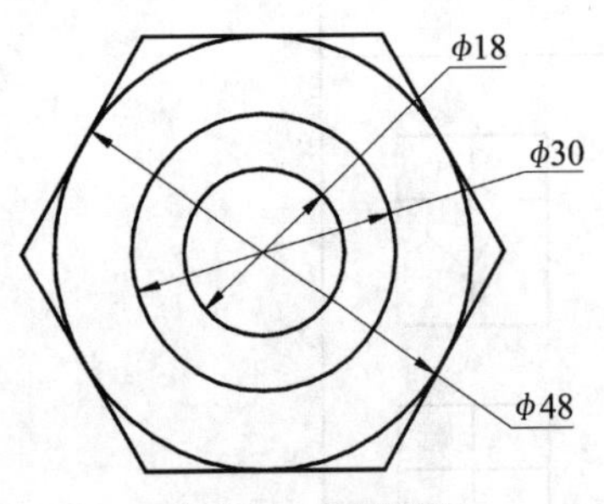

图 2-52　几何图形

图 2-53　矩形

3. 绘制如图 2-54 所示的连环圆。

圆是最常见、最基本的二维平面图形。本题所设计的四个圆由于其位置比较特殊，因此要求灵活应用绘制圆的各种方法。

【操作提示】

(1)利用“圆心、半径”方法绘制圆 A。

(2)利用“3P”方法绘制圆 B。

(3)利用“相切、相切、半径”方法绘制圆 C。

(4)利用“绘图”→“圆”菜单中提供的“相切、相切、相切”方法绘制圆 D。

4. 绘制如图 2-55 所示的图形并用图案填充。

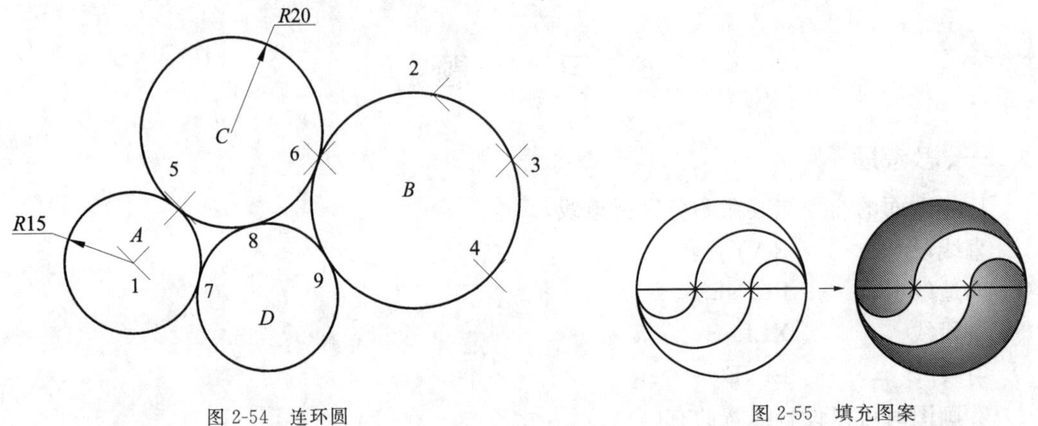

图 2-54　连环圆

图 2-55　填充图案

第3章

绘图辅助工具

3.1 图 层

AutoCAD 使用图层来管理和控制复杂的图形。例如，在机械图样中，图形主要由中心线、轮廓线、虚线、剖面线、尺寸标注以及文字说明等元素构成，这些元素统称为图形对象。AutoCAD 的每一图形对象都具有线型、颜色、线宽等特性，如果把具有相同特性的图形对象统一管理，不仅能使图形的各种信息清晰、有序、便于观察，而且也会给图形的编辑和输出带来很大的方便。一个图层可以想象成一张透明的图纸，在每张图纸上分别绘制不同特性的图形，然后将这些图纸对齐叠加起来，得到一张复杂且完整的图形。

同一图层上的图形具有相同的对象特性和状态。所谓对象特性通常是指该图层所特有的线型、颜色、线宽等；图层状态则是指其开/关、冻结/解冻、锁定/解锁状态等。默认情况下，AutoCAD 2008 自动创建了一个图层名为“0”的图层，并可以根据需要，实现创建图层、设置图层特性和管理图层等各种操作。

3.1.1 创建图层

AutoCAD2008 提供了详细直观的“图层特性管理器”对话框，可以方便地通过该对话框创建图层。打开“图层特性管理器”对话框，可以使用下列方法之一：

(1)命令行：LAYER。

(2)菜单：“格式”→“图层”。

(3)工具栏：“图层”→。

执行上述操作，系统弹出“图层特性管理器”对话框，如图 3-1 所示。

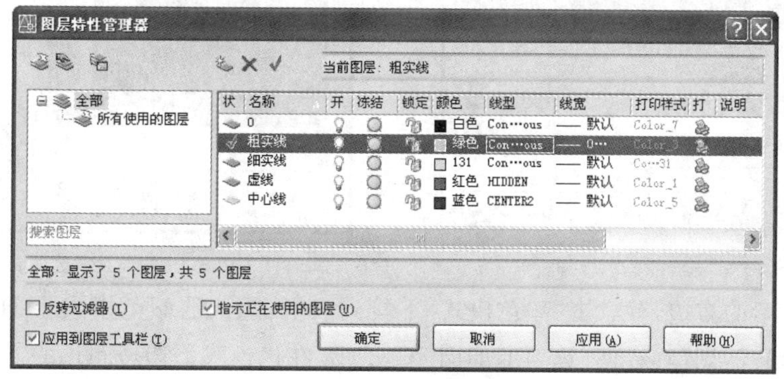

图 3-1 “图层特性管理器”对话框

单击“新建图层”按钮，图层列表中出现一个新的图层，默认名称为“图层 1”，再次单击该按钮，出现又一个新的图层，名称为“图层 2”，依次可创建多个图层。用户可以使用默认的图层名，也可以为其输入新的图层名(如中心线、虚线等)，以表示所绘制图形的元素特征。图层的名字可以包含字母、数字、空格和特殊符号，AutoCAD 2008 支持长达 255 个字符的图层名字。新的图层继承了建立新图层时所选中的已有图层的所有特性和状态(包括颜色、线型、ON/OFF 状态等)，如果新建图层时没有图层被选中，则新图层具有默认的设置。

3.1.2 设置图层颜色

为便于区分图形中的元素，AutoCAD 允许为图层设置颜色，将同一类的图形对象用相同的颜色绘制，并使不同类的对象具有不同的颜色。为图层设置和修改颜色，可以使用下述方法：

打开“图层特性管理器”对话框，单击图层列表中该图层所在的颜色块，系统将打开“选择颜色”对话框，如图 3-2 所示。该对话框有“索引颜色”“真彩色”“配色系统”三个选项卡。

1.“索引颜色”选项卡

打开该选项卡，可以在系统所提供的“AutoCAD 颜色索引”列表框中选择所需要的颜色，如单击“蓝色”，再“确定”即可。所选颜色的代号值显示在“颜色”文本框中，也可以直接在该文本框中输入颜色代号值来选择颜色。

2.“真彩色”选项卡

打开该选项卡，可以选择需要的任意颜色，如图 3-3 所示。可以拖动调色板中的颜色指示光标和“亮度”滑块选择颜色及其亮度，也可以通过“色调”“饱和度”“亮度”文本框来选择需要的颜色。所选择颜色的红、绿、蓝值显示在下面的“颜色”文本框中，当然也可以直接在该文本框中输入自己设定的红、绿、蓝代号值选择颜色。

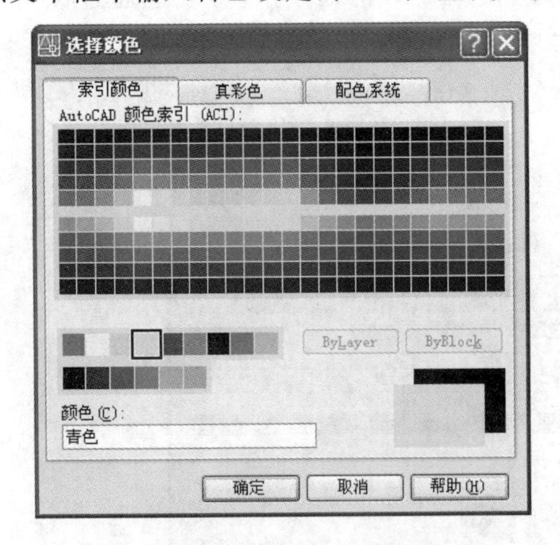

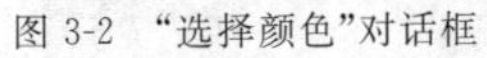
图 3-2 “选择颜色”对话框

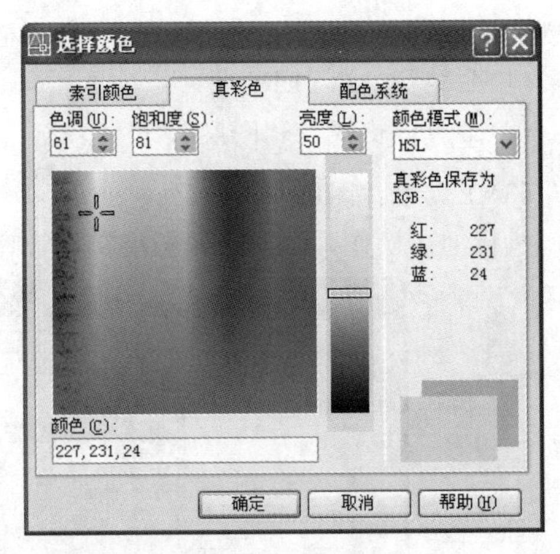

图 3-3 “真彩色”选项卡

在该选项卡的右边，有一个“颜色模式”下拉列表框，默认的颜色模式为 HSL 模式。如果选择 RGB 模式，则“真彩色”选项卡如图 3-4 所示，在该模式下选择颜色的方式与 HSL 模式下类似。

3.“配色系统”选项卡

打开该选项卡，用户可以从标准配色系统中选择预定义的颜色，如图 3-5 所示。用户可以在“配色系统”下拉列表框中选择需要的配色系统，然后拖动右边的滑块来选择具体的颜色，所选择的颜色编号将显示在下面的“颜色”文本框中，也可以直接在该文本框中输入编号值来选择颜色。

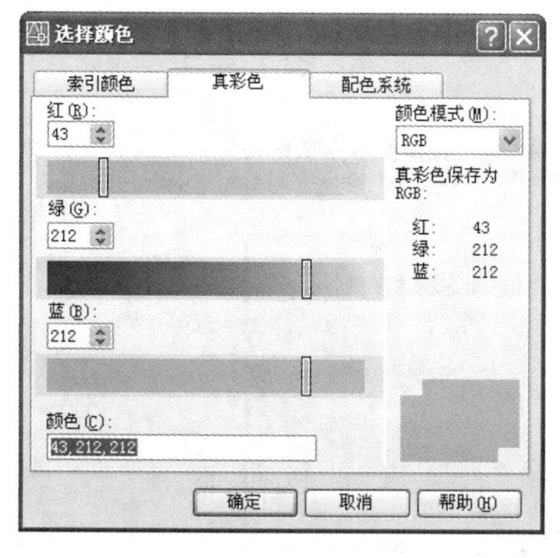

图 3-4　RGB 模式“真彩色”

图 3-5　“配色系统”选项卡

【提示、注意、技巧】

可以为新建的图形对象设置当前颜色，即不采用图层设置的颜色画图。

设置当前图形颜色，可以使用下列方法之一：

(1)命令行：COLOR。

(2)菜单：“格式”→“颜色”。

执行上述命令，系统将打开如图 3-2 所示的“选择颜色”对话框，选择所需颜色。

(3) 通过“对象特性” 工具栏中“颜色控制”下拉列表框，选择某一颜色(如红色、黄色等)，如图 3-6 所示，或选择“其他”选项，利用“选择颜色”对话框来设置颜色。用同样的方法还可以方便地设置或修改线型、线宽，注意灵活应用。

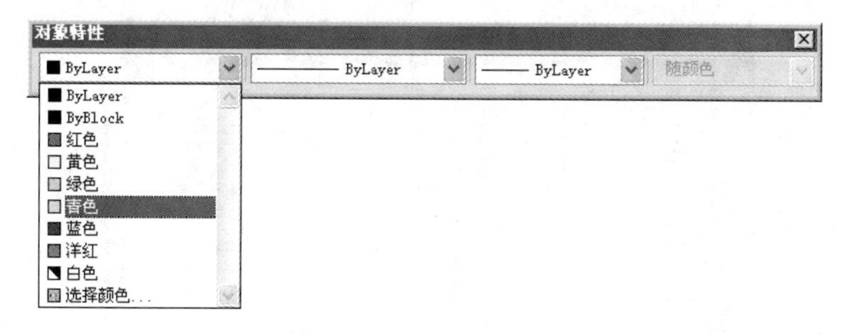

图 3-6　“对象特性” 工具栏中“颜色控制”下拉列表框

(4)用以上方法设置的颜色(包括线型、线宽等)不受图层的限制，但对各个图层的设置没有影响。因此，可在少量图形元素的特性修改时使用。而在使用图层绘制图形时，应在“对象特性”工具栏的“颜色控制”“线型控制”“线宽控制”下拉列表框中，设置成“ByLayer”(随层)。否则，将使图层设置的颜色、线型、线宽失去作用。

3.1.3 设置图层线型

线型也用于区分图形中不同元素，国家标准 GB/T17450-1998 和 GB/T4457.4-2002 中，对各种技术图样和机械图样中使用的图线，对其名称、线型、线宽以及在图样中的应用等都做了相应的规定。其中常用的图线有 4 种，即粗实线、细实线、细点画线、虚线。

要设置和改变图层的线型，可用同样的方法，打开“图层特性管理器”对话框（图 3-1）。在图层列表的“线型”栏中单击该层的线型名如“Continuous”，系统打开“选择线型”对话框，如图 3-7 所示。该对话框中各选项的含义如下：

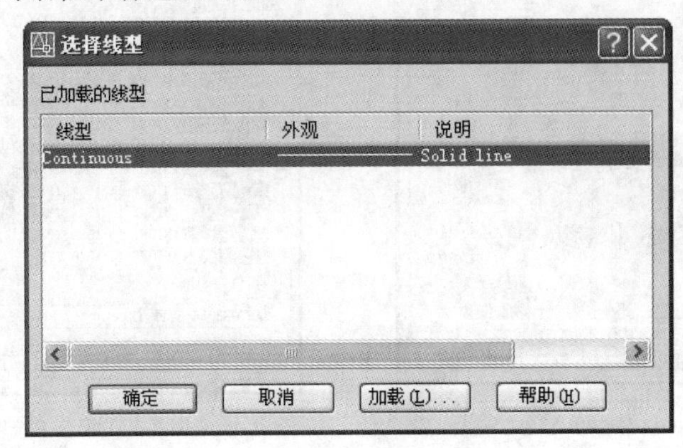

图 3-7 “选择线型”对话框

1.“已加载的线型”列表框

显示在当前已加载的线型，可供用户选用，其右侧显示出线型的外观及说明。默认情况下，图层的线型为 Continuous（连续线型）。

2.“加载”按钮

如果“已加载的线型”列表中没有需要的线型，单击此按钮，打开“加载或重载线型”对话框，如图 3-8 所示。从对话框的当前线型库中选中要选择的线型，如中心线（CENTER2）、虚线（HIDDEN）等，单击“确定”按钮，该线型即被添加到选择线型对话框的线型列表框中，供用户选择。

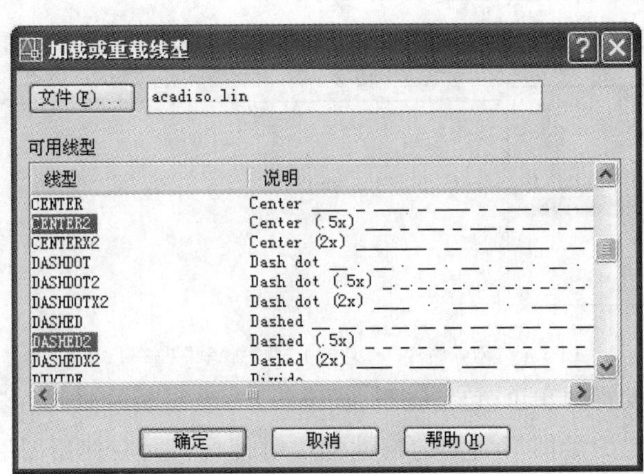

图 3-8 “加载或重载线型”对话框

【提示、注意、技巧】

为新建的图形对象设置当前线型，可使用下列方法之一：

(1)命令行：LINETYPE。

(2)菜单："格式"→"线型"。

执行上述命令，系统将打开如图 3-9 所示的 "线型管理器"对话框，选择所需线型，并可设置线型比例、加载线型或删除线型。

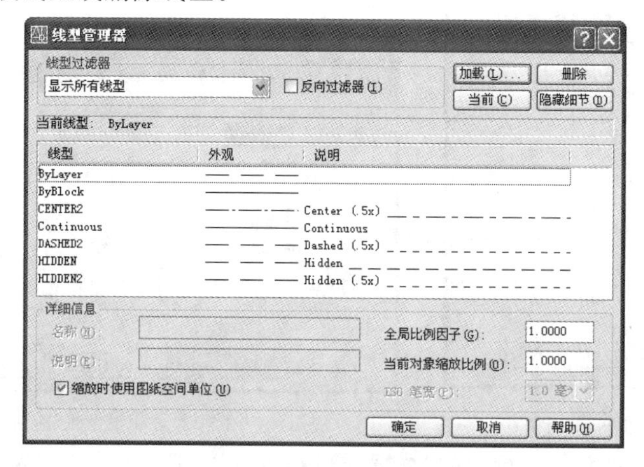

图 3-9 "线型管理器"对话框

(3) 通过"对象特性" 工具栏中"线型控制"下拉列表框，选择某一线型，如图 3-10 所示。

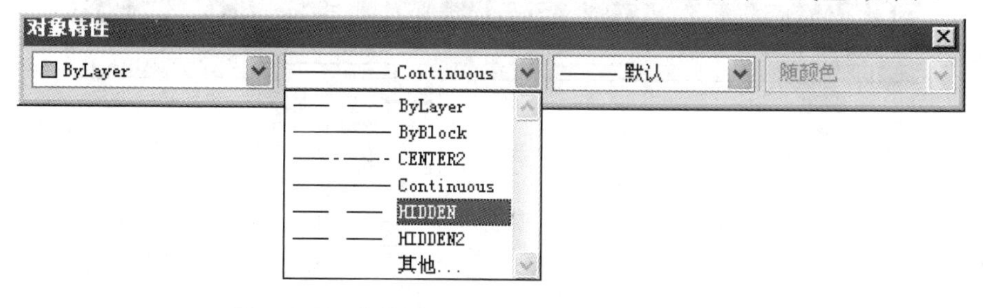

图 3-10 "对象特性" 工具栏中"线型控制"下拉列表框

3.1.4　设置图层线宽

国家标准规定，图线分为粗、细两种，粗线的宽度 d 应根据图样的复杂程度、尺寸大小以及微缩复制的要求，在 0.25，0.35，0.5，0.7，1，1.4，2mm 当中选择，优先采用$d=0.5$或 0.7。细线的宽度约为 $d/2$。

设置或修改某一图层的线宽，打开"图层特性管理器"对话框(图 3-1)。在图层列表的"线宽"栏中单击该层的"线宽"项，打开"线宽"对话框，如图 3-11 所示。"线宽"列表框显示出可以选用线宽值，其中默认线宽的值为 0.25 mm，默认线宽的值由系统变量 LWDEFAULT 设置。当建立一个新图层时，"旧的"显示行显示图层默认的或修改前赋予线宽。"新的"显示行显示赋予图层新的线宽。选定新线宽后，单击"确定"即可。

【提示、注意、技巧】

可以为新建的图形对象设置当前线宽，方法如下：

(1)命令行：LWEIGHT 。

(2)菜单："格式"→"线宽"。

执行上述命令，系统将打开如图 3-12 所示的“线宽设置”对话框。在线宽列表框选择所需线宽；“显示线宽”复选框设置打开或关闭，将控制线宽在屏幕上显示效果：“默认”项设置线宽的默认值；调节“调整显示比例”滑块，还可以调整线宽显示的宽窄效果。单击“确定”完成设置。

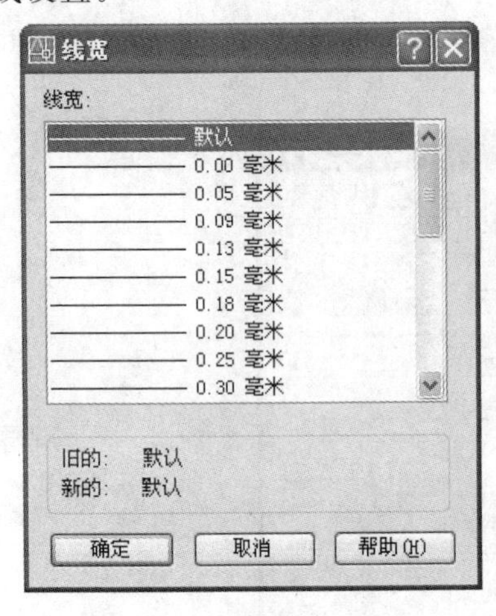

图 3-11 “线宽”对话框

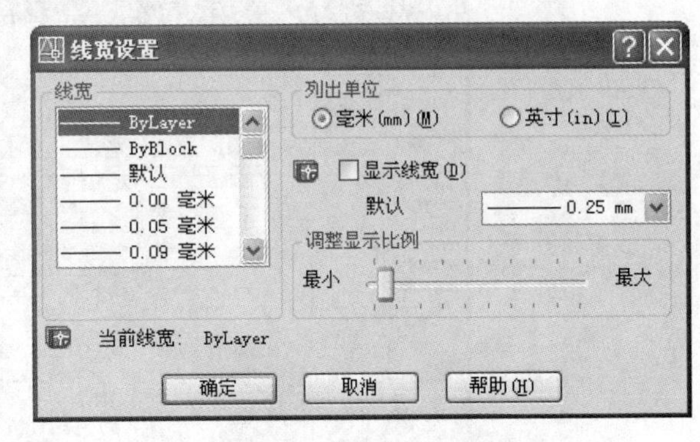

图 3-12 “线宽设置”对话框

另外，单击用户界面状态行中的“线宽”按钮，也可以打开或关闭线宽的显示效果。

(3) 通过“对象特性”工具栏中“线宽控制”下拉列表框，选择某一线宽，如图 3-13 所示。

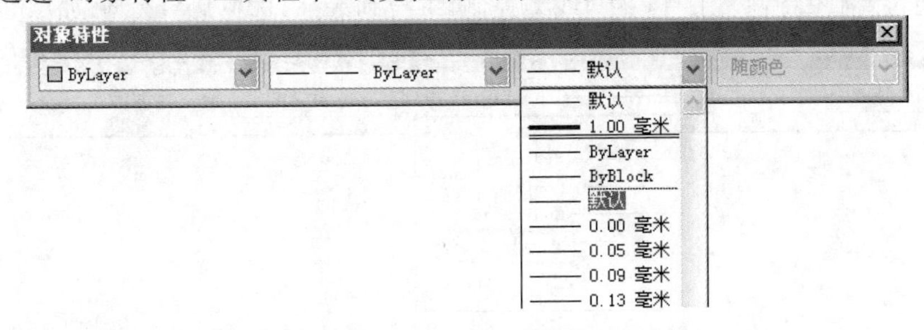

图 3-13 “对象特性”工具栏中“线宽控制”下拉列表框

3.1.5 设置图层状态

在“图层特性管理器”对话框中单击特征图标，如“ ”打开/关闭、“ ”解冻/冻结、“ ”解锁 /加锁、“ ”打印与否等，可控制图层的状态。如图 3-14 所示，“图层 0” 为默认的打开、解冻、解锁、打印状态；“图层 1”设置为关闭、冻结、加锁、不打印状态。

【注意、提示、技巧】

(1) 打开/关闭：图层打开时，可显示和编辑图层上的图形对象；图层关闭时，图层上的内容全部隐藏，且不可被编辑或打印，但参加重生成图形。

(2)冻结/解冻：冻结图层时，图层上的图形对象全部隐藏，且不可被编辑或打印，也不被重生成，从而减少复杂图形的重生成时间。

(3)加锁/解锁：锁定图层时，图层上的图形对象仍然可见，并且能够捕捉或添加新对象，也能够打印，但不能被编辑修改。

(4)当前层可以被关闭和锁定，但不能被冻结。

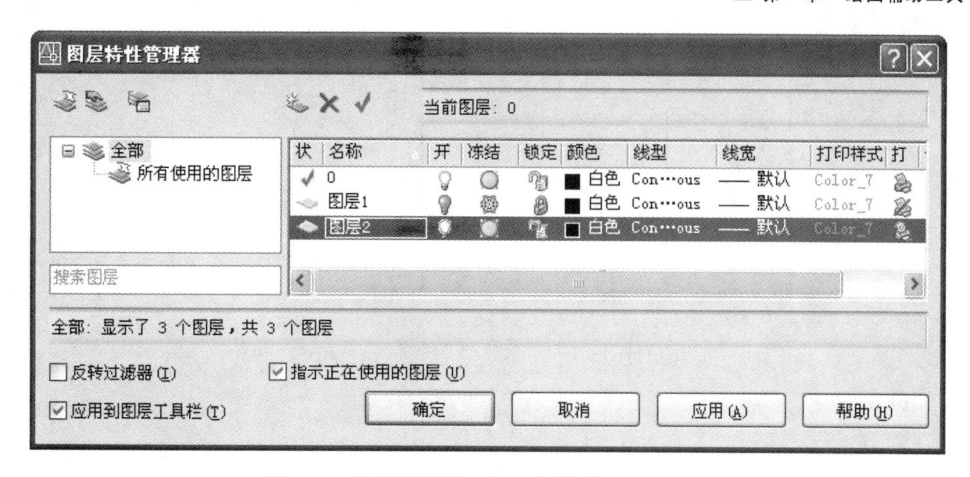

图 3-14 “图层特性管理器”对话框中图层的状态

3.1.6 管理图层

使用“图层特性管理器”对话框，还可以对图层进行更多设置与管理，如图层的切换、重命名与删除等。

1. 切换当前层

在“图层特性管理器”对话框的图层列表中选中一层，单击“置为当前”按钮，则该层设置为当前层。另外，双击图层名也可把该图层设置为当前层。

在实际绘图时，我们主要是通过“图层”工具栏中的下拉列表框来实现图层切换的，如图3-15所示。这时只需选择设置为当前层的图层即可。

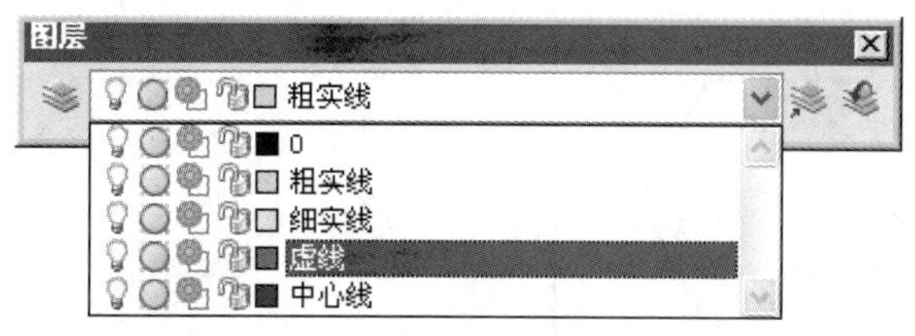

图 3-15 “图层”工具栏的下拉列表框

2. 删除图层

在图层列表中选中某一图层，然后单击“删除图层”按钮，或按下键盘上的键，则把该层删除。但是，当前层、0层、定义点层、参照层和包含图形对象的层不能被删除。

3. 重命名图层

若要重命名图层，在“图层特性管理器”对话框的图层列表中，选中某一图层，慢双击图层的“名称”项，使其变为待修改状态时，在名称框中输入新名称。

4. 设置线型比例

在 AutoCAD 中，系统提供了大量的非连续性线型，如虚线、点画线等。通常，根据图幅的大小、图形比例、显示比例等因素的不同，非连续线型的线段长短有不同要求，如图3-16所示，有时会由于间距太小而变成了连续线。为此可对图形设置线型比例，以改变非连续线型的外观。

设置线型比例的方法：

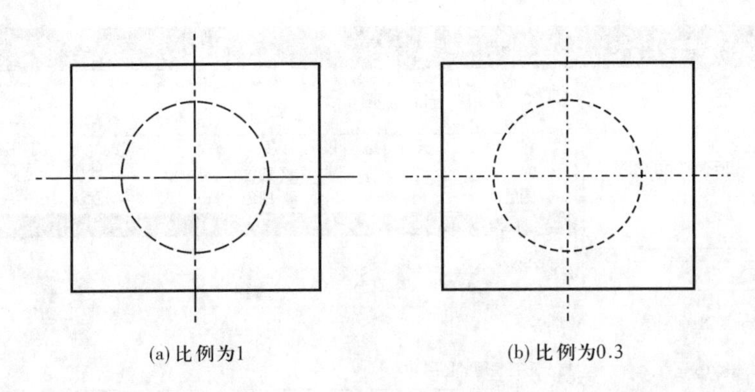

图 3-16　非连续线型受线型比例的影响

下拉菜单:“格式”→“线型”。

打开“线型管理器”对话框(图 3-9)。单击“显示细节”按钮,在线型列表中选择某一线型,然后利用“详细信息”设置区中的“全局比例因子”编辑框选择适当的比例系数,即可设置图形中所有非连续线型的外观,也可设置“当前对象缩放比例”。

利用“当前对象缩放比例”编辑框,可以设置绘制当前对象的非连续线型的外观,而原来绘制的非连续线型的外观并不受影响。

3.1.7　修改现有图形对象特性

已画好的图形实体,可以修改其颜色、线型、线型比例、线宽以及所在图层等特性。

如图 3-17 所示的图形,图(a)中的粗实线六边形若要变成如图(b)所示的虚线,可以用以下方法实现:

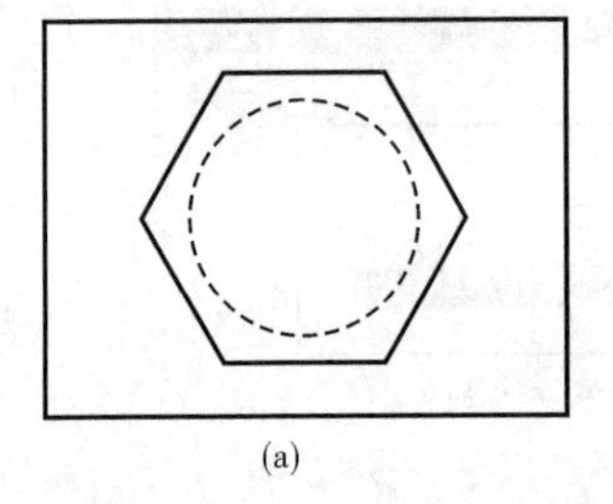
(a)

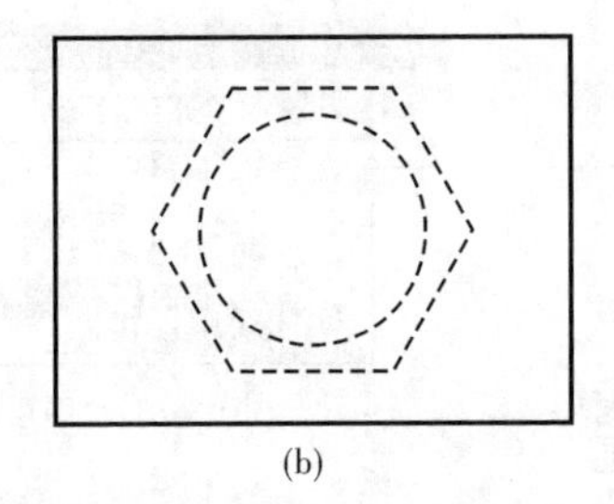
(b)

图 3-17　修改线型

1. 使用“对象特性”工具栏

(1)选中要修改的粗实线六边形。

(2)在“对象特性”工具栏中打开“线型控制”下拉列表框,选择“HIDDEN”线型(图 3-10)。粗实线六边形随即变成虚线。若要修改某一实体的颜色、线宽,操作方法相同。

(3)按 ESC 键结束。

2. 使用“图层”工具栏

(1)选中要修改的粗实线六边形。

(2)在“图层”工具栏中打开“图层控制”下拉列表框,选择“中心线”层(图 3-15)。粗实线六边形随即变为虚线,同时,该实体的其他特性也随新图层而改变。

(3)按 ESC 键结束。

3. 使用“特性”选项板

(1)选中要修改的粗实线六边形。

(2)输入修改特性命令。

- 命令行:DDMODIFY 或 PROPERTIES。
- 菜单:“修改”→“特性”。
- 工具栏:“标准”→[图标]。

执行“特性”命令,AutoCAD 将打开“特性”选项板,如图 3-18 所示。在“基本”项目框中单击“图层”项的下拉按钮,在弹出的下拉列表中选择“虚线”层。

(3)关闭“特性”选项板,按ESC键结束。

用同样的方法可以单独修改颜色、线型、线宽。当然,利用“特性”选项板也可以设置或改变图形对象的其他属性。在学习后面章节时请注意灵活应用“特性”选项板。

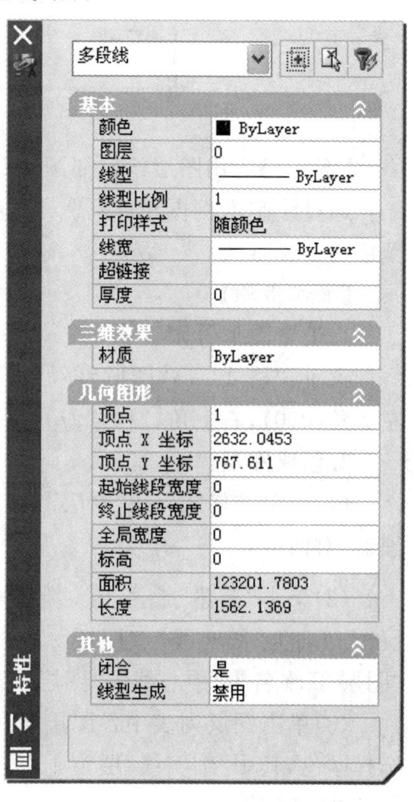

图 3-18　“特性”选项板

4. 使用“特性匹配”功能

特性匹配即将选定对象的特性应用到其他对象,所以利用特性匹配功能也可以实现特性修改。

(1)工具栏:“标准”→[图标]。

(2)菜单:“修改”→“特性匹配”。

(3)命令行:MATCHPROP 或 PAINTER(或'MATCHPROP,用于透明使用)。

【操作步骤】

命令:'_matchprop

选择源对象:　　　(选择虚线圆)

当前活动设置:颜色 图层 线型 线型比例 线宽 厚度 打印样式 文字 标注 填充图案 多段线 视口 表格

(当前选定的特性匹配设置)

选择目标对象或[设置(S)]:

(选择六边形,六边形随即变成虚线)

选择目标对象或[设置(S)]:↙　　　(结束)

【提示、注意、技巧】

(1)目标对象:指定要将源对象的特性复制到其他的对象。可以继续选择目标对象或按 Enter 键结束该命令。

(2)设置:显示“特性设置”对话框,从中可以控制要将哪些对象特性复制到目标对象。默认情况下,将选择“特性设置”对话框中的所有对象特性进行复制,如图 3-19 所示。

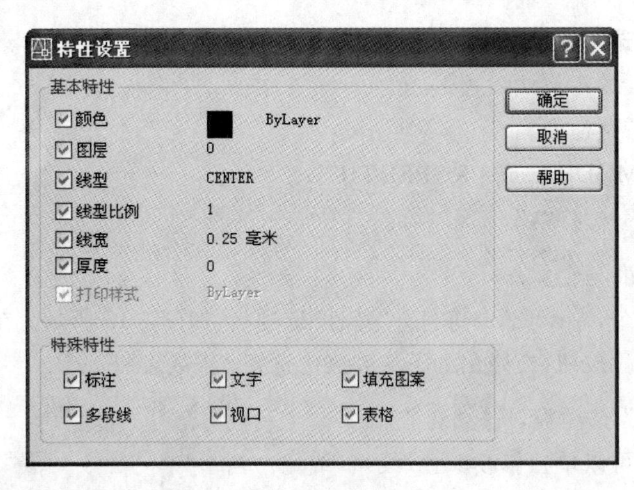

图 3-19 “特性设置”对话框

【例 3-1】应用图层绘制如图 3-20 所示的平面图形。

通过绘制本例图形，熟悉对图层、线型、线宽、颜色的设置方法。

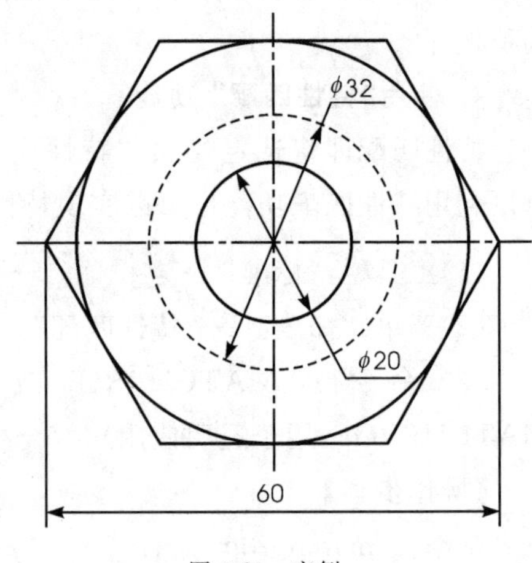

图 3-20 实例

【操作步骤】

1. 设置图形界限

菜单：“格式” →“图形界限”，设置图形界限为左下角(0,0)，右上角(210,297)。

2. 创建图层

(1)菜单：“格式” →“图层”，打开“图层特性管理器”对话框。

(2)单击“新建” 按钮 ，新建 4 个图层，将“图层 1”改名为“细实线”，“图层 2”改名为“粗实线”，“图层 3”改名为“中心线”，“图层 4”改名为“虚线”。

(3)单击图层列表中各图层所在的颜色块，系统将打开“选择颜色”对话框，在对话框中选择颜色，其中“细实线”层为 131 号色，“粗实线”层为绿色，“中心线”层为蓝色，“虚线”层为红色并“确定”。

(4)单击图层列表中各图层所在的线型名，会出现选择线型对话框。单击“加载”按钮，在“加载或重载线型”对话框中选中“CENTER2”线型，按住“Ctrl”键再选中“HIDDEN”线型并“确定”。

(5)单击“粗实线”层所在的线宽项，在“线宽”对话框中选择线宽为 0.5 毫米。

完成后单击“确定”，如图 3-1 所示。

3. 绘制中心定位线及各圆

(1)选择“中心线层”作为当前层，绘制中心定位线，如图 3-21(a)所示。

(2)选择“粗线层”作当前层，以给定的直径 20、32 作圆，如图 3-21(b)所示。

(3)选择“粗线层”作当前层，以给定的条件画 6 边形，如图 3-21(c)所示。

(4)选择“粗线层”作当前层，用“相切、相切、相切”方式画正 6 边形的切圆，如图 3-21(d)所示。

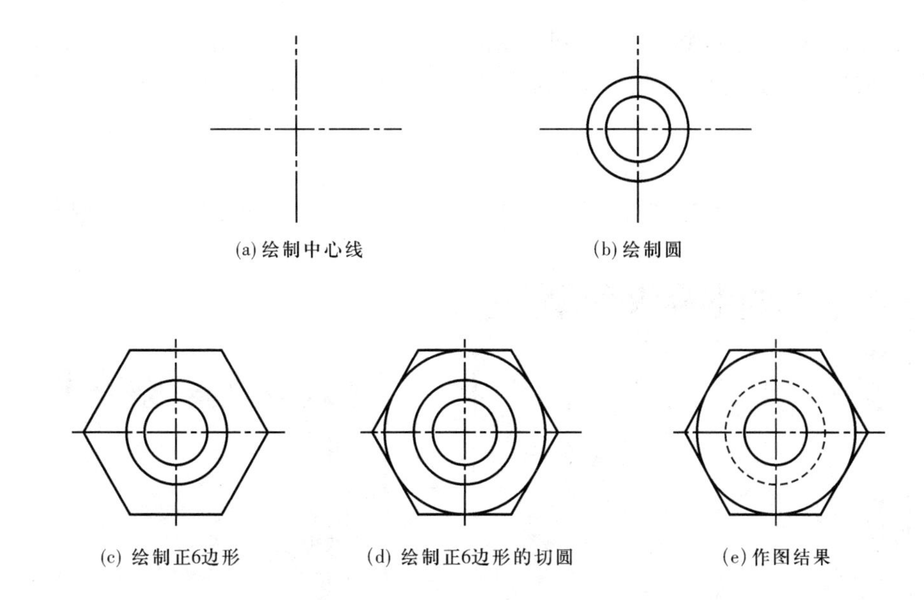

(a) 绘制中心线　(b) 绘制圆

(c) 绘制正6边形　(d) 绘制正6边形的切圆　(e) 作图结果

图 3-21　利用图层功能绘制和修改平面图形

4. 修改图形特性

(1)选择直径 32 的圆。

(2)在“图层”工具栏中打开“图层控制”下拉列表框，选择“虚线”层(图 3-15)。粗实线圆随即变为虚线圆。

(3)按ESC键结束，完成全部作图，如图 3-21(e)所示。

3.2　设置绘图环境

AutoCAD 的图形都是在一定的绘图环境下进行的，如图形界限、图形单位、角度单位和精度等。绘图时可以使用默认的环境，也可以在新建图形文件时设置图形环境(有关内容见 1.4.1 小节)，在绘图过程中，还可以根据需要对图形环境进行设置和修改。

3.2.1　设置绘图单位

启动“单位”命令，可以使用下列方法之一：

(1)命令行：DDUNITS(或 UNITS)。

(2)菜单：“格式”→“单位”。

执行上述命令后，系统打开“图形单位”对话框，如图 3-22 所示。该对话框用于定义单位和角度的格式。

【选项说明】

(1)“长度”与“角度”选项组

指定测量的长度与角度当前单位及当前单位的精度。这两个选项组与 1.4.1 小节中高级设置类似。

(2)“插入比例”选项组

控制使用工具选项板拖入当前图形的块的测量单位。如果块或图形创建时使用的单位与该选项指定的单位不同，则在插入这些块或图形时，将对其按比例缩放。插入比例是源块或图形使用的单位与目标图形使用的单位之比。如果插入块时不按指定单位缩放，请选择“无单位”。

(3) “方向”按钮

单击该按钮，系统显示“方向控制”对话框，如图 3-23 所示。可以在该对话框中进行方向控制设置。

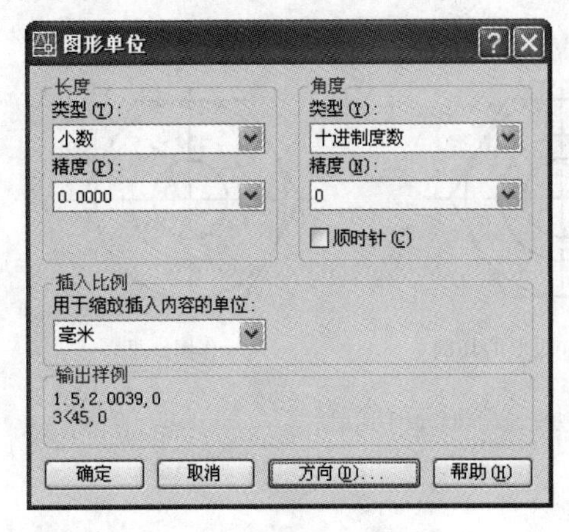

图 3-22 “图形单位”对话框

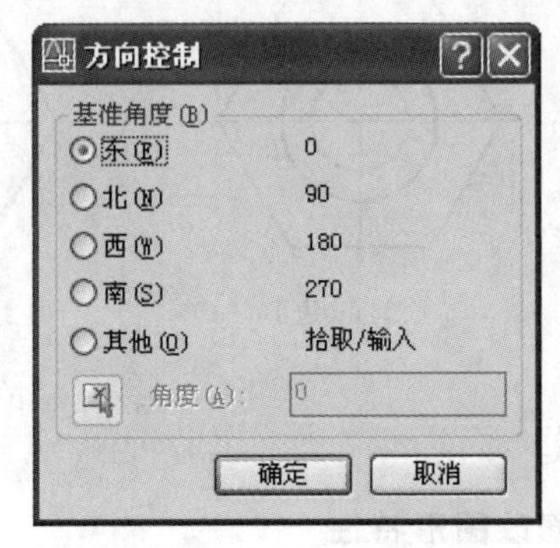

图 3-23 “方向控制”对话框

3.2.2 设置图形界限

启动“图形界限”命令，可以使用下列方法之一：

(1)命令行：LIMITS。

(2)菜单：“格式”→“图形界限”。

【操作步骤】

命令：LIMITS↙

重新设置模型空间界限：

指定左下角点或[开(ON)/关(OFF)]<0.0000,0.0000>：(输入图形边界左下角的坐标后回车)

指定右上角点<420.0000,297.0000>：(输入图形边界右上角的坐标后回车)

【选项说明】

(1)开(ON)

打开界限检查，使绘图边界有效。系统将把在绘图边界以外拾取的点视为无效，无法输入。因为界限检查只测试输入点，所以对象(例如圆)的某些部分可能会延伸到图形界限以外。

(2)关(OFF)

关闭界限检查，使绘图边界无效。用户可以在绘图边界以外拾取点，但是保持当前的界限值用于下一次打开界限检查。

【提示、注意、技巧】

重新设置图形界限后，可以用“窗口缩放(ZOOM)”命令的“全部(A)”选项，使设置的图形界限全屏显示，也可以利用“栅格”显示。

3.3 图形显示控制

在绘图的过程中，有时需要绘制细部结构，而有时又要观看图形的全貌，因为受到视窗显示大小的限制，需要频繁地缩放或移动绘图区域。因此，AutoCAD 2008 提供了视窗缩放功能，控制图形显示的大小，从而方便地绘制出各种大小的图形。

3.3.1 窗口缩放

该命令可以对图形的显示进行放大或缩小，而对图形的实际尺寸不产生任何影响。

启动“视窗缩放”命令，可以使用下列方法之一：

(1)命令行：ZOOM。

(2)菜单：“视图”→“缩放”。

(3)工具栏：“标准”→。

(4)工具栏：“标准”→(左键按住该键，弹出如图 3-24 所示的工具栏)。

(5)工具栏：“标准”→。

(6)快捷菜单：“缩放”(图 3-25)。

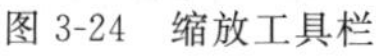

图 3-24 缩放工具栏

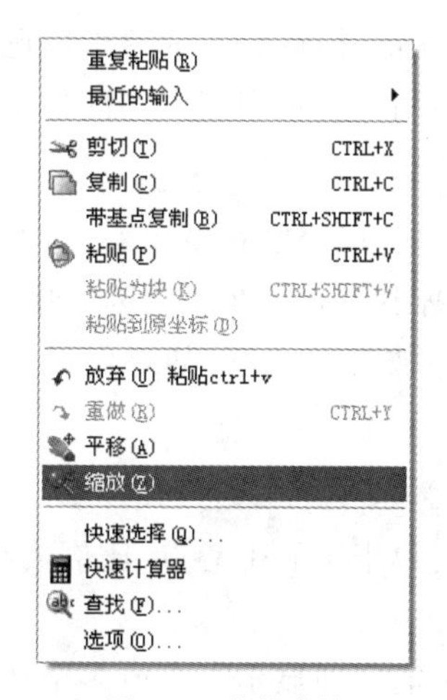

图 3-25 快捷菜单

执行上述命令后，命令行出现如下提示：

命令：_zoom

指定窗口的角点，输入比例因子 (nX 或 nXP)，或者

[全部(A)/中心(C)/动态(D)/范围(E)/上一个(P)/比例(S)/窗口(W)/对象(O)] <实时>：

按 Esc 或 Enter 键退出，或单击右键显示快捷菜单。

下面对以上选项进行说明：

(1)实时(R)

通过按住并移动鼠标，对当前视图进行缩放。上移是放大；下移是缩小。用当前图形区域确定缩放因子。ZOOM 以移动窗口高度的一半距离表示缩放比例为 100%。在窗口的中点按住拾取键并垂直移动到窗口顶部则放大 100%。反之，在窗口的中点按住拾取键并垂直向下移动到窗口底部则缩小 100%。

若将光标置于窗口底部，按住拾取键并垂直向上移动到窗口顶部则放大比例为 200%。

当达到放大极限时光标的加号消失，这表示不能再放大；当达到缩小极限时光标的减号消失，这表示不能再缩小。

松开拾取键时缩放终止。可以在松开拾取键后将光标移动到图形的另一个位置，然后再按住拾取键便可从该位置继续缩放显示。按 Enter 键或 Esc 键退出。

(2)窗口缩放(W)

缩放显示由两个角点定义的矩形窗口框定的区域。

(3)上一个(P)

缩放显示上一个视图。最多可恢复此前的 10 个视图。

(4)动态缩放

利用此项选项，缩放显示在视图框中的部分图形，可以实现动态缩放及平移两个功能。

视图框表示视口，可以改变它的大小，或在图形中移动。移动视图框或调整它的大小，将其中的图像平移或缩放，以充满整个视口。

首先显示平移视图框。将其拖动到所需位置并单击，继而显示缩放视图框。调整其大小，然后按“Enter”键进行缩放，或单击以返回平移视图框。

按“Enter”键用当前视图框中的区域布满当前视口。

(5)比例缩放

按照输入的比例，以当前视图中心为中心缩放视图。比例因子大于 1，图像将被放大；小于 1，图像将被缩小。如果在比例因子中，带有 x，表示对当前视图进行缩放；带有 xp，表示相对图纸空间缩放当前视图；如果仅仅是数字，将图形的真实尺寸进行缩放后显示在屏幕上。

(6)中心缩放

系统将按照用户指定的中心点、比例或高度，进行缩放。

(7)对象

缩放以便尽可能大地显示一个或多个选定的对象并使其位于绘图区域的中心。可以在启动 ZOOM 命令之前或之后选择对象。

(8)放大

默认的情况下，放大 2 倍。

(9) 缩小

默认的情况下，缩小为原来的一半。

(10)全部缩放

以绘图范围显示全部的图形。

(11)范围缩放

此项选项，使图形充满屏幕。与全部缩放不同的是，仅针对图形范围，而不是绘图范围。

【提示、注意、技巧】

AutoCAD2008 为显示控制命令设置了一个“缩放”快捷菜单，如图 3-26 所示。要使用“缩放”快捷菜单，必须在 “ZOOM”命令执行的过程中，在绘图区域中单击鼠标右键，透明地进行切换。使用“缩放”快捷菜单可以退出 ZOOM 命令或者切换到 “PAN”或 “3DORBIT” 命令。

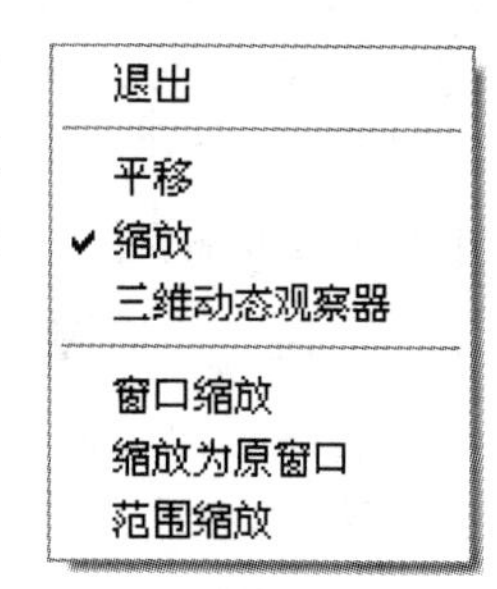

图 3-26 “缩放”快捷菜单

(1)退出：取消 ZOOM 或 PAN 命令。

(2)平移：切换到 PAN 命令。

(3)缩放：切换到 ZOOM 命令的实时缩放。

(4)三维动态观察器：切换到 3DORBIT 命令。

(5)窗口缩放：缩放显示矩形窗口指定的区域。

(6)缩放为原窗口：恢复原始视图。

(7)范围缩放：缩放显示图形范围。

3.3.2 窗口平移

此命令用于移动视图，而不对视图进行缩放。

1. 实时平移

实现“实时平移”，可以使用下列方法之一：

(1)命令：PAN。

(2)菜单：“视图”→“平移”→“实时”。

(3)工具栏：“标准”→。

(4)快捷菜单：“平移”(图 3-25)。

执行上述命令后，光标变成手型，此时按住左键可以向任意方向平移，图形显示也随之移动。当某一方向移动到图纸空间的边缘时，该方向不能再移动，光标相应地显示出水平(顶部或底部)或垂直(左侧或右侧)方向的边界，如图 3-27 所示。

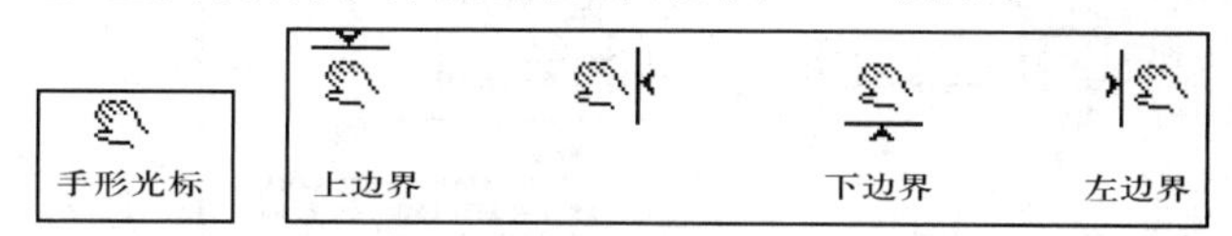

图 3-27 平移状态的光标

释放按键，平移随即停止。将光标移动到图形的其他位置，再按左键，可接着平移。

任何时候要停止平移，单击右键，在弹出的“缩放”快捷菜单选择“取消”；按 “Enter” 键或 “Esc” 键可以退出。

2. 定点平移和方向平移

实现“定点平移”，可以使用下列方法之一：

(1)命令：PAN。

(2)菜单：“视图”→“平移”→“定点”(图 3-28)。

【操作步骤】

命令：PAN↙

指定其点或位移：(指定基点位置或输入位移值)

指定第二点：(指定第二点，确定位移和方向)

执行上述命令后，当前图形按指定的位移值和方向进行平移。另外，在“平移”子菜单中，还有“左”“右”“上”“下”4个平移命令，选择这些命令时，图形按指定的方向平移一定的距离。

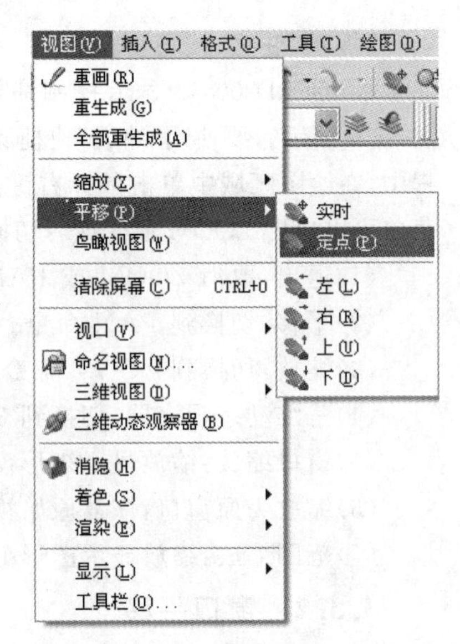

图 3-28 “平移”子菜单

3.3.3 鸟瞰视图

鸟瞰视图是用另一个独立的小窗口显示图形，默认的情况下，整个图形显示在鸟瞰视图上。使用鸟瞰视图，就像在空中俯视一样，可以掌握当前视图在整个图形中的位置，快速地找出并放大某个部分。在绘制大型图样时使用鸟瞰视图尤其方便。

1. 打开或关闭鸟瞰视图

打开或关闭鸟瞰视图，可以使用下列方法：

(1)命令行：DSVIEWER。

(2)菜单：“视图”→“鸟瞰视图”。

执行上述命令后，系统打开鸟瞰视图，如图3-29所示。关闭时，只要单击鸟瞰视图右上角的“关闭”按钮即可。

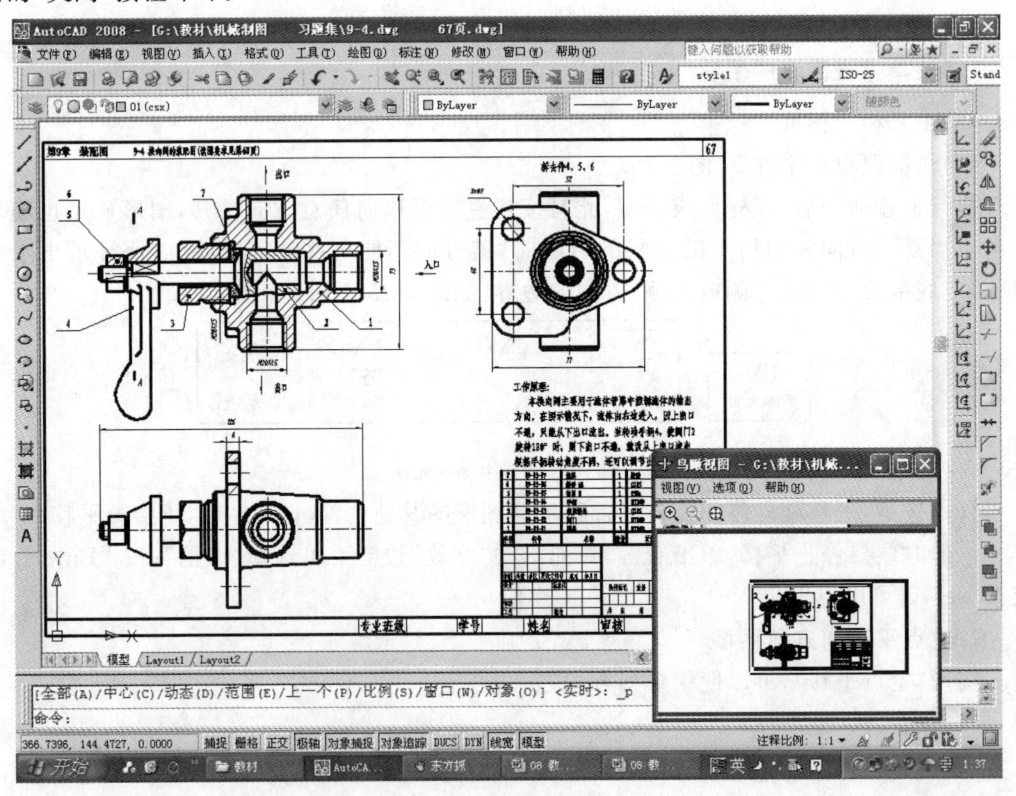

图 3-29 鸟瞰视图实例

2. 在鸟瞰视图下实时平移或缩放

鸟瞰视图上有一个粗线型的矩形线框，即屏幕显示视框，视框内的图形在绘图窗口全屏显示。可通过激活视框，并移动或改变其大小，实现视图的平移或缩放。

【操作步骤】

(1)在鸟瞰视图中,在视图显示区单击鼠标左键,视框被激活。显示区会出现一个中间有“╳”的细实线视框,如图 3-30 所示。拖动视框即可实现实时平移,右击鼠标确定新的显示范围后,当前视图显示实现了定点平移。

(2)再次单击左键,或在鸟瞰视图中的视图显示区中双击鼠标左键,显示区会出现一个右边带有箭头的细实线视框,移动光标,将改变视框大小,左移视框缩小则视图放大,右移视框放大则视图缩小,右击鼠标确定新的显示范围后,当前视图显示实现了缩放。

(3)在鸟瞰视图中从“视图”菜单或工具栏中选择“放大”或“缩小”。

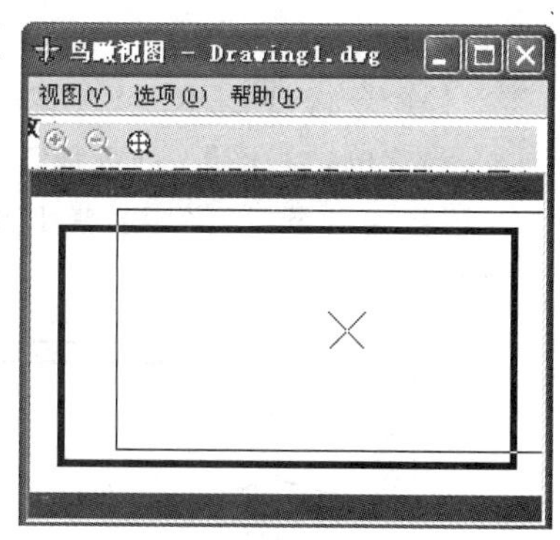

图 3-30 “鸟瞰视图”的视框

【提示、注意、技巧】

(1)用一个较小的视框,在鸟瞰视图中平移,此时视框则像一个放大镜,可以在绘图区清楚地浏览复杂图形各个细部的情况,如图 3-31 所示。

(2)由于鸟瞰视图占用了绘图区的一部分,会影响图形的观察,因此,只有当图形范围较大且又复杂时才有启用的必要。

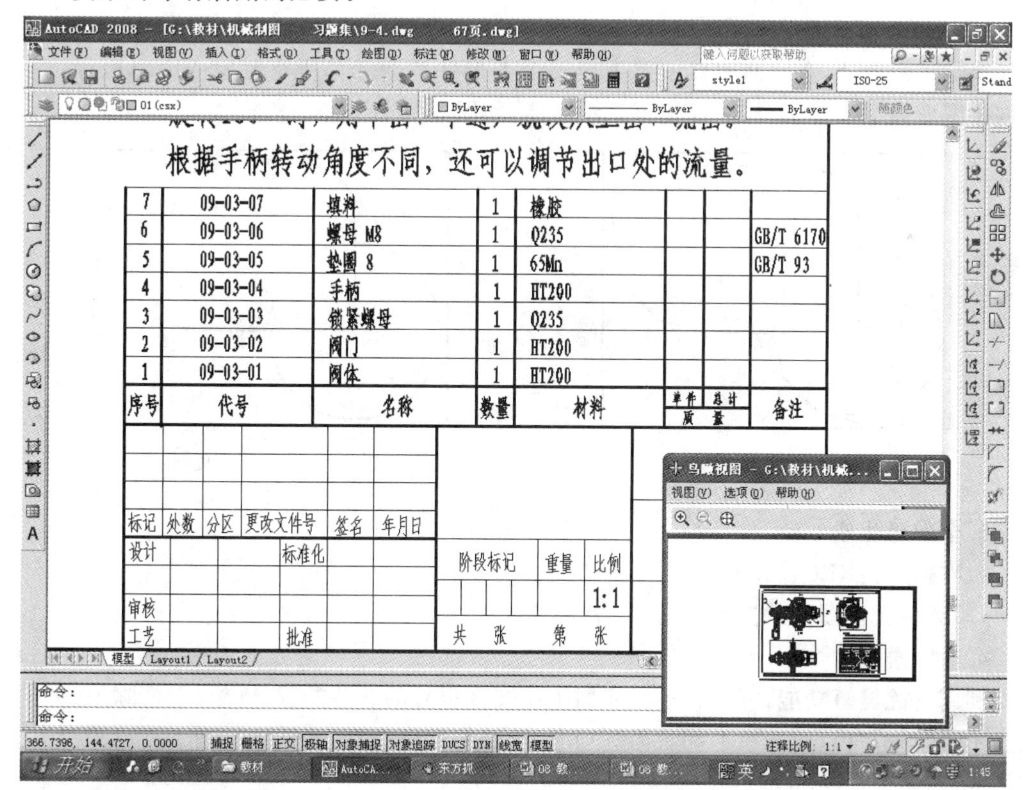

图 3-31 “鸟瞰视图”的放大镜功能

3.3.4 重画与重生成

重画与重生成都是重新显示图形,但两者的本质不同。重画仅仅是重新显示图形,而重生成不但重新显示图形，而且将重新生成图形数据，速度上较前者更慢。

1. 重画

(1)命令行：REDRAWALL。

(2)菜单："视图"→"重画"。

执行该命令后，将从屏幕中删除在绘图过程中留下的点标记痕迹，使图形显得整洁清晰，如图 3-32 所示。

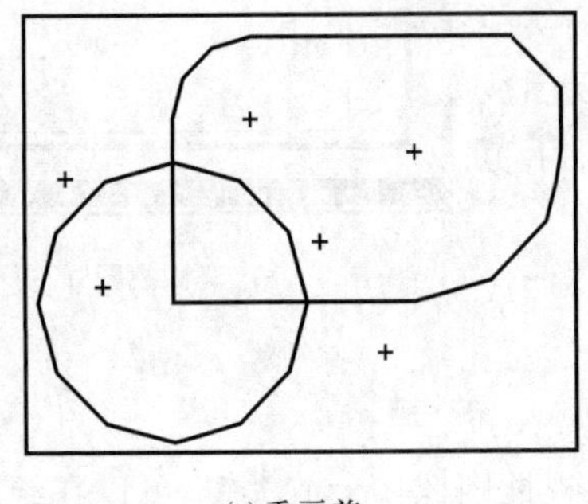
(a) 重画前

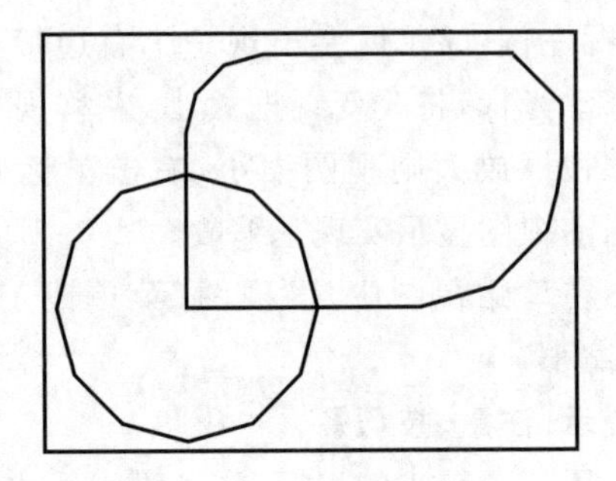
(b) 重画后

图 3-32 执行"重画"命令

2. 重生成

(1)命令行：REGEN。

(2)菜单："视图"→"重生成"。

执行该命令后，在当前视口中重生成整个图形并重新计算所有对象的屏幕坐标。还重新创建图形数据库索引，从而优化了显示性能，如图 3-33 所示。

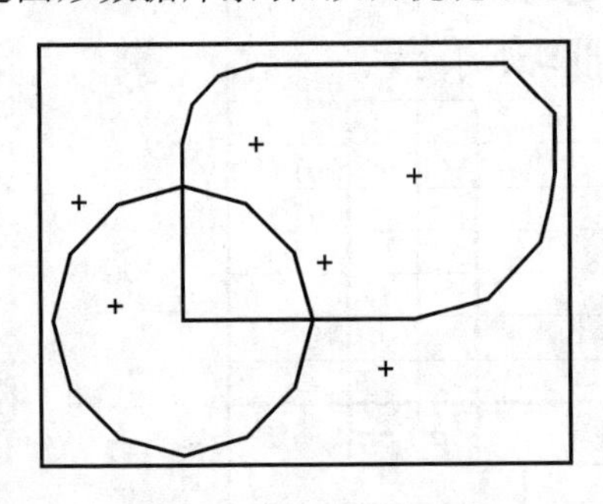
(a) 重生成前

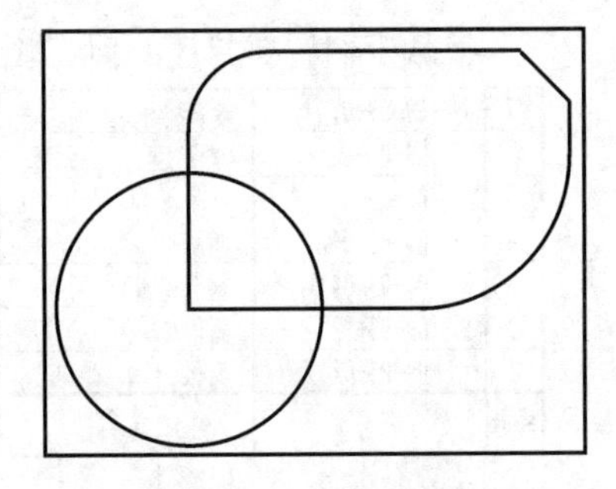
(b) 重生成后

图 3-33 执行"重生成"命令

3. 全部重生成

(1)命令行：REGENALL。

(2)菜单："视图"→"重生成"。

4. 清除屏幕

利用清除屏幕功能，可以将显示界面中绘图区以外的一些配置从屏幕上清除掉，屏幕上只显示菜单栏、"模型"选项卡和布局选项卡、状态栏和命令行，这样更有利于突出图形本身。如图 3-34 和图 3-35 所示。

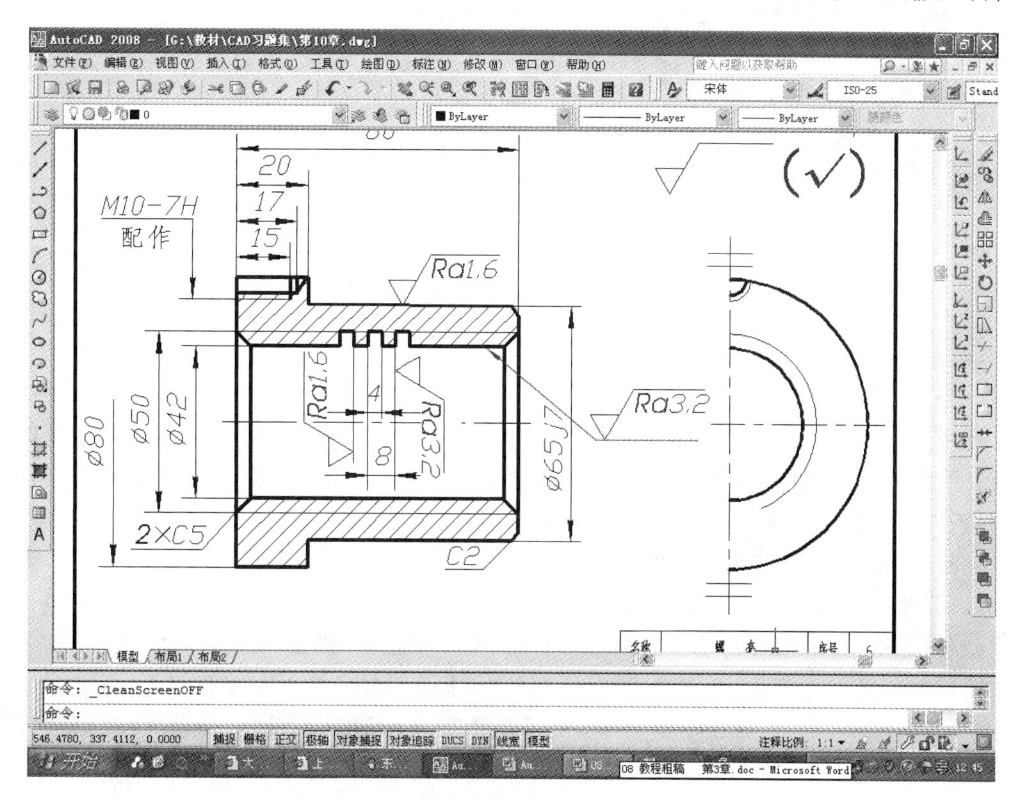

图 3-34　清除屏幕前

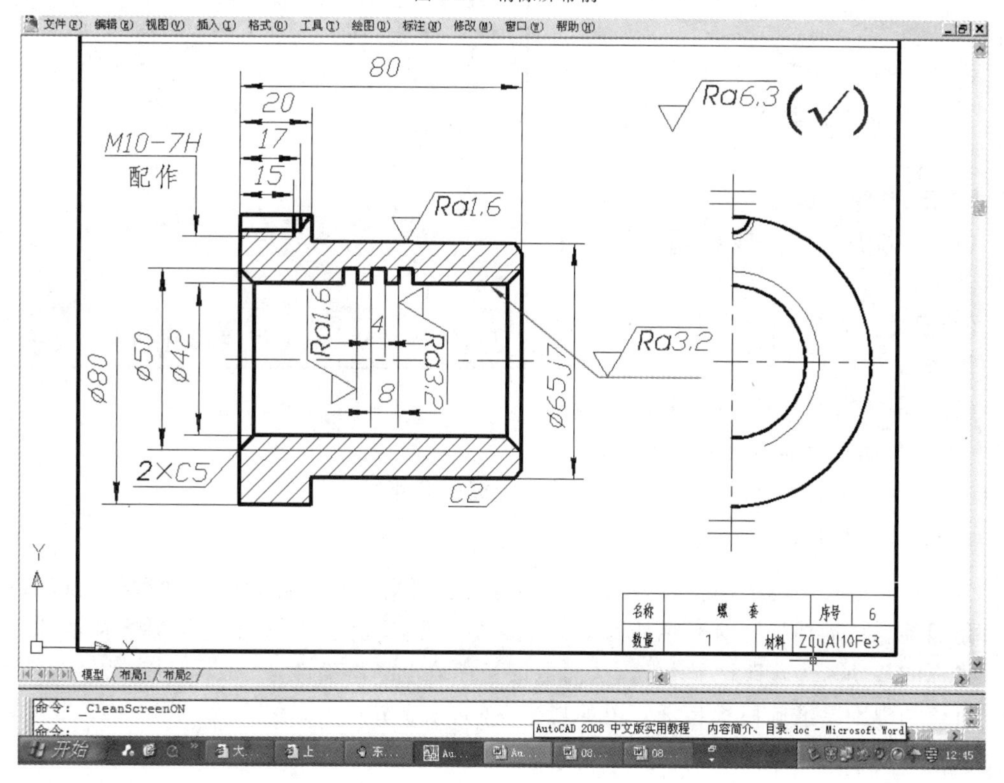

图 3-35　清除屏幕后

(1)命令行:CLEANSCREENON 或 CLEANSCREENOFF。

(2)菜单:“视图”→“清除屏幕”。

执行该命令后,系统清除屏幕或返回。

组合键 Ctrl+0(零)可以实现 CLEANSCREENON 和 CLEANSCREENOFF 之间的切换。

3.4 栅格与捕捉设置

3.4.1 栅 格

栅格是显示在绘图区域上的可见网格,由一些排列规则的点组成,它就像一张传统的坐标纸。绘图时利用栅格可以掌握图形的尺寸大小和视图的位置。栅格与自动捕捉配合使用,对于提高绘图精确度有重要作用。

控制栅格显示及设置栅格参数可以使用下列方法:

(1)菜单:“工具”→“草图设置”。

(2)状态栏:右击“栅格”按钮,在弹出的快捷菜单中选择“设置”。

执行上述操作将打开“草图设置”对话框的“捕捉和栅格”选项卡,如图 3-36 所示。

【选项说明】

(1)“启用栅格”复选框控制是否显示栅格。

(2)“栅格 X 轴间距”“栅格 Y 轴间距”文本框用来设置栅格在水平与垂直方向的间距。

【提示、注意、技巧】

(1)栅格只在“图形界限”范围内显示。

(2)栅格只是一种定位图形,不是图形实体,因此不能打印输出。

(3)单击状态栏“栅格”按钮和快捷键“F7”,可以控制栅格显示的开关状态。

(4)命令行:GRID(仅通过命令行提示设置栅格间距)。

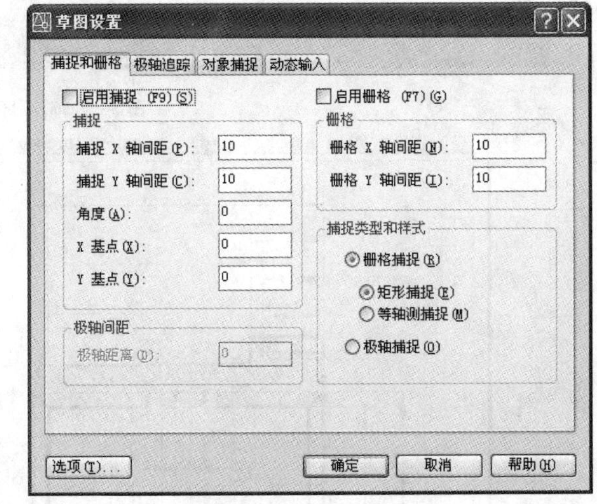

图 3-36 “草图设置”对话框

3.4.2 自动捕捉

为了准确地在屏幕上捕捉点,AutoCAD 提供了捕捉工具。捕捉分为两种,即自动捕捉与对象捕捉。自动捕捉是对光标的移动设定一个步距,即光标沿 X 轴与 Y 轴方向的移动间距。光标的移动量为步距的整数倍,从而保证光标取点的精确性。

对象捕捉则是准确捕捉目标对象的特定点(见 3.6 节)。

设置自动捕捉可以使用下列方法:

(1)菜单:“工具”→“草图设置”。

(2)状态栏:右击“栅格”按钮,在弹出的快捷菜单中选择“设置”。

(3)命令行:SNAP。

执行上述操作将打开“草图设置”对话框的“捕捉和栅格”选项卡,如图 3-36 所示。

【选项说明】

(1)“启用捕捉”复选框控制捕捉功能的开关。

(2)“捕捉 X 轴间距”和“捕捉 Y 轴间距”文本框用来设置捕捉栅格点在水平与垂直方向的间距,且其原点和角度总是和捕捉栅格的原点和角度相同。

(3)在“捕捉类型和样式” 下,选择捕捉类型。“矩形捕捉”用于画平面图,“等轴测捕捉”用于画正轴测图。

(4)“极轴间距”选项组,只有在“极轴捕捉”类型时才可用。可在“极轴距离”文本框中输入距离值。

【提示、注意、技巧】

单击状态栏的“捕捉”按钮和快捷键“F9”也可以控制自动捕捉的开启状态。

【例 3-2】用“栅格”与“自动捕捉”工具绘制如图 3-37 所示的图形。

【操作步骤】

(1)设置图形界限

菜单:“格式” →“图形界限”,设置图形界限为左下角(0,0),右上角(120,100)。

(2)设置窗口显示

菜单:“视图” →“缩放” →“全部”(已设置窗口显示的大小为 120,100)

(3)创建图层

同例 3-1。

(4)启用栅格、自动捕捉

状态栏:“栅格”“自动捕捉”(窗口显示栅格点,默认设置 X,Y 间距均为 10)。

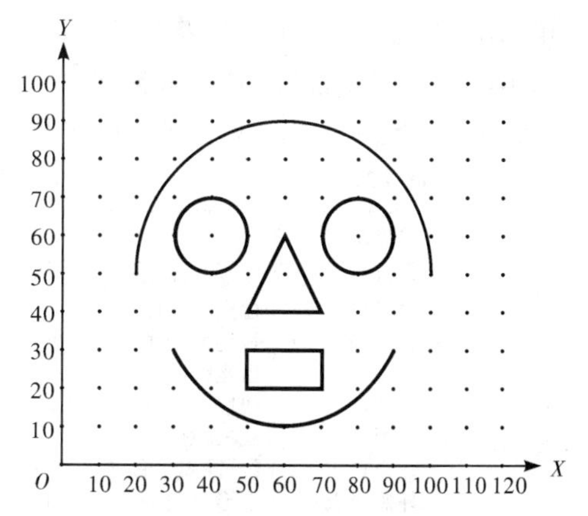

图 3-37 利用“栅格”与“自动捕捉” 工具绘图

(5)设置当前图层

工具栏:图层下拉条→粗实线。

(6)绘制图形

①“圆弧”命令:起点、圆心、端点方式画下部半圆。

②“圆弧”命令:用 3 点方式画下部圆弧。

③“矩形”命令:画矩形。

④“直线”命令:画三角形。

⑤“圆”命令:画两个圆。

(7)保存

路径:D:\例题\例 3-2。

3.5 正交方式

在绘图的过程中，经常需要绘制水平直线和铅垂直线，但是用鼠标拾取线段的端点时很难保证两个点的连线真正沿水平或垂直方向，为此，AutoCAD 提供了正交功能，当启用正交模式时，画线或移动对象时只能沿水平方向或垂直方向移动光标，只能绘制平行于坐标轴的正交线段。

启用正交方式可以使用下列方法：

(1)命令行：ORTHO。

(2)状态栏："正交"按钮。

(3)快捷键：F8。

3.6 对象捕捉

画图时经常要用到一些特殊的点，例如圆心、切点、线段的端点和中点等，如果用鼠标拾取或用坐标输入，是十分困难的，而且非常麻烦。为此，AutoCAD 提供了识别并捕捉这些点的功能，这种功能称为"对象捕捉"。利用"对象捕捉" 功能就可以迅速、准确地捕捉到这些点。表 3-2 列出了对象捕捉的模式及其功能，下面对其中一部分捕捉模式进行介绍。

表 3-2 对象捕捉模式

捕捉模式	功 能
临时追踪点	建立临时追踪点
捕捉自	建立一个临时参考点，作为指出后继点的基点
两点之间的中点	捕捉两个独立点之间的中点
点过滤器	由坐标选择点
端点	线段或圆弧的端点
中点	线段或圆弧的中点
交点	线、圆弧或圆等的交点
外观交点	图形对象在视图平面上的交点
延长线	指定对象的延伸线
圆心	圆或圆弧的圆心
象限点	距光标最近的圆或圆弧上可见部分的象限点，即圆周上 0°，90°，180°，270°位置上的点
切点	最后生成的一个点到选中的圆或圆弧上引切线的切点位置
垂足	在线段、圆、圆弧或它们的延长线上捕捉一个点，使之和最后生成的点的连线与该线段、圆或圆弧正交
平行线	绘制与指定对象平行的图形对象
节点	捕捉用 POINT 或 DIVIDE 等命令生成的点
插入点	文本对象和图块的插入点
最近点	离拾取点最近的线段、圆、圆弧等对象上的点
无	关闭对象捕捉模式
对象捕捉设置	设置对象捕捉

1."捕捉自"模式

"捕捉自"模式要求确定一个临时参考点作为指定后继点的基点，通常与其他对象捕捉模式及相关坐标联合使用。当在"指定下一点或[放弃(U)]"的提示下输入"FROM"，或单击相应的按钮时，命令行提示：

基点：(指定一个基点)

＜偏移＞：(输入相对于基点的偏移量)

则得到一个点，这个点与基点之间的距离为指定的偏移量。例如，执行如下的画线操作：

命定：LINE↙

指定第一点：45，45↙

指定下一点或[放弃(U)]：FROM↙

基点：100，100↙　　　　(指定一个临时点作基点)

偏移@-20，20↙　　　　(指定捕捉点与基点的相对位移)

结果绘制出从点(45，45)到点(80，120)的一条线段。

2.“点过滤器”模式

在“点过滤器”模式下，可以由一个点的 X 坐标和另一点的 Y 坐标确定一个新点。在“指定下一点或[放弃(U)]：”提示下选择此项(在快捷菜单中选取)，命令提示：

.X 于：(指定一个点，含捕捉点的 X 坐标)

(需要 YZ)：(指定一个点，含捕捉点的 Y 坐标)

则新建的点具有第一个点的 X 坐标和第二个点的 Y 坐标。

对象捕捉在使用中有两种方式，即“临时对象捕捉”和“自动对象捕捉”。

3.6.1　临时对象捕捉

启动临时对象捕捉有下列方法：

(1)直接使用捕捉命令。在提示输入点时，直接在提示后面输入相应捕捉模式的前3个英文字母，然后根据提示操作即可。

(2)打开如图3-38所示的“对象捕捉”工具栏，单击相应捕捉模式。

(3)按下 Shift(或 Ctrl)键加鼠标右键，弹出如图3-39所示的对象捕捉快捷菜单，选择相应捕捉模式。

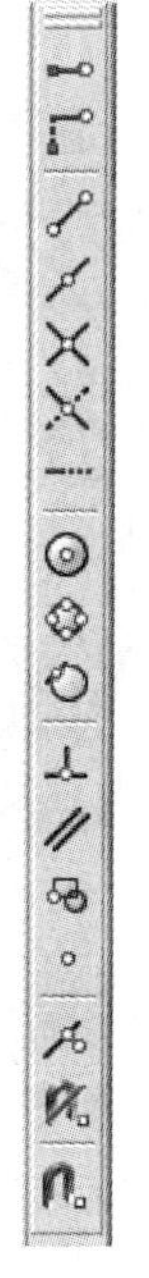

图3-38　“对象捕捉”工具栏

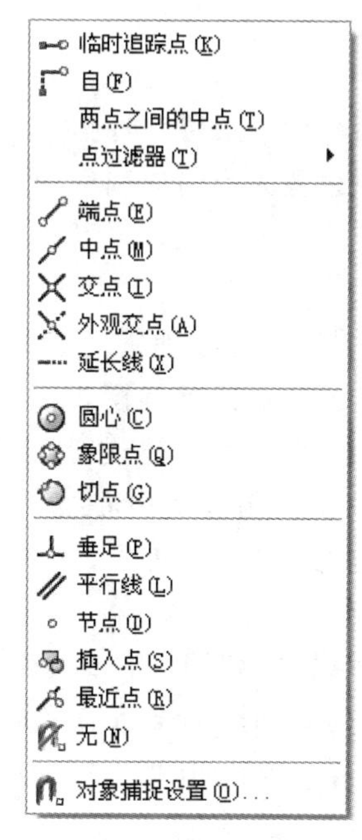

图3-39　“对象捕捉”工具栏

【提示、注意、技巧】

临时捕捉方式的特点是指对当前选择模式有效，而且选择一次只能用一次。

3.6.2　自动对象捕捉

在用 AutoCAD 绘图之前，可以根据需要事先设置自动对象捕捉模式，绘图时能自动捕捉这些特殊点，从而加快绘图速度，提高绘图质量。设置自动对象捕捉模式，可以使用下列方法：

(1)菜单："工具" → "草图设置"。

(2)对象捕捉快捷菜单：选择"对象捕捉设置"。

(3)状态栏：光标在"对象捕捉"处右击，在弹出的菜单中选择"设置"。

(4)命令行：OSNAP 或 DDOSNAP。

执行上述操作将系统打开"草图设置"对话框中的"对象捕捉"选项卡，如图 3-40 所示。利用此对话框可以设置对象捕捉模式。必须在"草图设置"对话框选中启用对象捕捉复选框，才能使捕捉功能处于开启状态。设置完毕后，单击"确定"按钮确认。

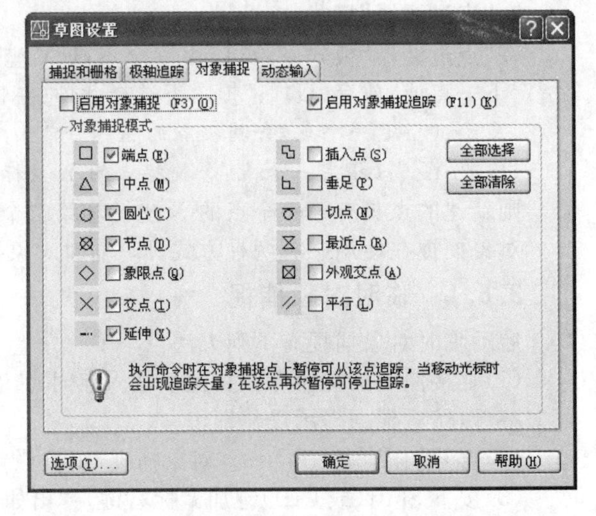

图 3-40　"草图设置"对话框中的"对象捕捉"选项卡

【提示、注意、技巧】

通过状态栏的"对象捕捉"按钮或快捷键 F3 也可以控制捕捉功能的开启状态。

【例 3-3】绘制如图 3-41 所示的盘盖图。

【操作步骤】

(1)用"图层"命令设置图层(同例 3-1)。

(2)将中心线层设置为当前层利用"直线"命令绘制垂直中心线。

(3)执行菜单命令"工具"→"草图设置"，打开"草图设置"对话框中的"对象捕捉"选项卡，单击"全部选择"按钮，选择所有的捕捉模式，并选中"启用对象捕捉"复选框，单击"确定"按钮退出。

(4)利用"圆"命令绘制圆形中心线，在指定圆心时，捕捉垂直中心线的交点，如图 3-42(a)所示。结果如图 3-42(b)所示。

(5)转换到粗实线层，利用"圆"命令绘制盘盖外圆和内孔，在指定圆心时，捕捉垂直中心线的交点，如图 3-43(a)所示。结果如图 3-43(b)所示。

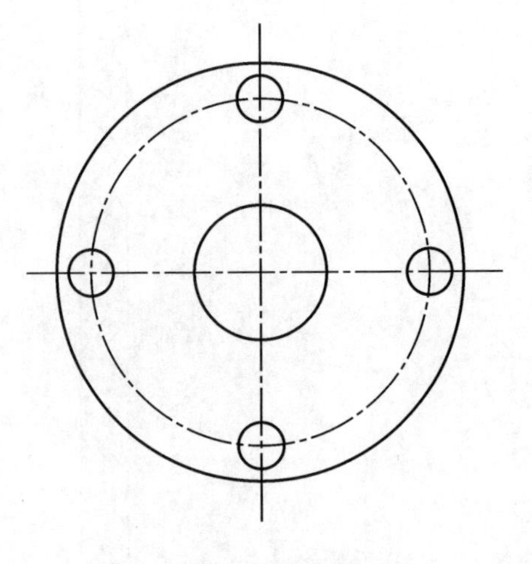

图 3-41　盘盖

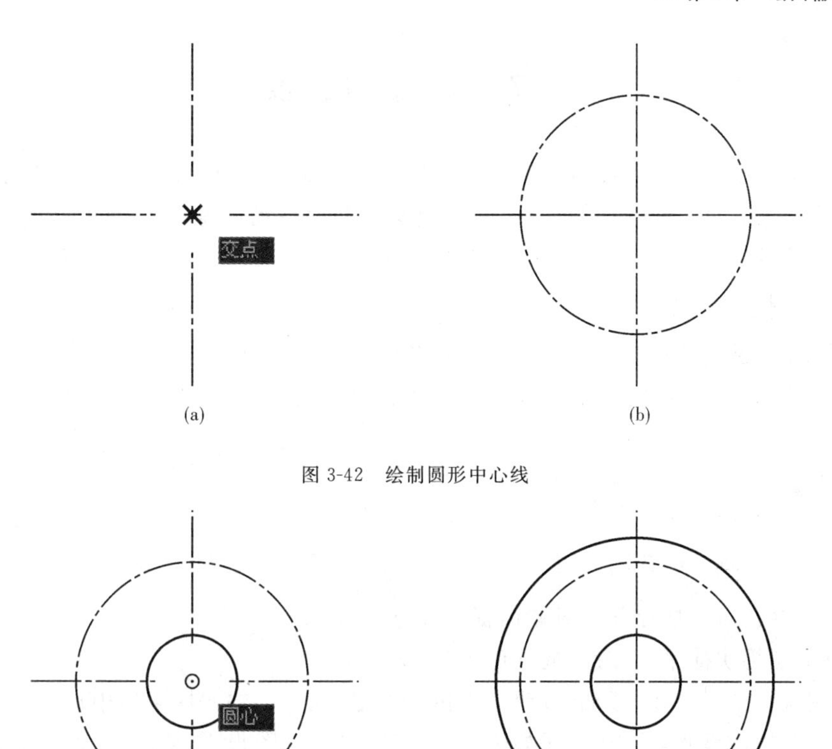

图 3-42　绘制圆形中心线

图 3-43　绘制同心圆

(6)利用“圆”命令绘制螺孔，在指定圆心时，捕捉圆形中心线与水平中心线或垂直中心线的交点，如图 3-44(a)所示。绘制结果如图 3-44(b)所示。

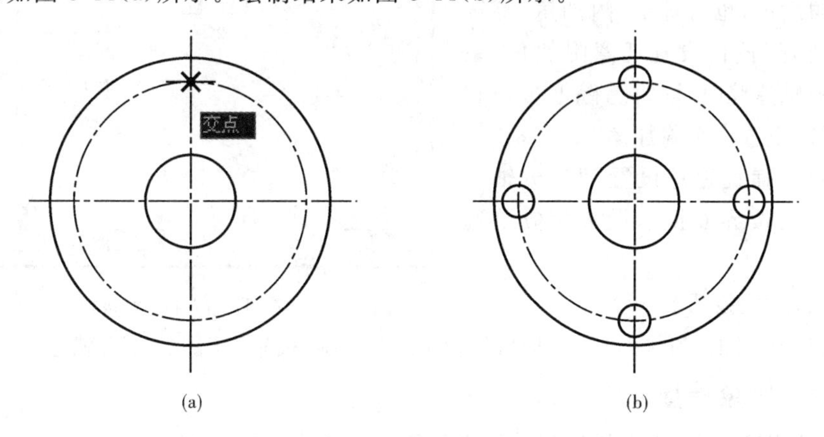

图 3-44　绘制单个均布圆

(7)用同样方法绘制其他 3 个螺孔，最终结果如图 3-41 所示。

3.7 对象追踪

对象追踪是指按指定角度或与其他对象的指定关系绘制对象。可以结合对象捕捉功能进行自动追踪，也可以指定临时点进行临时追踪。利用自动追踪功能，可以对齐路径，以精确的位置和角度创建对象。自动追踪包括两种追踪选项，即“极轴追踪”和“对象捕捉追踪”。

3.7.1 极轴追踪

“极轴追踪”是指按指定的极轴角或极轴角的倍数对齐要指定点的路径。“极轴追踪”必须配合“极轴”功能和“对象追踪”功能一起使用，即同时打开状态栏上的“极轴”开关和“对象追踪”开关。

启用极轴追踪设置，可以使用下列方法：

(1)命令行：DDOSNAP。

(2)菜单：“工具”→“草图设置”。

(3)工具栏：“对象捕捉”→“对象捕捉设置”。

(4)对象捕捉快捷菜单：对象捕捉设置(图 3-39)。

(5)状态栏：光标放在“极轴”按钮单击鼠标右键，在弹出的快捷菜单中选择“设置”。

按照上面执行操作，系统打开如图 3-45 所示的“草图设置”对话框的“极轴追踪”选项卡。

【选项说明】

(1)“启用极轴追踪”复选框：选中该复选框，即启用极轴追踪功能。

(2)“极轴角设置”选项组：设置极轴角的值。可以在“增量角”下拉列表框中选择一种角度值，也可选中“附加角”复选框，单击“新建”按钮设置任意附加角，系统在进行极轴追踪时，同时追踪增量角和附加角，可以设置多个附加角。

(3)“对象捕捉追踪设置”和“极轴角测量”选项组：按界面提示设置相应单选选项。

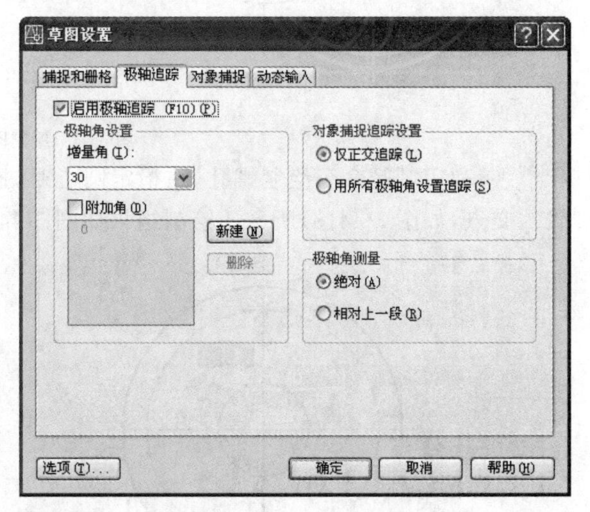

图 3-45 “草图设置”对话框“极轴追踪”选项卡

【提示、注意、技巧】

单击快捷键 F10 和状态栏的“极轴”按钮可以控制“极轴”功能的开启状态。

3.7.2 对象捕捉追踪

“对象捕捉追踪”是指以捕捉到的特殊位置点为基点，按指定的极轴角或极轴角的倍数对齐要指定点的路径，“对象捕捉追踪”必须配合“对象捕捉”功能和“对象追踪”功能一起使用，即同时打开状态栏上的“对象捕捉”开关和“对象追踪”开关。

设置对象捕捉追踪，可以使用下列方法：

(1)命令行：DDOSNAP。

(2)菜单:“工具”→“草图设置”。

(3)工具栏:“对象捕捉”→“对象捕捉设置”。

(4)状态栏:在“对象追踪”按钮单击鼠标右键,在快捷菜单中选择“设置”。

(5)对象捕捉快捷菜单:对象捕捉设置(图 3-39)。

按照上面执行方式操作后系统打开如图 3-40 所示的“草图设置”对话框的“对象捕捉”选项卡,选中“启用对象捕捉追踪”复选框,即完成了对象捕捉追踪设置。

【提示、注意、技巧】

单击快捷键 F11 和状态栏的“对象追踪”按钮可以控制“对象追踪”功能的开启状态。

3.7.3　临时追踪

绘制图形对象时,除了可以进行自动追踪外,还可以指定临时点作为基点进行临时追踪。

在提示输入点时,输入“tt”,或打开右键快捷菜单(图 3-39),选择其中的“临时追踪点”命令,然后指定一个临时追踪点。该点上将出现一个小的加号(+)。移动光标时,将相对于这个临时点显示自动追踪对齐路径。要删除此点,请将光标移回到加号(+)上面。

【例 3-4】绘制一条线段,如图 3-46 所示,使其一个端点与一个已知点水平。

【操作步骤】

(1)打开状态栏上的“对象捕捉”开关,并打开“草图设置”对话框中的“极轴追踪”选项卡,将“增量角”设置为“90”,将“对象捕捉追踪设置”设置为“仅正交追踪”。

(2)利用“直线”命令绘制直线,命令行提示与操作如下:

命令:LINE↙

指定第一点:(适当指定一点)

指定下一点或[放弃(U)]:tt↙

指定临时对象追踪点:(捕捉左边的点,该点显示一个十号,移动鼠标,显示追踪线,如图 3-46 所示)

指定下一点或[放弃(U)]:(在追踪线上适当位置指定一点)

指定下一点或[放弃(U)]:↙

结果如图 3-47 所示。

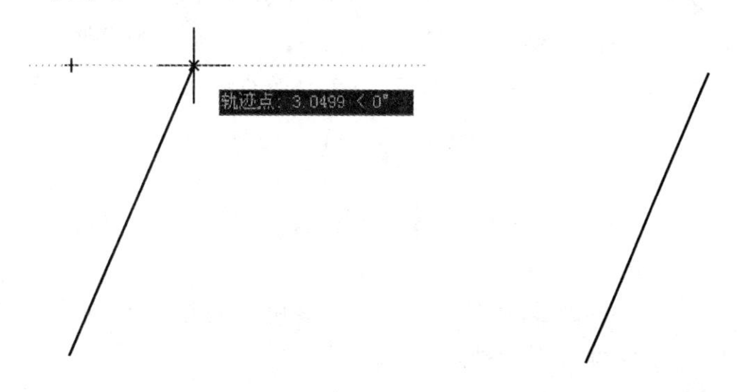

图 3-46　显示追踪线　　图 3-47　绘制结果

【例 3-5】绘制如图 3-48 所示图形,此图形内包含正三角形、正四边形、正五边形、正六边形和圆。绘图步骤如下:

(1)绘制直径为 18 的圆。

(2)绘制圆内接正三角形。

命令：_polygon

输入边的数目 <6>：3 ↙

指定正多边形的中心点或［边(E)］：捕捉圆心 O 点。(圆心 O 即为正三角形的中心)

输入选项［内接于圆 (I)/外切于圆(C)］<C>：I ↙

(此正三角形内接于圆)

指定圆的半径：捕捉 90°极轴线与圆的交点。

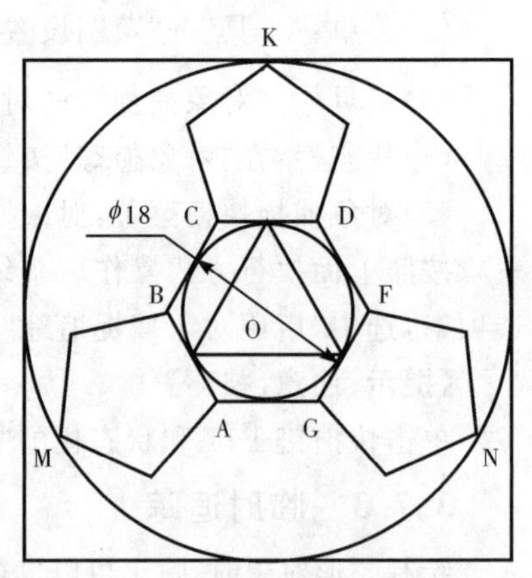

图 3-48 正多边形的绘制

(3)绘制圆外切正六边形。

命令：POLYGON

输入边的数目 <3>：6 ↙

指定正多边形的中心点或［边(E)］：捕捉圆心 O 点。

输入选项［内接于圆(I)/外切于圆(C)］<I>：C ↙ (此六边形外切于圆)

指定圆的半径：捕捉正三角的顶点。

(4)绘制正五边形。

命令：POLYGON 输入边的数目 <6>：5 ↙

指定正多边形的中心点或［边(E)］：E ↙

指定边的第一个端点：捕捉正六边形上点 A。

指定边的第二个端点：捕捉正六边形上点 B。

同理绘制出另外两个正五边形。

(5)绘制过 K,M,N 三点的圆。

命令：C ↙

CIRCLE 指定圆的圆心或［三点(3P)/两点(2P)/相切、相切、半径(T)］：3P ↙

指定圆的半径或［直径(D)］<9.0000>：捕捉 K,M,N 三个点。

(6)绘制圆的外切正方形。

命令：_polygon 输入边的数目 <5>：4 ↙

指定正多边形的中心点或［边(E)］：捕捉 O 作为正多边形的中心。

输入选项［内接于圆(I)/外切于圆(C)］<C>：↙ (此正方形外切于圆)

指定圆的半径：捕捉圆上 K 点。(O 点与 K 点的连线即为此圆的半径)

图形绘制结束。

3.8 动态输入

动态输入是 AutoCAD2008 新增的功能，该功能可以在绘图平面直接动态的输入绘制对象的各种参数，使绘图变得直观简捷。

设置动态输入，可以使用下列方法：

(1)命令行：DSETTINGS。

(2)菜单："工具"→"草图设置"。

(3)工具栏："对象捕捉"→"对象捕捉设置"。

(4)快捷菜单:“对象捕捉设置”(图 3-39)。

(5)在 DYN 开关单击鼠标右键,在弹出的快捷菜单中选择“设置”。

执行上述操作,系统将打开如图 3-49 所示的“草图设置”对话框的“动态输入”选项卡。

【选项说明】:

(1)启用指针输入:打开动态输入的指针输入功能。

(2)设置:单击该按钮,打开“指针输入设置”对话框,如图 3-50 所示,可以设置指针输入的格式和可见性。

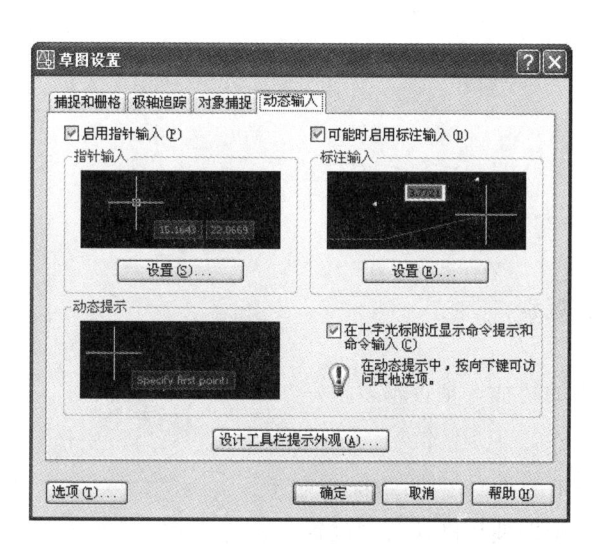

图 3-49　“动态输入”选项卡

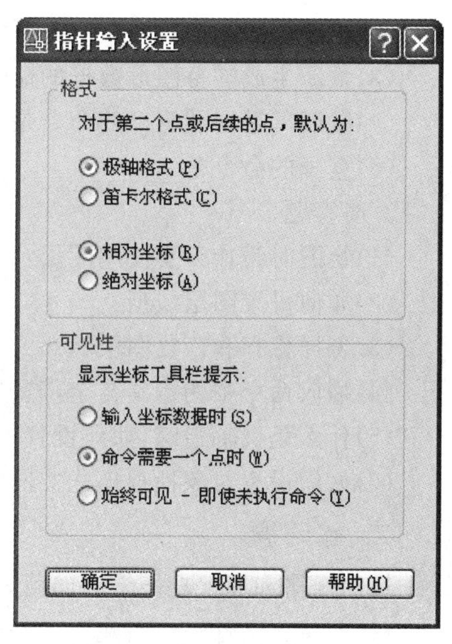

图 3-50　“指针输入设置”对话框

【提示、注意、技巧】

单击快捷键 F12 和状态栏的“DYN”按钮可以控制“动态输入”功能的开启状态。

习　　题

一、思考题

1. 选择题

(1)在打开“图层特性管理器”对话框后,想要显示详细信息应单击按钮(　　)。

A. 新建　　B. 当前　　C. 显示细节　　D. 恢复状态

(2)改变图层颜色时,在“图层特性管理器”对话框的图层列表中应(　　)颜色块。

A. 单击　　B. 双击　　C. 右击　　D. 拖动

(3)当图层锁定时,下列说法不正确的是(　　)。

A. 可以显示图层上的图形元素　B. 可以捕捉或添加新的图形元素

C. 可以修改图形元素　　D. 不能编辑图形元素

(4)执行缩放命令,对象的实际尺寸(　　)。

A. 变　　B. 不变

(5)对于缩放命令,可以执行“上一个”的次数是(　　)。

A. 4　　　B. 6　　　C. 8　　　D. 10

(6)重生成的执行速度比重画(　　)。

A. 快　　　B. 慢

(7)在绘图过程中,按(　　)功能键,可打开或关闭对象捕捉模式。

A. F2　　　B. F3　　　C. F6　　　D. F7

2. 填空题

(1)图层的特性主要有________。

(2)视图缩放的命令是____,平移命令是____。

(3)重新生成屏幕图形数据的命令是________。

(4)激活鸟瞰视图窗口的命令是 ________。

(5)重画的命令是________。

3. 简答题

(1)绘图时为什么要使用图层?

(2)如何设置图层线型?

(3)怎样保存和恢复图层状态?

(4)缩放命令中的范围与全部选项有何区别?

(5)什么是极轴追踪,如何设置极轴角?

(6)如何设置对象捕捉模式?同时捕捉的特征点是否越多越好?

二、练习题

1. 用栅格和捕捉功能绘制如图 3-51 所示的平面图形,不标注尺寸。

(1)菜单:“文件”→“新建”→“创建新图形”,使用默认公制设置。

(2)菜单:“格式”→“图形界限”,重新设置模型空间界限。

指定左下角点:0,0

指定右上角点:20,20

(3)菜单:“视图”→“缩放”→“全部”,使图形界限全屏显示。

(4)工具栏:“图层”→ →中心线、粗实线。

(5)状态栏:“栅格”加“捕捉”。

(6)绘制图形,大圆心定位在(8,11)。

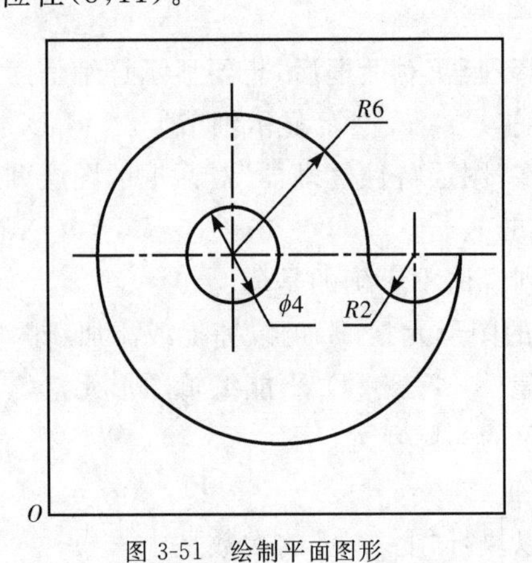

图 3-51　绘制平面图形

2. 分析图3-52所示的平面图形及线型，并分层绘制，不标注尺寸。

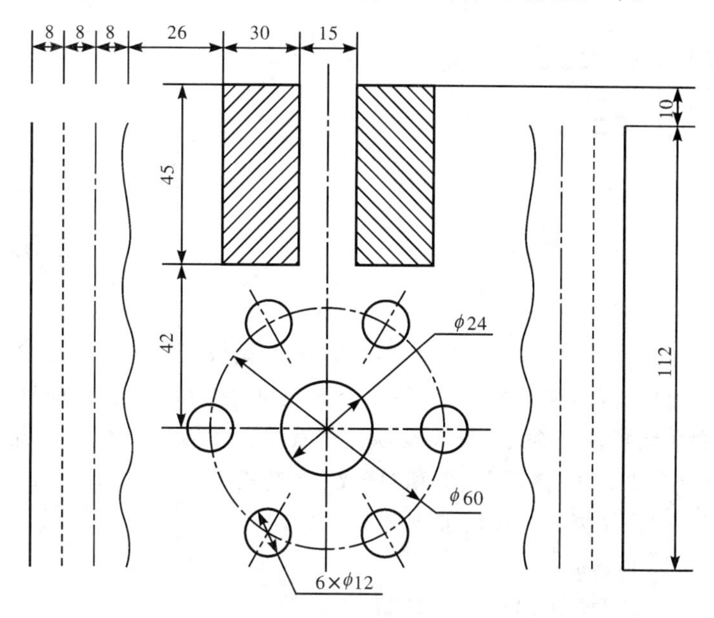

图3-52　平面图形及线型练习

第 4 章

图形的编辑

AutoCAD 提供了许多修改图形的命令，可以帮助完成二维图形及三维图形的编辑工作，如删除、复制、镜像、偏移和阵列等，这些命令大致可分为以下几类，即复制类命令、改变位置类命令、改变几何特性类命令、删除及恢复类命令。本章介绍编辑二维图形的基本方法。所使用的命令主要是在“修改”菜单和“修改”工具栏中，如图 4-1、图 4-2 所示。其中常用命令的图标、命令名、简捷命令及功能列于表 4-1 中。

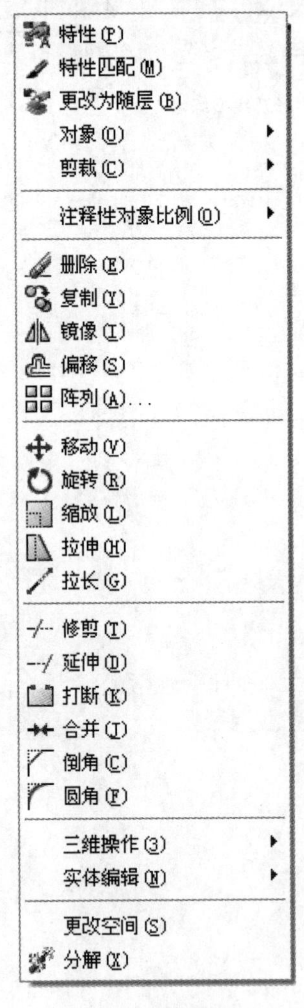

图 4-1 “修改”菜单

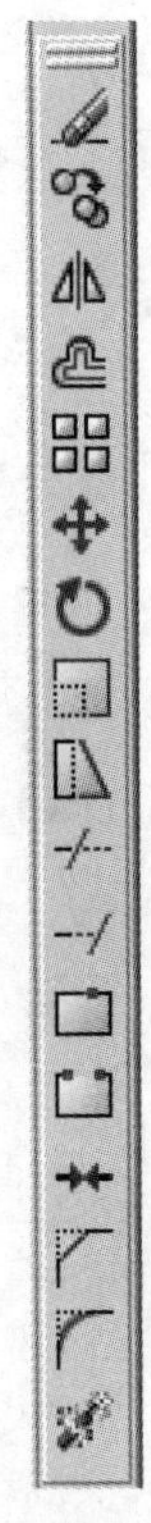

图 4-2 “修改”工具栏

表 4-1 常用命令的图标、命令名、简捷命令及其功能

序号	图标	命令名	简捷命令	功能
1		ERASE	E	删除
2		COPY	CO,CP	复制
3		MIRROR	MI	镜像
4		OFFSET	O	偏移
5		ARRAY	AR	阵列
6		MOVE	M	移动
7		ROTATE	RO	旋转
8		SCALE	SC	比例缩放
9		STRETCH	S	拉伸
10		LENGTHEN	LEN	拉长
11		TRIM	TR	修剪
12		EXTEND	EX	延伸
13		BREAK	BR	打断
14		CHAMFER	CHA	倒角
15		FILLET	F	圆角
16		EXPLODE	X	分解

4.1 对象选择

选择对象是进行图形编辑的前提。在编辑复杂图形时，往往需要同时对多个实体进行编辑，选择适当的对象选择方式，对于快速、准确地确定编辑对象起着重要的作用。

4.1.1 设置选择集

可以利用“工具”→“选项”命令，在打开的“选项”对话框的“选择集”选项卡中设置对象选择，如图 4-3 所示。

【选项说明】

1.“拾取框大小”滑块

当命令行出现“选择对象:”提示时，十字光标变成一个正方形小框，在 AutoCAD 中，称这个正方形小框为拾取框，可设置拾取框的大小。

移动“拾取框大小”滑块可以调整拾取框的大小。左侧的拾取框会实时显示其相应的尺寸大小。拾取框的大小应合适，过大容易选中与目标对象相邻的其他实体；过小则不容易选

中目标对象。

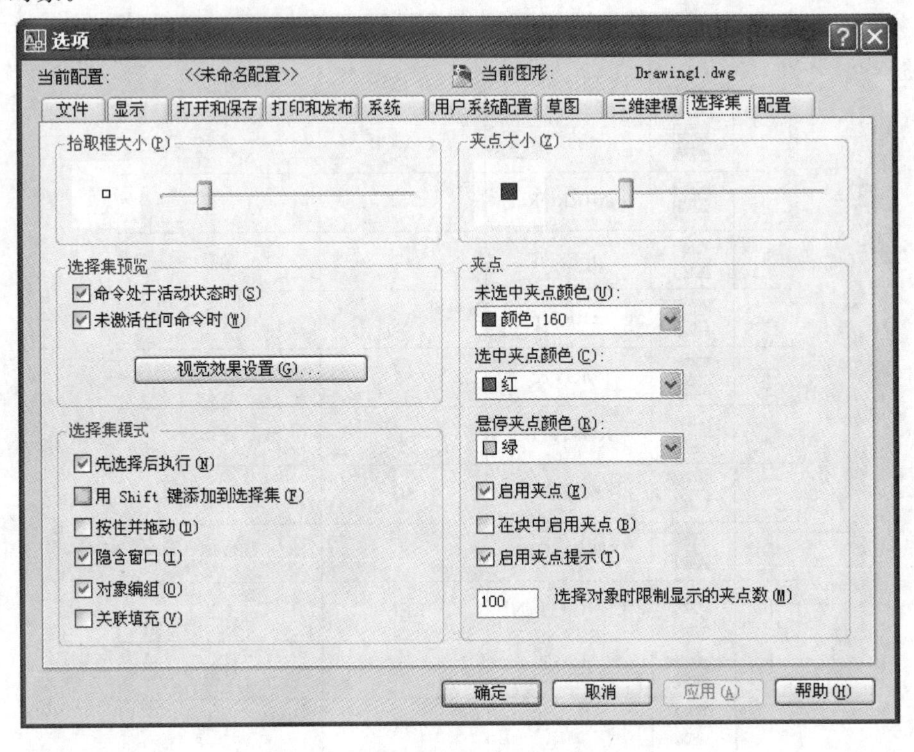

图 4-3 “选项”对话框的“选择集”选项卡

2.“选择集预览”选项组

该选项组可以设置对象选择的视觉效果,单击其中的“视觉效果设置”按钮,会弹出如图4-4所示的对话框,根据对话框进行设置。

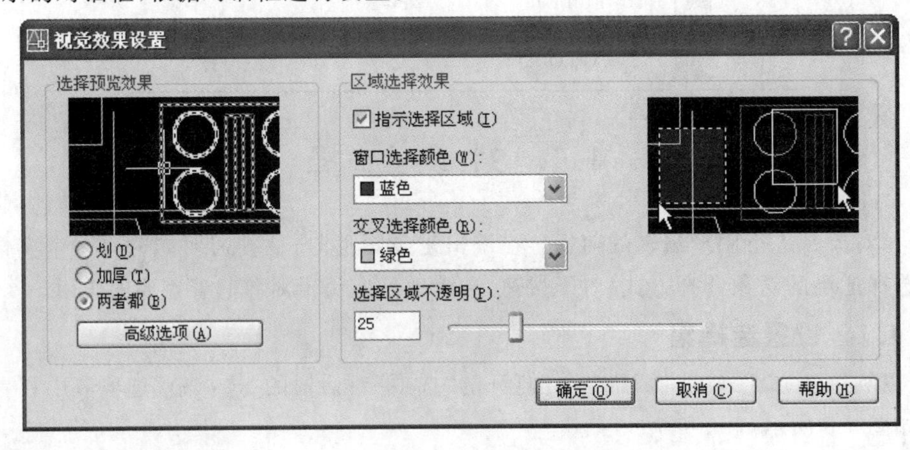

图 4-4 “视觉效果设置”对话框

3.“选择集模式”选项组

有6个选择模式复选框,下面介绍常用选项组:

(1)“先选择后执行”

选中该复选框,表示先选择要编辑的对象,然后执行编辑命令。也可以先执行编辑命令,然后选择要编辑的对象。若不选择该选项,则只能先执行编辑命令,然后选择要编辑的对象。

(2)"用 Shift 键添加到选择集"

关闭"用 Shift 键添加到选择集"复选框,可以直接用拾取框连续选择多个对象。如果要取消某个已被选中的对象,可按下"Shift"键,用拾取框选取即可。

选中"用 Shift 键添加到选择集"复选框,则一次只能选择一个实体对象,当拾取第二个对象时,前一个即退出选择。此时若要选择多个对象,可按下 Shift 键,用拾取框选取添加进选择集。

(3)"按住并拖动"

选中"按住并拖动"复选框,用矩形选择框选择对象时,要先单击并按住鼠标确定矩形框的第一个角点,然后拖动鼠标到另一个角点,再松开鼠标键。

关闭"按住并拖动"复选框,当用矩形选择框选择对象时,先单击确定矩形框的第一个角点,然后到另一个角点再单击即可。

(4)"隐含窗口"

确定是否启动矩形框选择对象。

(5)"对象编组"

创建对象组进行编辑。有关内容,可参阅 AutoCAD 2008 的"帮助"。

(6)"关联填充"

用于确定填充图案与封闭区域的关系。若选中此复选框,则填充的图案与填充封闭区域保持着关联关系,即选择图案填充时,封闭区域和边界也自动被选择。

【提示、注意、技巧】

(1)如果在执行编辑命令之前选择对象,则被选实体上会出现几个蓝色的小正方形点,称为"夹点",利用夹点可以非常方便地进行有关编辑操作(详见 4. 7 节)。

(2)并非所有命令都适用"先选择后执行"方式。

4."夹点大小"及"夹点"选项组

可对夹点大小以及夹点颜色进行设置。

4.1.2　选择对象的方法

选择对象(SELECT)命令可以单独使用,即在命令行输入"SELECT",也可以在执行其他编辑命令时被自动调用。此时命令行会出现"选择对象:"的提示,光标为拾取框,等待用户以某种方式选择对象作为回答。AutoCAD 提供了多种不同形式的选择对象方式,当命令行出现"选择对象:"的提示时,在命令行输入"?",可查看这些选择方式,系统将显示如下提示信息:

需要点或窗口(W)/上一个(L)/窗交(C)/框(BOX)/全部(ALL)/栏选(F)/圈围(WP)/圈交(CP)/编组(G)/添加(A)/删除(R)/多个(M)/前一个(P)/放弃(U)/自动(AU)/单个(SI)

根据提示,可选取相应的选择对象方式。

1.需要点

这是 AutoCAD 默认的选择对象方式之一,在"选择对象:"提示下,将拾取框移至要编辑的目标对象上单击,即可选中对象,被选中的对象以虚线呈高亮显示(可以设置视觉效果,方法见前面 4.1.1 所述),以区别其他图形。用拾取框每次只能选取一个对象,重复操作,可依次选取多个对象。

2. 窗口(W)

在“选择对象:”提示下输入“W”,用由两个对角顶点确定的矩形选择窗口选取单个或多个对象。矩形窗口是实线型的,称为窗口。位于窗口内部的所有对象均被选中,并高亮显示。与边界相交的对象不会被选中。

3. 上一个(L)

在“选择对象:”提示下输入“L”,系统会自动选取最后绘出的一个对象。

4. 窗交 (C)

在“选择对象:”提示下输入“C”,用由两个对角顶点确定的矩形选择窗口选取单个或多个对象。矩形窗口是虚线型的,称为窗交。该方式与上述“窗口”方式的区别在于:它不但选中矩形窗口内部的对象,也选中与矩形窗口边界相交的对象。

5. 框(BOX)

在“选择对象:”提示下输入“BOX”。直接用两个对角点确定矩形选择窗口,系统根据用户在屏幕上给出的两个对角点的位置而自动引用“窗口”或“窗交”选择方式。

若从左向右指定对角点,则绘图区内拉出一个实线型的矩形框,为“窗口”方式,如图 4-5 所示。

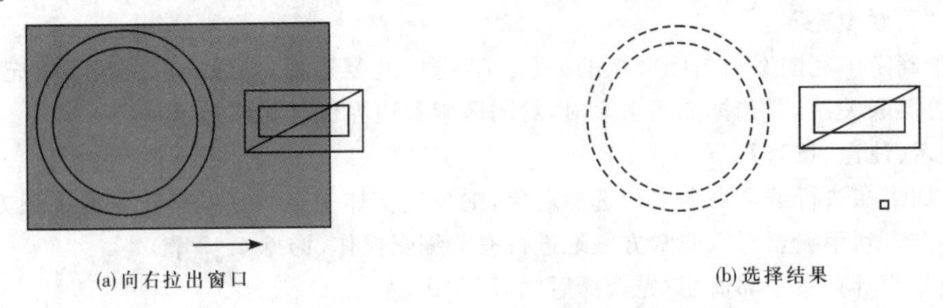

图 4-5 窗口方式选择对象

若从右向左指定对角点,则绘图区内拉出一个虚线型的矩形框,为“窗交”方式,如图 4-6 所示。

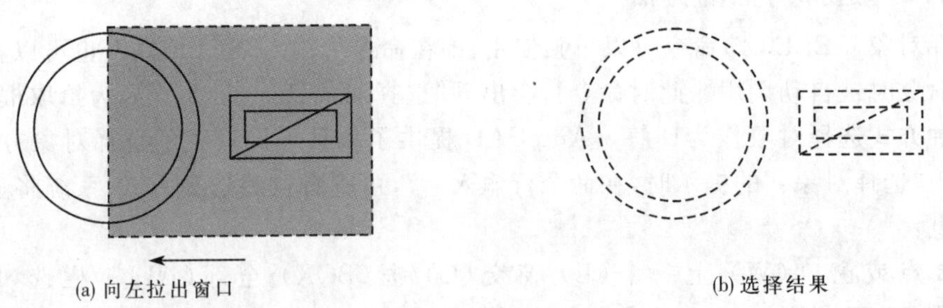

图 4-6 窗交方式选择对象

6. 全部(ALL)

选取绘图窗口中的所有对象。在“选择对象:”提示下输入“ALL”,绘图区域内的所有对象均被选中。

7. 栏选(F)

绘制一些直线,这些直线不必构成封闭图形,凡是与这些直线相交的对象均被选中。这

种方式对选择相距较远的对象比较方便。交线可以穿过本身。在"选择对象:"提示下输入"F",选择该选项后,出现如下提示:

第一栏选点:　　　　　　　　　　(指定交线的第一点)

指定直线的端点或[放弃(U)]:　(指定交线的第二点)

指定直线的端点或[放弃(U)]:　(指定下一条交线的端点)

……

指定直线的端点或[放弃(U)]:　(回车,结束操作)

绘制的栏选直线及选择结果如图 4-7 所示。

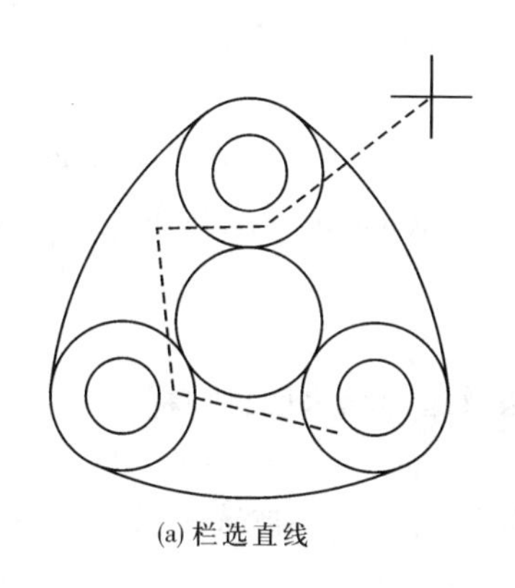

(a) 栏选直线

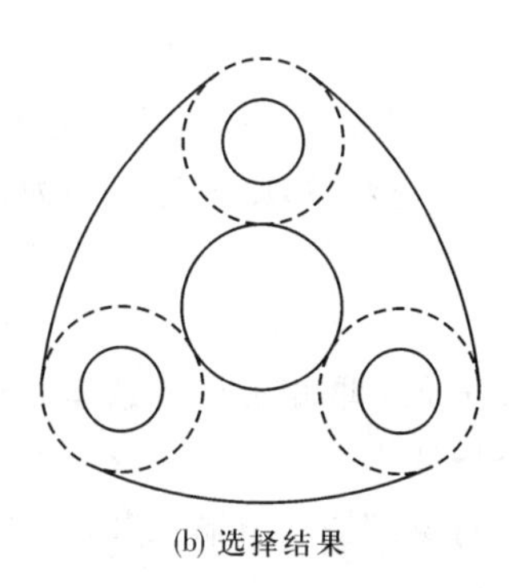

(b) 选择结果

图 4-7　"栏选"对象选择方式

8. 圈围(WP)

使用一个不规则的多边形来选择对象。在"选择对象:"提示下输入"WP",系统提示:

第一圈围点:　　　　　　　　　　(输入不规则多边形的第一个顶点坐标)

指定直线的端点或[放弃(U)]:　(输入第二个顶点坐标)

指定直线的端点或[放弃(U)]:　(输入下一个顶点坐标)

……

指定直线的端点或[放弃(U)]:　(回车,结束操作)

根据提示,用户顺次输入构成多边形所有顶点的坐标,直到最后用回车作为空回答结束操作,系统将自动连接第一个顶点与最后一个顶点形成封闭的多边形。多边形的边不能接触或穿过本身。若键入"U",则取消刚才定义的坐标点并且重新指定。凡是被多边形围住的对象均被选中(不包括边界)。

9. 圈交(CP)

类似于"圈围"方式,在"选择对象:"提示下输入"CP",后续操作与"WP"方式相同,区别在于:此操作下与多边形边界相交的对象也被选中。

10. 编组(G)

使用预选定义的对象组作为选择集。事先将若干个对象组成组,之后可以用组名引用(见4.1.4 节)。

11. 添加(A)

在删除方式提示下,输入"A"则可继续向选择集中添加对象。

12. 删除(R)

在"选择对象:"提示下输入"R",可以从当前选择集中移走该对象,对象由高亮显示状态变为正常状态。

13. 多个(M)

在“选择对象:”提示下输入“M”,指定多个点,不高亮显示对象。这种方法可以加快在复杂图形上的对象选择过程。若两个对象交叉,则指定交叉点两次即可以选中这两个对象。

14. 前一个(P)

在“选择对象:”提示下输入“U”,将最近的一个选择集中设置为当前选择集。

15. 放弃(U)

在“选择对象:”提示下输入“P”,用于取消加入选择集的对象。它可以将用户在选择集中所做的操作一步一步地回退,每退一步都把最近加入的对象移出。

16. 自动(AU)

这也是 AutoCAD 2008 的默认选择方式。其选择结果视用户在屏幕上的选择操作而定。如果选中单个对象,则该对象即为自动选择的结果;如果选择点落在对象内部或外部的空白处,系统会提示:

指定对角点:

此时,系统会采取矩形框的选择方式,操作方法及选择结果同“BOX”。

17. 单个(SI)

在“选择对象:”提示下输入“SI”,则当第一个对象或对象集被选中后,不再提示进行进一步的选择而结束。

4.1.3 快速选择

有时用户需要选择具有某些共同属性的对象构造选择集,如选择具有相同颜色、线型或线宽的对象,用户当然可以使用前面介绍的方法。选择这些对象,但如果要选择的对象数量较多且分布在较复杂的图形中,工作量会很大。AutoCAD 2008 提供了 QSELECT 命令来解决这个问题。调用 QSELECT 命令后,打开“快速选择”对话框,如图 4-8 所示。利用该对话框可以根据用户指定的过滤标准快速创建选择集。打开“快速选择”对话框,可以使用下列方法之一:

(1)命令行:QSELECT。

(2)菜单:“工具”→“快速选择”。

(3)快捷菜单:“快速选择”。

(4)工具栏:“标准” →“对象特性”选项板→“快速选择”。

执行上述命令后,系统打开“快速选择”对话框,在该对话框中可以选择符合条件的对象或对象组。

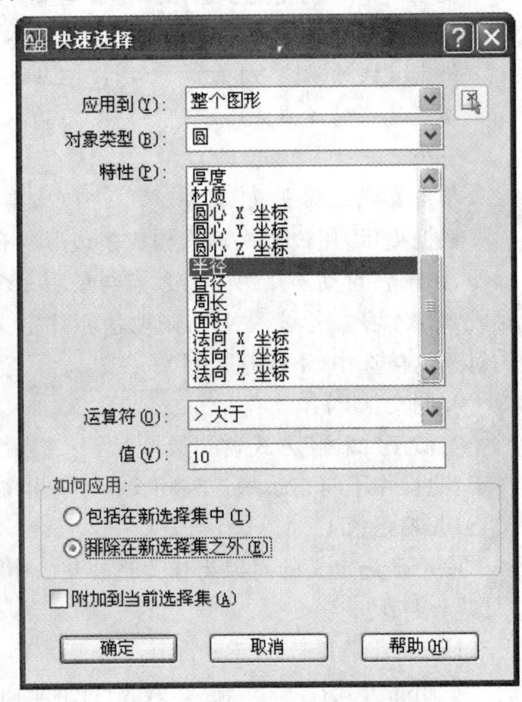

图 4-8 “快速选择”对话框

4.1.4 构造对象组

对象组与选择集并没有本质的区别，当我们把若干个对象定义为选择集并希望它们在以后的操作中始终作为一个整体时，为了简捷，可以给这个选择命名并保存起来，这个命名了的对象选择集就是对象组，它的名字称为组名。

如果对象组可以被选择(位于锁定层上的对象组不能被选择)，可以通过它的组名引用该对象组，并且一旦组中任何一个对象被选中，组中的其他对象也会被选中。

打开“对象编组”对话框，可以使用下列方法：

命令行：GROUP。

执行上述命令后，系统打开“对象编组”对话框，如图 4-9 所示。利用该对话框可以查看或修改存在的对象组的属性，也可以创建新的对象组。

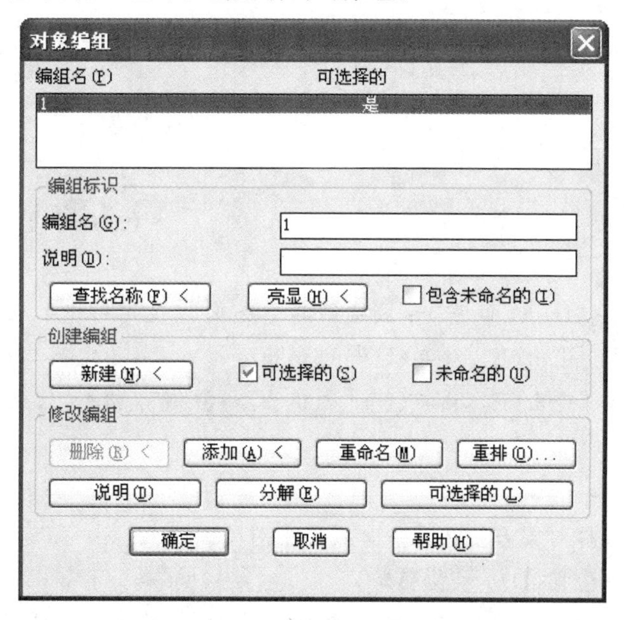

图 4-9 “对象编组”对话框

【例 4-1】从选择集中删除一幅图中所有半径大于 10 的圆。

【操作步骤】

(1)调出“快速选择”对话框。

(2)在“应用到”下拉列表框中选择“整个图形”。

(3)在“对象类型”下拉列表框中选择“圆”。

(4)在“特性”列表框中选择“半径”。

(5)在“运算符”下拉列表框中选择“＞大于”。

(6)在“值”文本框中输入“10”。

(7)在“如何应用”选项组中选择“排除在新选择集之外”，如图 4-8 所示。

执行结果：AutoCAD 2008 从选择集中删除一幅图中所有半径大于 10 的圆，然后关闭“快速选择”对话框。

4.2 复制类命令

4.2.1 复 制

“复制”命令即在指定方向上按指定距离复制对象，使用坐标、栅格捕捉、对象捕捉和其他工具可以精确复制对象，可以进行多重复制。

启用“复制”命令，可以使用下列方法之一：

(1)命令行：COPY。

(2)菜单：“修改”→“复制”。

(3)工具栏：“修改”→“复制”。

(4)快捷菜单：选择要复制的对象，在绘图区域右击鼠标，从打开的快捷菜单上选择“复制”命令。

【操作步骤】

命令：COPY↙

选择对象： (选择要复制的对象)

选择对象：↙ (回车，结束选择操作)

指定基点或[位移(D)]<位移>：指定第二个点或 <使用第一个点作为位移>：

指定第二个点或[退出(E)/放弃(U)] <退出>： (指定第二点，继续复制对象)

指定第二个点或[退出(E)/放弃(U)] <退出>：↙ (回车，结束并退出复制操作)

【选项说明】

(1)选择对象

用前面介绍的选择对象方法选择一个或多个对象。

(2)指定基点或[位移(D)] <位移>

移动光标或在命令行输入确定一点，如输入(12,9)，该点将作为复制对象的基点或复制对象的相对位移；位移(D)，在命令行输入“D”，将继续提示指定位移，如输入(20,15)，对象即在 X 方向和 Y 方向上分别移动 20,15 个单位。

(3)指定第二个点或 <使用第一个点作为位移>

指定第二个点，系统将前面确定的点作为基点，确定与该点的位移矢量把选择的对象复制到第二点处。

如果直接回车，即选择默认的“使用第一个点作为位移”，系统将前面输入的(12,9)当作 X,Y 方向的位移。对象从它当前的位置在 X 方向上移动 12 个单位，在 Y 方向上移动 9 个单位。

(4)指定第二个点或[退出(E)/放弃(U)]<退出>

可以不断指定新的第二点，从而实现多重复制。若要放弃上一个复制的对象，则可以输入“U”，连续操作可实现重复放弃。完成复制后回车，结束并退出复制操作。

【提示、注意、技巧】

(1)当提示"指定基点或[位移(D)]＜位移＞"时，在绘图区域单击鼠标右键，从打开的快捷菜单上，也可以选择"位移(D)"命令。

(2)当提示"指定第二个点或[退出(E)/放弃(U)]＜退出＞"时，也可以在绘图区域单击鼠标右键，从打开的快捷菜单上，选择"退出(E)"或者"放弃(U)"等有关操作。

(3)其他图形修改命令在操作过程中，也可以在绘图区域右击鼠标，从打开的快捷菜单上，选择相关选项进行有关操作，以后不再复述。

【例 4-2】绘制如图 4-10 所示的图形。

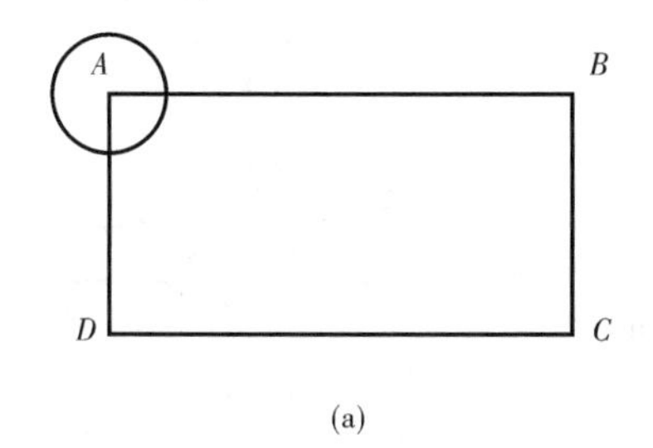

(a)

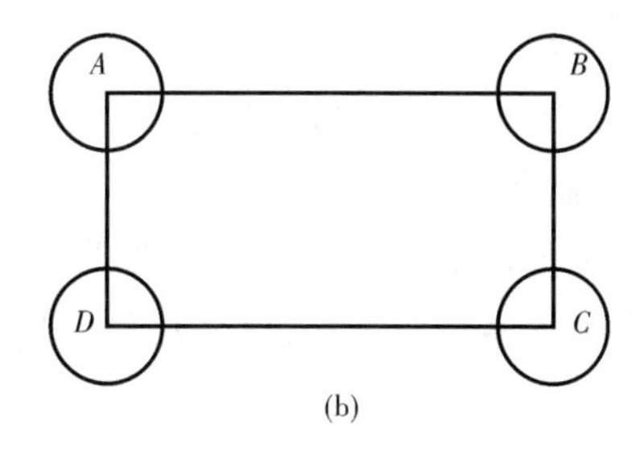

(b)

图 4-10　复制对象

【操作步骤】

(1)绘制矩形和圆

利用"矩形"命令与"圆"命令绘制一个矩形和一个圆，如图 4-10(a)所示。

(2)利用"复制"命令绘制圆

输入复制命令：

命令：_copy

选择对象：选择小圆

选择对象：↙　　　　　　　　　　　　　　(回车结束选择对象)

指定基点或[位移(D)]＜位移＞：捕捉圆心点 A

指定位移的第二点：分别捕捉 B,C,D 三点　　(将圆分别复制到 B,C,D 处)

完成全图。

4.2.2　镜　像

绕指定轴翻转对象，创建对称的镜像图像。镜像对创建对称的图形非常有用，因为可以快速地绘制半个图形对象，然后将其镜像，而不必绘制整个图形。镜像操作完成后，可以保留原对象，也可以将其删除。

启用"镜像"命令，可以使用下列方法之一：

(1)命令行：MIRRIR。

(2)菜单："修改"→"镜像"。

(3)工具栏："修改"→"镜像"。

【操作步骤】

命令：MIRROR↙

选择对象：　　　　　　　　　　　　　　　　(选择要镜像的对象)

指定镜像线的第一点：　　　　　　　　　　　(指定第一个点)

指定镜像线的第二点：　　　　　　　　　　　(指定第二个点)

是否删除源对象？[是(Y)/否(N)]<N>：　(确定是否删除选择的镜像对象)

由镜像线的第一个点和第二个点确定一条镜像线，被选择的对象以该线为对称轴进行镜像。

【例 4-3】绘制如图 4-11 所示的平面图形。

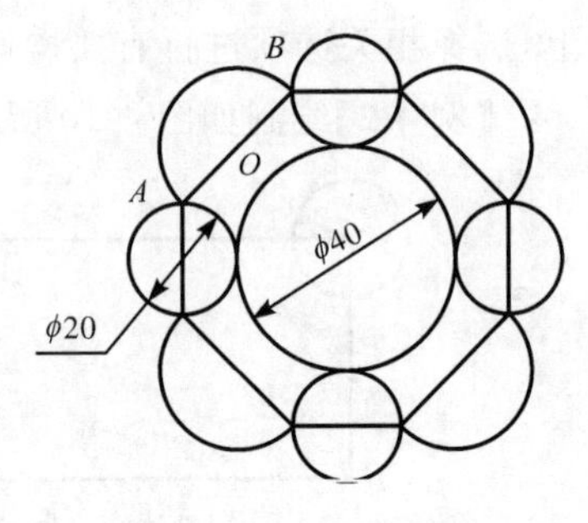

图 4-11　平面图形

【操作步骤】

(1)绘制直径为 40 的圆

圆心位置可在绘图区内任取一点，如图 4-12 所示。

(2)绘制直径为 20 的圆

用对象追踪功能确定圆心位置，以直径为 40 的圆的圆心为捕捉对象往左移动光标，出现极轴线时输入 30 即可，如图 4-13 所示。

(3)利用镜像命令绘制第二个小圆

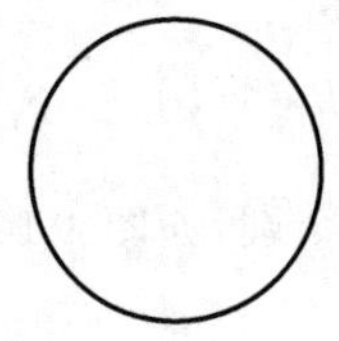

图 4-12　绘制直径为 40 的圆

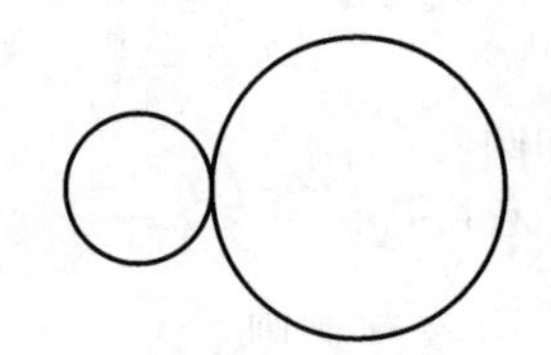

图 4-13　绘制直径为 20 的圆

命令：_mirror

选择对象：选择小圆

选择对象：↙　　　　　　　　　　　　　　　(回车结束选择)

指定镜像线的第一点：选择大圆上象限点。

指定镜像线的第二点：选择大圆下象限点。　(上、下象限点连线为镜像线)

是否删除源对象？[是(Y)/否(N)] <N>：↙　(回车确定选择)

结果如图 4-14 所示。

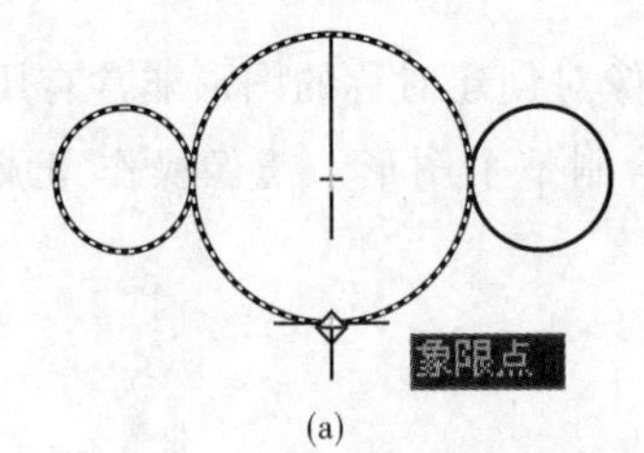

(a)

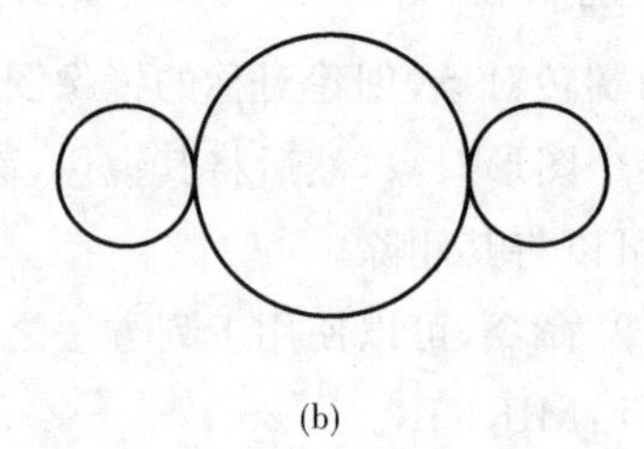

(b)

图 4-14　图形的镜像

(4)利用复制命令绘制第三个小圆

命令：_copy

选择对象：选择左侧小圆

选择对象：↙　　　　　　（回车确定选择）

指定基点或[位移(D)]＜位移＞：捕捉左侧小圆的上象限点。

指定第二个点或＜使用第一个点作为位移＞：移动光标到大圆下象限点处。

指定第二个点或[退出(E)/放弃(U)]＜退出＞：↙

结果如图 4-15 所示。

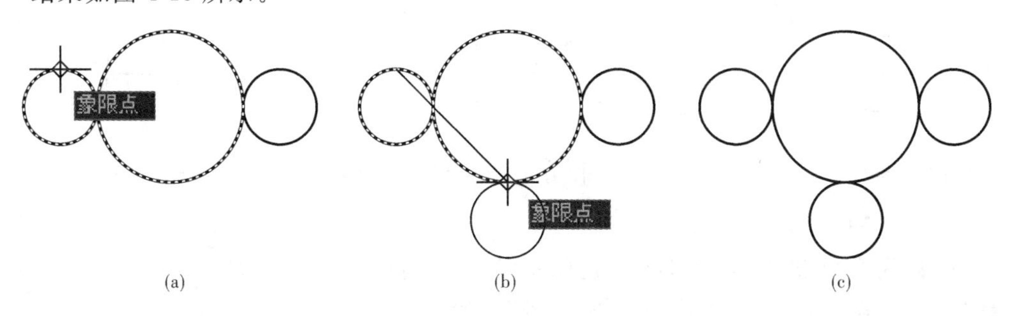

(a)　　(b)　　(c)

图 4-15　图形的复制

(5)利用镜像命令绘制第四个圆

选择第三个小圆为镜像对象，指定左、右象限点连线为镜像线，绘制第四个圆，如图 4-16 所示。

(6)绘制直线

利用绘制直线命令及象限点捕捉功能绘制各段直线，如图 4-17 所示。

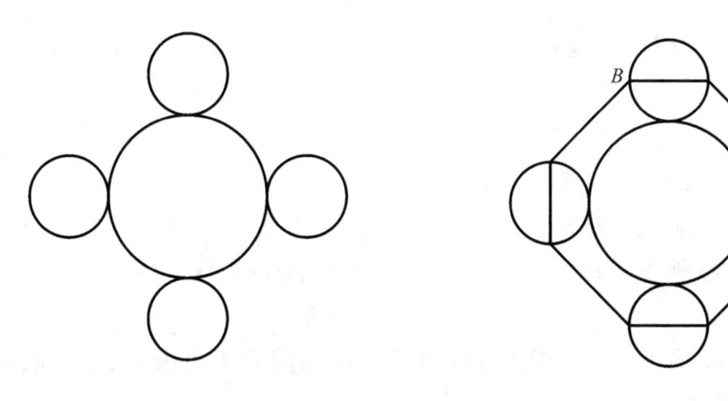

图 4-16　图形的镜像　　　　图 4-17　直线的绘制

(7)绘制第一段圆弧

利用绘制圆弧命令绘制第一段圆弧。输入圆弧命令，选择“起点、圆心、端点”方式。

命令：_ARC

指定圆弧的起点或[圆心(C)]：＜对象捕捉 开＞ 捕捉 B 点

指定圆弧的第二个点或[圆心(C)/端点(E)]：_C 指定圆弧的圆心：捕捉直线 AB 的中点 O

指定圆弧的端点或[角度(A)/弦长(L)]：捕捉 A 点

结果如图 4-18 所示。

(8)绘制另三段圆弧

利用镜像命令绘制另三段圆弧，完成全图，如图 4-19 所示。

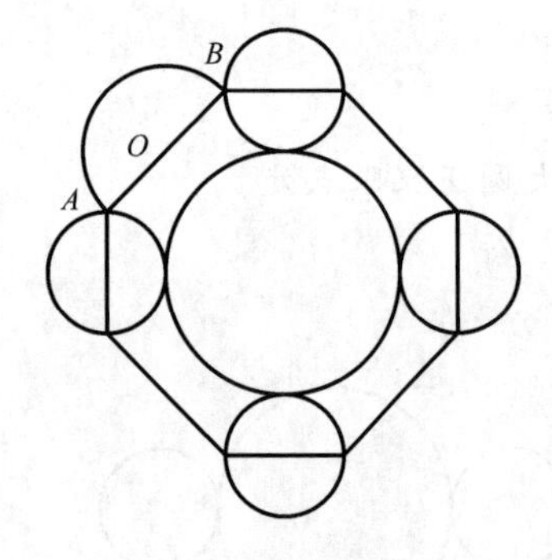

图 4-18　绘制 AB 圆弧

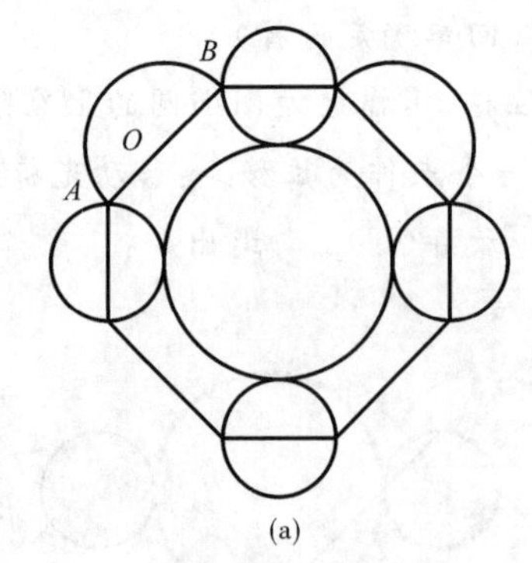

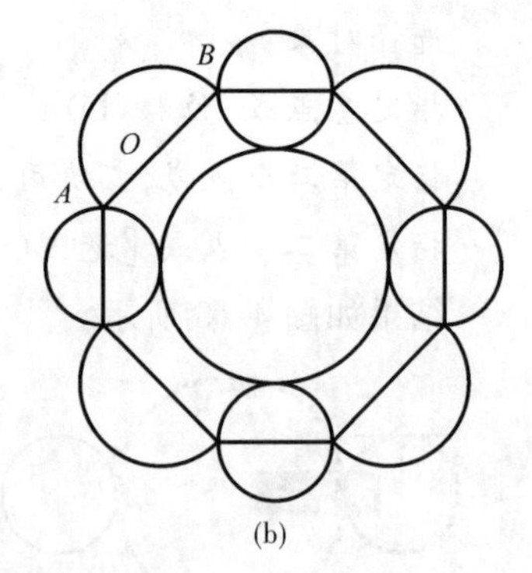

图 4-19　分别利用镜像命令绘制右方圆弧和下方两段圆弧

4.2.3　偏　移

“偏移”命令用于创建的图形与选定的图形对象平行的新对象。偏移圆或圆弧可以创建更大或更小的圆或圆弧，其大或小取决于向哪一侧偏移，如图4-20所示。

可以创建偏移图形的对象有：直线、圆弧、圆、椭圆和椭圆弧、二维多段线和样条曲线等。

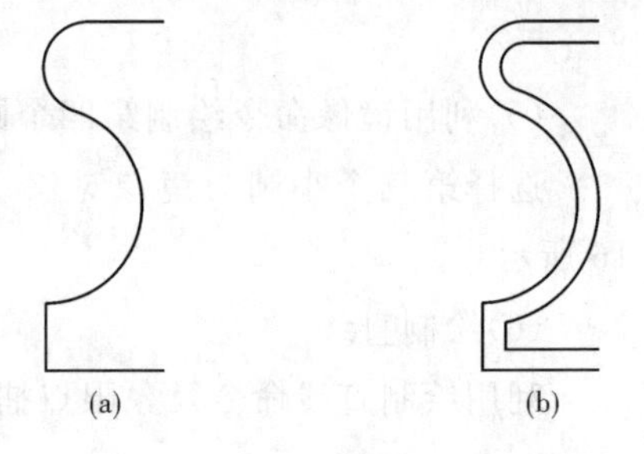

图 4-20　用“偏移”命令创建的图形

启用“偏移”命令，可以使用下列方法之一：

(1)命令行：OFFSET。

(2)菜单：“修改”→“偏移”。

(3)工具栏：“修改”→“偏移”。

【操作步骤】

命令：OFFSET ↙

指定偏移距离或[通过(T)]<默认值>：　　(指定距离值)

选择要偏移的对象或<退出>：　　(选择要偏移的对象或回车结束操作)

指定点以确定偏移所在一侧：　　(指定偏移方向)

【选项说明】

(1)指定偏移距离：输入一个距离值，或回车使用当前的距离值，系统把该距离值作为偏移距离，如图 4-21 所示。

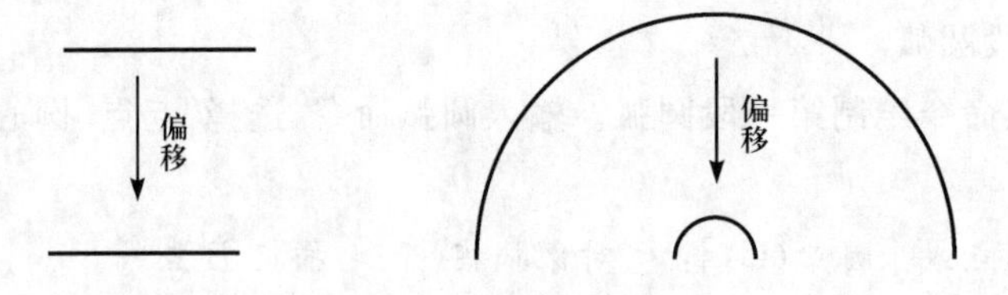

图 4-21　指定距离偏移对象

(2)通过(T)：指定偏移的通过点。选择选项后出现如下提示：

选择要偏移的对象或<退出>：(选择要偏移的对象，回车结束操作)

指定通过点：(指定偏移对象的一个通过点)

操作完毕后，系统根据指定的通过点绘出偏移对象，如图 4-22 所示。

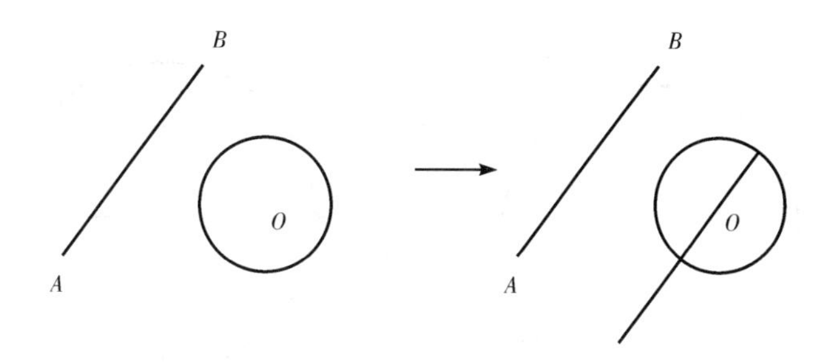

图 4-22　指定通过点偏移对象

【提示、注意、技巧】

(1)偏移命令在选择实体时,每次只能选择一个实体。

(2)偏移命令中的偏移距离值,默认上次输入的值,所以在执行该命令时,一定要先看一看所给定的偏移距离值是否正确,是否需要进行调整。

【例 4-4】绘制如图 4-23 所示的图形。

【操作步骤】

(1)设置图层:利用“图层”命令设置两个图层。

“粗实线”图层:线宽为 0.5 mm,其余属性为默认值。

“中心线”图层:线型为 CENTER2,其余属性为默认值。

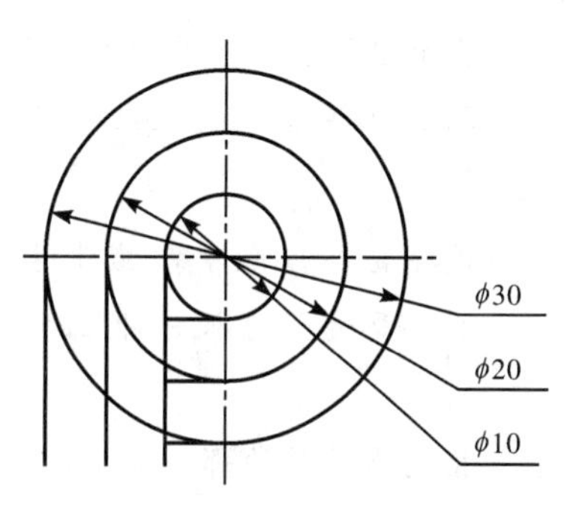

图 4-23　挡圈

(2)绘制直径 ϕ30 的圆:设置“粗实线”图层为当前层。

命令行提示与操作如下:

命令:_circle

指定圆的圆心或[三点(3P)/两点(2P)/相切、相切、半径(T)]:

(用鼠标指定一点为圆心)

指定圆的半径或[直径(D)]:15↙　　(指定半径值,回车,结束操作)

结果如图 4-24 所示。

(3)绘制中心线:设置“中心线”图层为当前层。

命令行提示与操作如下:

命令:_line

指定第一点:<对象捕捉 开> <对象捕捉追踪 开>

(将光标移到圆心稍停,往上移动输入 18,确定竖直中心线的第一点)

指定下一点或[放弃(U)]:(将光标往下移动输入 36,确定竖直中心线的第二点)

指定下一点或[放弃(U)]:↙

用相同方法绘制水平中心线,结果如图 4-25 所示。

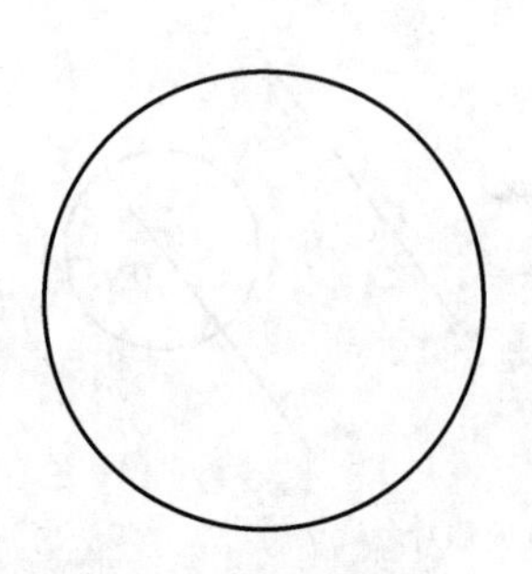
图 4-24　绘制直径 ϕ30 的圆

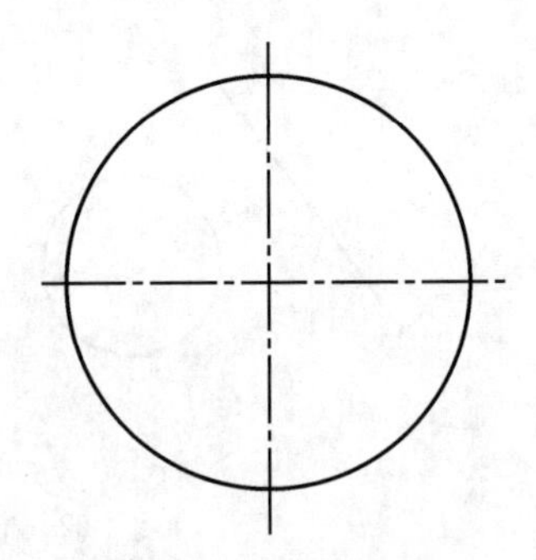
图 4-25　绘制中心线

(4)用“偏移”命令绘制直径 ϕ20,ϕ10 的圆

命令：_offset

当前设置：删除源＝否　图层＝源　OFFSETGAPTYPE＝0

指定偏移距离或［通过(T)/删除(E)/图层(L)］＜通过＞：5↙

(指定偏移距离 5)

选择要偏移的对象,或［退出(E)/放弃(U)］＜退出＞：　(指定绘制的圆)

指定要偏移的那一侧上的点,或［退出(E)/多个(M)/放弃(U)］＜退出＞：M↙

(选择多重偏移)

指定要偏移的那一侧上的点,或［退出(E)/放弃(U)］＜下一个对象＞：

(指定圆内侧的一点)

指定要偏移的那一侧上的点,或［退出(E)/放弃(U)］＜下一个对象＞：

(指定圆内侧的一点)

指定要偏移的那一侧上的点,或［退出(E)/放弃(U)］＜下一个对象＞：↙

结果如图 4-26 所示。

(5)绘制水平直线和竖直直线

命令:＜极轴 开＞

命令:＜对象捕捉 开＞

利用极轴追踪功能绘制直线,结果如图 4-27 所示。

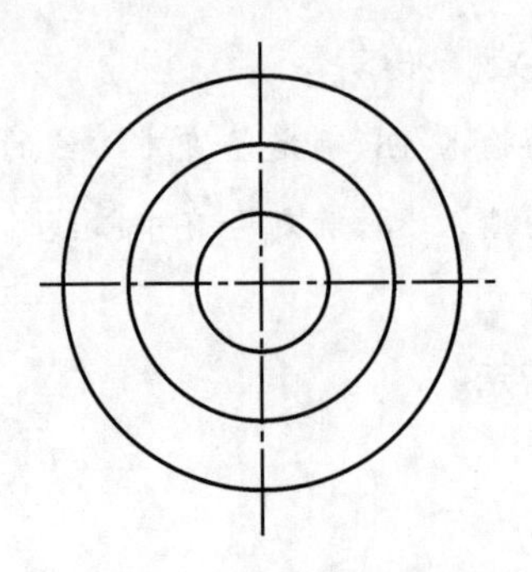
图 4-26　用“偏移” 命令绘制圆

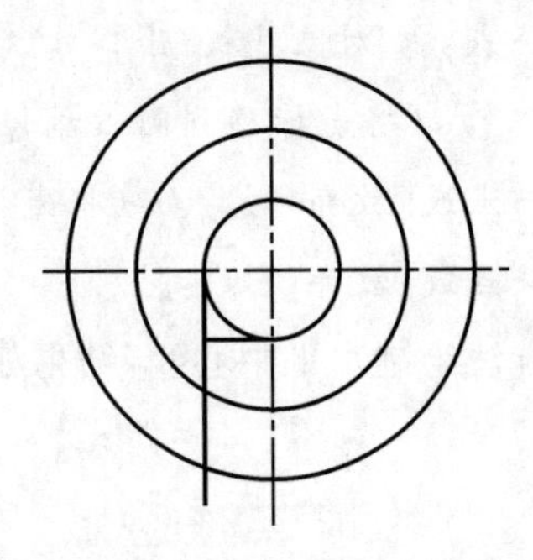
图 4-27　绘制水平直线和竖直直线

(6)用“偏移”命令绘制直线

命令：_offset

当前设置：删除源＝否 图层＝源 OFFSETGAPTYPE＝0

指定偏移距离或［通过(T)/删除(E)/图层(L)］<5.0000>：T↙

（选择通过点方式偏移）

选择要偏移的对象，或［退出(E)/放弃(U)］<退出>：　（指定绘制的竖直直线）

指定通过点或［退出(E)/多个(M)/放弃(U)］<退出>：M↙　（选择多重偏移）

指定通过点或［退出(E)/放弃(U)］<下一个对象>：

（指定直径 ϕ20 的圆的左象限点为通过点）

指定通过点或［退出(E)/放弃(U)］<下一个对象>：

（指定直径 ϕ30 的圆的左象限点为通过点）

指定通过点或［退出(E)/放弃(U)］<下一个对象>：↙

用相同方法绘制水平直线，结果如图 4-28 所示。

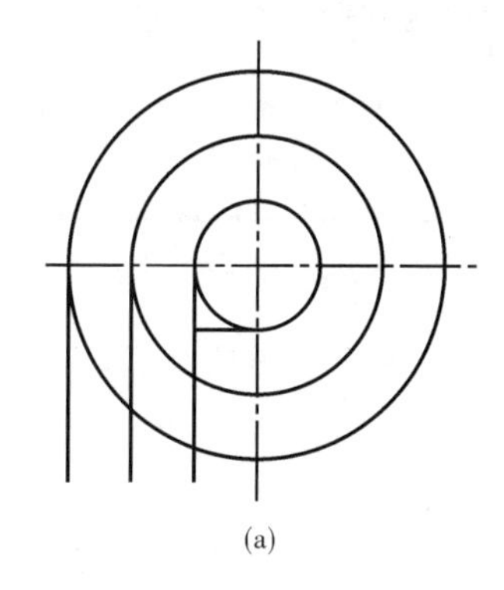

(a)

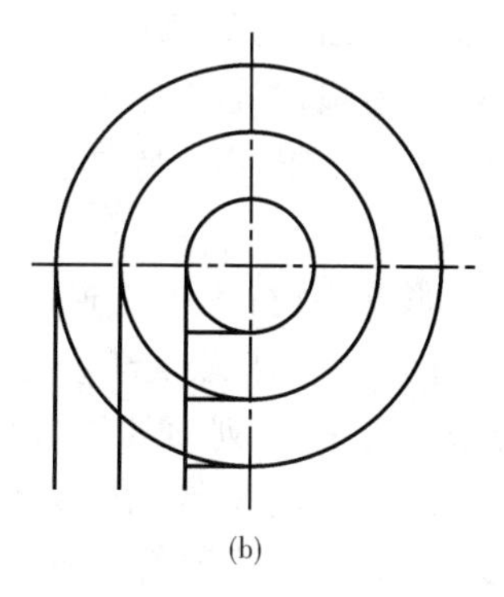

(b)

图 4-28　用“偏移”命令绘制直线

4.2.4　阵　列

建立阵列是指多重复制图形对象，并把这些图形对象按矩形或环形排列。按矩形排列称为建立矩形阵列，按环形排列称为建立环形阵列。建立环形阵列时，可以控制复制对象的数目和决定对象是否被旋转；对于矩形阵列，可以控制复制对象的行数和列数以及它们之间的距离。对于创建多个按矩形或环形排列的对象，阵列比复制要快。

启用“阵列”命令，可以使用下列方法之一：

(1)命令行：ARRAY。

(2)菜单：“修改”→“阵列”。

(3)工具栏：“修改”→“阵列”。

输入上述命令后，系统打开“阵列”对话框，如图 4-29、图 4-30 所示。

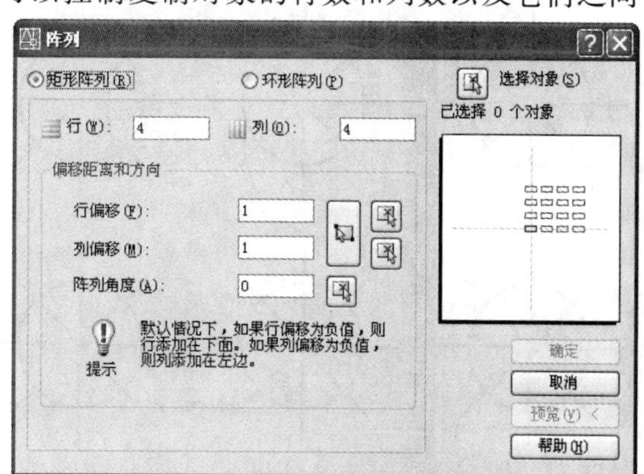

图 4-29　“阵列”对话框的“矩形阵列”选项卡

【选项说明】

1. 选中“矩形阵列”单选按钮，建立矩形阵列

如图 4-29 所示，按“矩形阵列” 选项卡中的提示来指定矩形阵列的各项参数。行距和列距有正、负之分，行距为正将向上阵列，为负则向下阵列；列距为正将向右阵列，为负则向左阵列。其正负方向符合坐标轴正负方向。

2. 选中“环形阵列”单选按钮，建立环形阵列

如图 4-30 所示，按“环形阵列” 选项卡中的提示来指定环形阵列的各项参数。

(1)环形阵列的分布有三种形式，需根据具体条件选择。

- 项目总数和填充角度：阵列的项数与阵列的包含角度。
- 项目总数和项目间的角度：阵列的项数与相邻两项之间的角度。
- 填充角度和项目间的角度：阵列的包含角度与相邻两项之间的角度。

(2)对话框中“复制时旋转项目”，用于决定阵列的实体是否旋转以保持向心。

图 4-30 “阵列”对话框的“环形阵列” 选项卡

【提示、注意、技巧】

(1)创建环形阵列时，阵列按逆时针还是按顺时针方向排列，取决于设置填充角度时输入的是正值还是负值。

(2)在环形阵列中，阵列项数包括原有实体本身。

(3)在矩形阵列中，通过设置阵列角度可以进行斜向阵列。

【例 4-5】绘制如图 4-31 所示的图形。其中圆的直径为 80，直线的长度为 100，直线上距圆心较近的端点到圆心的距离为 25。行间距为 400，列间距为 420。

【操作步骤】

(1)绘制其中一个基本平面图形

先利用圆命令、直线命令，对象捕捉追踪功能绘制如图 4-32(a)所示图形，再利用环形阵列命令完成一个基本图形的绘制。步骤如下：

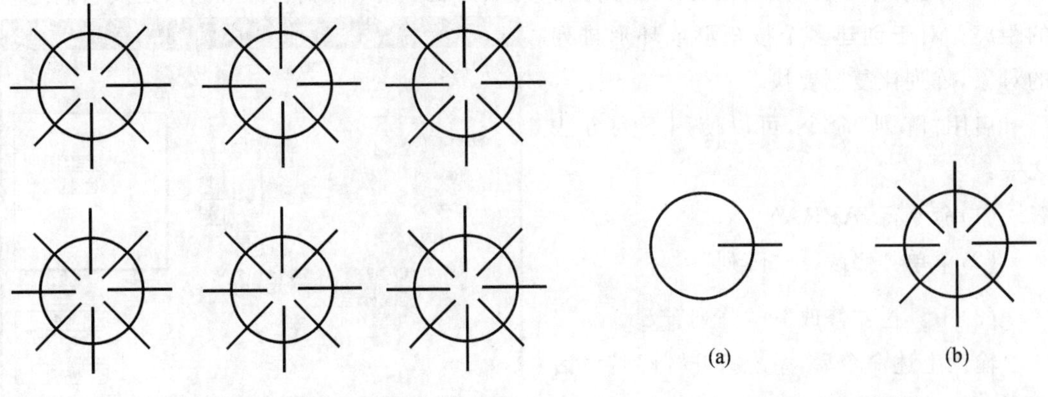

图 4-31 平面图形

图 4-32 环形阵列

①输入阵列命令，选择环形阵列。

②单击对话框内的选择对象按钮，则对话框在屏幕上消失，显示出图形选择要阵列的实体。

③选择图 4-32(a)中要阵列的直线，回车结束对实体的选择，“阵列”对话框再次出现。

④单击对话框内的中心点按钮，则对话框再一次在屏幕上消失，显示出图形选择阵列的中心点。

⑤打开对象捕捉设置，捕捉圆的圆心点，“阵列”对话框再次出现。

⑥根据题目要求，对对话框内的参数进行设置，如图 4-33 所示。

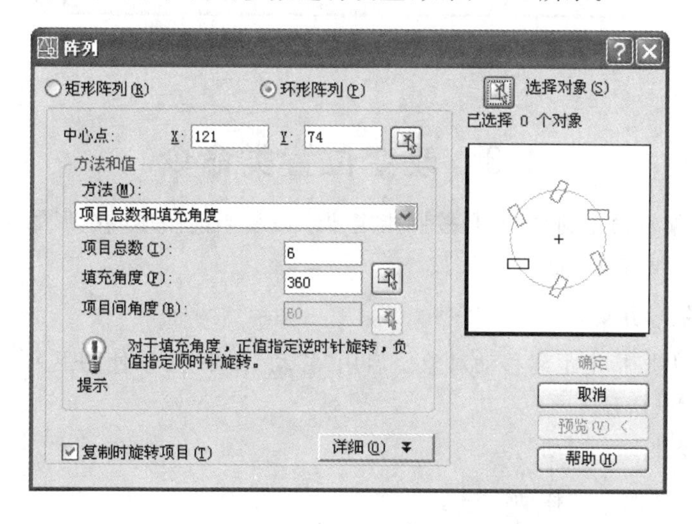

图 4-33　环形阵列参数的设置

⑦单击“预览”按钮，阵列对话框消失，显示出阵列的另一对话框，如图 4-34 所示，并显示出图形可以预览。如果结果不对，可单击对话内的“修改”按钮，如图 4-34 所示，再次打开“阵列”对话框，可对参数做进一步的修改，如果结果正确，可单击“接受”按钮，结束图形绘制，图形变为图 4-32(b)所示形式。

图 4-34　“阵列”对话框

(2)绘制图 4-31 所示的平面图形

将上面所绘制的基本图形进行矩形阵列，可得到所要求的图形，步骤如下：

①输入阵列命令，打开阵列对话框，选择矩形阵列。

②单击选择对象按钮，选择图 4-32(b)所示的图形做矩形阵列的图形对象。

③根据已知条件，对阵列对话框内参数进行设置，如图 4-35 所示。

④单击“确定”按钮，完成图形绘制。

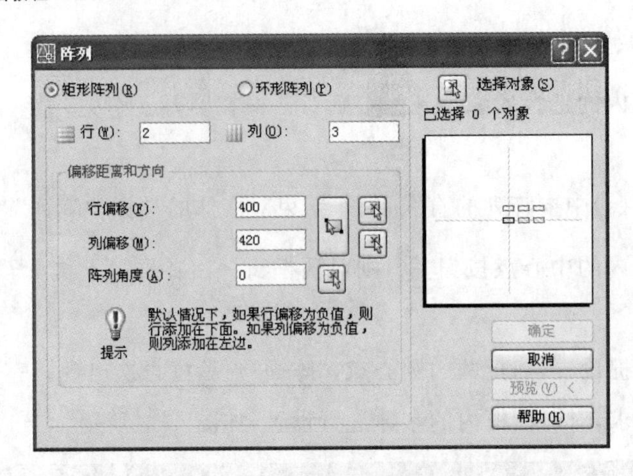

图 4-35 "矩形阵列"参数的设置

4.3 改变位置类命令

改变位置类编辑命令的功能，是按照指定要求改变当前图形或图形的某部分的位置，主要包括移动、旋转和缩放等命令。

4.3.1 移 动

在指定方向上按指定距离移动对象。启用"移动"命令，可以使用下列方法之一：

(1)命令行：MOVE。

(2)菜单："修改"→"移动"。

(3)工具栏："修改"→"移动"![]。

(4)快捷菜单：选择要移动的对象，在绘图区域右击鼠标，从打开的快捷菜单中选择"移动"命令。

【操作步骤】

命令：MOVE↙

选择对象：　　　　　　　　　(选择要移动的对象)

指定基点或[位移(D)]＜位移＞：(指定基点或移至点)

指定第二个点或＜使用第一个点作为位移＞：

各选项功能与 COPY 命令相关选项功能相同。所不同的是采用"移动"命令时对象被移动后，原位置处的对象消失。

【例 4-6】将图 4-36(a)所示的图形叠加，合并为一个图，如图 4-36(b)所示。

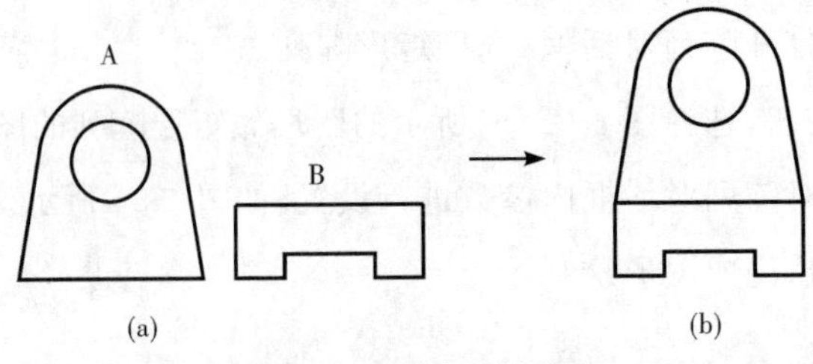

图 4-36 叠加的图形

【操作步骤】

输入“移动”命令：

命令：_move

选择对象：指定对角点，找到 6 个　　　（选择 A 图）

选择对象：↙

指定基点或 [位移(D)] <位移>：指定第二个点或 <使用第一个点作为位移>：

(指定 A 图的右下角作为基点，指定 B 图的右上角作为第二个点，如图 4-37 所示)

结果如图 4-36(b)所示。

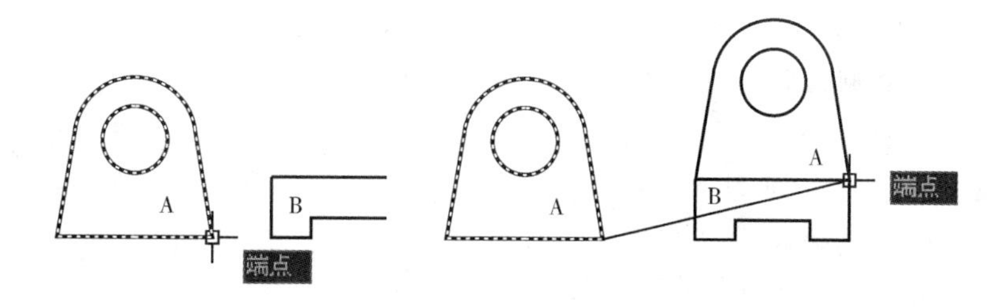

图 4-37 “移动”图形

4.3.2 旋　转

绕指定基点旋转图形中的对象。启用“旋转”命令，可以使用下列方法之一：

(1)命令行：ROTATE。

(2)菜单：“修改”→“旋转”。

(3)工具栏：“修改”→“旋转”。

(4)快捷菜单：选择要旋转的对象，在绘图区域右击鼠标，从打开的快捷菜单中选择“旋转”命令。

【操作步骤】

命令：ROTATE↙

UCS 当前的正角方向：ANGDIR＝逆时针 ANGBASE＝0

选择对象：　　　　（选择要旋转的对象）

指定基点：　　　　（指定旋转的基点）

指定旋转角度，或[复制(C)/参照(R)]<0>　　（指定旋转角度或其他选项）

【选项说明】

1. 直接输入角度

以如图 4-38 所示平面图形的绘制过程为例。

(1)绘制矩形

利用绘制直线命令，绘制长为 40，宽为 20 的矩形，如图 4-39(a)所示。

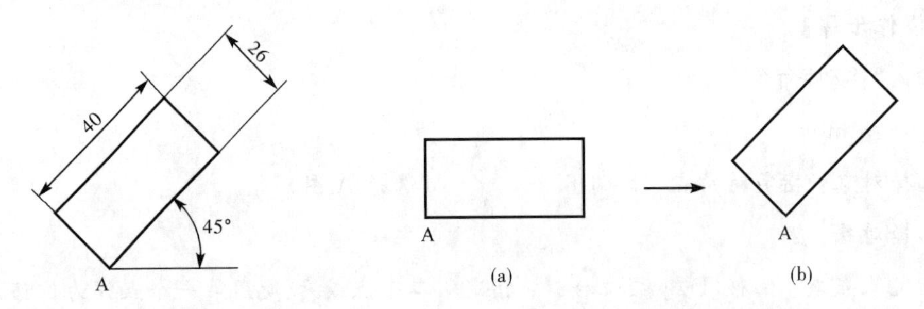

图 4-38　平面图形的绘制　　图 4-39　平面图形的旋转

(2)对矩形进行旋转

命令：_rotate

UCS 当前的正角方向：ANGDIR＝逆时针　　ANGBASE＝0

选择对象：选择刚绘制的矩形图 4-39(a)

指定对角点：找到 4 个

选择对象：↙　　（回车结束选择）

指定基点：<对象捕捉 开>捕捉矩形的 A 点

指定旋转角度，或［复制(C)/参照(R)］<315>：45

图形由图 4-39(a)变成图 4-39(b)，完成图形的绘制。

2. 复制(C)

这是 AutoCAD 2008 新增功能，选择该项，旋转对象的同时保留原对象。如图 4-40 所示。

3. 参照(R)

采用参照方式旋转对象时，系统提示：

指定参照角<0>（指定要参考的角度，默认值为 0）

指定新角度：　（输入旋转后的角度值）

操作完毕后，对象被旋转至指定的角度位置。

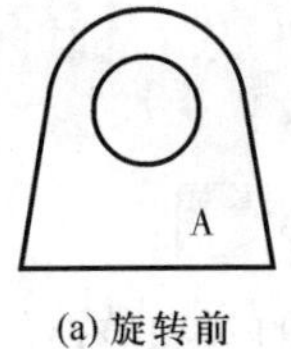

(a) 旋转前

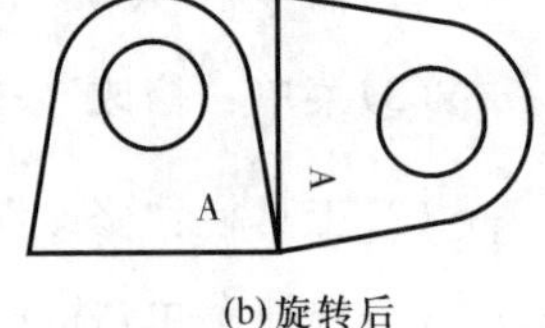

(b) 旋转后

图 4-40　复制旋转

(1)将已知直线旋转到给定的位置

如图 4-41 所示，将图 4-41(a)中的矩形经过旋转变成图 4-41(b)的形式。

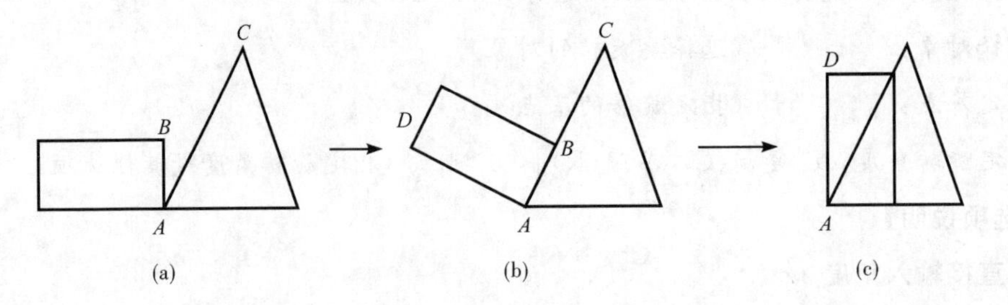

图 4-41　使用参照进行旋转

输入旋转命令：

命令：_rotate

UCS 当前的正角方向：ANGDIR=逆时针 ANGBASE=0 （提示当前相关设置）
选择对象：选择矩形 找到 1 个 （选择要旋转的矩形）
选择对象：↙ （回车结束对图形的选择）
指定基点：<对象捕捉 开>捕捉 A 点 （选择不动的点 A）
指定旋转角度或［参照(R)］：R ↙ （由于旋转角度值不能确定，可选择参照旋转）
指定参照角 <0>：捕捉矩形的 A 点
指定第二点：捕捉矩形的 B 点
指定新角度：捕捉三角形的 C 点

(2)将已知直线旋转到给定的角度

如图 4-41 所示，将图 4-41(b)中矩形经过旋转变成图 4-41(c)的形式。

命令：_rotate
UCS 当前的正角方向：ANGDIR=逆时针 ANGBASE=0 （提示当前相关设置）
选择对象：选择矩形。找到 1 个 （选择要旋转的矩形）
选择对象：↙ （回车结束对图形的选择）
指定基点：捕捉 A 点 （选择不动的点 A）
指定旋转角度或［参照(R)］：R ↙ （由于旋转角度值不能确定，可选择参照旋转）
指定参照角 <0>：捕捉矩形的 A 点
指定第二点：捕捉矩形的 D 点
指定新角度：90 （将 AD 旋转到与 X 轴正向呈 90°角）

图形绘制完成。

【提示、注意、技巧】

(1)可以用拖动鼠标的方法旋转对象。选择对象并指定基点后，从基点到当前光标位置会出现一条连线，移动鼠标，选择的对象会动态地随着该连线与水平方向的夹角的变化而旋转，回车确认旋转操作。如图 4-42 所示。

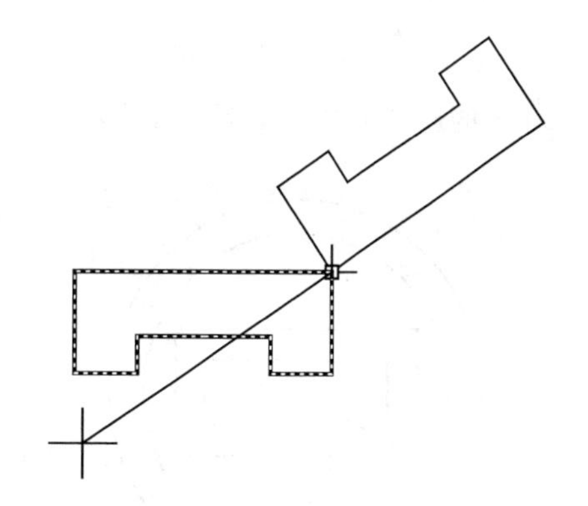

图 4-42 拖动鼠标旋转对象

(2)当使用角度旋转时，旋转角度有正负之分，逆时针为正值，顺时针为负值。

(3)使用参照旋转时，当出现最后一个“提示指定新角度”时，可直接输入要转到的角度，X 轴正向为 0。

4.3.3 缩 放

在 X,Y 和 Z 方向按比例放大或缩小对象。启用“缩放”命令，可以使用下列方法之一：

(1)命令行：SCALE。

(2)菜单：“修改”→“缩放”。

(3)工具栏:"修改"→"比例"。

(4)快捷菜单:选择要缩放的对象,在绘图区域右击鼠标,从打开的快捷菜单中选择"缩放"命令。

【操作步骤】

命令:SCALE↙

选择对象:　　　　(选择要缩放的对象)

指定基点:　　　　(指定缩放操作的基点)

【选项说明】

(1)采用"参照(R)"缩放对象

采用参照缩放对象时系统提示:

指定参照长度 <0.0000>:　　　　(指定参考长度值)

指定新长度或[点(P)]<0.0000>:(指定新长度值)

若新长度值大于参考长度值,则放大对象;否则,缩小对象。操作完毕后,系统以指定的点为基点按指定的比例因子缩放对象。如果选择"点(P)"选项,则指定两点来定义新的长度。

(2)可以用拖动鼠标的方法缩放对象

选择对象并指定基点后,从基点到当前光标位置会出现一条连线,线段的长度即为比例大小。移动鼠标,选择的对象会动态地随着该连线和长度的变化而缩放,回车会确认缩放操作。

(3)选择"复制(C)"

选择"复制(C)"时,可以复制缩放对象,即缩放对象时,保留原对象,这是 AutoCAD 2008 的新增功能。如图 4-43 所示。

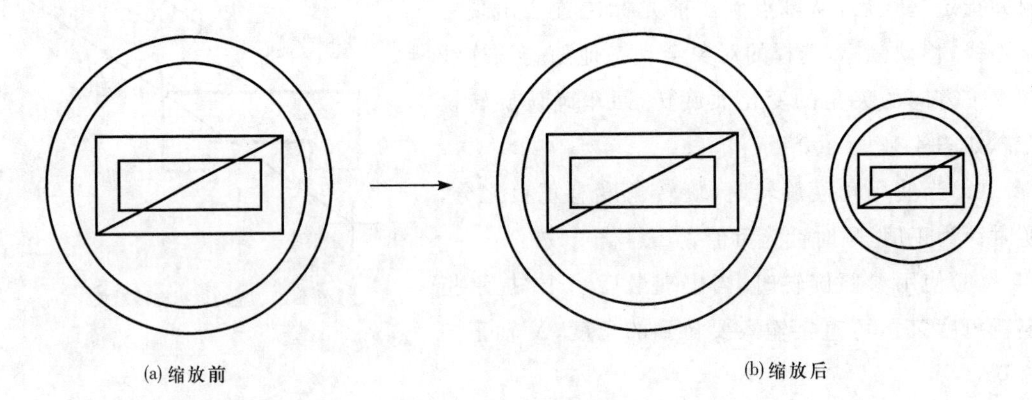

图 4-43　复制缩放

【提示、注意、技巧】

(1)比例缩放真正改变了图形的大小,和图形显示中缩放(ZOOM)命令的缩放不同,ZOOM 命令只改变图形在屏幕上的显示大小,图形本身大小没有任何变化。

(2)若采用比例因子缩放,则当比例因子为 1 时,图形大小不变;当比例因子小于 1 时,图形将缩小;当比例因子大于 1 时,图形将放大。

【例 4-7】如图 4-44 所示,将图 4-44(a)矩形放大 2 倍,变成图 4-44(b)大小的矩形,再将图 4-44(b) 的矩形经过缩放,变为图 4-44(c)尺寸的矩形。在变换过程中,图形的长宽比保持不变。

【操作步骤】

(1)绘制矩形:利用绘制矩形命令,绘制长为 20,宽为 10 的矩形,如图 4-44(a)所示。

(2)利用比例因子对矩形进行缩放,将图 4-44(a)变为图 4-44(b)。

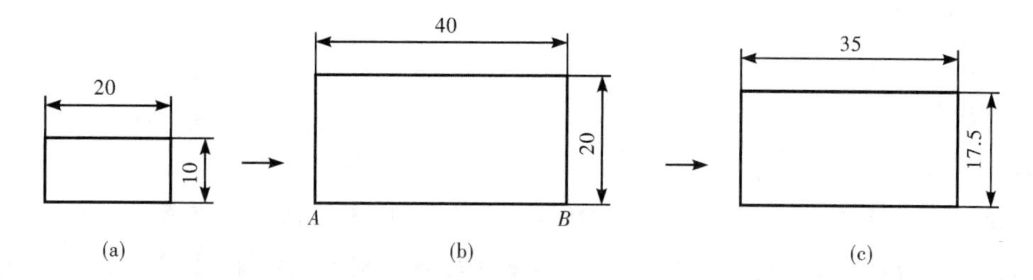

图 4-44　使用比例缩放命令进行绘图

输入缩放命令:

命令:_scale

选择对象:选择矩形,找到 1 个

选择对象:↙　　(回车结束对象选择)

指定基点:捕捉矩形上不动的点　　(此例可任指定一点,如矩形的左下角点)

指定比例因子或 [参照(R)]: 2　　(输入比例因子)

图形由图 4-44(a)变成图 4-44(b),完成图形的绘制。

(3)利用参照对矩形进行缩放,将图 4-44(b)变为图 4-44(c)。

命令:_scale

选择对象:选择矩形。找到 1 个

选择对象:↙　　(回车结束对象选择)

指定基点:捕捉矩形上点 A　　(捕捉缩放过程中不变的点)

指定比例因子或 [参照(R)]:R↙

(由于比例因子没有直接给出,但缩放后的实体长度已知,可选择[参照(R)]选项)

指定参照长度 <1>:捕捉 A 点

指定第二点:捕捉 B 点

指定新长度: 35　　(根据已知条件,将 AB 线长度变为 35)

图形由图 4-44(b)变为图 4-44(c),图形绘制完成。

4.4　改变几何特性类命令

这一类编辑命令在对指定对象进行编辑后,被编辑对象的几何特性将发生改变。包括修剪、延伸、拉伸、拉长、圆角、倒角、打断、分解和合并等命令。

4.4.1 修 剪

“修剪”即按其他对象定义的剪切边修剪对象。启用“修剪”命令，可以使用下列方法之一：

(1)命令行：TRIM。

(2)菜单：“修改”→“修剪”。

(3)工具栏：“修改”→“修剪”。

【操作步骤】

命令：TRIM↙

当前设置：投影＝USC，边＝无

选择剪切边：

选择对象：(选择用作修剪边界的对象)↙　　　　(回车结束对象选择)

选择要修剪的对象，或按住“shift”键选择要延伸的对象，或[栏选(F)/窗交(C)/投影(P)/边(E)/删除(R)/放弃(U)]：

【选择说明】

(1)在选择对象时，如果按住 shift 键，系统就自动将“修剪”命令转换成“延伸”命令，“延伸”命令将在下一小节介绍。

(2)选择“边”选项时，可以选择对象的修剪方式。

①延伸(E)：延伸边界进行修剪。在此方式下，如果剪切边没有与要修剪的对象相交，系统会延伸剪切边直到与对象相交，然后再修剪，如图 4-45 所示。

②不延伸(N)：不延伸边界修剪对象。在此方式下，只修剪与剪切边相交的对象，如图4-46 所示。

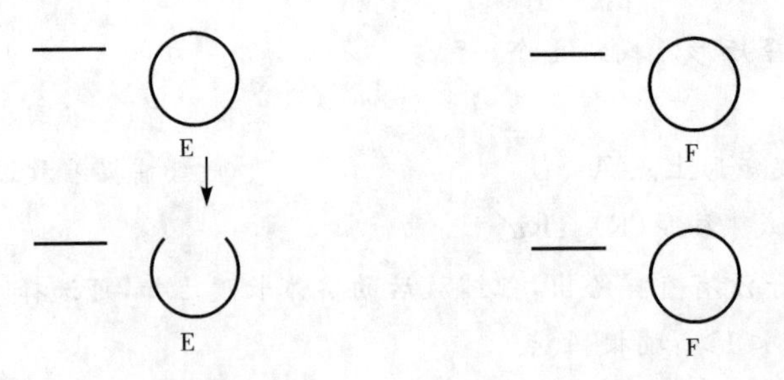

图 4-45　延伸方式修剪对象　　　　图 4-46　不延伸方式修剪对象

(3)选择“栏选(F)”选项时，系统以栏选的方式选择被修剪对象。这是 AutoCAD 2008 的新增功能，如图 4-47 所示。

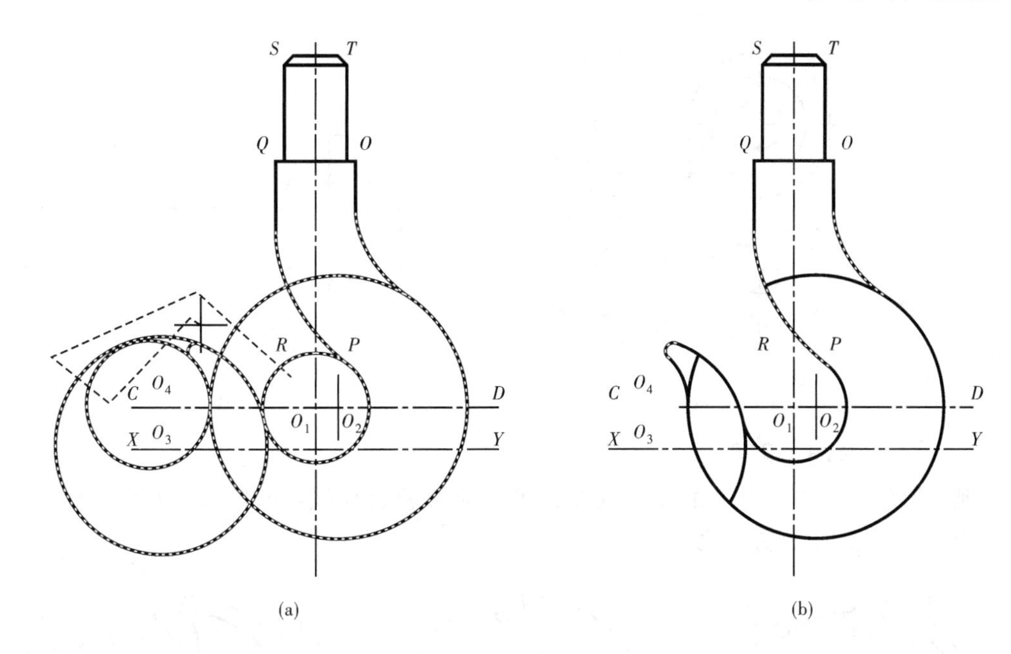

图 4-47 栏选方式修剪对象

【提示、注意、技巧】

(1)选择“窗交(C)”选项时,系统以窗交的方式选择被修剪对象。这是 AutoCAD 2008 的新增功能,如图 4-48 所示,修剪结果如图 4-49 所示。

(2)被选择的对象可以互为边界和被修剪对象,此时系统会在选择的对象中自动判断边界,如图 4-47、图 4-48 所示。

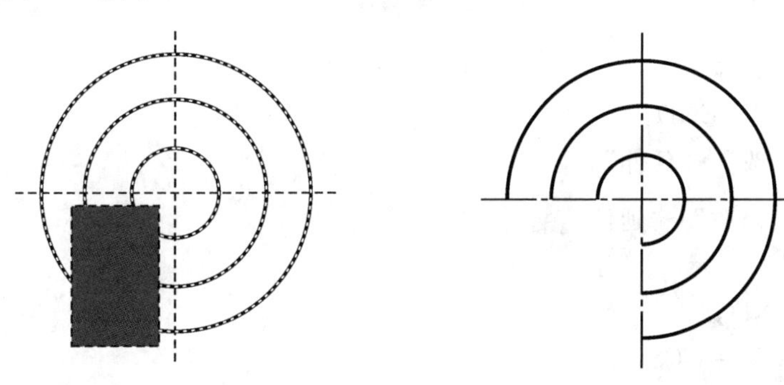

图 4-48 窗交选择修剪对象　　　　图 4-49 修剪结果

(3)修剪图形时最后的一段或单独的一段是无法剪掉的,可以用删除命令删除。

【例 4-8】绘制如图 4-50 所示的图形。

【操作步骤】

(1)绘制圆:参照**【例 4-4】**完成图 4-23 所示的图形。

(2)“修剪”圆:用“修剪”命令剪去左下方 1/4 圆,如图 4-48 所示。

(3)绘制直线:用“直线”命令、“偏移”命令绘制直线,结果如图 4-51 所示。

(4)绘制平面图形:用“阵列”命令,选择环形阵列。指定阵列中心 A 点,填充角度为 360°,项目总数为 4。阵列结果如图 4-50 所示。

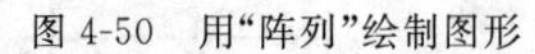
图 4-50　用“阵列”绘制图形

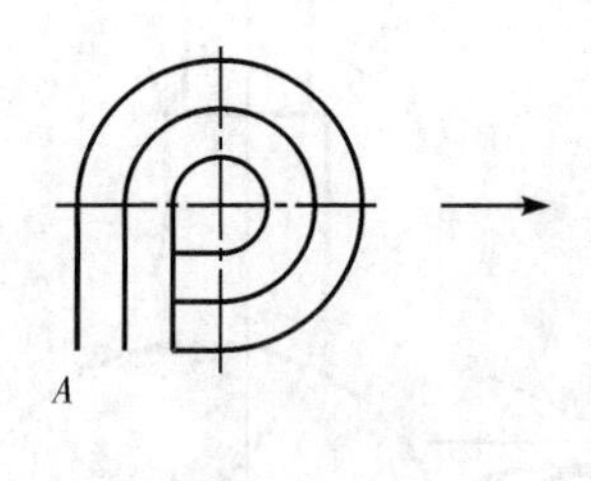

图 4-51　绘制直线

4.4.2 “延伸”命令

“延伸”命令是指将对象的端点延伸到另一对象的边界线，如图 4-52 所示。启用“延伸”命令，可以使用下列方法之一：

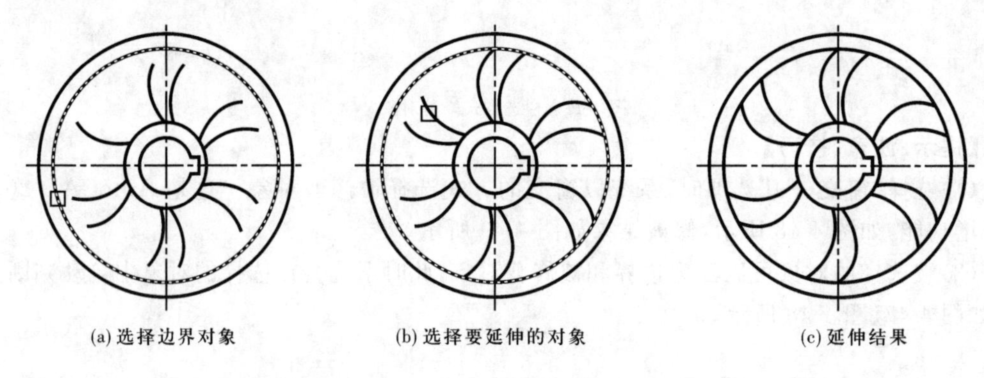

(a) 选择边界对象　　(b) 选择要延伸的对象　　(c) 延伸结果

图 4-52　延伸对象

(1)命令行：EXTEND。

(2)菜单：“修改”→“延伸”。

(3)工具栏：“修改”→“延伸”。

【操作步骤】

命令：EXTEND↙

当前设置：投影＝UCS，边＝无

选择边界的边：

选择对象：　（选择边界对象）

此时可以选择对象来定义边界。若直接回车，则选择所选对象作为可能的边界对象。如果选择二维多段线作边界对象，系统会忽略其宽度而把对象延伸至多段线的中心线。

选择边界对象后，系统继续提示：

选择要延伸的对象，或按住 shift 键选择要修剪的对象，或[栏选(F)/窗交(C)/投影(P)/边(E)/放弃(U)]：

【选项说明】

(1)延伸命令中各选项的含义与修剪命令相同。

(2)如果要延伸的对象是样条多段线，则延伸后会在多段线的控制框上增加新节点。如果要延伸的对象是锥形的多段线，AutoCAD 2008 会修正延伸端的宽度，使多段线从起始端平滑地延伸至新终止端。如果延伸操作导致终止端的宽度可能为负值，则取宽度值为 0。如图 4-53 所示。

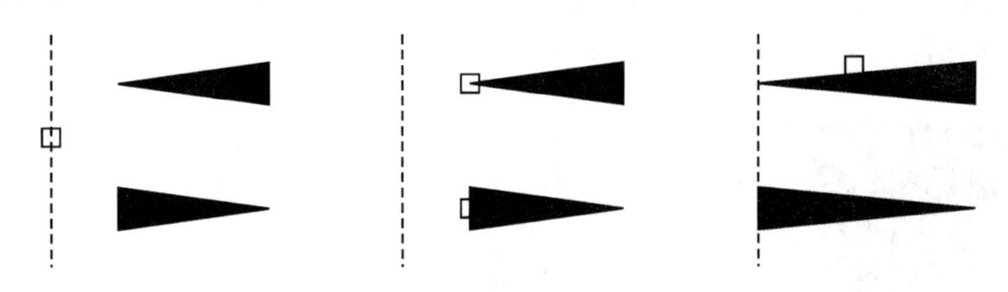

图 4-53　延伸对象

(3)选择对象时，如果按住 shift 键，系统就自动将“延伸”命令转换成“修剪”命令。

【例 4-9】绘制平面图形，如图 4-54(a)所示，再将图形由 4-54(a)变为图 4-54(b)。

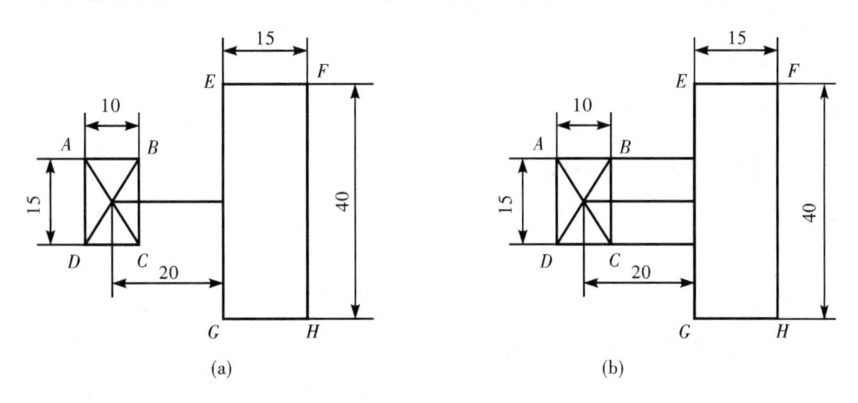

图 4-54　用延伸命令修改平面图形

【操作步骤】

(1)绘制基本平面图形，如图 4-54(a)所示。

根据已知图形尺寸，利用矩形命令、直线命令、捕捉及对象捕捉追踪功能绘制图形。

(2)将图 4-54(a)经过编辑变为图 4-54(b)所示图形。

此过程用延伸命令来完成，步骤如下：

命令：_extend

当前设置：投影＝无，边＝延伸　(提示当前设置)

选择边界的边：　(提示选择作为延伸边界的边)

选择对象：单击直线 GE 找到 1 个　(直线 GE 作为延伸边界的边)

选择对象：↙　(回车结束边界的选择)

选择要延伸的对象或[投影(P)/边(E)/放弃(U)]：单击直线 AB 的右侧

(AB 为将要延伸的对象)

选择要延伸的对象或[投影(P)/边(E)/放弃(U)]：单击直线 DC 的右侧

(DC 为将要延伸的对象)

选择要延伸的对象或[投影(P)/边(E)/放弃(U)]：↙　(回车结束延伸命令)

结果如图 4-54(b)所示。

4.4.3 拉　伸

“拉伸”命令可拉伸或移动对象，拉伸对象是指拖拉选择的对象，使对象的形状发生改变。拉伸对象时应指定拉伸的基点和移至点。利用一些辅助工具，如捕捉功能及相对坐标等可以提高拉伸的精度。如图 4-55 所示。

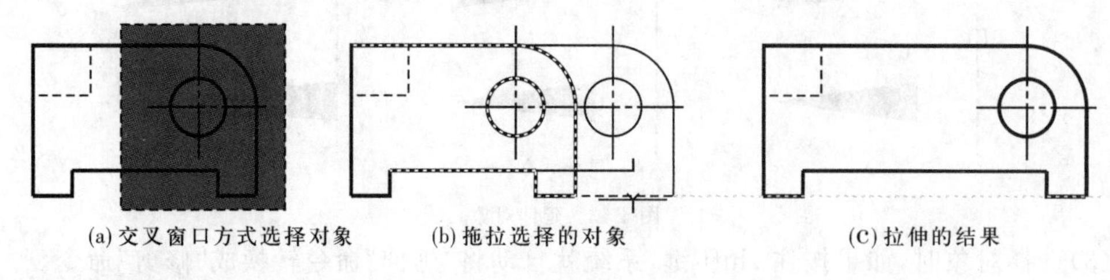

(a) 交叉窗口方式选择对象　(b) 拖拉选择的对象　(c) 拉伸的结果

图 4-55　拉伸图形

启用“拉伸”命令，可以使用下列方法之一：

(1)命令行：STRETCH。

(2)菜单：“修改”→“拉伸”。

(3)工具栏：“修改”→“拉伸”。

【操作步骤】

命令：STRETCH ↙

选择对象：C ↙　　　　(确定交叉窗口或交叉多边形的选择方式)

指定第一个角点：指定对角点：找到 2 个

　　　　(采用交叉窗口的方式选择要拉伸的对象)

指定基点或[位移(D)]＜位移＞：　　　　(指定拉伸的基点)

指定第二个点或＜使用第一个点作为位移＞：　　　　(指定拉伸的移至点)

此时，若指定第二个点，系统将根据这两点决定的矢量拉伸对象。若直接回车，系统会把第一个点作为 X 和 Y 轴方向的位移。

“拉伸”命令移动完全包含在交叉窗口内的顶点和端点，部分包含在交叉选择窗口内的对象将被拉伸。如图 4-55 所示。

【提示、注意、技巧】

(1)拉伸命令可以方便地对图形进行拉伸或压缩，但只能拉伸由直线、多边形、圆弧、多段线等命令绘制的带顶点或端点的图形；圆、椭圆等图形不会被拉伸，但圆心被选择时会被移动。

(2)使用拉伸命令时，选择对象必须用交叉窗口或交叉多边形的选择方式。拉伸对象至少要有一个顶点或端点包含在交叉窗口内，只有包含在窗口内的顶点或端点，才会同时被移动，窗口外的所有点不会被移动。

(3)使用拉伸命令时，如果选择对象用窗口方式或用拾取框单个选择，拉伸命令的执行效果等同于移动命令。如图 4-56 所示。

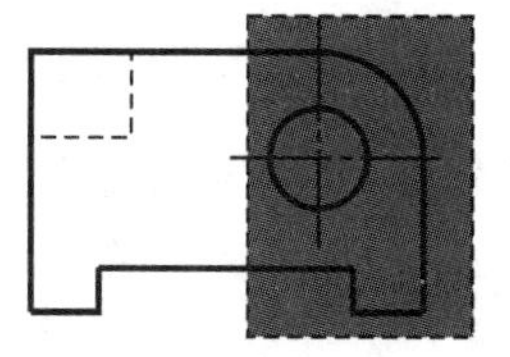
(a)交叉窗口方式选择对象

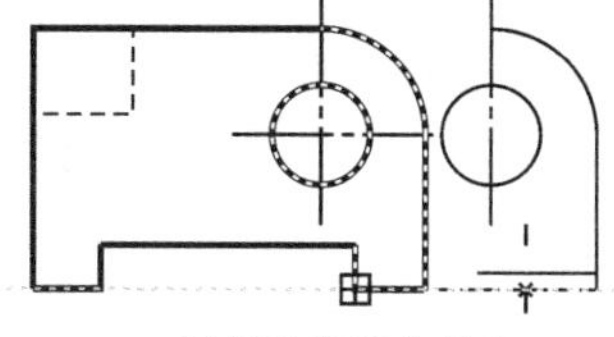
(b)拖拉选择的对象

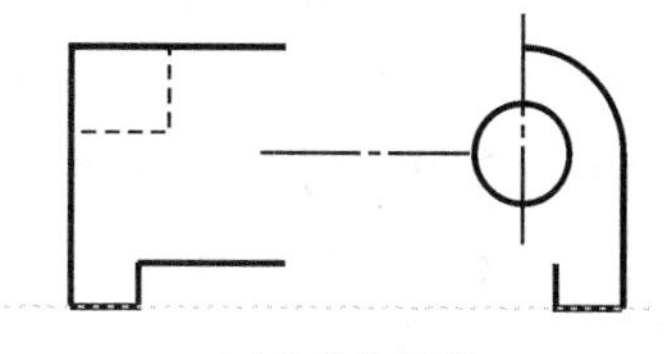
(c)拉伸的结果

图 4-56　用拉伸命令移动图形

【例 4-10】将图 4-57(a)经过编辑变为图 4-57(b)所示的图形。

此过程用拉伸命令来完成，步骤如下：

命令：_STRETCH

以交叉窗口或交叉多边形选择要拉伸的对象：　　　　(提示选择对象的方式)

选择对象：利用交叉窗口选择矩形 EFHG 的 GH，HF，FE 各边找到 3 个

选择对象：↙　　　　(回车结束对象选择)

指定基点或位移：单击图形内任意一点　　　　(指定拉伸基点)

指定位移的第二个点或 ＜用第一个点作位移＞：＜极轴 开＞ 10 (光标右移输入 10)

结果如图 4-57(b)所示。

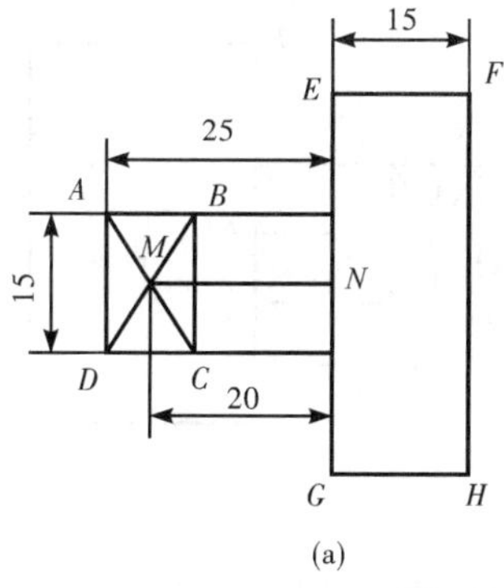

(a)

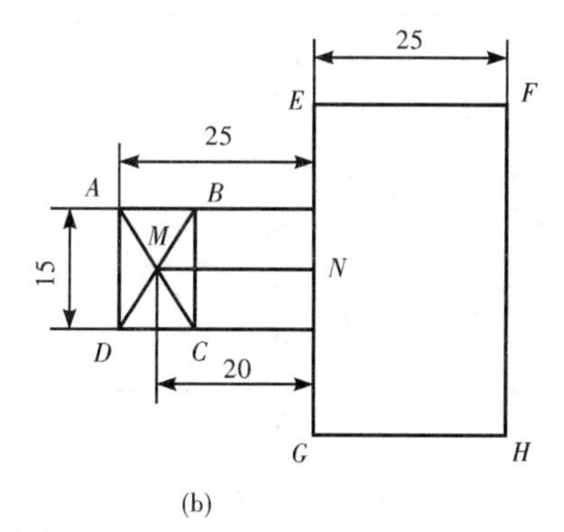

(b)

图 4-57　用拉伸命令修改平面图形

4.4.4　拉　长

“拉长”命令即修改对象的长度和圆弧的包含角。启用“拉长”命令，可以使用下列方法之一：

(1)命令行：LENGTHEN。

(2)菜单：“修改”→“拉长”。

【操作步骤】

命令：LENGTHEN ↙

选择对象或[增量(DE)/百分数(P)/全部(T)/动态(DY)]：　　　　(选定对象)

当前长度：30.5001

(给出选定对象的长度，如果选择圆弧，则还将给出圆弧的包含角)

选择对象或[增量(DE)/百分数(P)/全部(T)/动态(DY)]：DE ↙

(选择拉长或缩短的方式，如选择“增量(DE)”方式)

输入长度增量或[角度(A)]<0.0000>:10↙

（输入长度增量数值。如果选择圆弧段，则可输入选项 A 给定角度增量）

选择要修改的对象或[放弃(U)]：（选定要修改的对象，进行拉长操作）

选择要修改的对象或[放弃(U)]：（继续选择，回车结束命令）

【选项说明】

(1)增量(DE)：用指定增加量的方法改变对象的长度或角度。长度或角度的增加量可正可负，正值时，实体被拉长，负值时实体被缩短。

(2)百分数(P)：用指定占总长度的百分比的方法改变圆弧或直线段的长度。百分数为100时，实体长度不发生变化；百分数小于100时，实体被缩短；大于100时，实体被拉长。

(3)全部(T)：用指定新的总长度或总角度值的方法来改变对象的长度或角度。

(4)动态(DY)：打开动态拖拉模式。在这种模式下，可以使用拖拉鼠标的方法来动态地改变对象的长度或角度。

【提示、注意、技巧】

使用拉长命令，延长或缩短时从被选择对象的近距离端开始。

【例 4-11】将图 4-58(a)经过编辑变为图 4-58(b)所示的图形。

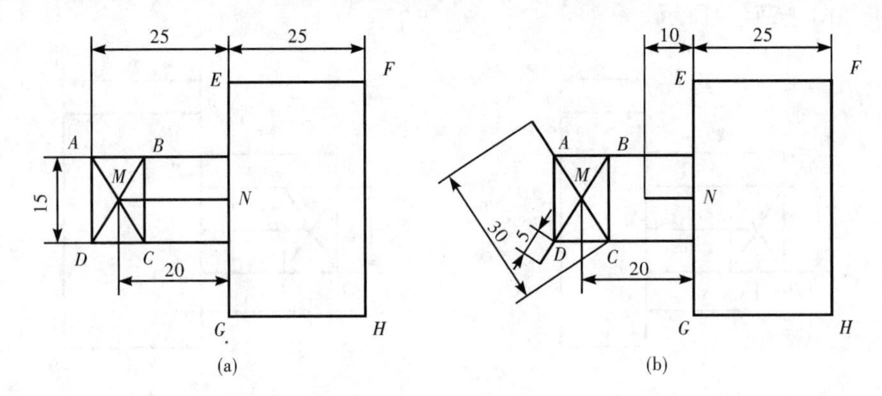

图 4-58 用拉长命令修改平面图形

此过程用拉长命令来完成，步骤如下：

(1)将 AC 直线拉长至 30

命令：_LENGTHEN

选择对象或［增量(DE)/百分数(P)/全部(T)/动态(DY)］:T

（已知直线变化后的总长时选择 T）

指定总长度或［角度(A)］<1.0000>：30（输入长度值）

选择要修改的对象或［放弃(U)］:单击直线 AC 的靠上部分（选择要拉长的直线）

选择要修改的对象或［放弃(U)］:↙（回车结束对象选择）

(2)将 BD 直线拉长，拉长量为 5

命令：_LENGTHEN

选择对象或［增量(DE)/百分数(P)/全部(T)/动态(DY)］:DE

（已知直线的增量选择此选项）

输入长度增量或［角度(A)］<0.0000>：5（输入增量值为 5）

选择要修改的对象或［放弃(U)］:单击 BD 直线的靠下部分（选择要拉长的直线）

选择要修改的对象或［放弃(U)］:↙　　　　　　　　　　　　(回车结束对象选择)

结果直线 *BD* 在原来的基础上被拉长 5。

(3)将直线 *MN* 缩短,长度为原来的一半

命令: _lengthen

选择对象或［增量(DE)/百分数(P)/全部(T)/动态(DY)］: P

(已知直线变化的百分比,选择此项)

输入长度百分数 ＜100.0000＞: 50↙　　　　　　　　　　(长度变为原来的一半)

选择要修改的对象或［放弃(U)］:单击直线 *MN* 左侧　　　　(选择要变化的直线)

选择要修改的对象或［放弃(U)］:↙　　　　　　　　　　　　(回车结束对象选择)

结果直线 *MN* 在原来的基础上缩短一半,图形绘制完成。

4.4.5　圆　角

圆角是指用指定半径的一段圆弧平滑连接两个对象的作图。AutoCAD2008 规定,可以用一段平滑的圆弧连接一对直线段、多段线、样条曲线、构造线、射线、圆、圆弧和椭圆。可以在任何时刻圆滑连接多段线的每个节点。

启用"圆角"命令,可以使用下列方法之一:

(1)命令行:FILLET。

(2)菜单:"修改"→"圆角"。

(3)工具栏:"修改"→"圆角"。

【操作步骤】

命令:FILLET↙

当前设置:模式=修剪,半径=0.000

选择第一个对象或［放弃(U)/多段线(P)/半径(R)/修剪(T)/多个(M)］:

(选择第一个对象或其他选项)

选择第二个对象,或按住 shift 键选择要应用角点的对象:　　　(选择第二个对象)

【选项说明】

(1)多段线(P)

在一条二维多段线的两段直线段的节点处插入圆滑的弧。选择多段线后,系统会根据指定的圆弧半径把多段线各顶点用圆滑的弧连接起来。如图 4-59 所示,绘图步骤如下:

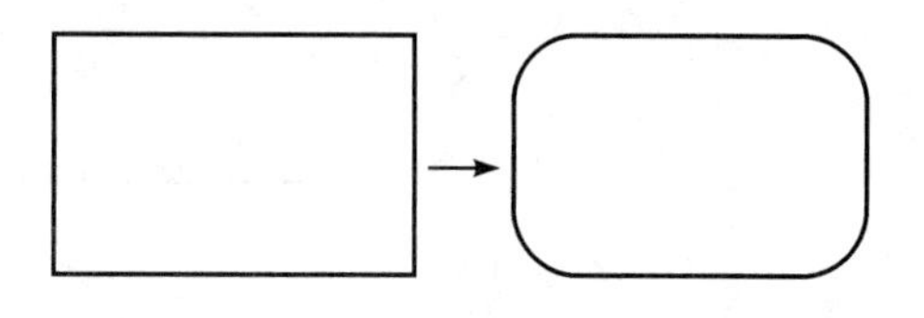

图 4-59　多段线进行倒圆角

输入倒圆角命令:

命令: _fillet

当前设置: 模式 = 修剪,半径 = 0.0000　(提示当前倒圆角模式及圆角半径值)

选择第一个对象或［多段线(P)/半径(R)/修剪(T)/多个(U)］: R

(系统此时默认的半径值为 0,需对它进行修改)

指定圆角半径 ＜0.0000＞: 5　　　　　　　　　　　　(输入倒角半径值为 5)

选择第一个对象或［多段线(P)/半径(R)/修剪(T)/多个(U)］:P

(选择多段线选项)

选择二维多段线：单击矩形，选择此矩形。（4 条直线已被圆角，图形倒圆角完成）

(2)修剪(T)

决定在圆滑连接两条边时，是否修剪这两条边。如图 4-60 所示。

(3)多个(M)

同时对多个对象进行圆角编辑，而不必重新启用命令。按住 shift 键并选择两条直线，可以快速创建零距离倒角或零半径圆角。

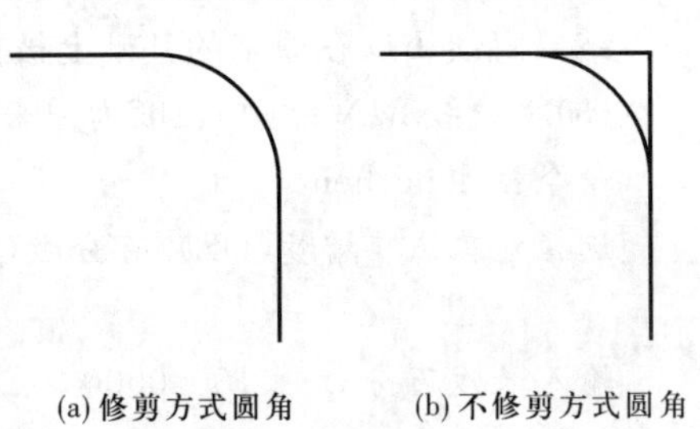

(a) 修剪方式圆角　　(b) 不修剪方式圆角

图 4-60　圆角连接

【提示、注意、技巧】

(1)倒圆角命令中的圆角半径值，以及倒圆角模式总是默认上次输入的值，所以在执行该命令时，一定要先看一看所给定的各项值是否正确，是否需要进行调整。

(2)如图 4-61 所示，如果将图 4-61(a)变为图 4-61(b)，使原来不平行的两条直线相交，可对其进行倒圆角，半径值为 0。

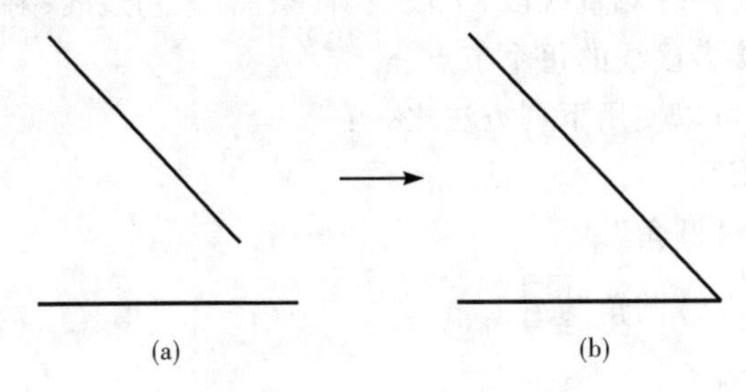

(a)　　(b)

图 4-61　进行倒圆角

(3)若倒圆角半径大于某一边，则圆角不能生成。

(4)倒圆角命令可以应用圆弧连接，如图 4-62 所示，用 $R10$ 的圆弧把图 4-62(a)的两条直线连接起来，即可用倒圆角命令如图 4-62(b)所示。

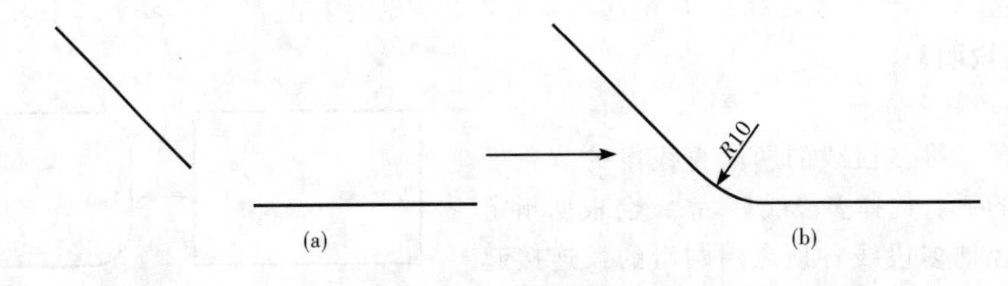

(a)　　(b)

图 4-62　圆弧连接

4.4.6　倒　角

"倒角"是指用斜线连接两个不平行的线型对象。

采用两种方法确定连接两个线型对象的斜线：指定两个斜线距离、指定斜线角度和一个斜线距离。下面分别介绍这两种方法：

(1)指定斜线距离：斜线距离是指从被连接的对象与斜线的交点到被连接的两对象的交点之间的距离。如图 4-63 所示。

(2)指定斜线角度和一个斜线距离：采用这种方法用斜线连接对象时，需要输入两个参数：斜线与一个对象的距离和斜线与另一个对象的夹角。如图 4-64 所示。

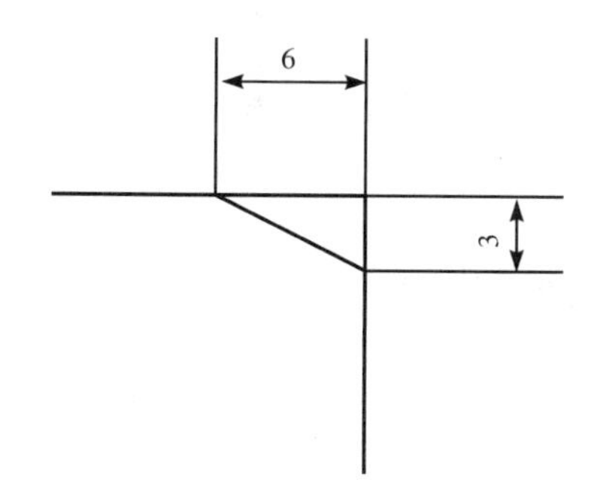

图 4-63 斜线距离

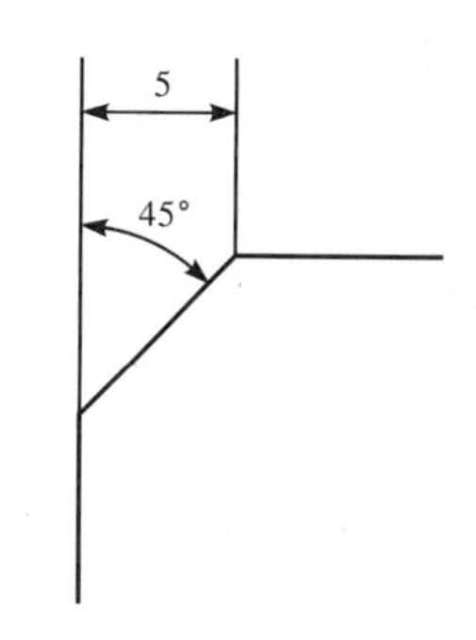

图 4-64 斜线距离与夹角

启用“倒角”命令，可以使用下列方法之一：

(1)命令行：CHAMFER。

(2)菜单：“修改”→“倒角”。

(3)工具栏：“修改”→“倒角”。

【操作步骤】

命令：CHAMFER ↙

(“不修剪”模式)当前倒角距离 1=0.0000，距离 2=0.0000

选择第一条直线或[放弃(U)/多段线(P)/距离(D)/角度(A)/修剪(T)/方式(E)/多个(M)]： (选择第一条直线或其他选项)

选择第二条直线，或按住 shift 键选择要应用角点的直线： (选择第二条直线)

【提示、注意、技巧】

有时用户在执行“圆角”“倒角”命令时，发现命令不执行或执行没有什么变化，那是因为系统默认圆角半径和斜线距离均为 0，如果不事先设定圆角半径或斜线距离，系统就以默认值 0 执行命令，所以图形没有变化。

【选项说明】

(1)多段线(P)

对多段线的各个交叉点倒斜角。为了得到最好的连接效果，一般设置斜线是相等的值。系统根据指定的斜线距离把多段线的每个交叉点都做斜线连接，连接的斜线成为多段线新添加的构成部分。如图 4-65 所示，绘图步骤如下：

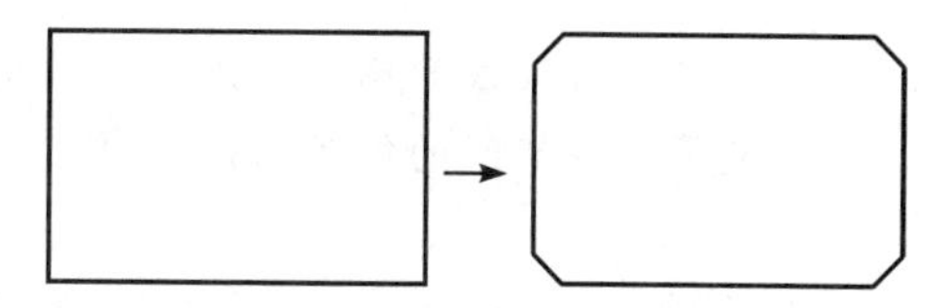

图 4-65 斜线连接多段线

输入倒角命令：

命令：_chamfer

(“修剪”模式) 当前倒角距离 1 = 3.0000，距离 2 = 3.0000

(提示当前倒角模式，此题取此默认值)

选择第一条直线或 [多段线(P)/距离(D)/角度(A)/修剪(T)/方式(M)/多个(U)]：P

(要对矩形进行倒角，矩形属于二维多段线，故选择[多段线(P)]选项)

选择二维多段线：单击矩形，选择此矩形 (4 条直线已被倒角)

矩形倒角完成。

(2)距离(D)

选择倒角的两个斜线距离。这两个斜线距离可以相同也可不相同,若二者均为 0,则系统不绘制连接的斜线,而是把两个对象延伸至相交点处并修剪超出的部分。

(3)角度(A)

选择第一条直线的斜线距离和第一条直线的倒角角度。

(4)修剪(T)

与圆角连接命令 FILLET 相同,该选项决定连接对象后是否剪切原对象。

(5)方式(E)

决定采用“距离”方式还是“角度”方式来倒斜角。

(6)多个(M)

同时对多个对象进行倒斜角编辑。

【提示、注意、技巧】

(1)倒角命令中的距离值,以及倒角模式总是默认上次输入的值,所以在执行该命令时,一定要先看一看所给定的各项值是否正确,是否需要进行调整。

(2)执行倒角命令时,当两个倒角距离不同的时候,要注意两条线的选中顺序。

【例 4-12】绘制如图 4-66 所示图形。

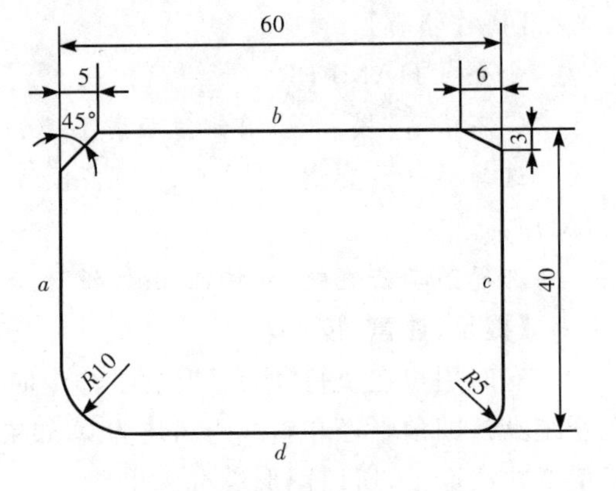

图 4-66 平面图形的绘制

【作图步骤】

(1)绘制矩形

利用绘制直线命令,绘制长为 60,宽为 40 的矩形。

(2)对矩形进行倒角

①对矩形的左上角进行倒角

命令:_chamfer

(“修剪”模式) 当前倒角距离 1 = 6.0000,距离 2 = 3.0000 (提示当前所处的倒角模式及数值)

选择第一条直线或[多段线(P)/距离(D)/角度(A)/修剪(T)/方式(M)/多个(U)]:A (选择角度方式输入倒角值)

指定第一条直线的倒角长度 <5.0000>:5 (第一条直线的倒角长度为 5)

指定第一条直线的倒角角度 <45>:↙ (倒角斜线与第一条直线的夹角为 45°)

选择第一条直线或[多段线(P)/距离(D)/角度(A)/修剪(T)/方式(M)/多个(U)]:选择直线 b

选择第二条直线:选择直线 *a* (完成倒角绘制)

②对矩形的右上角进行倒角

命令:_chamfer

(“修剪”模式) 当前倒角长度 = 5.0000,角度 = 45 (提示当前所处的倒角模式及数值)

选择第一条直线或[多段线(P)/距离(D)/角度(A)/修剪(T)/方式(M)/多个(U)]:T

（当前模式为“修剪”模式，根据图中尺寸，应对其进行修改）

输入修剪模式选项［修剪(T)/不修剪(N)］＜修剪＞:N

（更改修剪模式为不修剪）

选择第一条直线或［多段线(P)/距离(D)/角度(A)/修剪(T)/方式(M)/多个(U)］:D

（根据已知条件，选择距离(D)方式输入距离）

指定第一个倒角距离 ＜6.0000＞:↙

（第一个倒角距离为6，取系统默认值，直接回车）

指定第二个倒角距离 ＜2.0000＞: 3　　（第二个倒角距离为3）

选择第一条直线或［多段线(P)/距离(D)/角度(A)/修剪(T)/方式(M)/多个(U)］:选择直线 b。

选择第二条直线: 选择直线 c　　（完成倒角绘制）

(3)对矩形进行倒圆角

①对矩形的左下角进行倒圆角

命令: _fillet

当前设置: 模式 = 不修剪，半径 = 5.0000

（提示当前所处的倒角模式及倒角半径值）

选择第一个对象或［多段线(P)/半径(R)/修剪(T)/多个(U)］:T

（根据已知条件，需要修改倒角模式）

输入修剪模式选项［修剪(T)/不修剪(N)］＜不修剪＞: T

（根据已知条件，将倒角模式改成修剪模式）

选择第一个对象或［多段线(P)/半径(R)/修剪(T)/多个(U)］:R

（查看倒圆角的半径值）

指定圆角半径 ＜5.0000＞:10　　（此时默认值为5，重新输入半径值10）

选择第一个对象或［多段线(P)/半径(R)/修剪(T)/多个(U)］:选择直线 a

选择第二个对象: 选择直线 d　　（完成圆角绘制）

②对矩形的右下角进行倒圆角

命令: _fillet

当前设置: 模式 = 修剪，半径 = 10.0000

（提示当前所处的倒角模式及倒角半径值）

选择第一个对象或［多段线(P)/半径(R)/修剪(T)/多个(U)］: T

（由当前设置可知模式为修剪模式，不满足已知条件，需对其进行修改）

输入修剪模式选项［修剪(T)/不修剪(N)］＜修剪＞:N

（将模式改为不修剪模式）

选择第一个对象或［多段线(P)/半径(R)/修剪(T)/多个(U)］: R

（查看圆角半径值）

指定圆角半径 ＜10.0000＞: 5　　（默认值为10，重新输入半径值5）

选择第一个对象或［多段线(P)/半径(R)/修剪(T)/多个(U)］:选择直线 c

选择第二个对象: 选择直线 d　　（完成圆角绘制）

图形绘制完成。

4.4.7 打 断

“打断”命令用于把选定对象两点之间的部分打断并删除。启用“打断”命令，可以使用下列方法之一：

(1)命令行：BREAK。

(2)菜单：“修改”→“打断”。

(3)工具栏：“修改”→“打断”□。

【操作步骤】

命令：BREAK↙

选择对象：　　　　　　　　　　　　　(选择要打断的对象)

指定第二个打断点或[第一点(F)]：(指定第二个断开点或键入 F)

【选项说明】

(1)选择对象

使用某种对象选择方法，如果使用拾取框选择对象，本程序将选择对象并将选择点视为第一个打断点。

(2)指定第二个打断点或[第一点(F)]

可以继续指定第二个打断点，或输入 F 指定对象上的新点替换原来的第一个打断点。

指定第二个打断点后，两个指定点之间的对象部分将被删除。

【提示、注意、技巧】

(1)如果第二个点不在对象上，将选择对象上与该点最接近的点，因此，要打断直线、圆弧或多段线的一端，可以在要删除的一端附近指定第二个打断点。

(2)要将对象一分为二并且不删除某个部分，输入的第一个点和第二个点应相同。通过输入 @ 指定第二个点即可实现此过程。一个完整的圆或椭圆不能在同一个点被打断。

(3)直线、圆弧、圆、多段线、椭圆、样条曲线、圆环以及其他几种对象类型都可以拆分为两个对象或将其中的一端删除。

(4)程序将按逆时针方向删除圆上第一个打断点到第二个打断点之间的部分，从而将圆转换成圆弧。

4.4.8 打断于点

打断于点是指在对象上指定一点，从而把对象在此点拆分成两部分。此命令与打断命令类似。启用“打断于点”命令，可以使用下列方法：

工具栏：“修改”→“打断于点”□。

【操作步骤】

命令：□

选择对象：　(选择要打断的对象)

指定第二个打断点或[第一点(F)]：_F(系统自动执行“第一点(F)”选项)

指定第一个打断点：　　(选择打断点)

指定第二个打断点：@　　(系统自动忽略此提示，退出)

指定第一个打断点后，在指定点将对象一分为二。

【例 4-13】绘制如图 4-67 所示图形。

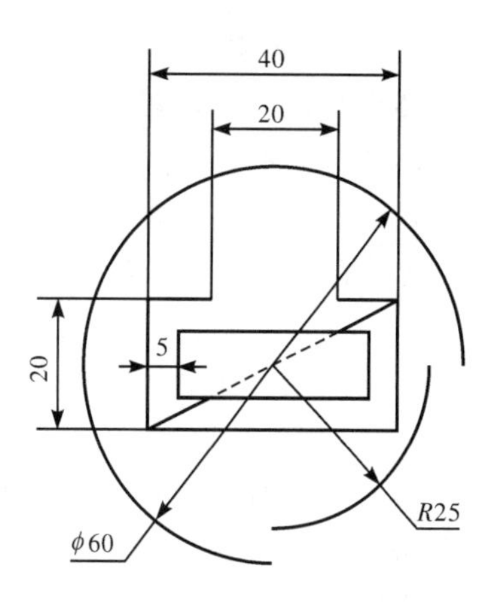

图 4-67　基本平面图形

【操作步骤】

(1)设置图层

利用“图层”命令设置两个图层。

“粗实线”图层:线宽 0.5 mm,其余属性为默认值。

“虚线”图层:线型为 HIDDEN,其余属性为默认值。

(2)绘制基本平面图形

选择“粗实线”图层。根据已知图形尺寸,利用矩形命令、圆命令、直线命令和偏移命令,绘制如图 4-68 所示的图形。

(3)打断圆

将图 4-68 经过编辑变成图 4-69 所示的图形。

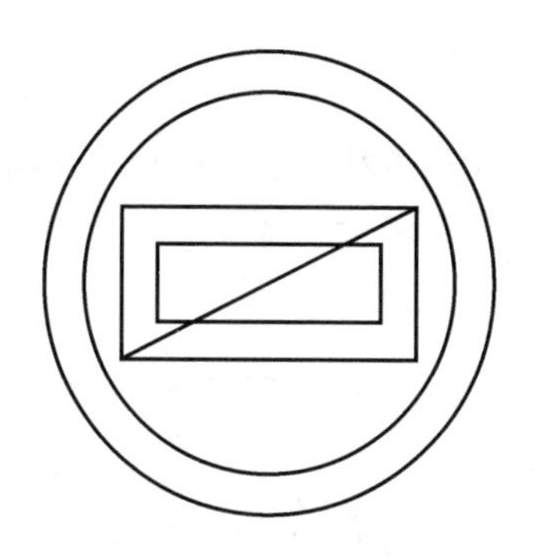
图 4-68　平面图形

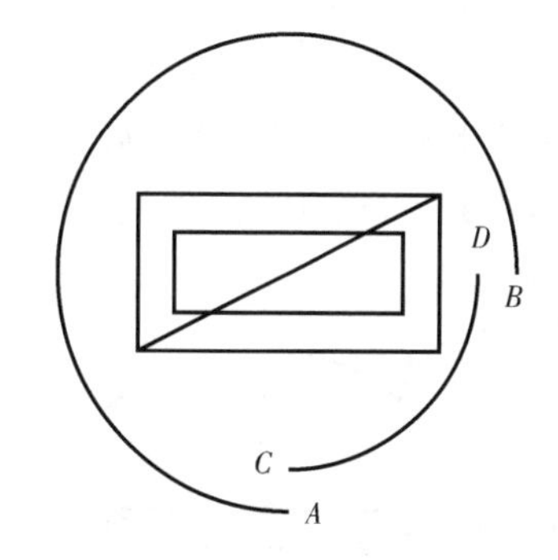

图 4-69　断开两个圆

①将大圆在 *AB* 处断开

命令：_break

选择对象：<对象捕捉 开> 捕捉大圆上的象限点 *A*

（选择大圆并将对象捕捉打开,直接选择大圆上的象限点作为第一打断点）

指定第二个打断点或［第一点(F)］:捕捉大圆上的象限点 *B* （大圆在 AB 处断开）

②将小圆在 *CD* 处断开

命令：_break

选择对象:在小圆上任意一点处单击(选择小圆)

指定第二个打断点或［第一点(F)］：F

（选择对象时所单击的点不作为第一打断点时,选择此项）

指定第一个打断点:捕捉小圆上的象限点 *D* （*D* 点作为第一打断点）

指定第二个打断点:捕捉小圆上的象限点 *C*

（*C* 点作为第二打断点。小圆在 *CD* 的上部分断开）

(4)修改直线 *MN*

将直线 *MN* 的一部分线段 *EF* 变为点画线,如图 4-70 所示。

①将直线 *MN* 在 *E* 点断开。

命令：_break

选择对象：选择直线 MN　　（选择要打断的对象）

指定第二个打断点或［第一点(F)］：F　　（系统自动执行“第一点(F)”选项）

指定第一个打断点：捕捉 E 点　　（捕捉打断点的位置）

指定第二个打断点：@　　（直线在点 E 处断开）

②用同样方法将直线 MN 在 F 点断开。

③将线段 EF 变为虚线。选择 EF 线段，使其亮显，在图层工具栏内单击下拉工具条，选择“虚线”图层即可。

(5)打断直线 PN

将直线 PN 在 QS 处断开，尺寸由已知条件确定，如图 4-71 所示。

输入打断命令：

命令：_break

选择对象：单击直线 PN　　（选择要打断的直线）

指定第二个打断点或［第一点(F)］：F

（选择对象所单击的点不作为第一打断点时，选择此项）

指定第一个打断点：＜对象捕捉 开＞10　　（利用对象捕捉追踪功能捕捉 Q 点）

指定第二个打断点：10　　（利用对象捕捉追踪功能捕捉 S 点）

图形绘制完成。

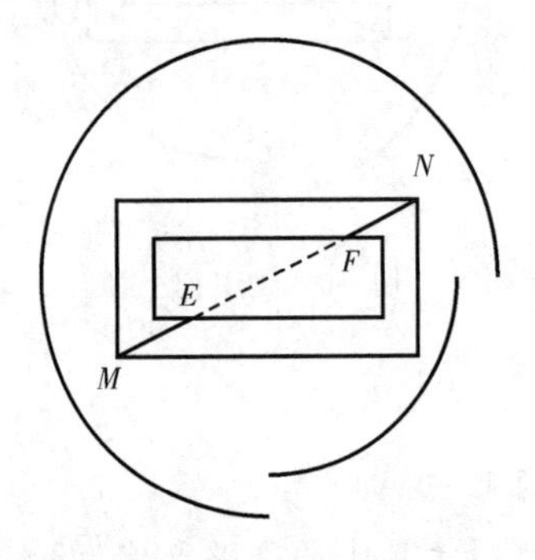

图 4-70　线型的改变

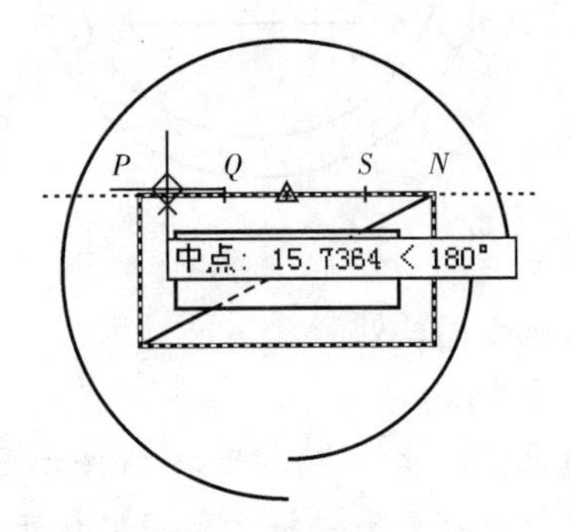

图 4-71　断开直线

4.4.9　“分解”

“分解”命令用于将整体对象分解为个体对象。启用“分解”命令，可以使用下列方法之一：

(1)命令行：EXPLODE。

(2)菜单：“修改”→“分解”。

(3)工具栏：“修改”→“分解”。

【操作步骤】

命令：EXPLODE↙

选择对象：　　（选择要分解的对象）

【选项说明】

选择一个对象后，该对象会被分解。系统将继续提示该行信息，允许分解多个对象。任何分解对象的颜色、线型和线宽都可能会改变。选择的对象不同，分解的结果就会有所不同。下面列出了几种对象的分解结果。

(1)块

对块的分解操作，一次分解会删除一个编组级。如果块中包含有多段线或嵌套块，首先把多段线或嵌套块从该块中分解出来，然后再分别分解该块中的各个对象。如果块中元素具有相同的坐标，则该块被分解为其构成元素；如果块中元素坐标不统一，执行分解操作可能会产生意想不到的结果。

不能分解用 MINSERT 和外部参照插入的块以及外部参照依赖的块。

(2)二维多段线

分解后会放弃所有关联的宽度或切线信息。对于宽多段线，将沿多段线中心放置结果直线和圆弧。

(3)三维多段线

分解成直线段。为三维多段线指定的线型将应用到每一个得到的线段。

(4)多行文本

分解成单行文本实体。

(5)引线

根据引线的不同，可分解成直线、样条曲线、实体(箭头)、块插入(箭头、注释块)、多行文字或公差对象。

(6)多线

分解成直线和圆弧。

(7)三维实体

将平面表面分解成面域。将非平面表面分解成体。

(8)圆弧

如果位于非一致比例的块内，则分解为椭圆弧。

(9)体

分解成一个单一表面的体(非平面表面)、面域或曲线。

(10)面域

分解成直线、圆弧或样条曲线。

4.4.10　合　并

“合并”命令用于将对象合并以形成一个完整的对象。这是 AutoCAD 2008 的新增功能，可以将直线、圆弧、椭圆弧和样条曲线等独立的线段合并为一个对象，如图 4-72 所示。启用“合并”命令，可以使用下列方法之一：

(1)命令行：JOIN。

(2)菜单：“修改”→“合并”。

(3)工具栏：“修改”→“合并” 。

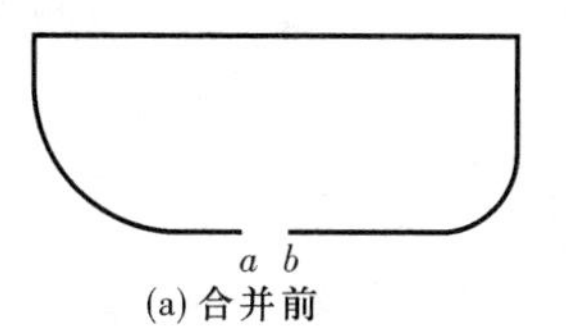

(a) 合并前

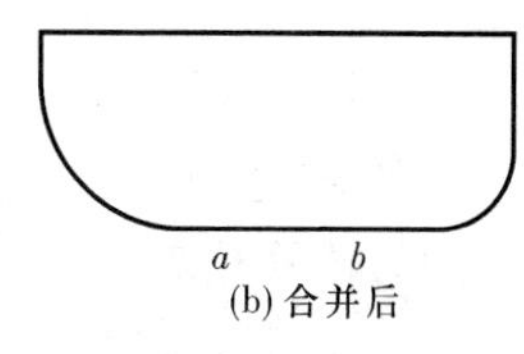

(b) 合并后

图 4-72　合并直线

【操作步骤】

命令：_join

选择源对象：　　　　　　　　(选择直线段 a)

选择要合并到源的直线：找到 1 个　　　　(选择直线段 b)

选择要合并到源的直线：↙　　　　　　　　　　　　　（回车结束选择）

已将 1 条直线合并到源。

【选项说明】

选择源对象：可选择一条直线、多段线、圆弧、椭圆弧或样条曲线，根据选定的源对象，显示以下提示之一：

(1)直线

选择要合并到源的直线：选择一条或多条直线并按 ENTER 键。直线对象必须共线(位于同一无限长的直线上)，但是它们之间可以有间隙。

(2)多段线

选择要合并到源的对象：选择一个或多个对象并按 ENTER 键。对象可以是直线、多段线或圆弧。对象之间不能有间隙，并且必须位于与 UCS 的 *XY* 平面平行的同一平面上。

(3)圆弧

选择圆弧，以合并到源或进行[闭合(L)]：选择一个或多个圆弧并按 ENTER 键，或输入“L”。圆弧对象必须位于同一假想的圆上，但是它们之间可以有间隙。“闭合”选项可将源圆弧转换成圆。合并两条或多条圆弧时，将从源对象开始按逆时针方向合并圆弧。

(4)椭圆弧

选择椭圆弧，以合并到源或进行[闭合(L)]：选择一个或多个椭圆弧并按 ENTER 键，或输入 L。椭圆弧必须位于同一椭圆上，但是它们之间可以有间隙。“闭合”选项可将源椭圆弧闭合成完整的椭圆。合并两条或多条椭圆弧时，将从源对象开始按逆时针方向合并椭圆弧。

(5)样条曲线

选择要合并到源的样条曲线：选择一条或多条样条曲线并按 ENTER 键。样条曲线对象必须位于同一平面内，并且必须首尾相邻(端点到端点放置)。

【例 4-14】将图 4-73(a)所示的圆弧经过编辑成为图 4-73(b)所示的圆弧或图 4-73(c)所示的圆。

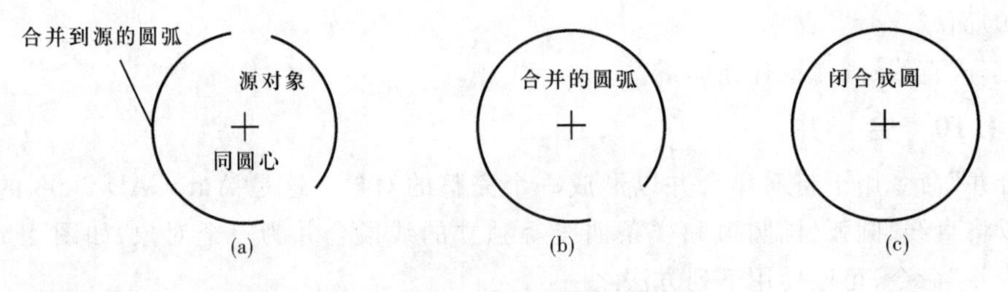

图 4-73　合并圆弧

【操作步骤】

命令：_join

选择源对象：　　　　　　　　　　　　　　　　　　　　（选择一段圆弧）

选择圆弧，以合并到源或进行[闭合(L)]：

（选择另一段圆弧，两段圆弧合并，如图 4-73(b)所示）

选择要合并到源的圆弧：找到 1 个

已将 1 个圆弧合并到源。

【提示、注意、技巧】

(1)当选择圆弧作为源对象后，输入闭合"L"圆弧将闭合成圆，如图 4-73(c)所示。

(2)"合并"命令还可以使一段圆弧或椭圆弧闭合成完整的圆或椭圆，如图 4-74 所示。

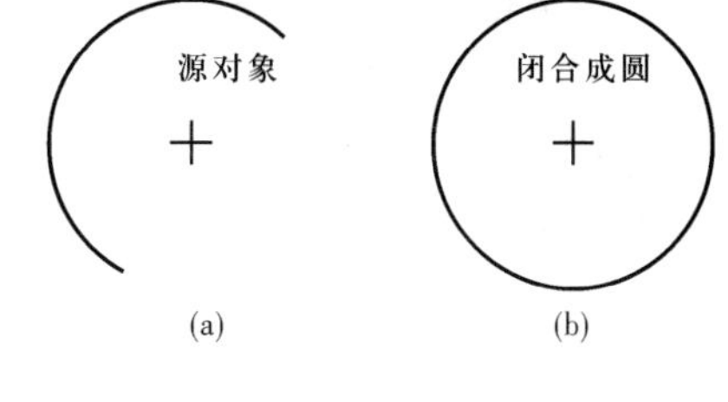

图 4-74　圆弧合并成完整的圆

4.4.11　编辑多段线

"编辑多段线"命令用于修改多段线。启用"编辑多段线"命令，可以使用下列方法之一：

(1)命令行：PEDIT(缩写名：PE)。

(2)菜单："修改"→"对象"→"多段线"。

(3)工具栏："修改 II"→"编辑多段线"。

(4)快捷菜单：选择要编辑的多段线，右击鼠标，在打开的快捷菜单中选择"编辑多段线"命令。

【操作步骤】

命令：PEDIT↙

选择多段线或[多条(M)]：(选择一条要编辑的多段线)

输入选项[闭合(C)/合并(J)/宽度(W)编辑顶点(E)/拟合(F)/样条曲线(S)非曲线化(D)/线型生成(L)/放弃(U)]：

【选项说明】

(1)选择要修改的多段线

如果选定对象是直线或圆弧，则显示以下提示：

选定的对象不是多段线。

是否将其转换为多段线？<Y>：输入 Y 或 N，或者按 Enter 键

如果输入 Y，则对象被转换为可编辑的单段二维多段线。使用此操作可以将直线和圆弧合并为多段线。通过输入一个或多个以下选项编辑多段线。

(2)闭合(c)

创建闭合的多段线，如图 4-75 所示。

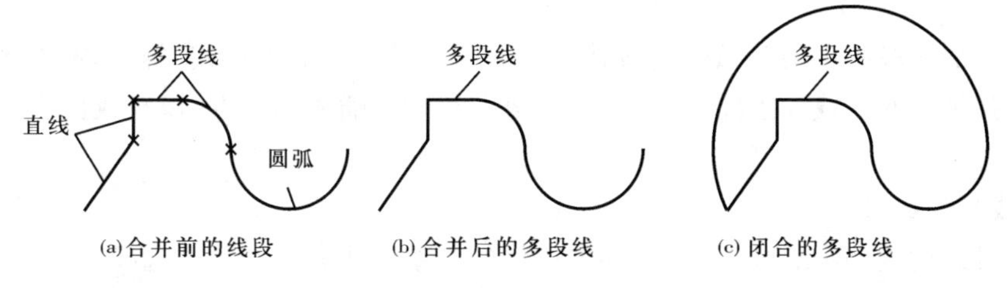

(a)合并前的线段　(b)合并后的多段线　(c)闭合的多段线

图 4-75　合并、闭合多段线

(3)合并(J)

以选中的多段线为主体，合并其他直线段、圆弧和多段线，使其成为一条多段线。能合并的条件是各段端点首尾相连，如图 4-75 所示。

(4)宽度(W)

修改整条多段线的线宽，使其具有同一线宽，如图 4-76 所示。

(5)编辑顶点(E)

选择该项后,在多段线起点处出现一个斜的十字叉“×”,它为当前顶点的标记,并在命令行出现进行后续操作的提示:

[下一个(N)/上一个(p)/打断(B)/插入(I)/移动(M)/重生成(R)/拉直(S)切向(T)/宽度(W)/退出(X)]<N>:

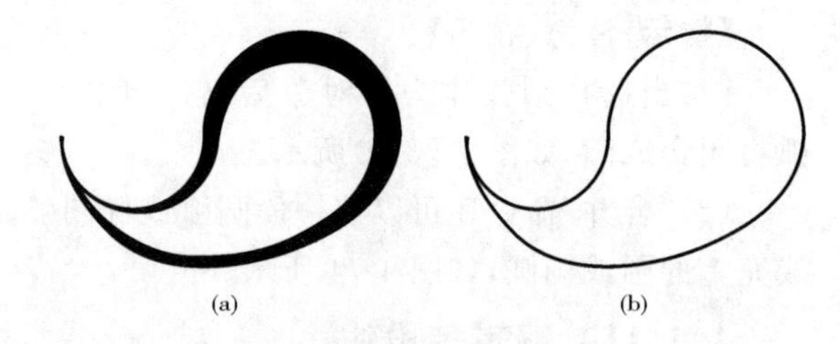

图 4-76 修改整条多段线的线宽

这些选项允许用户进行移动、插入顶点和修改任意两点间的线宽等操作。

(6)拟合(F)

将指定的多段线生成由光滑圆弧连接的圆弧拟合曲线,该曲线经过多段线的各顶点,如图 4-77 所示。

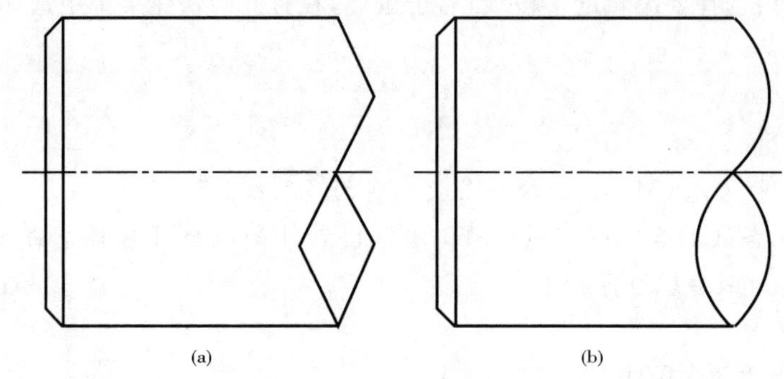

图 4-77 生成圆弧拟合曲线

(7)样条曲线(S)

创建样条曲线的近似线,如图 4-78 所示。

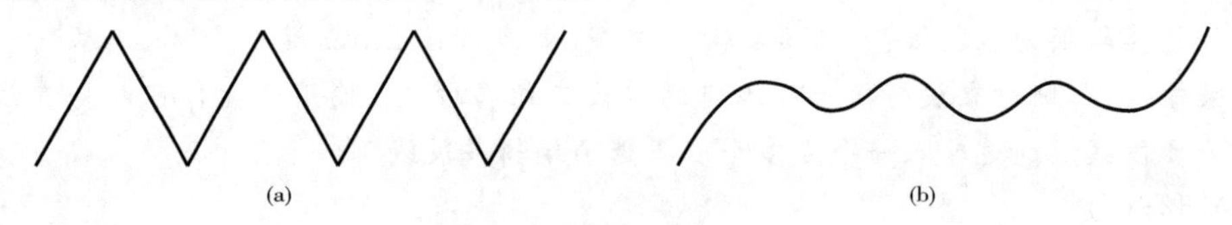

图 4-78 生成 B 样条曲线

(8)非曲线化(D)

将指定的多段线中的圆弧由直线代替。对于选用“拟合(F)”或“样条曲线(S)”选项后生成的圆弧拟合曲线或样条曲线,则删去生成曲线时新插入的顶点,恢复成由直线段组成的多段线。

(9)线型生成(L)

当多段线的线型为点画线时,控制多段线的线型生成方式开关。选择此项,系统提示:

输入多段线型生成选项[开(ON)/关(OFF)]<关>:

选择 ON 时,将在每个顶点处允许以短划开始和结束生成线型;选择 OFF 时,将在每个顶点处以长划开始和结束生成线型,如图 4-79 所示。“线型生成”不能用于带变宽线段的多段线。

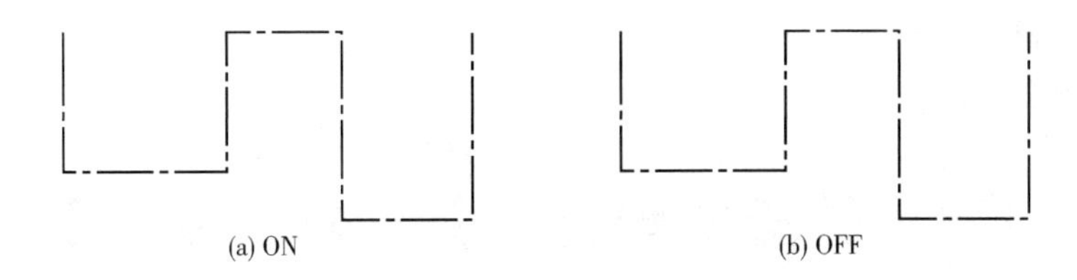

图 4-79 控制多段的线型(线型为点画线时)

(10) 放弃(U)

放弃返回 PEDIT 的起始处。

(11)退出(X)

结束命令并退出。

4.4.12 编辑样条曲线

“编辑样条曲线”命令用于编辑样条曲线或样条曲线拟合多段线。启用“编辑样条曲线”命令,可以使用下列方法之一:

(1)命令行:SPLINEDIT。

(2)菜单:“修改”→“对象”→“样条曲线”。

(3)快捷菜单:选择要编辑的样条曲线,右击鼠标,从打开的快捷菜单上选择“编辑样条曲线”命令。

(4)工具栏:“修改 II”→“编辑样条曲线”。

【操作步骤】

命令:SPLINEDIT ↙

选择样条曲线:(选择要编辑的样条曲线。若选择的样条曲线是用 SPLINE 命令创建的,其近似点以夹点的颜色显示出来;若选择的样条曲线是用 PLINE 命令创建的,其控制点以夹点的颜色显示出来)

输入选项[拟合数据(F)/闭合(C)/移动顶点(M)/精度(R)/反转(E)/放弃(U)]:

【选项说明】

(1)拟合数据(F)

编辑近似数据。选择该项后,创建该样条曲线时,指定的各点以小方格的形式显示出来。

(2)移动顶点(M)

移动样条曲线上的当前点。

(3)精度(R)

调整样条曲线的定义。

(4)反转(E)

翻转样条曲线的方向。该项操作主要用于应用程序。

4.4.13 编辑多线

“编辑多线”命令用于编辑多线交点、打断和顶点。启用“编辑多线”命令,可以使用下列方法之一:

(1)命令行:MLEDIT。

(2)菜单:“修改”→“对象”→“多线”。

【操作步骤】

调用该命令后,打开“多线编辑工具”对话框,如图 4-80 所示。

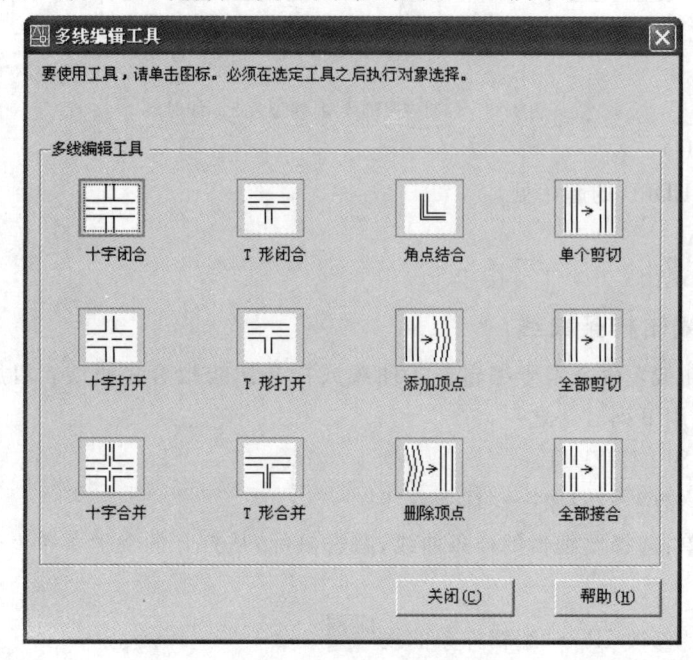

图 4-80 “多线编辑工具”对话框

利用该对话框,可以创建或修改多线的模式。对话框中分 4 列显示了示例图形。其中,第一列管理十字交叉形式的多线,第二列管理 T 形多线,第三列管理拐角接合点和节点,第四列管理多线被剪切或连接的形式。

单击某个示例图形,然后单击“确定”按钮,就可以调用该项编辑功能。

下面以“十字打开”为例介绍多线编辑方法:把选择的两条多线进行打开交叉。选择该选项后,出现如下提示:

选择第一条多线: (选择第一条多线)

选择第二条多线: (选择第二条多线)

选择完毕后,第二条多线被第一条多线横断交叉。系统继续提示:

选择第一条多线[放弃(U)]:

可以继续选择多线进行操作。选择“放弃(U)”功能会撤销前次操作。操作过程和执行结果如图 4-81 所示。其他编辑方法与“十字打开”相同,如图 4-81 所示的“T 形打开”。

图 4-81 “十字打开”与“T 形打开”

4.5　删除及恢复类命令

这一类命令主要用于删除图形的某部分或对已被删除的部分进行恢复。包括删除、放弃、重做、清除等命令。

4.5.1　删　除

“删除”命令用于删除不符合要求的图形或不小心画错的图形。启用“删除”命令，可以使用下列方法之一：

(1)命令行：ERASE。

(2)菜单：“修改”→“删除”。

(3)工具栏：“修改”→“删除”。

(4)快捷菜单：选择要删除的对象，在绘图区域右击鼠标，从打开的快捷菜单中选择“删除命令”。

【操作步骤】

命令：_erase

选择对象：　　　　(选择要删除的对象)

选择对象：↙　　　(回车结束选择，执行删除命令，所选对象被删除)

选择对象时可以使用前面介绍的各种选择对象的方法。当选择多个对象时，多个对象都被删除；若选择的对象属于某个对象组，则该对象组的所有对象都被删除。

4.5.2　恢　复

如果不小心删除了有用的图形，可以使用“恢复”命令 OOPS 或“放弃”命令恢复删除的对象。启用“恢复”或“放弃”命令，可以使用下列方法之一：

(1)命令行：OOPS 或 UNDO。

(2)工具栏：“标准”→“放弃”。

(3)快捷键：Ctrl+Z。

【操作步骤】

在命令行中输入 OOPS，回车。该命令与 1.3.2 节中介绍的“撤销”类似。

4.5.3　“清除”命令

此命令与“删除”命令功能完全相同，启用“清除”命令，可以使用下列方法之一：

(1)菜单：“编辑”→“清除”。

(2)快捷键：Del。

【操作步骤】

用菜单或快捷键输入上述命令后，系统提示：

选择对象：　　　　(选择要清除的对象)

选择对象：↙　　　(回车结束选择，执行清除命令，所选对象被清除)

4.6 钳夹功能

利用钳夹功能可以快速方便地编辑对象。AutoCAD 在图形对象上定义了一些特殊点，称为特征点(也称为夹点)，利用特征点可以灵活地控制对象。

4.6.1 使用夹点编辑对象的基本方法

1. 选择对象

在编辑对象之前先选择对象，用于夹点编辑的图形对象如图 4-82 所示，这些图形若被选中，其上就会显示一些蓝色小方格，如图 4-83 所示，这些方格就是夹点，夹点表示了对象的控制位置。

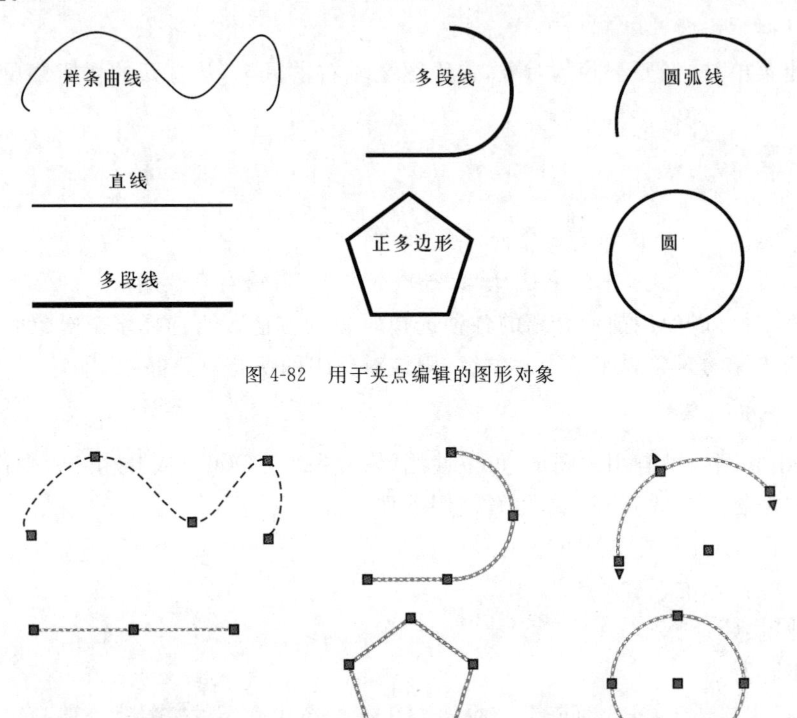

图 4-82 用于夹点编辑的图形对象

图 4-83 夹点

2. 选择基准夹点

使用夹点编辑对象，需选择一个夹点作为基点，称为基准夹点，被选择的夹点呈红色。然后，选择一种编辑操作如镜像、移动、旋转、拉伸和缩放等。这时也可以打开右键快捷菜单，如图 4-84 所示，选择一种编辑操作。

3. 设置钳夹功能

可以设置钳夹功能，方法是：选择菜单中的“工具”→“选项”命令，在“选择”选项卡的“夹点”选项组中选中“启用夹点”复选框。在该选项卡中还可以设置代表夹点的小方格的尺寸和颜色。

4. 夹点编辑

下面仅就其中的镜像操作为例进行讲述，其他操作类似。

在图形上拾取一个夹点，该夹点马上改变颜色，此点为夹点编辑的基准点。这时系统指示：

命令：

＊＊ 拉伸 ＊＊

指定拉伸点或［基点(B)/复制(C)/放弃(U)/退出(X)］：_mirror

在上述拉伸编辑提示下输入镜像命令或右击鼠标，在右键快捷菜单中选择“镜像”命令，这时系统指示：

＊＊ 镜像 ＊＊

指定第二点或［基点(B)/复制(C)/放弃(U)/退出(X)］：

系统就会转换为“镜像”操作，用夹点编辑图形不能保留原图形，结果如图4-85所示。其他编辑操作类似。

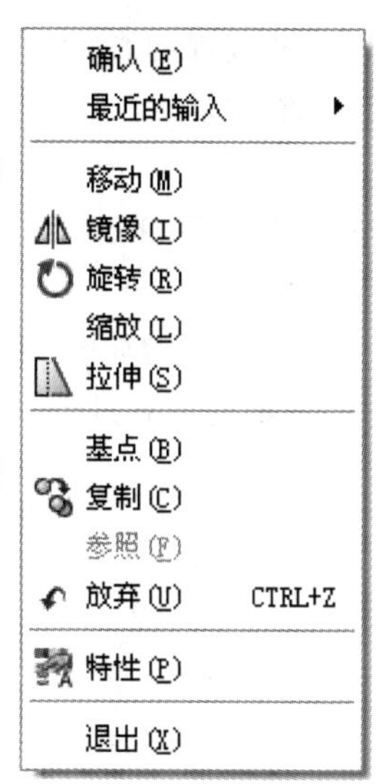

图4-84　编辑快捷菜单

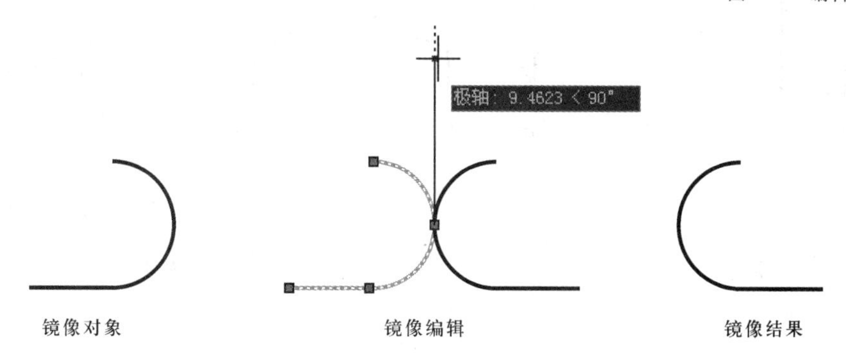

图4-85　夹点“镜像”图形

4.6.2　常用夹点编辑方法

1. 拉长

在绘制工程图中，经常用到夹点编辑的情况是将图形中的点画线进行拉伸或缩短。如图4-86所示，图(a)中点画线不满足制图标准，可用夹点编辑将其右端缩短。

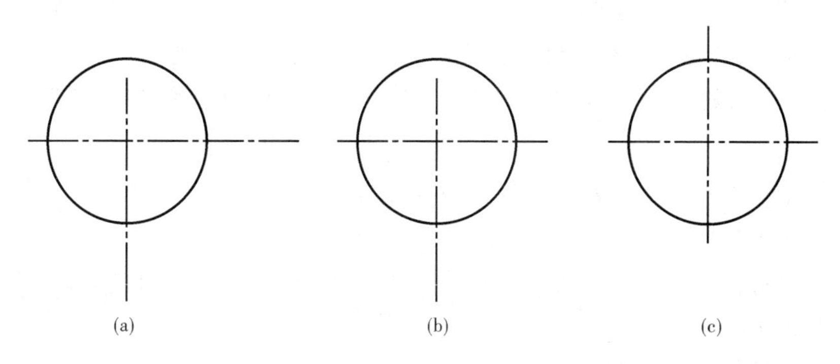

图4-86　拉长、移动的应用

方法为：单击水平点画线，使其显示夹点，再单击直线右端的夹点，将其移动到合适的位置，如图4-86(b)所示。（注意：由于直线沿水平拉伸，此时应打开正交或极轴模式。此外为了防止捕捉的影响,应将对象捕捉关闭。)

2. 移动

如图 4-86 所示,图(a)、(b)中竖直点画线不满足制图标准,可用夹点编辑将其上移。

方法为:单击竖直点画线,使其显示夹点,再单击直线的中间夹点,将其移动到圆心的位置,如图 4-86(c)所示。

【例 4-15】如图 4-87 所示,用夹点编辑方法,完成由图形(a) 到图形(d)及由图形(a)到图形(e)的绘制过程。

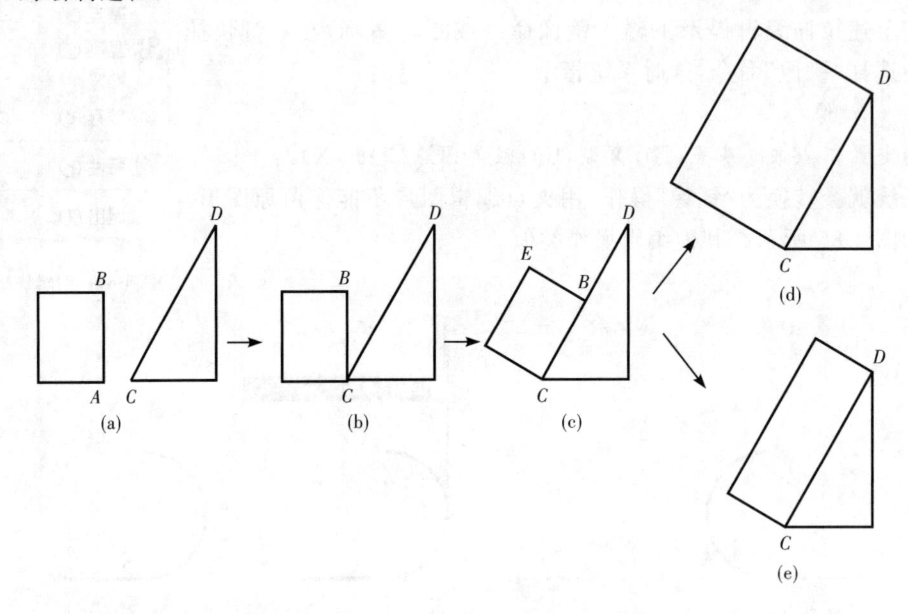

图 4-87　夹点编辑平面图形

(1)绘制图形(a)

绘制基础图形(a)。

(2)夹点编辑“移动”

利用夹点编辑方法将矩形移向三角形,使图中 A 点移到 C 点。绘图步骤如下:

①单击选择矩形,使夹点显示出来。(夹点:单击实体,会看到实体上出现一些蓝色小方框,标识出实体的特征点,称为夹点。)

②点取 A 处的夹点,使之变成红色(这个被选定的夹点称为基夹点)。

③鼠标右键,弹出快捷菜单如图 4-84 所示,从此快捷菜单中选择“移动”选项。

④拖动基夹点,在 C 点处单击。

⑤按ESC键,取消夹点。完成由图形(a)到图形(b)的绘制。

(3)夹点编辑“旋转”

利用夹点编辑方法将图(b)的矩形绕 C 点旋转,使矩形的 AB 边与三角形的 CD 边重合。绘图步骤如下:

①单击选择矩形,使夹点显示出来。

②点取 C 处的夹点,使之变成红色。

③鼠标右键,弹出快捷菜单如图 4-84 所示,从此快捷菜单中选择“旋转”选项。

④状态栏中提示如下信息：

指定旋转角度或［基点(B)/复制(C)/放弃(U)/参照(R)/退出(X)］:R

（如果已知旋转角度，可输入角度值，此例中已知实体上某线的旋转前后的位置，故选择此项）

指定参照角 <0>:单击 C 点

指定第二点：单击 B 点

指定新角度或［基点(B)/复制(C)/放弃(U)/参照(R)/退出(X)］:单击 D 点

⑤按 ESC 键，取消夹点。完成由图形 4-87(b)到图形 4-87(c)的绘制。

4. 夹点编辑“比例”

利用夹点编辑方法将图 4-87(c)的矩形进行比例缩放，使矩形的 CB 边与三角形 CD 边重合。

①单击选择矩形，使夹点显示出来。

②点取 C 处的夹点，使之变成红色。

③单击鼠标右键，在弹出快捷菜单中选择缩放选项。

④状态栏中提示如下信息：

命令：_scale 找到 1 个

指定比例因子或［基点(B)/复制(C)/放弃(U)/参照(R)/退出(X)］:R

（如果已知缩放的比例因子，可直接输入其值）

指定参照长度 <1.0000>:单击 C 点

指定第二点：单击 B 点

指定新长度或［基点(B)/复制(C)/放弃(U)/参照(R)/退出(X)］：单击 D 点

⑤按 ESC 键，取消夹点。完成由图形 4-87(c)到图形 4-87(d)的绘制。

(5)夹点编辑“拉伸”

利用夹点编辑方法将图 4-87(c)的矩形进行拉伸，矩形的宽度不发生变化，并使矩形的 CB 边与三角形 CD 边重合。

①单击选择矩形，使夹点显示出来。

②按住 Shift 键，点取 B 和 E 处的夹点，使之变成红色。

③释放 Shift 键，再单击 B 点。

④拖动基夹点，在 D 点处单击。

⑤按 ESC 键，取消夹点。完成由图形 4-87(c)到图形 4-87(e)的绘制。

【例 4-16】绘制如图 4-88(a)所示的图形，并利用钳夹功能编辑成图 4-88(b)所示的图形。

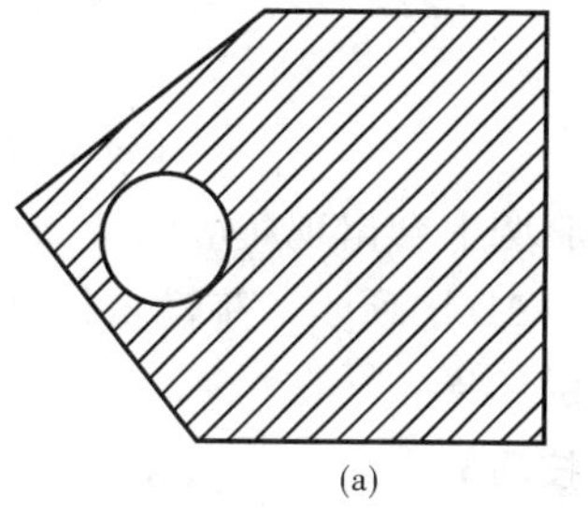

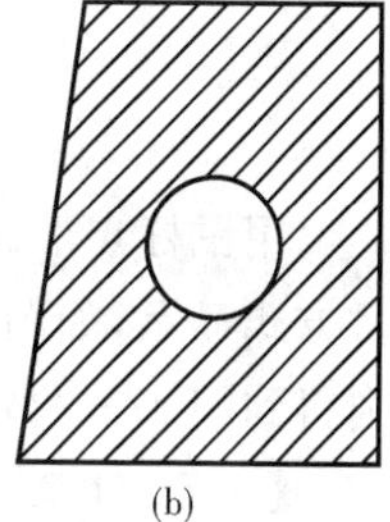

(a)　　(b)

图 4-88　利用钳夹功能编辑图形

【操作步骤】

(1)绘制图形轮廓：利用“直线”和“圆”命令绘制图形轮廓。

(2)进行图案填充：利用“图案填充”命令进行图案填充。选择“绘图”→“图案填充”命令，系统打开“图案填充和渐变色”对话框，在“图案填充”选项卡的“类型”下拉列表框中选择“用户定义”选项，“角度”设置为45，“间距”设置为10。结果如图4-88(a)所示。

要单击“选项”选项组中的“关联”单选按钮，“图案填充和渐变色”对话框如图4-89所示。

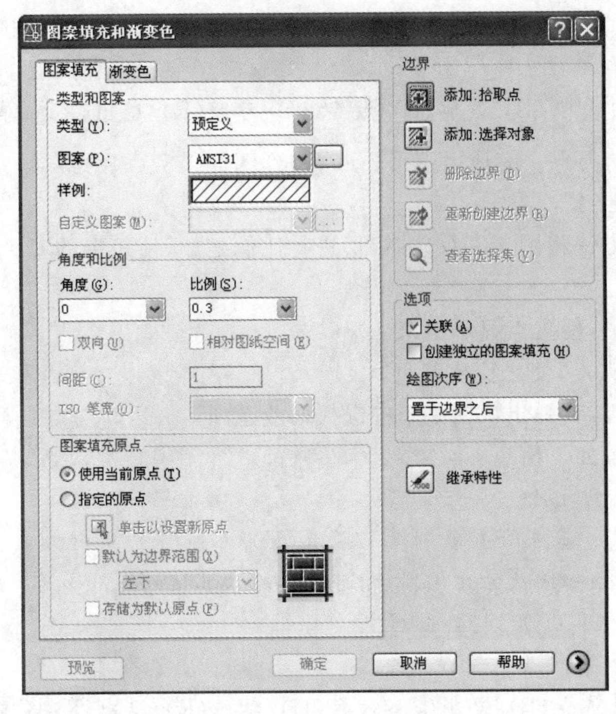

图4-89 “图案填充和渐变色”对话框

(3)钳夹编辑：用鼠标分别点取图4-90中所示图形的左边界的两线段，这两线段上会显示出相应的特征点方框，再用鼠标点取图中最左边的夹点，该点则以醒目方式显示，拖动鼠标，使光标右移，移到图4-91(a)所示的位置，按Esc键确定。从图中可以看出，AutoCAD按照填充边界的新位置重新生成了填充图案。

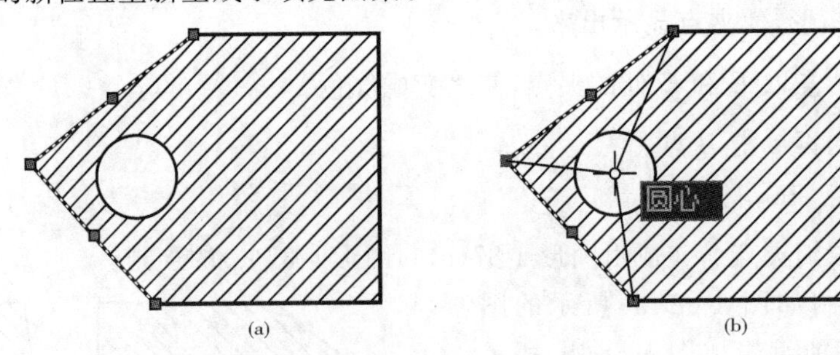

图4-90 显示边界特征点

用鼠标点取圆，圆上会出现相应的特征点，再用鼠标点取圆的圆心部位，该特征点以醒目方式显示，如图4-91(b)所示。拖动鼠标，使光标位于另一点的位置，然后按Esc键确认，则得到图4-91(c)的结果。

【提示、注意、技巧】

(1)执行拉伸操作的结果与所选夹点有关，比如对于直线，选择端点可以拉伸，选择中点将会移动；对于圆，选择圆心将会移动，选择象限点夹点将会缩放。

(2)取消实体的夹点状态，可以连续按下ESC键，直到夹点消失。

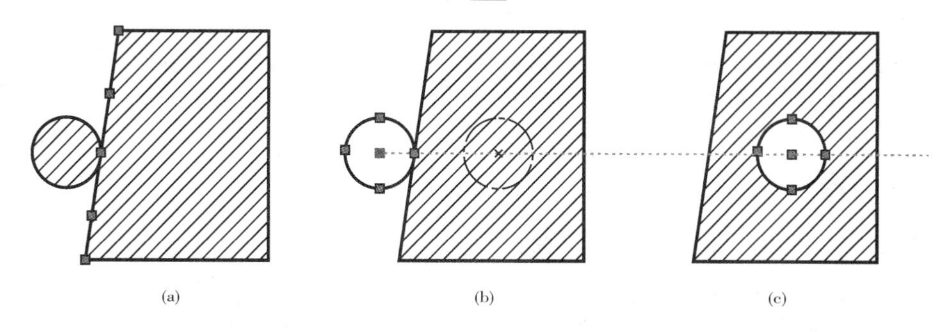

图 4-91　夹点移动到新位置

习　　题

一、思考题

1. 选择题

(1)在确定选择集时，要选择最后所绘制图形对象，可采用______选择对象方式。

A. 默认方式　B. "W"方式　C. "L"方式　D. "P"方式

(2)在绘图过程中，按______功能键，可打开或关闭对象捕捉模式。

A. F2　B. F3　C. F6　D. F7

(3)能够改变一条线段长度的命令有________。

A. DDMODIFY　B. LENGTHEN　C. TEND　D. TRIM

E. STRETCH　F. SCALE　G. BREAK　H. MOVE

(4)能够将物体某部分进行大小不变的复制的命令有________。

A. MIRROR　B. COPY　C. ROTATE　D. ARRAY

(5)下列命令中哪些可以用来去掉图形中不需要的部分？

A. 删除　B. 清除　C. 修剪　D. 放弃

(6)Align 命令相当于是 ROTATE(旋转)、SCALE(比例)和____命令的组合。

A. MOVE(移动)　B. COPY(复制)　C. MIRROR(镜像)D. ARRAY(阵列)

(7)用夹点方式编辑图形时，不能直接完成______操作。

A. 镜像　B. 比例缩放　C. 复制　D. 阵列

2. 填空题

(1)在使用"W"窗口方式选择对象时，____ 图形对象被选中，使用"C"窗口方式选择对象时，____ 图形对象被选中。

(2)在执行拉伸命令时应该使用的选择对象的方式是____。

(3)在使用阵列命令时，如需使阵列后的图形向左上角排列，则行间距为____，列间距为____。

(4)镜像命令的缩写方式为____。

3. 简答题

(1)什么是拉伸？拉伸图形应如何选择对象？

(2)什么是圆角？如何确定圆角半径？

(3)在利用“修剪”命令对图形进行“修剪”时，有时无法实现，试分析可能的原因。

(4)怎样删除用矩形命令绘制的矩形的一条边？

(5)怎样得到一个偏移的实体，使之通过一个指定的点？

二、练习题

绘制图 4-92 所示的各平面图形，不标注尺寸。

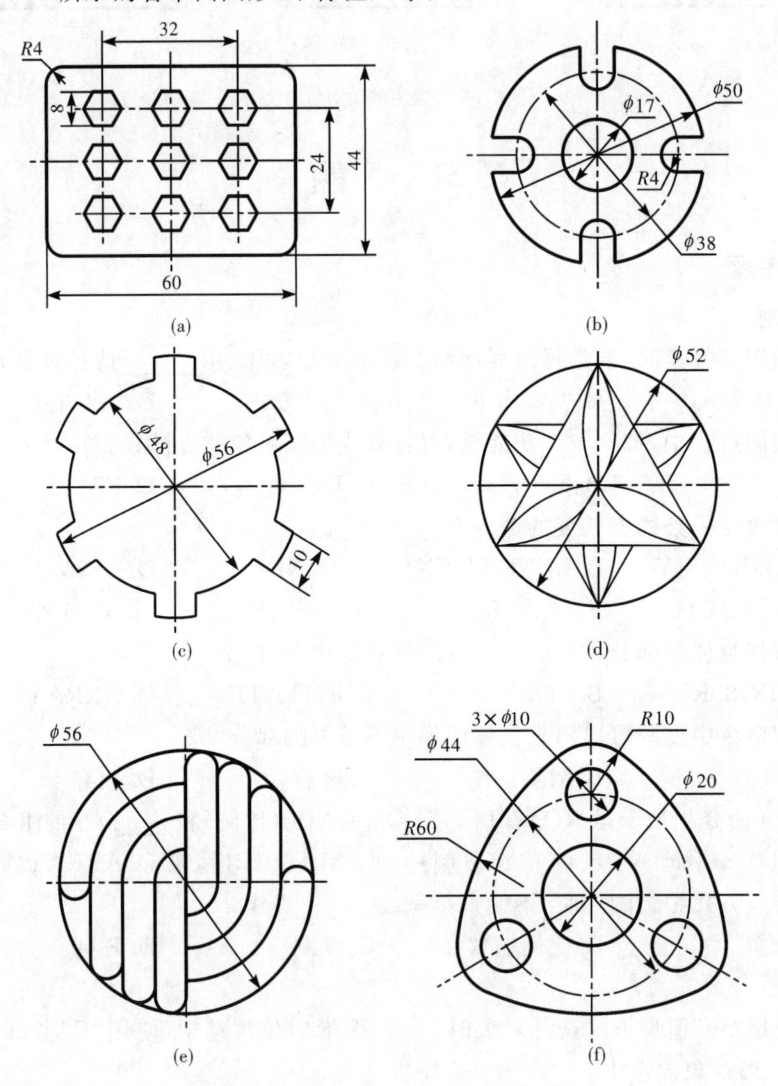

图 4-92　练习题图

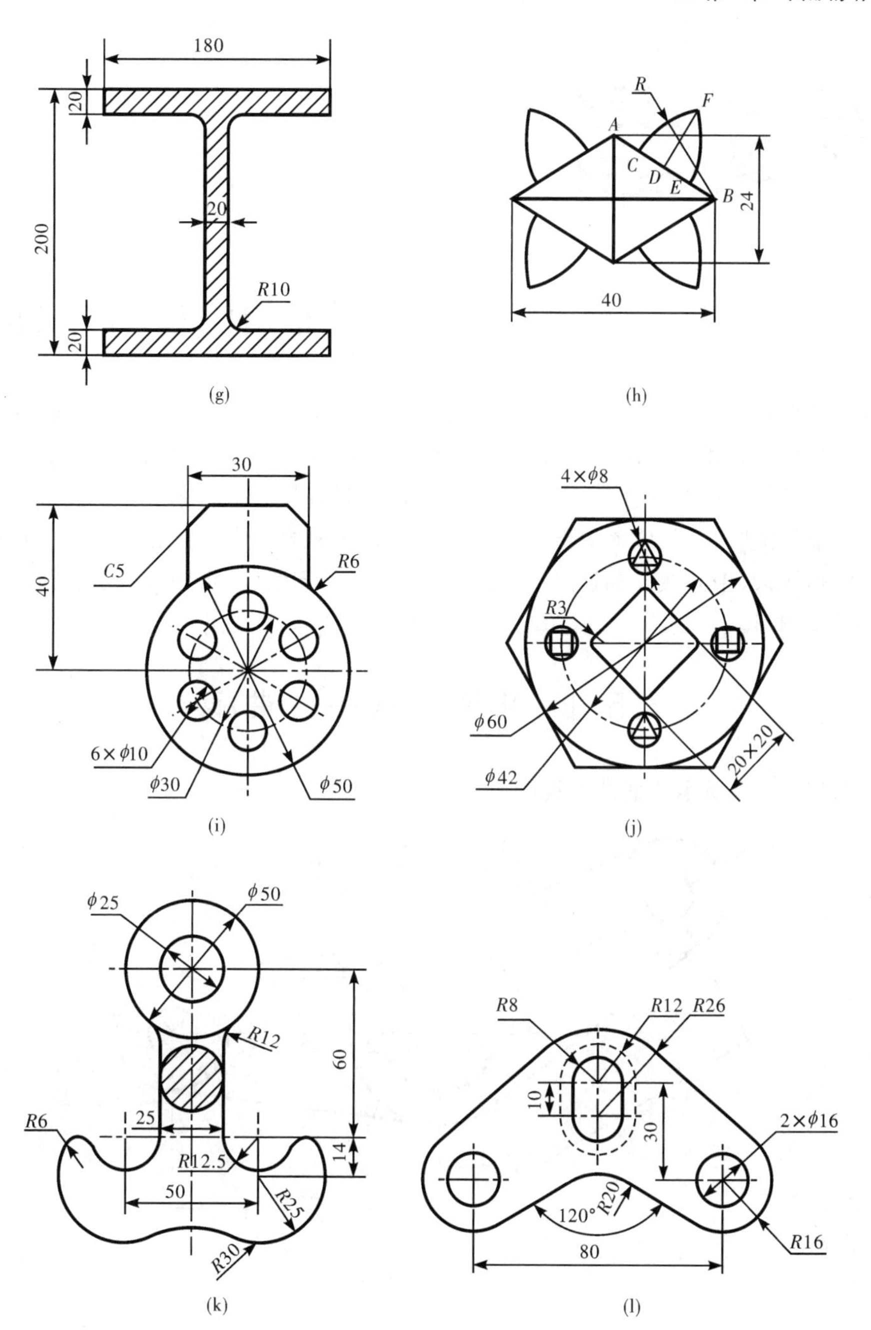
180
20
200
20
R10
20
(g)
R
F
A
C
D
E
B
24
40
(h)
30
40
C5
R6
6×ϕ10
ϕ30
ϕ50
(i)
4×ϕ8
R3
ϕ60
ϕ42
20×20
(j)
ϕ25
ϕ50
R12
60
R6
25
R12.5
14
50
R25
R30
(k)
R8
R12
R26
10
30
2×ϕ16
120°
R20
80
R16
(l)

续图 4-92 练习题图

第5章

绘制和编辑二维图形

本章是在前面所学知识的基础上，综合运用所学的知识，通过几个有代表性的例子，进一步巩固和加强常用的绘图与修改命令的使用，熟练掌握绘制平面图形的一般步骤和方法，从中掌握一定的绘图操作技巧，并能尽快熟练地绘制各种图形。

绘制平面图时，首先应该对图形进行线段分析和尺寸分析，根据定形尺寸和定位尺寸，判断出已知线段、中间线段和连接线段，按照先绘制已知线段，再中间线段，后连接线段的绘图顺序完成图形。

5.1 平面图形——曲柄

绘制如图5-1所示曲柄的主视图。

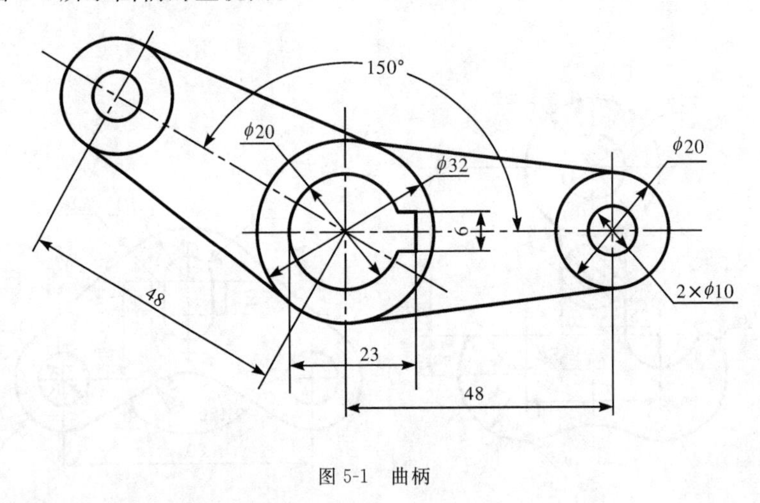

图5-1 曲柄

5.1.1 设置绘图环境

【操作步骤】

1. 设置图形界限

新建一张图纸，按该图形的尺寸，图纸大小应设置成A4，横放。因此图形界限设置为210×297。

2. 显示图形界限

单击“全部缩放”按钮，或者在命令窗口输入Z，回车，再输入A，回车。在状态栏的“栅格”按钮单击打开栅格显示，图形栅格的界限将填充当前视口。

3. 设置对象捕捉

在状态栏的“对象捕捉”按钮上单击鼠标右键，选择“设置…”，在弹出的“草图设置”对话框中，选择“交点”“切点”“圆心”“端点”，单击“确定”按钮。并在状态栏打开极轴、对象捕捉、对象追踪和线宽按钮。

4. 设置图层

利用“图层”命令设置图层。

(1)中心线层：线型为 CENTER2，其余属性为默认值。

(2)粗实线层：线宽为 0.50 毫米，其余属性为默认值。

5.1.2　绘图方法一：画线定位

【操作步骤】

1. 绘制中心线

通过“图层”工具栏，将“中心线”层设置为当前层。单击“图层”工具栏图层列表后的下拉按钮，在中心线层上单击，则中心线层为当前层。

利用“直线”命令绘制中心线。坐标分别为{(100,100)、(180,100)}、{(120,120)(120,80)}，结果如图 5-2 所示。

绘制另一条中心线，利用“打断”命令剪掉多余部分。命令行提示与操作如下：

(1)偏移

命令：OFFSET ↙(对所绘制的竖直对称中心线进行偏移操作)

指定偏移距离或[通过(T)]<通过>：48 ↙

选择要偏移的对象或 <退出>：(选择所绘制的竖直对称中心线)

指定点以确定偏移所在一侧：(在选择的竖直对称中心线右侧任一位置单击鼠标左键)

选择要偏移的对象或<退出>：↙

(2)打断

命令：BREAK ↙(打断命令)

选择对象：(在偏移的中心线上面适当位置选择一点)

指定第二个打断点或[第一点(F)]：(在超出偏移的中心线上方的位置选择一点)

(3)打断

命令：BREAK

选择对象：(在偏移的中心线下面适当位置选择一点)

指定第二个打断点或[第一点(F)]：(在超出偏移的中心线下方的位置选择一点)

结果如图 5-3 所示。

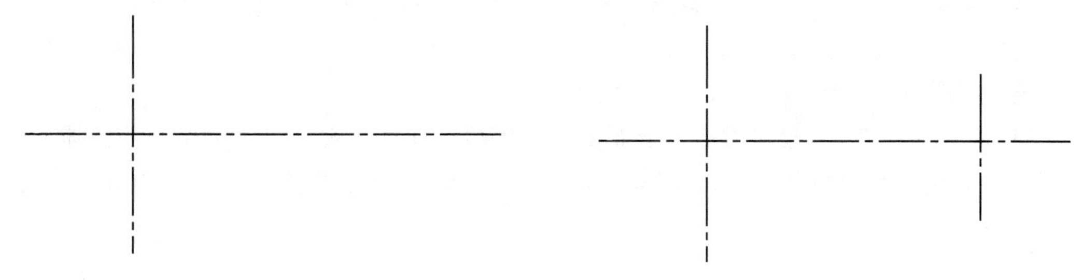

图 5-2　绘制中心线　　　　图 5-3　偏移中心线

2. 绘制圆

转换到“粗实线层”，利用“圆”命令绘制图形轴孔部分。其中绘制圆时，以水平中心线与左边竖直中心线交点为圆心，以 32 和 20 为直径绘制同心圆，以水平中心线与右边竖直中心线交点为圆心，以 20 和 10 为直径绘制同心圆，结果如图 5-4 所示。

3. 绘制连接板

利用“直线”命令绘制连接板。分别捕捉左右外圆的切点为端点，绘制上下两条连接线，结果如图 5-5 所示。

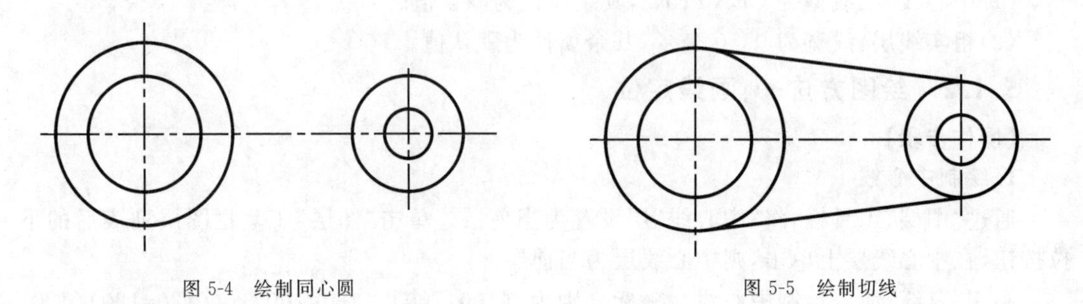

图 5-4　绘制同心圆　　　　图 5-5　绘制切线

4. 绘制键槽

利用“偏移”命令绘制辅助线。命令行提示与操作如下：

(1)水平辅助线

命令：_offset(偏移水平对称中心线)

指定偏移距离或[通过(T)]<通过>：3↙

选择要偏移的对象或<退出>：　　(选择水平对称中心线)

指定点以确定偏移所在一侧：　　(在选择的水平对称中心线上侧任一点处单击鼠标左键)

选择要偏移的对象或 <退出>：　　(继续选择水平对称中心线)

指定点以确定偏移所在一侧：　　(在选择的水平对称中心线下侧任一点处单击鼠标左键)

选择要偏移的对象或<退出>：↙

(2)竖直辅助线

命令：_offset

指定偏移距离或[通过]：13↙

指定偏移的对象：<退出>：(选择竖直对称中心线)

指定点以确定偏移所在一侧：(在选择的竖直对称中心线右侧任一点处单击鼠标左键)

选择要偏移的对象或<退出>：↙

结果如图 5-6 所示。

(3)利用“直线”命令绘制键槽。上面偏移产生的辅助线为键槽提供定位作用。捕捉刚绘制的辅助线与左边内圆交点以及辅助线之间相互交点，将它们作为端点绘制直线，如图 5-7 所示。

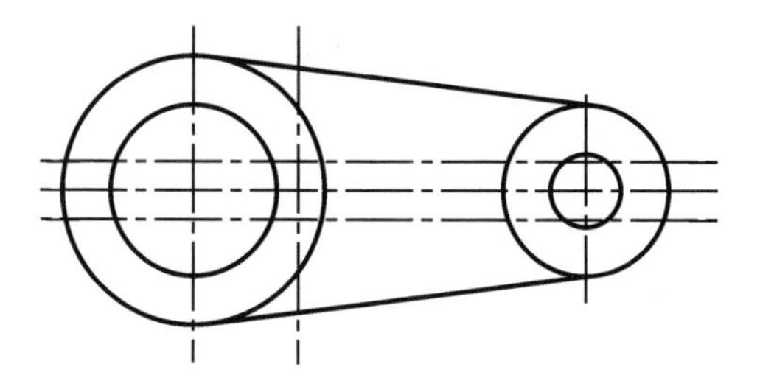

图 5-6　偏移中心线　　　图 5-7　绘制键槽

(4)利用“修剪”命令剪掉圆弧上键槽开口部分。命令行提示与操作如下：

命令:_trim　　　　(剪去多余的线段)

当前设置:投影=UCS,边=无

选择剪切边:

选择对象:　　　　(分别选择键槽的上下边)

……

找到 1 个,总计 2 个

选择对象:↙

选择要修剪的对象,或按住 shift 键选择要延伸的对象,或[栏选(F)/窗交(C)/投影(P)/边(E)/删除(R)/放弃(U)]:　　(选择键槽中间的圆弧)

结果如图 5-8 所示。

(5)利用“删除”命令删除多余的辅助线,命令行提示与操作如下:

命令:ERASE↙　　　　(删除偏移的对称中心线)

选择对象:　　　　(分别选择偏移的 3 条对称中心线)

……

找到 1 个,总计 3 个

选择对象:↙

结果如图 5-9 所示。

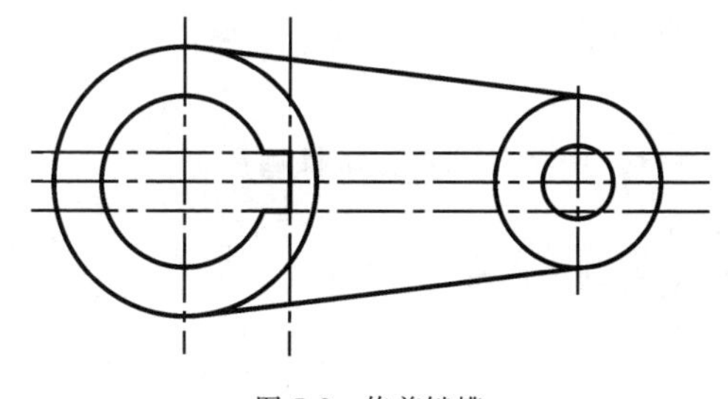

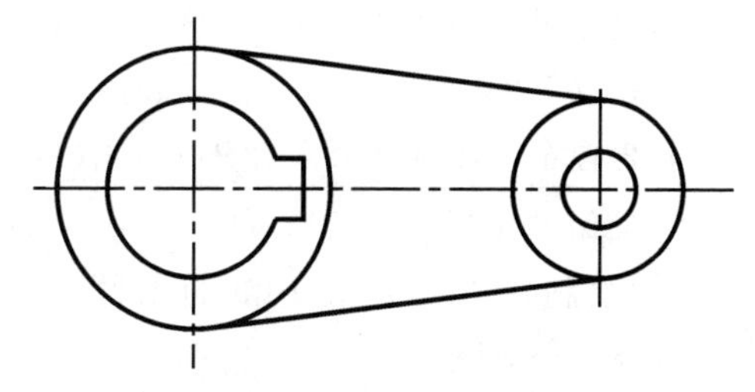

图 5-8　修剪键槽　　　图 5-9　删除多余辅助线

5. 复制旋转

利用“旋转”命令,将所绘制的图形进行复制旋转,命令行提示与操作如下:

命令:ROTATE↙

UCS 当前的正角方向:ANGDIT=逆时针 ANGBASE=0

选择对象:(如图 5-10 所示,选择图形中要旋转的部分)

……

找到 1 个,总计 6 个

选择对象:↙

指定基点:_int 于(捕捉左边中心线的交点)

指定旋转角度,或[复制(C)/参照(R)]＜0＞:C ↙

旋转一组选定对象。

指定旋转角度,或[复制(C)/参照(R)]＜0＞:150 ↙

最终结果如图 5-1 所示。

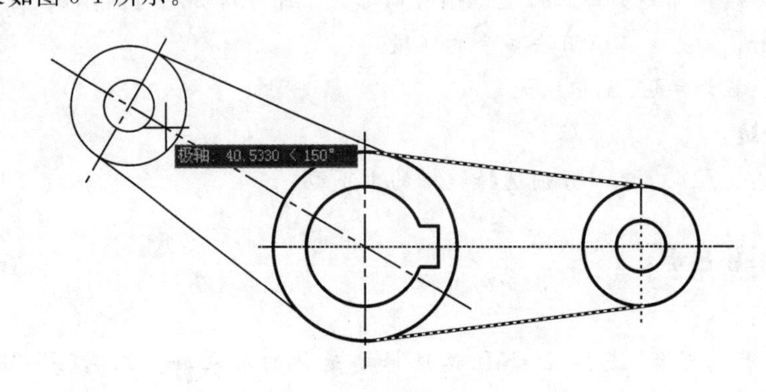

图 5-10 选择旋转复制对象

5.1.3 绘图方法二:追踪定位

【操作步骤】

1. 绘制圆

将“粗实线层”设置为当前层,利用“圆”命令和对象捕捉追踪功能绘制图形轴孔部分。

(1)绘制直径为 32 和 20 的同心圆,以圆心坐标为(120,100),绘制圆。命令行提示与操作如下:

命令:_circle

指定圆的圆心或 [三点(3P)/两点(2P)/相切、相切、半径(T)]:120,100 ↙

指定圆的半径或 [直径(D)] ＜6.7319＞:16 ↙

命令:CIRCLE

指定圆的圆心或 [三点(3P)/两点(2P)/相切、相切、半径(T)]:(捕捉圆心)

指定圆的半径或 [直径(D)] ＜16.0000＞:10 ↙

(2)绘制直径为 20 和 10 的同心圆。命令行提示与操作如下:

命令:_circle

指定圆的圆心或 [三点(3P)/两点(2P)/相切、相切、半径(T)]:48 ↙

(捕捉直径 32 和 20 的同心圆圆心:将光标在圆心处稍停后往右拖拉,当出现极轴线时输入 48)

指定圆的半径或 [直径(D)] ＜13.5679＞:10 ↙

命令:_circle

指定圆的圆心或 [三点(3P)/两点(2P)/相切、相切、半径(T)]:(捕捉圆心)

指定圆的半径或［直径(D)］<10.0000>：5↙

结果如图 5-11 所示。

2. 绘制中心线

将“中心线层”设置为当前层，利用“直线”命令和对象捕捉追踪功能绘制中心线。命令行提示与操作如下：

(1)水平中心线

命令：_line

指定第一点：20↙

(捕捉直径 32 和 20 的同心圆圆心，将光标在圆心处稍停后往左拖拉，当出现极轴线时输入 20)

指定下一点或［放弃(U)］：80↙(将光标往右拖拉，输入 80，如图 5-12 所示)

指定下一点或［放弃(U)］：↙

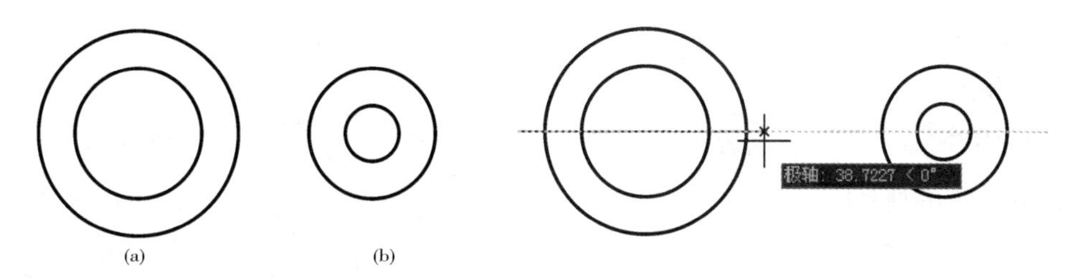

图 5-11 绘制圆　　图 5-12 绘制水平中心线

(2)竖直中心线

第一条竖直中心线：

命令：_line

指定第一点：20↙

(捕捉直径 32 和 20 的同心圆圆心，将光标在圆心处稍停后往上拖拉，当出现极轴线时输入 20)

指定下一点或［放弃(U)］：40↙(将光标往下拖拉，输入 40)

指定下一点或［放弃(U)］：↙

第二条竖直中心线：

命令：_line

指定第一点：14↙

(捕捉直径 20 和 10 的同心圆圆心，将光标在圆心处稍停后往上拖拉，当出现极轴线时输入 14)

指定下一点或［放弃(U)］：28↙ (将光标往下拖拉，输入 28)

指定下一点或［放弃(U)］：↙

结果如图 5-13 所示。

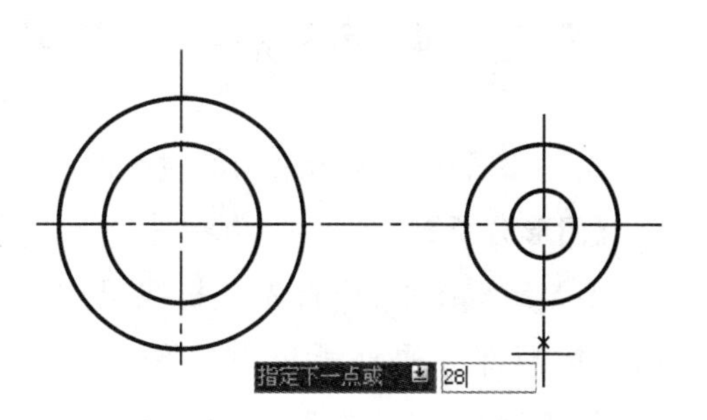

图 5-13 绘制竖直中心线

3. 绘制键槽

将“粗实线层”设置为当前层。

(1)利用“直线”命令和对象捕捉追踪功能绘制键槽的下半部分。命令行提示与操作如下：

命令：_line

指定第一点：13↙

(捕捉直径 32 和 20 的同心圆圆心，将光标在圆心处稍停后往右拖拉，当出现极轴线时输入 13)

指定下一点或 [放弃(U)]：3↙

(将光标往下拖拉，输入 3)

指定下一点或 [放弃(U)]：　　(将光标往左拖拉，捕捉与直径 20 的圆的相交点)

指定下一点或 [放弃(U)]：↙

结果如图 5-14 所示。

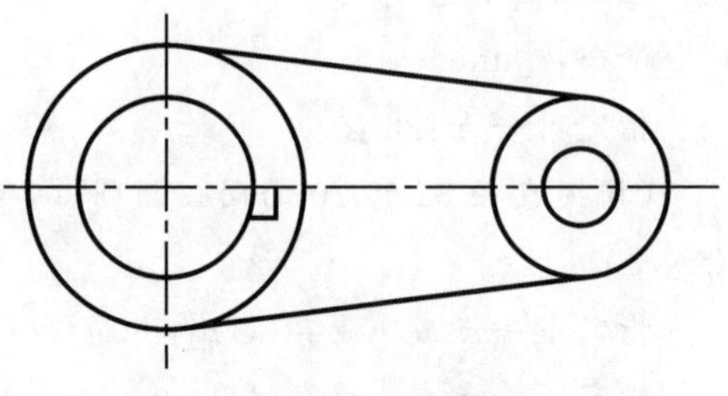

图 5-14 用对象追踪绘制键槽

(2)利用“镜像”命令完成键槽的绘制。命令行提示与操作如下：

命令：_mirror

选择对象：找到 2 个

选择对象：↙

指定镜像线的第一点：指定镜像线的第二点：(在水平中心线上选择两点)

要删除源对象吗？[是(Y)/否(N)] <N>：↙

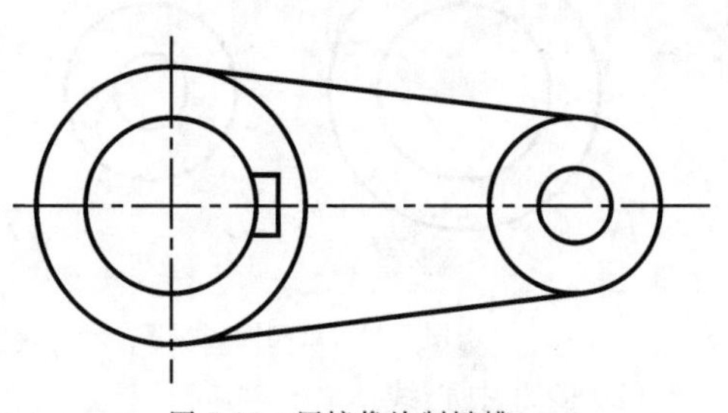

图 5-15　用镜像绘制键槽

结果如图 5-15 所示。其余作图步骤与方法一相同，此处省略。

5.1.4　保存图形

输入“保存”命令，选择合适的位置，如“D:\平面图形”，以“图 5-1 曲柄”为文件名保存。

5.2　平面图形——吊钩

绘制如图 5-16 所示吊钩的主视图。

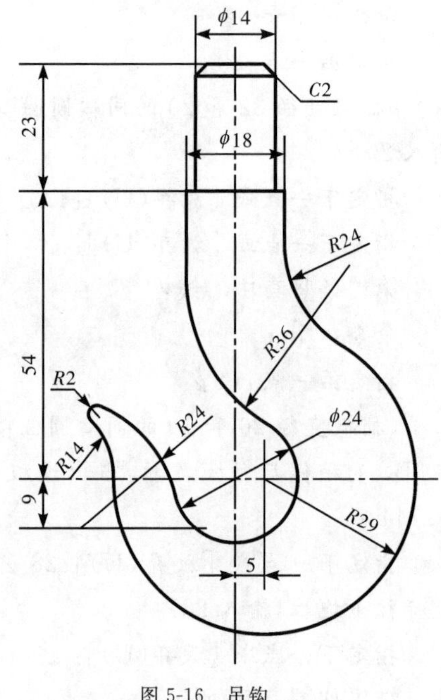

图 5-16　吊钩

【图形分析】

要绘制该图形，应首先分析线段类型。已知线段：钩柄部分的直线和钩子弯曲中心部分的 ϕ24，R29 圆弧；中间线段：钩子尖部分的 R24，R14

圆弧;连接线段:钩尖部分圆弧 $R2$,钩柄部分过渡圆弧 $R24$,$R36$。绘图基准是图形的中心线。

【操作步骤】

1. 设置绘图环境

按图 5-16 所给的图形尺寸,图纸应设置为 A4(210×297)大小,竖放。其余设置与曲柄大致相同,因此,可取用曲柄的绘图环境。方法如下:

(1)打开文件:输入“打开”命令,从位置“D:\平面图形”中,打开文件名为“图 5-1 曲柄”的文件。

(2)删除原图形:输入“删除”命令,再输入 A(全部),回车,将原文件的图形全部删除。

(3)建立文件名:输入“另存为”命令,选择位置“D:\平面图形”,以“图 5-16 吊钩”为文件名保存。

(4)重新设置图形界限:此时吊钩图形文件具有与曲柄图形文件相同的绘图环境。但由于吊钩图纸适宜竖放,因此,需重新设置图形界限为 210×297。

(5)显示图形界限:单击“全部缩放”按钮,图形栅格的界限将填充当前视口。或者在命令窗口输入 Z,回车,再输入 A,回车。

2. 绘制图形

(1)绘制中心线

①将“中心线”层设置为当前层。

②绘制垂直中心线 AB 和水平中心线 CD。调用直线命令,在屏幕中上部单击,确定 A 点,绘制出垂直中心线 AB。

③在合适的位置绘制出水平直线 CD,如图 5-17 所示。

(2)绘制吊钩柄部直线

柄的上部直径为 14,下部直径为 18,可以用中心线向左右各偏移的方法获得轮廓线,两条钩子的水平端面线也可用偏移水平中心线的方法获得。

①在编辑工具栏中单击“偏移”按钮,调用偏移命令,将直线 AB 分别向左右偏移 7 个单位和 9 个单位,获得直线 JK,MN 及 QR,OP;将 CD 向上偏移 54 个单位获得直线 EF,再将刚偏移所得直线 EF 向上偏移 23 个单位,获得直线 GH。

②在偏移的过程中,读者会注意到,偏移所得到的直线均为点画线,因为偏移实质是一种特殊的复制,不但复制出元素的几何特征,同时也会复制出元素的特性。因此要将复制出的图线改变到轮廓线层上。

选择刚刚偏移所得到的直线 JK,MN,QR,OP,EF,GH,然后打开“图层工具栏”中图层控制列表,在列表框中的“轮廓”层上单击,再按ESC键,完成图层的转换。结果如图 5-18 所示。也可通过“特性工具栏”完成图层的转换。

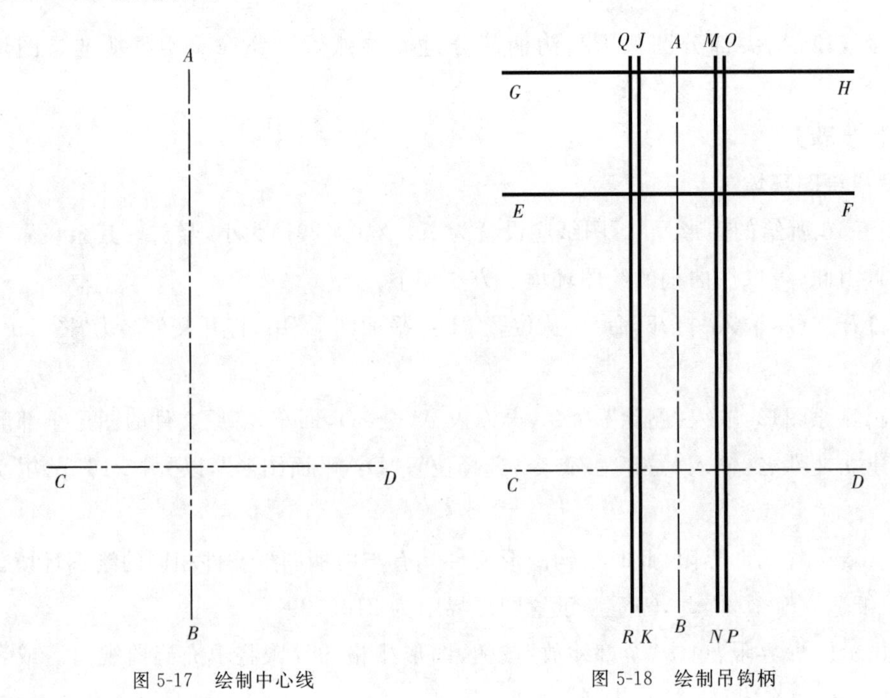

图 5-17 绘制中心线　　　　图 5-18 绘制吊钩柄

(3)修剪图线至正确长短

①在"修改"工具栏中单击"倒角"按钮,调用倒角命令,设置当前倒角距离 1 和 2 的值均为 2 个单位,将直线 GH 与 JK,MN 倒 45 度角。再设置当前倒角距离 1 和 2 的值均为 0,将直线 EF 与 QR,OP 倒直角。完成的图形如图 5-19 所示。

②在"修改"工具栏中单击"修剪"按钮,调用修剪命令,以 EF 为剪切边界,修剪掉 JK 和 MN 直线的下部。完成图形如图 5-20 所示。

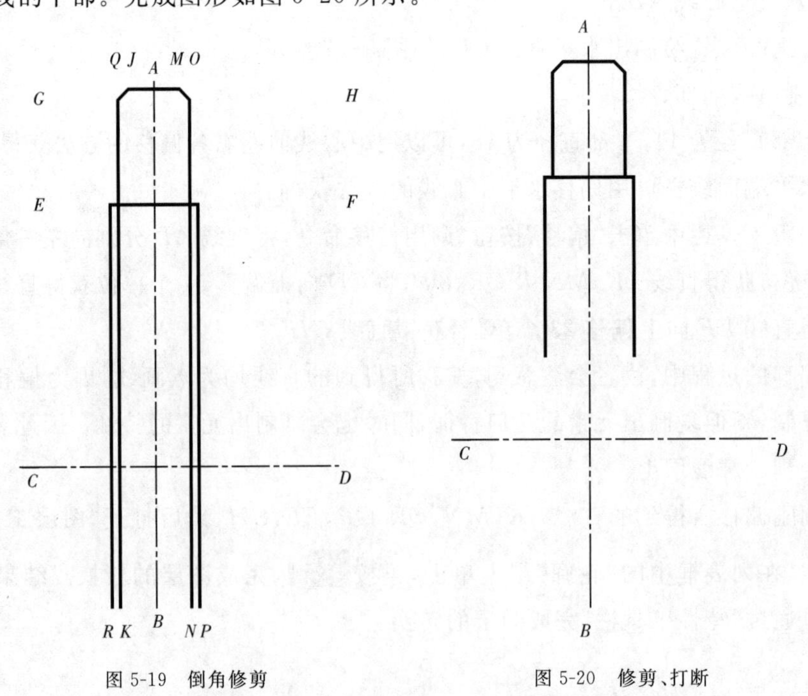

图 5-19 倒角修剪　　　　图 5-20 修剪、打断

③调整线段的长短：在“修改”工具栏中单击“打断”按钮，调用打断命令，将 QR，OP 直线下部剪掉。也可用夹点编辑方法调整线段的长短。完成图形如图 5-20 所示。

(4)绘制已知线段

①将“轮廓”层作为当前层，调用直线命令，启动对象捕捉功能，绘制直线(图 5-21)。

②调用圆命令，以直线 AB，CD 的交点 O_1 为圆心，绘制直径为 $\phi24$ 的已知圆。

③确定半径为 29 的圆的圆心。

调用偏移命令，将直线 AB 向右偏移 5 个单位，再将偏移后的直线调整到合适的长度，该直线与直线 AB 的交点为 O_2。

④调用圆命令，以交点 O_2 为圆心，绘制半径为 29 的圆。完成的图形如图 5-21 所示。

(5)绘制连接弧 24 和 $R36$

在“修改”工具栏中单击“圆角”按钮，调用圆角命令，给定圆角半径为 24，在直线 OP 上单击作为第一个对象，在半径为 $R29$ 圆的右上部单击，作为第二个对象，完成 $R24$ 圆弧连接。

同理以 $R36$ 为半径，完成直线 QR 和直径为 $\phi24$ 圆的圆弧连接。结果如图 5-22 所示。

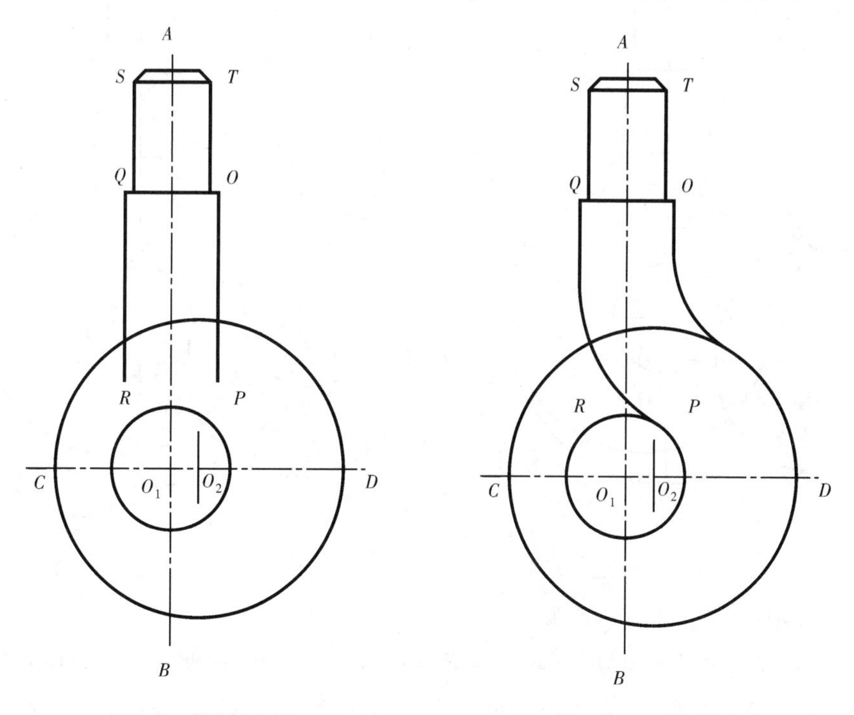

图 5-21　绘制已知圆　　图 5-22　绘制连接圆弧

(6)绘制钩尖半径为 $R24$ 的圆弧

因为 $R24$ 圆弧的圆心纵坐标轨迹已知(距 CD 直线向下为 9 的直线上)，另一坐标未知，所以属于中间圆弧。又因该圆弧与直径为 $\phi24$ 的圆相外切，可以用外切原理求出圆心坐标轨迹。两圆心轨迹的交点即是圆心点。

①确定圆心：调用偏移命令，将 CD 直线向下偏移 9 个单位，得到直线 XY。

再调用偏移命令，将直径为 $\phi24$ 的圆向外偏移 24 个单位，即绘制的 $R36$ 的圆。得到与 $\phi24$ 相外切的圆的圆心轨迹。圆与直线 XY 的交点 O_3 为连接弧圆心。

②绘制连接圆弧：调用圆命令，以 O_3 为圆心，绘制半径为 24 的圆，结果如图 5-23 所示。

(7)绘制钩尖处半径为 14 的圆弧

因为 $R14$ 圆弧的圆心在直线 CD 上，另一坐标未知，所以该圆弧属于中间圆弧。又因该圆弧与半径为 $R29$ 的圆弧相外切，可以用外切原理求出圆心坐标轨迹。同前面一样，两圆心轨迹的交点即是圆心点。

①调用偏移命令，将直径为 $R29$ 的圆向外偏移 14 个单位，即绘制 $R43$ 的圆。得到与 $R29$ 相外切的圆的圆心轨迹。该圆与直线 CD 的交点 O_4 为连接弧圆心。

②调用圆命令，以 O_4 为圆心，绘制半径为 14 的圆，结果如图 5-24 所示。

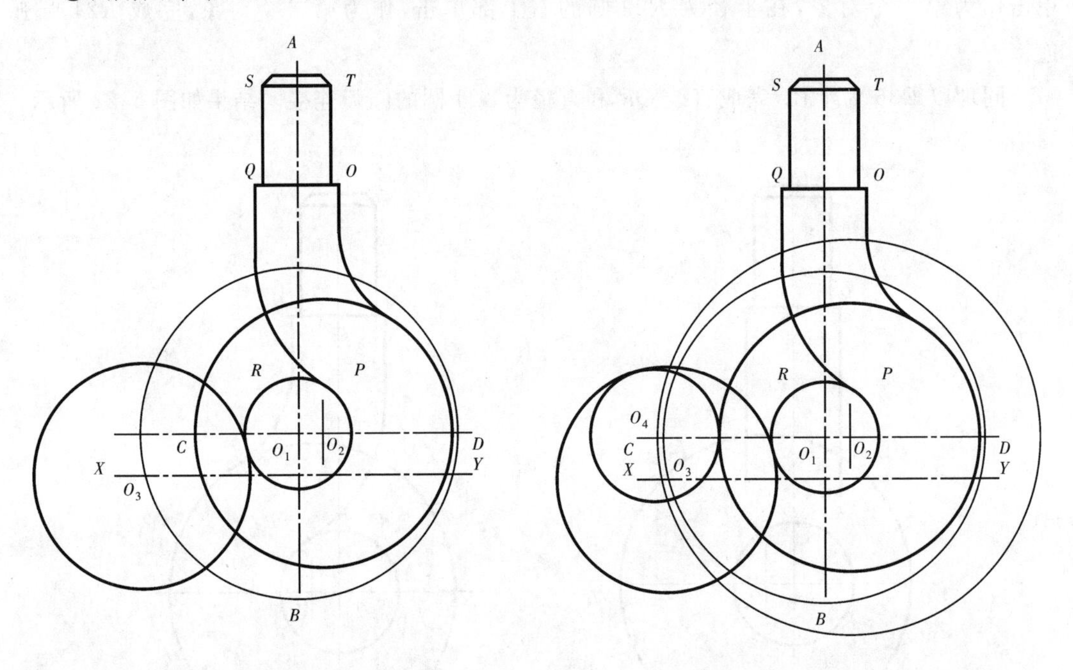

图 5-23　绘制连接弧 $R24$　　　　图 5-24　绘制连接弧 $R14$

(8)绘制钩尖处半径为 2 的圆弧

$R2$ 圆弧与 $R14$ 圆弧相外切，同时又与 $R24$ 的圆弧相内切，因此可以用圆角命令绘制。

调用圆角命令，给出圆角半径为 2 个单位，在半径为 $R14$ 的圆上右偏上位置单击，作为第一个对象，在半径为 $R24$ 的圆上右偏上单击，作为第二个圆角对象，结果如图 5-25 中云纹线中所示。

(9)编辑修剪图形

①删除两个辅助圆。

②修剪各圆和圆弧成合适的长短。

③用夹点编辑或打断的方法调整中心线的长度，完成的图形如图 5-26 所示。

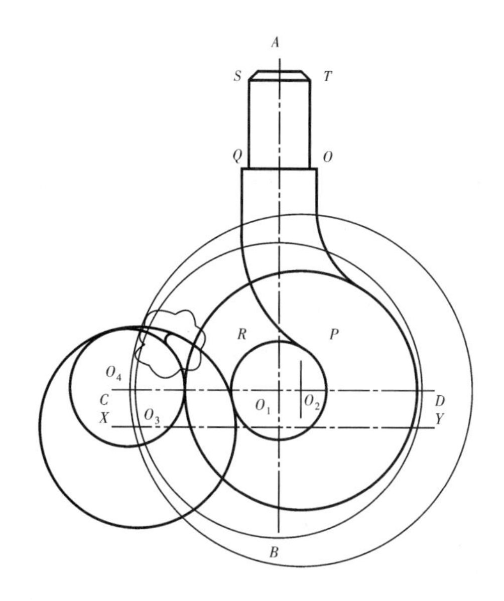

图 5-25 绘制 $R2$ 连接弧

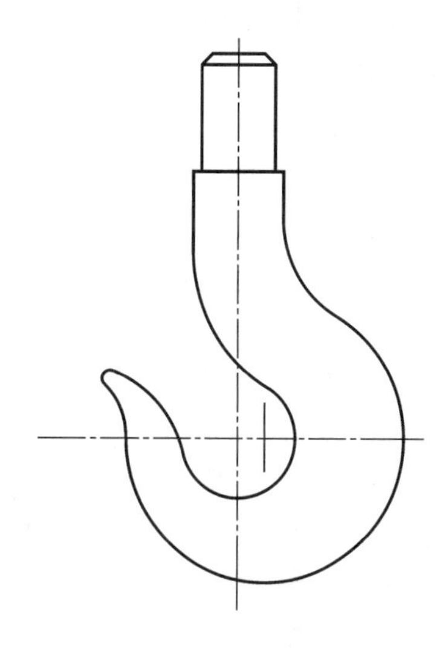

图 5-26 完成图

3. 保存图形

单击“保存”按钮，图形自动保存到“D:\平面图形”位置，以“图 5-16 吊钩”为文件名保存。

5.3 平面图形——挂轮架

绘制如图 5-27 所示的挂轮架。

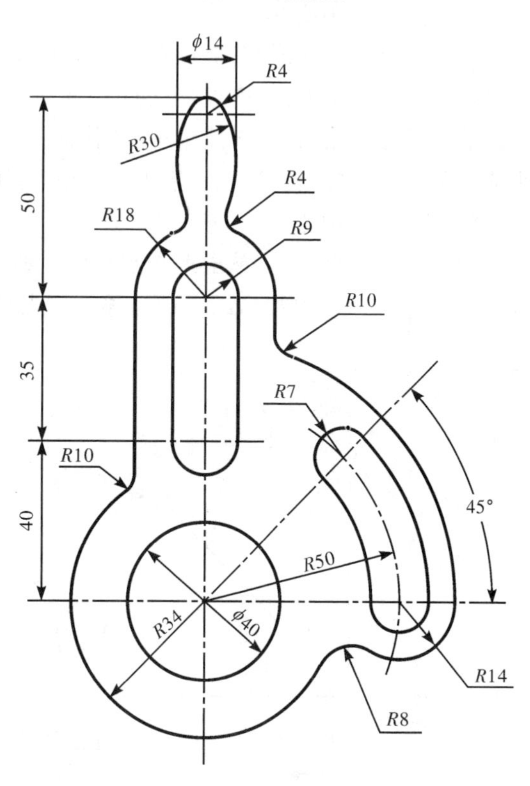

图 5-27 挂轮架

5.3.1 设置绘图环境

【操作步骤】

设置与吊钩大致相同，因此，可取用吊钩的绘图环境。方法如下：

(1)打开文件

输入“打开”命令，从位置 “D:\平面图形”中，打开文件名为“图 5-16 吊钩”的图形文件。

(2)删除原图形

输入“删除” 命令，再输入 A(全部)，回车，将原文件的图形全部删除。

(3)建立文件名

输入“另存为”命令，选择位置“D:\平面图形”，以“图 5-27 挂轮架”为文件名保存。

5.3.2 绘制图形

【操作步骤】

1. 绘制中心线

设置“中心线层”为当前层，利用“直线”命令绘制中心线，利用“圆弧”命令绘制伞面筋线。命令行提示与操作如下：

(1)绘制最下方的水平中心线

命令：_line 指定第一点:70,60　　　　（指定第 A 点）

指定下一点或[放弃(U)]: 210,60　　　　（指定第 B 点）

指定下一点或[放弃(U)]: ↙

(2)绘制竖直中心线

命令：_line 指定第一点：140, 22　　　　（指定第 C 点）

指定下一点或[放弃(U)]：140, 190　　　　（指定第 D 点）

指定下一点或[放弃(U)]：↙

两中心线 AB、CD 交于 O 点。

(3)绘制 45°中心线

利用夹点编辑功能，单击选择水平中心线，使夹点显示出来，即中心线的左右端点和中点出现三个蓝色小方框(中点与交点 O 重合)。点取中间的夹点，使之变成红色，成为基夹点。单击鼠标右键，弹出快捷菜单，从快捷菜单中选择“复制” 选项。再次单击鼠标右键，从快捷菜单中选择“旋转”选项。输入 45，回车，如图 5-28 所示。

(4)修改 45°中心线

利用夹点编辑功能，单击选择水平中心线，使夹点显示出来，点取左端的夹点，使之成为基夹点，到交点 O 处单击，结果端点移至交点处，如图 5-29 所示。

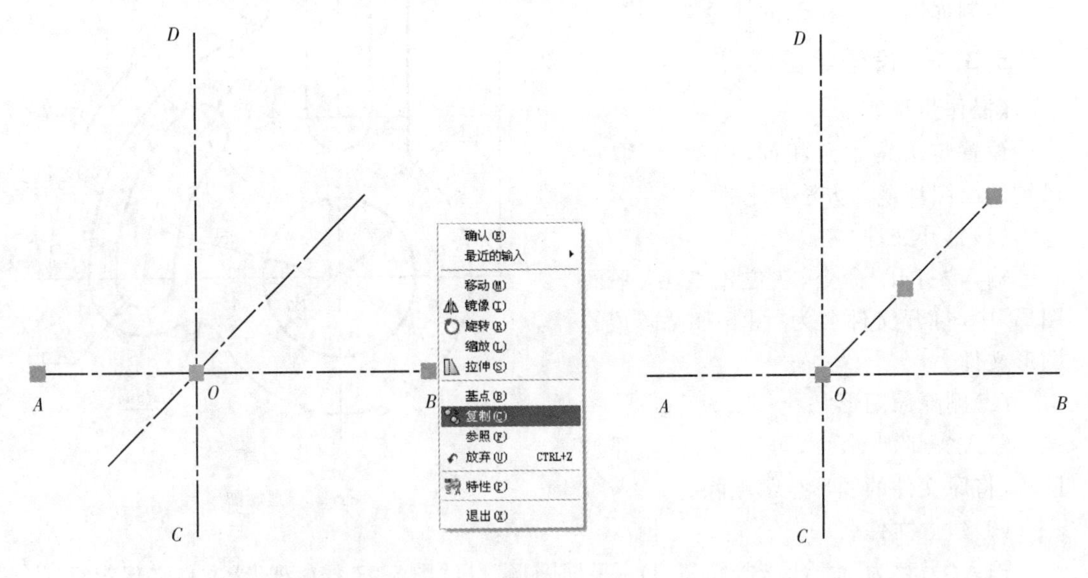

图 5-28　绘制中心线　　　　图 5-29　修改中心线

(5)利用“偏移”命令绘制其他水平中心线，命令行提示与操作如下：

命令：_offset

指定偏移距离或[通过(T)]<通过>:40 ↙

选择要偏移的对象或<退出>:　　　　　　　　(选择水平对称中心线 *AB*)

指定点以确定偏移所在一侧:(在所选水平对称中心线的上侧任一位置单击鼠标左键,得中心线 *EF*)

选择要偏移的对象或<退出>:↙

用相同方法绘制另外 3 条水平中心线 *GH*,*KL*,*MN*。

(6)绘制 *R*50 圆弧中心线,命令行提示与操作如下:

命令:_circle

指定圆的圆心或[三点(3P)/两点(2P)/相切、相切、半径(T)]:　　(捕捉交点 *O*)

指定圆的半径或[直径(D)]<50.0000>:50 ↙

(7)"打断"中心线圆

命令:_break 选择对象:(在适当位置选择对象,因为选择点即默认的第一点)

指定第二个打断点或[第一点(F)]:　　　　　　(选择对象适当位置点)

结果如图 5-30 所示。

2. 绘制挂轮架的下方两圆

设置"粗实线层"为当前层,利用"圆" 命令,按命令行提示以正交中心线交点 *O* 为圆心,绘制 ϕ40 圆和 *R*34 圆,结果如图 5-31 所示。

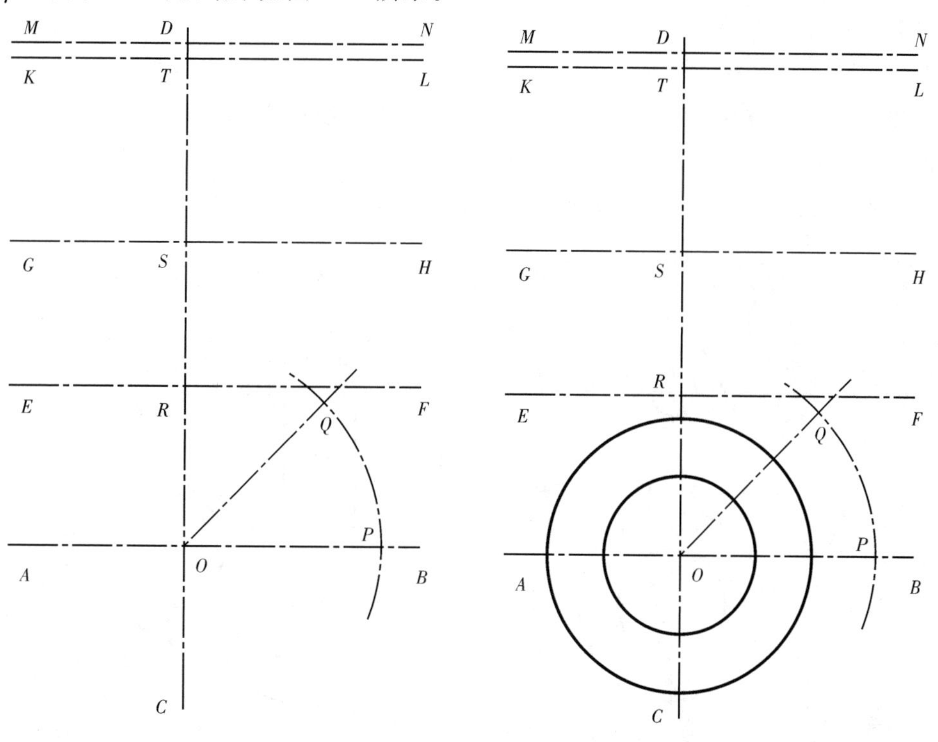

图 5-30　绘制中心线　　　　图 5-31　绘制下方两圆

3. 绘制挂轮架的中间部分

(1)利用"圆" 命令,按命令行提示分别以交点 *R*,*S* 为圆心,绘制两个 *R*9 圆,命令行提示与操作如下:

①小圆 R

命令：_circle 指定圆的圆心或［三点(3P)/两点(2P)/相切、相切、半径(T)］：

(指定 R 点)

指定圆的半径或［直径(D)］<18.0000>：9↙

②小圆 S

命令：_circle 指定圆的圆心或［三点(3P)/两点(2P)/相切、相切、半径(T)］：

(指定 S 点)

指定圆的半径或［直径(D)］<9.0000>：↙

(2)利用"圆弧"命令，按命令行提示分别以交点 S 为圆心，绘制 $R18$ 圆弧，命令行提示与操作如下：

菜单："绘图"→"圆弧"→"圆心、起点、角度"。

命令：_arc 指定圆弧的起点或［圆心(C)］：_C 指定圆弧的圆心：

(指定 S 点)

指定圆弧的起点：18↙　　　　(光标右移，输入 18)

指定圆弧的端点或［角度(A)/弦长(L)］：_A 指定包含角：180↙

结果如图 5-32 所示。

(3)绘制竖直直线

①绘制直线 12

命令：_line 指定第一点：　　　　(指定 $R18$ 圆弧的左象限点 1)

指定下一点或［放弃(U)］：　　　　(将光标下移指定一适当点 2)

指定下一点或［放弃(U)］：↙

②用同样方法绘制另外 3 条直线。结果如图 5-33 所示。

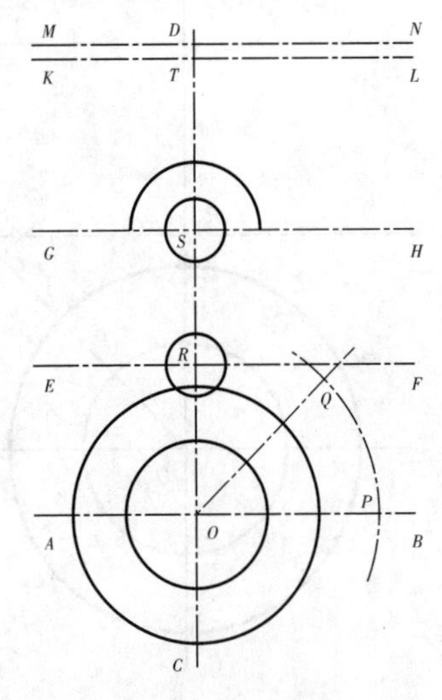

图 5-32　绘制中部两圆

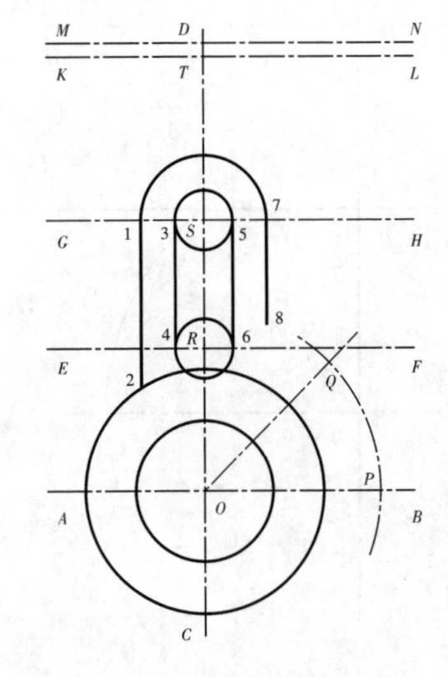

图 5-33　绘制中部竖直线

(4)绘制左部 $R10$ 圆角

命令：_fillet

当前模式：模式＝修剪，半径＝4.0000

选择第一个对象或[放弃(U)/多段线(P)/半径(R)/修剪(T)/多个(M)]:R↙

指定圆角半径 <4.0000>：10↙

选择第一个对象或[放弃(U)/多段线(P)/半径(R)/修剪(T)/多个(M)]:(选择左侧的竖直线12)

选择第二个对象,或按住shift键选择要应用角点的对象：(选择 R34 圆弧)

(5)为了图面清晰,利用"修剪"命令,修剪中间部分的图形。命令行提示与操作如下：

命令：_trim

当前设置:投影=UCS,边=无

选择剪切边：

选择对象或 <全部选择>：找到1个　　　　(选择水平中心线 AB)

选择对象：找到1个,总计2个(选择左边 R10 圆角,与水平中心线为边界修剪 R34 圆)

选择对象：找到1个,总计3个　　　　(选择竖直直线12)

选择对象：找到1个,总计4个　　　　(选择竖直直线34)

选择对象：找到1个,总计5个(选择竖直直线56,与竖直直线34为边界修剪 R9 圆)

选择对象：↙

选择要修剪的对象,或按住 Shift 键选择要延伸的对象,或

[栏选(F)/窗交(C)/投影(P)/边(E)/删除(R)/放弃(U)]：　(选择 R34 圆)

选择要修剪的对象,或按住 Shift 键选择要延伸的对象,或

[栏选(F)/窗交(C)/投影(P)/边(E)/删除(R)/放弃(U)]：　　(选择 R9 圆 R 部分圆弧)

选择要修剪的对象,或按住 Shift 键选择要延伸的对象,或

[栏选(F)/窗交(C)/投影(P)/边(E)/删除(R)/放弃(U)]：

(选择 R9 圆 S 部分圆弧)

选择要修剪的对象,或按住 Shift 键选择要延伸的对象,或

[栏选(F)/窗交(C)/投影(P)/边(E)/删除(R)/放弃(U)]：↙

结果如图5-34所示。

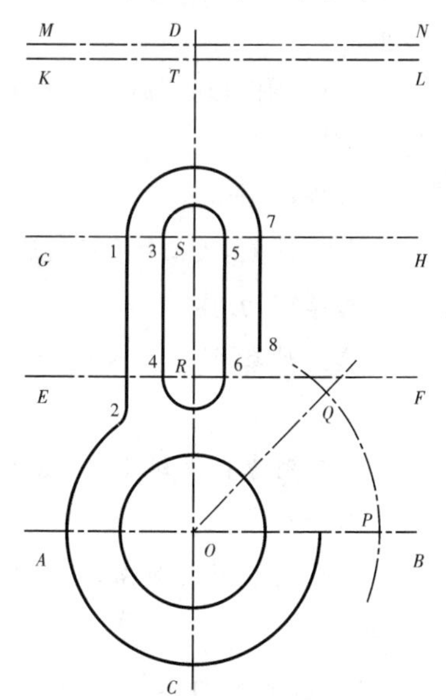

图5-34　修剪对象

4. 绘制挂轮架右部

利用"圆""圆弧"命令绘制挂轮架右部图形。

(1)绘制两段 R7 圆弧所在的圆

①绘制圆 P

命令：_circle

指定圆的圆心或[三点(3P)/两点(2P)/相切、相切、半径(T)]：

(指定圆心 P)

指定圆的半径或[直径(D)] <9.0000>:7↙

②绘制圆 Q

命令：_circle

指定圆的圆心或［三点(3P)/两点(2P)/相切、相切、半径(T)］：

(指定圆心 Q)

指定圆的半径或［直径(D)］<7.0000>：↙

(2)绘制切圆弧 $R14$

利用“圆弧”命令，按命令行提示分别以交点 P 为圆心，绘制 $R14$ 圆弧，命令行提示与操作如下：

菜单：“绘图”→“圆弧”→“圆心、起点、角度”。

命令：_arc 指定圆弧的起点或［圆心(C)］：_C 指定圆弧的圆心： (指定 P 点)

指定圆弧的起点：14↙ (光标左移，输入 14)

指定圆弧的端点或［角度(A)/弦长(L)］：_A 指定包含角：180↙

(3)如图 5-35 所示，绘制切圆弧 12、圆弧 34 和圆弧 56

利用“圆弧”命令，按命令行提示以交点 O 为圆心，绘制 12 圆弧，命令行提示与操作如下：

菜单：“绘图”→“圆弧”→“圆心、起点、端点”

命令：_arc 指定圆弧的起点或［圆心(C)］：_C 指定圆弧的圆心：(指定 O 点)

指定圆弧的起点： (捕捉 1 点)

指定圆弧的端点或［角度(A)/弦长(L)］： (捕捉 2 点)

用同样方法绘制切圆弧 34 和圆弧 56，结果如图 5-35 所示。

(4)利用“修剪”命令，按照命令行提示修剪两个半径为 $R7$ 的圆

命令：_trim

当前设置：投影＝UCS，边＝无

选择剪切边：

选择对象或 <全部选择>：找到 1 个

(选择圆弧 12)

选择对象：找到 1 个，总计 2 个 (选择圆弧 34)

选择对象：

选择要修剪的对象，或按住 Shift 键选择要延伸的对象，或

［栏选(F)/窗交(C)/投影(P)/边(E)/删除(R)/放弃(U)］： (选择 P 圆上适当的一点)

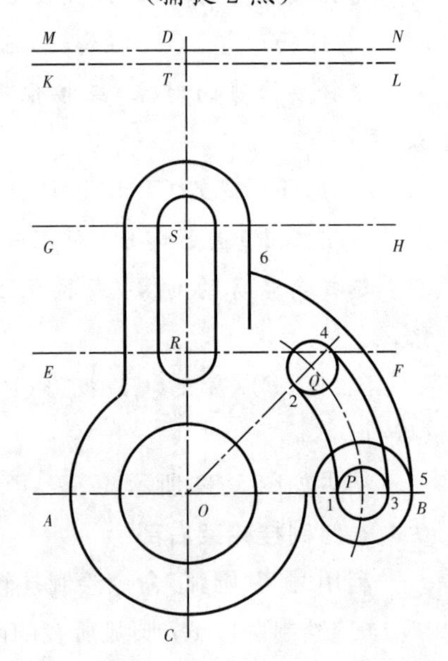

图 5-35 绘制圆、圆弧

选择要修剪的对象，或按住 Shift 键选择要延伸的对象，或

［栏选(F)/窗交(C)/投影(P)/边(E)/删除(R)/放弃(U)］： (选择 Q 圆上适当的一点)

选择要修剪的对象，或按住 Shift 键选择要延伸的对象，或

［栏选(F)/窗交(C)/投影(P)/边(E)/删除(R)/放弃(U)］：↙

多余的圆弧被修剪，如图 5-36 所示。

(5)利用“圆角”命令，以圆弧 56 和右边竖直线为对象绘制上部 *R*10 圆角

命令：_fillet

当前设置：模式 ＝ 修剪，半径 ＝ 10.0000

选择第一个对象或［放弃(U)/多段线(P)/半径(R)/修剪(T)/多个(M)］： （选择圆弧 56）

选择第二个对象，或按住 Shift 键选择要应用角点的对象： （选择右边竖直线）

(6)利用“圆角”命令，以下部 *R*14 圆与 *R*34 圆弧为对象绘制下部 *R*8 圆角

命令：_fillet

当前设置：模式 ＝ 修剪，半径 ＝ 10.0000

选择第一个对象或［放弃(U)/多段线(P)/半径(R)/修剪(T)/多个(M)］:R

指定圆角半径 <10.0000>：8↙

选择第一个对象或［放弃(U)/多段线(P)/半径(R)/修剪(T)/多个(M)］： （选择 *R*14 圆弧）

选择第二个对象，或按住 Shift 键选择要应用角点的对象： （选择 *R*34 圆弧）

(7)利用“修剪”命令，按照命令行提示修剪右下方半径为 *R*14 的圆

命令：_trim

当前设置：投影＝UCS，边＝无

选择剪切边：

选择对象或 <全部选择>：找到 1 个

（选择圆弧 56）

选择对象：找到 1 个，总计 2 个

（选择圆弧 *R*8）

选择对象：

选择要修剪的对象，或按住 Shift 键选择要延伸的对象，或

［栏选(F)/窗交(C)/投影(P)/边(E)/删除(R)/放弃(U)］： （选择 *R*14 圆上部弧线适当的一点）

选择要修剪的对象，或按住 Shift 键选择要延伸的对象，或

［栏选(F)/窗交(C)/投影(P)/边(E)/删除(R)/放弃(U)］：↙

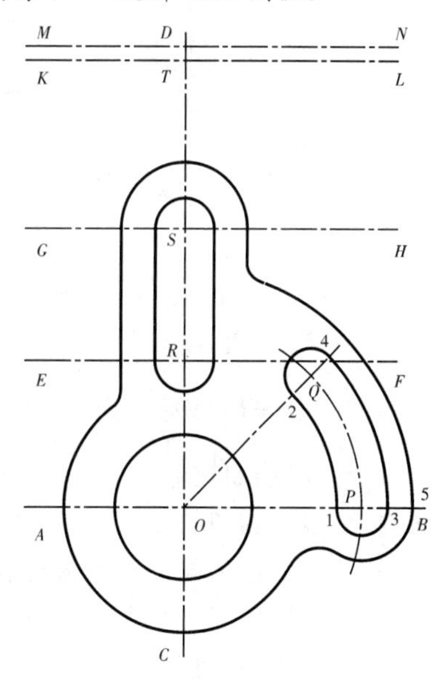

图 5-36　“修剪”“圆角”图形

结果如图 5-36 所示。

5. 绘制挂轮架上部

(1)利用“偏移”命令，以 23 为距离向右偏移竖直对称中心线。

(2)将当前图层设置为“细实线层”，利用“圆”命令，捕捉上边第二条水平中心线与竖直中心线的交点，以该点为圆心，绘制 *R*26 辅助圆，结果如图 5-37 所示。

(3)将当前图层设置为“粗实线层”，利用“圆”命令。捕捉 $R26$ 圆与偏移的竖直中心线的交点，以该点为圆心，绘制 $R30$ 圆，结果如图 5-38 所示。

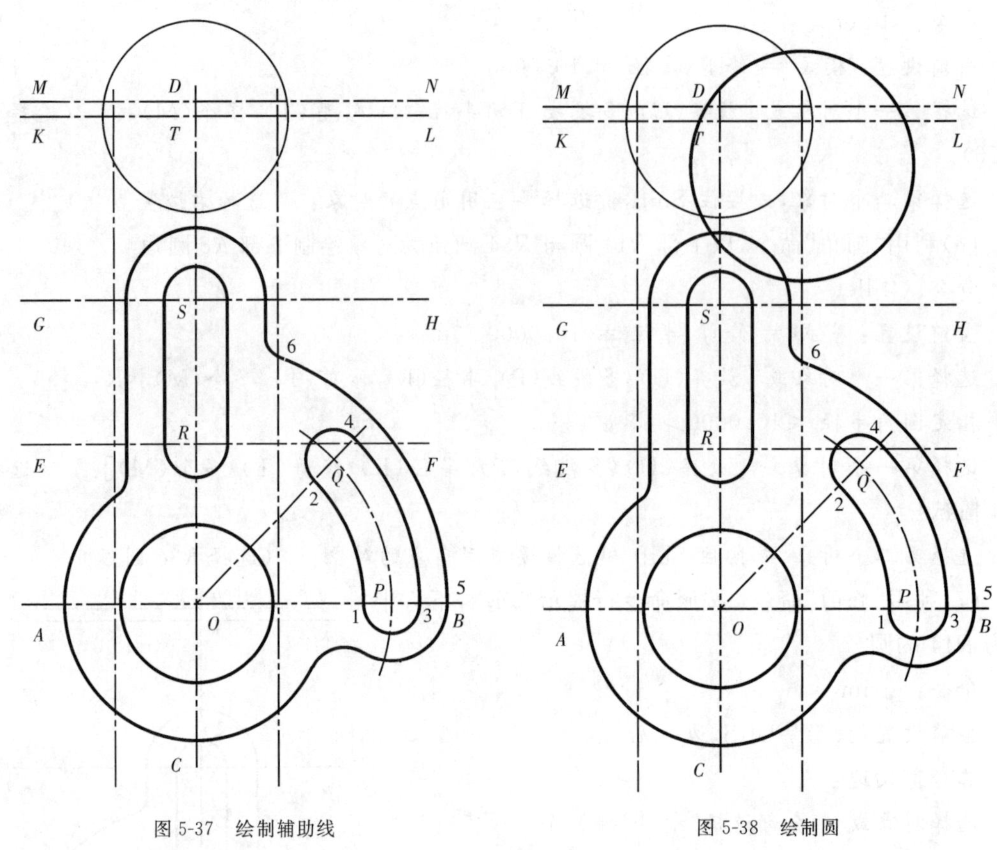

图 5-37　绘制辅助线　　图 5-38　绘制圆

【提示、注意、技巧】

之所以偏移距离为 23，因为半径为 30 的圆弧的圆心在中心线左右各“$30-\frac{14}{2}$”处的平行线上。而绘制辅助圆的目的是找到 $R30$ 圆弧的具体圆心位置点，因为 $R30$ 圆弧与 $R4$ 圆弧内切，根据相切的几何关系，$R30$ 圆弧的圆心应在以 $R4$ 圆弧圆心为圆心，“$30-4$”为半径的圆上，该辅助圆与上面偏移复制平行线的交点即为 $R30$ 圆弧的圆心。

(1)利用“删除”命令，分别选择偏移形成的竖直中心线及 $R26$ 圆，删除辅助线。

(2)利用“修剪”命令，修剪 $R30$ 圆。

(3)利用“镜像”命令，捕捉竖直对称中心线上的两端点为镜像线，镜像所绘制的 $R30$ 圆弧。

(4)利用“圆角”命令，以刚绘制的两个 $R30$ 圆弧为圆角对象，绘制最上部 $R4$ 圆弧

用同样方法分别以两个 $R30$ 圆弧和 $R18$ 圆弧为对象倒 $R4$ 圆弧。

(5)利用“修剪”命令，以绘制的 $R4$ 圆角为边界修剪 $R30$ 圆弧。

结果如图 5-39 所示。

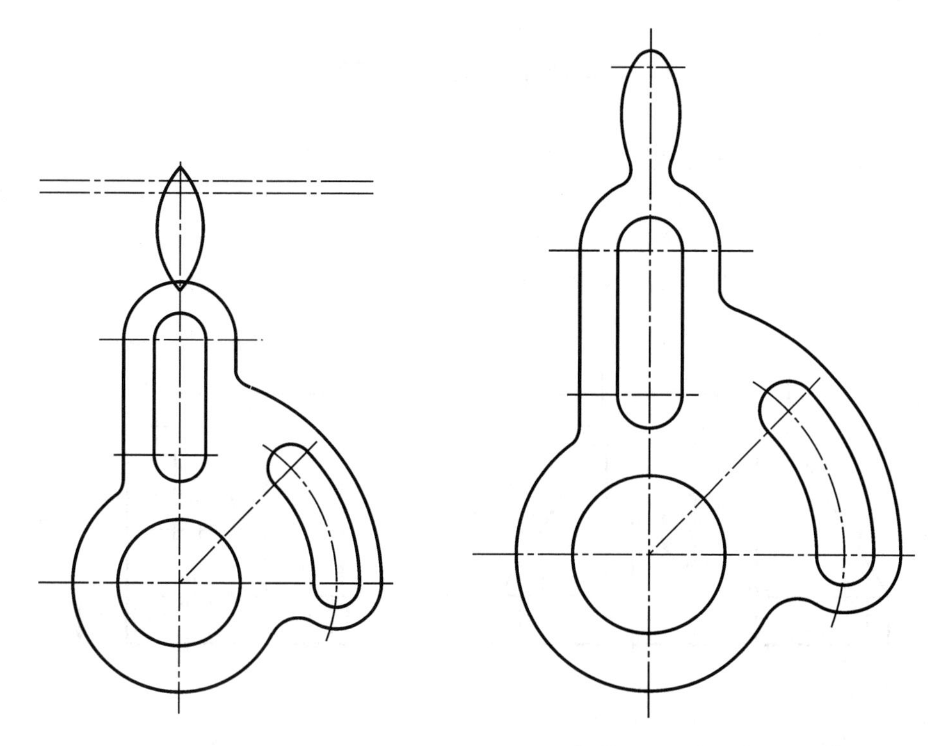

图 5-39　镜像 $R30$ 圆　　　　图 5-40　挂轮架的上部

(10)利用“打断”“拉长”和“删除”命令对图形中的中心线进行整理,命令行提示与操作如下:

命令:_break　　　　(“打断”命令。对图中的中心线进行调整)
选择对象:　　　　(选择过长的中心线上需要打断的第一点)
指定第二个打断点或[第一点(F)]:　　　　(选择第二点)
命令:LENGTHEN↙　　　　(“拉长”命令。对图中的中心线进行调整)
选择对象或[增量(DE)/百分数(P)/全部(T)/动态(DY)]:DY↙　　　　(选择动态调整)
选择要修改的对象或[放弃(U)]:　　　　(分别选择要调整的中心线)
指定新端点:　　　　(将选择的中心线调整到新的长度)
同样方法修剪其他中心线。
命令:_erase　　　　(选择最上边的两条水平中心线,删除多余的中心线)
结果如图 5-40 所示。

【提示、注意、技巧】

国家标准规定,在机械制图中,中心线应超出轮廓线 2～5 mm,所以在绘制完基本轮廓后,要对中心线进行整理,长了需要打断或缩短,短了则需要拉长,一般不要补画另一条中心线,那样会使中心线的长短划显得不均匀。

5.3.3　保存图形

输入“保存”命令,选择适当位置,如“D:\平面图形”,以“图 5-27 挂轮架”为文件名保存。

5.4 平面图形——三视图

绘制如图 5-41 所示的三视图。

绘制组合体三视图前，首先应对组合体进行形体分析。分析组合体是由哪几部分组成的，每一部分的几何形状，各部分之间的相对位置关系，相邻两基本体的组合形式等。然后根据组合体的特征选择主视图，主视图的方向确定之后，另外视图的方向也就随之确定。

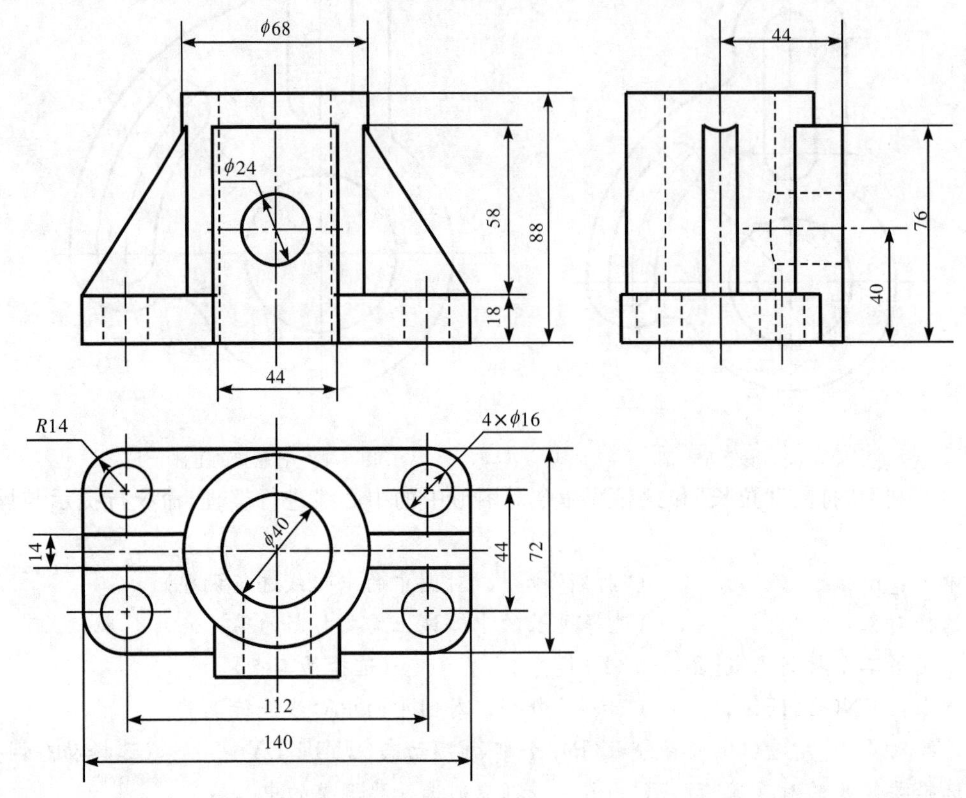

图 5-41 轴承座三视图

【图形分析】

绘制此图形，首先应利用形体分析方法，读懂图形，弄清图形结构和各图形间的对应关系。此轴承座可分为四部分，长方体的底座、上部的圆柱筒、两侧的肋板和前部带圆孔的长方体立板，空心圆筒位于长方形板的正上方，肋板对称分布在圆筒的左右两侧。画图时应按每个结构在三个视图中同时绘制，不要一个视图画完之后再去画另一个视图。

绘制该图形时，应首先绘制出中心线，确定出三视图的位置，然后绘制底板的外形结构，其次绘制圆筒，再次绘制两侧的肋板，前部立板，最后绘制各个结构的细小部分。

在 AutoCAD 下画图，无论是多大尺寸的图形，都可以按照 1∶1 的比例绘制。根据该图形的大小，绘制该图形的图形界限可以设置成 A3 纸横放（420×297）。图层应该包括用到的线型和辅助线。

5.4.1 设置绘图环境

【操作步骤】

(1)设置图形界限

新建一张图纸,按该图形的尺寸,图纸大小应设置成A3,横放。因此图形界限设置为420×297。

(2)显示图形界限

单击“标准工具栏”上的“全部缩放”按钮,运行“图形缩放”命令中的“全部”选项,图形栅格的界限将填充当前视口。或者在命令窗口输入Z,回车,再输入A,回车。

(3)设置对象捕捉

在状态栏的“对象捕捉”按钮上单击鼠标右键,选择“设置…”,在弹出的“草图设置”对话框中,选择“交点”“中点”“圆心”“端点”,单击“确定”按钮。并在状态栏打开极轴、对象捕捉、对象追踪和线宽按钮。

(4)设置图层

利用“图层”命令设置图层。按图形要求,打开“图层特性管理器”对话框,设置轮廓线层、中心线层、虚线层、辅助线层以及尺寸线层等,线型、颜色、线宽如图5-42所示。

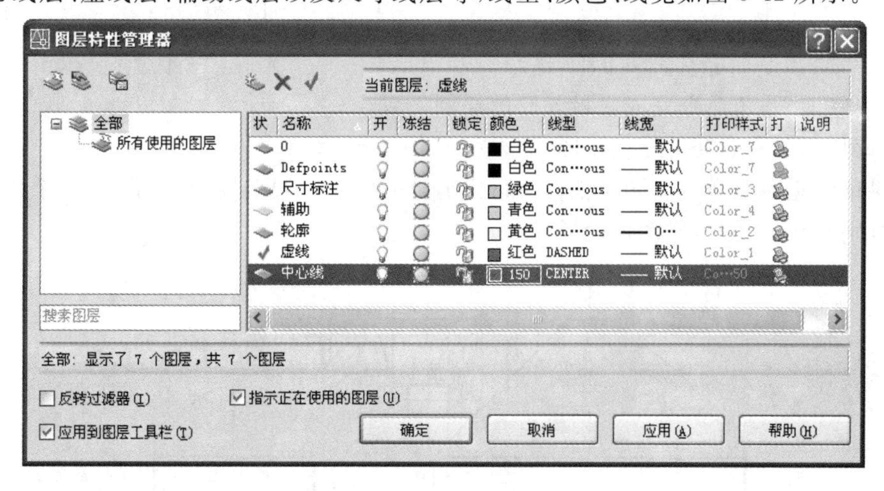

图5-42 “图层特性管理器”对话框

5.4.2 绘制图形

1. 绘制中心线等基准线和辅助线

(1)绘制基准线

选择中心线层,调用直线命令,绘制出主视图和俯视图的左右对称中心线 *BE*,俯视图的前后对称中心线 *FA*,左视图的前后对称中心线 *CD*。在轮廓线层,绘制主视图、左视图的底面基准线 *GH*,*IJ*。

(2)绘制辅助线

选择辅助线层,调用构造线命令,通过 *FA* 与 *CD* 的交点 *C*,绘制一条−45°的构造线,结果如图5-43所示。

2. 绘制底板外形

绘制底板时,可暂时画出其大致结构,待整个图形的大体结构绘制完成后,再绘制细小结构。

(1)利用偏移命令绘制轮廓线

调用偏移命令,将 GH,IJ 向上偏移复制 18,AB 直线向左侧、右侧各偏移复制 70,FC 直线向上方、下方偏移复制 36,CD 直线向左侧、右侧各偏移复制 36。

选择刚刚偏移得到的点画线型轮廓线,打开“图层”工具栏上的图层列表,将所选择的线调整到轮廓线层。结果如图 5-44 所示。

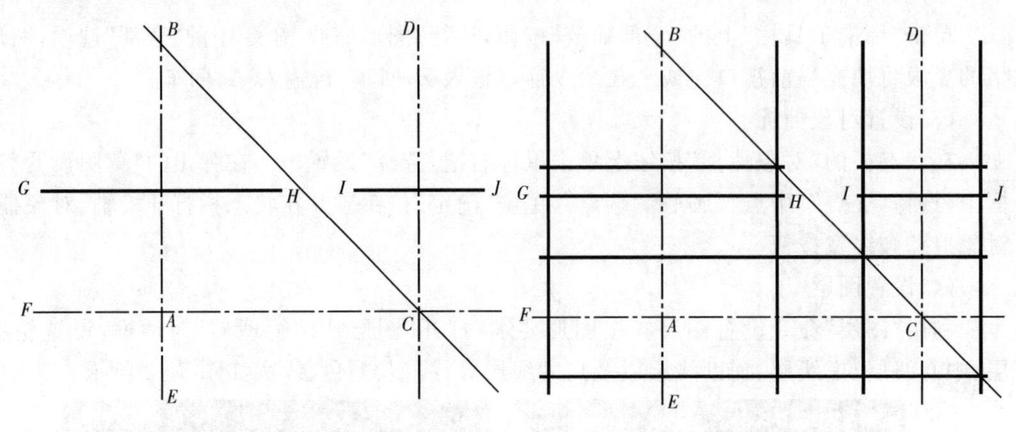

图 5-43 绘制基准线及辅助线　　图 5-44 绘制底板轮廓线

(2)用修剪、圆角命令完成底板外轮廓绘制

用修剪、圆角命令修剪三个视图,结果如图 5-45 所示。

如果读者觉得三个视图同时偏移后再修剪,图形较乱,感到无从下手,可一个视图一个视图的分别操作,但那样作图比较慢。

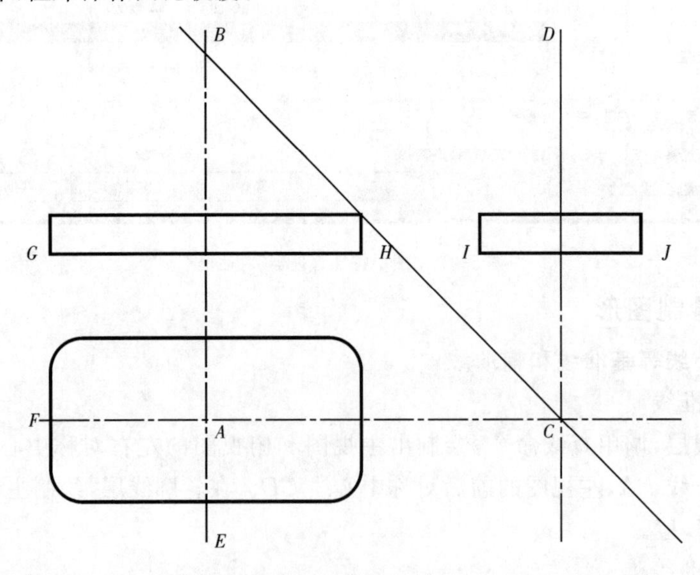

图 5-45 修剪后的底板三视图

3. 绘制上部圆筒

(1)绘制俯视图的圆

调用圆命令,以交点 A 为圆心,分别以 20 和 34 为半径绘制直径为 $\phi 40$ 和 $\phi 68$ 的圆。

(2)绘制主视图轮廓线

画主视图和左视图上端直线。在“编辑”工具栏中单击“偏移”按钮,调用偏移命令,将 GH,IJ 向上偏移复制 88。

画主视图圆筒内、外圆柱面的转向轮廓线。在“绘图”工具栏中单击“构造线”按钮,调用构造线命令,捕捉俯视图上 1,2,3,4 各点绘制铅垂线。

(3)绘制左视图轮廓线

调用偏移命令,将偏移距离分别设置为 20 和 34,对中心线 CD 向两侧偏移复制。

(4)将内孔线调整到虚线层

利用图层工具栏或特性窗口将内孔线调整到虚线层,结果如图 5-46 所示。

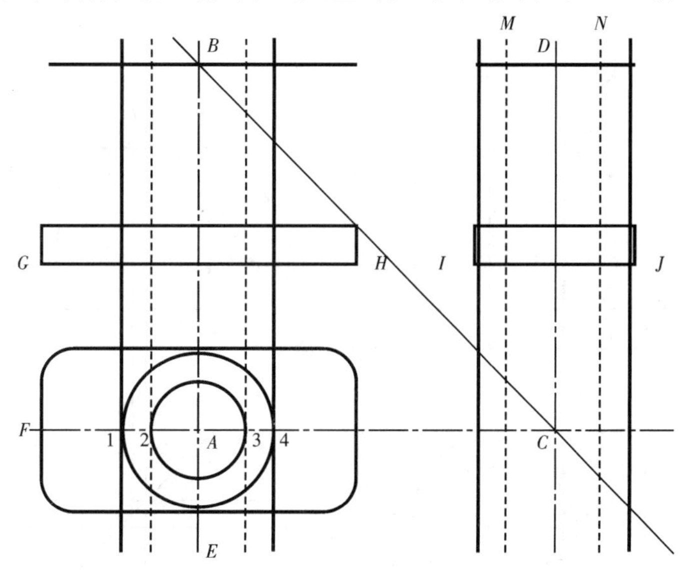

图 5-46 绘制圆筒三视图--1

(5)修剪图形

参照前面修剪步骤,用修剪命令修剪主视图和左视图,结果如图 5-47 所示。

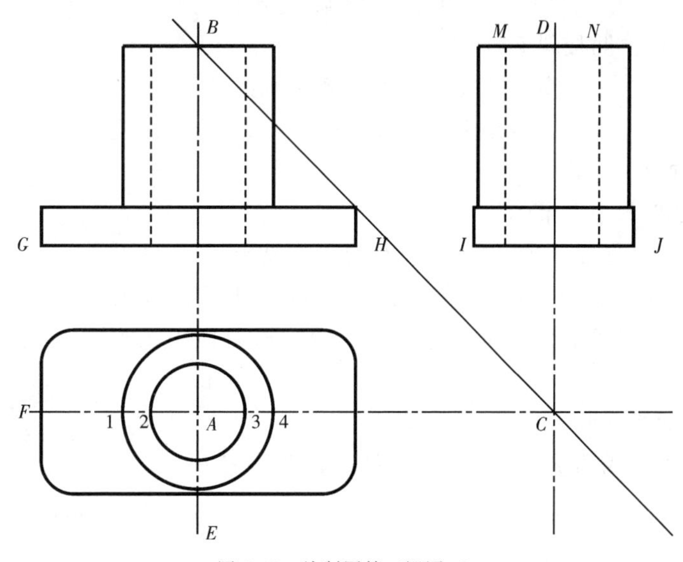

图 5-47 绘制圆筒三视图--2

4. 绘制左右肋板

肋板在俯视图上和左视图上的前后轮廓线投影可根据尺寸通过偏移对称中心线直接画出,而肋板斜面在主视图和左视图上的投影则要通过三视图的投影关系获得。

(1)俯视图、左视图上偏移复制肋板前后面投影

在"编辑"工具栏中单击"偏移"按钮,调用偏移命令,将中心线 FC 向上、下各偏移复制 7,将中心线 CD 向左、右各偏移复制 7。

(2)确定肋板在主视图、左视图上的最高位置的辅助线

调用偏移命令,将基准线 GH,IJ 向上偏移复制 76,得到辅助直线 PQ,RS。

(3)主视图中,确定肋板的最高位置点

调用构造线命令,捕捉交点 5,绘制铅垂线,铅垂线与 PQ 的交点为 6。直线 56 即是肋板在主视图上的内侧线位置。结果如图 5-48 所示。

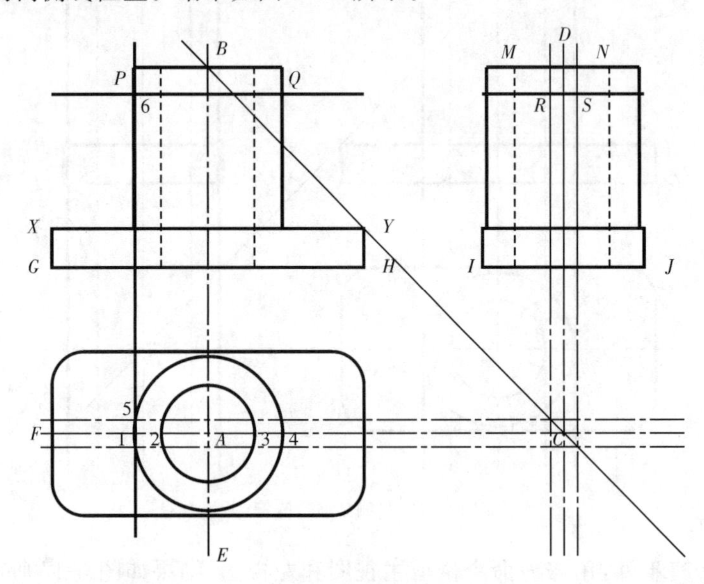

图 5-48 绘制肋板三视图

(4)绘制主视图上肋板斜面投影

①调用窗口缩放命令,窗口放大主视图肋板的顶尖部分。

②调用直线命令,画线连接顶尖点 6 和下边缘点 X,绘制出主视图中肋板斜面投影。如图 5-49 所示。

(5)修剪三个视图中多余的线

图中肋板调用修剪命令,将主视图的左侧肋板投影,俯视图及左视中肋板投影修剪成适当长短,在修剪过程中,可随时调用"实时平移"命令、"实时放大"命令、"缩放上一窗口"命令,以便于图形编辑。

删除偏移辅助线 RS。

将偏移的肋板侧线调整到轮廓线层。结果如图 5-50 所示。

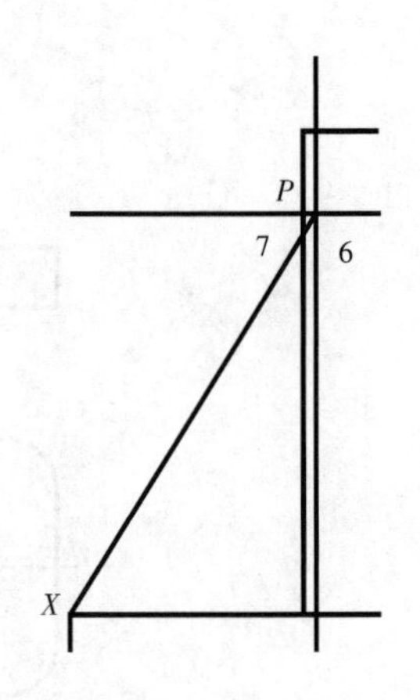

图 5-49 主视图中肋板斜面投影

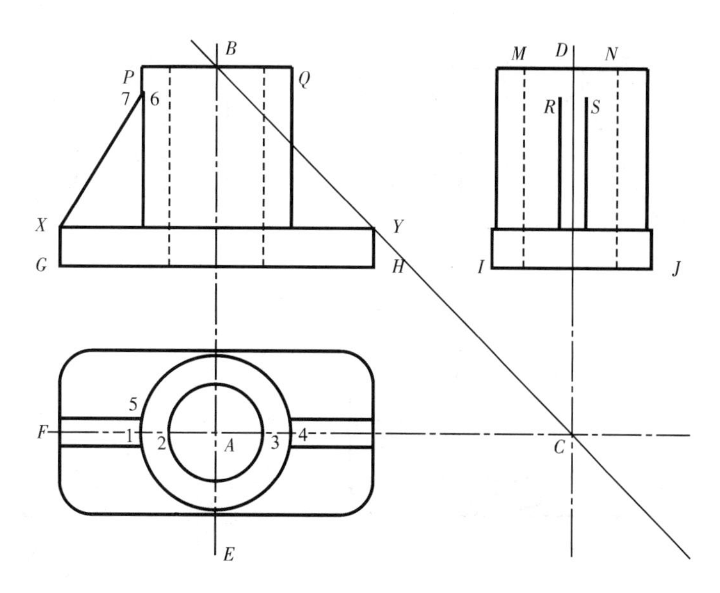

图 5-50　修剪后的肋板三视图

(6)镜像复制主视图中右侧肋板

首先删除主视图中圆柱筒右侧的线，然后镜像复制右侧线和肋板投影线。也可像画左侧肋板方法绘制。

①选择主视图中圆筒右侧转向轮廓线，删除。

②调用镜像命令，选择主视图左侧的三根线，以中心线 AB 为镜像轴线，镜像复制三根直线。

(7)绘制左视图中肋板与圆筒相交弧线 $R9S$

①调用窗口放大命令，在主视图 Q 点的左上角附近单击，向右下拖动鼠标，在左视图 S 点右下角附近单击，使这一区域在屏幕上显示。

②调用构造线命令，选择水平线选项，捕捉圆筒右侧转向轮廓线与右肋板交点 8，绘制水平线，水平线与 CD 交点 9。

③调用圆弧命令，用三点弧方法，捕捉左视图上端点 R，交点 9，端点 S，绘制相贯线 $R9S$。

④删除辅助线 89，结果如图 5-51 所示。

5. 绘制前部立板

(1)绘制前部立板外形的已知线

①调用偏移命令，输入偏移距离 22，向左、右方向各偏移复制中心线 AB，绘制主视图和俯视图中前板的左右轮廓线。

②调用偏移命令，输入偏移距离为 76，向上偏移复制基准线 GH，IJ，得到前板上表面在主视图、左视图中的投影轮廓线。

③调用偏移命令，输入偏移距离 44，向下偏移复制俯视图的中心线 FC，向右偏移复制左视图的中心线 CD，在俯视图和左视图中得到前部立板在俯视图和左视图中的前表面的投影。

④调用修剪和倒角命令，修剪图形，结果如图 5-52 所示。

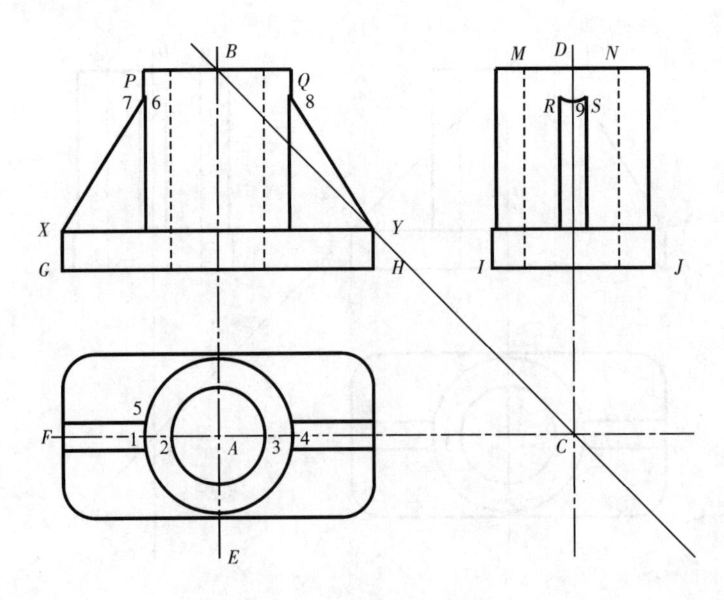

图 5-51　完成的肋板三视图

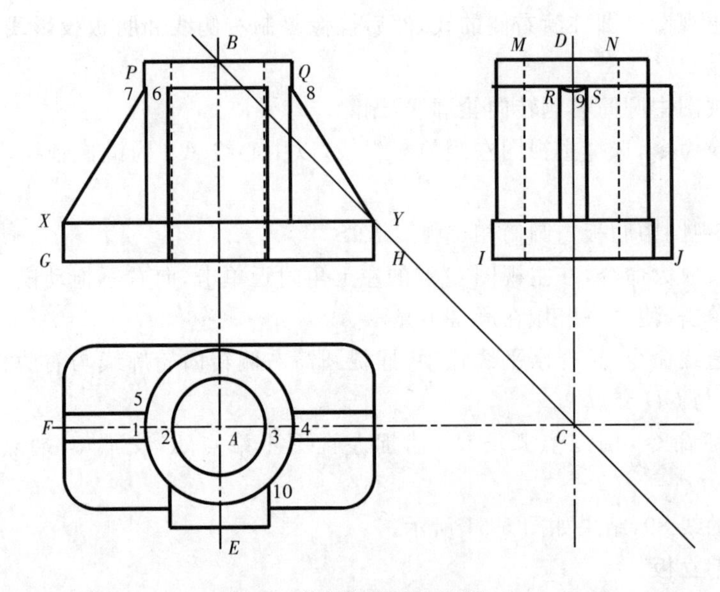

图 5-52　绘制前部立板三视图--1

(2)绘制左视图前部立板与圆筒交线 UV

利用对象捕捉和对象追踪功能,用直线命令绘制左视图中前板与圆筒的交线。

①画左视图中垂线:同时打开“对象捕捉”“正交”“对象捕捉追踪”功能，调用直线命令，当命令提示“指定第一点:”时,在 10 点附近移动鼠标,当出现交点标记时向右移动鼠标,出现追踪蚂蚁线,移到－45°辅助线上出现交点标记时单击鼠标左键。如图 5-53 所示。再向上移动鼠标,在左视图上方单击,绘制出垂直线 UV。

②调用修剪命令,修剪图形,得到前部立板在左视图中的投影。如图 5-41 左视图所示。

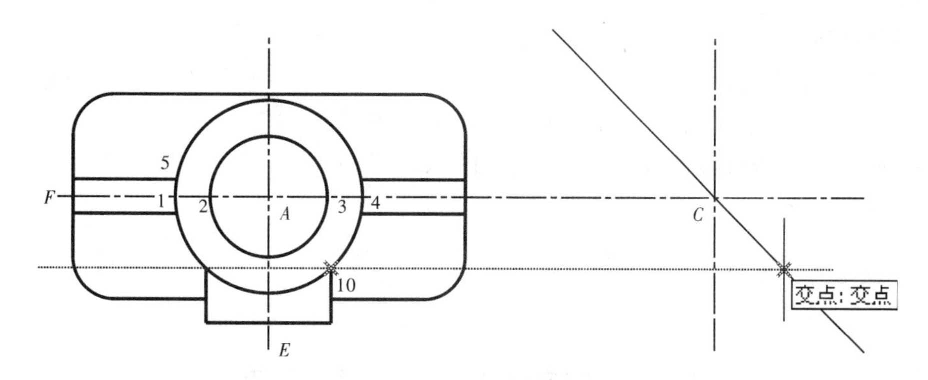

图 5-53　绘制前部立板三视图--2

(3)绘制前部立板圆孔

首先绘制各视图中圆孔的定位中心线、主视图中的圆,在左视图和俯视图中偏移复制中心线,获得孔的转向轮廓线,再利用辅助线法绘制左视图的相贯线。

①调用偏移命令,输入偏移距离 40,向上偏移复制基准线 GH,IJ,再将偏移所得到的直线改到中心线层,调整到合适的长短。

②绘制主视图中的圆:调用圆命令,以交点 Z 为圆心,12 为半径绘制主视图中孔的投影。

③绘制圆孔在俯视图中投影:调用偏移命令,输入偏移距离 12,将俯视图中的左右对称中心线 AE 分别向两侧偏移复制。再将偏移所得到的直线改到虚线层,修剪到合适的长短。

④绘制圆孔在左视图中投影:调用偏移命令,输入偏移距离 12,将左视图中基准线 IJ 向上偏移所得的水平中心线分别向上、下复制。再将偏移所得到的直线改到虚线层,修剪到合适的长短。

⑤绘制左视图的相贯线:在辅助线层,利用前面用到的绘制前部立板与圆筒在左视图中交线 UV 的方法,捕捉交点 11,绘制左视图中垂直辅助线 13,得到与中心线的交点 13。在虚线层,用三点法绘制圆弧,选择点 12,13,14 三点,得到相贯线,结果如图 5-54 所示。

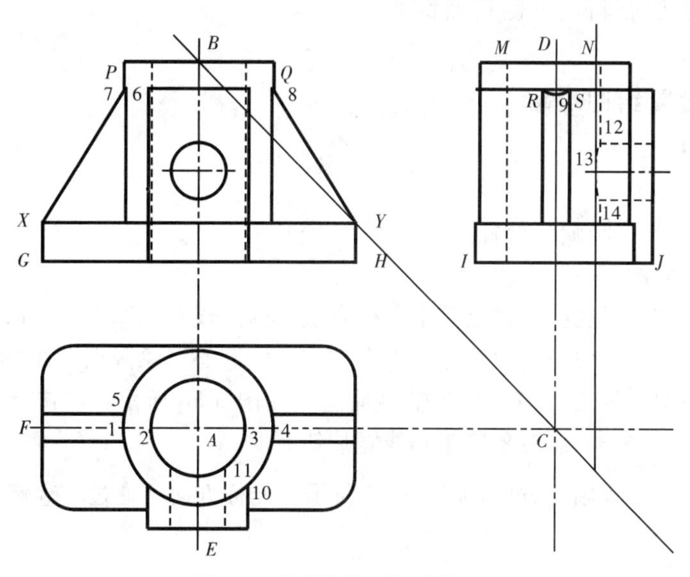

图 5-54　绘制前部立板三视图--3

6. 编辑图形

(1)删除多余的线。

(2)调用打断命令,在主视图和俯视图中间,打断中心线 BE。

(3)并调整各图线到合适的长短,完成全图,如图 5-41 所示。

5.4.3 保存图形

单击“保存”按钮,选择合适的位置,如“D:\平面图形”,以“图 5-41 三视图”为文件名保存。

5.5 平面图形——轴测图

绘制如图 5-55 所示的轴测图。

轴测图又称立体图,常用的有正等测和斜二测。绘制轴测图时也要对图形进行形体分析,分析组合体的组成,然后作图。

AutoCAD 在绘制正等轴测图时,专门设置了“等轴测捕捉”的栅格捕捉样式。而画斜二测轴测图时利用 45°的极轴追踪很容易绘制。所以这里只介绍正等轴测图的绘制方法。

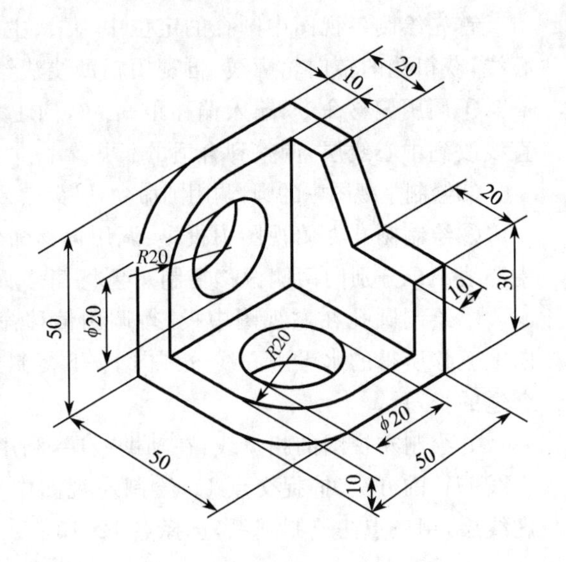

图 5-55 轴测图

【图形分析】

该图形表示的是一个正等轴测图。水平方向是一个长方体的板上开一个圆形通孔,并倒有圆角。正立面上结构与水平面相同。侧面上用一个水平面和一个侧垂面截去一个角。

5.5.1 设置绘图环境

【操作步骤】

1. 新建图形

创建一张新图,选择默认设置。

2. 设置对象捕捉

在状态栏的“对象捕捉”按钮上单击鼠标右键,选择“设置…”,在弹出的“草图设置”对话框的“对象捕捉”选项组中,选择“端点”“中点”“交点”“圆心”“象限点”;在“捕捉和栅格”选项组中,将“捕捉类型和样式”设置为“等轴测捕捉”,如图 5-56 所示。单击“确定”按钮。并在状态栏打开正交、对象捕捉、对象追踪和线宽按钮。

此时光标变成了等轴测方向,如图 5-57 所示。光标方向可通过 F5 键切换。

图 5-56　“草图设置”对话框

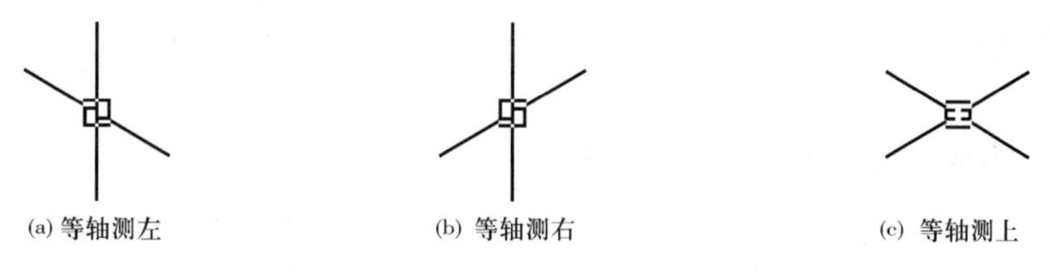

图 5-57　等轴测光标

3. 设置图层

利用“图层”命令设置图层。该图形只用到了粗实线，所以可以只设置一个粗实线，线宽为 0.50 毫米，其余属性为默认值。

5.5.2　绘制图形

【操作步骤】

1. 绘制水平底板

(1)绘制上表面

按F5键，将光标切换至“等轴测上”状态，调用直线命令，打开“正交”，在屏幕上任意一点单击鼠标左键，确定点 A，向左上移动鼠标，输入长度值 40，回车，确定点 B。再向右下移动鼠标，输入长度值 40，回车，确定点 C。以此类推，画出上表面的菱形，如图 5-58 所示。

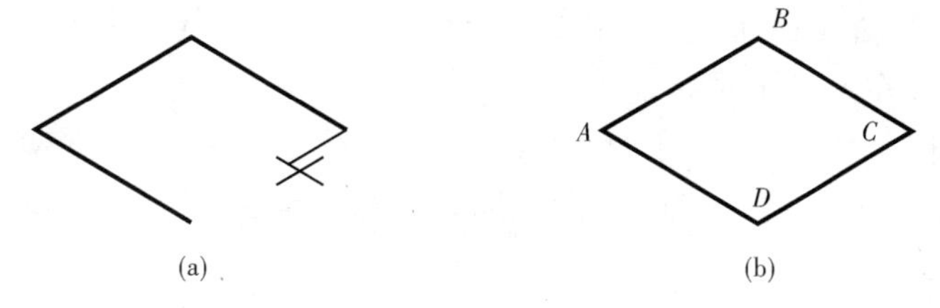

图 5-58　绘制上表面

(2)绘制左侧面

按 F5 键,将光标切换至“等轴测左”状态。调用直线命令,捕捉点 A,向下移动鼠标,给出距离 10,回车,确定点 E。向右下移动鼠标,给定距离 40,确定点 F,向上移动鼠标,捕捉端点 D,完成左侧面 $AEFD$ 的绘制,如图 5-59(a)所示。

(3)绘制前表面

按 F5 键,将光标切换至“等轴测右”状态。以同样的方法,绘制前表面线 FGC,得前表面 $FGCD$,如图 5-59(b)所示。

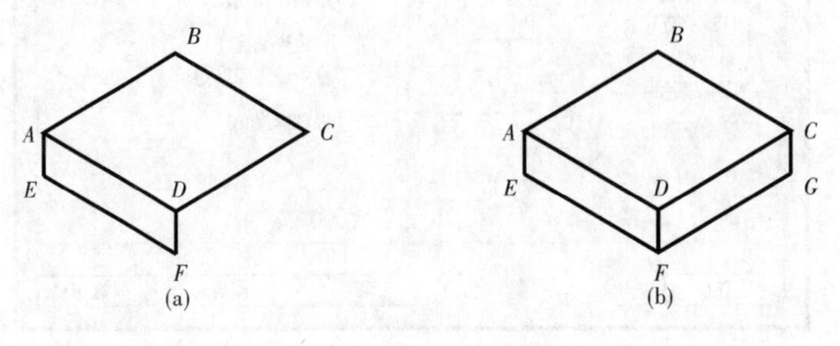

图 5-59 绘制左表面与前表面

2. 绘制右侧、后侧立板

(1)按 F5 键,切换鼠标方向,按尺寸要求绘制右侧、后侧立板的内侧轮廓线,再绘制外侧框线。

(2)删除 AE,CG 处线段,如图 5-60 所示。

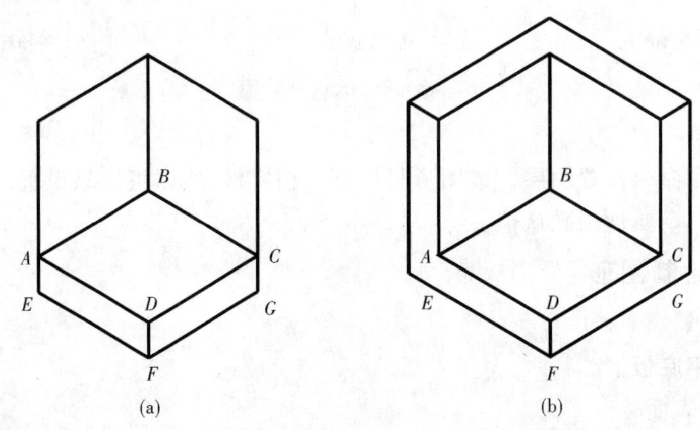

图 5-60 绘制立板

3. 绘制底板圆孔

(1)确定椭圆中心

调整光标至“等轴测上”状态,调用直线命令,连接 AB,CD 的中点,AD,BC 的中点,连线的交点 O 为圆孔在上表面的中心。

(2)绘制椭圆

单击“绘图”工具栏上的“椭圆”命令按钮,调用椭圆命令:

命令:_ellipse

指定椭圆轴的端点或[圆弧(A)/中心点(C)/等轴测圆(I)]:I↙　　　　(绘制等轴测圆)

指定等轴测圆的圆心：捕捉交点 O

指定等轴测圆的半径或［直径(D)］：10↙　　（上表面椭圆完成）

(3)绘制下底面椭圆

调整鼠标至“等轴测左”或“等轴测右”，“正交”处于打开状态，调用复制命令，向下 10 个单位复制刚刚绘制的椭圆，如图 5-61(a)所示。

(4)修改图形

删除确定中心的辅助直线。

再以上表面椭圆为修剪边界，修剪下底面椭圆线，结果如图 5-61(b)所示。

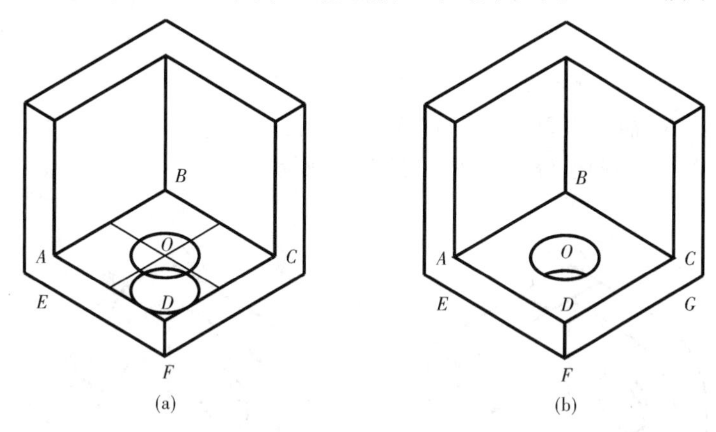

图 5-61　绘制椭圆

4. 绘制底板圆角

调用“椭圆”命令，选择“等轴测圆(I)”选项，以上表面椭圆圆心为圆心，绘制半径为 20 的椭圆，再向下复制该椭圆，如图 5-62(a)所示。

再调用修剪命令修剪图形，结果如图 5-62(b)所示。此处不能用圆角命令圆角，因为轴测图中的圆角是椭圆弧，而用圆角命令所绘制的弧线为圆弧。

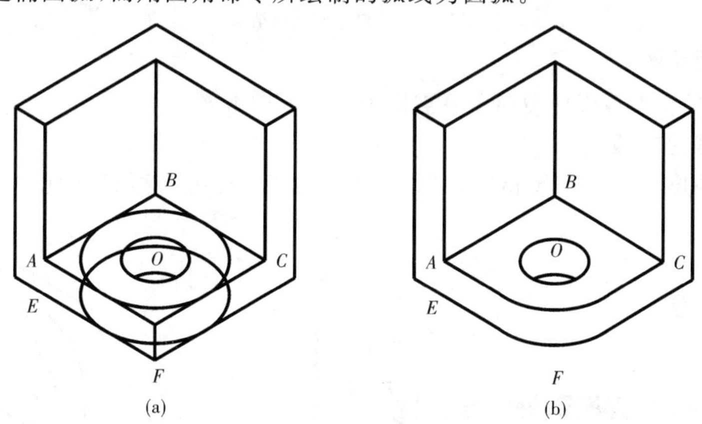

图 5-62　绘制底板圆角

5. 绘制后侧立面的圆孔和倒圆角

调整光标至“等轴测右”状态，以前面的方法绘制圆孔和倒圆角，结果如图 5-63 所示。

6. 绘制右侧结构

(1)将光标调整至“等轴测右”状态,正交处于“开”状态,调用直线命令,捕捉端点 G,向上 30 个单位,绘制直线 PH,向左 10 个单位,确定点 I,按 F5 健,调整光标至“等轴测左”,向左上移动鼠标,给定距离 20 个单位,确定点 J。

(2)再调用直线命令,将光标调整至“等轴测上”状态,捕捉点 Z,向右下移动鼠标,给定距离 20 个单位,确定点 M,再向左下移动鼠标,给定距离 10,确定点 N,捕捉点 J,完成折线 $ZMNJ$ 的绘制。

(3)调用直线命令,捕捉点 H,“正交”处于“开”状态,给定距离 20,绘制 HK,捕捉点 M,完成 HKM 的绘制。

(4)调用直线命令,连接 JK。结果如图 5-64 所示。

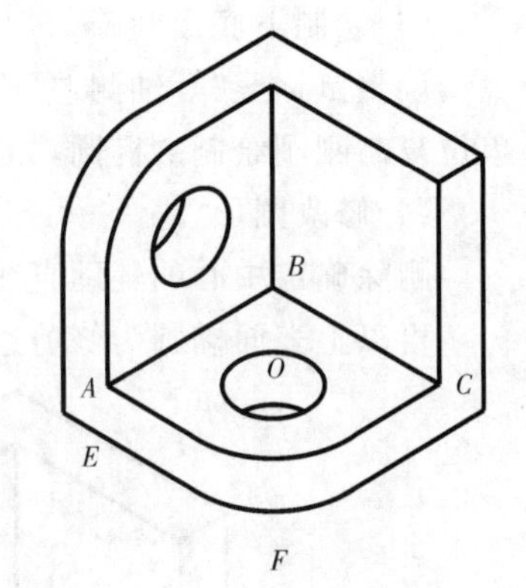

图 5-63　绘制后侧立面结构

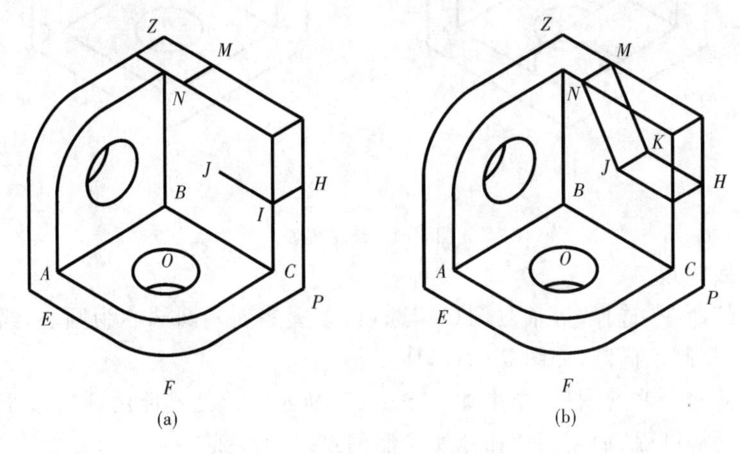

图 5-64　绘制右侧立面结构

7. 编辑整理图形

删除直线 ZM,PH,用修剪命令修剪图形。完成图形。

【提示、注意、技巧】

由于底板的形状与后侧板相同,可以先绘制底板,再用“镜像”功能绘制后侧板,如图 5-65所示。

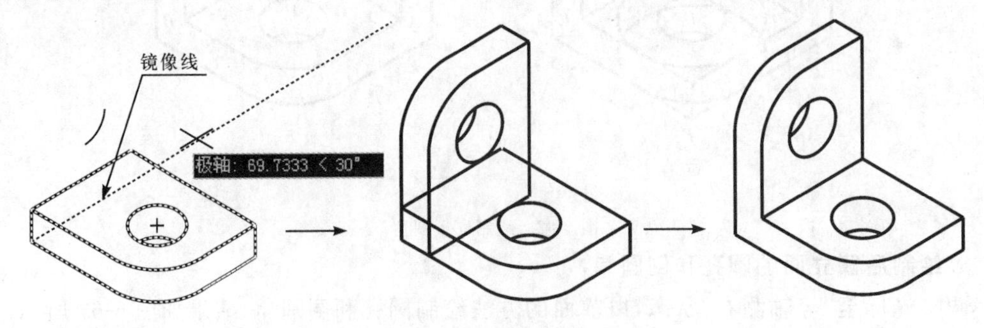

图 5-65　用“镜像”功能绘制后侧板

5.5.3　保存图形

调用保存命令，选择合适的位置，如“D:\平面图形”，以“图5-55三视图”为文件名保存。

5.6　小制作——雨伞

绘制如图5-66所示的雨伞图形。

1. 绘制伞的外框

利用“圆弧”命令绘制伞的外框。命令行提示与操作如下：

命令：ARC↙

指定圆弧的起点或[圆心(C)]：C↙

指定圆弧的圆心：　　　　(在屏幕上指定圆心 *C*)

指定圆弧的起点：　　　　(在屏幕上圆心位置右边指定圆弧的起点 *A*)

指定圆弧的端点或：[角度(A)/弦长(L)]：A↙

指定包含角：180↙　　　　(注意角度的逆时针转向)

结果如图5-67所示。

图5-66　雨伞

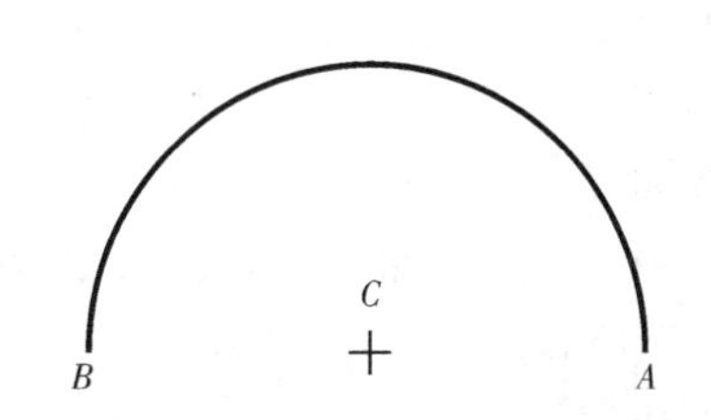

图5-67　绘制伞面外框

2. 绘制伞面筋线

利用“圆弧”命令绘制伞面筋线。命令行提示与操作如下：

命令：ARC↙

指定圆弧的起点或[圆心(C)]：　　　　(指定圆弧的起点1)

指定圆弧的第二个点或[圆心(C)/端点(E)]：(指定圆弧的第2个点)

指定圆弧的端点：　　　　(指定圆弧的端点3)

相同方法绘制另外4段圆弧，结果如图5-68所示。

3. 绘制伞面底边

利用“样条曲线”命令绘制如图5-69所示的伞面底边。命令行提示与操作如下：

命令：SPLINE↙

指定第一个点或[对象(O)]：　　　　(指定样条曲线的第1个点)

指定下一点：　　　　(指定样条曲线的第2个点)

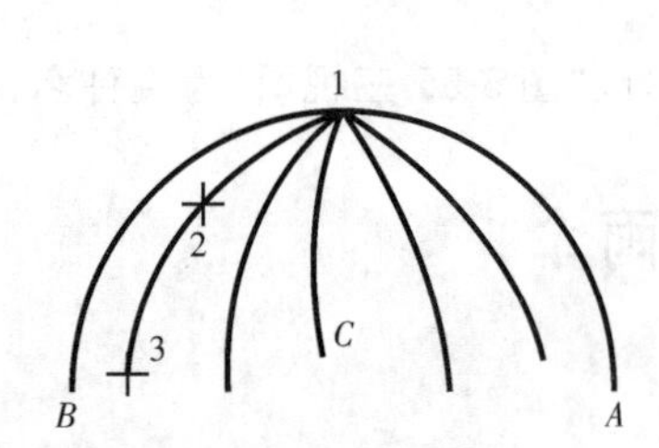

图 5-68 绘制伞面筋线

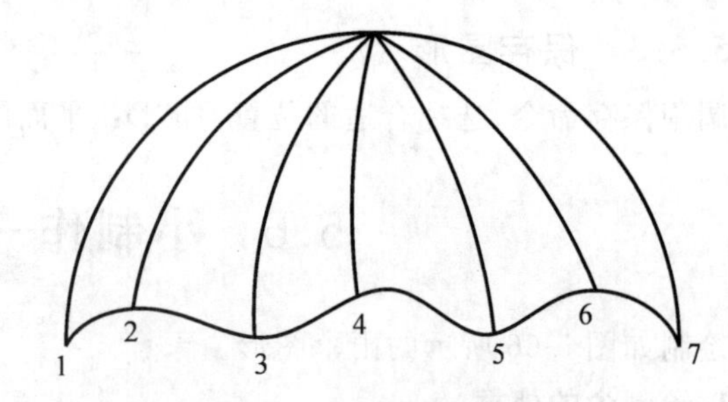

图 5-69 绘制伞面样条曲线

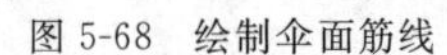

指定下一点或[闭合(C)/拟合公差(F)]<起点切向>:

(指定样条曲线的第 3 个点)

指定下一点或[闭合(C)/拟合公差(F)]<起点切向>:

(指定样条曲线的第 4 个点)

指定下一点或[闭合(C)/拟合公差(F)]<起点切向>:

(指定样条曲线的第 5 个点)

指定下一点或[闭合(C)/拟合公差(F)]<起点切向>:

(指定样条曲线的第 6 个点)

指定下一点或[闭合(C)/拟合公差(F)]<起点切向>:

(指定样条曲线的第 7 个点)

指定下一点或[闭合(C)/拟合公差(F)]<起点切向>:↙

指定起点切向: (指定一点并单击鼠标右键确认)

指定端点切向: (指定一点并单击鼠标右键确认)

4. 绘制伞顶

利用“多段线”命令绘制伞顶。命令行提示与操作如下:

命令:PLINE↙

指定起点: (指定伞顶起点)

当前线宽为 3.0000

指定下一个点或[圆弧(A)/半宽(H)/长度(L)/放弃(U)/宽度(W)]:W↙

指定起点宽度<3.0000>:4↙

指定端点宽度<4.0000>:2↙

指定下一个点或[圆弧(A)/半宽(H)/长度(L)放弃(U)/宽度(W)]:(指定伞顶终点)

指定下一点或[圆弧(A)/闭合(C)/半宽(H)长度(L)/放弃(U)/宽度(W)]:↙

(单击鼠标右键确认)

5. 绘制伞把

利用“多段线”命令绘制伞把。命令行提示与操作如下:

命令:PLINE↙

指定起点: (指定伞把起点)

当前线宽为 2.0000

指定下一个点或[圆弧(A)/半宽(H)/长度(L)/放弃(U)宽度(W)]:H↙

指定起点半宽<1.0000>:1.5↙

指定端点半宽＜1.5000＞：↙

指定下一个点或[圆弧(A)/半宽(H)/长度(L)/放弃(U)宽度(W)]：（指定下一点）

指定下一点或[圆弧(A)/闭合(C)/半宽(H)/长度(L)放弃(U)/宽度(W)]：A↙

指定圆弧的端点或[角度(A)/圆心(CE)/闭合(CL)/方向(D)/半宽(H)/直线(L)半径(R)/第二个点(S)/放弃(U)/宽度(W)]：　　　　（指定圆弧的端点）

指定圆弧的端点或[角度(A)/圆心(CE)/闭合(CL)/方向(D)/半宽(H)/直线(L)半径(R)/第二个点(S)/放弃(U)/宽度(W)]：　　　　（单击鼠标右键确认）

最终绘制的图形如图 5-66 所示。

习　　题

1. 绘制如图 5-70 所示的平面图形。

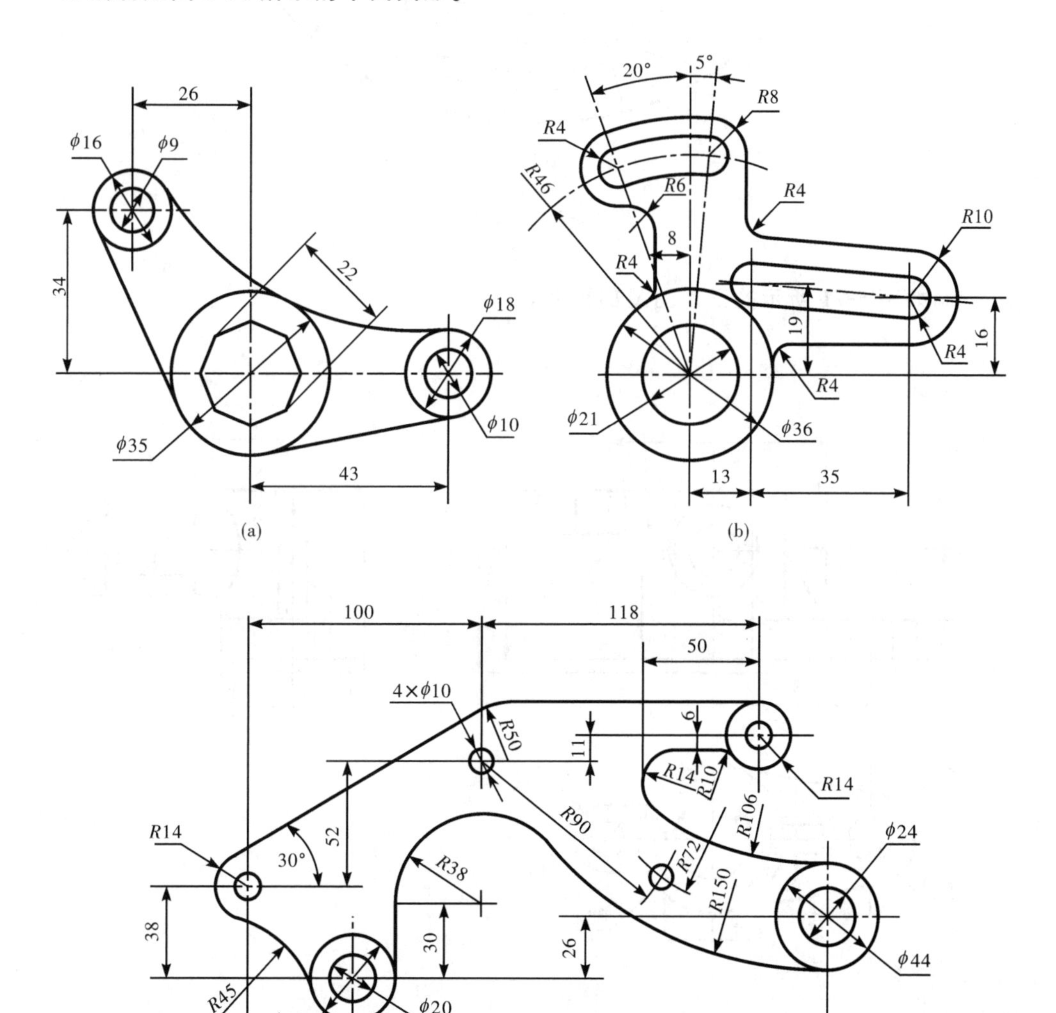

图 5-70　平面图形

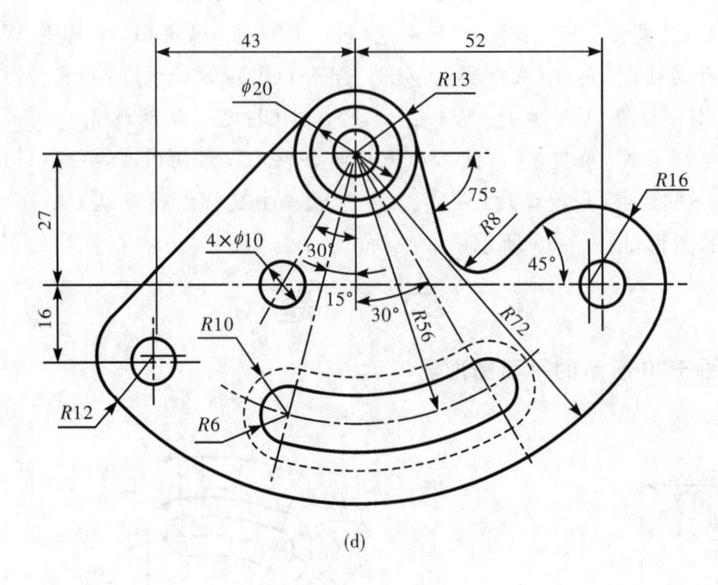

(d)

续图 5-70　平面图形

2. 绘制如图 5-71 所示的三视图及剖视图。

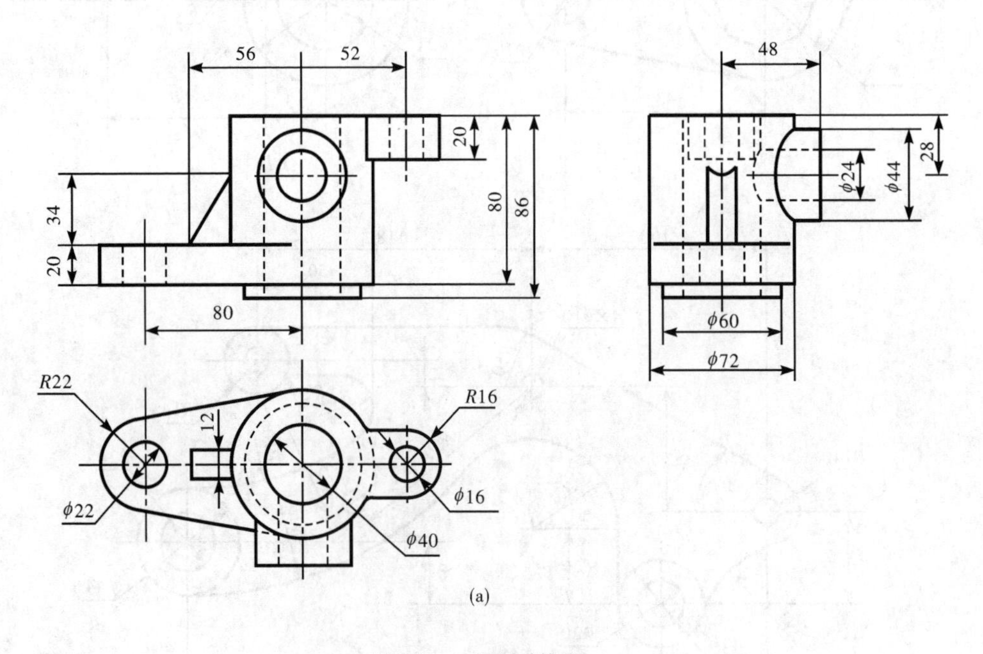

(a)

图 5-71　三视图、剖视图

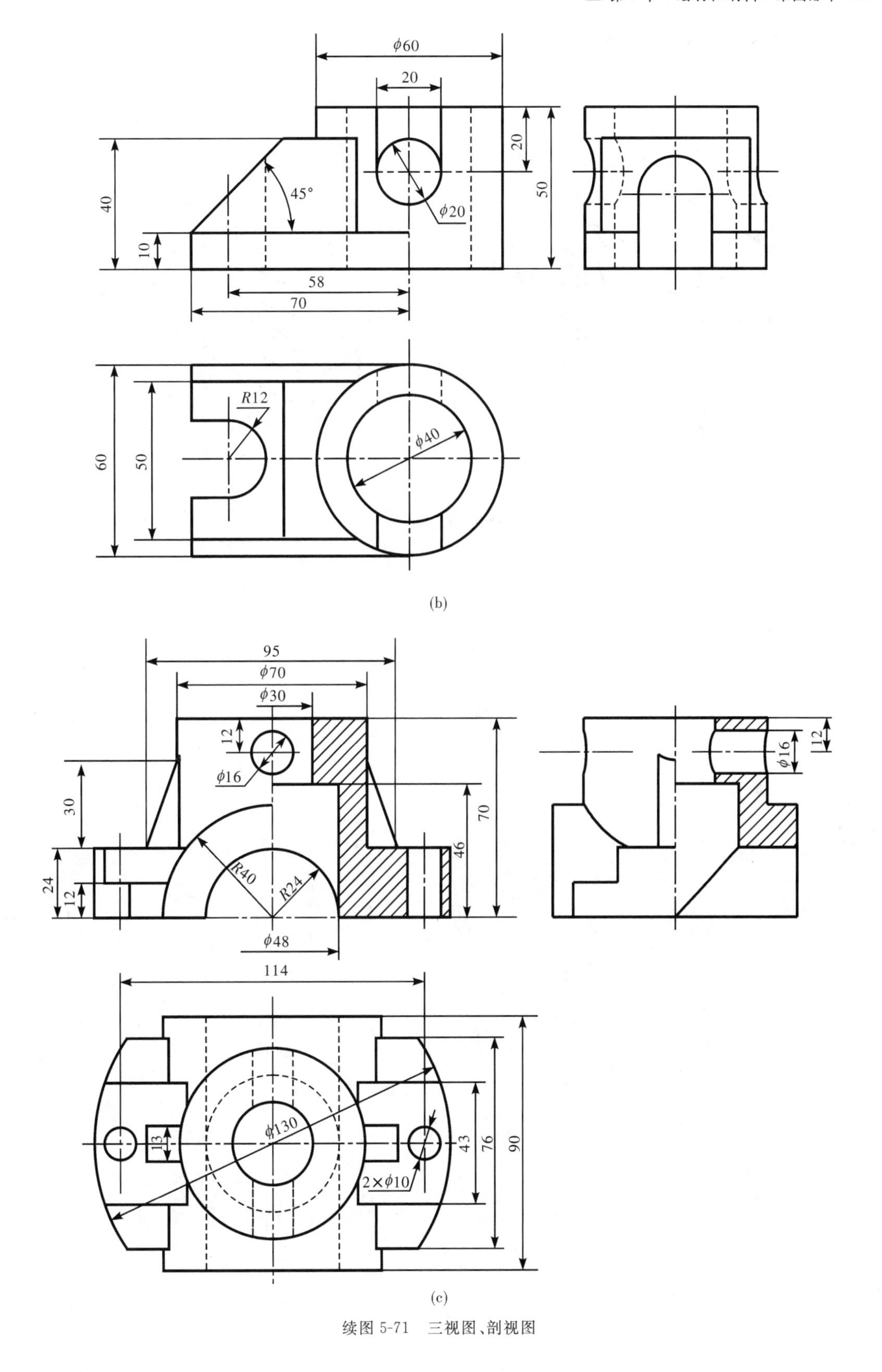

续图 5-71　三视图、剖视图

3. 绘制如图 5-72 所示的轴测图。

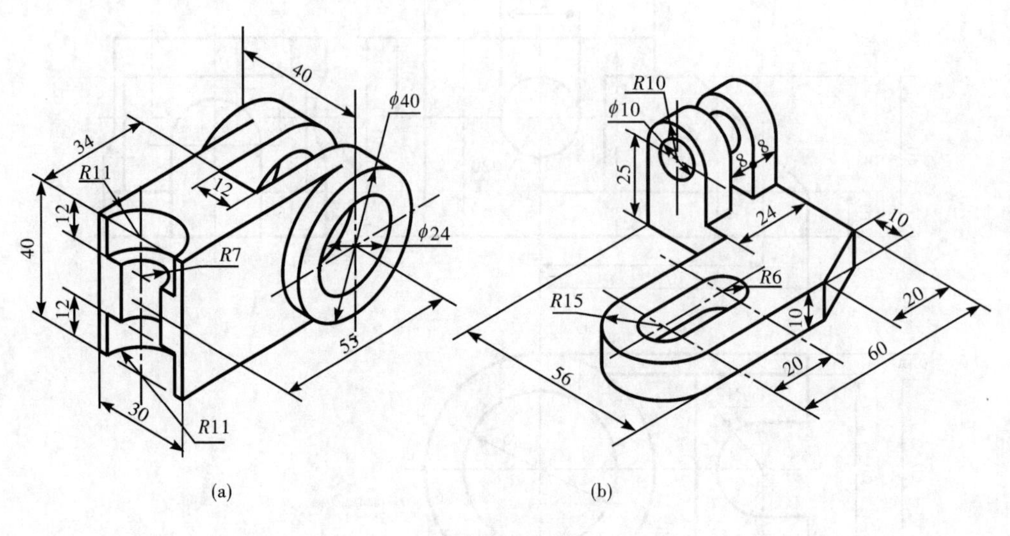

图 5-72　轴测图

第6章

文字与表格

文字在工程图样中是不可缺少的对象。例如在进行机械工程设计时，不仅要绘出图形，还要在图样中标注技术要求、填写标题栏以及注释说明之类的文字。为此，AutoCAD 2008提供了文字注写功能，并可以根据需要创建多种文字样式。在图样中注写文字时可以调出“文字”工具栏，利用“文字”工具栏（图6-1）或其他输入方法可以方便地输入单行文字、多行文字、还可以编辑文字、设置文字样式、改变文字的比例和对正方式等。另外，在工程图样中还要绘制一些表格，如明细表、参数表和标题栏等，因此，AutoCAD 2008还具有绘制表格功能，应用表格功能使得绘制表格变得方便快捷。

图6-1 “文字”工具栏

6.1 设置文字样式

设置文字样式是进行文字注写和尺寸标注的首要任务。在AutoCAD 2008中，文字样式用于控制图形中所使用文字的字体、高度和宽度系数等。当输入文字对象时，必须将使用的文字样式置为当前。在一幅图形中可定义多种文字样式，以适合不同对象的需要，例如技术要求与尺寸标注就需要定义不同的文字样式。

6.1.1 定义文字样式

AutoCAD 2008提供了“文字样式”对话框，通过这个对话框可方便直观地设置主要的文字样式，或是对已有样式进行修改。启用“文字样式”对话框，可以使用下列方法之一：

（1）命令行：STYLE或DDSTYLE。

（2）菜单：“格式”→“文字样式”。

（3）工具栏：“文字”→“文字样式” 。

执行上述操作，系统将打开“文字样式”对话框，如图6-2所示。

【选项说明】

1.“当前文字样式”标签

显示当前文字样式的名称。在默认情况下，当前文字样式名称为“Standard”，其字体为txt.shx，高度为0，宽度因子为1。

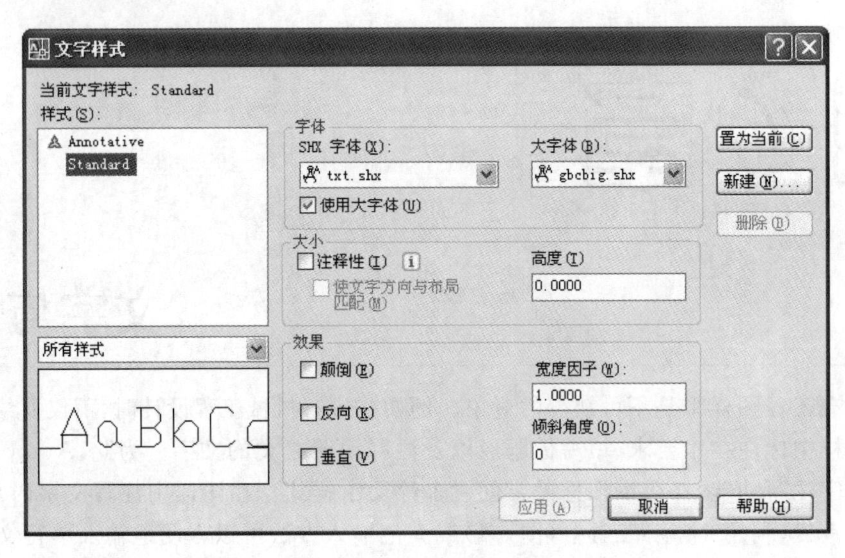

图 6-2 “文字样式”对话框

2.“样式”列表框

列表框中列有当前已定义的文字样式，在默认情况下，AutoCAD 2008 提供了两个文字样式，即“Annotative”和“Standard”，其中“Annotative”为注释性文字样式，这是 AutoCAD 2008 的新增功能(见 6.3 节)。用户可以从列表框中选择所需样式置为当前或进行样式修改，也可以对已有样式更名。

3. 样式列表过滤器

“样式”列表框下方是样式列表过滤器，用于确定“样式”列表框中显示“所有样式”或“正在使用的样式”。

4. 预览框

预览框会动态显示所设置的文字效果。

5.“新建”按钮

新建文字样式。单击“新建”按钮，打开“新建文字样式”对话框，在“样式名”编辑框中输入文字样式名称，如图 6-3 所示。单击“确定”按钮，返回“文字样式”对话框。

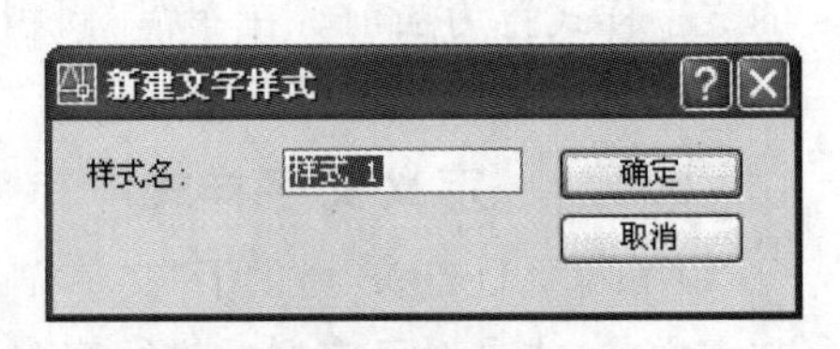

图 6-3 “新建文字样式”对话框

6.“删除”按钮

删除文字样式。单击“删除”按钮，可删除指定的文字样式。不能删除当前文字样式和“Standard” 文字样式。

7.“字体”选项组

“字体”选项组用来设置文字样式使用的字体文件、字体风格及字高等。

(1)“字体名”:用于选择字体。文字的字体确定字符的形状，在 AutoCAD 中，除了它固有的 SHX 形状字体文件外，还可以使用 TrueType 字体(如宋体、楷体、黑体等)，如图 6-4 所示。如果选中“使用大字体”复选框，则不能选择 TrueType 字体。

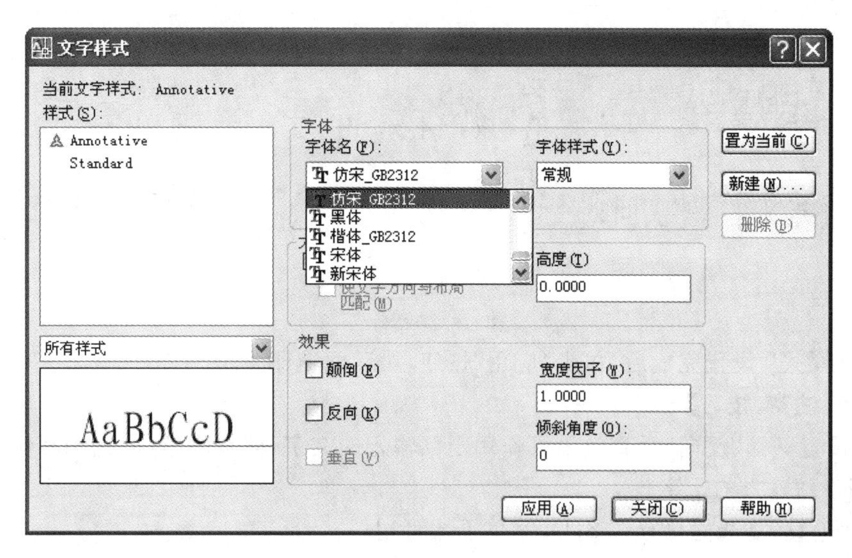

图 6-4　“字体”设置

(2)选择“使用大字体”复选框，可创建支持汉字等大字体的文字样式，此时“大字体”下拉列表框被激活，从中选择大字体样式，用于指定大字体的格式，如汉字等亚洲型大字体，常用的字体样式为 gbcbig. shx，如图 6-5 所示。

图 6-5　选择“使用大字体”

8.“大小”选项组

“注释性”复选框用于确定所定义的文字样式是否为注释性文字样式。

“高度”用于设置键入文字的高度。如果在“高度”文本框中输入一个数值，则将它作为创建文字时的固定字高，在输入文字时，AutoCAD 2008 不再提示输入字高参数；如果在此文本框中设置字高为 0，AutoCAD 2008 则会在每一次创建文字时提示输入字高。所以，如果不想固定字高，就可以将其在样式中设置为 0。

9.“效果”选项区

一种字体可以设置不同的效果，如颠倒、反向、垂直和倾斜等，从而被多种文字样式使用，例如图 6-6 所示的就是字体的各种不同样式。

(1)“颠倒”复选框：选中此复选框，表示将文本文字倒置标注，如图 6-6 所示。

(2)“反向”复选框：确定是否将文本文字反向标注。图 6-6 给出了这种标注效果。

(3)“垂直”复选框：确定文本是水平标注还是垂直标注。选中此复选框时为垂直标注，否则为水平标注，如图 6-6 所示。

(4)“倾斜角度”复选框：用于确定文字的倾斜角度。角度为 0 时不倾斜；为正时向右倾斜；为负时向左倾斜，如图 6-6 所示。

该选项与输入文字时“旋转角度(R)”的区别在于，“倾斜角度”是指字符本身的倾斜度，“旋转角度(R)”是指文字行的倾斜度，如图 6-6 所示。

(5)“宽度因子”复选框：用于设置字体宽度系数，确定文本字符的宽高比。当比例系数为 1 时，表示将按字体文字中定义的宽高比标注文字。当此系数小于 1 时字会变窄；反之变宽。图 6-6 给出了不同比例系数下标注的文本。

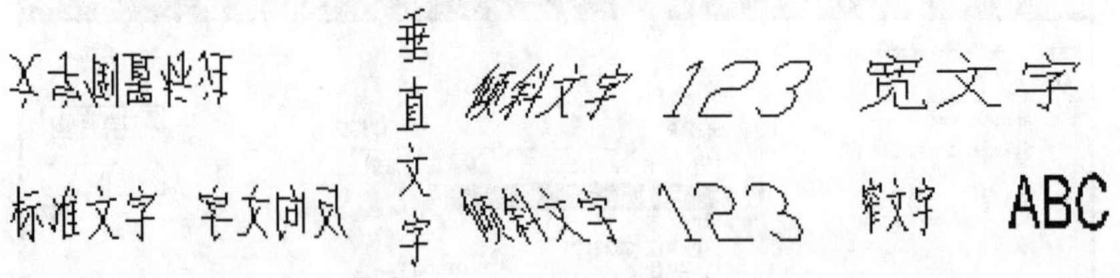

图 6-6　字体效果

“文字样式” 设置完成后，单击“应用”按钮，对话框随即关闭。

【提示、注意、技巧】

(1) 设置颠倒、反向、垂直效果可作用于已输入的文字，而高度、宽度比例和倾斜度效果只能作用于新输入的文字。

(2) “垂直”复选框只有在 SHX 字体下才可用。

10. “应用”按钮

确认对文字样式的设置。当建立新的样式或者对现有样式的某些特征进行修改后，都需按此按钮，使 AutoCAD 2008 确认所做的改动。

6.1.2　设置当前文字样式

如果想要换一种样式创建文字，需要将该样式设置为当前文字样式。设置一种文字样式为当前样式，可以使用下列方法之一：

(1)从“文字样式”对话框设置

打开“文字样式”对话框。从“文字样式”对话框的样式列表中选择所需样式，单击“置为当前”按钮，单击“关闭”按钮退出对话框。

(2)从“样式”工具栏设置

从“样式”工具栏的文字样式下拉列表中选择所需样式，如图 6-7 所示。

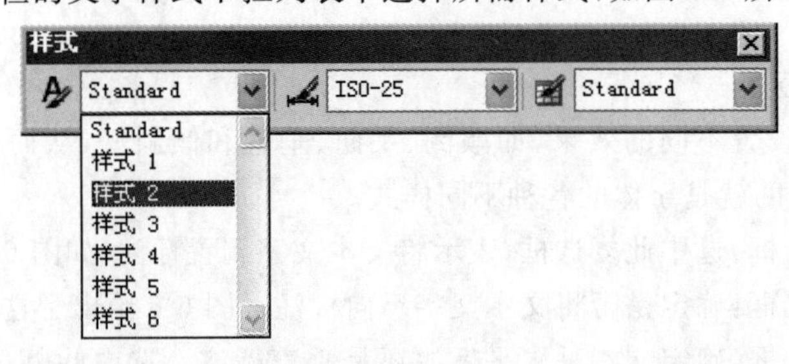

图 6-7　设置当前文字样式

6.2　标 注 文 字

在制图过程中文字传递了很多设计信息，它可能是一个很长很复杂的说明，也可能是一个简短的文字信息。当需要标注的文本不太长时，可以利用单行文字(TEXT)命令创建单行文字；当需要标注很长、很复杂的文字信息时，用户可以用多行文字(MTEXT)命令创建多行文字。

6.2.1　标注单行文字

启用“单行文字”命令，可以使用下列方法之一：

(1)命令行：TEXT 或 DTEXT。

(2)菜单：“绘图”→“文字”→“单行文字”。

(3)工具栏：“文字”→“单行文字”。

【操作步骤】

输入“单行文字”命令后，命令窗口提示：

命令：TEXT ↙

当前文字样式：样式 1 当前文字高度：0.0000

指定文字的起点或［对正(J)/样式(S)］：

指定高度＜5.0000＞：　　　　(确定字符的高度)

指定文字的旋转角度＜0＞：　　　　(确定文本行的倾斜角度)

输入文字：　　　　(输入文本)

输入文字：　　　　(继续输入文本)

输入文字：↙　　　　(退出 TEXT 命令)

【选项说明】

1. 指定文字的起点

在此提示下直接在绘图区点取一点作为文本的起始点，命令行提示及操作如下：

指定高度＜5.0000＞：

指定文字的旋转角度＜0＞：

输入文字：

在此提示下输入一行文本后回车，命令行再提示“输入文字：”可继续输入文本，起始点默认为第二行的起点，相当于换行输入文字。如果全部输入完毕后要结束文字输入，可在“输入文字：”提示下再次回车，则退出“单行文字”命令。由此可见，由“单行文字”命令也可以创建多行文本，只是这种多行文本每一行是一个对象，因此不能同时对几行文本进行编辑，但可以单独修改每一单行的文字样式、字高、旋转角度和对齐方式等。

【提示、注意、技巧】

(1)只有当前文字样式中设置的字符高度为 0 时，在执行“单行文字”命令时，才出现确定字符高度的提示。

(2)AutoCAD 2008 允许将文本行旋转排列，如图 6-8 所示为旋转角度分别是 0，30°和 －30°时的排列效果。在“指定文字的旋转角度＜0＞：”提示下输入文本行的旋转角度或在屏幕上拉出一条直线来指定旋转角度，这与设置文字样式时的文字倾斜角度不同，如图 6-9 所示。

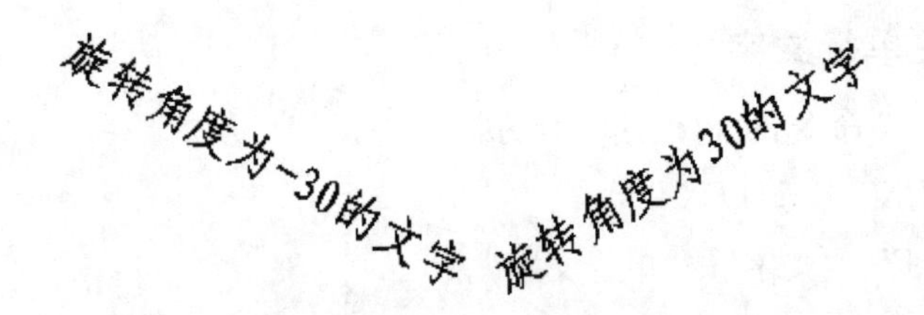

旋转角度为-30的文字
旋转角度为30的文字
旋转角度为0的文字

图 6-8 文本行旋转角度排列的效果

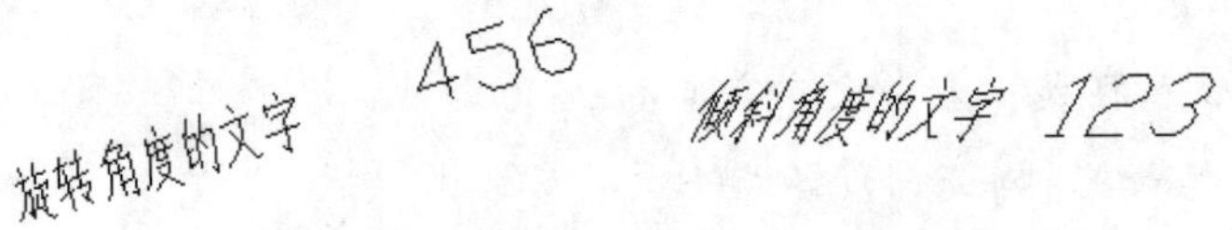

456
旋转角度的文字
倾斜角度的文字 123

图 6-9 文本行旋转角度与倾斜角度排列的区别

2. 对正(J)

在“指定文字的起点或[对正(J)/样式(S)]:”的提示下键入 J,用来确定文本的对齐方式,对齐方式决定文本的哪一位置与插入点对齐。执行此选项,命令行提示:

输入选项[对齐(A)/调整(F)/中心(C)/中间(M)/右(R)/左上(TL)/中上(TC)/右上(TR)/左中(ML)/正中(MC)/右中(MR)/左下(BL)/中下(BC)/右下(BR)]:

在此提示下选择一个选项作为文本的对齐方式。

(1)“对齐(A)”

选择此选项,要求确定一条直线段作为文本行的基线,即确定文本行起始点与终止点的位置。

输入“A”, 命令行提示及操作如下:

指定文字基线的第一个端点: (指定文本行基线的起点位置)
指定文字基线的第二个端点: (指定文本行基线的终点位置)
输入文字: (输入一行文本后回车)
输入文字: (继续输入文本或直接回车结束命令)

执行结果:所输入的文本字符均匀地分布于指定的两点之间,字高、字宽根据两点间的距离、字符的多少以及文字样式中设置的宽度系数自动确定,指定了两点之后,每行输入字符越多,字宽和字高越小,如图 6-10 所示;如果两点间的连线不水平,则文本行旋转角度放置,旋转角度由两点间的连线与 X 轴夹角确定,如图 6-11 所示。

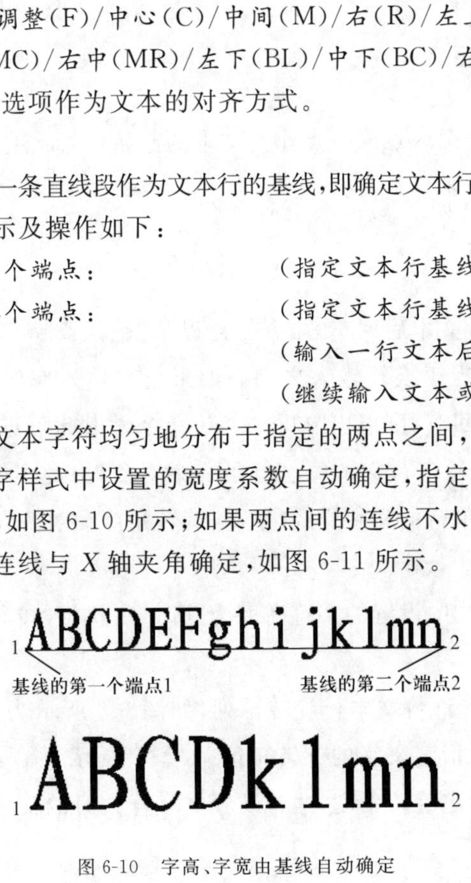

1 ABCDEFghijklmn 2
基线的第一个端点1
基线的第二个端点2
1 ABCDklmn 2

图 6-10 字高、字宽由基线自动确定

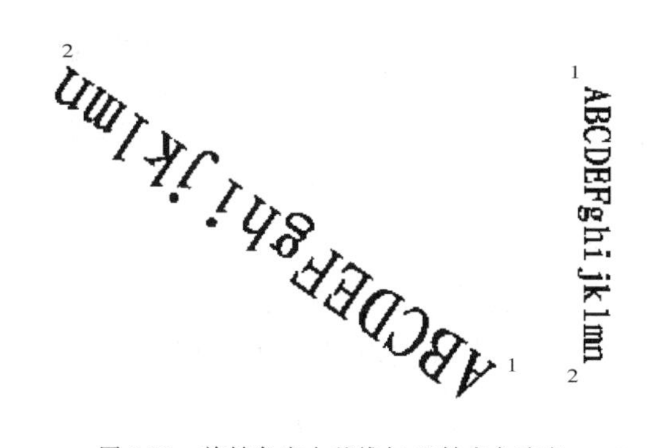

图 6-11 旋转角度由基线与 X 轴夹角确定

（2）“调整(F)”

选择此选项，与对齐方式相似，要求确定一条直线段作为文本行的基线。

输入“F”，命令行提示及操作如下：

指定文字基线的第一个端点：　　　　（指定文本行基线的起点位置）

指定文字基线的第二个端点：　　　　（指定文本行基线的终点位置）

指定高度 ＜0＞：　　　　　　　　　（确定字符的高度）

输入文字：

输入文字：↙

执行结果：所输入的文本字符均匀地分布于指定的两点之间，文字的宽度随两点间的距离、字符的多少自动确定，但文字的高度是设定的，如图 6-12 所示。

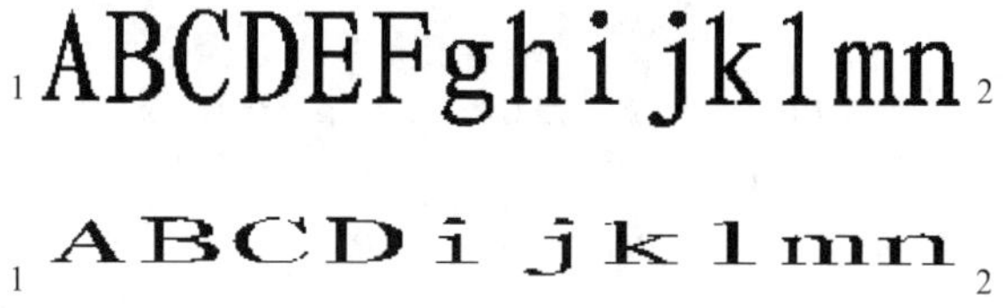

1 ABCDEFghi jklmn 2

1 ABCDi jklmn 2

图 6-12 给定字高，字宽由基线自动确定

（3）其他选项，需要输入一点，确定文字的对齐点。当文本行水平排列时，AutoCAD 2008 为标注文本行定义了如图 6-13 所示的顶线、中线、基线和底线，各种对齐的对齐点如图 6-14 所示，图中大写字母对应上述提示中各命令。

图 6-13 文本行的顶线、中线、基线和底线

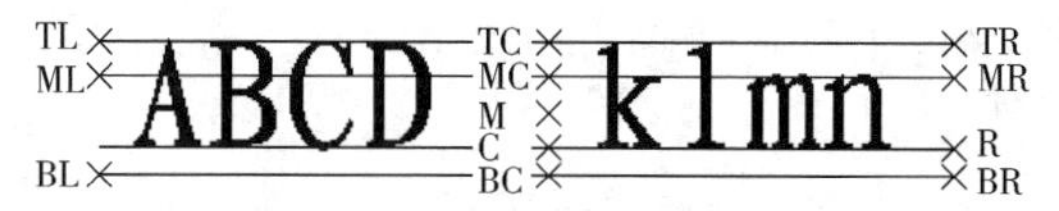

图 6-14 文本的对齐点

如选择左上对齐方式，输入“TL”，命令行提示及操作如下：

[对齐(A)/调整(F)/中心(C)/中间(M)/右(R)/左上(TL)/中上(TC)/右上(TR)/左中(ML)/正中(MC)/右中(MR)/左下(BL)/中下(BC)/右下(BR)]：TL ↙

指定文字的左上点：　　　　　　　　　　（指定一点作为文字行顶线的起点）

指定高度＜0＞：

指定文字的旋转角度＜0＞：

输入文字：

输入文字：↙

依前述再依次输入字高、输入旋转角度并输入相应文字内容即可。

其余各选项的操作与“TL”相同，不再详述。图 6-15 所示为几种常用对齐方式书写的结果。

左上(TL)：文字对齐在第一个字符文字单元的左上角。

左中(ML)：文字对齐在第一个文字单元左侧的垂直中点。

左下(BL)：文字对齐在第一个文字单元的左下角点。

正中(MC)：文字对齐在文字行的垂直中点和水平中点。

中上(TC)：文字的起点在文字行顶线的中间，文字向中间对齐。

中心(C)：文字的起点在文字行基准底线的中点，文字向中间对齐。

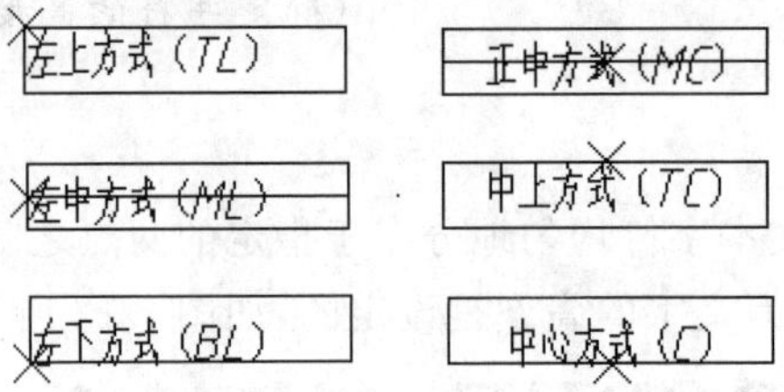

图 6-15　几种常用对齐方式的书写结果

【提示、注意、技巧】

文字注写默认的选项是“左下方式”。

3. 样式(S)

选择书写文字的样式。输入“S”，命令行提示及操作如下：

指定文字的起点或［对正(J)/样式(S)］：S↙

输入样式名或［?］＜样式 1＞：?

可输入需要的样式名或默认当前样式。若不记得设置过的样式，则可输入“?”，命令窗口将列出所有的样式以供选择，命令行提示：

输入要列出的文字样式＜*＞：↙

文字样式：

样式名：“Standard”　　　　字体文件：txt. shx，gbcbig. shx

高度：0. 0000 宽度比例：1. 0000 倾斜角度：0

生成方式：常规

样式名：“样式 1”　　　　字体：仿宋_GB2312

高度：0. 0000 宽度比例：1. 0000 倾斜角度：0

生成方式：常规

样式名：“样式 2”　　　　字体文件：txt. shx，gbcbig. shx

高度：0. 0000 宽度比例：1. 0000 倾斜角度：0

生成方式：垂直
当前文字样式：样式 1
按 ENTER 键继续：
当前文字样式：样式 1 当前文字高度：5.0000
指定文字的起点或[对正(J)/样式(S)]：

【提示、注意、技巧】

使用“单行文字”命令创建文本时，在命令行输入的文字同时显示在屏幕上，而且在创建过程中可以随时改变文本的位置，只要将光标移到新的位置单击鼠标，则当前行结束，随后输入的文本在新的位置出现。用这种方法可以把文本标注到绘图区的任何地方。

6.2.2　特殊字符的输入

实际绘图时，有时需要标注一些特殊字符，例如“ϕ，α，δ…”符号、上划线或下划线、温度符号等，由于这些符号不能直接从键盘上输入，可用下列两种方法输入。

1. 控制码

AutoCAD 2008 提供了一些控制码，用来实现这些要求。控制码用两个百分号(%%)加一个字符构成，常用的控制码见表 6-1。

表 6-1　　AutoCAD 2008 常用控制码

符号	功能	符号	功能
%%O	上划线	\u+0278	电相位
%%U	下划线	\u+E101	流线
%%D	度符号“°”	\u+2261	标识
%%P	正负符号“±”	\u+E102	界碑线
%%C	直径符号“ϕ”	\u+2260	不相等
%%%	百分号“%”	\u+2126	欧姆
\u+2248	几乎相等	\u+03A9	欧米加
\u+2220	角度	\u+214A	低界线
\u+E100	边界线	\u+2082	下标 2
\u+2140	中心线	\u+00B2	上标 2
\u+0394	差值		

其中，%%O 和%%U 分别是上划线和下划线的开关，第一次出现此符号时开始画上划线和下划线，第二次出现此符号上划线和下划线终止。例如在“输入文字：”提示后输入“AutoCAD 2008 %%U 中文版%%U”，则得到图 6-16 第一行所示的文本行；输入“%%C30%%P1.5 60%%D %%%90”，则得到图 6-16 第二行所示的文本行。

AutoCAD 2008 中文版
Ø30±1.5 60° %90

图 6-16　特殊字符的输入

2. 模拟键盘

还可借助 Windows 系统提供的模拟键盘，其具体操作步骤如下：

(1)选择某种汉字输入法，如“智能 ABC”，打开输入法提示栏。

(2)单击输入法提示栏中的模拟键盘图标，打开模拟键盘列表，如图 6-17 所示。

(3)列表中选中某种模拟键盘，打开模拟键盘，单击要输入的符号，如图 6-18 所示。

P C键盘	标点符号
✔ 希腊字母	数字序号
俄文字母	数学符号
注音符号	单位符号
拼　音	制表符
日文平假名	特殊符号
日文片假名	

图 6-17　输入法提示栏及模拟键盘列表

图 6-18　模拟键盘

6.2.3　标注多行文字

启用“多行文字”命令，可以使用下列方法之一：

(1)命令行：MTEXT。

(2)菜单：“绘图”→“文字”→“多行文字”。

(3)工具栏：“绘图”→“多行文字”→或“文字”→“多行文字”A。

【操作步骤】

选择相应的方法输入命令行后，命令窗口提示：

命令：MTEXT ↙

当前文字样式：“Standard”

当前文字高度：2.5

指定第一角点：　　　(指定矩形框的第一个角点)

指定对角点或[高度(H)/对正(J)/行距(L)/旋转(R)/样式(S)/宽度(W)]：

【选项说明】

1. 指定对角点

直接在屏幕上点取一个点作为矩形框的第二个角点，AutoCAD 2008 以这两个点为对角点形成一个矩形区域，其宽度作为将来要标注的多行文本的宽度，而且第一个点作为第一行文本顶线的起点。响应后 AutoCAD 2008 打开如图 6-19 所示的多行文字编辑器，可利用此编辑器输入多行文本并对其格式进行设置。关于对话框中各项的含义与编辑器功能，稍后再详细介绍。

2. 对正(J)

确定所标注文本的对齐方式。选取此选项，AutoCAD 2008 提示：

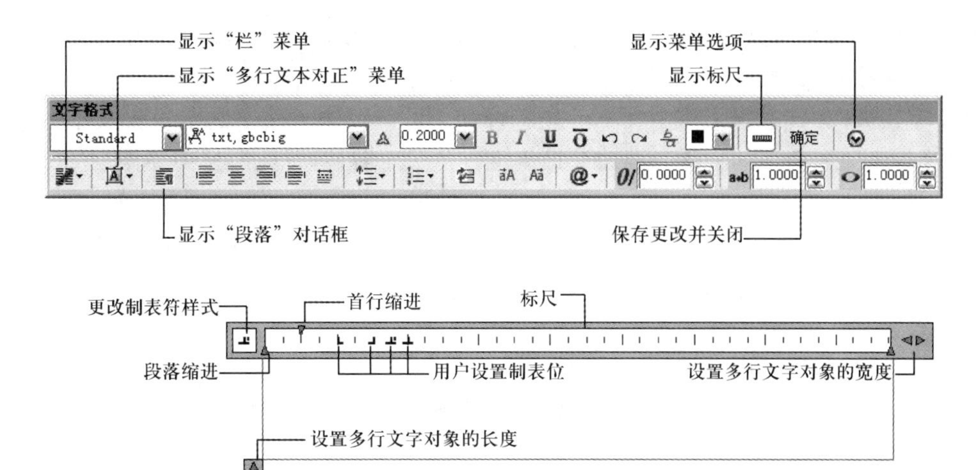

图 6-19 多行文字编辑器

输入对正方式[左上(TL)/中上[TC]/右上(TR)/左中(ML)/正中(MC)/右中(MR)/左下(BL)/中下(BC)/右下(BR)]<左上(TL)>:

这些对齐方式与"单行文字"命令中的各对齐方式相同,不再重复。选取一种对齐方式后回车,AutoCAD 2008 回到上一级提示。

3. 行距(L)

确定多行文本的行间距,这里所说的行间距是指相邻两文本行的基线之间的垂直距离。选择此选项,AutoCAD 2008 提示:

输入行距类型[至少(A)/精确(E)]<至少(A)>:

在此提示下有两种方式确定行间距,"至少"方式和"精确"方式。"至少"方式下 AutoCAD 2008 根据每行文本中最大的字符自动调整行间距。"精确"方式下 AutoCAD 2008 给多行文本赋予一个固定的行间距。可以直接输入一个确切的间距值,也可以输入"nx"的形式,其中 n 是一个具体数,表示行间距设置为单行文本高度的 n 倍,而单行文本高度是本行文本字符高度的 1.66 倍。

4. 旋转(R)

确定文本行的倾斜角度。执行此选项,AutoCAD 2008 提示:

指定旋转角度<0>: (输入倾斜角度)

指定对角点或[高度(H)/对正(J)/行距(L)/旋转(R)/样式(S)/宽度(W)]:

5. 样式(S)

确定当前的文字样式。

6. 宽度(W)

指定多行文本的宽度。可在屏幕上选取一点,将其与前面确定的第一个角点组成的矩形框的宽度作为多行文本的宽度,也可以输入一个数值,精确设置多行文本的宽度。

在创建多行文本时,只要给定了文本行的起始点和宽度后,AutoCAD 就会打开如图 6-19 所示的多行文字编辑器,该编辑器包含一个"文字格式"工具栏和一个右键快捷菜单。用户可以在编辑器中输入和编辑多行文本,包括设置字高、文字样式以及倾斜角度等。

该编辑器与 Microsoft 的 Word 编辑器界面类似,事实上该编辑器与 Word 编辑器在某些功能上趋于一致。这样既增强了多行文字编辑功能，又使用户更熟悉和方便，效果很好。

7.“文字格式”工具栏

“文字格式”工具栏用来控制文本的显示特性。可以在输入文本之前设置文本的特性，也可以改变已输入文本的特性。要改变已有文本的显示特性，首先应选中要修改的文本，选择文本有以下 3 种方法：

(1)将光标定位到要修改文本的开始处，按下鼠标左键右拖，将光标拖到要修改文本的末尾处，或从末尾处拖到开始处。

(2)双击某一个字，则该字被选中。

(3)三击鼠标，则选中全部内容。

“文字格式”中有些选项与 Word 中相关选项类似，下面介绍的是“文字格式”工具栏中部分选项的功能：

(1)样式下拉列表框 Standard ：该下拉列表框用来选用已定义的文字样式，可随时选用当前的文字样式，也可以改变已输入的文字的样式。

(2)字体下拉列表框：该下拉列表框用来确定文字的字体，可选择当前文字的字体，也可以改变已输入的文字的字体。

(3)注释性按钮 ：确定所标注的文字是否为注释性文字。

(4)文字高度下拉列表框：该下拉列表框用来确定文本的字符高度，可在其中直接输入新的字符高度，也可从下拉列表中选择已设定过的高度。

(5) B 和 I 按钮：这两个按钮用来设置粗体和斜体效果。这两个按钮只对 TrueType 字体有效。

(6)“下划线” U 与“上划线” O 按钮：这两个按钮用于设置或取消下(上)划线。

(7)“堆叠”按钮 ：该按钮用于设置或取消堆叠文字。堆叠按钮在一般情况下无效，只有当出现“/”“^”“#”这 3 种层叠符号之一时才可使用。如在文本中输入“123/456”“+0.028^+0.007”“月#年”，选中需堆叠的文字，文字格式中的堆叠功能被激活，如图 6-20 所示。单击 按钮，则符号左边文字在上方，符号右边文字在下方形成堆叠形式。AutoCAD 提供了3 种堆叠形式，如选中“123/456”后单击堆叠按钮，得到如图 6-21(a)所示的分数形式；如果选中“+0.028^+0.007”后单击堆叠按钮，则得到图 6-21(b)所示的层叠形式，此形式多用于标注极限偏差；如果选中“月#年”后单击堆叠按钮，则创建斜排的分数形式，如图 6-21(c)所示。如果选中已经层叠的文本对象后单击此按钮，则文本恢复到非堆叠形式。

图 6-20　文字格式中的堆叠功能被激活

$\frac{123}{456}$　　$\begin{matrix}+0.028\\+0.007\end{matrix}$　　月/年

(a)　　(b)　　(c)

图 6-21　文字的 3 种堆叠形式

(8)标尺按钮：确定是否在文字编辑器中显示水平标尺。

(9)“倾斜角度”微调框：设置文字的倾斜角度。

(10)“符号”按钮：用于输入各种符号。单击该按钮，系统打开符号列表，如图 6-22 所示。用户可以从中选择符号输入文本。

(11)“插入字段”按钮：插入一些常用或预设字段。单击该命令，系统打开“字段”对话框，如图 6-23 所示。用户可以从中选择字段插入到标注文本中。也可以在打开的“选项”菜单中，选择“插入字段”执行操作。

度数(D)　%%d
正/负(P)　%%p
直径(I)　%%c

几乎相等　\U+2248
角度　\U+2220
边界线　\U+E100
中心线　\U+2104
差值　\U+0394
电相位　\U+0278
流线　\U+E101
标识　\U+2261
初始长度　\U+E200
界碑线　\U+E102
不相等　\U+2260
欧姆　\U+2126
欧米加　\U+03A9
地界线　\U+214A
下标 2　\U+2082
平方　\U+00B2
立方　\U+00B3

不间断空格(S)　Ctrl+Shift+Space

其他(O)...

图 6-22　符号列表

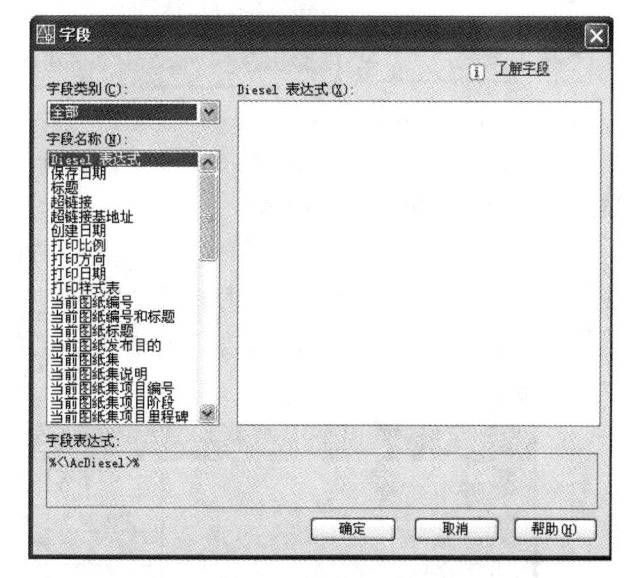

图 6-23　“字段”对话框

(12)“追踪”微调框：增大或减小选定字符之间的距离。1.0 设置是常规间距。设置为大于 1.0 可增大间距，设置为小于 1.0 可减小间距。

(13)“宽度比例”微调框：扩展或收缩选定字符。1.0 设置代表此字体中字母的常规宽度。可以增大该宽度或减小该宽度。

8.“选项”按钮

在“文字格式”工具栏上单击“选项”按钮，系统打开“选项”菜单，如图 6-24 所示。其中许多选项与 Word 中相关选项类似，这里只对其中比较特殊的选项简单介绍一下：

(1)符号：在光标位置插入列出的符号或不间断空格，也可以手动插入符号。

(2)输入文字：显示“选择文字”对话框，如图 6-25 所示。输入的文字保留原始字符格式和样式特性，但可以在多行文字编辑器中编辑和格式化输入的文字。选择要输入的文本文件后，可以在文字编辑框中替换选定的文字或全部文字，或在文字边界内将插入的文字附加到选定的文字中。输入文字的文件必须小于 32 KB。

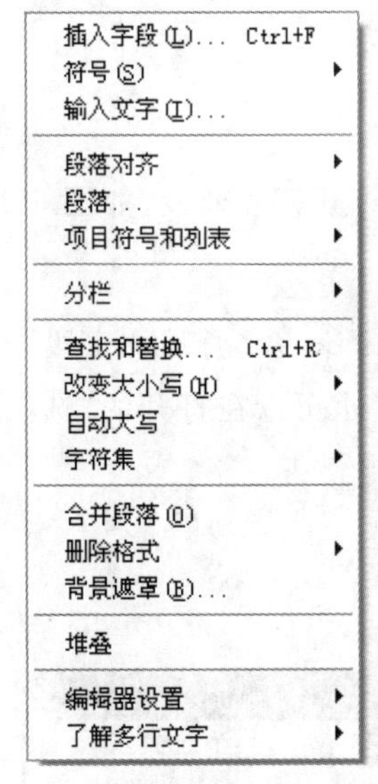

图 6-24 “选项”菜单

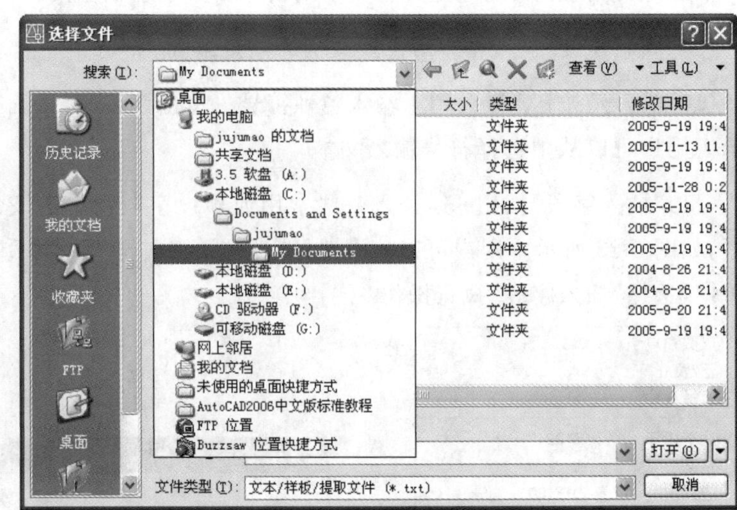

图 6-25 “选择文字”对话框

(3)查找与替换:选择“查找和替换”选项,将打开“查找和替换”对话框,可以进行多行文字的查找与替换。如图 6-26 所示。

其操作是:在弹出的“查找和替换”对话框中,在“查找内容(N)”框输入要查找文字,如“科学”,在“替换为(P)”框输入要替换的文字,如“工程”。若要逐个查找/替换,则可用 查找下一个(F) 和 替换(R) 按钮实现。若要全部替换,则单击 全部替换(A) 。之后提示“搜索已完成”,如图 6-27 所示。

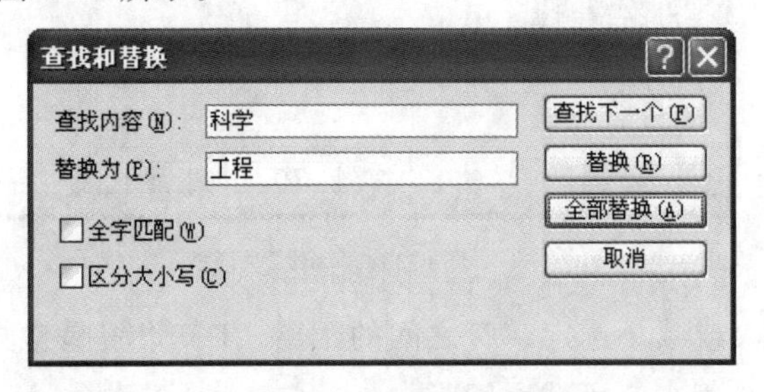

图 6-26 “查找和替换”对话框

图 6-27 “搜索已完成”提示

(4)删除格式:清除选定文字的粗体、斜体或下划线格式。

【例 6-1】在标注文字时,插入“Φ”符号。

【操作步骤】

(1)在“文字格式”工具栏上单击“选项”按钮,系统打开“选项”菜单。

(2)在“选项”菜单中选择“符号”,系统打开“符号”菜单,如图 6-28 所示。

在“符号”菜单中选择“其他”选项,将打开“字符映射表”对话框,其中包含当前字体的整个字符集,如图 6-29 所示。

(3)在打开“字符映射表”对话框中选中要插入的字符“Φ”,然后单击 选择(S) 按钮。选择要使用的所有字符,然后单击 复制(C) 按钮,关闭该对话框。

度数(D)	%%d
正/负(P)	%%p
直径(I)	%%c
几乎相等	\U+2248
角度	\U+2220
边界线	\U+E100
中心线	\U+2104
差值	\U+0394
电相位	\U+0278
流线	\U+E101
标识	\U+2261
初始长度	\U+E200
界碑线	\U+E102
不相等	\U+2260
欧姆	\U+2126
欧米加	\U+03A9
地界线	\U+214A
下标 2	\U+2082
平方	\U+00B2
立方	\U+00B3
不间断空格(S)	Ctrl+Shift+Space
其他(O)...	

图 6-28 “符号”菜单

图 6-29 “字符映射表”对话框

(4) 在多行文字编辑器中插入符号处右击鼠标,在弹出的快捷菜单上选择“粘贴”,即可将“Φ”符号插入到多行文字中。

6.3 注释性文字

工程图样需要以不同的比例表达工程对象,如 1∶2,1∶5,2∶1,1∶20 等。在图纸上用手工绘图,需要根据图形比例换算出图形对象的尺寸。但用计算机绘图可以避免尺寸换算的麻烦,而直接用 1∶1 绘制。当通过打印机或绘图仪输出图纸时,可设置不同的输出比例,获得不同比例的图纸。但图形中的注释对象也将随之放大或缩小,这可能不符合“国标”要求和使用要求。AutoCAD 2008 新增的注释性功能,可以解决这个问题。

注释对象即图形中添加的信息,如文字、标注、图案填充、公差、块、属性、符号、说明以及其他类型的说明符号或说明对象。

注释性即图形中注释对象的特性。该特性使用户可以自动完成注释缩放过程。将注释性对象定义为图纸高度,并在布局视口和模型空间中,按照由这些空间的注释比例设置确定的尺寸显示。用户不必在各个图层、以不同尺寸创建多个注释,而可以按对象或样式打开注释性特性,并设置布局或模型视口的注释比例。注释比例控制注释性对象相对于图形中的模型几何图形的大小。

本节只介绍注释性文字的设置与使用,其他注释性将在后续章节陆续介绍。

6.3.1 创建注释性样式

1. 创建新的注释性文字样式的步骤

(1)打开"文字样式"对话框(图 6-30)。

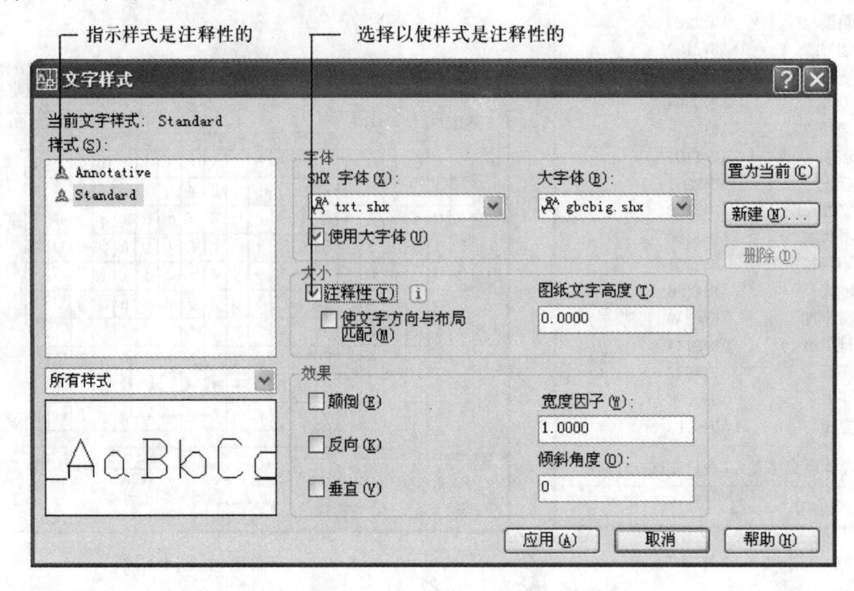

图 6-30 创建注释性文字样式

(2)在"文字样式"对话框中,单击"新建"按钮。

(3)在"新建文字样式"对话框中,输入新样式名称,单击"确定"按钮。

(4)在"文字样式"对话框中的"大小"下,选择"注释性"复选框。

(5)在"图纸文字高度"对话框中,输入文字将在图纸上显示的高度,单击"应用"按钮。可单击"置为当前"按钮以将此样式设置为当前文字样式。

(6)单击"关闭"按钮。

2. 将现有的非注释性文字样式更改为注释性的步骤

(1)打开"文字样式"对话框(见 6.1 节)。

(2)在"文字样式"对话框中的"样式"列表中,选择一个样式。其余步骤与创建新的注释性文字样式相同。如果文字样式名旁边有 图标表示该样式为注释性。

6.3.2 标注注释性文字

1. 用"DTEXT"命令标注注释性文字

(1)将对应的注释性文字样式置为当前。

(2)打开状态栏上的"注释比例"列表,如图 6-31 所示,设置注释比例。

(3)标注文字。

例如,将一注释性文字样式的图纸文字高度设置为 2.5,注释比例设置为 1∶5,则文字的实际高度为设置高度 2.5 的 5 倍 12.5。

2. 用"MTEXT"命令标注注释性文字

用多行文字标注文字时,可以通过"文字格式" 工具栏上的注释性按钮控制是否标注释性文字。

3. 用“特性”选项板更改注释性文字

通过将现有的非注释性文字的注释性特性由“否”改为“是”，可以将该文字更改为注释性文字。用“特性”选项板还可以修改图纸文字高度等其他内容，如图 6-32 所示。

此操作适用于通过文字样式或通过 TEXT 和 MTEXT 命令创建的所有文字。

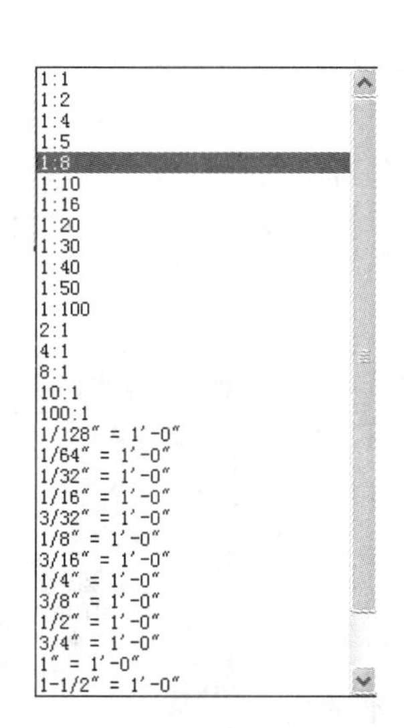

图 6-31　“注释比例”列表

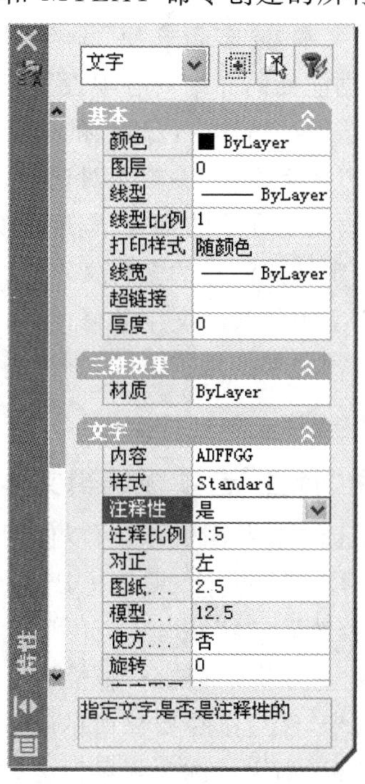

图 6-32　用“特性”选项板更改注释性

6.4　编辑文字

6.4.1　用“编辑”命令编辑文字

启用文本“编辑”命令，可以使用下列方法之一：

(1)命令行：DDEDIT(简捷命令：ED)。

(2)菜单：“修改”→“对象”→“文字”→“编辑”。

(3)工具栏：“文字”→“编辑” 。

【操作格式】

选择相应的方法输入命令后，AutoCAD 2008 提示：

命令：DDEDIT↙

选择注释对象或[放弃(U)]：

要求选择想要修改的文本，同时光标变为拾取框，用拾取框单击对象。

【提示、注意、技巧】

启用文本“编辑”命令，可直接双击需要编辑的文字，或者选中需要编辑的文字，打开右键快捷菜单，选择“编辑多行文字”或“编辑...”选项。

(1)编辑“单行文字”

如果选取的文本是用“单行文字”命令创建的单行文本，被选择的文字呈亮显状态，可对文字内容进行修改。也可以直接双击单行文字，亮显后进行修改。

(2)编辑“多行文字”

如果选取的文本是“多行文字”命令创建的多行文本，选取后则打开多行文字编辑器(图 6-19)，可根据前面的介绍对各项设置或内容进行修改。也可以双击在图样中已输入的多行文字，或者选中在图样中已输入的多行文字右击鼠标，从弹出的快捷菜单中选择“编辑多行文字”，打开“文字格式”编辑器对话框，然后编辑文字。

(3)如果修改文字样式的垂直、宽度比例与倾斜角度设置，这些修改将影响到图形中已有的用同一种文字样式注写的多行文字，这与单行文字是不同的。因此，对用同一种文字样式注写的多行文字中的某些文字的修改，可以重建一个新的文字样式来实现。

若要改变多行文字的对正方式，则可通过下拉菜单：“修改”→“对象”→“文字”→“对正”A或者利用右键快捷菜单进行操作。

6.4.2 用“特性”选项板编辑文本

启用“特性”选项板编辑文本，可以使用下列方法之一：

(1)命令行：DDMODIFY 或 PROPERTIES。

(2)菜单：“修改”→“特性”。

(3)工具栏：“标准”工具栏→“特性”。

选择上述命令，然后选择要修改的文字，AutoCAD 2008 打开“特性”选项板，利用该选项板可以方便地修改文本的内容、颜色、线型、位置、倾斜角度等属性，如图 6-33 所示。

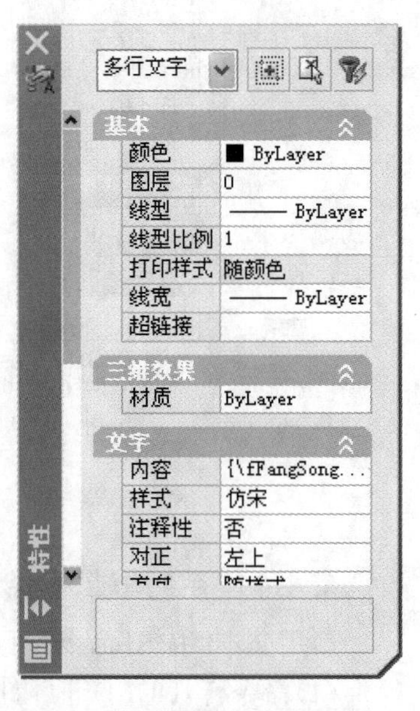

图 6-33 “特性”选项板的文字修改内容

【例 6-2】绘制如图 6-34 所示的标题栏。

【操作步骤】

1. 创建图层

在“图层管理器”中创建“粗实线层”颜色为默认色，线宽为 0.5 mm，其他不变；再新建一个细实线层，颜色、线宽为默认。

						HT150			××大学
									轴承座
标记	分数	分区	更改文件号	签名	年月日				
设计		年月日				阶段标记	质量	比例	
校对									09.06
审核									
工艺		批准				共 张	第 张		

图 6-34 标题栏

2. 绘制标题栏图框

按照有关标准或规范设定的尺寸，利用“直线”命令和相关编辑命令绘制标题栏图框，如图 6-35 所示。

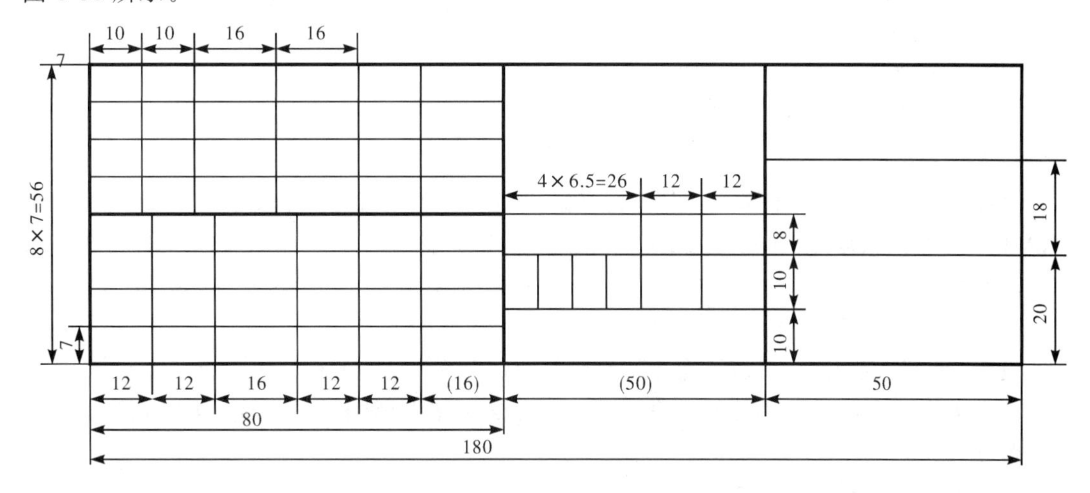

图 6-35　绘制标题栏图框

3. 输入文字

(1)设置文字样式

单击下拉菜单："格式"→"文字样式"命令，在打开的"文字样式"对话框，单击"新建"按钮，系统打开"新建文字样式"对话框，如图 6-36 所示。接受默认的"仿宋"文字样式名，确认退出。

图 6-36　"新建文字样式"对话框

系统回到"文字样式"对话框，在"字体名"下拉列表框中选择"仿宋_GB2312"选项；在"宽度因子"文本框中将宽度比例设置为"1"；将文字高度设置为"0"，如图 6-37 所示。单击"应用"按钮，然后再单击"关闭"按钮。此时"样式 1"被置为当前。

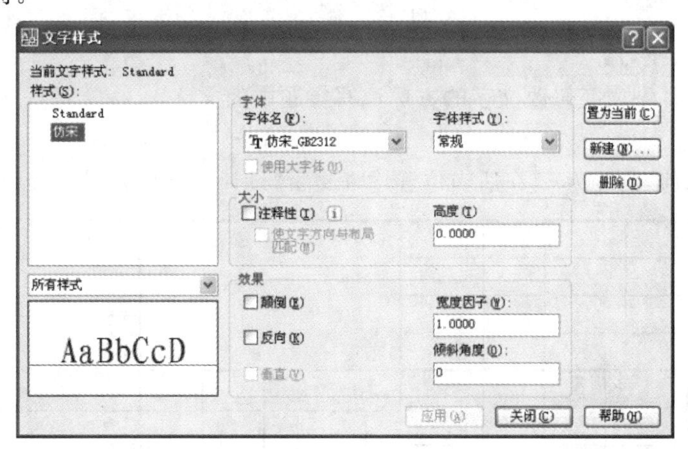

图 6-37　"文字样式"对话框

(2) 选择当前文字样式

选择"仿宋"为当前文字样式，如果"仿宋"刚刚设置，则默认置为当前。如果当前文字样式不是所需样式，则应按前面 6.1.2 所述方法将“仿宋”置为当前。

(3)设置文字对齐方式

输入“单行文字” 命令，命令行提示及操作如下：

命令：_dtext

当前文字样式：样式 1 当前文字高度：2.5000

指定文字的起点或[对正(J)/样式(S)]：J↙　　　　(选择对正)

输入选项

[对齐(A)/调整(F)/中心(C)/中间(M)/右(R)/左上(TL)/中上(TC)/右上(TR)/左中(ML)/正中(MC)/右中(MR)/左下(BL)/中下(BC)/右下(BR)]：MC↙　　(选择正中对齐方式)

(4) 标注文字(图 6-38)

设置“MC”文字对齐方式后，命令行继续提示：

指定文字的中间点：捕捉 *MN* 中点　　(标注文字前绘制一对角线，以其中点确定文字的起点)

指定文字高度<2.5>：7↙　　(确定文字的高度。2.5 为默认高度值)

指定文字的旋转角度<0>：↙　　(确定文字的旋转角度。默认角度为 0°)

输入文字：　轴承座　　(按类似的方法依次输入各标题栏中的文字)

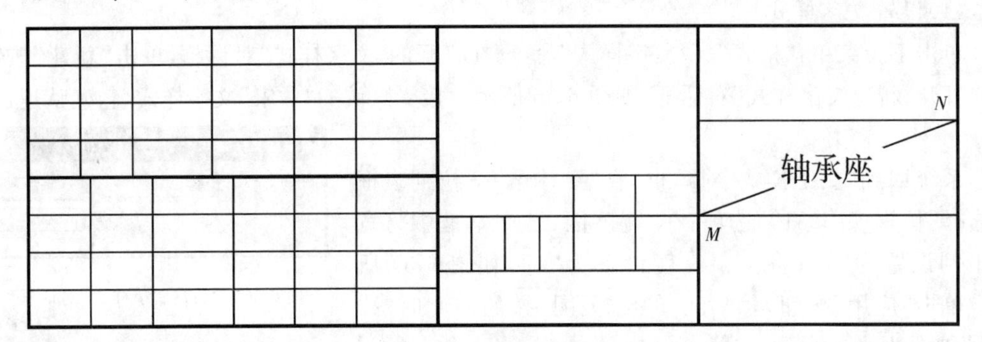

图 6-38　输入文字

【提示、注意、技巧】

也可以利用复制文字修改文字的方法注写标题中的文字。

(1)输入文字

文字样式同前，高度为 5，在适当位置输入文字“设计”，结果如图 6-39 所示。

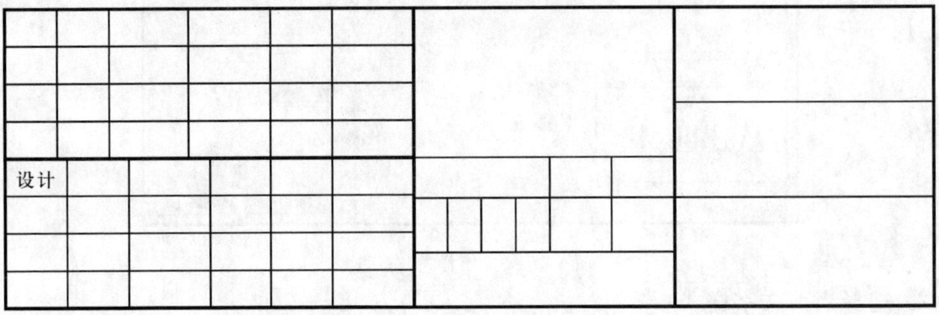

设计

图 6-39　移动文字到指定位置

(2)复制文字

用“copy”命令，选择对象“设计”，复制文字到指定位置，结果如图 6-40 所示。

设计	设计	设计	设计	设计	设计				设计
设计						设计	设计	设计	设计
设计									
设计									设计
设计						设计			

图 6-40　复制文字

(3)修改文字

选择复制的文字“设计”，单击使其亮显，右击鼠标，打开快捷菜单，选择“特性”命令，系统打开“特性”选项板，如图 6-41所示；亮选“文字”选项组中的“内容”选项，将其中的文字“设计”改为“校对”“审核”“工艺”，结果如图 6-42 所示；或双击文字，打开单行文字编辑器，修改文字，如图 6-43 所示。用“特性”选项板不仅可以修改文字的内容，还可以修改文字的大小、宽度比例等，完成本例题。

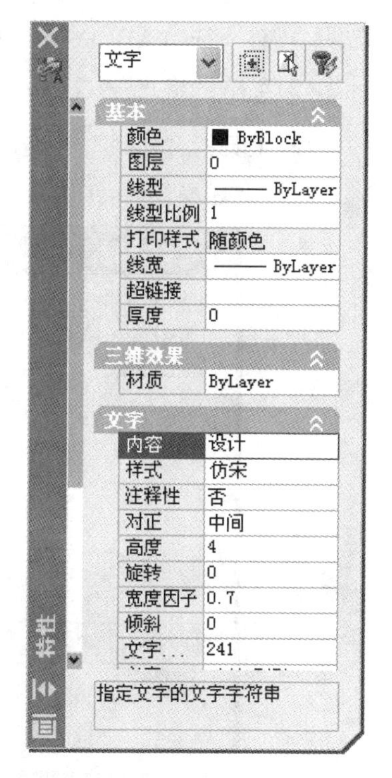

图 6-41　“特性”选项板

6.5　表　　格

使用 AutoCAD 提供的“表格”功能，创建表格就变得非常容易，用户可以直接插入设置好样式的表格，而不用绘制由单独的图线组成的栅格。

6.5.1　定义表格样式

表格样式是用来控制表格基本形状和间距的一组设置。和文字样式一样，所有 AutoCAD 图形中的表格都有和其相对应的表格样式。当插入表格对象时，AutoCAD 使用当前设置的表格样式，模板文件 ACAD. DWT 和 ACADISO. DWT 中定义了名叫 STANDARD 的默认表格样式。

设计	设计	设计	设计	设计	设计				设计
设计						设计	设计	设计	设计
→ 校对									
→ 审核									设计
→ 工艺						设计			

图 6-42　用“特性”选项板修改文字

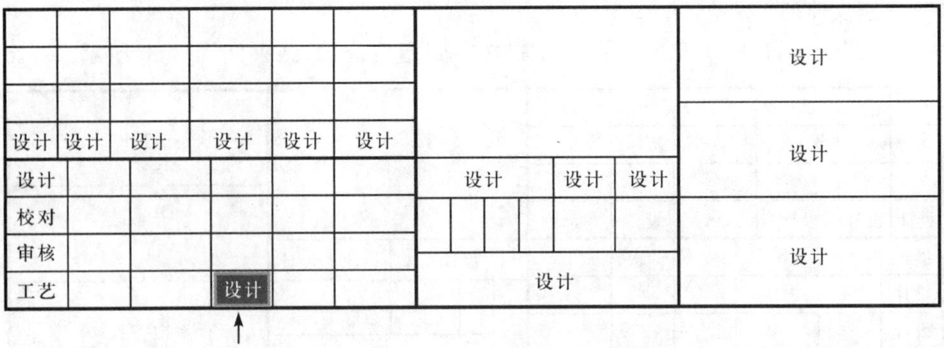

设计

设计 设计 设计 设计 设计 设计

设计 设计 设计 设计

校对

审核

设计

工艺 设计 设计

图 6-43 单行文字编辑器修改文字

启用“表格样式”命令,可以使用下列方法之一:

(1)命令行:TABLESTYLE。

(2)菜单:“格式”→“表格样式”。

(3)工具栏:“样式”→“表格样式” 。

执行上述操作后,AutoCAD 将打开“表格样式”对话框,如图 6-44 所示。

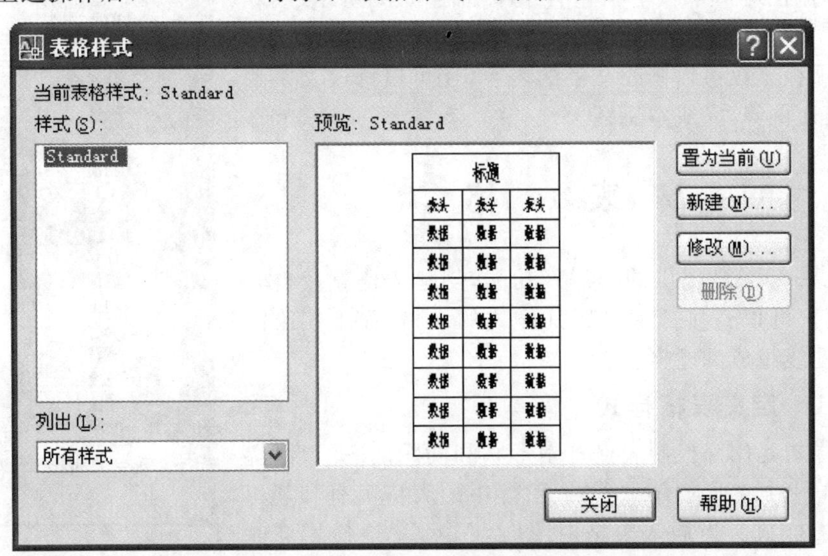

图 6-44 “表格样式”对话框

【选项说明】

1. 新建

单击“新建”按钮,系统打开“创建新的表格样式”对话框,如图 6-45 所示。输入新的表格样式名后,单击“继续”按钮,系统打开“新建表格样式”对话框,如图 6-46 所示,从中可以定义新的表格样式。

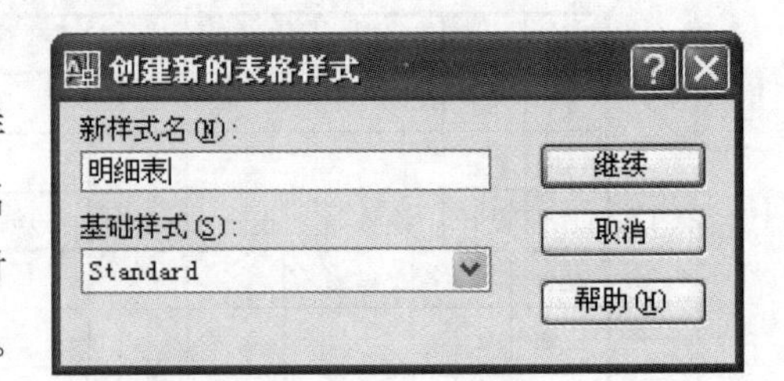

图 6-45 “创建新的表格样式”对话框

“新建表格样式”对话框中有 3 个选项组:“起始表格”“基本”“单元样式”,如图 6-46 所示。分别

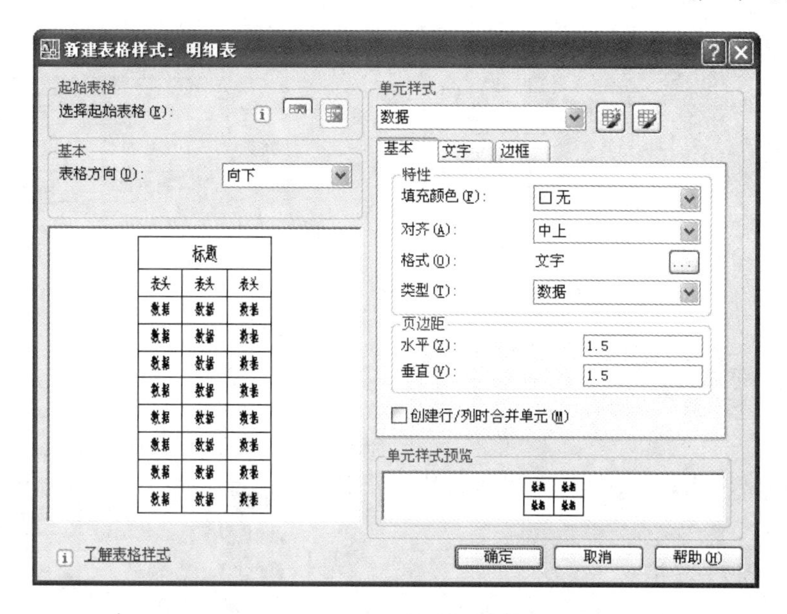

图 6-46 "新建表格样式"对话框

控制表格中数据、列标题和总标题的有关参数，如图 6-46 所示。下面介绍对话框中主要选项的功能。

(1)"起始表格"选项组

该选项组允许指定一个已有表格作为新建表格的起始表格。单击图标 ，用户可以在图形中指定一个表格用作样例来设置此表格样式的格式。

使用"删除表格"图标 ，可以将表格从当前指定的表格样式中删除。

(2)"基本"选项

"向下"将创建由上而下读取的表格。"向上"将创建由下而上读取的表格。

向下：标题行和列标题行位于表格的顶部。单击"插入行"并单击"下"时，将在当前行的下面插入新行。

向上：标题行和列标题行位于表格的底部。单击"插入行"并单击"上"时，将在当前行的上面插入新行。

(3)预览

显示当前表格样式设置效果的样例。

(4)"单元样式" 选项组

定义新的单元样式或修改现有单元样式。可以创建任意数量的单元样式。

① "单元样式" 菜单：显示表格中的单元样式。

② "创建单元样式"按钮 ：启动"创建新单元样式"对话框。

③ "管理单元样式"按钮 ：启动"管理单元样式"对话框。

④"单元样式"选项卡：设置数据单元、单元文字和单元边界的外观，取决于处于活动状态的选项卡："基本"选项卡、"文字"选项卡或"边框"选项卡，如图 6-47、6-48、6-49 所示。

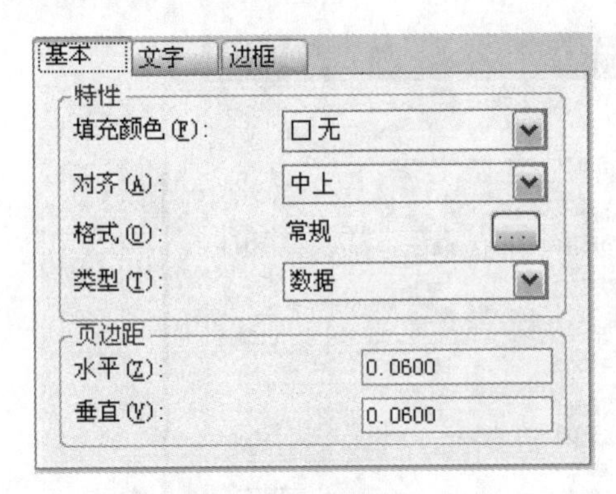

图 6-47 “基本”选项卡

图 6-48 “文字”选项卡

2. 修改

对当前表格样式进行修改，方法与新建表格样式相同。

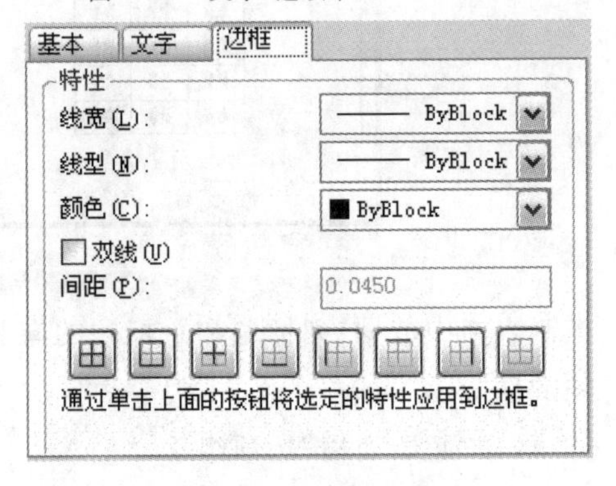

图 6-49 “边框”选项卡

6.5.2 创建表格

在设置好表格样式后，用户可以利用“表格”命令创建表格。

启用“表格”命令，可以使用下列方法之一：

(1)命令行：TABLE。

(2)菜单：“绘图”→“表格”。

(3)工具栏：“绘图”→“表格”。

执行上述命令，AutoCAD 将打开“插入表格”对话框，如图 6-50 所示。

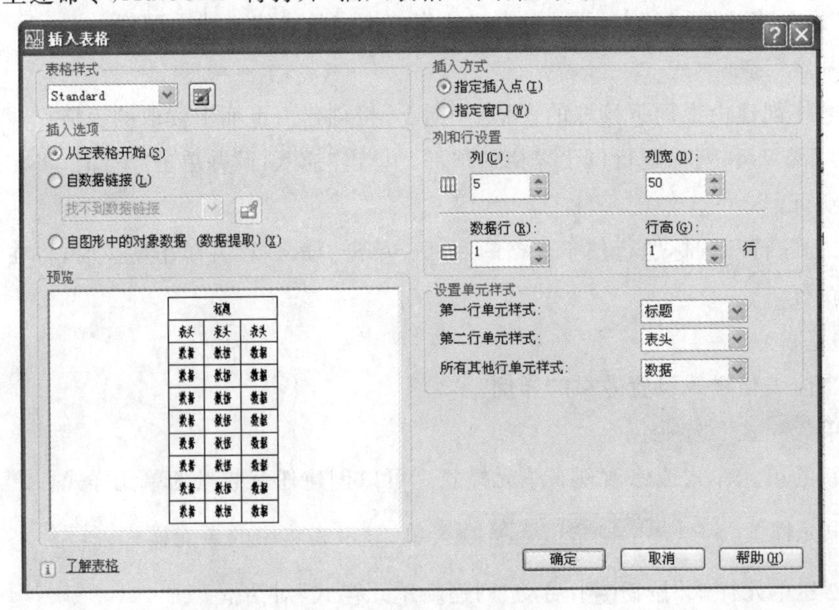

图 6-50 “插入表格”对话框

【选项说明】

1.“表格样式设置”选项组

可以在“表格样式名称”下拉列表框中选择一种表格样式，也可以单击后面的按钮新建或修改表格样式。

2.“插入方式”选项组

(1)“指定插入点”单选按钮：指定表格左上角的位置。可以使用定点设备，也可以在命令行中输入坐标值。如果表样式将表的方向设置为由下而上读取，则插入点位于表的左下角。

(2)“指定窗口”单选按钮：指定表格的大小和位置。可以使用定点设备，也可以在命令行输入坐标值。选定此选项时，行数、列数、列宽和行高取决于窗口的大小以及列和行的设置。

3.“列和行设置”选项组

指定列和行数目以及列宽与行高。

在“插入表格”对话框中进行相应的设置后，单击“确定”按钮，系统在指定的插入点或窗口自动插入一个空表格，并显示多行文字编辑器，用户可以逐行逐列输入相应的文字或数据，如图6-51所示。

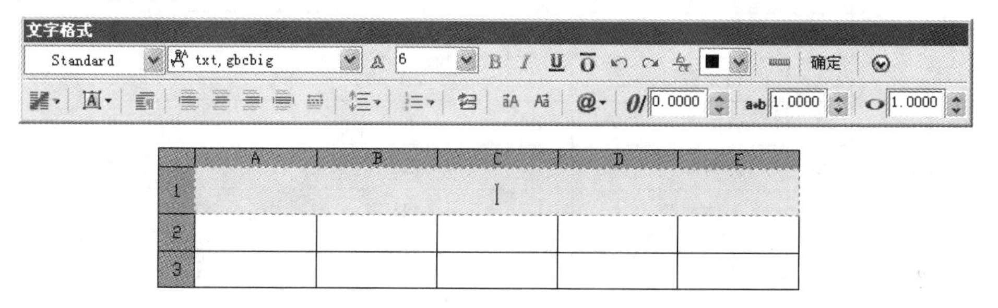

图6-51　空表格和多行文字编辑器

【提示、注意、技巧】

(1)在“插入方式”选项组中单击了“指定窗口”单选按钮后，列与行设置的两个参数中只能指定一个，另外一个由指定的窗口大小自动等分指定。

(2)在插入后的表格中选择某一个单元格，单击后出现夹点，如图6-52所示。激活某一夹点，基点通过移动基夹点可以改变单元格的大小。

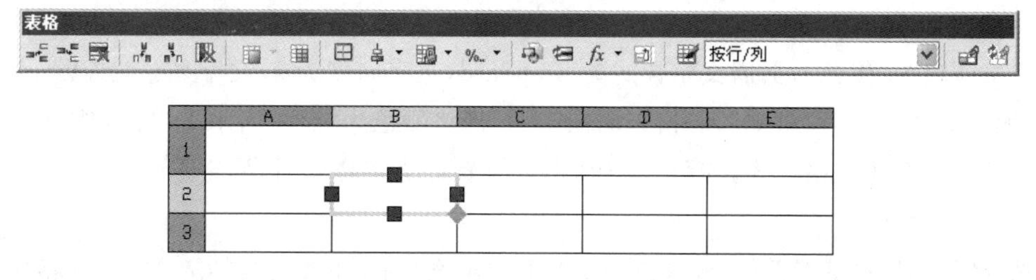

图6-52　选中单元格改变单元格的大小

6.5.3　表格文字编辑

启用“表格编辑”命令，可以使用下列方法之一：

(1)命令行：TABLEDIT。

(2)快捷菜单:选定表和一个或多个单元后,右击鼠标并选择快捷菜单上的"编辑文字"命令,如图 6-53 所示。

(3)在表单元内双击:执行上述命令,系统打开如图 6-51 所示的表格和多行文字编辑器,用户可以对指定单元格中的文字进行编辑。

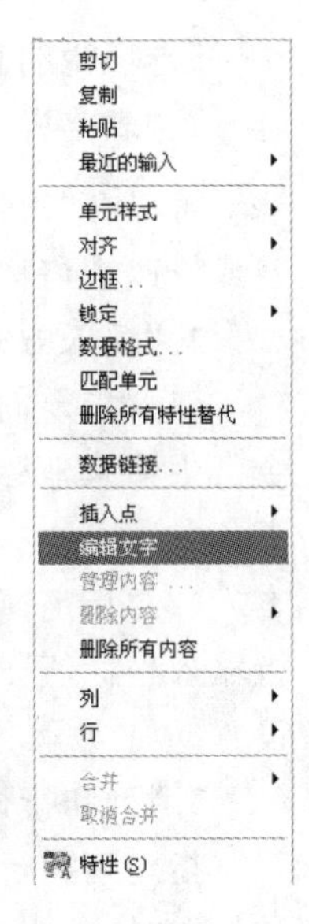

图 6-53 快捷菜单

【提示、注意、技巧】

(1)AutoCAD 2008 新增了链接表格数据功能,可以将表格数据链接至 Microsoft Excel 中的数据,数据链接可以包括指向整个电子表格、单个单元或多个单元区域的链接。

(2)可以更新链接的数据:对数据链接进行的更新是双向的,因此无须单独更新表格或外部电子表格。如果更改了链接的 Excel 电子表格中的数据,此更改将快速下载到已建立的数据链接。如果更改了图形中的链接表格,则可以将这些更改上传到外部电子表格,所有链接的信息均可轻松保持最新且同步。

【例 6-3】绘制如图 6-54 所示的明细表。

6	锁紧套	1	2A12	
5	调节齿轮	1	名称	
4	锁紧螺母	1	2A12	
3	垫圈	1	Q235	
2	内衬圈	1	ZAISi12	
1	架体	1	ZAISi12	
序号	名称	件数	材料	备注

图 6-54 明细表

【操作步骤】

(1)设置表格样式

选择"格式"→"表格样式"命令,打开"表格样式"对话框如图 6-44 所示。

(2)修改表格样式

单击"修改"按钮,系统打开"修改表格样式"对话框,在该对话框中进行如下设置:数据文字样式为 Standard,文字高度为 5,文字颜色为"无",填充颜色为"无",对齐方式为"正中",栅格颜色为"黑色";页眉文字样式为 Standard,文字高度为 5,文字颜色为"无",填充颜色为"无",对齐方式为"正中";表格方向向"上",栅格颜色为"黑色",水平单元边距和垂直单元边距都为 1.5 的表格样式,如图 6-55 所示。设置好文字样式后,确定退出。

(3)创建表格

选择"绘图"→"表格"命令,系统打开"插入表格"对话框,设置插入方式为"指定插入点";行和列设置为 5 行 5 列,列宽为 10,行高为 1 行;第一行单元样式为"表头", 其他单元样式为"数据",如图 6-56 所示。

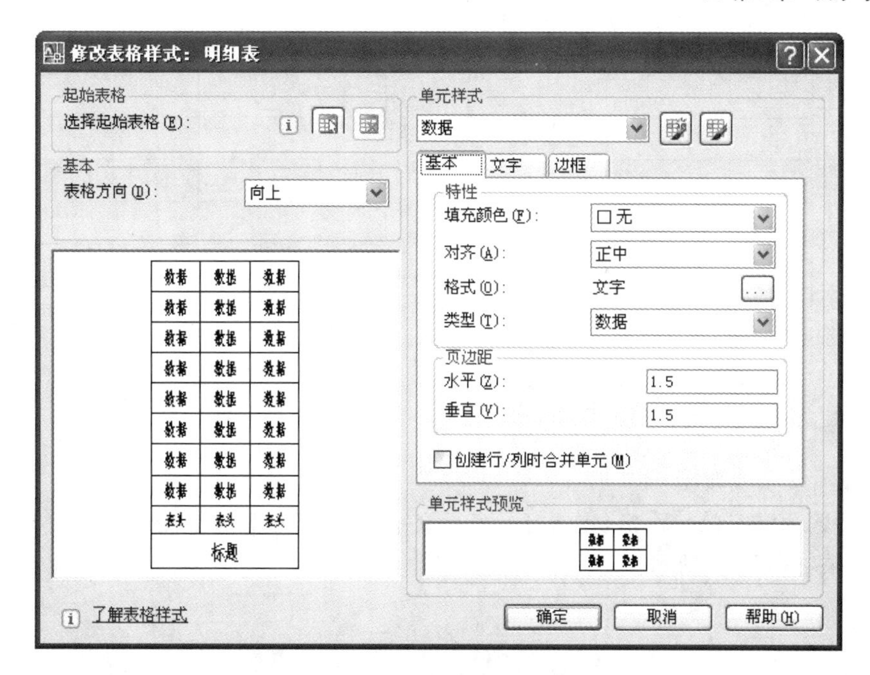

图 6-55　“修改表格样式”对话框

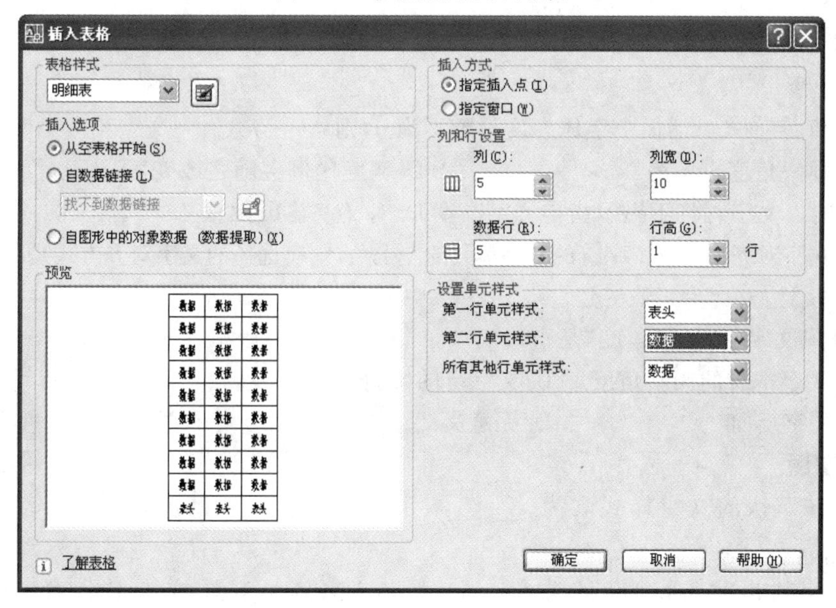

图 6-56　“插入表格”对话框

确定后，在绘图平面指定插入点，则插入如图 6-57 所示的空表格，并显示多行文字编辑器，不输入文字，直接在多行文字编辑器中单击“确定”按钮退出。

(4)设置单元格

单击第 2 列中的任一个单元格，出现钳夹点后，将右边钳夹点向右拖动，使列宽变成 30，用同样方法，将第 4 列和第 5 列的列宽设置为 30 和 15。结果如图 6-58 所示。

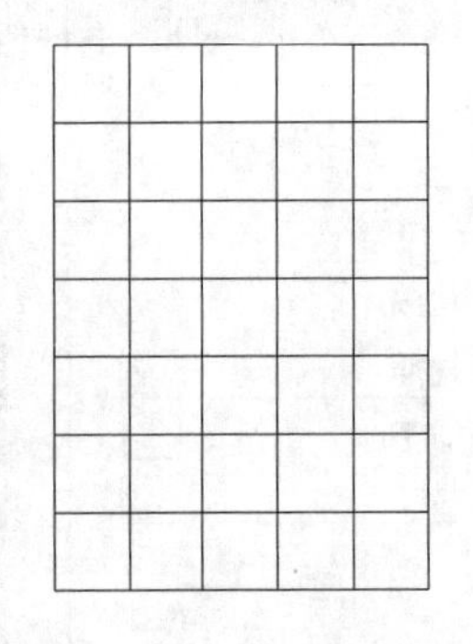

图 6-57　多行文字编辑器

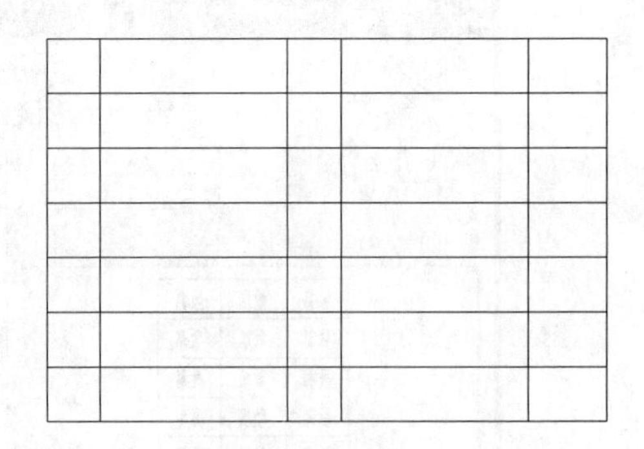

图 6-58　改变列宽

(5) 输入文字或数据

双击要输入文字的单元格，重新打开多行文字编辑器，在各单元中输入相应的文字或数据，最终结果如图 6-54 所示。

习　题

一、思考题

1. 选择题

(1)在文字样式对话框中字体高度设置不为 0，则(　　)。

A. 倾斜角度也不为 0　　B. 宽度比例会随之改变

C. 输入文字时将不提示指定文字高度　D. 对文字输出无意义

(2)将文字对齐在第一个字符的文字单元的左上角，则应选择的文字对齐方式是(　　)。

A. 右上　　B. 左上　　C. 中上　　D. 左中

(3)设置文字的"倾斜角度"是指(　　)。

A. 文字本身的倾斜角度　B. 文字行的倾斜角度

C. 文字反向　　D. 无意义

2. 填空题

(1)系统默认的文字样式名为 ______、字体为 ______、高度是 ______、宽度比例是 ______。

(2)文字输出时，通过键盘输入%%c、%%d、%%p，在图样中对应输出的符号为 ______、______ 和 ______。

(3)"文字格式"工具栏常用的选项有 ______、______、______。

3. 简答题

(1)如何创建文字样式？

(2)在多行文字编辑器中如何编辑文字？

(3)在图样中怎样编辑单行文字和多行文字？

(4)如何注写堆叠文字？

二、练习题

1. 注写下列文字

定义一个名为“实用”的文字样式，字体为楷体，字高为10，倾斜角度为15°。

欢迎使用 AutoCAD 2008 中文版实用教程

2. 标注技术要求

定义一个名为“技术要求”的文字样式，字体为“仿宋_GB2312”，字体高度为0，倾斜角度为0°。输入时“技术要求”字体高度为7；其余条款字体高度为5。

技术要求

(1)齿轮安装后，用手转动传动齿轮时，应灵活旋转。

(2)两齿轮轮齿的啮合面应占齿长的$\frac{4}{3}$以上。

3. 输入下列文字、符号

37°C　　　36±0.07　　　$\Phi 60\frac{H7}{f6}$

4. 插入下列符号

¥　　　$　　　#　　　§　　　&

5. 绘制标题栏

用绘制图线的方法，完成图6-59所示标题栏的绘制，并用单行文字注写其中的文字。并保存于“D:\平面图形”，文件名为“图6-59 标题栏”，以备今后使用。

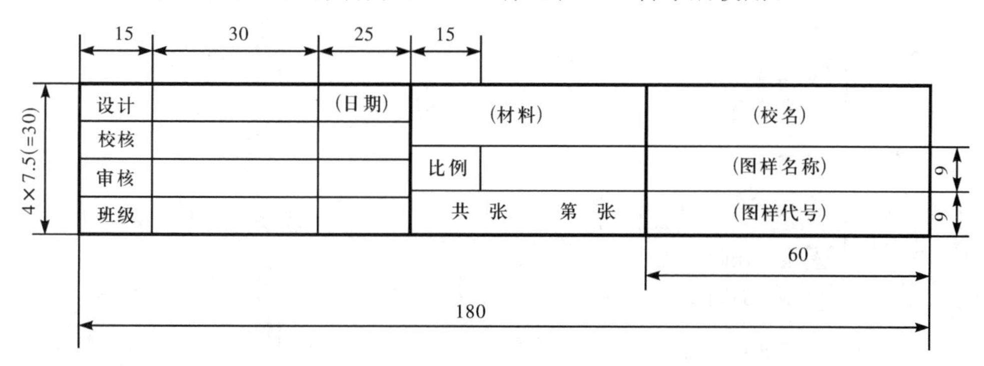

图6-59 标题栏

6. 绘制表格

用插入表格的方法，完成图6-60所示齿轮参数表的绘制，并注写其中的文字。

模数 m	1.5
齿数 Z	34
齿形角 a	20°
精度等级	7FL

图6-60 齿轮参数表

第7章

尺寸标注

尺寸标注是设计制图中一项十分重要的工作,图样中各图形元素的位置和大小要靠尺寸来确定。AutoCAD 2008 版为此提供了一套完善的尺寸标注命令,使得尺寸标注和编辑更为方便和灵活。在 AutoCAD 中标注尺寸,可通过操作下拉菜单“标注”和工具栏“标注”中尺寸标注命令来完成,如图 7-1、图 7-2 所示。

图 7-1 “尺寸标注”下拉菜单

图 7-2 “尺寸标注”工具栏

7.1　尺寸标注概述

AutoCAD 的绘图过程通常可分为四个阶段，即绘图、注释、查看和打印。在注释阶段，设计者要添加尺寸、文字、数字和其他符号以表达有关设计要求。因此，在对工程图样进行标注前，了解尺寸标注的规则及其组成是非常必要的。

7.1.1　尺寸标注的规则

使用 AutoCAD 对绘制的图形进行尺寸标注时，应遵循国家制图标准有关尺寸标注法的规定。图样中的尺寸以毫米(mm)为单位时，不需要标注计量单位的代号或名称。如采用其他单位，则必须注明相应的计量单位的代号或名称，如 60°(度)、20 cm(厘米)。物体的每一尺寸，一般只标注一次，并应标注在反映物体形状结构最清晰的图形上。

7.1.2　尺寸标注的组成

一个完整的尺寸标注应由尺寸数字、尺寸线、尺寸界线和箭头符号等组成，如图 7-3 所示。

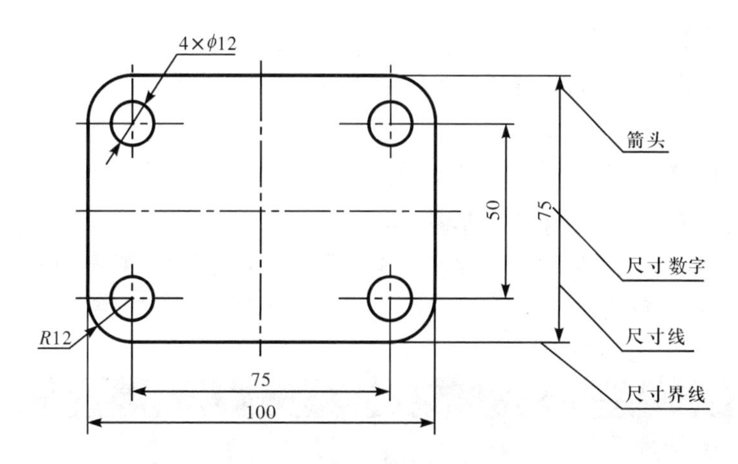

图 7-3　尺寸的组成

在 AutoCAD 中，各尺寸组成的主要特点如下：

(1) 尺寸数字：用于表明机件的实际测量值。尺寸数字应按标准字体书写，在同一张图纸上的字高要一致。尺寸数字不可被任何图线所通过，否则必须将该图线断开。如图线断开影响图形表达时，需调整尺寸标注的位置。

(2) 尺寸界线：应从图形的轮廓线、轴线、对称中心线引出，同时，轮廓线、轴线、对称中心线也可以作为尺寸界线。尺寸界线应使用细实线绘制。

(3) 尺寸线：用于表示标注的范围。AutoCAD 通常将尺寸线放置在测量区域中。如果空间不足，则将尺寸线或文字转移到测量区域外部，这取决于标注样式的放置规则。对于角度标注，尺寸线是一段圆弧。尺寸线也应使用细实线绘制。

(4) 箭头：箭头显示在尺寸线的末端，用于指出测量的开始和结束位置。AutoCAD 默认使用的符号为闭合的填充箭头。此外，系统还提供了多种箭头符号，如建筑标记、小斜线箭头、点和斜杠等。

7.2 设置尺寸标注样式

标注样式是尺寸标注对象的组成方式。诸如标注文字的位置和大小,箭头的形状等。设置尺寸标注样式可以控制尺寸标注的格式和外观,有利于执行相关的绘图标准。

7.2.1 设置标注图层

在 AutoCAD 中编辑、修改工程图样时,由于各种图线与尺寸混杂在一起,因此其操作非常不方便。为了便于控制尺寸标注对象的显示与隐藏,在 AutoCAD 中应为尺寸标注创建独立的图层,使其与图形的其他信息分开,以便于操作。

7.2.2 设置尺寸标注的文字样式

为了方便在尺寸标注时修改所标注的各种文字,应建立专用于尺寸标注的文字样式。在建立尺寸标注文字类型时,应将文字高度设置为 0,如果文字类型的默认高度值不为 0,则“标注样式”对话框中“文字”选项卡中的“文字高度”命令将不起作用。建立用于尺寸标注的文字样式其操作步骤如前面第 6 章所述。

7.2.3 管理标注样式

启用“标注样式”命令,可以使用下列方法之一:

(1)命令:DIMSTYLE。

(2)菜单:“格式”→“标注样式”。

(3)工具栏:“标注”→“标注样式”。

执行上述操作,AutoCAD 打开“标注样式管理器”对话框。如图 7-4 所示。利用此对话框可方便直观地建立新的标注样式、修改已有的标注样式、将尺寸标注样式置为当前、进行样式重命名以及删除样式等。

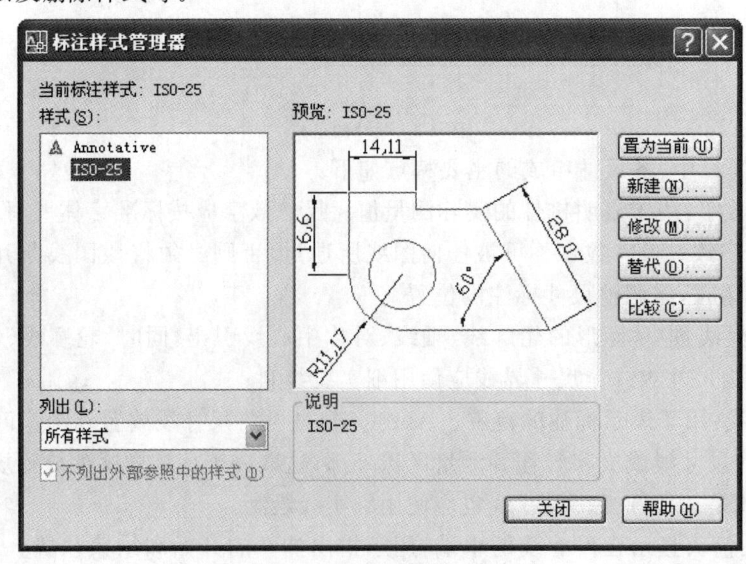

图 7-4 “标注样式管理器”对话框

【选项说明】

(1)“当前标注样式”标签

显示当前标注样式的名称，AutoCAD 默认“ISO-25” 为当前尺寸标注样式。

(2)“样式(S)”列表框

列出已有标注样式，AutoCAD 有“ Annotative”和“ISO-25”两个默认的标注样式。“ Annotative”为注释性标注样式。

(3)“列出”下拉列表框

确定在“样式(S)”列表框中列出“所有样式”还是“正在使用的样式”。

(4)“预览” 窗口

预览“样式(S)”列表框中所选标注样式的标注效果。

(5)“说明” 窗口

显示“样式(S)”列表框中所选标注样式的有关说明。

(6)“置为当前” 按钮

在“样式(S)”列表框中选定一标注样式置为当前。

【提示、注意、技巧】

利用“样式”工具栏中的“标注样式控制”下拉列表框，选择某一样式置为当前。

(7)“新建” 按钮

创建新的标注样式。单击“新建”按钮，系统弹出图 7-5 所示的“创建新标注样式”对话框。在“新样式名”编辑框中输入新的样式名称如“标注样式”；在“基础样式”下拉列表框中选择基础样式，在新样式中包含了基础样式的所有设置，默认基础样式为 ISO-25；在“用于”下拉列表框中选择 “所有标注”选项，以应用于各种尺寸类型的标注；单击“继续”按钮，系统弹出图 7-6 所示的“新建标注样式”对话框。

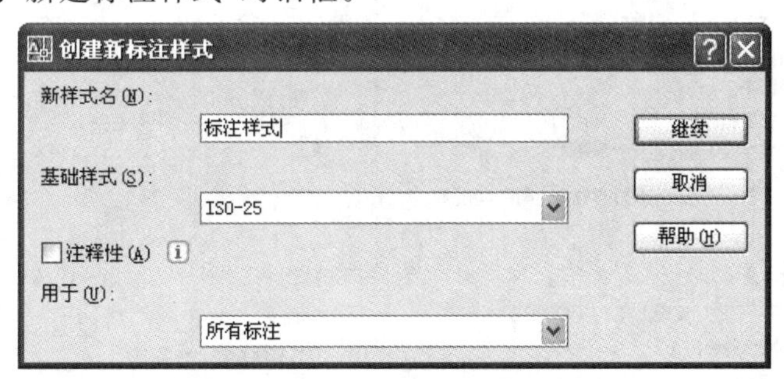

图 7-5　“创建新标注样式”对话框

对话框中有 “线”“符号和箭头”“文字”“调整”“主单位”“换算单位”“公差” 七个选项卡，各选项的详细操作在 7.2.4 中详细叙述。

(8)“修改” 按钮

修改选定的标注样式。单击“修改”按钮，系统弹出“修改标注样式”对话框，其选项与“新建标注样式”对话框相同，如图 7-7 所示。一个标注样式被修改后，用该标注样式标注的尺寸将被全部修改。

(9)“替代” 按钮

设置当前样式的替代样式。

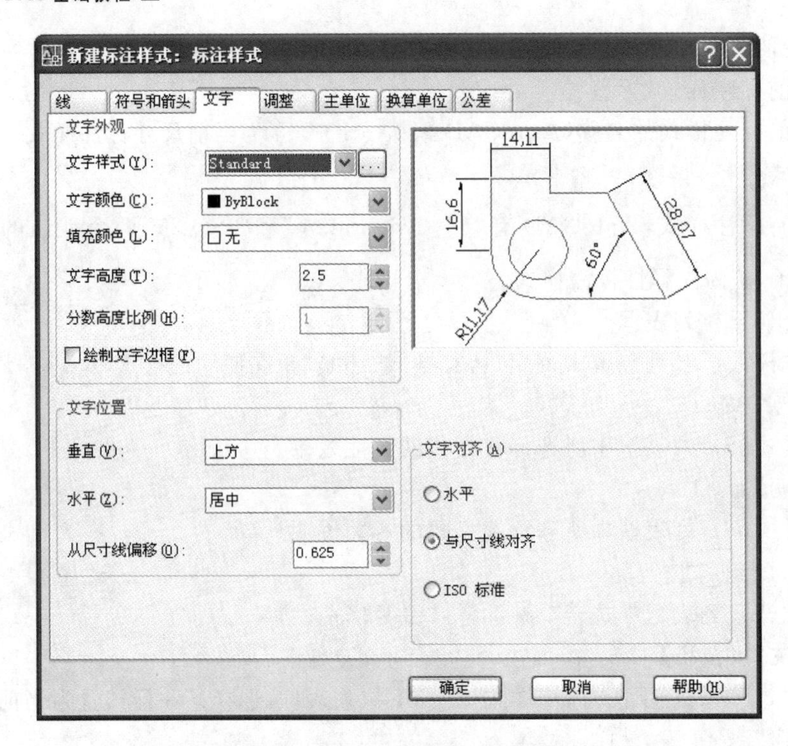

图 7-6 “新建标注样式”对话框

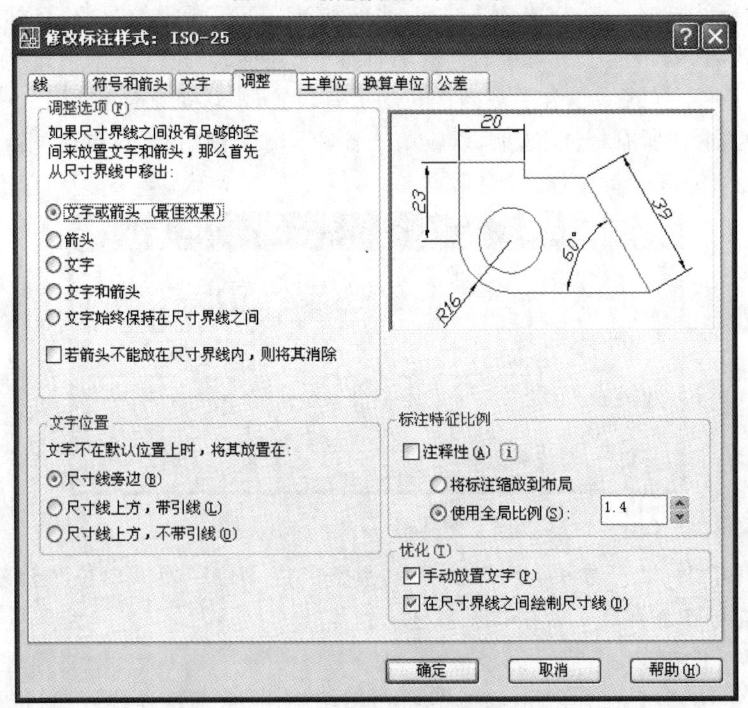

图 7-7 “修改标注样式”对话框

（10）“比较” 按钮

对两个标注样式进行比较。单击“比较”按钮，系统弹出图 7-8 所示“比较标注样式” 对话框。

在对话框中的“比较”和“与”两个下拉列表框中，指定不同的样式，会在对话框的窗口中列出两种样式的区别，如图 7-8(a)所示。

如果在对话框中的“比较”和“与”两个下拉列表框中，指定同一种样式，会在对话框的窗口中列出该样式的所有特性，如图 7-8(b)所示。

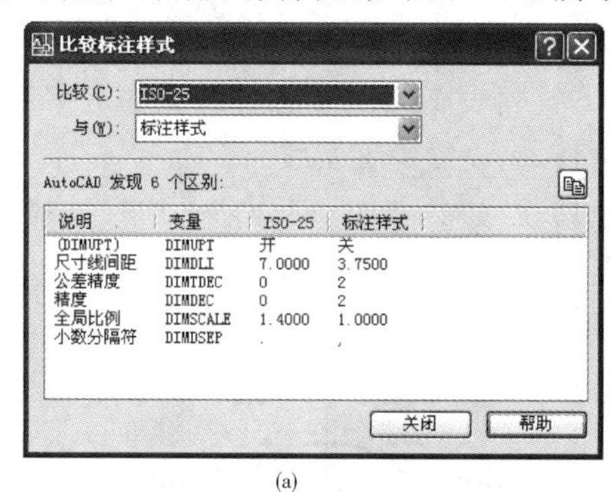

(a)

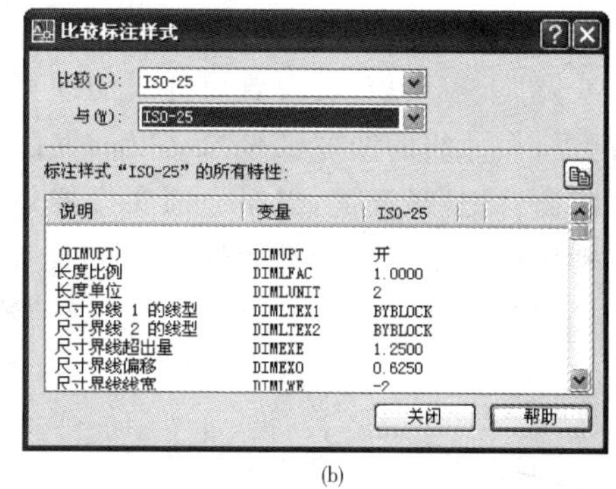

(b)

图 7-8　“比较标注样式”对话框

7.2.4　新建或修改标注样式

用“新建标注样式”和“修改标注样式”对话框设置尺寸标注，两对话框的选项相同。如图 7-6、图 7-7 所示。

【选项说明】

1.“线”选项卡

在“新建标注样式”对话框中，第 1 个选项卡是“线”，如图 7-9 所示。该选项卡用于设置尺寸线、尺寸界线的形式和特性，现分别进行说明。

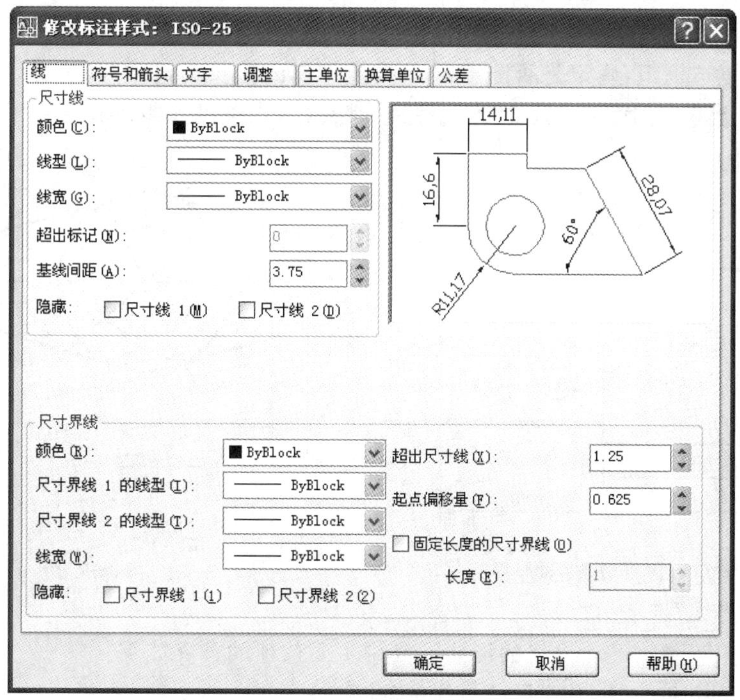

图 7-9　“线”选项卡

(1)“尺寸线”选项组

设置尺寸线的特性。其中主要选项的含义如下：

①“颜色”下拉列表框：设置尺寸线的颜色。可直接输入颜色名字，也可从下拉列表中选择，如果选取“选择颜色”，AutoCAD 打开“选择颜色”对话框供用户选择其他颜色。默认情况下，尺寸线的颜色是“ByBlock”(随块)。

②“线宽”下拉列表框：设置尺寸线的线宽，下拉列表中列出了各种线宽的名字和宽度。默认情况下，尺寸线的线宽都是“ByBlock”(随块)。应设置为细实线。

③“超出标记”微调框：当尺寸箭头设置为短斜线、建筑标记、积分箭头或尺寸线上无箭头时，可利用此微调框设置尺寸线延长到尺寸界线外面的长度。图 7-10(a)、图 7-10(b)分别展示出了超出标记为 0 和不为 0 时的标注效果。

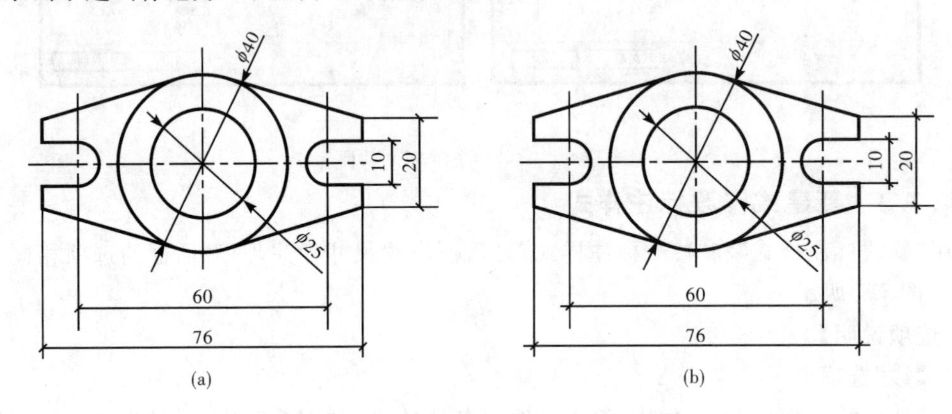

图 7-10　超出标记为 0 和不为 0 时的标注效果

④“基线间距”微调框：设置以基线方式标注尺寸时，相邻两尺寸线之间的距离，如图 7-11 所示。

⑤“隐藏”复选框组：确定是否隐藏尺寸线及相应的箭头。选中“尺寸线 1”复选框表示隐藏第一段尺寸线，选中“尺寸线 2”复选框表示隐藏第二段尺寸线，如图 7-12 所示。

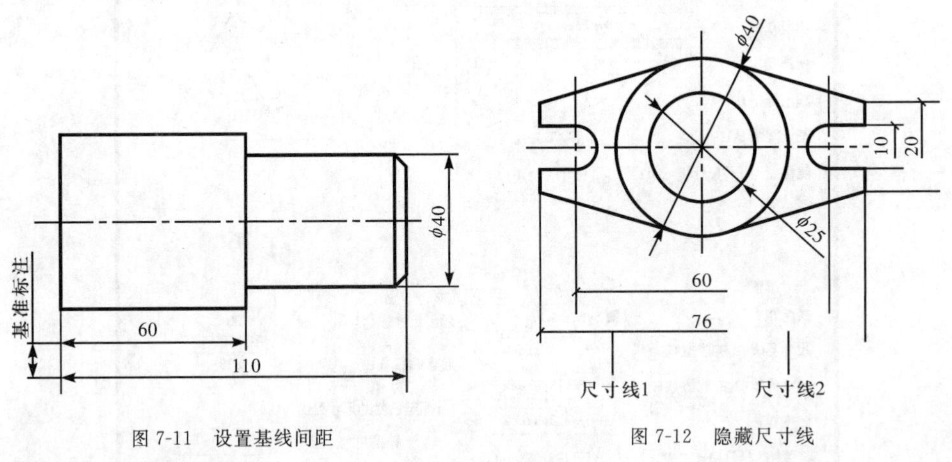

图 7-11　设置基线间距　　　　图 7-12　隐藏尺寸线

(2)“尺寸界线”选项组

该选项组用于确定尺寸界线的形式。其中主要选项的含义如下：

①“颜色”下拉列表框：设置尺寸界线的颜色。

②“线宽”下拉列表框：设置尺寸界线的线宽。

③“超出尺寸线”微调框：确定尺寸界线超出尺寸线的距离，如图 7-13 所示。

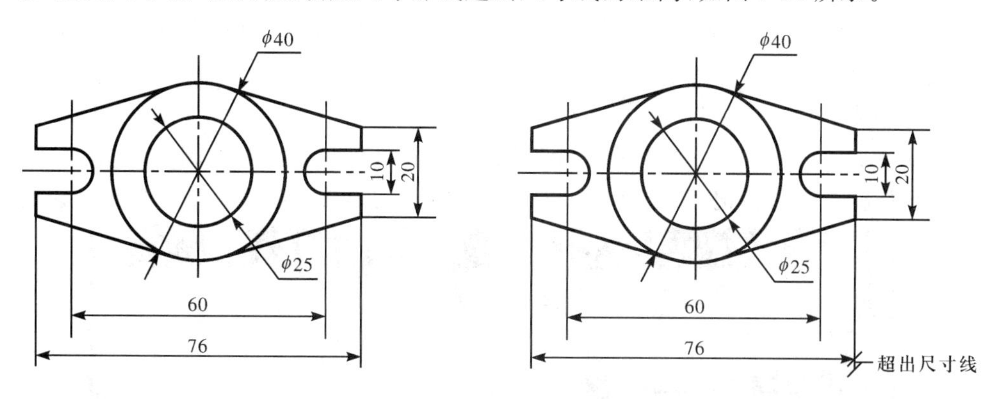

图 7-13　超出尺寸线的距离为 0 与不为 0 时的标注效果

④“起点偏移量”微调框：确定尺寸界线的实际起始点相对于指定的定义点的距离，如图 7-14 所示。

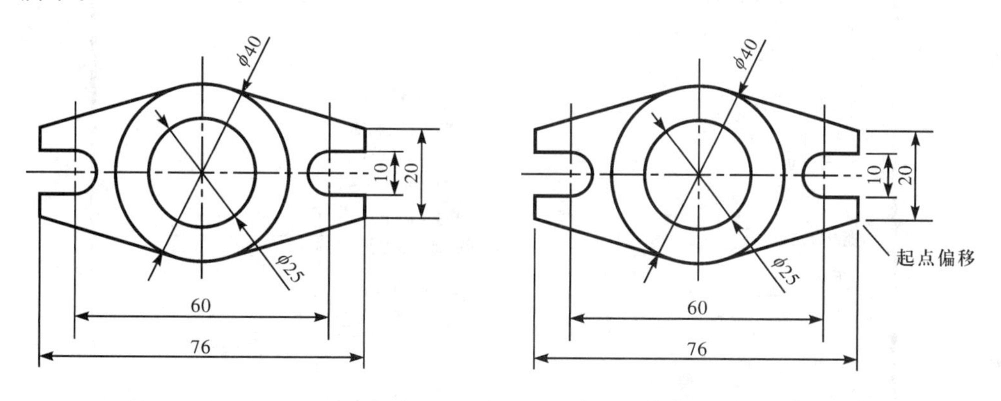

图 7-14　起点偏移量为 0 与不为 0 时的标注效果

⑤“隐藏”复选框组：确定是否隐藏尺寸界线。选中“尺寸界线 1”复线框表示隐藏第一段尺寸界线，选中“尺寸界线 2”复选框表示隐藏第二段尺寸界线。可以控制第 1 条和第 2 条尺寸界线的可见性，定义点不受影响。图 7-15(a)所示的是隐藏尺寸界线 1 时的状况；图 7-15(b)所示的是隐藏尺寸界线 2 时的状况。尺寸界线 1，2 与标注时的起点有关。

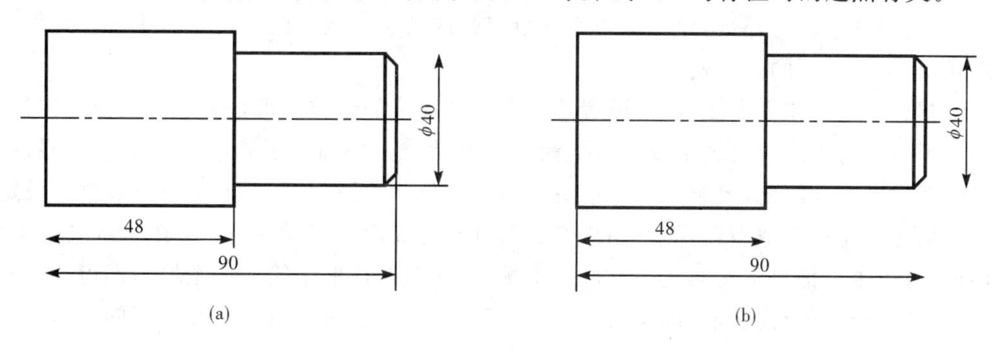

图 7-15　隐藏尺寸界线

⑥“固定长度的尺寸界线”复选框：选中该复选框，系统以固定长度的尺寸界线标注尺

寸。可以在下面的“长度”微调框中输入长度值。

(3)尺寸样式显示框

在“新建标注样式”对话框的右上方，是一个尺寸样式显示框，该框以样例的形式显示用户设置的尺寸样式。

2.“符号和箭头”选项卡

在“新建标注样式”对话框中，第 2 个选项卡就是“符号和箭头”，如图 7-16 所示，该选项卡用于设置箭头、圆心标记、弧长符号和半径折弯标注的形式和特性。现分别进行说明。

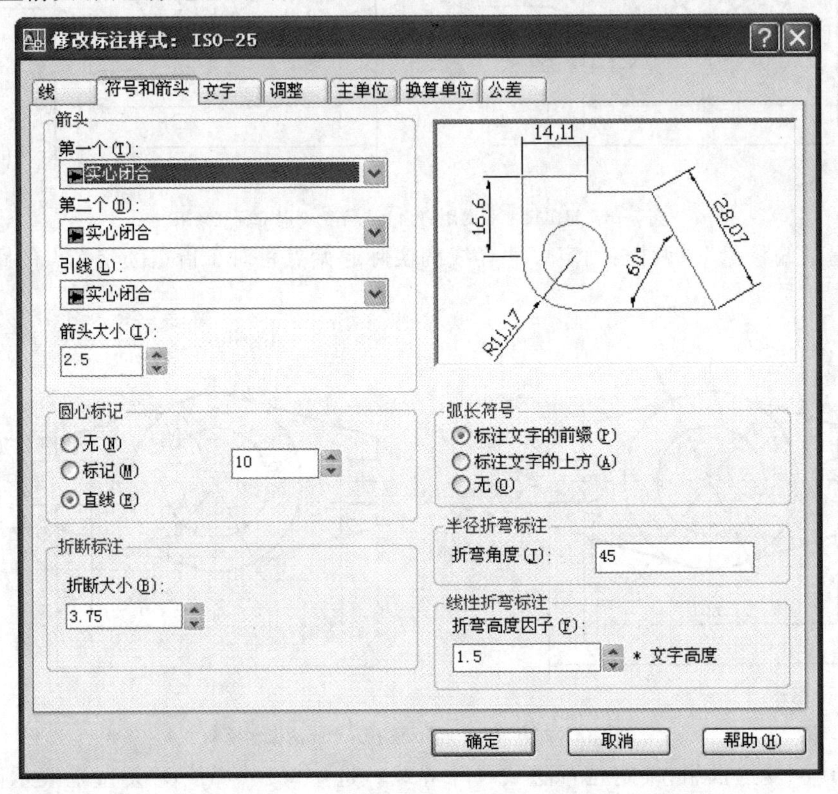

图 7-16 “符号和箭头”选项卡

(1)“箭头”选项组

设置尺寸箭头的形式，AutoCAD 提供了多种多样的箭头形状，列在“第一个”和“第二个”下拉列表框中。另外，还允许采用用户自定义的箭头形状。两个尺寸箭头可以采用相同的形式，也可采用不同的形式。

①“第一个”下拉列表框：用于设置第一个尺寸箭头的形式。可在下拉列表框中选择，其中列出了各种箭头形式的名字以及各类箭头的形状。一旦确定了第一个箭头的类型，第二个箭头则自动与其匹配，要想第二个箭头取不同的形状，可在“第二个”下拉列表框中设定。

如果在下拉列表框中选择了“用户箭头”，则打开如图 7-17 所示的“选择自定义箭头块”对话框，可以事先把自定义的箭头存成一个图块，在此对话框中输入该图块名即可。

②“第二个”下拉列表框：确定第二个尺寸箭头的形式，可与第一个箭头不同。

③“引线”下拉列表框：确定引线箭头的形式，与“第一个”设置类似。

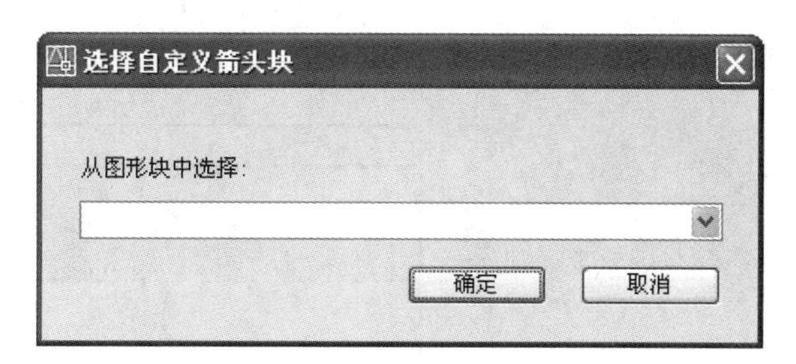

图 7-17　“选择自定义箭头块”对话框

④“箭头大小”微调框：设置箭头的大小。

(2)“圆心标记”选项组

设置半径标注、直径标注和中心标注中的中心标记和中心线的形式。其中各项的含义如下：

①无：既不产生中心标记，也不产生中心线。

②标记：

在圆心位置以短十字线标注圆心，该十字线的长度由“大小”编辑框设定。

在“标注”工具栏中单击按钮，然后在图样中单击圆或圆弧，即可将圆心标记放在圆或圆弧的圆心，如图 7-18 所示的小圆的圆心标记。

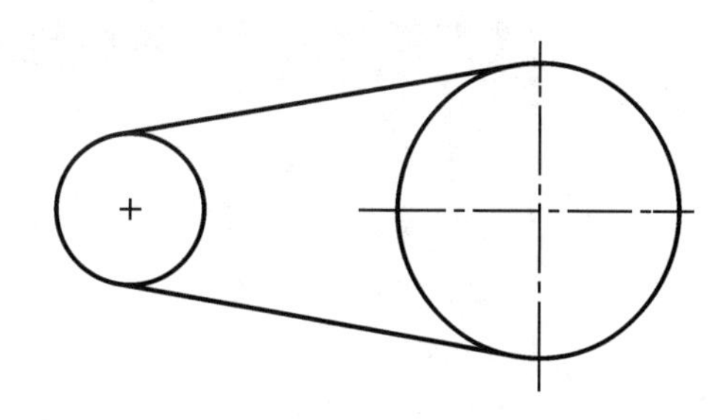

图 7-18　圆心标记

③直线：也是在圆心位置以短十字线标注圆心，但在圆心标记位置的延长线上绘制出横平竖直的直线，即绘制中心线，且延伸到圆外，如图 7-18 所示的大圆的圆心标记。

④“大小”微调框：设置中心标记的大小。

(3)“弧长符号”选项组

控制弧长标注中圆弧符号是显示。有 3 个单选按钮：

①标注文字的前缀：将弧长符号放在标注文字的前面，如图 7-19(a)所示。

② 标注文字的上方：将弧长符号放在标注文字的上方。如图 7-19(b)所示。

③无：不显示弧长符号，如图 7-19(c)所示。

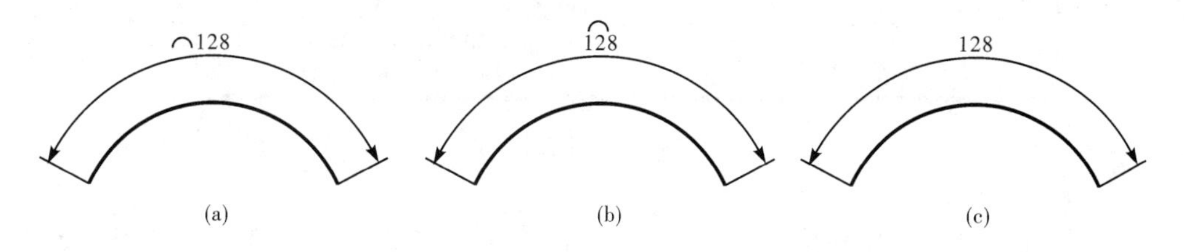

图 7-19　弧长符号

(4)“半径折弯标注”选项组

控制折弯(Z 字形)半径标注的显示。折变半径标注通常在中心点位于页面外部或较远时创建。在“折弯角度”文本框中可以输入连接半径标注的折线的角度。如图 7-20 所示。

(5)“线性折弯标注”选项组

控制折弯(Z 字形)线性标注的显示。折变线性标注通常应用在图样距离被缩短时。在

“折弯高度因子”文本框中可以输入折弯符号相对文字高度的比例。如图 7-21 所示。

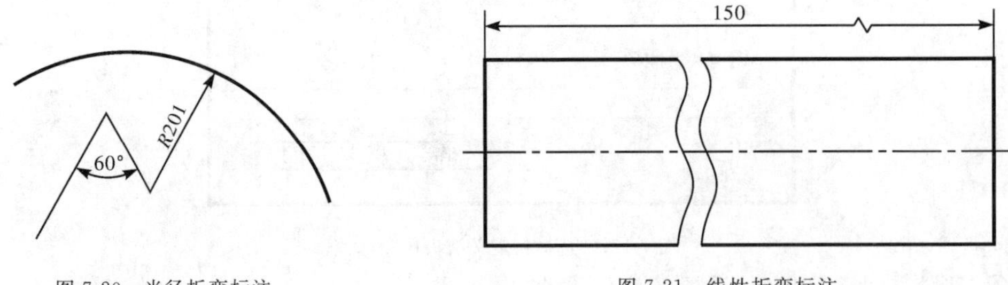

图 7-20　半径折弯标注　　　　图 7-21　线性折弯标注

3.“文字”选项卡

在“新建标注样式”对话框中，第 3 个选项卡是“文字”选项卡，如图 7-22 所示。该选项卡用于设置尺寸文本的形式、位置和对齐方式等。

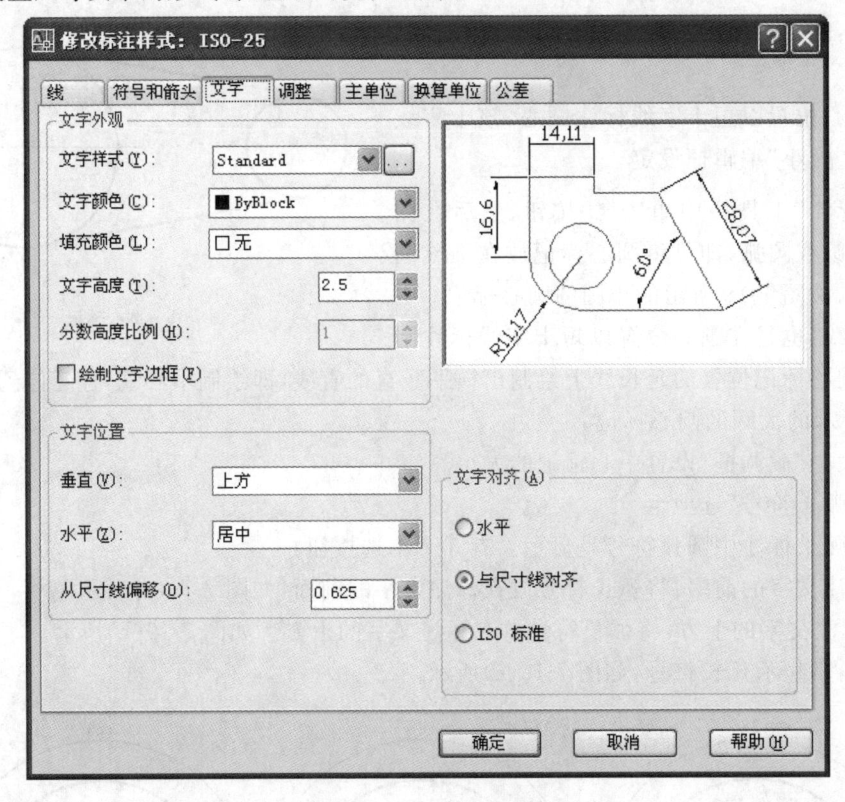

图 7-22　“文字”选项卡

(1)“文字外观”选项组

①“文字样式”下拉列表框：选当前尺寸文本采用的文本样式。可在下拉列表中选取一个样式，也可单击右侧的[...]按钮，打开“文字样式”对话框，以创建新的文字样式或对文字样式进行修改。

②“文字颜色”下拉列表框：设置尺寸文本的颜色，其操作方法与设置尺寸线颜色的方法相同。

③“文字高度”微调框：设置尺寸文本的字高。如果选用的文字样式中已设置了具体的字高(不是 0)，则此处的设置无效；如果文字样式中设置的字高为 0，才以此处的设置为准。

④"分数高度比例"微调框：用于设置标注分数和公差的文字高度，AutoCAD 把文字高度乘以该比例，用得到的值来设分数和公差的文字高度。

⑤"绘制文字边框" 复选框：选择该复选框，可为标注文字添加一个矩形边框，如图 7-23 所示。

(2)"文字位置"选项组

①"垂直"下位列表框

确定尺寸文本相对于尺寸线在垂直方向的对齐方式。在该下拉列表框中可选择的对齐方式有以下 4 种：

- 置中：将尺寸文本放在尺寸线的中间。
- 上方：将尺寸文本放在尺寸线的上方。
- 外部：将尺寸文本放在远离第一条尺寸界线起点的位置。
- JIS：使尺寸文本的放置符合 JIS(日本工业标准)规则。

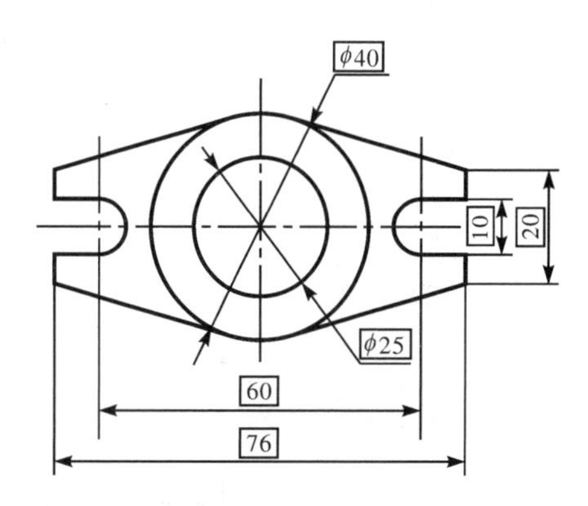

图 7-23　为标注文字添加边框

置中、上方、外部和 JIS 四种文本布置方式如图 7-24 所示。

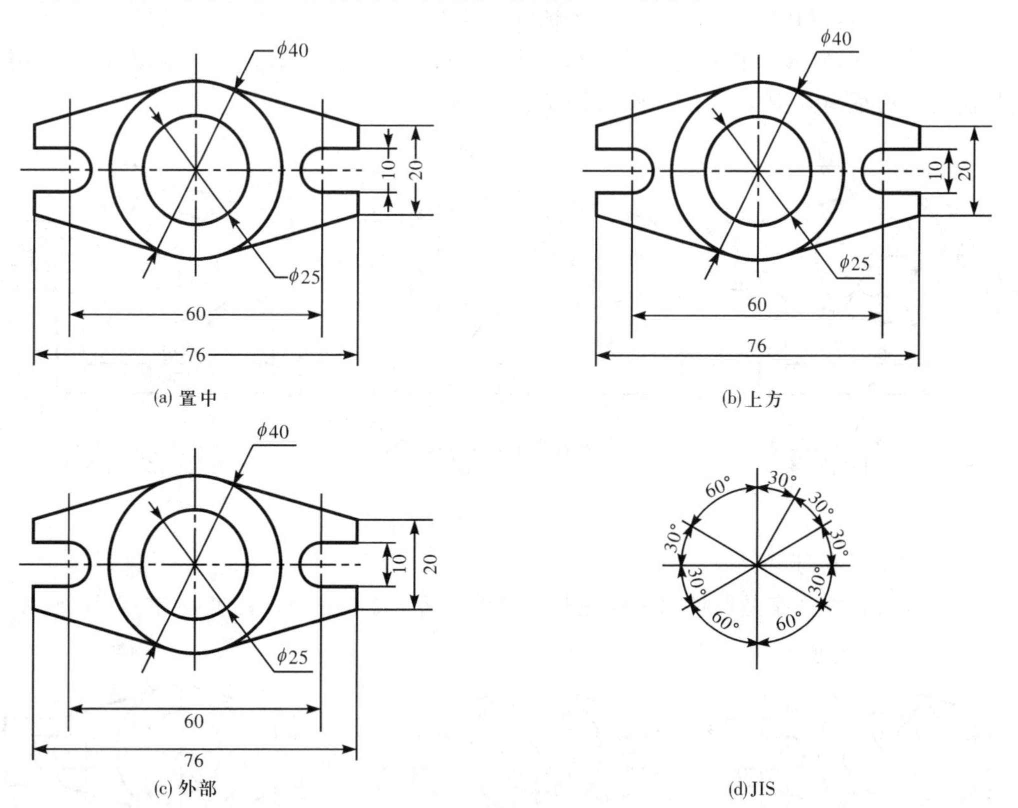

图 7-24　尺寸文本在垂直方向的放置

②"水平"下拉列表框：用来确定尺寸文本相对于尺寸线和尺寸界线在水平方向的对齐方式。在下拉列表框中可选择的对齐方式有以下 5 种：置中、第一条尺寸界线、第二条尺寸

界线、第一条尺寸界线上方、第二条尺寸界线上方，如图 7-25 所示。

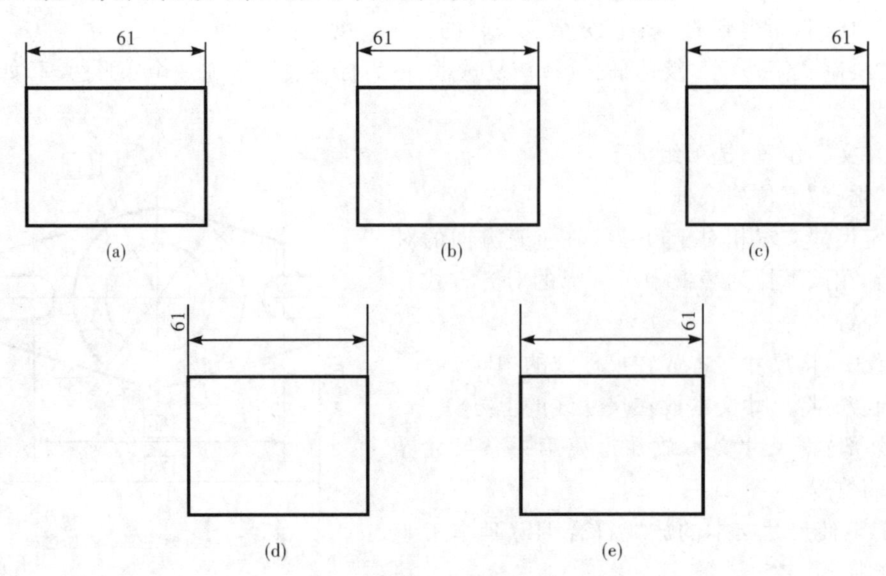

图 7-25　尺寸文本在水平方向的放置

③“从尺寸线偏移”微调框：用于设置标注文字与尺寸线之间的距离。如果标注文字位于尺寸线的中间，则表示断开处尺寸线端点与尺寸文字的间距。若标注文字带有边框，则可以控制文字边框与其中文字的距离，如图 7-26 所示。

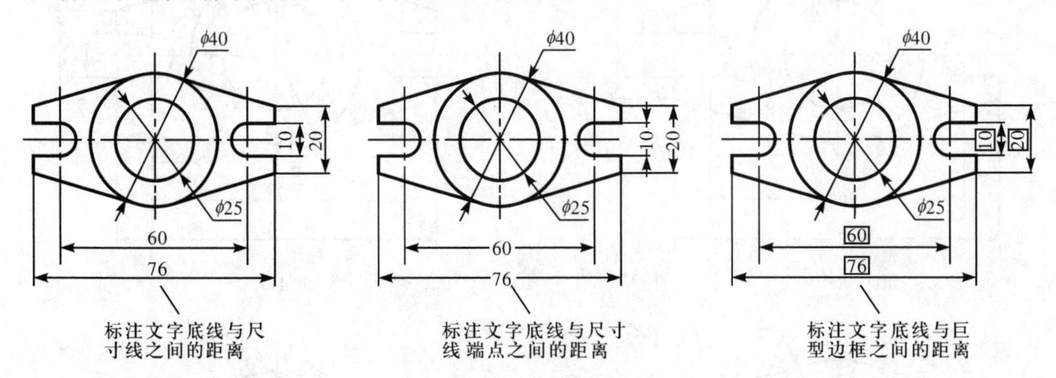

图 7-26　从尺寸线偏移效果

(3)“文字对齐”选项组

可以设置标注文字是保持水平还是与尺寸线对齐，或采用 ISO 标准，如图 7-27 所示。

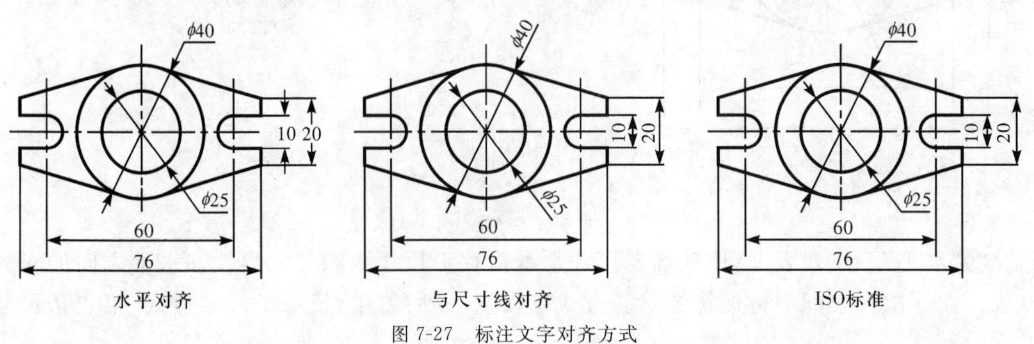

图 7-27　标注文字对齐方式

4.“调整”选项卡

在“新建标注样式”对话框中，第4个选项卡就是“调整”选项卡，如图7-28所示。该选项卡根据两条尺寸界线之间的空间，设置将尺寸文本、尺寸箭头放在两尺寸界线的里边还是外边。如果空间允许，AutoCAD总是把尺寸文本和箭头放在尺寸界线的里边；如果空间不够，则根据本选项卡的各项设置放置。

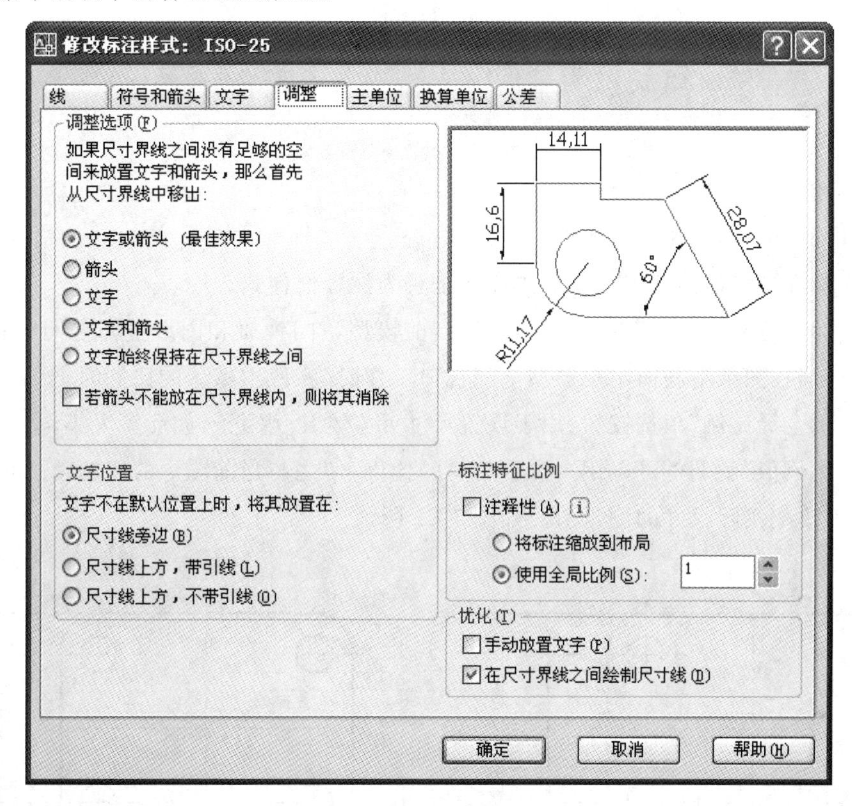

图7-28　“调整”选项卡

(1)“调整选项”选项组

可以根据尺寸界线之间的空间控制标注文字和箭头的放置方式，默认为“文字或箭头（最佳效果）”。如图7-29为各选项的设置效果。

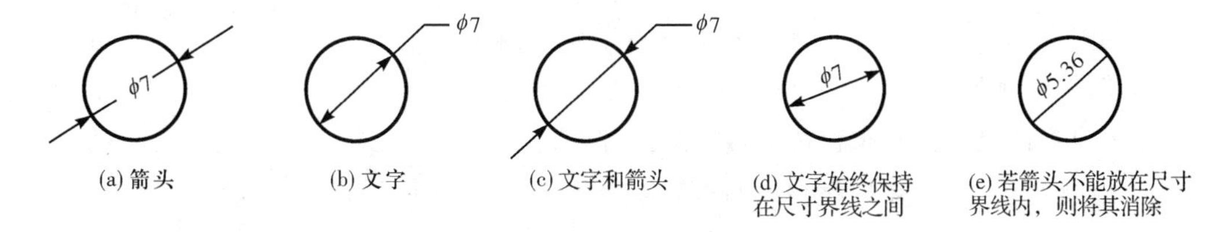

图7-29　标注文字和箭头在尺寸界线间的放置方式

(2)“文字位置”选项组

文字不在默认位置上时，设置尺寸文本的位置。如图7-30所示。

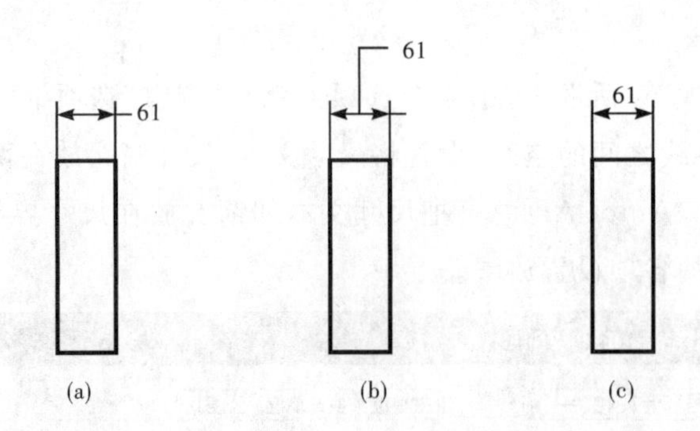

图 7-30　尺寸文本的位置

(3)"标注特征比例"选项组

用来设置全局标注比例或图纸空间比例。

①"注释性"复选框:确定尺寸标注样式是否为注释性样式。

②"将标注缩放到布局"单选按钮:根据当前模型空间视口和图纸空间之间的比例确定比例因子。当在图纸空间而不是模型空间视口工作时,将使用默认的比例因子 1.0。

③"使用全局比例"单选按钮:用于设置尺寸元素的比例因子,如箭头大小、文字高度等,其右侧的"比例值"微调框可以用来设置需要的比例,使之与当前图形的比例因子相符,此比例缩放并不改变实际尺寸的测量值。如图 7-31 所示。

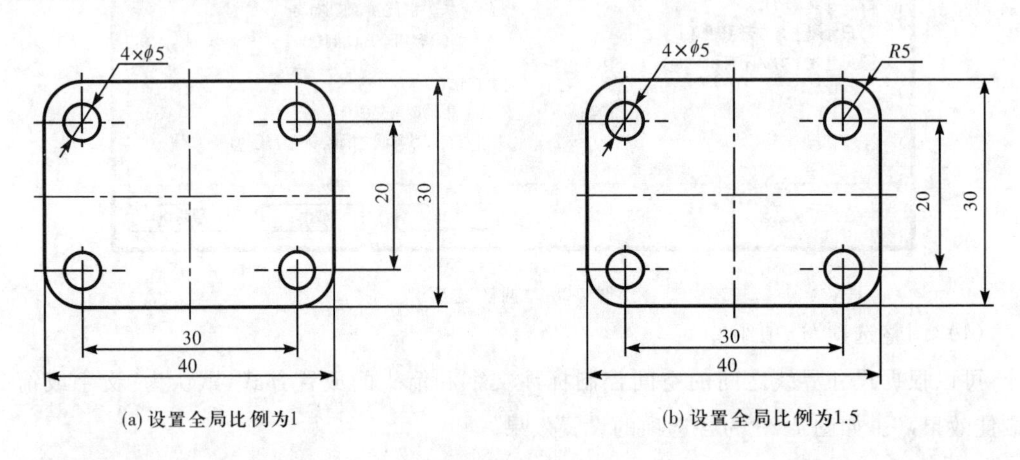

(a) 设置全局比例为1　　(b) 设置全局比例为1.5

图 7-31　使用全局比例控制标注尺寸

(4)"优化"选项组

设置附加的尺寸文本布置选项,包含两个选项。

①"手动放置文字"复选框:选中此复选框,标注尺寸时由用户确定尺寸数字的放置位置,默认的尺寸文本放置位置在尺寸线中间。

②"在尺寸界线之间绘制尺寸线"复选框:选中此复选框,不论尺寸文本在尺寸界线内部还是外面,AutoCAD 均在两尺寸界线之间绘出一条尺寸线;否则当尺寸界线内放不下尺寸文本而将其放在外面时,尺寸界线之间无尺寸线。如图 7-32 所示的 $\phi5$ 和 $R5$ 的标注形式。

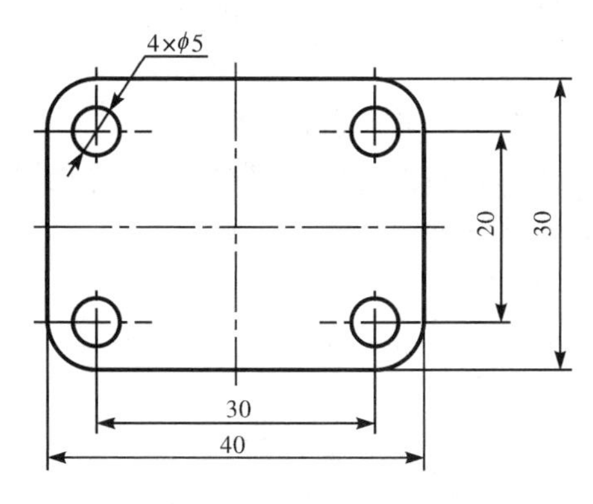

(a) 选择“在尺寸界线之间绘制尺寸线”复选框

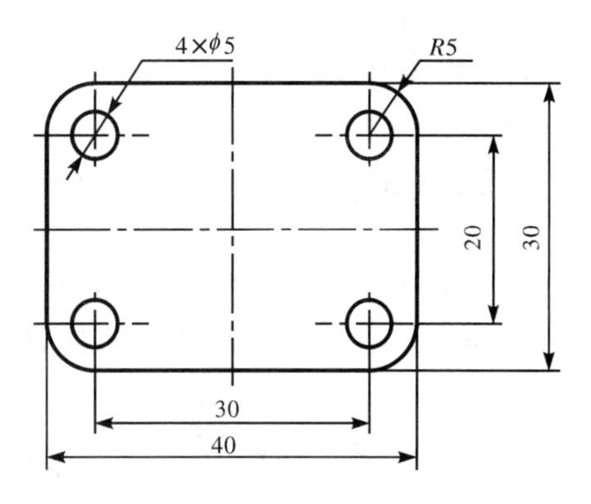

(b) 不选择“在尺寸界线之间绘制尺寸线”复选框

图 7-32　控制是否在尺寸界线之间绘制尺寸线

5.“主单位”选项卡

在“修改标注样式”对话框中，第 5 个选项卡就是“主单位”选项卡，如图 7-33 所示。该选项卡用来设置尺寸标注的主单位和精度，以及给尺寸文本添加固定的前缀或后缀。本选项卡含两个选项组，分别对长度型标注和角度型标注进行设置。

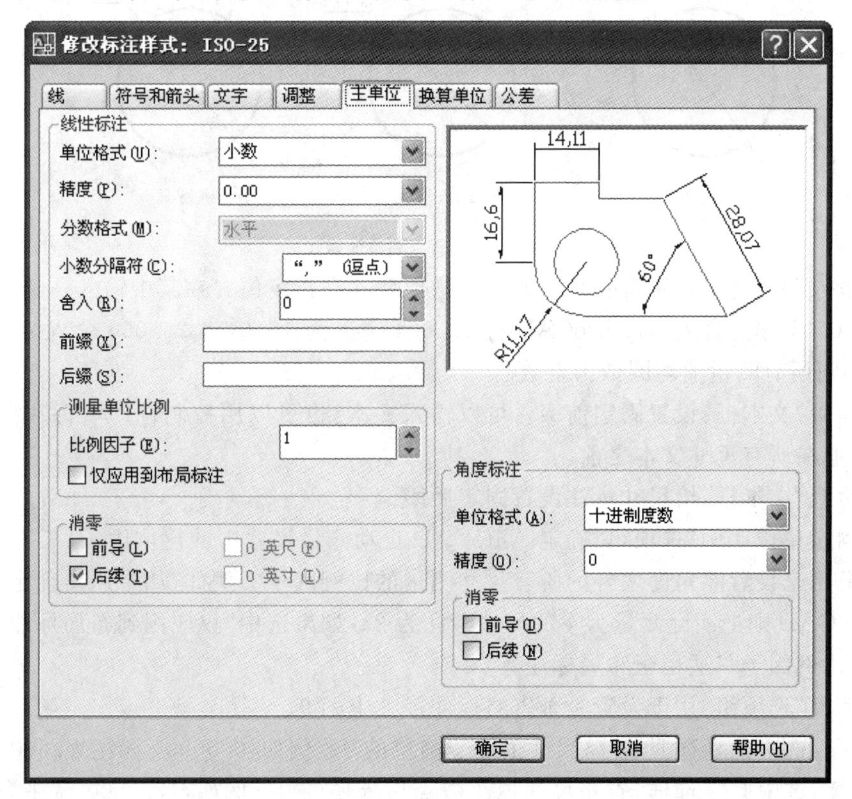

图 7-33　“主单位”选项卡

(1)“线性标注”选项组

用以设置标注长度型尺寸时采用的单位和精度。

①“单位格式”下拉列表框：确定标注尺寸时使用的单位制（角度型尺寸除外）。在下拉

列表框中 AutoCAD 2008 提供了“科科”“小数”“工程”“建筑”“分数”“Windows 桌面”6 种单位制，可根据需要选择。

②“精度”下拉列表框：确定标注尺寸时的精度，也就是精确到小数点后几位。

③“分数格式”下拉列表框：设置分数的形式。当“单位格式”选择了“分数”时才能设置分数的格式，可选择的分数格式有“水平”“对角”“非堆叠”3 种，如图 7-34 所示。

④“小数分隔符”下拉列表框：设置十进制数的整数部分和小数部分间的分隔符。可供选择的选项包括句点(.)、逗点(,)和空格()，如图 7-35 所示。常用的选项是“句点”。

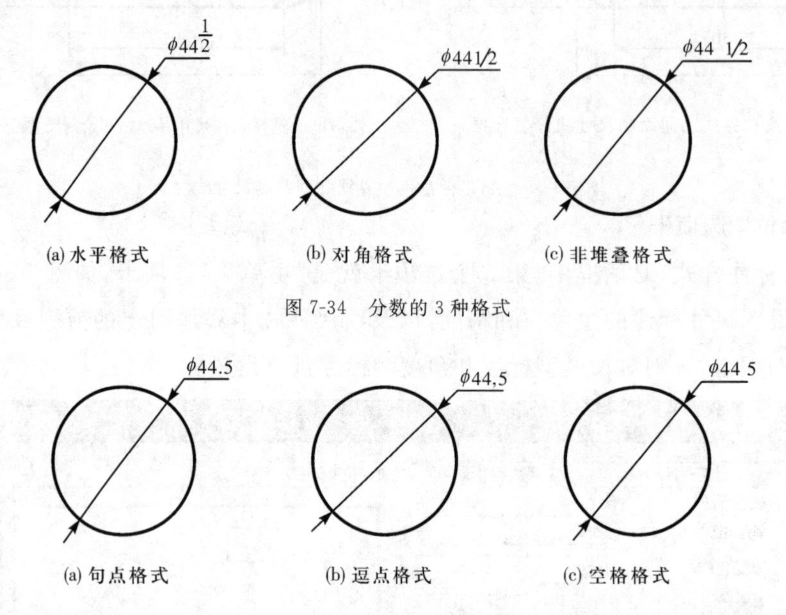

(a) 水平格式　(b) 对角格式　(c) 非堆叠格式

图 7-34　分数的 3 种格式

(a) 句点格式　(b) 逗点格式　(c) 空格格式

图 7-35　小数分隔符的格式

⑤“舍入”微调框：设置将除角度外的测量值舍入到指定值。在其中输入一个值。例如，如果输入 0.01 作为舍入值，AutoCAD 将 16.604 舍入为 16.6，将 28.066 舍入为 28.07；如果输入 1，则所有测量值均圆数为整数。

⑥“前缀”文本框：设置固定前缀。可以输入文本，也可以用控制符产生特殊字符，这些文本将被加在所有尺寸文本之前。

⑦“后缀”文本框：给尺寸标注设置固定后缀。

⑧“测量单位比例”选项组：确定 AutoCAD 自动测量尺寸中的比例因子。其中“比例因子”微调框用来设置除角度之外的所有尺寸测量的比例因子。例如，如果用户确定比例因子为 2，AutoCAD 则把实际测量为 1 的尺寸标注为 2。如果选中“仅应用到布局标注”复选框，则设置的比例因子只适用于布局标注。

⑨“消零”选项组：用于设置是否省略标注尺寸中的 0。

- 前导：选中此复选框，省略尺寸值处于高位的 0。例如，0.50000 标注为.50000。
- 后续：选中此复选框，省略尺寸值小数点后末尾的 0。例如，12.5000 标注为 12.5 而 30.0000 标注为 30。
- 0 英尺：采用“工程”和“建筑”单位制时，如果尺寸值小于 1 英尺时，省略英尺。
- 0 英寸：采用“工程”和“建筑”单位制时，如果尺寸值是整数英尺时，省略英寸。

(2)“角度标注”选项组

用以设置标注角度时采用的角度单位。

①“单位格式”下拉列表框：设置角度单位制。AutoCAD 2008 提供了“十进制度数”“度/分/秒”“百分度”“弧度”4 种角度单位。

②“精度”下拉列表框：设置角度型尺寸标注的精度。

③“消零”选项组：设置是否省略标注角度中的 0。

6.“换算单位”选项卡

在“新建标注样式”对话框中，第 6 个选项卡是“换算单位”选项卡，如图 7-36 所示。该选项卡用于对替换单位进行设置。

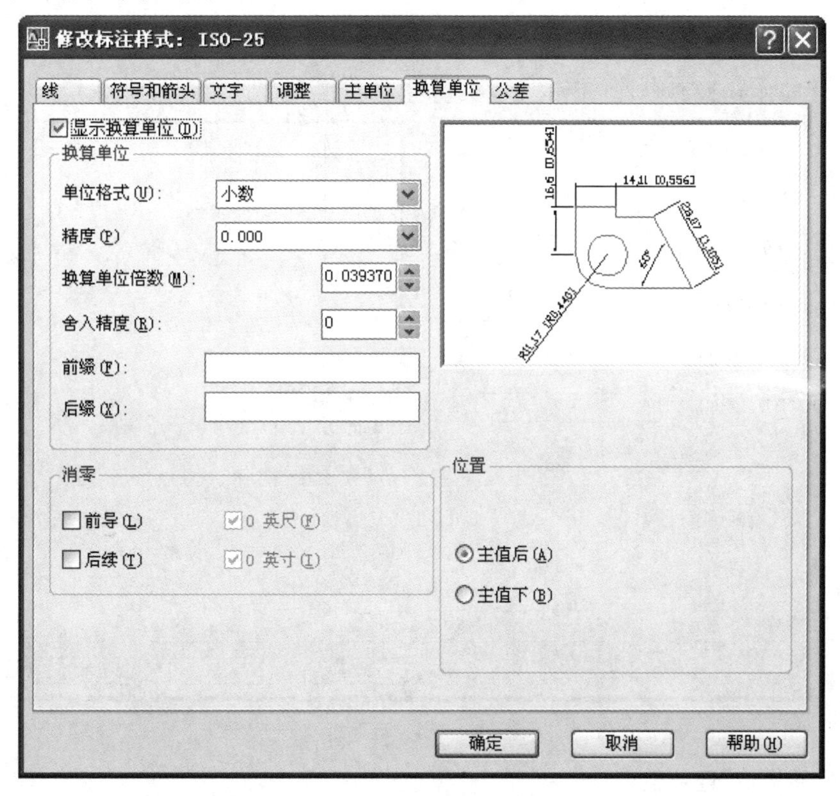

图 7-36 “换算单位”选项卡

(1)“显示换算单位”复选框

选中此复选框，则替换单位的尺寸值也同时显示在尺寸文本上。

(2)“换算单位”选项组

用于设置替换单位。其中各项的含义如下：

①“单位格式”下拉列表框：选取替换单位采用的单位制。

②“精度”下拉表框：设置替换单位的精度。

③“换算单位倍数”微调框：指定主单位和替换单位的转换因子。

④“舍入精度”微调框：设定替换单位的圆整规则。

⑤“前缀”文本框：设置替换单位文本的固定前缀。

⑥“后缀”文本框：设置替换单位文本的固定后缀。

(3)“消零”选项组

设置是否省略尺寸标注中的 0。

(4)“位置”选项组

设置替换单位尺寸标注的位置。

①“主值后”单选按钮:把替换单位尺寸标注放在主单位标注的后边。

②“主值下”单选按钮:把替换单位尺寸标注放在主单位标注的下边。

7.“公差”选项卡

在“新建标注样式”对话框中,第 7 个选项卡是“公差”选项卡,如图 7-37 所示。该选项卡用来确定标注公差的方式。

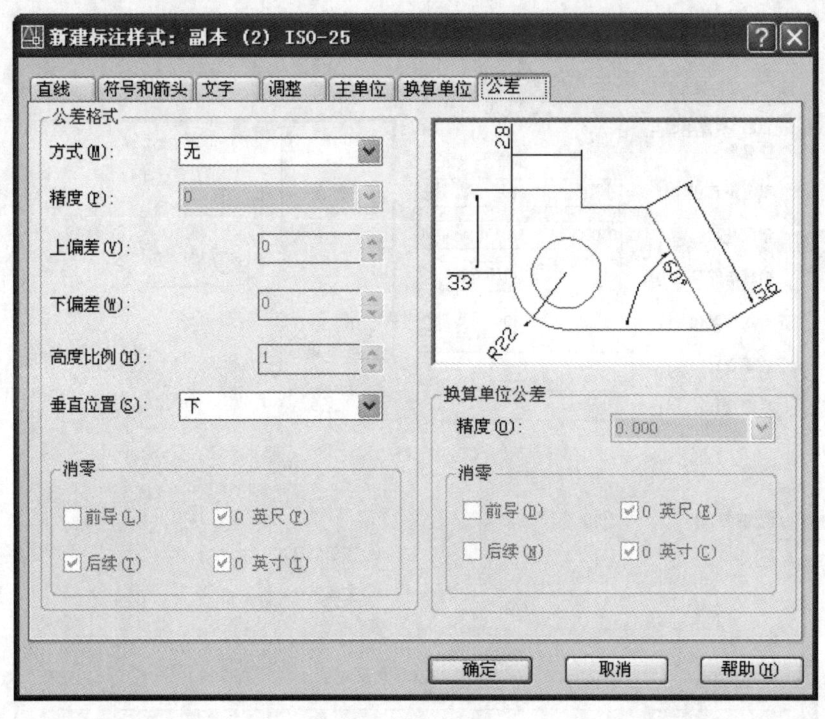

图 7-37 “公差”选项卡

(1)“公差格式”选项组

设置公差的标注方式。

①“方式”下拉列表框:设置以何种形式标注公差。在该下拉列表框中列出了 AutoCAD 提供的标注公差的形式,用户可从中选择,它们分别是“无”“对称”“极限偏差”“极限尺寸”“基本尺寸”,其中“无”表示不标注公差,即前面通常的标注情形。其余 4 种标注情况如图 7-38 所示。

②“精度”下拉列表框:确定公差标注的精度。

③“上偏差”微调框:设置尺寸的上偏差。

④“下偏差”微调框:设置尺寸的下偏差。

提示:系统自动在上偏差数值前加一“+”号,在下偏差数值前加一“-”号。如果上偏差是负值或下偏差是正值,都需要在输入的偏差值前加负号,如下偏差是+0.005,则需要在“下偏差”微调框中输入-0.005。

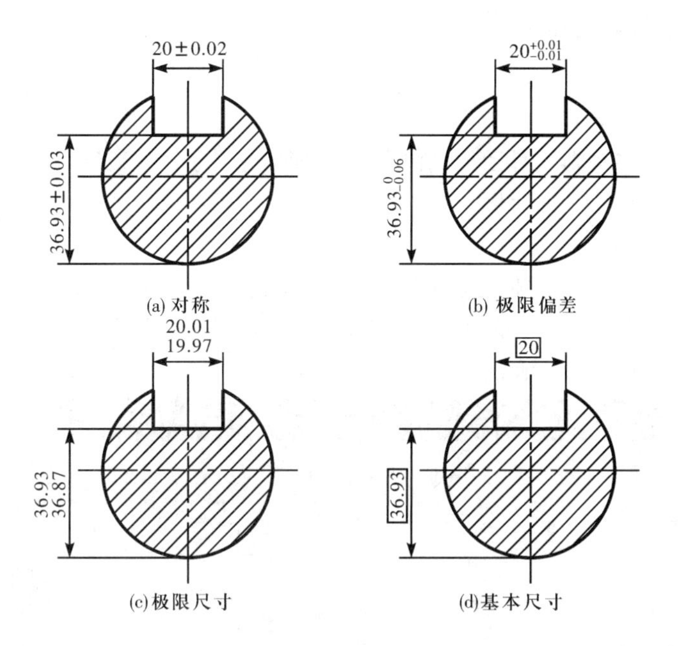

图 7-38　公差标注的形式

⑤“高度比例”微调框：设置公差文本的高度比例，即公差文本的高度与一般尺寸文本的高度之比，相应的尺寸变量是 DIMTFAC。

⑥“垂直位置”下拉列表框：控制“对称”和“极限偏差”形式的公差标注的文本对齐方式。

上：公差文本的顶部与一般尺寸文本的顶部对齐。

中：公差文本的中线与一般尺寸文本的中线对齐。

下：公差文本的底线与一般尺寸文本的底线对齐。

这 3 种对齐方式如图 7-39 所示。

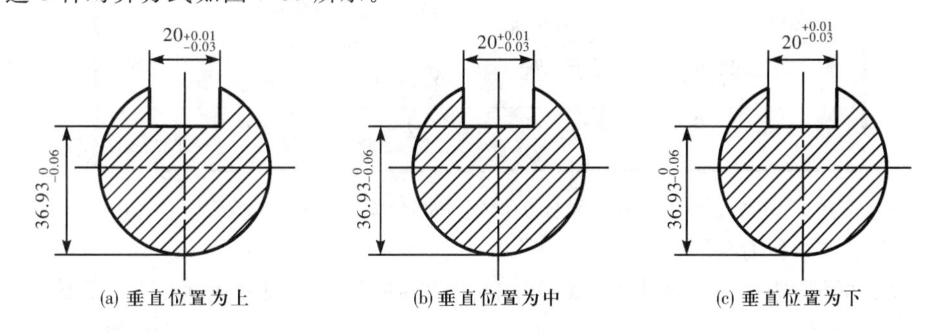

图 7-39　公差文本的对齐方式

⑦“消零”选项组：设置是否省略公差标注中的 0，相应的尺寸变量为 DIMTZIN。

(2)“换算单位公差”选项组

对几何公差(对于几何公差，将在 7.8 节中介绍)标注的替换单位进行设置。其中各项的设置方法与上面相同。

7.2.5　设置工程图样尺寸标注样式示例

以默认样式“ISO-25”为标注样式进行修改，使之符合制图有关“国家标准”的规定，再以修改后的“ISO-25”为基础样式，新建“直径”“半径”“角度”等的标注样式。

1. 机械图样尺寸标注样式

【操作步骤】

(1)建立标注样式名:“ISO-25”

打开“标注样式管理器” 对话框,在“样式” 列表框中选中“ISO-25”,单击“修改”按钮。系统打开“修改标注样式” 对话框。

(2)修改“线”选项卡

将“尺寸线”选项组中的“基线间距”右侧微调框的数字设置为不小于“5”的值;“尺寸界限” 选项组中的“超出尺寸线”和“起点偏移量”右侧微调框的值分别设置为“2”和 “0”。其余为默认设置 ,如图 7-40 所示。

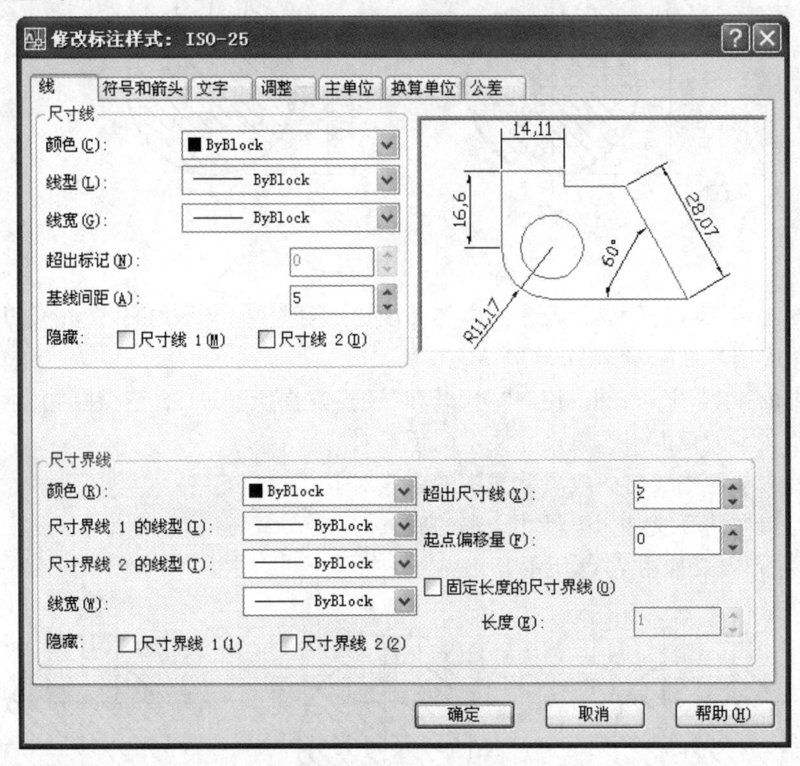

图 7-40　机械图样标注样式的“线”选项卡

(3)修改“符号和箭头”选项卡

在“圆心标记”选项组中选中“直线”,其右侧微调框的数字设置为大于“0”的值(可设置为 3～5)。其余为默认设置 ,如图 7-41 所示。此设置可用于给圆或圆弧绘制中心线,如图 7-42 所示。

(4)修改“文字”选项卡

在“文字外观”选项组中,单击“文字样式”下拉框右侧的按钮[…],打开“文字样式”对话框。将“效果” 选项组中的“倾斜角度”设置为 “15”。其余为默认设置 ,如图 7-43 所示。

(5)修改“调整”选项卡

在“标注特征比例”选项组中,“使用全局比例”用于根据图样的大小,确定与之相符的标注特征的比例因子。一般设置为“1”“1.4”“2”,此时,与之匹配的文字高度为“2.5”“3.5”“5”,其他尺寸元素的标注特征也将分别放大 1 倍、1.4 倍和 2 倍。工程图样中,文字高度的

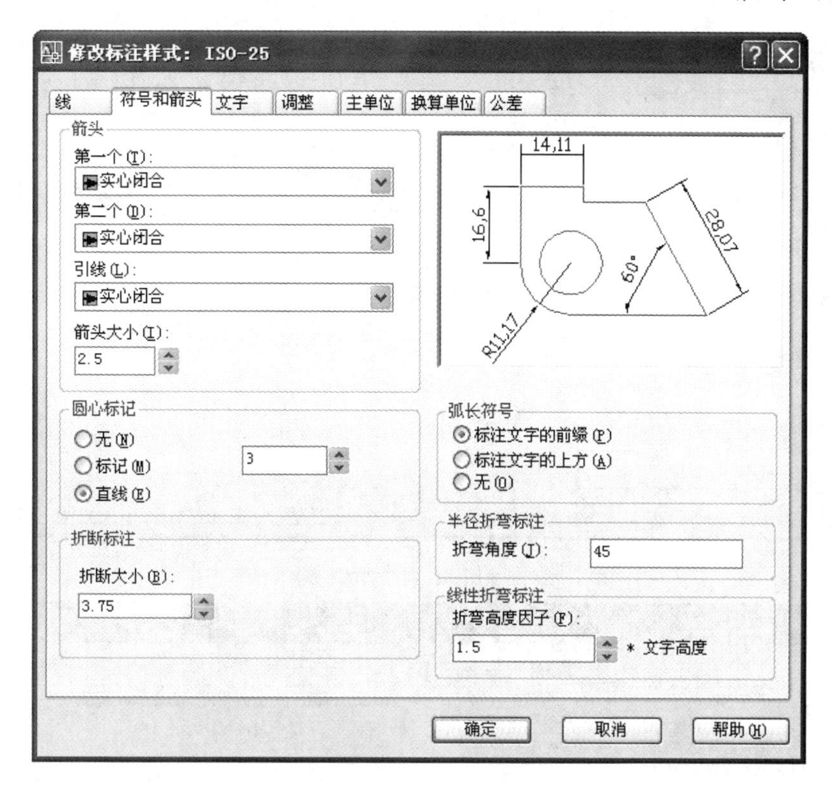

图 7-41 机械图样标注样式的“符号和箭头”选项卡

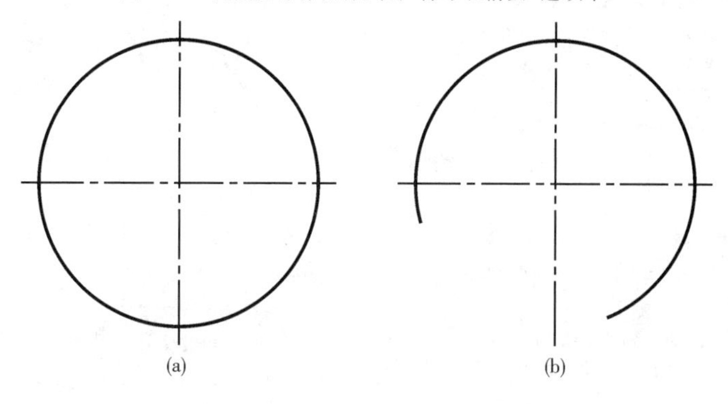

图 7-42 用“圆心标记”绘制中心线

递增比为 1.4，尺寸标注的文字高度应不小于“2.5”。

在“优化”选项组中，选中“手动放置文字”复选框，用于标注尺寸时确定尺寸数字的放置位置。其余为默认设置，如图 7-44 所示。

(6)修改“主单位”选项卡

在“线性标注”选项组中，将“精度”设置为整数“0”，“小数分隔符”设置为“.”(句点)；“测量单位比例”选项组的“比例因子”随图样比例成反比设置。如图样比例为“2∶1”，则测量单位的比例因子为“0.5”。其余为默认设置，如图 7-45 所示。

(7)单击“确定”按钮，退出“修改标注样式”对话框，返回“标注样式管理器”对话框

“换算单位”和“公差”选项卡不需要设置。默认为不选中“显示换算单位”，无“公差格式”的“方式”选择。

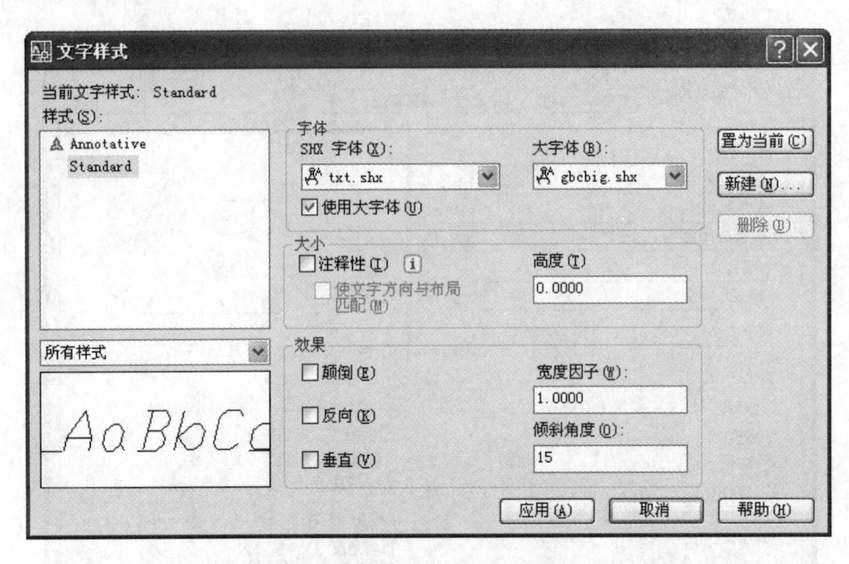

图 7-43　机械图样标注样式的“文字样式”

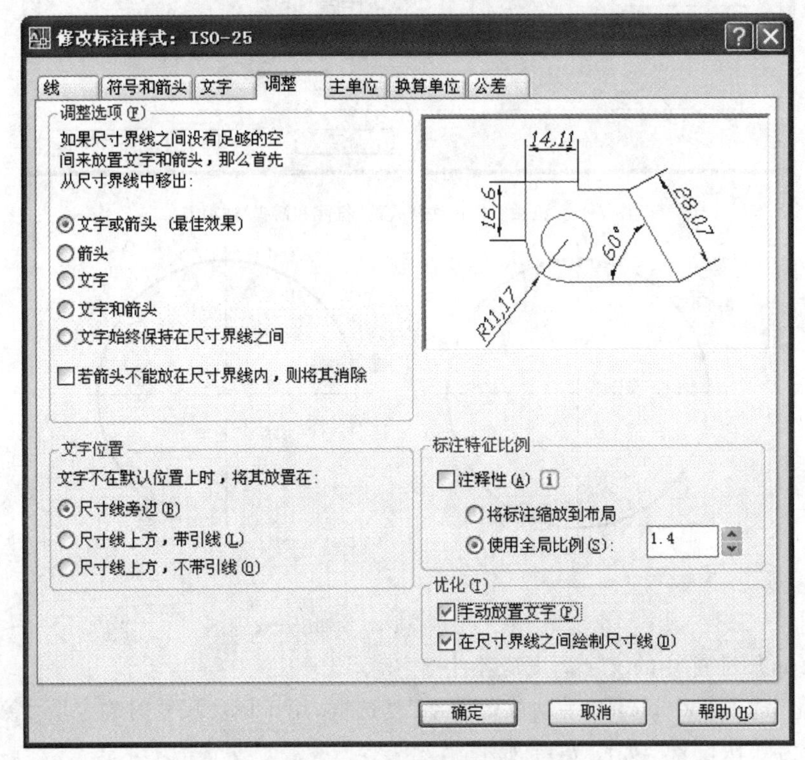

图 7-44　机械图样标注样式的“调整”选项卡

(8)新建“直径”“半径”标注样式

在“标注样式管理器”对话框中，单击“新建”按钮，系统打开“新建标注样式” 对话框，在“基础样式”下拉列表选中“ISO-25”后，在“用于”下拉列表选择“直径标注”，如图 7-46 所示。单击“继续”按钮，系统打开“新建标注样式”对话框。

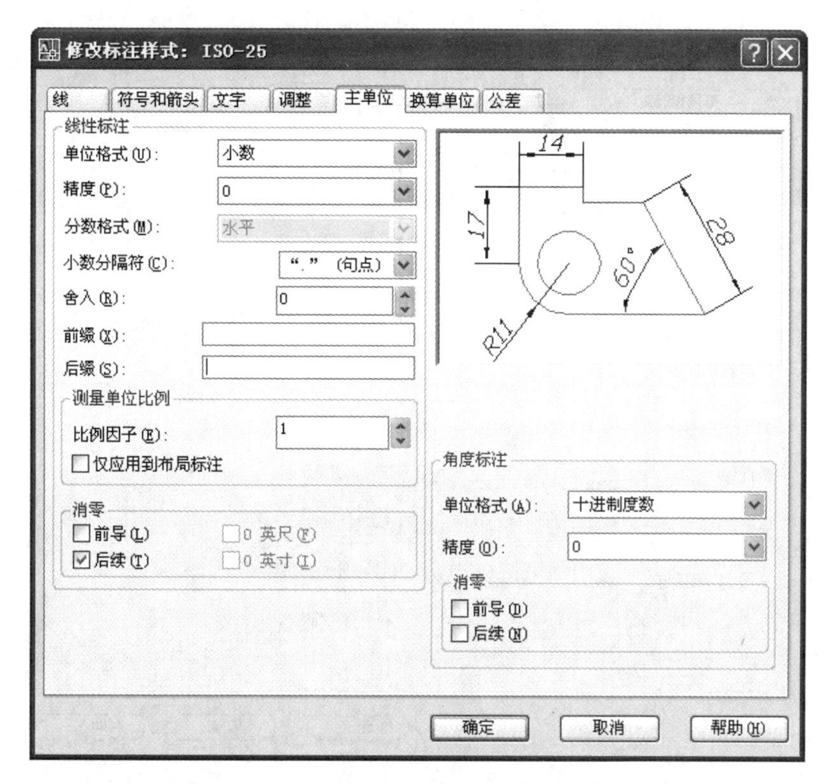

图 7-45　机械图样标注样式的"主单位"选项卡

创建新标注样式

新样式名(N):

副本 ISO-25

继续

基础样式(S):

ISO-25

取消

帮助(H)

注释性(A)

用于(U):

直径标注

所有标注
线性标注
角度标注
半径标注
直径标注
坐标标注
引线和公差

图 7-46　"新建标注样式"选项卡

在"文字"选项卡中，设置"文字对齐"为"ISO 标准"，如图 7-47 所示。

在"调整"选项卡中，设置"调整选项"为"文字"，如图 7-48 所示。

"半径"标注样式的设置同直径完全相同。

(9)新建"角度"标注样式

在机械制图中，国标要求角度的数字一律写成水平方向，注在尺寸线中断处，必要时可以写在尺寸线上方或外边，也可以引出，如图 7-49 所示。

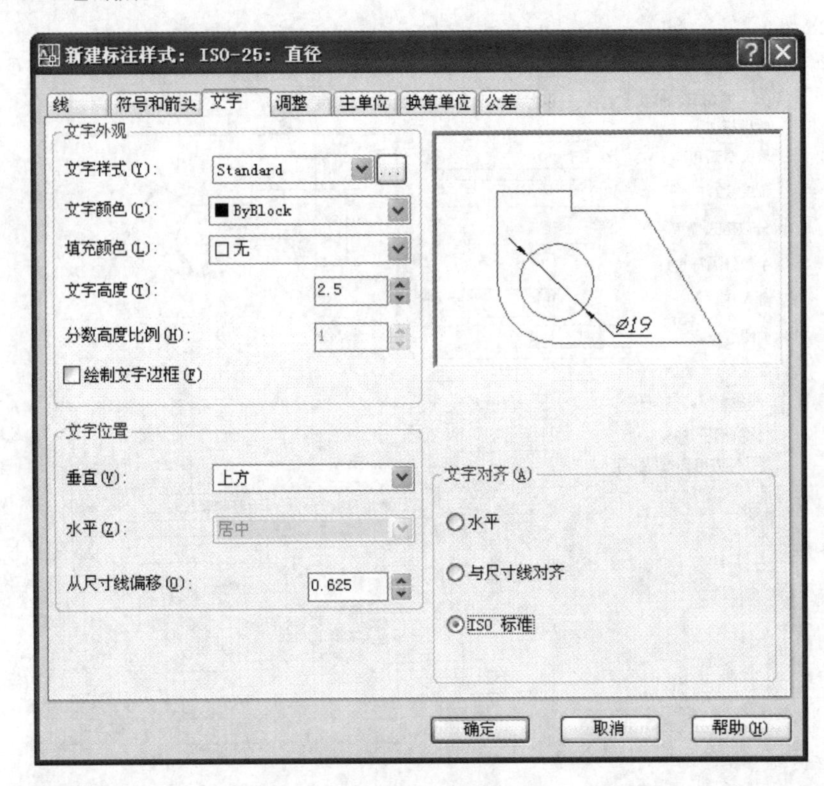

图 7-47　设置“文字对齐”为“ISO 标准”

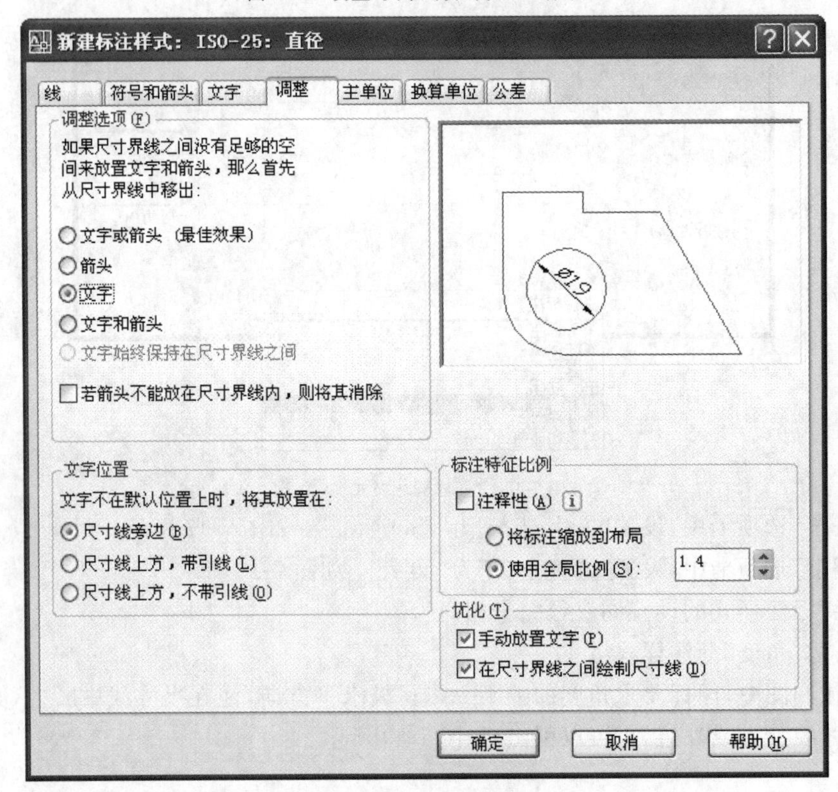

图 7-48　设置“调整选项”为“文字”

“角度”标注样式的设置方法同“直径”标注相同。

在“文字”选项卡中，设置“文字对齐”为“水平”，如图7-50所示。

设置结束后，单击“确定”按钮，返回“标注样式管理器”对话框。在样式窗口中显示出样式列表，预览窗口中显示尺寸标注效果，如图7-51所示。关闭对话框，完成设置。

2. 建筑图样尺寸标注样式

【操作步骤】

（1）建立标注样式名：“ISO-25”

打开“标注样式管理器”对话框，在“样式”列表框中选中“ISO-25”，单击“修改”按钮。系统打开

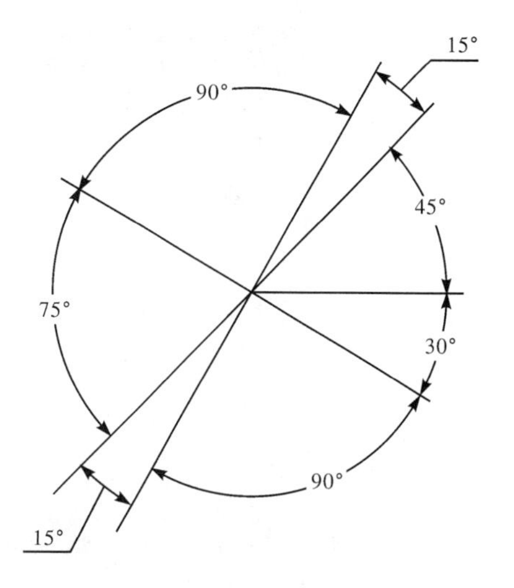

图7-49 “角度”示例

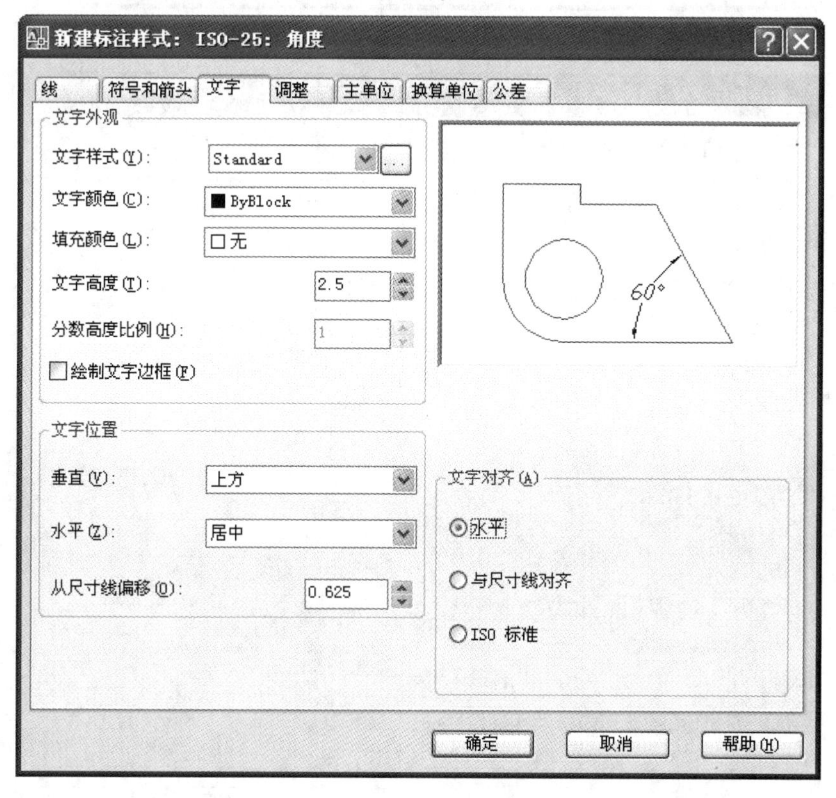

图7-50 设置“文字对齐”为“水平”

“修改标注样式”对话框。

（2）修改“线”选项卡

将“尺寸线”选项组中的“基线间距”右侧微调框的数字设置为不小于“5”的值；“尺寸界限”选项组中的“超出尺寸线”和“起点偏移量”右侧微调框的值分别设置为“2”和“2”。其余为默认设置，如图7-52所示。

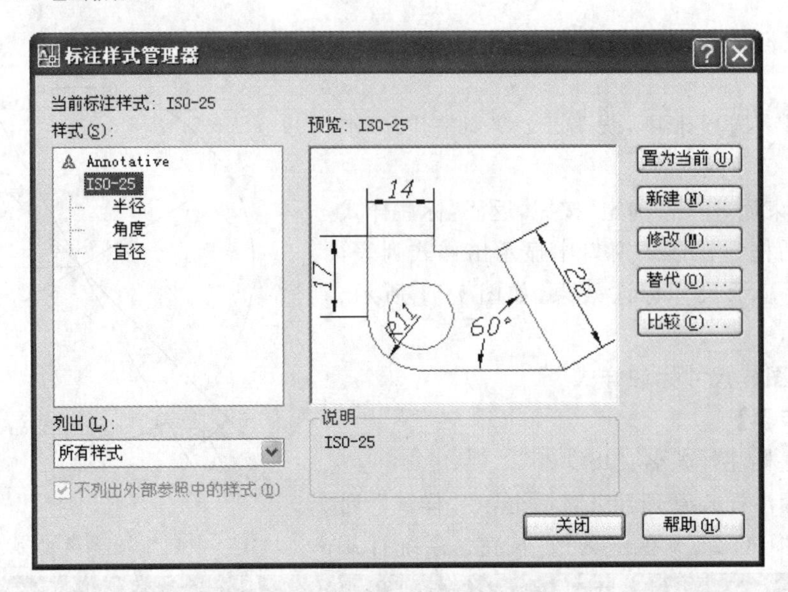

图 7-51 “标注样式管理器”对话框

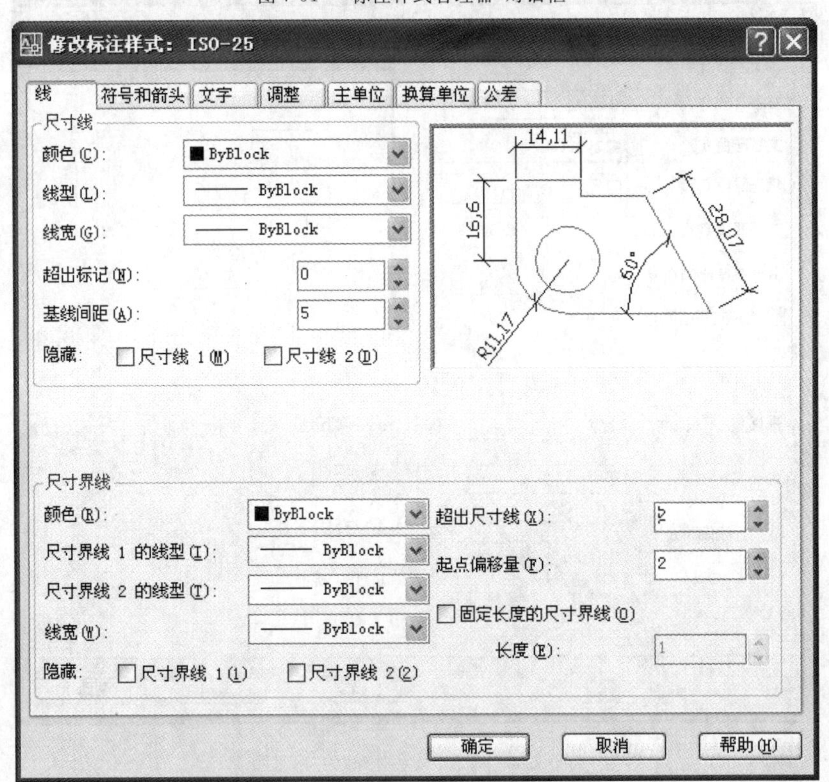

图 7-52 建筑图样标注样式的“线”选项卡

(3)修改“符号和箭头”选项卡

在“箭头”选项组中，“第一个”和“第二个”选择“建筑标记”或“倾斜”，“ 圆心标记”同机械图样，如图 7-53 所示。其余选项卡的设置与机械图样基本相同。

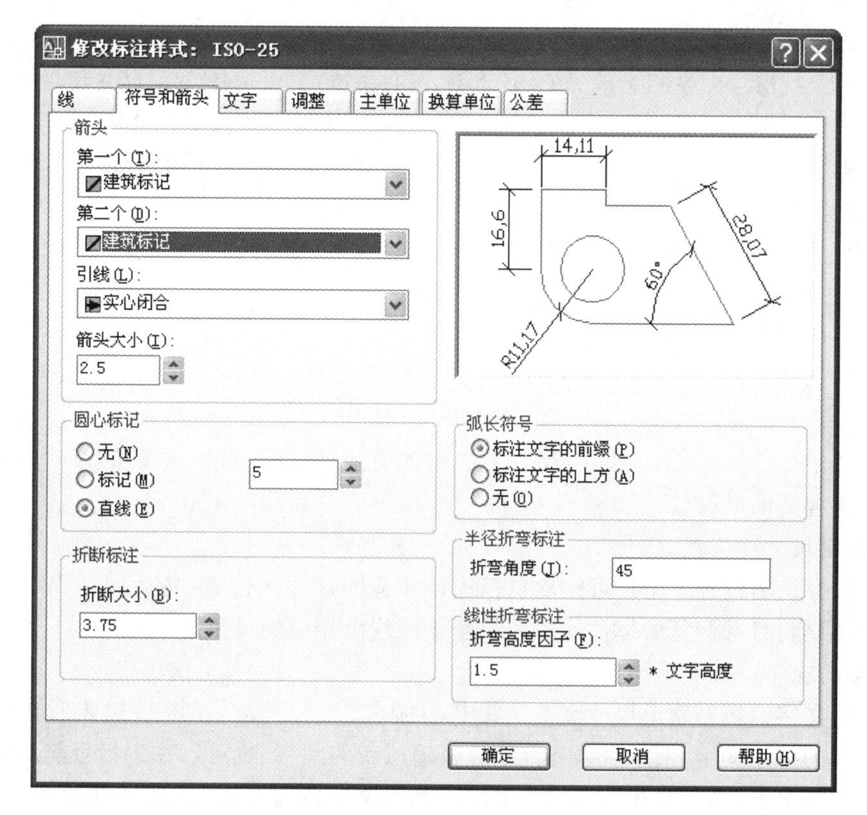

图 7-53　建筑图样标注样式的"符号和箭头"选项卡

7.3　长度、角度与位置尺寸标注

长度尺寸标注是指在两个点之间的一组标注，这些点可以是端点、交点、圆心等；角度标注用于标注两条相交直线之间的夹角；位置标注用于通过标注选定点的坐标，来表明点的位置。

同时，当需要标注的尺寸比较密集且有一定的规律时，还可借助基线标注和连续标注方法进行快速标注。这两种标注都以现有的某个标注为基础，然后快速标注其他尺寸。

7.3.1　线性标注

线性标注用于标注用户坐标系 *XY* 平面中的两个点之间 *X* 方向或 *Y* 方向的距离。启用"线性标注"命令，可以使用下列方法之一：

(1)命令行：DIMLINEAR(缩写名 DIMLIN)。

(2)菜单："标注"→"线性"。

(3)工具栏："标注"→"线性"[icon]。

【操作步骤】

命令：_dimlinear

指定第一条尺寸界线原点或 <选择对象>：　(指定第一条尺寸界线原点或直接回车选择标注对象)

指定第二条尺寸界线原点：　(指定第二条尺寸界线原点)

指定尺寸线位置或

[多行文字(M)/文字(T)/角度(A)/水平(H)/垂直(V)/旋转(R)]:(直接指定尺寸线位置或输入其他选项)

标注文字 = 100　　(显示两个点之间距离)

【选项说明】

在"指定第一条尺寸界线原点或 <选择对象>:"提示下有两种选择,直接回车选择要标注的对象或确定尺寸界线的起始点。

如果直接回车,光标变为拾取框,并且在命令行提示:

选择标注对象:

用拾取框点取要标注尺寸的线段,命令行继续提示:

指定尺寸线位置或[多行文字(M)/文字(T)/角度(A)/水平(H)/垂直(V)/旋转(R)]:

各项的含义如下:

(1)指定尺寸线位置

确定尺寸线的位置。用户可移动鼠标选择合适的尺寸线位置,然后回车或单击鼠标左键,AutoCAD 将自动测量所标注线段的长度并标注出相应的尺寸。

(2)多行文字(M)

用多行文字编辑器确定尺寸文本。其中,尖括号"< >"表示在标注输出时显示系统自动测量生成的标注文字,用户可以将其删除再输入新的文字,也可以在尖括号前后输入其他内容。通常情况下,当需要在标注尺寸中添加其他文字或符号时,需要选择此选项,如在尺寸前加 Φ 等。如果要标注如图 7-54(a)所示的尺寸文本,因为后面的公差是堆叠文本,可以用多行文字命令 M 选项来执行,在多行文字编辑器中输入"%%C<>+0.28^+0.07",然后进行堆叠处理即可。

尖括号"< >"用于表示 AutoCAD 自动生成的标注文字,如果将其删除,则会失去尺寸标注的关联性。当标注对象改变时,标注尺寸数字不能自动调整。

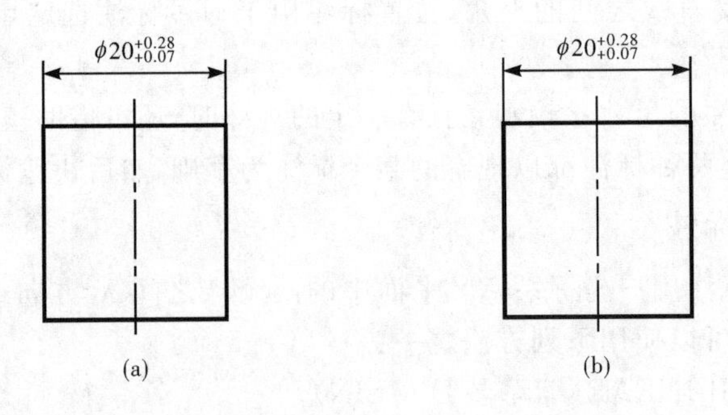

图 7-54　使用"多行文字"和"单行文字"选项添加文字

(3)单行文字(T)

在命令提示行中输入 T,可直接在命令提示行输入新的标注文字。此时可修改标注尺寸或添加新的内容。选择此选项后,命令行提示:

输入标注文字<默认值>:

其中的默认值是 AutoCAD 自动测量得到的被标注线段的长度,直接回车即可采用此长度值,也可输入其他数值代替默认值。当尺寸文本中包含默认值时,可使用尖括号"<>"

表示默认值。比如要标注如图 7-54(b)所示的尺寸文本，在进行线性标注时，可以用单行文字命令 T 选项来执行，在“输入标注文字<20>：”提示下应该这样输入：%%c<>。

(4)角度(A)

在命令提示行中输入 A，可指定尺寸文本的倾斜角度，如图 7-55 所示。

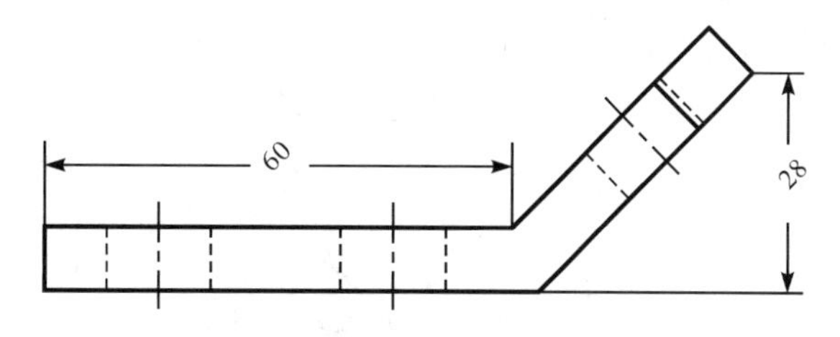

图 7-55　指定标注文字的角度

(5)水平(H)

水平标注尺寸，不论标注什么方向的线段，尺寸线均水平放置。

(6)垂直(V)

垂直标注尺寸，不论被标注线段沿什么方向，尺寸线总保持垂直。

(7)旋转(R)

输入尺寸线旋转的角度值，旋转标注尺寸。

现以图 7-56 中的尺寸 60 为例，说明线性标注的步骤。

(1)输入“线性标注”命令。

(2)在标注图样中使用捕捉功能，指定两条尺寸界线原点。

命令行提示及操作如下：

指定第一条尺寸界线原点或 <选择对象>：捕捉交点

指定第二条尺寸界线原点：　捕捉圆心

(3)根据提示及需要进行其他选项的操作。

例如“垂直标注”：

指定尺寸线位置或[多行文字(M)/文字(T)/角度(A)/水平(H)/垂直(V)/旋转(R)]：V↙

(指定线性标注的类型创建垂直标注)

(4)拖动确定尺寸线的位置，标注出中心高尺寸 60，结果如图 7-56 所示。

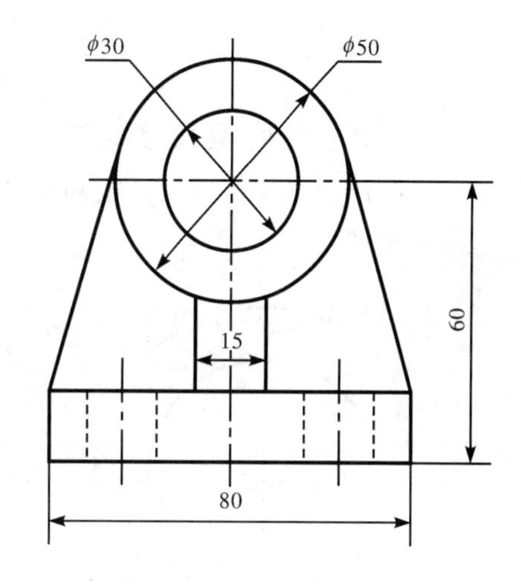

图 7-56　线性标注

7.3.2　对齐标注

在使用上述“线性标注”标注倾斜结构尺寸时，须选择旋转角度的方式标注。也可以直接使用对齐标注命令，如图 7-57 所示的 20，27，35 等尺寸。这种命令标注的尺寸线与所标注轮廓线平行，标注的是两点之间的距离尺寸。

启用“对齐标注”命令，可以使用下列方法之一：

(1)命令行：DIMALIGNED。

(2)菜单：“标注”→“对齐”。

(3)工具栏："标注"→"对齐"。

执行对齐标注命令，命令行提示及操作步骤与线性标注相同。

现以图 7-57 中的 3 个尺寸为例，说明对齐标注的步骤：

(1)输入"对齐标注"命令。

(2)在标注图样中使用捕捉功能，指定两条尺寸界线原点。

(3)拖动鼠标，在尺寸线位置处单击，确定尺寸线的位置。

其标注结果如图 7-57 所示。

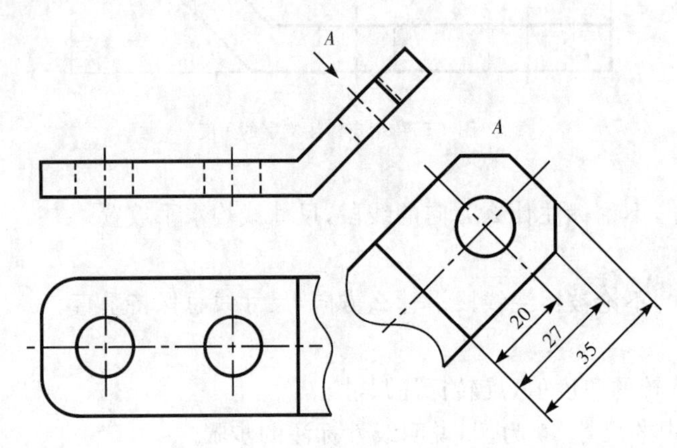

图 7-57　对齐标注

7.3.3　角度型尺寸标注

使用角度标注可以测量圆和圆弧的角度、两条直线间的角度或者 3 点间的角度。如图 7-58 所示。

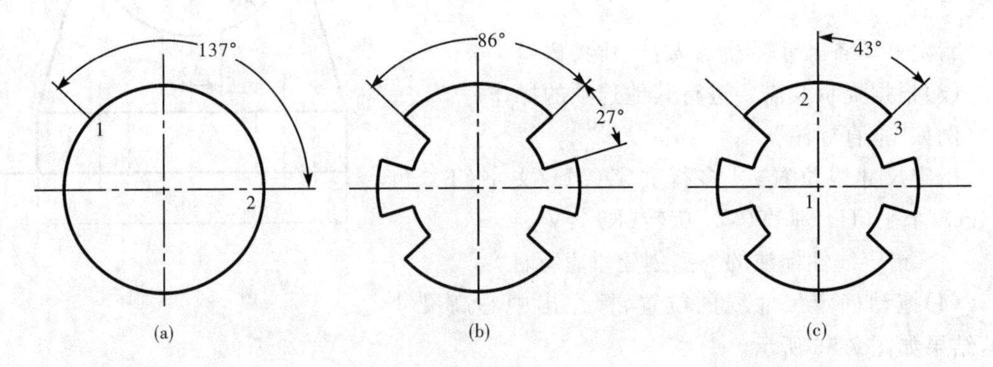

图 7-58　标注角度

启用"角度标注"命令，可以使用下列方法之一：

(1)命令行：DIMANGULAR。

(2)菜单："标注"→"角度"。

(3)工具栏："标注"→"角度"。

【操作步骤】

命令：_dimangular

选择圆弧、圆、直线或 ＜指定顶点＞：

选择第二条直线：

指定标注弧线位置或 [多行文字(M)/文字(T)/角度(A)]：

标注文字=45

【选项说明】

(1)选一个圆

标注圆上某段弧的中心角，如图 7-58(a)所示。

当用户点取圆上一点选择该圆后，该点即为第 1 点，AutoCAD 提示选取第二点：

指定角的第二个端点：　　　(选取 2 点，该点可在圆上，也可不在圆上)

指定标注弧线位置或[多行文字(M)/文字(T)/角度(A)]：

在此提示下确定尺寸线的位置，AutoCAD 标出一个角度值，该角度以圆心为顶点，两条尺寸界线通过所选取的两点，第二点可以不必在圆周上。用户还可以选择"多行文字(M)"项、"文字(T)"项或"角度(A)"项编辑尺寸文本和指定尺寸文本的倾斜角度。如图 7-58(a)所示。

(2)选择圆弧

标注圆弧的中心角，如图 7-58(b)所示。

当用户选取一段圆弧后，AutoCAD 提示：

指定标注弧线位置或[多行文字(M)/文字(T)/角度(A)]：(确定尺寸线的位置或选取某一项)

在此提示下确定尺寸线的位置，AutoCAD 按自动测量得到的值标注出相应的角度，在此之前用户可以选择"多行文字(M)"项、"文字(T)"项或"角度(A)"项，通过多行文字编辑器或命令行来输入或设置尺寸文本以及指定尺寸文本的倾斜角度。

(3)选择直线

标注两条直线间的夹角，如图 7-58(c)所示。

当用户选取一条直线后，AutoCAD 提示选取另一个直线：

选择第二条直线：(选取另外一条直线)

指定标注弧线位置或[多行文字(M)/文字(T)/角度(A)]：

在此提示下确定尺寸线的位置，AutoCAD 标出这两条直线之间的夹角。该角以两条直线的交点为顶点，以两条直线为尺寸界线，所标注角度取决于尺寸线的位置。

(4)指定顶点

直接回车，AutoCAD 提示：

指定角的顶点：　　　　　(输入一点作为角的顶点)

指定角的第一个端点：　　(输入角的第一个端点)

指定角的第二个端点：　　(输入角的第二个端点)

创建了无关联的标注。

指定标注弧线位置或[多行文字(M)/文字(T)/角度(A)]：

在此提示下给定尺寸线的位置，AutoCAD 根据给定的 3 点标注出角度，如图 7-58(c)所示。

7.3.4 坐标标注

坐标标注以当前 UCS 的原点为基准，显示任意图形点的 X 或 Y 轴坐标。启用“坐标样式”命令，可以使用下列方法之一：

(1)命令行：DIMORDINATE。

(2)菜单：“标注”→“坐标”。

(3)工具栏：“标注”→“坐标”。

【操作步骤】

命令：DIMORDINATE↙

指定点坐标：

点取或捕捉要标注坐标的点，把这个点作为指引线的起点，并提示：

指定引线端点或[X 基准(X)/Y 基准(Y)/多行文字(M)/文字(T)/角度(A)]：

【选项说明】

(1)指定引线端点

确定另外一点。根据这两点之间的坐标差决定是生成 X 坐标尺寸还是 Y 坐标尺寸。如果这两点的 Y 坐标之差比较大，则生成 X 坐标；反之，生成 Y 坐标。

(2)X 基准(X)

生成该点的 X 坐标。

(3)Y 基准(Y)

生成该点的 Y 坐标。

现以图 7-59 中左下角圆心的坐标为例，说明坐标标注的步骤。

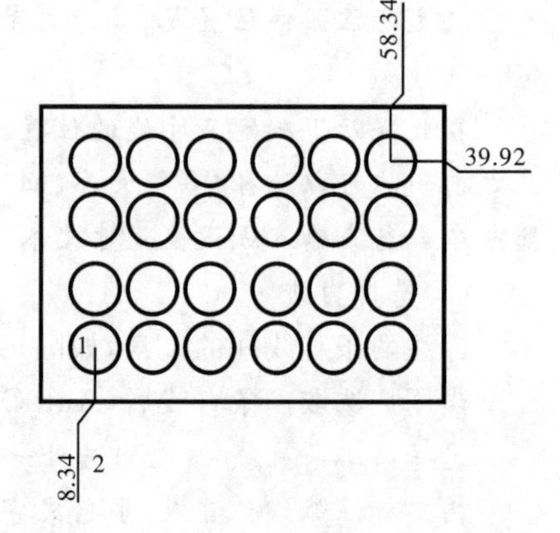

图 7-59 建立坐标标注

输入“坐标标注”命令，命令窗口提示：

命令：_dimordinate

指定点坐标：单击小圆圆心　　　　(利用圆心捕捉选择小圆圆心点 1)

创建了无关联的标注。

指定引线端点或 [X 基准(X)/Y 基准(Y)/多行文字(M)/文字(T)/角度(A)]：

　　(拖动引线至合适位置单击，指定引线端点，如点 2)

标注文字 = 8.34

结果如图 7-59 所示，标注出点 1 的 X 坐标值约为 8.34。

【注意、提示、技巧】

(1)在命令提示行中，输入 X 或 Y 可以指定一个 X 或 Y 轴基准坐标，并通过单击鼠标来确定引线放置位置。注意 X 坐标值按垂直方向标注，Y 坐标值按水平方向标注如图 7-59 中右上角小圆圆心的坐标为 X=58.34；Y=39.92。

(2)输入 M，可以打开“多行文字编辑器”来编辑标注文字。

(3)输入 T，可以在命令行中编辑标注文字。

(4)输入 A,可以旋转标注文字的角度。

7.3.5 基线标注

使用基线标注可以创建一系列基于同一条尺寸界线的尺寸标注,适用于长度尺寸标注、角度标注等。要创建基线标注,必须先创建(或选择)一个线性或角度标注作为基准标注。基线标注将从基准标注的第一条尺寸界线处测量基线标注。

启用“基线标注”命令,可以使用下列方法之一:

(1)命令行:DIMBASELINE。

(2)菜单:“标注”→“基线”。

(3)工具栏:“标注”→“基线”。

【操作步骤】

命令:DIMBASELINE↙

指定第二条尺寸界线原点或[放弃(U)/选择(S)]＜选择＞

【选项说明】

(1)指定第二条尺寸界线原点

直接确定另一个尺寸的第二条尺寸界线的起点 AutoCAD 以上次标注的尺寸为基准标注出相应尺寸。

(2)选择

在上述提示下直接回车,AutoCAD 提示:

选择基准标注:　　(选取作为基准的尺寸标注)

现以图 7-60 中的 3 个尺寸为例,说明基线标注的步骤。

(1)使用“对齐标注” 命令

标注尺寸 20,“标注”指定第一条尺寸界线原点为 1,指定第二条尺寸界线原点为 2。

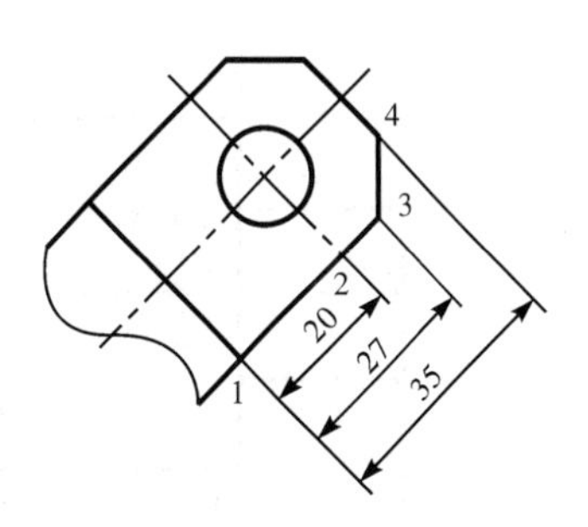

图 7-60 建立基线标注

(2)使用“基线标注”命令

输入“基线标注”命令,命令窗口提示:

命令:DIMBASELINE↙

指定第二条尺寸界线原点或[放弃(U)/选择(S)]＜选择＞:单击原点 2

定第二条尺寸界线原点或[放弃(U)/选择(S)]＜选择＞:单击原点 3

定第二条尺寸界线原点或[放弃(U)/选择(S)]＜选择＞:单击原点 4

按 Enter 键结束标注,结果如图 7-60 中尺寸 20,27,35。

7.3.6 连续标注

连续标注用于多段尺寸串联,尺寸线在一条直线放置的标注。要创建连续标注,必须先选择一个线性或角度标注作为基准标注。每个连续标注都从前一个标注的第二条尺寸界线处开始。启用“连续标注”命令,可以使用下列方法之一:

(1)命令行;DIMCONTINUE。

(2)菜单:“标注”→“连续”。

(3)工具栏:“标注”→“连续”。

【操作步骤】

命令:DIMCONTINUE↙

指定第二条尺寸界线原点或[放弃(U)/选择(S)]＜选择＞:

选择连续标注:

在此提示下的各选项与基线标注中完全相同。

现以图 7-61 中的尺寸 30 为例,说明连续标注的步骤。

输入“连续标注”命令,命令窗口提示:

选择连续标注:单击“20”尺寸段　　(选择该尺寸界线的原点 1 作为基点)

指定第二条尺寸界线原点或[放弃(U)/选择(S)]＜选择＞:单击点 2

(指定第二条尺寸界线原点 2,标注 30 尺寸段)

继续选择其他尺寸界线原点,如点 3,直到完成连续标注序列。

回车结束标注命令,结果如图 7-61 所示。

角度的基线标注和连续标注如图 7-62 所示。

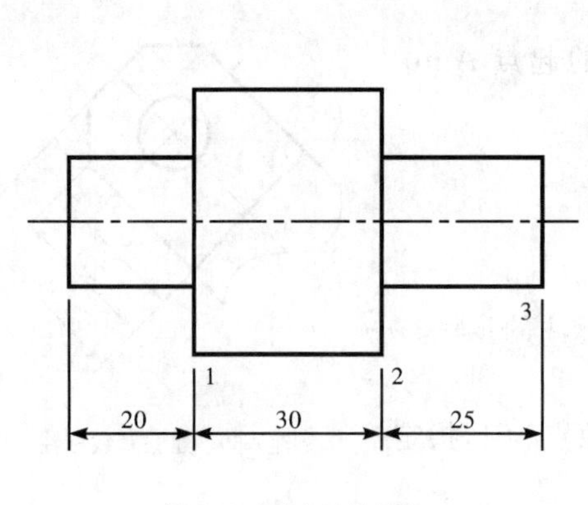

图 7-61　建立连续标注

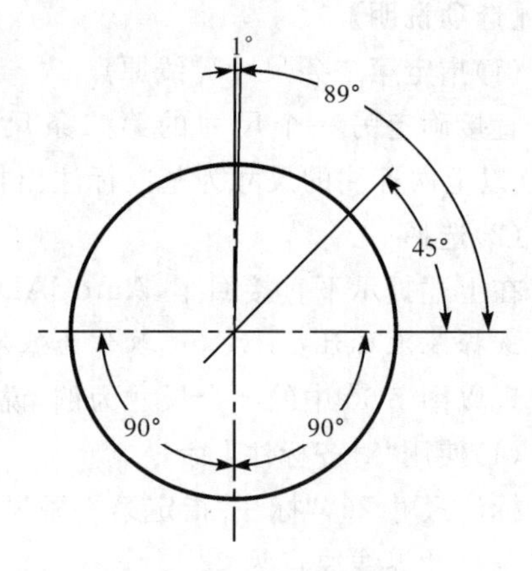

图 7-62　角度的基线和连续标注

7.4　圆和圆弧的标注

标注圆和圆弧的半径、直径或弧长时,会在标注文字时自动添加符号 ϕ(直径)、R(半径)或⌒。可通过“文字(T)”或“文字(M)”选项修改直径数值。

7.4.1　直径标注

完整的圆或大于半圆的圆弧应标注直径,如果图形中包含多个要素完全相同的圆,应注出圆的总数,如 3×ϕ60。

启用“直径标注”命令,可以使用下列方法之一:

(1)命令行:DIMDIAMETER。

(2)菜单:“标注”→“直径”。

(3)工具栏:“标注”→“直径”⃠。

【操作步骤】

命令:DIMDIAMETER↙

选择圆弧或圆：　　　　　　　　　　　　（选择要标注直径的圆或圆弧）

指定尺寸线位置或[多行文字(M)/文字(T)/角度(A)]：（确定尺寸线的位置或选择某一选项）

用户可以选择“多行文字(M)”项、“文字(T)”项或“角度(A)”项来输入、编辑尺寸文本或确定尺寸文本的倾斜角度，也可以直接确定尺寸线的位置，标注出指定圆或圆弧的直径，如图7-63所示。

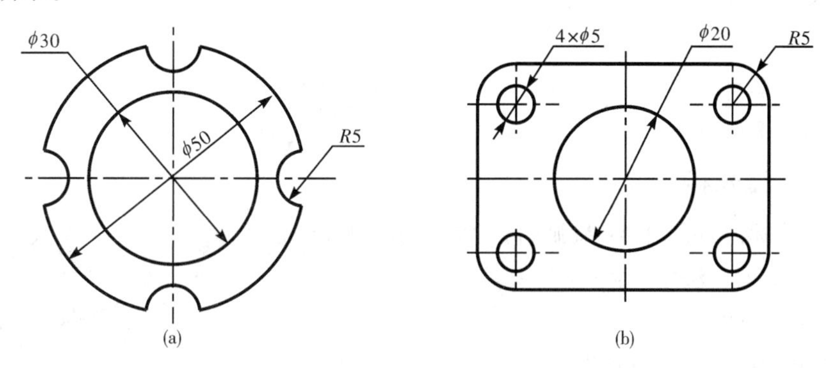

图7-63　半径标注和直径标注

7.4.2　半径标注

小于或等于半圆的圆弧应使用半径标注。但应注意，即使图形中包含多个规格完全相同的圆弧，也不注出圆弧的数量。

启用“半径标注”命令，可以使用下列方法之一：

(1)命令行：DIMRADIUS。

(2)菜单：“标注”→“半径”。

(3)工具栏：“标注”→“半径”。

【操作步骤】

命令：DIMRADIUS↙

选择圆弧或圆：（选择要标注半径的圆或圆弧）

指定尺寸线位置或[多行文字(M)/文字(T)/角度(A)]：（确定尺寸线的位置或选择某一选项）

用户可以选择“多行文字(M)”项、“文字(T)”项或“角度(A)”项来输入、编辑尺寸文本或确定尺寸文本的倾斜角度，也可以直接确定尺寸线的位置标注出指定圆或圆弧的半径，如图7-63所示。

7.4.3　折弯标注

启用“折弯标注”命令，可以使用下列方法之一：

(1)命令行：DIMJOGGED。

(2)菜单：“标注”→“折弯”。

(3)工具栏：“标注”→“折弯”。

【操作步骤】

命令:DIMJOGGED↙

选择圆弧或圆:　　　　　　　　(选择圆弧或圆)

指定中心位置替代:　　　　　　(指定一点)

标注文字=51.28

指定尺寸线位置或[多行文字(M)/文字(T)/角度(A)]:　　　　　(指定一点或其他选项)

指定折弯位置:　　　　　　　　(指定折弯位置)

结果如图 7-64 所示。

7.4.4 弧长标注

使用弧长标注,可以标注圆弧的弧长。启用"弧长标注"命令,可以使用下列方法之一:

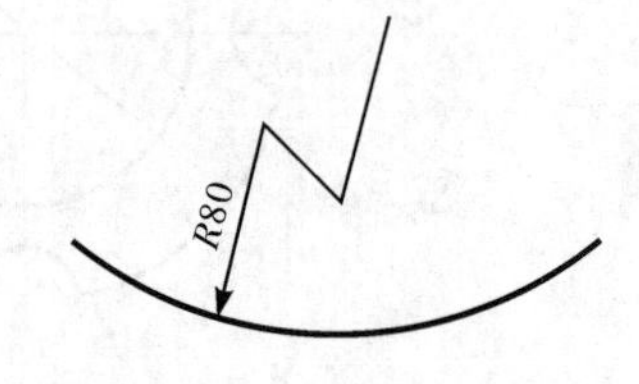

图 7-64 折弯标注

(1)命令行:DIMARC。

(2)菜单:"标注"→"弧长"。

(3)工具栏:"标注"→"弧长标注"。

【操作步骤】

命令:DIMARC↙

选择弧线段或多段线弧线段:(选择圆弧)

指定弧长标注位置或[多行文字(M)/文字(T)/角度(A)/部分(P)/引线(L)]:

【选项说明】

(1)部分(P)

标注部分弧长。选择该选项,系统提示:

指定弧长标注的第一个点:(指定圆弧上弧长标注的起点)

指定弧长标注的第二个点:(指定圆弧上弧长标注的终点)

结果如图 7-65 所示。

(2)引线(L)

添加引线对象。仅当圆弧(或弧线段)大于 90°时才会显示此选项。引线是按径向绘制的,指向所标注圆弧的圆心,如图 7-66 所示。

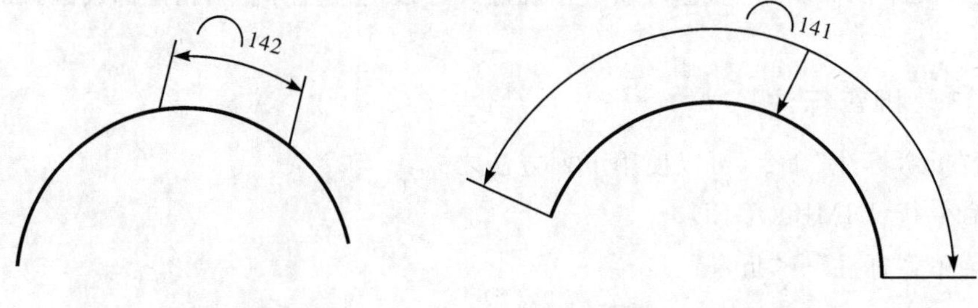

图 7-65 部分圆弧标注　　　　图 7-66 添加引线

7.4.5　圆心标记

使用圆心标注可以标注圆和圆弧的圆心。

启用“圆心标记”命令，可以使用下列方法之一：

(1)命令行：DIMCENTER。

(2)菜单：“标注”→“圆心标记”。

(3)工具栏：“标注”→“圆心标记”。

【操作步骤】

命令：DIMCENTER ↙

选择圆弧或圆：　　(选择要标注中心或中心线的圆或圆弧)

结果如图 7-67 所示。

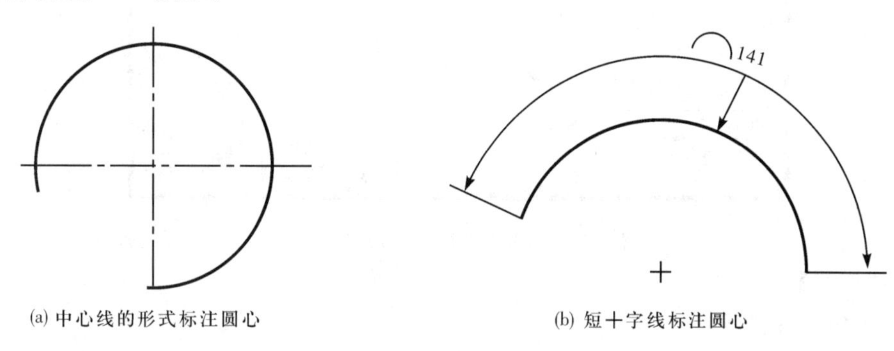

(a) 中心线的形式标注圆心　　(b) 短十字线标注圆心

图 7-67　圆心标记

7.5　引 线 标 注

AutoCAD 提供了引线标注功能，利用该引线标注功能可以标注特定的尺寸，如圆角、倒角等，还可以在图中添加多行旁注、说明，如图 7-68所示。在引线标注中，指引线可以是折线，也可以是曲线，指引线端部可以有箭头，也可以没有箭头。注释文字写在引线末端。

创建引线时，它的颜色、线宽、缩放比例、箭头类型、尺寸和其他特征都由当前标注样式定义。

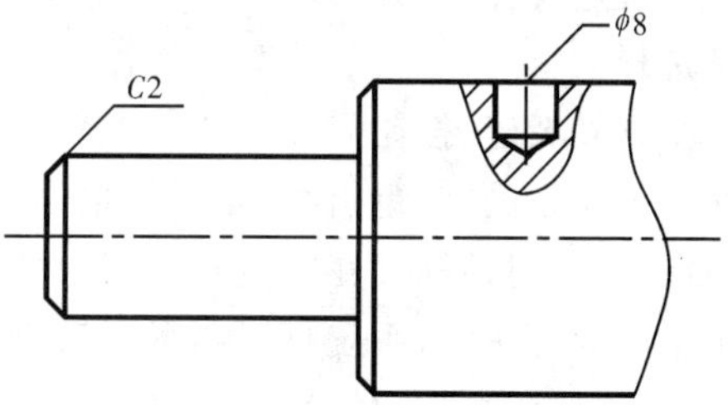

图 7-68　引线标注

7.5.1　多重引线标注

AutoCAD 提供了多重引线标注功能，这是 AutoCAD 2008 的新增功能，并增加了一条工具栏，如图 7-69 所示。

1. 设置多重引线样式

启用“多重引线样式”命令，可以使用下列方法之一：

图 7-69　“多重引线”工具栏

(1)命令行：MLEADERSTYLE。

(2)菜单:"格式"→" 多重引线样式"。

(3)工具栏:" 多重引线样式管理器" 。

执行上述操作,系统打开如图 7-70 所示的"多重引线样式管理器"对话框,下面介绍其主要选项的功能。

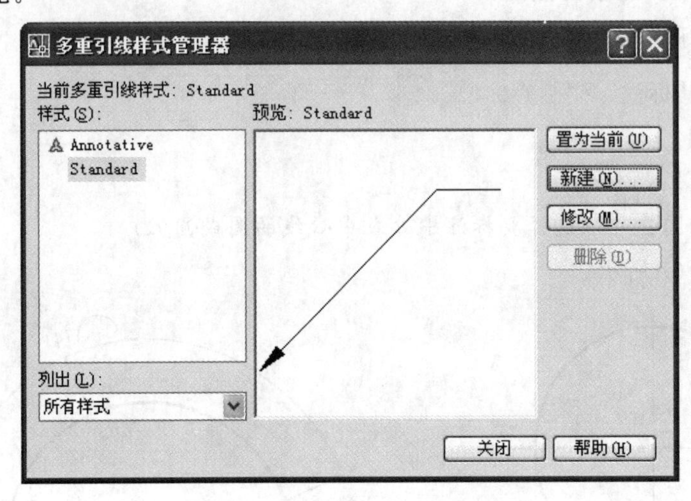

图 7-70 "多重引线样式管理器"对话框

【选项说明】

(1)"多重引线样式"标签

显示当前多重引线样式的名称。AutoCAD 默认的当前样式名称是"Standard"。

(2)"样式"列表框

列出已有的多重引线样式的名称。AutoCAD 默认状态下有两个多重引线样式,即"Annotative"和"Standard",其中"Annotative"为注释性样式。

(3)"列出"列表框

确定要在"样式"列表中列出哪些多重引线样式,有"所有样式"和"正在使用的样式"两种选择。

(4)"新建"按钮

创建新的"多重引线样式"。单击"新建"按钮,系统打开如图 7-71 所示的"创建新多重引线样式"对话框。在"新样式名"命名框中输入如"倒角""序号""公差"等多重引线样式名,单击"继续"按钮,系统打开如图 7-72 所示的"修改多重引线样式"对话框。

(5)"修改"按钮

修改已有的多重引线样式。从图 7-70 所示的"样式"列表框中选择要修改的样式,单击"修改"按钮,系统也会弹出图 7-72 所示的"修改多重引线样式"对话框。

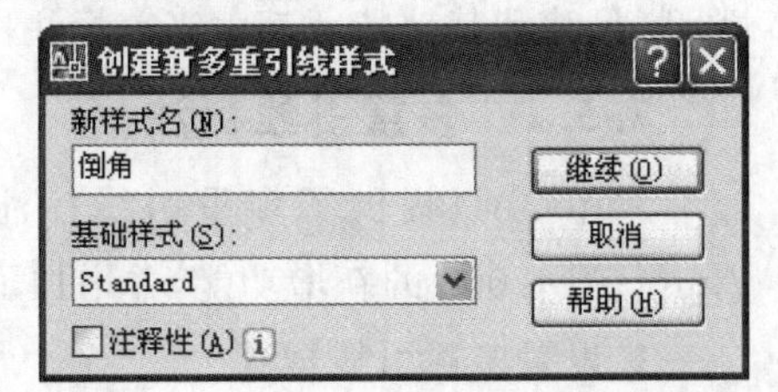

图 7-71 "创建新多重引线样式"对话框

(6)"删除"按钮

删除多重引线样式。从图 7-70 的"样式"列表框中选择要删除的样式,单击"删除"按钮,即可将其删除。

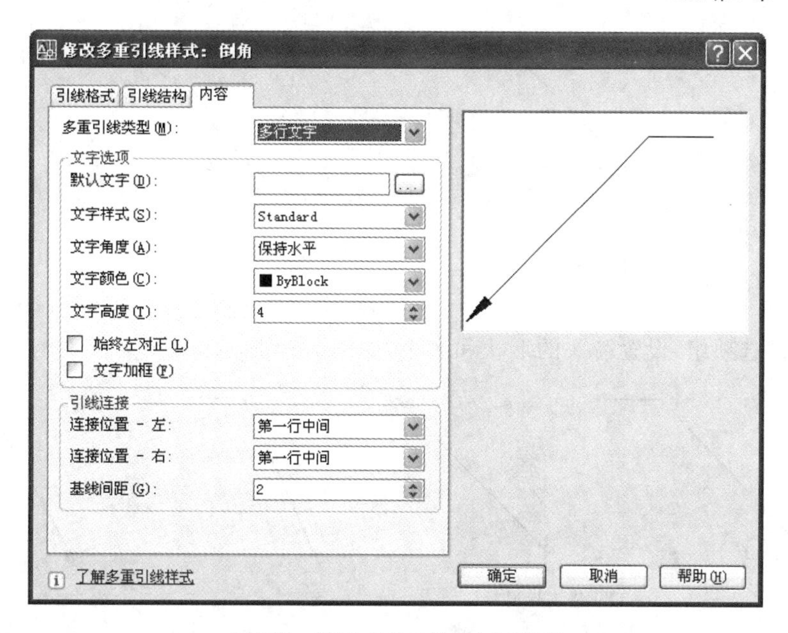

图 7-72　“修改多重引线样式”对话框

2. 修改多重引线样式

图 7-72 所示的对话框有“引线格式”“ 引线结构”“ 内容”三个选项卡。

(1)“引线格式” 选项卡

用于设置选定引线样式的格式，如图 7-73 所示，下面介绍其主要选项的功能。

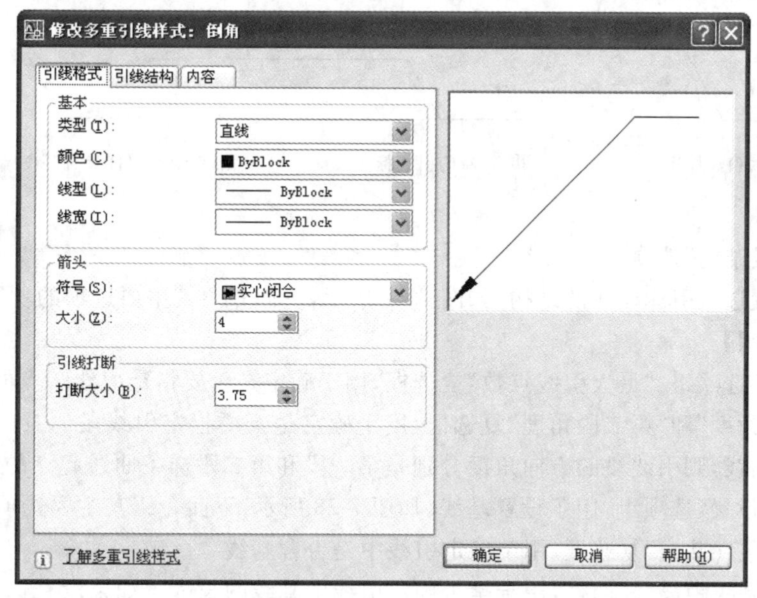

图 7-73　“引线格式”选项卡

【选项说明】

①“基本”选项组：设置引线的外观。其中“类型”下拉列表框有三个选项，即引线可以选择“直线”“样条曲线”或“无”，“无”表示没有引线和箭头，如图 7-74 所示。

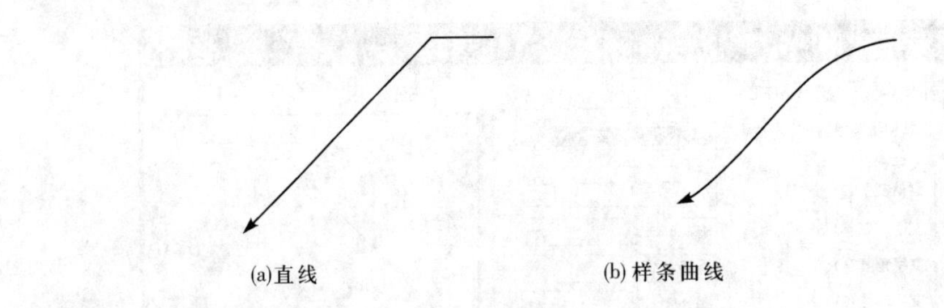

图 7-74　引线类型

②“箭头”选项组：设置箭头的形状和大小，如图 7-75 所示。

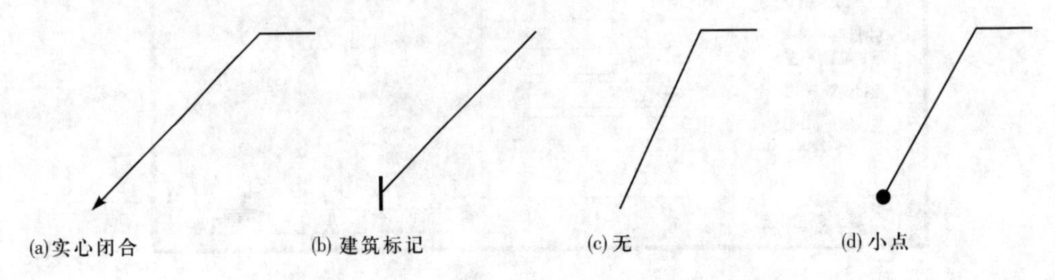

图 7-75　箭头样式

③“引线打断”选项：设置引线打断时的距离值，如图 7-76 中的 h 值。引线打断的操作见 7.9.2 折断标注。

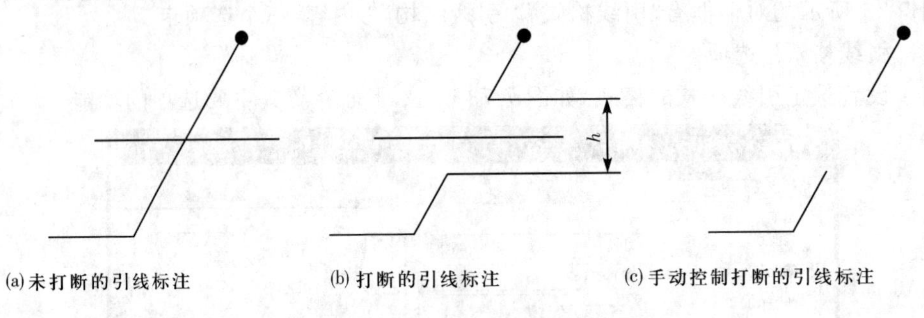

图 7-76　引线打断示例

(2)“引线结构”选项卡

用于设置选定引线样式的结构，如图 7-77 所示，下面介绍其主要选项的功能。

【选项说明】

①“约束”选项组：“最大引线点数”复选框，用于确定是否要指定引线端点的点数；

“第一段角度”和“第二段角度”复选框，用于确定是否要指定引线段的方向角度。如果引线是样条曲线，则引线段的方向角度分别是第一段和第二段样条曲线起点的切线角度。

②“基线设置”选项组：用于设置基线，如图 7-78 所示，下面介绍其主要选项的功能：

- “自动包含基线”复选框，用于确定引线中是否含基线。
- “设置基线距离”复选框，用于是否确定引线中基线的长度。如果没有选中，基线的长度可在标注时手动控制。

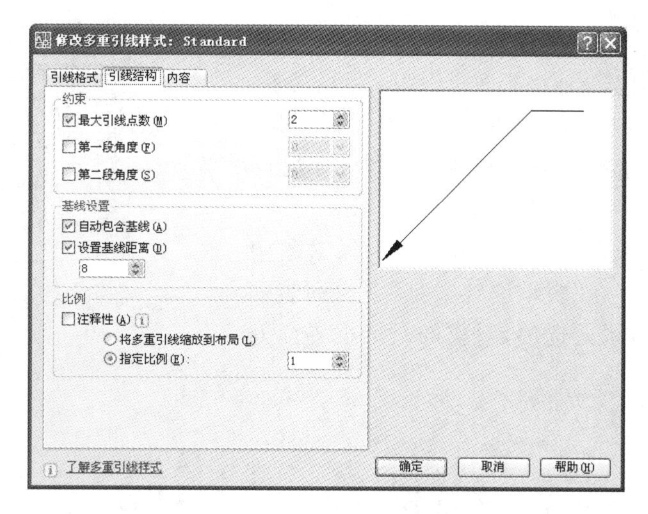

图 7-77　“引线结构”选项卡

③“比例”选项组：用于设置多重引线标注的缩放比例。

(3)“内容”选项卡

用于设置引线标注中的注释内容，如图 7-79 所示，下面介绍其主要选项的功能。

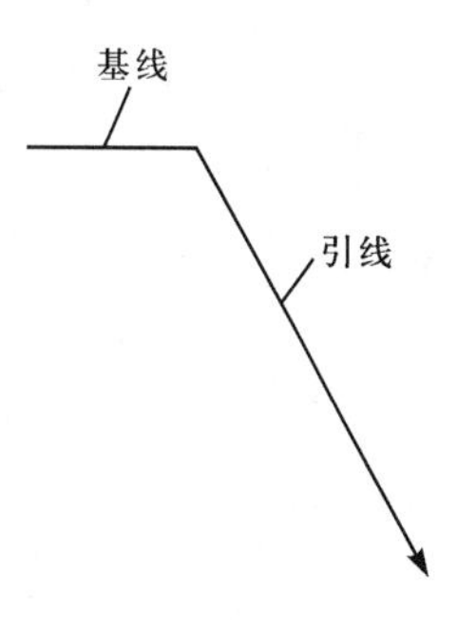

图 7-78　设置的基线

【选项说明】

①“多重引线类型”下拉列表框：设置引线注释的类型，有“多行文字”“块”“无”三个选项，“无”表示没有内容。

②“文字选项”选项组：用于设置多重引线标注的文字。只有在“多重引线类型”下拉列表框中选中“多行文字”，才会显示此选项。

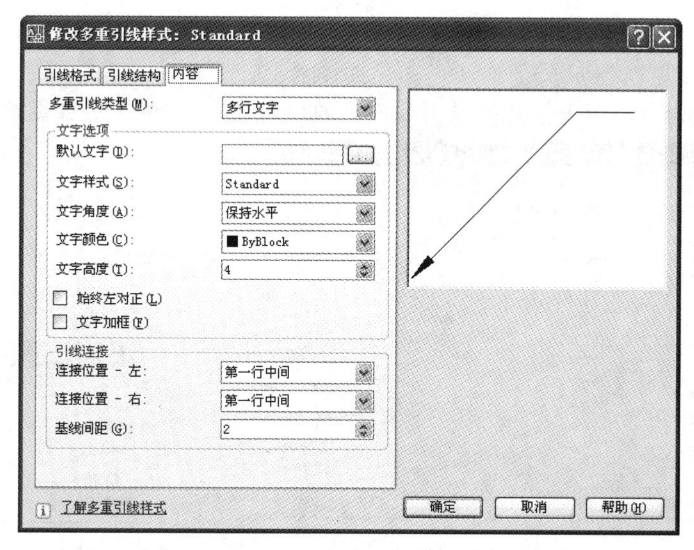

图 7-79　“内容”选项卡

③“引线连接”选项组：用于设置多重引线标注的文字相对基线的位置。也只有在“多重引线类型”下拉列表框中选中“多行文字”，才会显示此选项。

"连接位置-左"和"连接位置-右"用于控制文字位于引线左侧或右侧时基线连接到多重引线文字的位置。有图 7-80 所示 9 个选项,标注示例如图 7-81 所示。

"基线间距"用于指定基线和多重引线文字之间的距离,标注示例如图 7-82 所示。

④"块选项"选项组:用于控制多重引线对象中块内容的特性。只有在"多重引线类型"下拉列表框中选中"块",才会显示此选项,对应的对话框界面如图 7-83 所示。

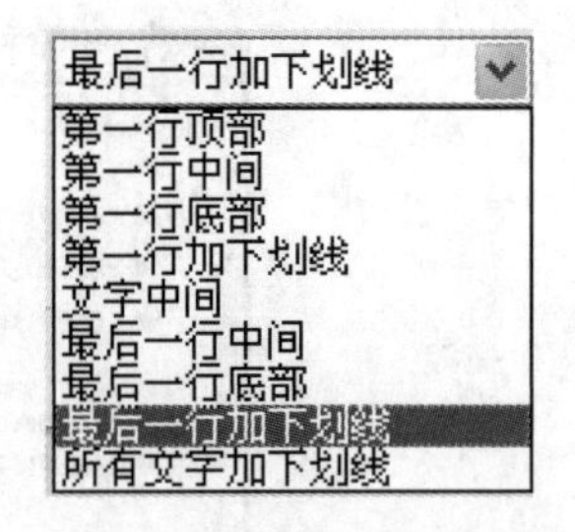

图 7-80 基线连接到多重引线文字的位置

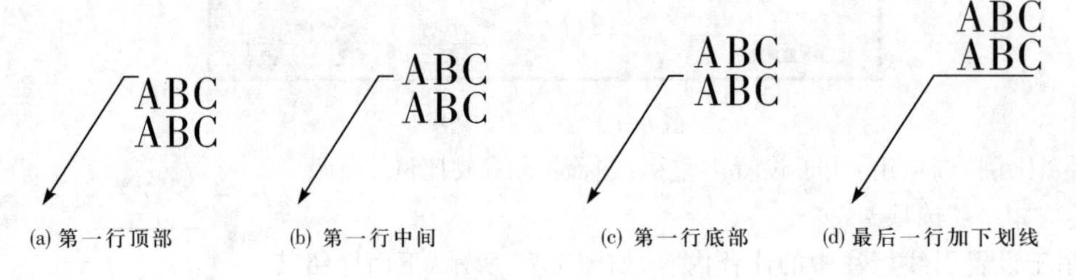

图 7-81 连接位置示例

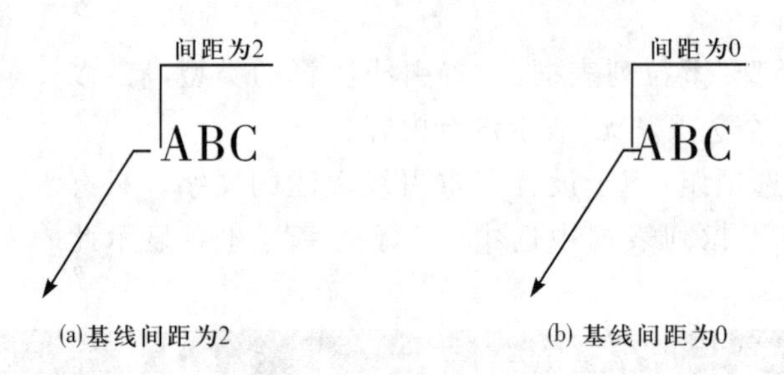

图 7-82 基线间距示例

"源块"下拉列表框用于指定多重引线内容的块对象,对应的列表如图 7-84 所示。

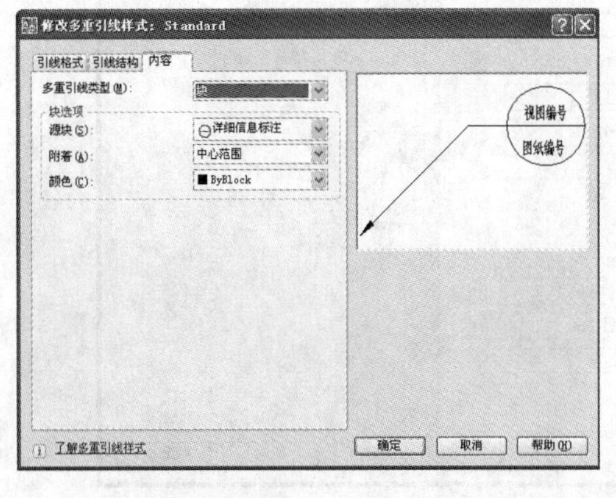

图 7-83 "内容"选项卡的"块选项"

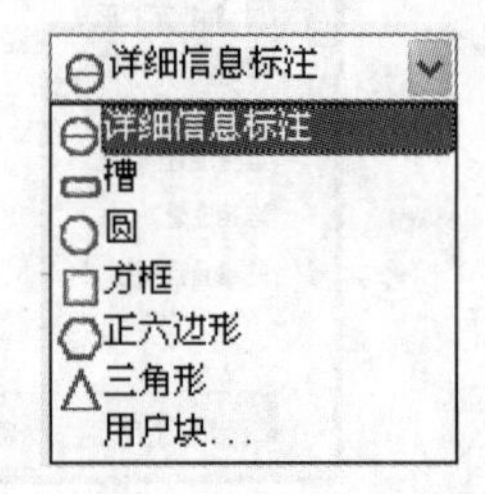

图 7-84 "源块"下拉列表

"附着"指定块附着到多重引线对象的方式。可以通过指定块的范围、块的插入点或块的中心点来附着块。

"颜色"指定多重引线块内容的颜色。默认情况下,选择"随块"。"内容"选项卡中的块颜色控制仅当块中包含的对象颜色设置为“随块”时才有效。

3.“多重引线”标注

多重引线对象或多重引线可先创建箭头，也可先创建尾部或内容。启用“多重引线标注”命令，可以使用下列方法之一：

(1)命令行：MLEADER。

(2)菜单：“格式”→“多重引线标注”。

(3)工具栏：“多重引线”。

【操作步骤】

命令：_mleader

指定引线箭头的位置或［引线基线优先（L）/内容优先（C）/选项(O)］<引线基线优先>：

提示确定引线箭头的位置或选择其他选项。

【选项说明】

(1)“指定引线箭头的位置”：确定新的多重引线对象的箭头位置。

(2)“引线基线优先(L)”：用于确定进行“多重引线标注”时先指定多重引线对象的基线的位置。如果先前绘制的多重引线对象是基线优先，则后续的多重引线也将先创建基线(除非另外指定)，操作时命令行提示：

命令：_mleader

指定引线基线的位置或［引线箭头优先(H)/内容优先(C)/选项(O)］<引线箭头优先>：

(3)“内容优先(C)”：用于确定进行“多重引线标注”时先指定与多重引线对象相关联的文字或块的位置。

如果先前绘制的多重引线对象是内容优先，则后续的多重引线也将先创建内容(除非另外指定)，操作时命令行提示：

命令：_mleader

指定文字的第一个角点或［引线箭头优先(H)/引线基线优先(L)/选项(O)］<选项>：

(4)“选项(O)”：用于确定放置多重引线对象的选项。选择“选项(O)”命令行提示：

输入选项［引线类型(L)/引线基线(A)/内容类型(C)/最大点数(M)/第一个角度(F)/第二个角度(S)/退出选项(X)］：

选项的意义与设置“多重引线样式”的各选项相同。图7-85所示为“多重引线”标注示例。

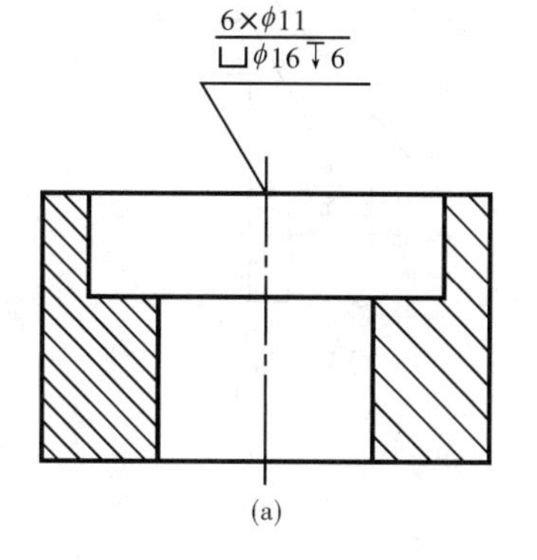

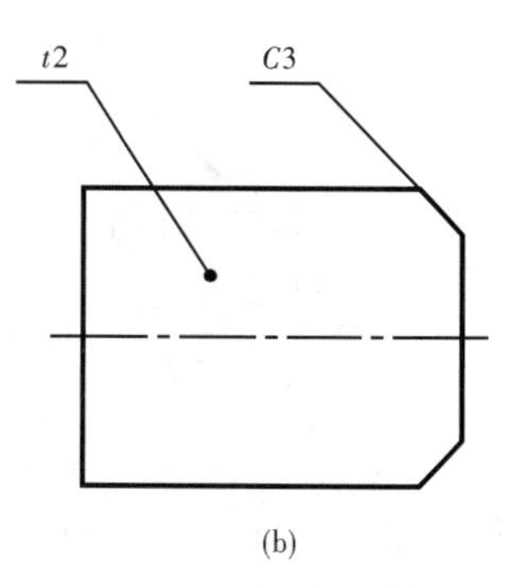

图7-85　“多重引线”标注示例

4. 添加引线

将引线添加至多重引线对象。根据光标的位置，新引线可添加到选定多重引线的左侧或右侧，如图 7-86 所示。

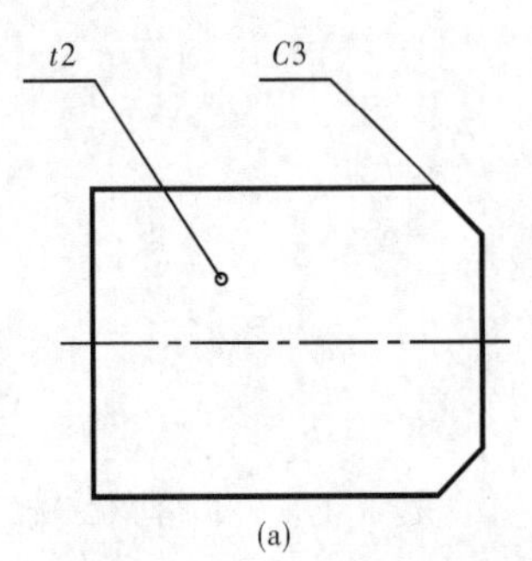

(a)

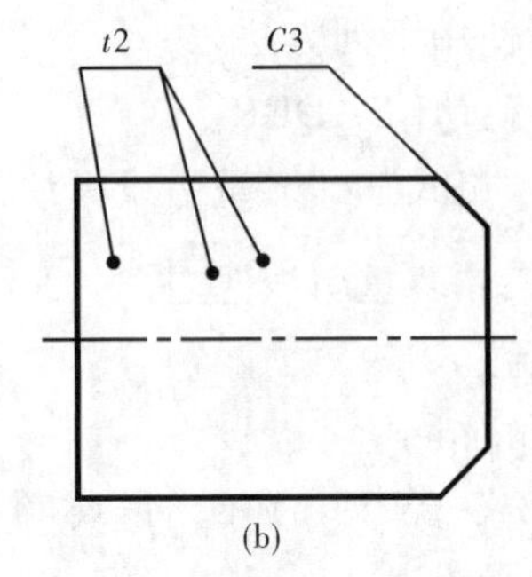

(b)

图 7-86 添加引线

启用“添加引线”命令，可以使用下列方法之一：

(1)命令行：MLEADEREDIT→“ 添加引线”。

(2)菜单：“修改”→“对象”→“多重引线”→“添加引线”。

(3)工具栏：“多重引线” → 。

【操作步骤】

选择多重引线：找到 1 个

指定引线箭头的位置：(根据光标的位置，新引线将添加到选定多重引线的左侧或右侧)

如果在指定的多重引线样式中有两个以上的引线点，系统将提示用户指定另一点。

5. 删除引线

从多重引线对象中删除引线。启用“删除引线”命令，可以使用下列方法之一：

(1)命令行：MLEADEREDIT→“删除引线”。

(2)菜单：“修改”→“对象”→“多重引线”→“删除引线”。

(3)工具栏：“多重引线” → 。

操作方法与“添加引线”类似。

6. “对齐”

将多重引线对象按顺序沿指定方向重新排列，如图 7-87 所示。

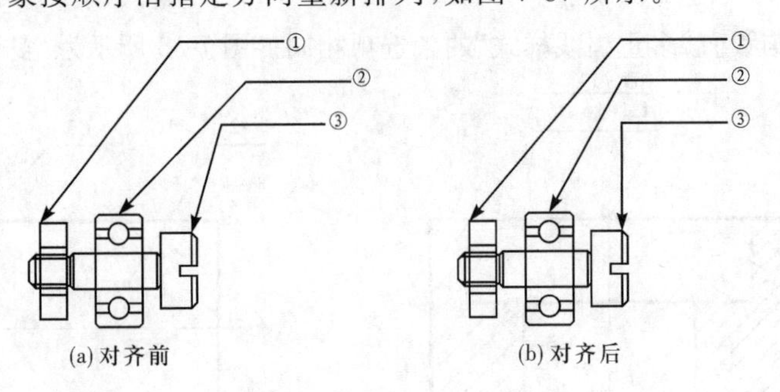

(a) 对齐前　　(b) 对齐后

图 7-87 多重引线“对齐”

启用“对齐”命令，可以使用下列方法之一：

(1)命令行：MLEADERALIGN。

(2)菜单:“修改”→“对象”→“多重引线”→“对齐”。

(3)工具栏:“多重引线” → 。

7.“合并”

将内容为块的多重引线对象按顺序沿“水平”方向合并排列,如图 7-88 所示。

启用“合并”命令,可以使用下列方法之一:

(1)命令行:MLEADERCOLLECT。

(2)菜单:“修改”→“对象”→“多重引线”→“合并”。

(3)工具栏:“多重引线” → 。

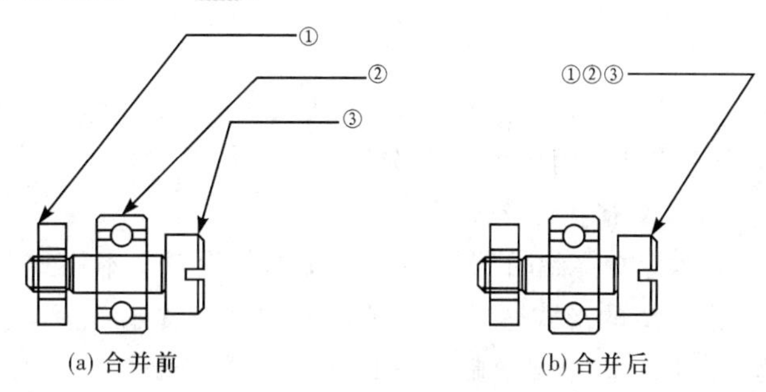

(a) 合并前　　(b) 合并后

图 7-88　多重引线“合并”

7.5.2　引线标注

用“LEADER”命令也可以创建引线标注,引线标注的设置与多重引线标注基本相同,引线标注的注释内容可以是形位公差,或是从图形其他部位拷贝的部分图形,还可以是一个图块。

启用“引线标注”命令,可以使用下列方法:

命令行:LEADER。

【操作步骤】

命令:LEADER ↙

指定引线起点:(输入指引线的起始点)

指定下一点:(输入指引线的另一点)

AutoCAD 由上面两点画出指引线并继续提示:

指定下一点或[注释(A)/格式(F)/放弃(U)]＜注释＞:

【选项说明】

(1)指定下一点:直接输入一点 AutoCAD 根据前面的点画出折线作为指引线。

(2)注释:输入注释文本,为默认项。在上面提示下直接回车,AutoCAD 提示:

输入注释文字的第一行或＜选项＞:

①输入注释文本:在此提示下输入第一行文本后回车,用户可继续输入第二行文本,如此反复执行,直到输入全部注释文本,然后在此提示下直接回车,AutoCAD 会在指引线终端标注出所输入的多行文本,并结束 LEADER 命令。

②直接回车:如果在上面的提示下直接回车 AutoCAD 提示:

输入注释选项[公差(T)/副本(C)/块(B)/无(N)/多行文字(M)]＜多行文字＞:

在此提示下选择一个注释选项或直接回车，即选择“多行文字”选项。下面介绍其中各选项的含义：

● 公差(T)：标注几何公差(几何公差请参见 7.9 节)。

● 副本(C)：把已由 LEADER 命令创建的注释拷贝到当前指引线的末端。选择该选项，AutoCAD 提示：

选择要复制的对象：

在此提示下选取一个已创建的注释文本，AutoCAD 将把它复制到当前指引线的末端。

● 块(B)：插入块，把已经定义好的图块插入到指引线的末端。选择该选项 AutoCAD 提示：

输入块名或[?]：

在此提示下输入一个已定义好的图块名，AutoCAD 把该图块插入到指引线的末端；或通过键入“?”列出当前已有图块，用户可从中选择。

● 无(N)：不进行注释，没有注释文本。

● ＜多行文字＞：用多行文字编辑器标注注释文本并设置文本格式，为默认选项。

(3)格式(F)：确定指引线的形式。选择该项，AutoCAD 提示：

输入引线格式选项[样条曲线(S)/直线(ST)/箭头(A)/无(N)]＜退出＞：

(选择指引线形式，或直接回车回到上一级提示)

①样条曲线(S)：设置指引线为样条曲线。

②直线(ST)：设置指引线为折线。

③箭头(A)：在指引线的起始位置画箭头。

④无(N)：在指引线的起始位置不画箭头。

⑤ ＜退出＞：此项为默认选项，选取该项退出“格式”选项，返回“指定下一点或[注释(A)/格式(F)/放弃(U)]＜注释＞：”提示，并且指引线形式按默认方式设置。

7.5.3 快速引线标注

利用“QLEADER”命令可快速生成指引线及注释。与“LEADER”命令不同的是“QLEADER”命令可以通过命令行优化对话框进行用户自定义，由此可以消除不必要的命令行提示，取得最高的工作效率。

启用“快速引线”命令，可以使用下列方法。

命令行：QLEADER。

【操作步骤】

命令：QLEADER ↙

指定第一个引线点或[设置(S)]＜设置＞：

【选项说明】

1. 指定第一个引线点

在上面的提示下确定一点作为指引线的第一点，AutoCAD 提示：

指定下一点：　(输入指引线的第二点)

指定下一点：　(输入指引线的第三点)

AutoCAD 提示用户输入的点的数目由“引线设置”对话框确定，如图 7-89 所示。输入完指引线的点后，AutoCAD 提示：

指定文字宽度＜0.0000＞：　　　　（输入多行文本的宽度）

输入注释文字的第一行＜多行文字(M)＞：

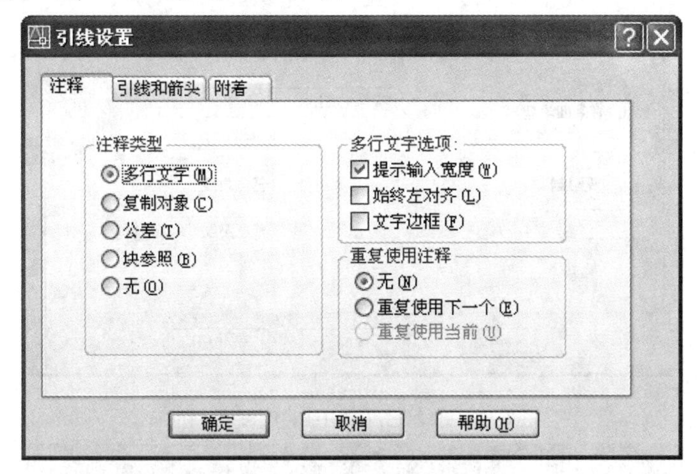

图 7-89 “引线设置”对话框

此时，有两种命令输入选择：

(1)输入注释文字的第一行

在命令行输入第一行文本，系统继续提示：

输入注释文字的第一行：　（输入另一行文字）

输入注释文字的第一行：　（输入另一行文字或回车）

(2)＜多行文字(M)＞

打开多行文字编辑器，输入、编辑多行文字。输入全部注释文本后，在此提示下直接回车，AutoCAD 结束 QLEADER 命令并把多行文本标注在指引线的末端附近。

2.＜设置＞

在上面提示下直接回车或键入 S，AutoCAD 将打开如图 7-89 所示“引线设置”对话框，允许对引线标注进行设置。该对话框包含“注释”“引线和箭头”“附着”3 个选项卡，下面分别进行介绍。

(1)“注释”选项卡(图 7-89)

用于设置引线标注中注释文本的类型、多行文本的格式并确定注释文本是否多次使用。

(2)“引线和箭头”选项卡(图 7-90)

用来设置引线标注中指引线和箭头的形式。其中“点数”选项组设置执行 QLEADER 命令时 AutoCAD 提示用户输入的点的数目。例如，设置点数为 3，执行 QLEADER 命令时当用户在提示下指定 3 个点后，AutoCAD 自动提示用户输入注释文本。注意，设置的点数要比用户希望的指引线的段数多 1。可利用微调框进行设置。如果选中“无限制”复选框，AutoCAD 会一直提示用户输入点直到连续回车两次为止。“角度约束”选项组设置第一段和第二段指引线的角度约束。

(3)“附着”选项卡(图 7-91)

设置注释文本和指引线的相对位置。如果最后一段指引线指向右边，AutoCAD 自动

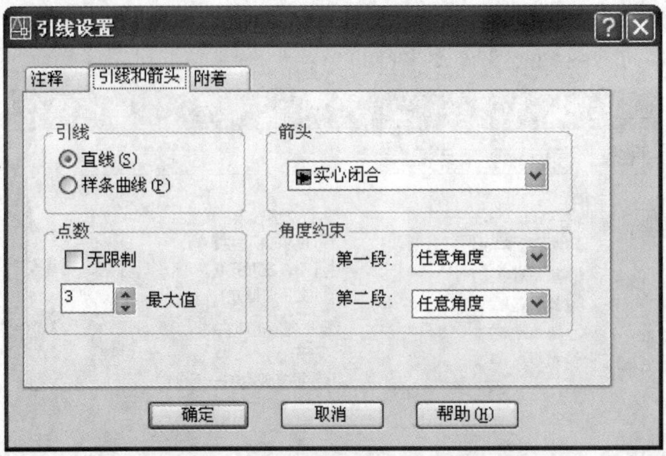

图 7-90　引线设置的“引线和箭头”选项卡

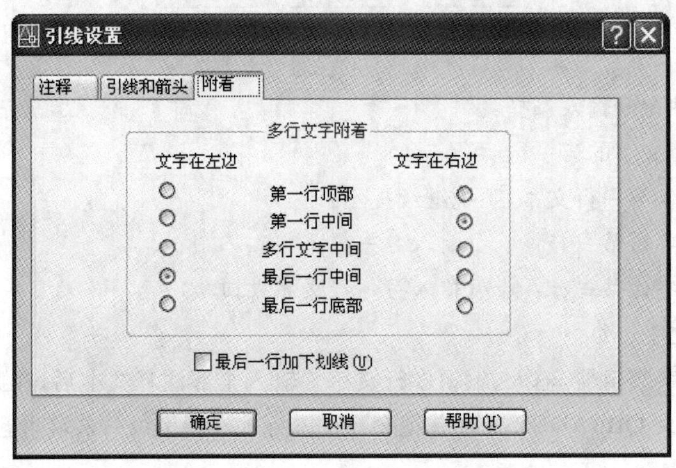

图 7-91　引线设置的“附着”选项卡

把注释文本放在右侧；如果最后一段指引线指向左边，AutoCAD 自动把注释文本放在左侧。利用该选项卡中左侧和右侧的单选按钮，分别设置位于左侧和右侧的注释文本与最后一段指引线的相对位置。二者可相同也可不相同。

【注意、提示、技巧】

在“注释”选项卡的“注释类型”选择组中，选中“公差”复选框。可以方便地进行几何公差的标注(几何公差请参见 7.8 节)。

7.6　快速标注

快速标注命令可以同时选择多个圆或圆弧进行直径或半径的标注，也可同时选择多个对象进行基线标注和连续标注，选择一次即可完成多个标注，因此可节省时间，提高工作效率。

启用“快速尺寸标注”命令，可以使用下列方法之一：

(1)命令行：QDIM。

(2)菜单:“标注”→“快速标注”。

(3)工具栏:“标注”→“快速标注”。

【操作步骤】

命令:QDIM↙

关联标注优先级＝端点

选择要标注的几何图形:（选择要标注尺寸的多个对象后回车）

指定尺寸线位置或[连续(C)/并列(S)/基线(B)/坐标(O)/半径(R)/直径(D)/基准点(P)/编辑(E)/设置(T)]<连续>:

【选项说明】

(1)指定尺寸线位置

直接确定尺寸线的位置,AutoCAD在该位置按默认的尺寸标注类型标注出相应的尺寸。

(2)连续(C)

产生一系列连续标注的尺寸。键入C,AutoCAD提示用户选择要进行标注的对象,选择后回车,返回上面的提示,给定尺寸线的位置,则完成连续尺寸标注。

(3)并列(S)

产生一系列交错的尺寸标注。

(4)基线(B)

产生一系列基线标注的尺寸。后面的“坐标(O)”“半径(R)”“直径(D)”含义与此类似。

(5)基准点(P)

为基线标注和连续标注指定一个新的基准点。

(6)编辑(E)

对多个尺寸标注进行编辑。AutoCAD允许对已存在的尺寸标注添加或移去尺寸点。选择此选项,AutoCAD提示:

指定要删除的标注点或[添加(A)/退出(X)]<退出>:

在此提示下确定要删除的标注点后回车,AutoCAD对尺寸标注进行更新。如图7-92所示的尺寸标注,删除中间两个标注点后的尺寸标注如图7-93所示。

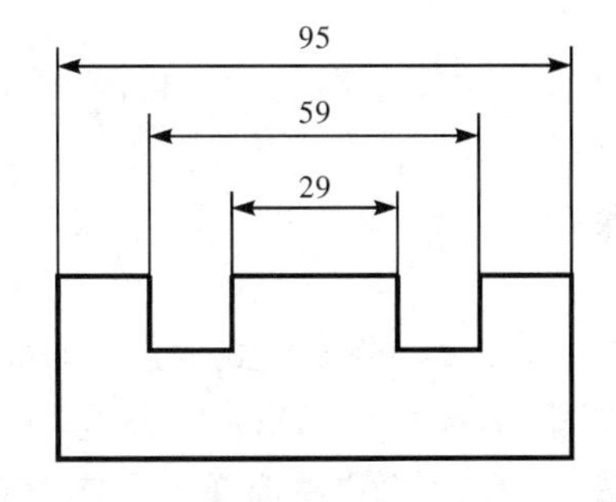

图7-92　尺寸标注

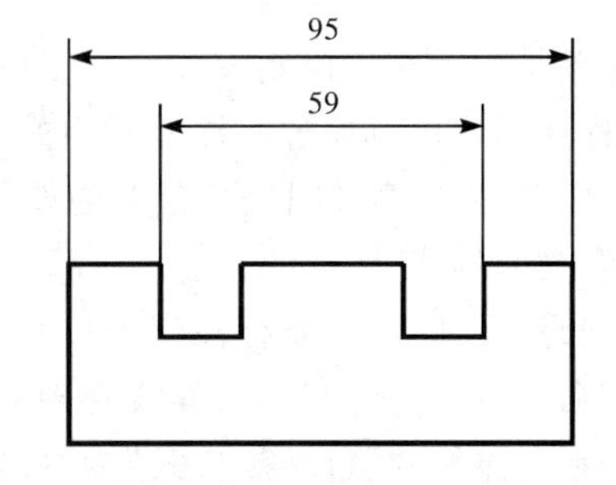

图7-93　删除中间标注点后的尺寸标注

现以图7-94为例,说明创建快速标注的步骤如下:

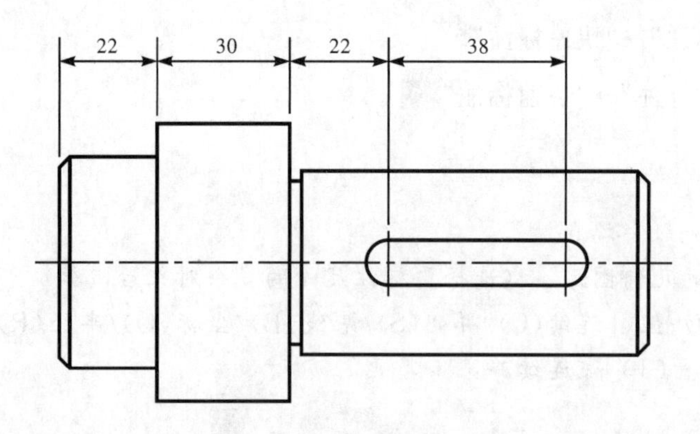

图 7-94　创建快速标注

①在“标注”工具栏中单击“快速标注”按钮，AutoCAD 提示：

选择要标注的几何图形：依次选择各几何图形↙　　（选择各轴向直线段）

指定尺寸线位置或[连续(C)/并列(S)/基线(B)/坐标(O)/半径(R)/直径(D)/基准点(P)/编辑(E)/设置(T)] <连续>：单击一点（选择标注形式和尺寸线位置，默认的是“连续”）

标注结果如图 7-94 所示。

若在图 7-95 中选择三个圆，并按提示输入“D(圆的直径)，回车”，则可一次注出三个圆的直径。

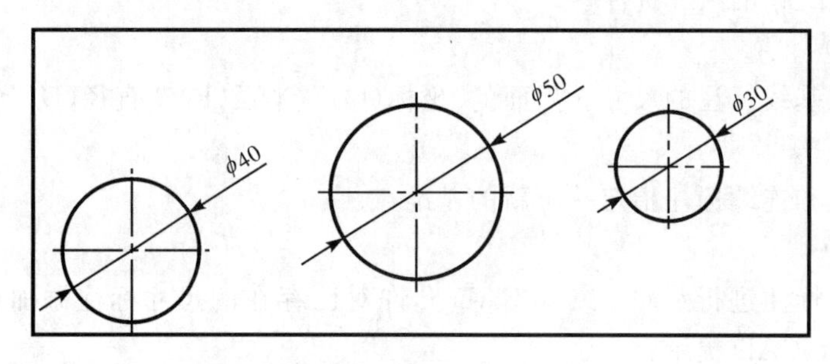

图 7-95　圆的快速标注

7.7　尺寸公差标注

尺寸公差是为了有效控制零件的加工精度，许多零件图上需要标注极限偏差或公差带代号，它的标注形式可以通过标注样式中的公差格式来设置。

下面以图 7-96 为例说明尺寸公差的设置步骤：

(1)设置公差样式

标注完长度尺寸以后，要标注直径尺寸时，需要通过改变公差格式的设置来完成。输入“标注样式”命令，在打开的“标注样式管理器”中创建新的样式：“ISO-25 公差 1”。打开“公差”选项卡，在公差格式区设置“方式”为“极限偏差”。在“精度”栏选择“0.000”；输入“上偏差”为“0.016”；“高度比例”为“0.5”；“垂直位置”为“中”；其余为默认设置，如图 7-97 所示。

(2)标注公差尺寸

在样式工具栏中选中该样式，利用“线性标注”标注尺寸 $\phi 4^{+0.016}_{0}$。

同上述步骤，建立“ISO-25 公差 2”样式，改变公差标注方式为“对称”。可标注 $\phi 45 \pm 0.02$。

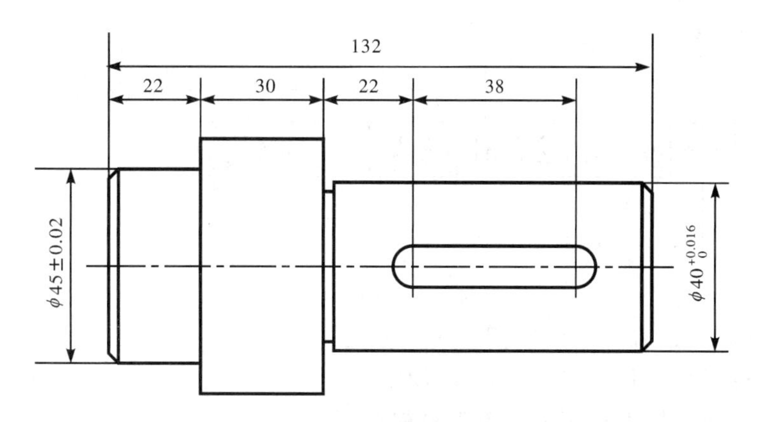

图 7-96 尺寸公差标注

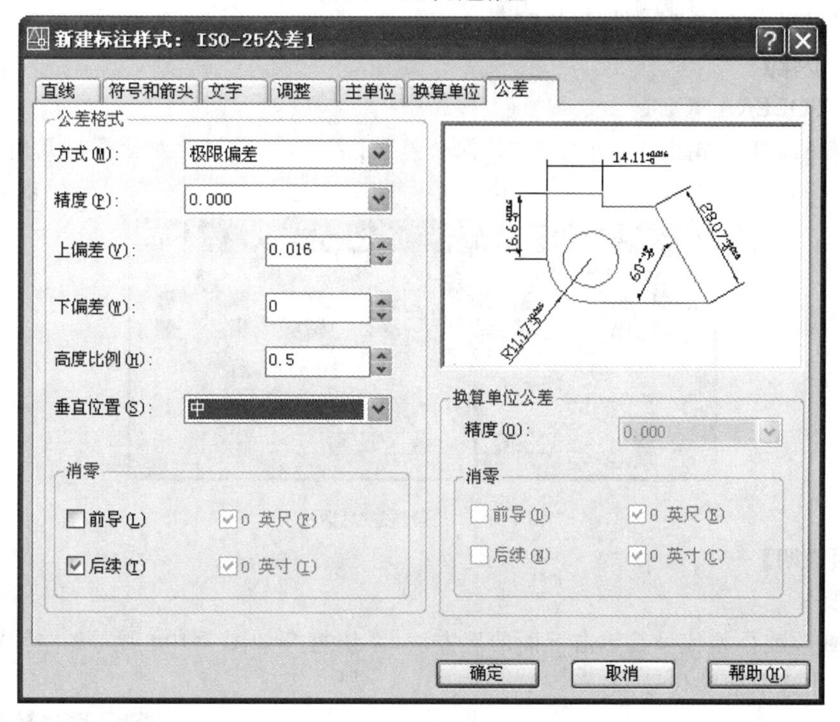

图 7-97 设置“公差”样式

【注意、提示、技巧】

在图样中标注尺寸公差的极限偏差值或尺寸公差的配合代号，一般通过多行文字的堆叠功能实现，堆叠方法更为方便快捷(见 6.2.3 标注多行文字)。

7.8 几何公差标注

几何公差的标注如图 7-98 所示，包括指引线、特征符号、公差值以及基准代号和其附加符号。利用 AutoCAD 2008 可方便地标注出几何公差。几何公差标注常和引线标注结合使用。

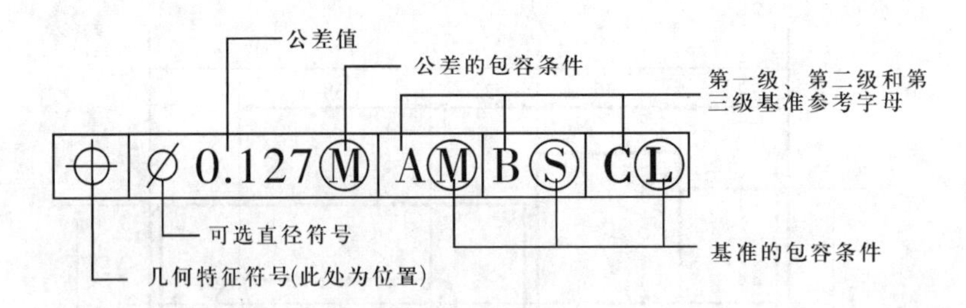

图 7-98　几何公差标注

启用“公差标注”命令，可以使用下列方法之一：

(1)命令行：TOLERANCE；QLEADER。

(2)菜单：“标注”→“公差”；“标注”→“引线”。

(3)工具栏：“公差” 或“引线” 。

【操作步骤】

命令：TOLERANCE↙

AutoCAD 打开如图 7-99 所示的“几何公差”对话框，可通过此对话框对几何公差标注进行设置。

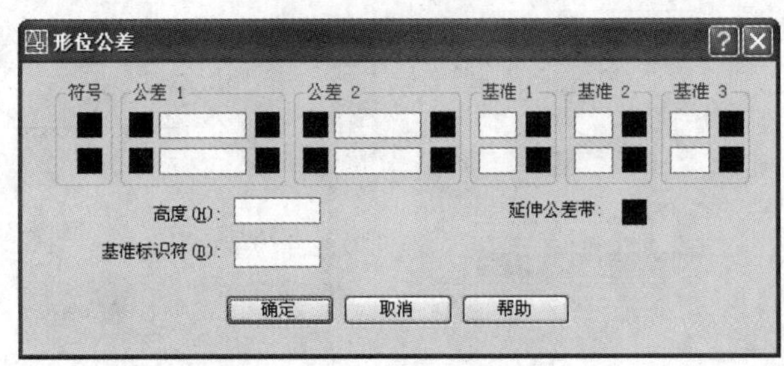

图 7-99　“几何公差”对话框

【选项说明】

(1)符号

设定或改变公差代号。单击下面的黑方块，系统打开如图 7-100 所示的“特征符号”对话框，可从中选取公差代号。

(2)公差 1(2)

产生第一至二个公差的公差值及“附加符号”。白色文本框左侧的黑块控制是否在公差值之前加一个直径符号，单击它，则出现一个直径符号，再单击则消失。白色文本框用于确定公差值，在其中输入一个具体数值。右侧黑块用于插入“附加符号”，单击它，系统打开如图 7-101 所示的“附加符号”对话框，可从中选取所需符号。

图 7-100　“特征符号”对话框

(3)基准 1(2,3)

确定第一至三个基准代号及材料状态符号。在白色文本框中输入一个基准代号。单击其右侧黑块，AutoCAD 将弹出“附加符号”对话框，可从中选取附加符号。

图 7-101　“附加符号”对话框

(4)“高度”文本框

确定标注复合几何公差的高度。

(5)延伸公差带

单击此黑块,在复合公差带后面加一个复合公差符号。

(6)“基准标识符”文本框

产生一个标识符号,用一个字母表示。

【注意、提示、技巧】

在“几何公差”对话框中有两行,可实现复合几何公差的标注。如果两行中输入的公差代号相同,则得到如图 7-102 所示的形式。

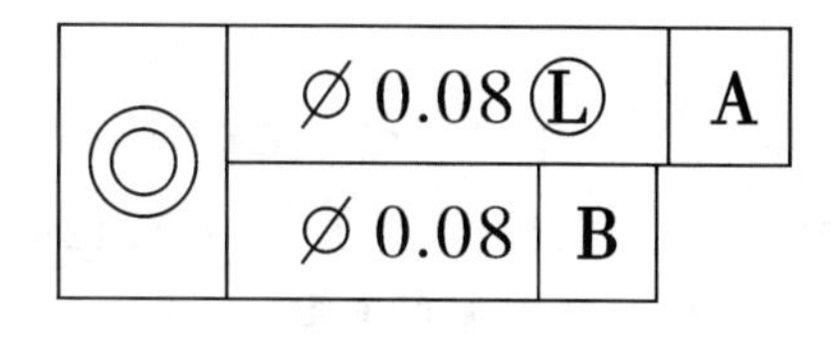

图 7-102　利用 TOLERANCE 命令标注的复合几何公差

现以图 7-103 为例,说明几何公差的标注步骤:

(1)输入“快速引线”命令

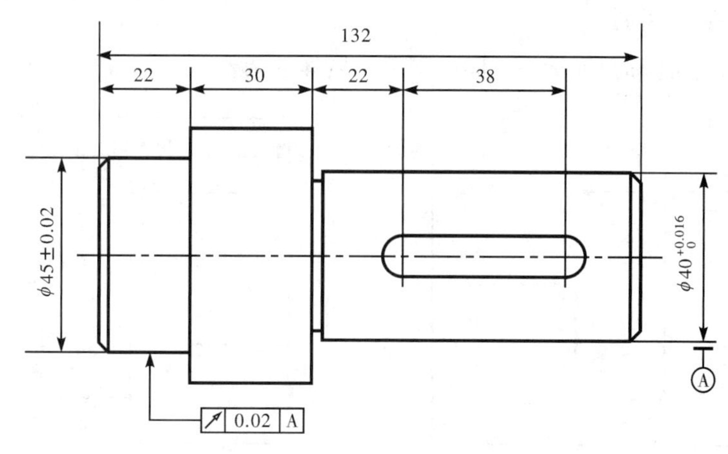

图 7-103　几何公差标注

在“标注”工具栏中单击“快速引线”按钮,系统提示:

指定第一个引线点或［设置(S)］＜设置＞:↙(引线设置)

打开“引线设置”对话框。

(2)“引线设置”选择“注释类型”为“公差”

在打开的“引线设置”对话框“注释”选项卡的“注释类型”设置区中,选择“公差”,然后单击“确定”按钮。

(3)在图形中创建引线

在图形中创建引线(其提示同引线标注),这时将自动打开“几何公差”对话框。

(4)填写“几何公差”标注内容

在“几何公差”对话框中,单击符号框,打开“符号”对话框,在“符号”对话框中选择几何公差↗符号。在公差 1 框中填写几何公差值 0.02,在基准中填写基准 A。

(5) 标注基准符号

重复“快速引线”命令,打开“引线设置”对话框,在“引线和箭头”选项卡的“箭头”下拉列表框中,选择“实心基准三角形”,单击“确定”按钮,在指定位置标出基准符号。

标注结果如图 7-103 所示。

7.9　编辑尺寸标注

在 AutoCAD 中，编辑尺寸标注及其文字的方法主要有以下三种：

(1)使用“标注样式管理器”中的“修改”按钮

可通过“修改标注样式”对话框来编辑图形中所有与标注样式相关联的尺寸标注。

(2)使用尺寸标注编辑命令

可以对已标注的尺寸进行全面的修改编辑，这是编辑尺寸标注的主要方法。

(3) 使用夹点编辑

由于每个尺寸标注都是一个整体对象组，因此使用夹点编辑可以快速编辑尺寸标注位置。

7.9.1　标注间距

对平行线性标注和角度标注之间的间距做同样的调整，如图 7-104 所示。

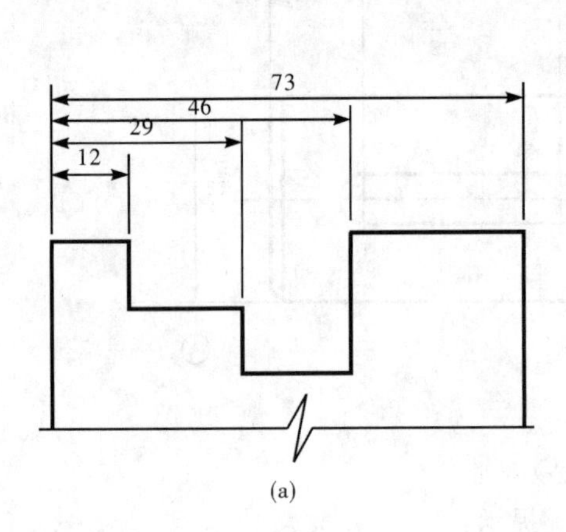

(a)

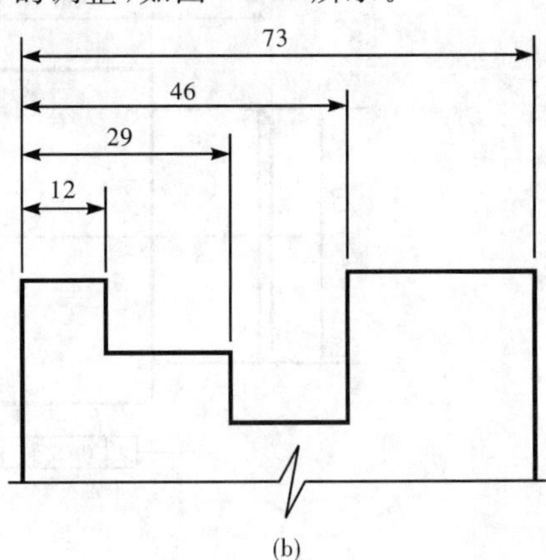

(b)

图 7-104　标注间距

启用“标注间距”命令，可以使用下列方法之一：

(1)命令行：DIMSPACE。

(2)菜单：“标注”→“标注间距”。

(3)工具栏：“标注”→“标注间距”。

【操作步骤】

命令：DIMSPACE

选择基准标注：(选择平行线性标注或角度标注)

选择要产生间距的标注：(选择平行线性标注或角度标注以从基准标注均匀隔开)

选择要产生间距的标注：↙

输入值或［自动(A)］<自动>：(指定间距或按 Enter 键)

【选项说明】

(1)输入值

指定从基准标注均匀隔开选定标注的间距值。例如，如果输入值 5，则所有选定标注将以 5 的距离隔开。可以使用间距值 0(零)将对齐选定的线性标注和角度标注的末端对齐。

(2)自动

基于在选定基线标注的标注样式中指定基线间距。

7.9.2 打断标注

用于添加或删除标注打断。标注打断即对有相交的标注对象在相交处打断,操作时如果使用“手动”选项,可以将不相交的标注对象打断,如图7-105所示。

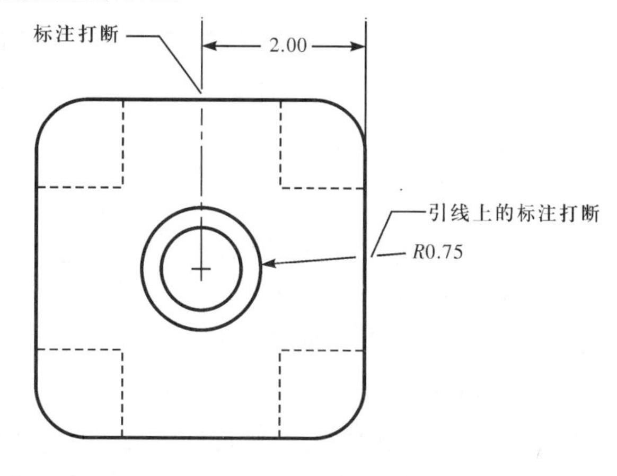

图 7-105 打断标注

可以将打断标注添加到以下标注和引线对象:线性标注(对齐和旋转)、角度标注(2 点和 3 点)、半径标注(半径、直径和折弯)、弧长标注、坐标标注、多重引线(仅直线)。

以下标注和引线对象不支持打断标注:多重引线(仅样条曲线)、“传统”引线(直线或样条曲线)。

启用“标注折断”命令,可以使用下列方法之一:

(1)命令行:DIMBREAK。

(2)菜单:“标注”→“标注打断”。

(3)工具栏:“标注”→“打断标注” 。

【操作步骤】

命令: DIMBREAK

选择标注或[多个(M)]:(输入选项,或输入 M 可选择多个标注)

选择要打断标注的对象或[自动(A)/恢复(R)/手动(M)]<自动>:(选择与标注相交或与选定标注的尺寸界线相交的对象)

【选项说明】

(1)自动

自动将折断标注放置在与选定标注相交的对象的所有交点处。修改标注或相交对象时,会自动更新使用此选项创建的所有折断标注。

在具有任何折断标注的标注上方绘制新对象后,在交点处不会沿标注对象自动应用任何新的折断标注。要添加新的折断标注,必须再次运行此命令。

(2)恢复

从选定的标注中删除所有折断标注。

(3)手动

手动放置打断标注。为打断位置指定标注或尺寸界线上的两点。如果修改标注或相交对象,则不会更新使用此选项创建的任何折断标注。使用此选项,一次仅可以放置一个手动打断标注。

7.9.3 折弯标注

用于在线性标注或对齐标注中添加或删除折弯线,如图 7-106 所示。

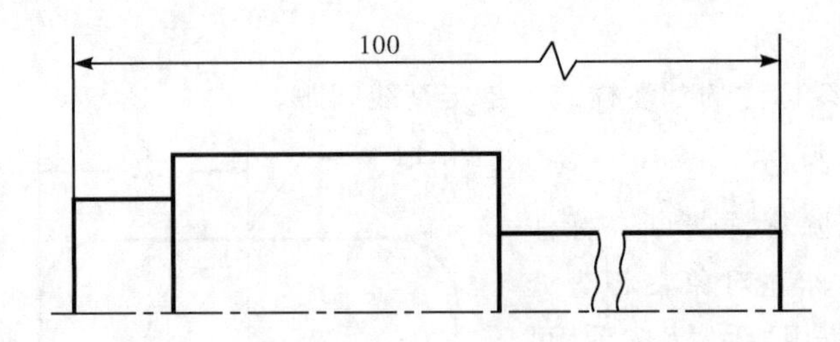

图 7-106　折弯标注

启用“折弯标注”命令，可以使用下列方法之一：

(1)命令行：DIMJOGLINE。

(2)菜单：“标注”→“折弯标注”。

(3)工具栏：“标注” →“折弯标注”。

将折弯添加到线性标注后，可以使用夹点定位折弯。要重新定位折弯，选择标注然后选择夹点，沿着尺寸线将夹点移至另一点。也可以在“直线和箭头”下的“特性”选项板上调整线性标注上折弯符号的高度。

折弯符号的高度由标注样式的线性折弯大小值决定。

7.9.4　修改尺寸标注文字

1. 使用“编辑标注”命令编辑尺寸文字

使用“编辑标注”命令，可以修改原尺寸为新文字、调整文字到默认位置、旋转文字和倾斜尺寸界线。

启用“编辑标注”命令，可以使用下列方法之一：

(1)命令行：DIMEDIT。

(2)菜单：“标注”→“对齐文字”→“默认”。

(3)工具栏：“标注”→“编辑标注”。

【操作步骤】

命令：DIMEDIT ↙

输入标注编辑类型[默认(H)/新建(N)/旋转(R)/倾斜(O)]<默认>：

【选项说明】

(1)<默认>

按尺寸标注样式中设置的默认位置和方向放置尺寸文本。选择此选项，AutoCAD 提示：

选择对象：(选择要编辑的尺寸标注)

(2)新建(N)

选择此选项，AutoCAD 打开多行文字编辑器，可利用此编辑器对尺寸文本进行修改。

(3)旋转(R)

改变尺寸文本行的倾斜角度。尺寸文本的中心点不变，使文本沿给定的角度方向倾斜排列。若输入角度为 0，则按“新建标注样式”对话框的“文字”选项卡中设置的默认方向排列。

(4)倾斜(O)

修改长度型尺寸标注的尺寸界线，使其倾斜一定角度，与尺寸线不垂直。

如图 7-107 所示，修改标注文字“20”为“ϕ20”，其步骤如下：

(1)在“标注”工具栏中单击“编辑标注”按钮

AutoCAD 提示：

输入标注编辑类型[默认(H)/新建(N)/旋转(R)/倾斜(O)]<默认>：N↙

(选择标注编辑类型)

(2)打开“多行文字编辑器”对话框。

(3)在文字编辑框中输入直径符号“%%C”。

(4)在图形中选择需要编辑的标注对象。

(5)回车结束对象选择，标注结果如图 7-108 所示。

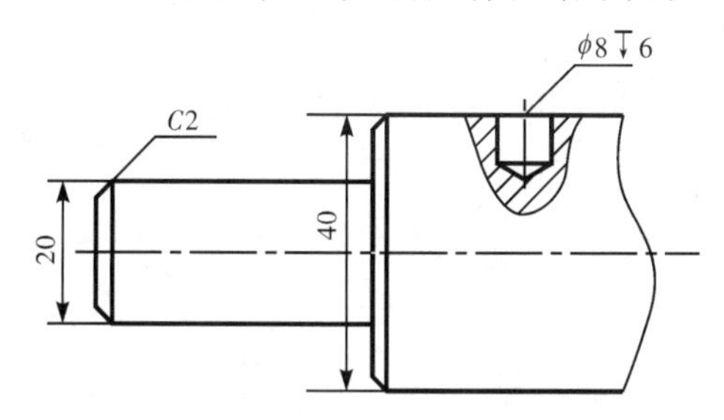

图 7-107　原始标注

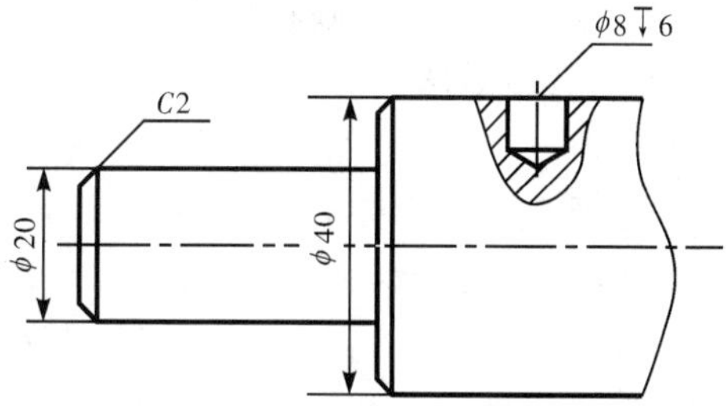

图 7-108　设置新的标注文字

如果要改变如图 7-108 所示文字“ϕ20”的角度，可使用旋转选项，具体操作步骤如下：

(1)在“标注”工具栏中单击“编辑标注”按钮。

(2)在命令提示行输入 R，旋转标注文字。

(3)指定标注文字的角度，如 45°。

(4)在图形中选择需要编辑的标注对象。

(5)回车结束对象选择，则标注结果如图 7-109 所示。

2. 用“编辑标注文字”命令调整文字位置

使用“编辑标注文字”命令可以移动和旋转标注文字。

启用“编辑标注文字”命令，可以使用下列方法之一：

(1)命令：DIMTEDIT。

(2)菜单：“标注”→“对齐文字”→(除“默认”命令外其他命令)。

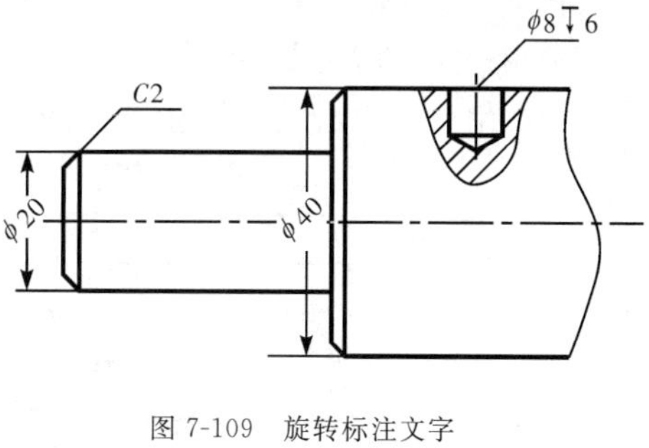

图 7-109　旋转标注文字

(3)工具栏：“标注”→“编辑对齐文字”。

【操作步骤】

命令：DIMTEDIT↙

选择标注：(选择一个尺寸标注)

指定标注文字的新位置或[左(L)/右(R)/中心(C)/默认(H)角度(A)]：

【选项说明】

(1)指定标注文字的新位置

更新尺寸文本的位置。用鼠标把文本拖动到新的位置,这时系统变量 DIMSHO 为 ON。

(2)左(L)/右(R)

使尺寸文本沿尺寸线左(右)对齐,此选项只对长度型、半径型、直径型尺寸标注起作用。

(3)中心(C)

把尺寸文本放在尺寸线上的中间位置。

(4)默认(H)

把尺寸文本按默认位置放置。

(5)角度(A)

改变尺寸文本行的倾斜角度。

例如,要将如图 7-109 所示的标注文字“ϕ20”左对齐,可按如下步骤进行操作:

- 输入“编辑标注文字”命令:在“标注”工具栏中单击“编辑标注文字”按钮。
- 选择标注尺寸对象后 AutoCAD 提示:

指定标注文字的新位置或[左(L)/右(R)/中心(C)/默认(H)/角度(A)]:L↙ (选择文字位置)

这时标注文字将沿尺寸线左对齐,如图 7-110 所示。

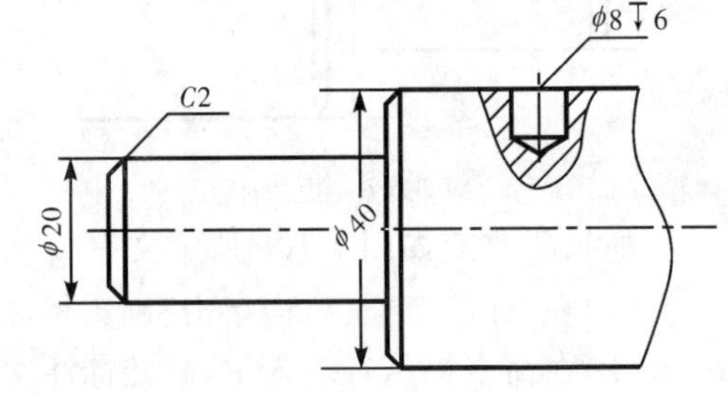

图 7-110 标注文字沿尺寸线左对齐

7.9.5 利用夹点调整标注位置

使用夹点可以非常方便地移动尺寸线、尺寸界线和标注文字的位置。在该编辑模式下,可以通过调整尺寸线两端或标注文字所在处的夹点来调整标注的位置,也可以通过调整尺寸界线夹点来调整标注长度。

例如,要调整如图 7-111 所示的轴段尺寸“25”的标注位置以及在此基础上再增加标注长度,可按如下步骤进行操作:

(1) 用鼠标单击尺寸标注,这时在该标注上将显示夹点,如图 7-112 所示。

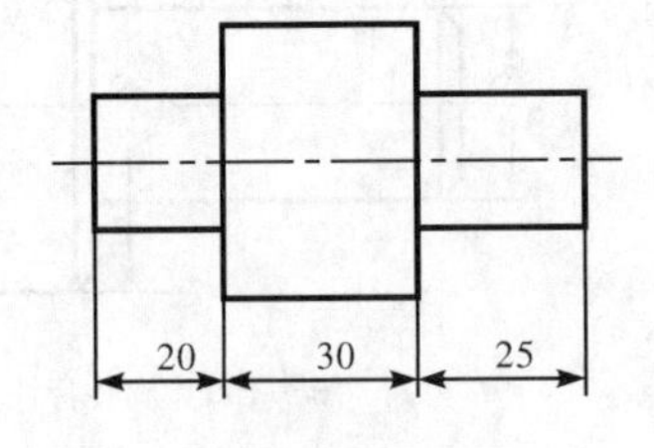

图 7-111 原始图形

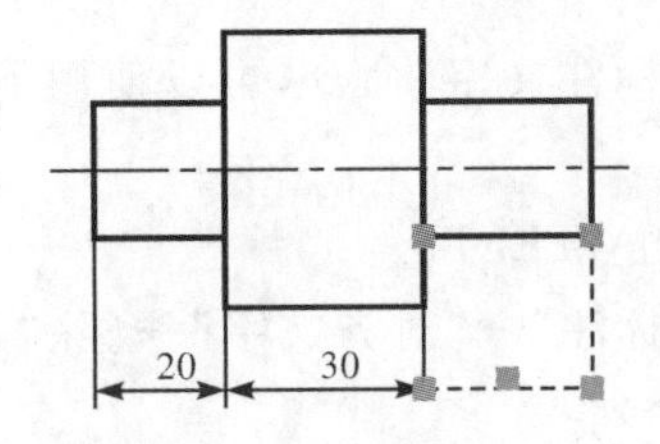

图 7-112 选择尺寸标注

(2) 单击标注文字所在处的夹点,该夹点将被选中。

(3) 向下拖动光标,可以看到夹点跟随光标一起移动。

(4)在点 1 处单击鼠标,确定新标注位置,如图 7-113 所示。

(5)单击该尺寸界线左上端的夹点,将其选中。如图 7-114 所示。

(6)向左移动光标,并捕捉到点 2,单击确定捕捉到的点,如图 7-114 所示。

(7)回车结束操作，则该轴的总长尺寸 75 被注出，如图 7-115 所示。

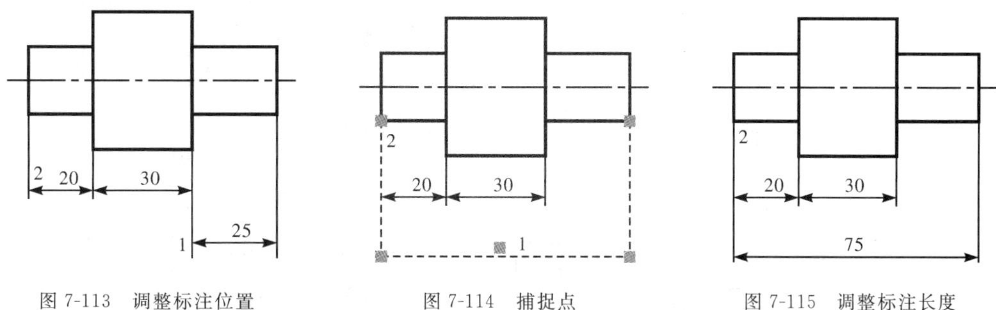

图 7-113 调整标注位置　　图 7-114 捕捉点　　图 7-115 调整标注长度

7.9.6 倾斜标注

默认情况下，AutoCAD 创建与尺寸线垂直的尺寸界线。如果尺寸界线过于贴近图形轮廓线时，允许倾斜标注(如图 7-116 所示长度为 60 的尺寸)。因此可以修改尺寸界线的角度实现倾斜标注。创建倾斜尺寸界线的步骤如下：

(1)单击下拉菜单："标注"→"倾斜"。

(2)选择需要倾斜的尺寸标注对象，若不再选择则回车确认。

(3)在命令提示行输入倾斜的角度，如"60°"，回车确认。这时倾斜后的标注如图7-117所示。

该项操作也可利用尺寸标注编辑来完成。

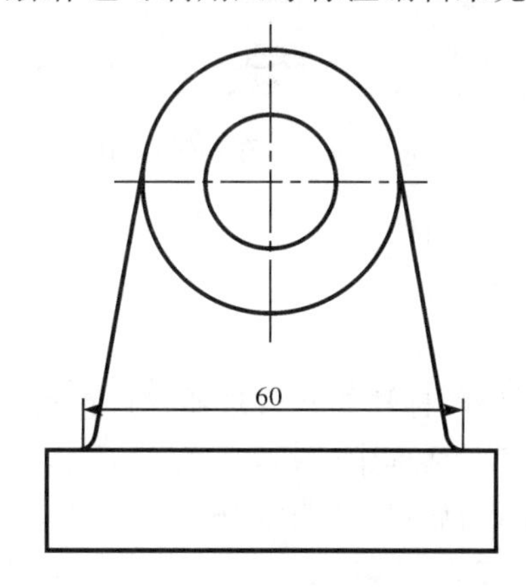

图 7-116 尺寸界线过于贴近轮廓线

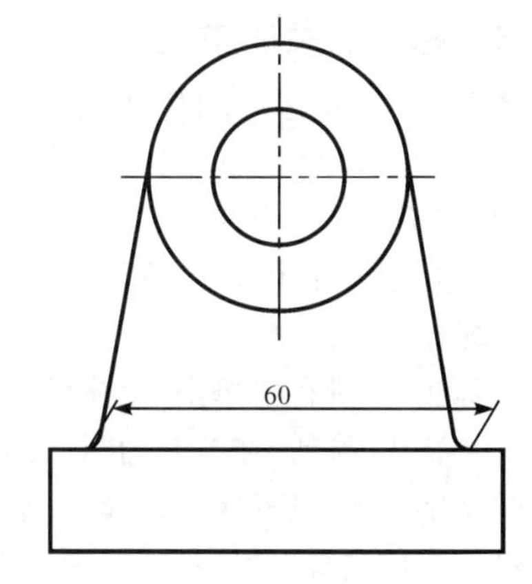

图 7-117 倾斜后的标注

7.9.7 编辑尺寸标注特性

在 AutoCAD 中，通过"特性"窗口可以了解到图形中所有的特性，例如线型、颜色、文字位置以及由标注样式定义的其他特性。因此，可以使用该窗口查看和快速编辑包括标注文字在内的任何标注特性，步骤如下：

(1)命令：PROPERTIES。

(2)菜单："修改"→"特性"。

具体操作如下：

(1)在图形中选择需要编辑其特性的尺寸标注，如图 7-118 所示。

(2)选择"修改""特性"菜单，打开"特性"窗口，单击"选择对象"按钮。这时在"特性"窗口中将显示该尺寸标注的所有信息，如图 7-119 所示。

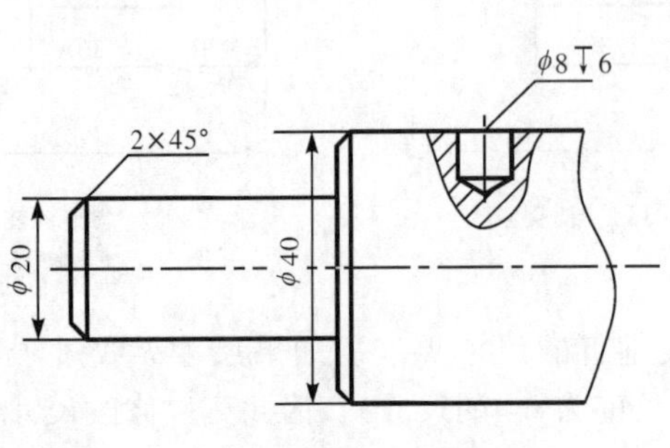
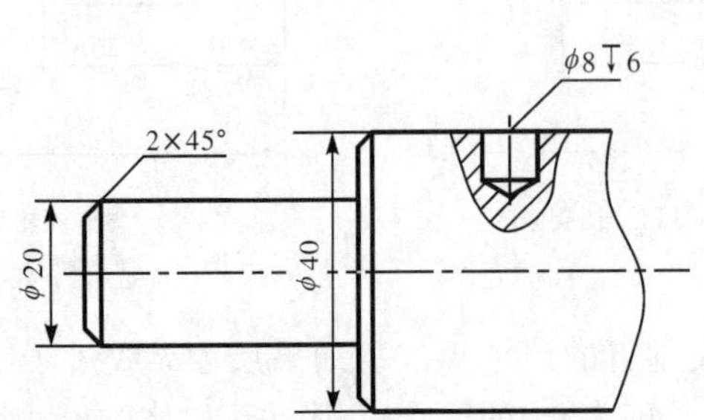

图 7-118　选择需要修改的尺寸

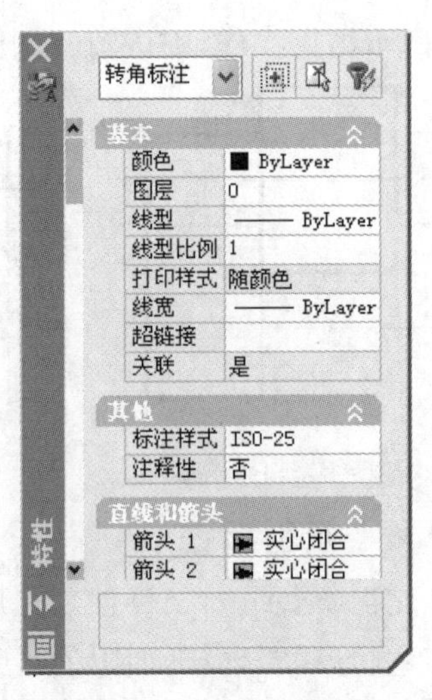

图 7-119　显示标注的特性

(3)在“特性”窗口中可以根据需要修改标注特性，如颜色、线型等。

(4)如果要将修改的标注特性保存到新样式中，可右击修改后的标注，从弹出的快捷菜单中选择“标注样式”“另存为新样式”。

(5)在“另存为新样式”对话框中输入新样式名，然后单击“确定”按钮，如图 7-120 所示。

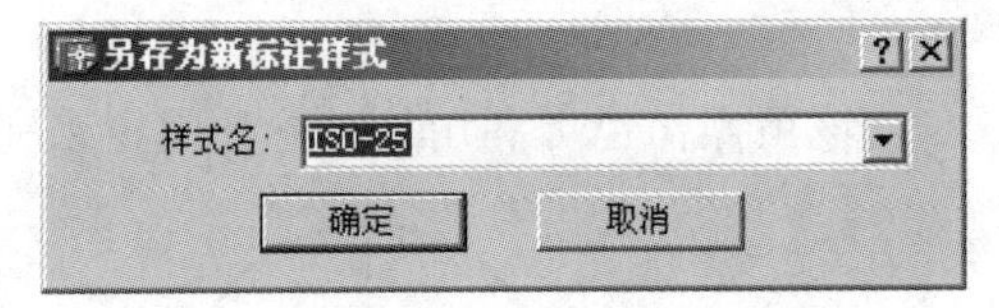

图 7-120　“另存为新标注样式”对话框

7.9.8　标注的关联与更新

通常情况下，尺寸标注和样式是相关联的，当标注样式修改后，使用“更新标注”命令(Dimstyle)可以快速更新图形中与标注样式不一致的尺寸标注。

例如，使用“更新标注”命令将如图 7-121 所示的 ϕ20，R5 的文字改为水平方式，可按如下步骤进行操作：

(1)在“标注”工具栏中单击“标注样式”按钮，打开“标注样式管理器”对话框。

(2)单击“替代”按钮，在打开的“替代当前样式”对话框中选择“文字”选项卡。

(3)在“文字对齐”设置区中选择“水平”单选钮，然后单击“确定”按钮。

(4)在“标注样式管理器”对话框中单击“关闭”按钮。

(5)在“标注”工具栏中单击“更新标注”按钮。

(6)在图形中单击需要修改其标注的对象，如 ϕ20，R5。

(7)回车，结束对象选择，则更新后的标注如图 7-122 所示。

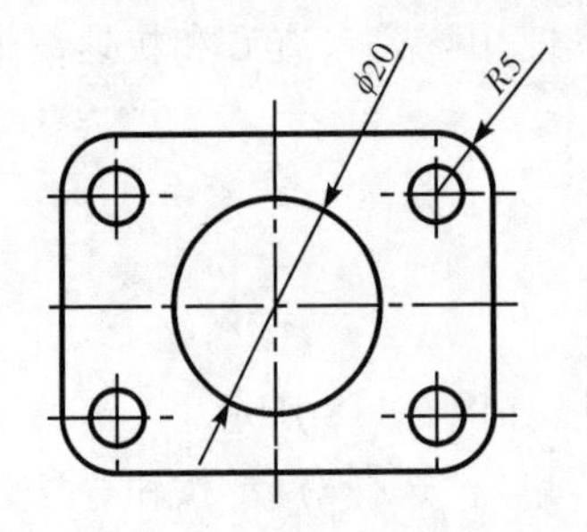

图 7-121　更新前的尺寸标注

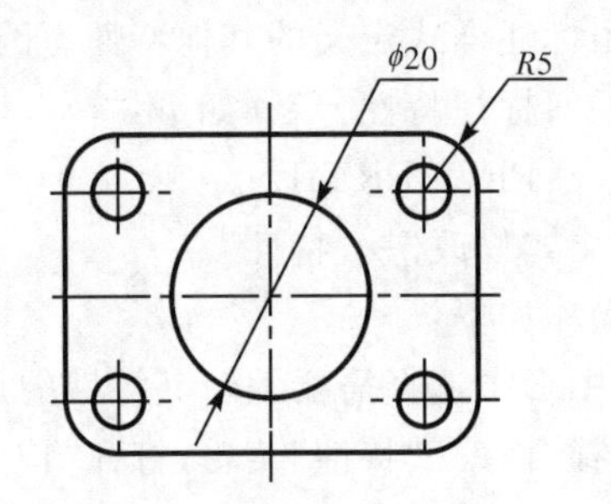

图 7-122　更新后的尺寸标注

绘制支座两视图并标注尺寸及公差，如图 7-123 所示。

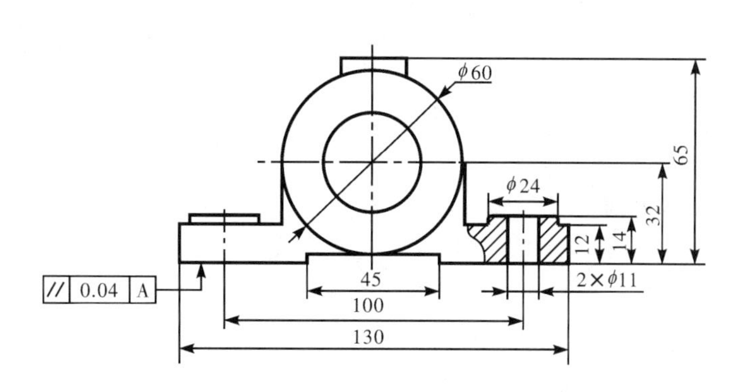

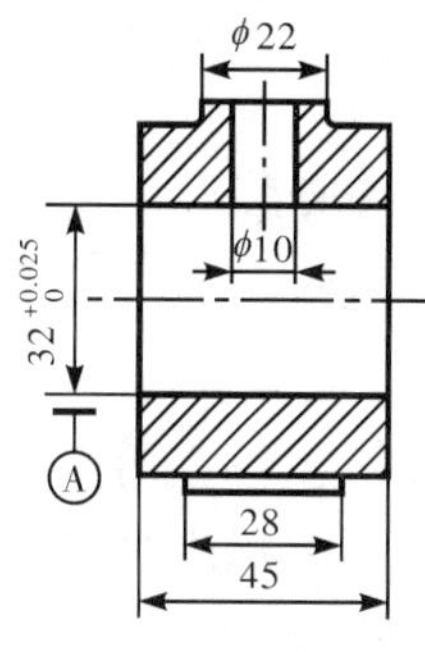

图 7-123　支座两视图

【操作步骤】

(1)建图层

分别建立中心线层、细实线层、粗实线层、尺寸线层、剖面线层。并设定各层线型，颜色等。

(2)绘制图形

用绘图、编辑等命令，完成图形绘制。

(3)标注线性尺寸

① 标注长度尺寸 130,100,45;高度尺寸 32,65,12,14;宽度尺寸 28,45。

单击标注工具栏: 命令 ,AutoCAD 提示:

指定第一条尺寸界线原点或 ＜选择对象＞:捕捉 130 左端点（指定第一条尺寸界线原点）

指定第二条尺寸界线原点:捕捉 130 右端点（指定第二条尺寸界线原点）

指定尺寸线位置或[多行文字(M)/文字(T)/角度(A)/水平(H)/垂直(V)/旋转(R)]:H↙（创建水平标注）

同样方法注出其他线性尺寸。

②标注各直径尺寸:单击标注工具栏 命令或利用线性标注和快捷菜单标注 ϕ60, ϕ24, ϕ22, ϕ10, 2 × ϕ11 各圆的直径尺寸。

其中，利用捕捉和线性标注选择 ϕ22 两条边，当选择尺寸线位置时右击将出现快捷菜单，如图 7-124 所示，选择其中的多行文字(M)，将出现文字格式编辑器，在"＜ ＞"前加%%C 即可。

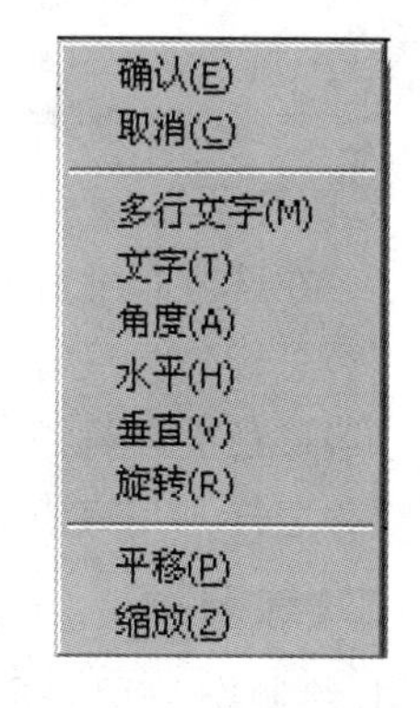

图 7-124　快捷菜单

(4)标注尺寸公差

建立一新的公差样式，如 ISO-25 公差，将上偏差设为 0.025，下偏差设为 0。

(5)标注几何公差

习　　题

一、思考题

1. 选择题

(1) 对图样进行尺寸标注时，下列中不正确的做法是(　　)。

A. 建立独立的标注层　　B. 建立用于尺寸标注的文字类型

C. 设置标注的样式　　D. 不必用捕捉标注测量点进行标注

(2)新建标注样式的操作不使用对话框的操作步骤是(　　)。

A. 单击“标注样式”命令　　B. 为新建标注的样式命名

C. 设置文字　　D. 设置直线与箭头

(3)利用“新建标注样式”对话框，在“主单位”选项卡中设置十进制小数分隔符。下列中无效的分隔符是(　　)。

A. 句点(.)　　B. 分号(;)

C. 斜线(/)　　D. 逗点(,)

(4)利用“新建标注样式”对话框“文字”选项卡，调整尺寸文字标注位置为任意放置时，应选择的参数项是(　　)。

A. 尺寸线旁边　　B. 尺寸线上方加引线

C. 尺寸线上方不加引线　　D. 标注时手动放置文字

2. 填空题

(1)在“新建标注样式”对话框“公差”选项卡中设置的公差标注方式有 ______ 、______、______ 、______ 。

(2)公差标注选项为极限偏差时，精度应设置为______ ，高度比例为 ______ ，垂直位置为 ______ 。

(3)使用引线标注时，其所标注的对象数值不能由 ______ 得出，注释文字应写在______。

(4)基线标注拥有共同的 ______ ，连续标注则拥有相同位置的 ______ 。

3. 简答题

(1)在建立尺寸标注样式时，为什么要设置相应的文字样式？

(2)怎样使角度标注符合我国的制图标准，使其水平放置？

(3)形位公差标注步骤有哪些？

(4)怎样利用夹点调整所标注尺寸的位置？

二、练习题

1. 绘制图 7-125 所示的轴零件图，标注尺寸与公差。

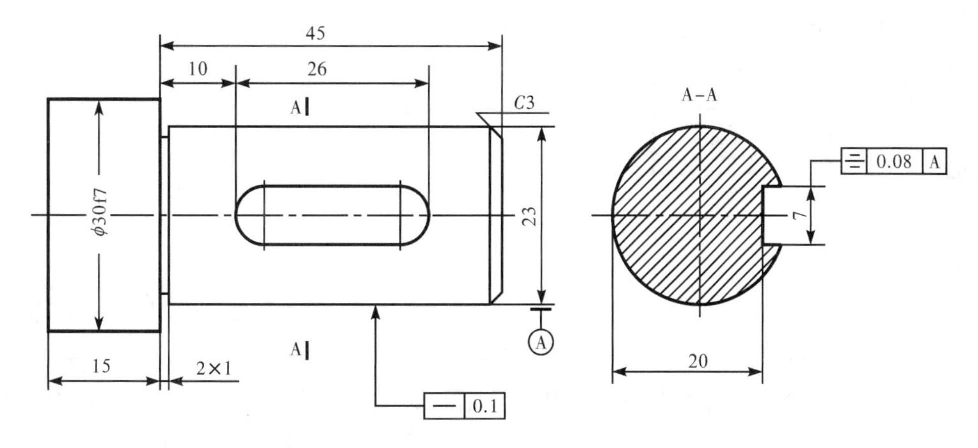

图 7-125　轴零件图

2.绘制图 7-126 所示的曲柄零件图,标注尺寸与公差。

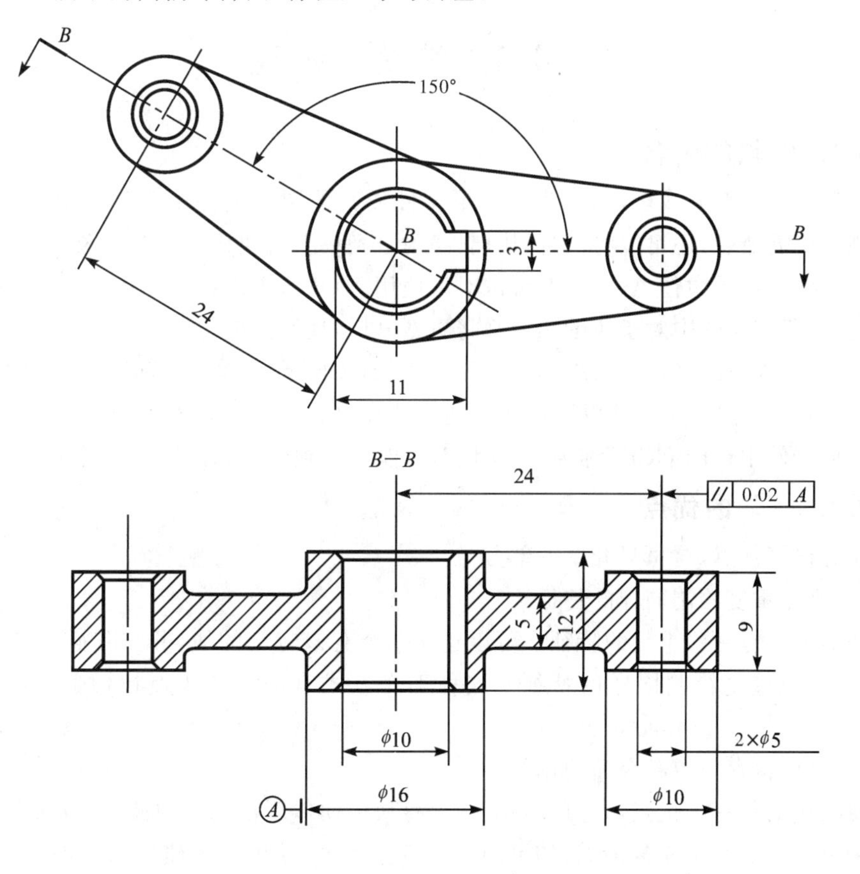

技术要求
1.未注圆角半径为$R2-3$
2.未注倒角为C1

图 7-126　曲柄零件图

第 8 章

块及外部参照

通过本章的学习，我们将掌握建立块、插入块，以及对块操作，定义块的属性等各种方法，为提高绘图效率打下良好的基础。此外，本章还介绍了实际工作中经常用到的外部引用。

8.1 块的创建

8.1.1 块的概念

保存图的一部分或全部，在当前图形文件或其他图形文件中重复使用，这些图形称为块。创建块需命名，还可以将信息（块属性）附着到块上。块作为单个对象可以按所需方向、比例因子插入在图中任意位置，并可以对块使用 MOVE，ERASE 等修改命令。如果块的定义改变了，所有在图中对于块的参照都将更新，以体现块的变化。

块可用“WBLOCK”命令建立，也可以用“BLOCK”命令建立。两者之间的主要区别是：“WBLOCK”称为“写块”，并以图形文件的方式命名保存，可被插入到建立它的图形或任何其他图形文件中；“BLOCK”称为“创建块”，只能插入到建立它的图形文件中。

8.1.2 块的优点

块有很多优点，这里只介绍一部分：

(1)避免重复绘制同样的特征

图形经常有一些重复的特征。可以建立一个有该特征的块，并将其插入到任何所需地方，从而避免重复绘制同样的特征。这种工作方式有助于减少制图时间，并可提高工作效率。

(2)可以保存块以备今后使用

使用块的另一个优点，是可以建立与保存块以便以后使用。因此，可以根据不同的需要建立一个定制的对象库。例如，如果图形与齿轮有关，就可以先建立齿轮的块，然后用定制菜单（见二次开发部分）集成这些块。以这种方式，可以在 AutoCAD 中建立自己的应用环境。

(3) 节省存储空间

当向图形中增加对象时，图形文件的容量会增加。AutoCAD 会记下图中每一个对象的大小与位置信息，譬如点、比例因子、半径等。如果用 BLOCK 命令建立块，把几个对象合并为一个对象，对块中的所有对象就只有单个比例因子、旋转角度、位置等，因此节省了存储空间。每一个多次重复插入的对象,只需在块的定义中定义一次即可。

(4)方便修改

如果对象的规范改变了,图形就需要修改。如果需要查出每一个发生变化的点,然后单独编辑这些点,那将是一件很繁重的工作。但如果该对象被定义为一个块,就可以重新定义块,那么无论块出现在哪里,都将自动更正。

(5)可定义不同属性值

属性(文本信息)可以包含在块中。在每一个块的插入时,可定义不同属性值。

8.1.3 创建图块

块是一个用名字标识的一组实体。这一组实体能放进一张图纸中,可以进行任意比例的转换、旋转并放置在图形中的任意地方。

启用"创建块"命令,可以使用下列几种方法之一:

(1)命令:BLOCK 或 BMAKE 或 B。

(2)菜单:"绘图"→"块"→"创建"。

(3)工具栏:"绘图"→"创建块"。

【操作步骤】

命令:BLOCK↙

用上述方法中的任一种启动命令后,AutoCAD 会弹出如图 8-1 所示的"块定义"对话框。利用该对话框可定义图块并为之命名。

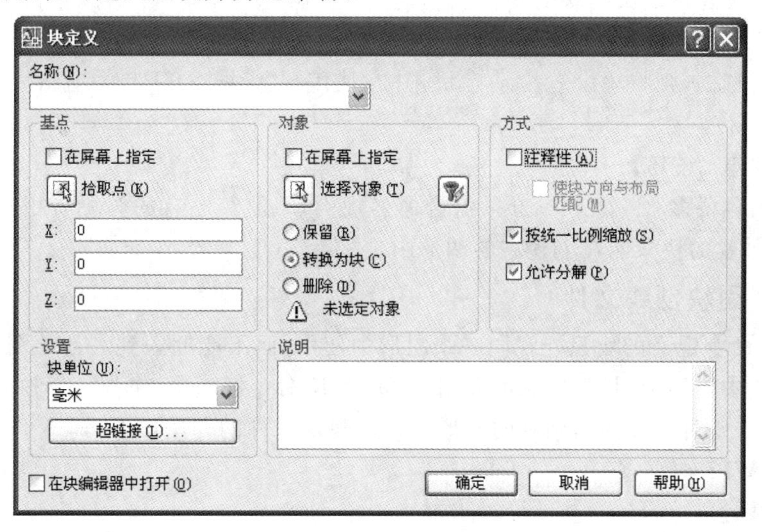

图 8-1 "块定义"对话框

【选项说明】

(1)名称

在此列表框中输入新建图块的名称,最多可使用 255 个字符。单击下拉箭头,打开列表框,该列表中显示了当前图形的所有图块。

(2)"基点"选项组

确定图块的基点,默认值是(0,0,0)。也可以在下面的 X,Y,Z 文本框中输入块的基点坐标值。单击"拾取点"按钮,AutoCAD 临时切换到作图屏幕,用十字光标直接在作图屏幕上点取。理论上，用户可以任意选取一点作为插入点，但实际的操作中，建议用户选取实体的特征点作为插入点，如中心点、右下角等。返回“块定义”对话框，把所拾取的点作为图块的基点。

(3)“对象”选项组

该选项组用于选择制作图块的对象以及对象的相关属性。

单击此按钮，AutoCAD 切换到绘图窗口，用户在绘图区中选择构成图块的图形对象。在该设置区中有如下几个选项：保留、转换为块和删除。它们的含义如下：

● “保留”：保留显示所选取的要定义块的实体图形。

● “转换为块”：选取的实体转化为块。

● “删除”：删除所选取的实体图形。

(4)“方式” 选项组

● “注释性”复选框：指定块是否为注释性对象。

● “按统一比例缩放” 复选框：指定插入块时按统一的比例缩放，还是沿各坐标方向采用不同的比例缩放。

● “允许分解” 复选框：指定插入块时是否允许分解。

(5)“设置”选项组

设置图块的单位，单击“超链接”按钮，则将图块超链接到其他对象。

(6)“说明” 窗口

输入详细描述所定义图块的资料。

(7)“在块编辑器中打开”复选框

选中该复选框，则将块设置为动态块，并在块编辑器中打开(有关动态块的内容，将在 8.1.7 小节介绍)。

【提示、注意 、技巧】

图块的名称最多 31 个字符，必须符合命名规则，不能与已有的图块名相同；用 BLOCK 或 BMAKE 创建的块只能在创建它的图形中应用。

8.1.4 用块创建文件

BLOCK 命令定义的块只能在同一张图形中使用，而不能插入到其他的图中，但是有些图块在许多图中要经常用到，这时可以用 WBLOCK 命令把图块，作为一个独立图形文件写入磁盘，用户需要时可以调用到别的图形中。创建块文件的方法如下：

命令行：WBLOCK 或 W

【操作步骤】

命令：WBLOCK ↙

在命令行输入 WBLOCK 后回车，AutoCAD 打开“写块”对话框，如图 8-2 所示，利用此对话框可把图形对象保存为图形文件或把图块转换成图形文件。

【选项说明】

(1)“源”选项组

确定要保存为图形文件的图块或图形对象。

①其中单击“块”单选按钮，单击右侧的下三角按钮，在下拉列表框中选择一个图块，将其保存为图形文件。

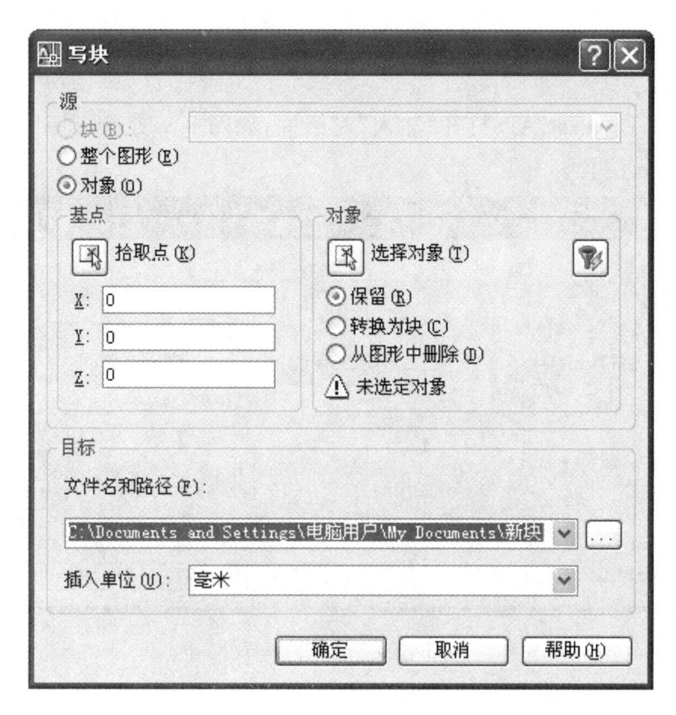

图 8-2　“写块”对话框

②单击“整个图形”单选按钮，则把当前的整个图形保存为图形文件。

③单击“对象”单选按钮，则把不属于图块的图形对象保存为图形文件。对象的选取通过“对象”选项组来完成。

(2)“目标”选项组

①文件名和路径：设置输出文件名及路径。

②插入单位：插入块的单位。

【提示、注意、技巧】

用户在执行 WBLOCD 命令时，不必先定义一个块，只要直接将所选的图形实体作为一个图块保存在磁盘上即可。当所输入的块不存在时，AutoCAD 会显示“AutoCAD 提示信息”对话框，提示块不存在，是否要重新选择。在多视窗中，WBLOCK 命令只适用于当前窗口。

8.1.5　插入块

用户可以使用 INSERT 命令在当前图形或其他图形文件中插入块，无论块或所插入的图形多么复杂，AutoCAD 都将它们作为一个单独的对象，如果用户需编辑其中的单个图形元素，就必须分解图块或文件块。

在插入块时，需确定以下几组特征参数，即要插入的块名、插入点的位置、插入的比例系数以及图块的旋转角度。

启动“插入”命令，可以使用下列几种方法之一：

(1)命令行：INSERT。

(2)菜单：“插入”→“块”。

(3)工具栏：“绘图”或“插入点”→“插入块”。

【操作步骤】

命令:INSERT↙

执行上述命令后,AutoCAD 打开“插入”对话框,如图 8-3 所示,利用此对话框可以指定要插入的图块及插入位置。

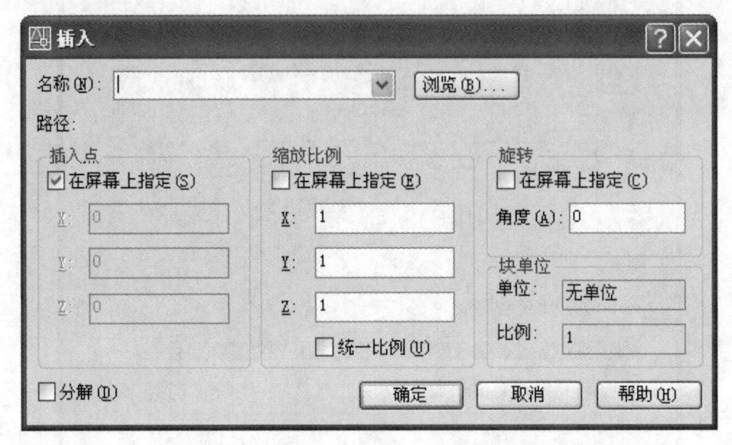

图 8-3 “插入”对话框

【选项说明】

下面介绍该对话框中各选项的含义:

(1)名称

该区域的下拉列表列出了图样中的所有图块,通过这个列表,用户选择要插入的块。如果要把图形文件插入当前图形中,就单击浏览按钮,然后选择要插入的文件。

(2)“路径”文本行

显示图块的保存路径。

(3)插入点

确定图块的插入点。可直接在 X,Y,Z 文本框中输入插入点的绝对坐标值,或是选中“在屏幕上指定”选项,然后在屏幕上指定。

(4)缩放比例

确定块的缩放比例。可直接在 X,Y,Z 文本框中输入沿这 3 个方向的缩放比例因子,也可选中“在屏幕上指定”选项,然后在屏幕上指定。

统一比例:该选项使块沿 X,Y,Z 方向的缩放比例都相同。

(5)旋转

指定插入块时的旋转角度。可在“角度”框中直接输入旋转角度值,或是通过“在屏幕上指定”选项在屏幕上指定。

(6)分解

若用户选择该选项,则 AutoCAD 在插入块的同时分解块对象。

8.1.6 以矩形陈列的形式插入图块

MINSERT 命令以矩形陈列的形式插入图块,即多重插入,实际上是 INSERT 和 Rectangular 或 Array 命令的一个组合命令。该命令操作的开始阶段发出与 INSERT 命令一样的提示,然后提示用户输入信号以构造一个阵列。而且插入时也允许指定比例系数和旋转角度。灵活使用该命令不仅可以大大节省绘图时间，还可以提高绘图速度，减少所占用的磁盘空间。

以矩形阵列的形式插入图块可以使用下列方法：

命令行：MINSERT。

【操作步骤】

命令：MINSERT ↙

输入块名或[?]：　　　　　　　（输入要插入的图块名）

单位：毫米 转换：1.0000

指定插入点或[基点(B)/比例(S)/X/Y/Z/旋转(R)/预览比例(PS)/PX/PY/PZ/预览旋转(PR)]：

在此提示下确定图块的插入点、比例系数、旋转角度等，各项的含义和设置方法与 INSERT 命令相同。确定了图块插入点之后，AutoCAD 继续提示：

输入行数(---)<1>：　　　　　（输入矩形阵列的行数）

输入列数(|||)<1>：　　　　　（输入矩形阵列的列数）

输入行间距或指定单位单元(---)：（输入行间距）

指定列间距(|||)：　　　　　　（输入列间距）

所选图块按照指定的比例系数和旋转角度以指定的行、列数和间距插入到指定的位置。

例如把图 8-4 建立成图块后以 2×2 矩形阵列的形式插入到图形中，结果如图 8-5 所示

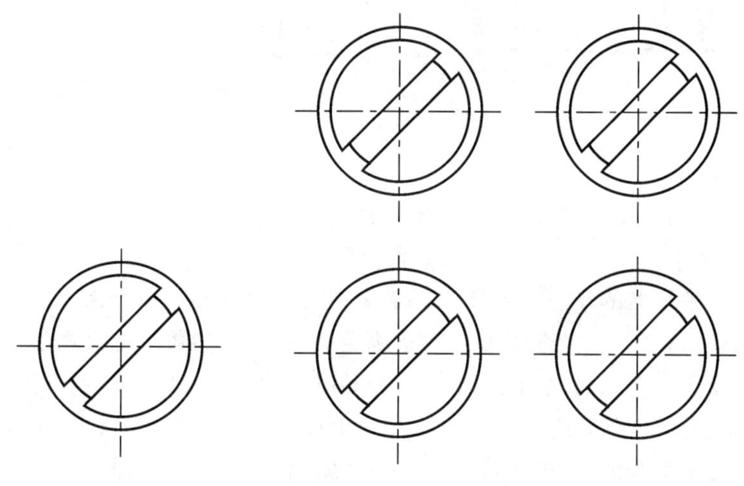

图 8-4　图块对象　　　　图 8-5　以矩形阵列的形式插入图块

8.1.7　动态块

动态块是 AutoCAD 2008 新增功能，它具有灵活性和智能性。用户在操作时可以轻松地更改图形中的动态块参照。可以通过自定义夹点或自定义特性来操作动态块参照中的几何图形。这使得用户可以根据需要在位调整块，而不用搜索另一个块以插入或重定义现有的块。

可以使用块编辑器创建动态块。块编辑器是一个专门的编写区域，用于添加能够使块成为动态块的元素。用户可以从头创建块，也可以向现有的块定义中添加动态行为。

启用“块编辑器”命令，可以使用下列几种方法之一：

(1)命令行:BEDIT。

(2)菜单:“工具”→“块编辑器”。

(3)工具栏:“标准”→“块编辑器”。

(4)快捷菜单:选择一个块参照,在绘图区域中单击鼠标右键,然后选择“块编辑器”命令。

【操作步骤】

命令:BEDIT↙

系统打开“编辑块定义”对话框,如图 8-6 所示,在“要创建或编辑的块”文本框中输入块名或在列表框中选择已定义的块或当前图形。确认后,系统打开提示信息,如图 8-7 所示。选择后,系统打开块编写选项板和“块编辑器”工具栏,如图 8-8 所示。

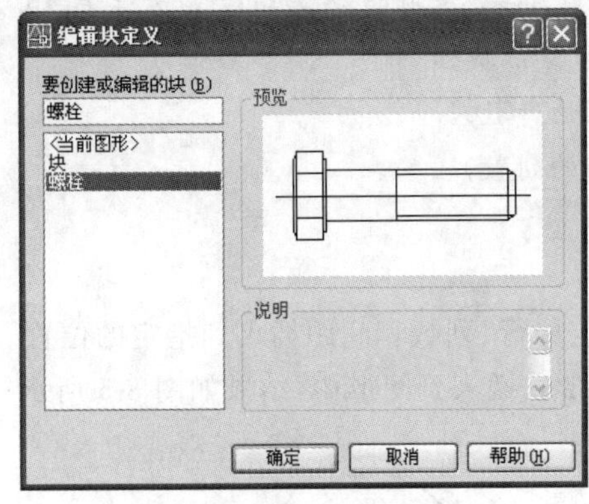

图 8-6 “编辑块定义”对话框

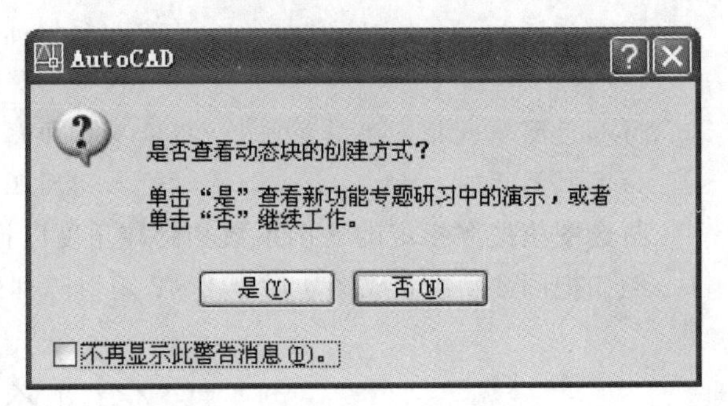

图 8-7 提示信息

【选项说明】

1. 块编写选项板

如图 8-8 左图所示。该选项板有 3 个选项卡。

(1)“参数”选项卡

提供用于向块编辑器的动态块定义中添加参数的工具。参数用于指定几何图形在块参照中的位置、距离和角度。将参数添加到动态块定义中时,该参数将定义块的一个或多个自定义特性。此选项卡也可以通过命令 BPARAMETER 来打开,下面介绍一个其中的选项。

① 点参数:此操作将向动态块定义中添加一个点参数,并定义块参照的自定义 X 和 Y 特性。点参数定义图形中的 X 和 Y 位置。在块编辑器中,点参数类似于一个坐标标注。

② 可见性参数:此操作将向动态块定义中添加一个可见性参数,并定义块参照的自定义可见性特性。可见性参数允许用户创建可见性状态并控制对象在块中的可见性。可见性参数总是应用于整个块,并且无须与任何动作相关联。在图形中单击夹点可以显示块参照中所有可见性状态的列表。在块编辑器中,可见性参数显示为带有关联夹点的文字。

③ 查寻参数:此操作将向动态块定义中添加一个查寻参数,并定义块参照的自定义查寻特性。查寻参数用于定义自定义特性,用户可以指定或设置该特性,以便从定义的列表或表格中计算出某个值。该参数可以与单个查寻夹点相关联。在块参照中单击该夹点可以显示可用值的列表。在块编辑器中,查寻参数显示为文字。

④ 基点参数:此操作将向动态块定义中添加一个基点参数。基点参数用于定义动态块

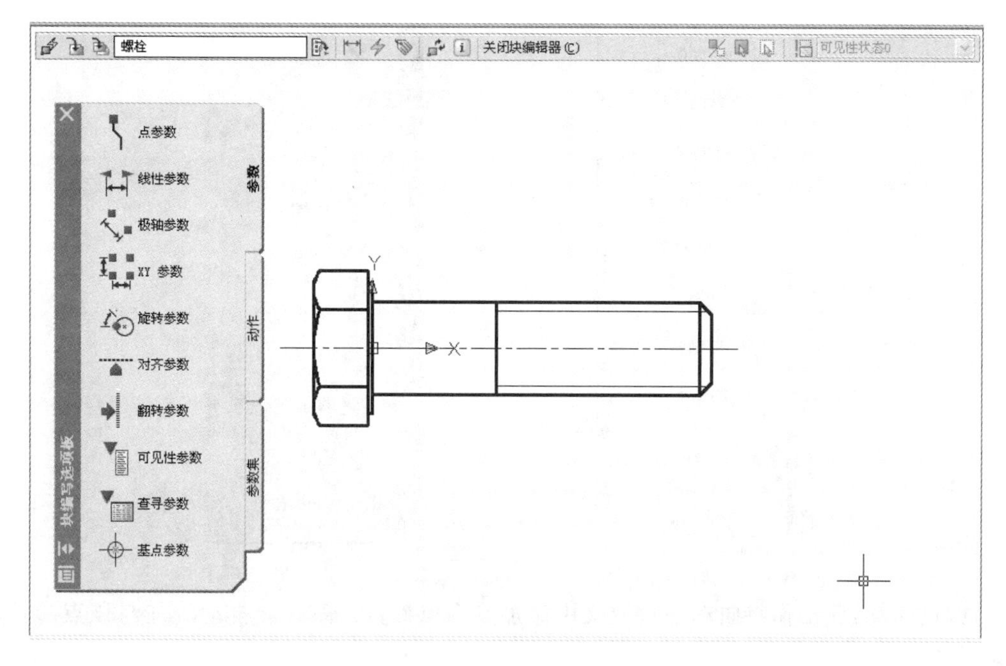

图 8-8 “块编辑器”工具栏

参照相对于块中的几何图形的基点。基点参数无法与任何动作相关联,但可以属于某个动作的选择集。在块编辑器中,基点参数显示为带有十字光标的圆。

其他参数与上面各项类似,不再赘述。

(2)“动作”选项卡

如图 8-9 所示。提供用于向块编辑器的动态块定义中添加动作的工具。动作定义了在图形中操作块参照的自定义特性时,动态块参照的几何图形将如何移动或变化。应将动作与参数相关联。此选项卡也可以通过命令 BACTIONTOOL 来打开。下面介绍一下其中的选择。

① 移动动作:此操作会在用户将移动动作与点参数、线性参数、极轴参数或 *XY* 参数关联时,将该动作添加到动态块定义中。移动动作类似于 MOVE 命令。在动态块参照中,移动动作将使对象移动指定的距离和角度。

② 查寻动作:此操作将向动态块定义中添加一个查寻动作。将查寻动作添加到动态块定义中并将其与查寻参数相关联时,它将创建一个查寻表。可以使用查寻表指定动态块的自定义特性和值。

其他动作与上面各项类似。

(3)“参数集”选项卡

如图 8-10 所示。提供用于向块编辑器的动态块定义中添加一个参数和至少一个动作的工具。将参数集添加到动态块中时,动作将自动与参数相关联。将参数集添加到动态块中后,请双击黄色警示图标(或使用 BACTIONSET 命令),然后按照命令行上的提示将动作与几何图形选择集相关联。此选项卡也可以通过命令 BPARAMETER 来打开。下面介绍一下其中的选项。

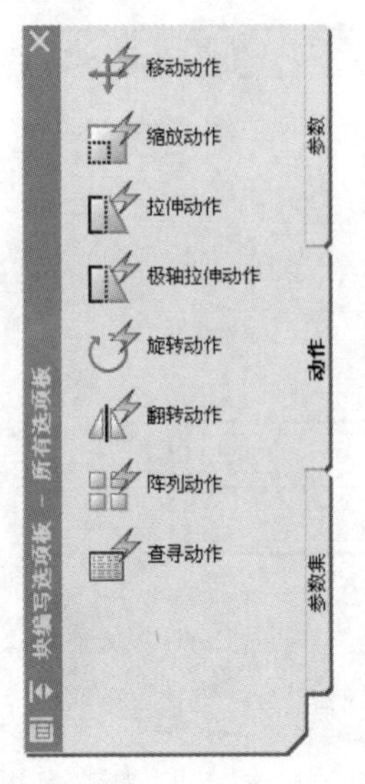

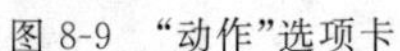
图 8-9 “动作”选项卡

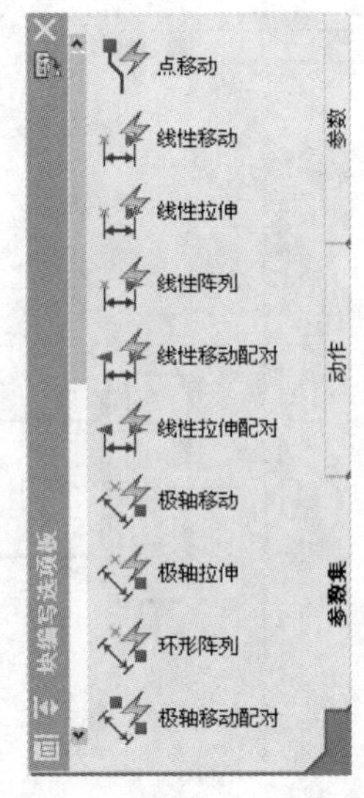

图 8-10 “参数集”选项卡

① 点移动:此操作将向动态块定义中添加一个点参数。系统会自动添加与该点参数相关联的移动动作。

② 线性移动:此操作将向动态块定义中添加一个线性参数。系统会自动添加与该线性参数的端点相关联的移动动作。

③ 可见性集:此操作将向动态块定义中添加一个可见性参数并允许定义可见性状态。无须添加与可见性参数相关联的动作。

④ 查寻集:此操作将向动态块定义中添加一个查寻参数。系统会自动添加与该查寻参数相关联的查寻动作。

其他参数集与上面各项类似,不再赘述。

2.“块编辑器”工具栏

如图 8-8 上方所示。该工具栏提供了在块编辑器中使用、用于创建动态块以及设置可见性状态的工具。

(1)定义属性

显示“属性定义”,具体情况 8.2 节介绍。

(2)更新参数和动作文字大小

此操作将在块编辑器中重生成显示,并更新参数和动作的文字、箭头、图标以及夹点大小。在块编辑器中进行缩放时,文字、箭头、图标和夹点大小将根据缩放比例发生相应的变化。在块编辑器中重生成显示时,文字、箭头、图标和夹点将按指定的值显示。

(3)可见性模式

设置 BVMODE 系统变量,此操作可以使在当前可见性状态中不可见的对象变暗或隐藏。

(4)管理可见性状态

显示“可见性状态”对话框,如图 8-11 所示。从中可以创建、删除、重命名和设置当前可见性状态。在列表框中选择一种状态,右击,选择快捷菜单中的“新状态”命令,打开“新建可见性状态”对话框，如图 8-12 所示，在其中可以设置可见性状态。

其他按钮与块编写选项板中相关选项类似。

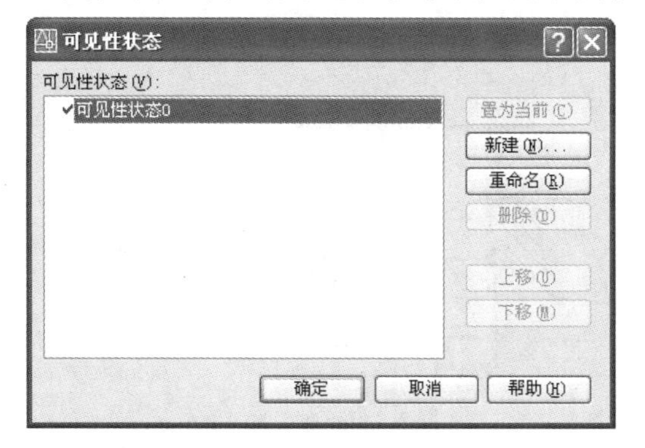

图 8-11　“可见性状态”对话框

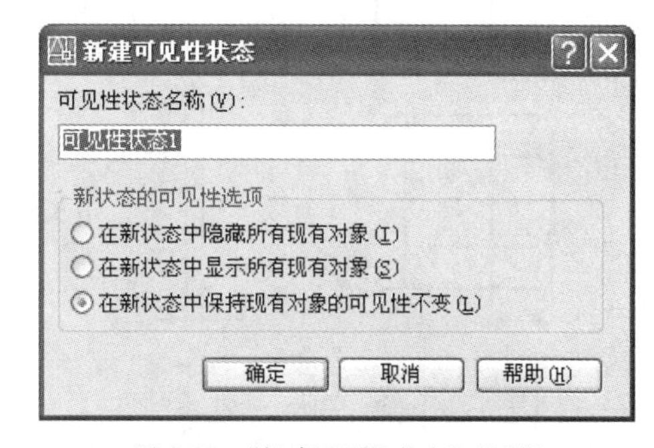

图 8-12　“新建可见性状态”对话框

例如，如果在图形中插入一个螺栓块参照，编辑图形时可能需要更改螺栓的大小。如果该块是动态的，并且定义为可调整大小，那么只需拖动自定义夹点或在“特性”选项板中指定不同的大小就可以修改螺栓的大小；用户可能还需要修改螺栓的旋转角度。

【例 8-1】利用动态块功能在图形中插入如图 8-13 所示的螺栓连接图。

【操作步骤】

(1)设置绘图环境，创建图层。

(2)绘制图 8-14 所示的被连接件图形。

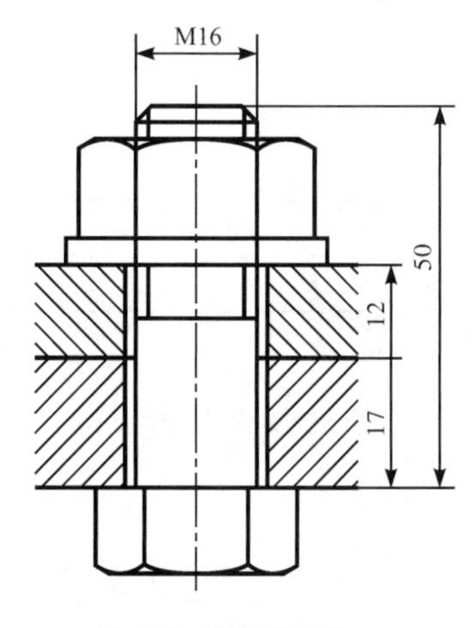

图 8-13　螺栓连接图

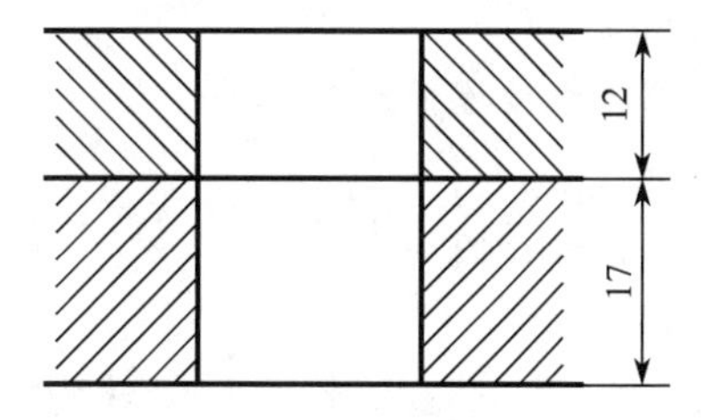

图 8-14　被连接件图形

(3)绘制图 8-15 所示的螺栓、螺母、垫圈图形。

(4)利用 WBLOCK 命令打开“写块”对话框，拾取螺栓轴线上螺栓头与螺栓杆的结合点为基点，分别以螺栓、螺母、垫圈图形为对象保存块文件，输入图块名称为“螺栓 M10”“螺母 M10”和“垫圈 10”，并指定路径，确认退出。

(5)利用 INSERT 命令，打开“插入”对话框，设置插入点和比例在屏幕指定，旋转角度为 0，单击“浏览”按钮找到刚才保存的“螺栓 M10”图块，在屏幕上指定插入点并指定比例因子为 1.6，将该图块插入到图形中，结果如图 8-16 所示。

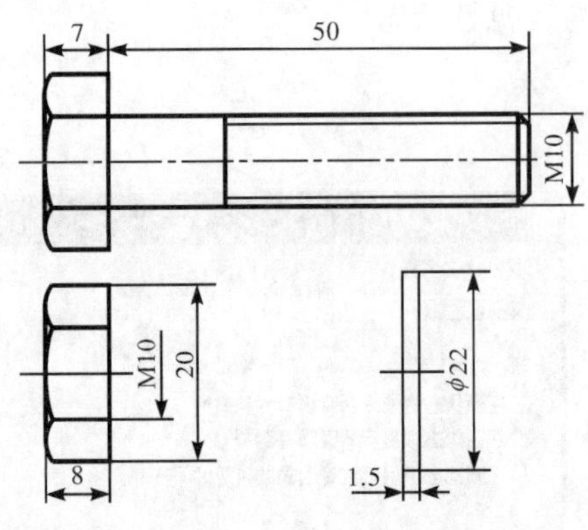

图 8-15　螺栓、螺母、垫圈

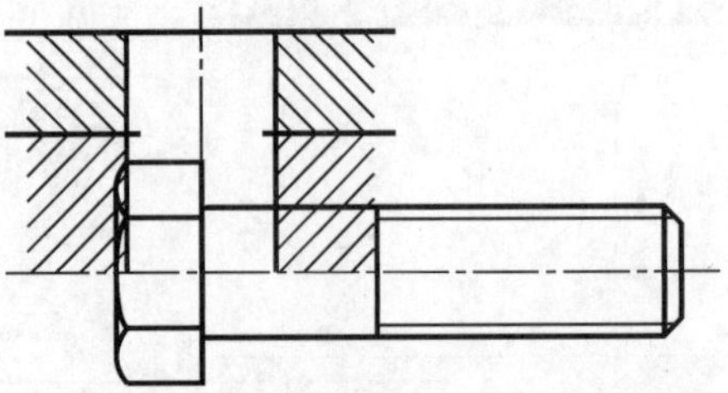

图 8-16　图块插入到图形中

(6)利用 BEDIT 命令，选择刚才保存的块，打开块编辑界面和块编写选项板，在块编写选项板的“参数”选项卡中，选择“旋转参数”项，系统提示：

命令：_Bparameter

指定基点或[名称(N)/标签(L)/链(C)/说明(D)/选项板(P)/值集(V)]：(指定插入的图块下角点为基点)

指定参数半径：　　　　　(指定适当半径)

指定默认旋转角度或[基准角度(B)]<0>：

　　　　　　　　　　　　(指定 0 角度)

指定标签位置：　　　　　(指定适当位置)

结果如图 8-17 所示。

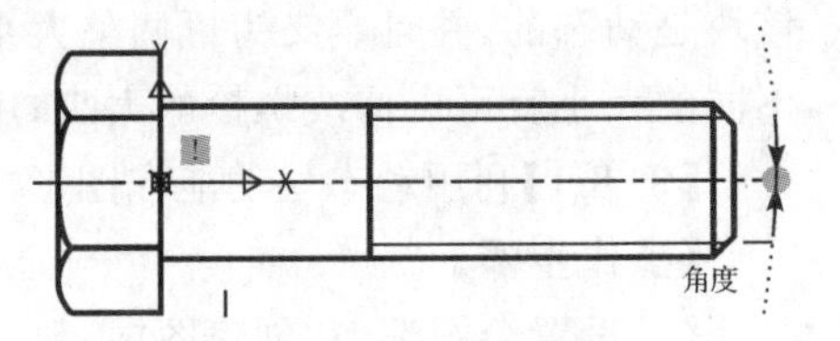

图 8-17　选择“旋转参数”项

在块编写选项板的“动作”选项卡中，选择“旋转动作”项，系统提示：

命令：_BactionTool

选择参数：(选择刚设置的旋转参数)

指定动作的选择集

选择对象：(选择螺栓图块)

结果如图 8-18 所示。

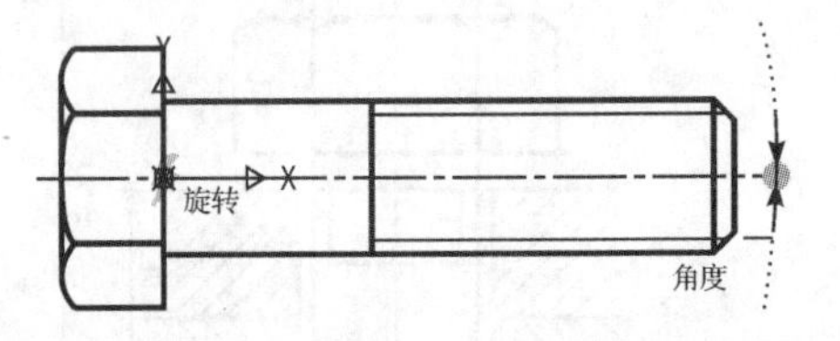

图 8-18　选择“旋转动作”项

(7)保存块定义。单击“块编辑器”工具栏中的“保存块定义”按钮 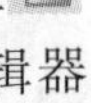 。

(8)关闭块编辑器。

(9)在当前图形中选择刚才插入的图块，系统显示图块的动态旋转标记，选中该标记，按住鼠标拖动，如图 8-19 所示。直到图块旋转到满意的位置为止，如图 8-20 所示。

(10)用同样的方法可以插入图块“螺母 M10”和“垫圈 10”。结果如图 8-21 所示。

(11) 用“分解”命令打散图块，用“修剪”命令

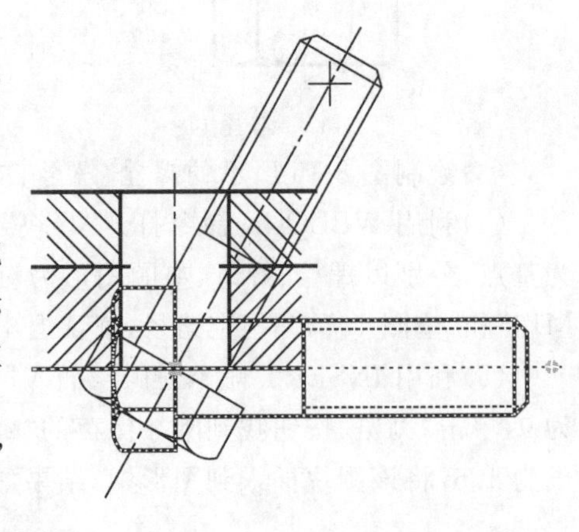

图 8-19　图块的动态旋转

修剪图形,用“拉伸”命令缩短螺栓长度,结果如图 8-13 所示。

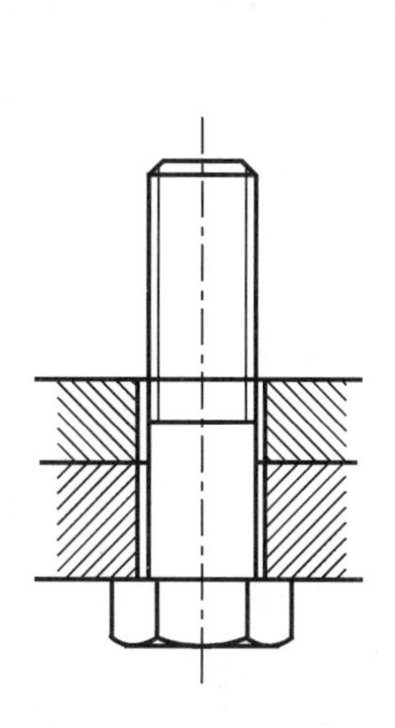

图 8-20 动态旋转结果

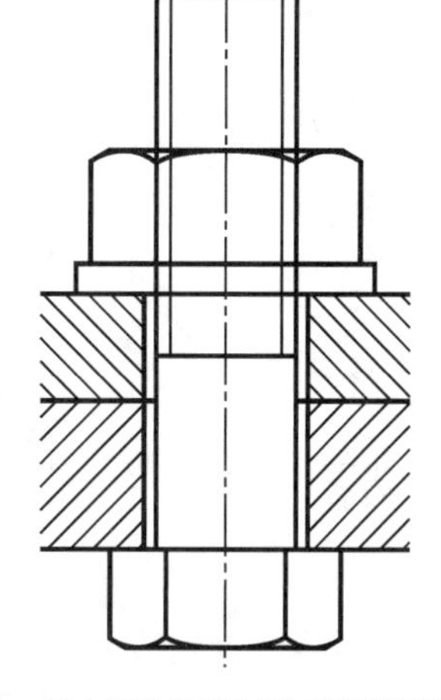

图 8-21 插入图块“螺母 M10”和“垫圈 10”

8.2 图块的属性

在 AutoCAD 中,可以使块附带属性,属性类似于商品的标签,包含了图块所不能表达的其他各种文字信息,如材料、型号和制造者等,存储在属性中的信息一般成为属性值。当用 BLOCK 命令创建块时,将已定义的属性与图形一起生成块,这样块中就包含属性了,当然,用户也能仅将属性本身创建成一个块。

属性是块中的文本对象,它是块的一个组成部分。属性从属于块,当利用删除命令删除块时,属性也被删除了。

属性有助于用户快速产生关于设计项目的信息报表,或者作为一些符号块的可变文字对象。属性也常用来预定义文本位置、内容或提供文本缺省值等,例如把标题栏中的一些文字项目定制成属性对象,就能方便地填写或修改。

8.2.1 定义块属性

启用“定义图块属性”命令,可以使用下列几种方法之一:

(1)命令行:ATTDEF。

(2)菜单:“绘图”→“块”→“定义属性”。

【操作步骤】

命令:ATTDEF ↙

系统打开“属性定义”对话框,如图 8-22 所示。

【选项说明】

(1)“模式”选项组

● “不可见”复选框:选中此复选框则属性为不可见显示方式,即插入图块并输入属性值后,属性值在图中并不显示出来。

● “固定”复选框:选中此复选框则属性值为常量,即属性值在属性定义时给定,在插入图块时 AutoCAD 不再提示输入属性值。

图 8-22 "属性定义"对话框

● "验证"复选框:选中此复选框,当插入图块时 AutoCAD 重新显示属性值,让用户验证该值是否正确。

● "预置"复选框:选中此复选框,当插入图块时 AutoCAD 自动把事先设置好的默认值赋予属性,而不再提示输入属性值。

● "锁定位置"复选框:确定是否锁定属性在块中的位置。如果没有锁定位置,插入块后,利用节点编辑功能可以改变属性的位置。

● "多行":指定属性值是否为多行文字。

(2)"属性"选项组

用于设置属性值。在每个文本框中 AutoCAD 允许输入不超过 256 个字符。

● "标记"文本框:输入属性标签。属性标签可由除空格和感叹号以外的所有字符组成,AutoCAD 自动把小写字母改为大写字母。

● "提示"文本框:输入属性提示。属性提示是插入图块时 AutoCAD 要求输入属性值的提示,如果不在此文本框内输入文本,则以属性标签作为提示。如果在"模式"选项组选中"固定"复选框,即设置属性为常量,则不需设置属性提示。

● "默认"文本框

设置默认的属性值。可把使用次数较多的属性值作为默认值,也可不设默认值。

(3)"插入点"选项组

确定属性文本的位置。可以在插入时由用户在图形中确定属性文本的位置,也可以 X,Y,Z 文本框中直接输入属性文本的位置坐标。

(4)"文字设置"选项组

设置属性文本的对齐方式、文本样式、字高和旋转角度。

(5)“在上一个属性定义下对齐”复选框

选中此复选框、表示把属性标签直接放在前一个属性的下面，而且该属性继承前一个属性的文本样式、字高和旋转角度等特性。

【提示、注意、技巧】

属性标志可以由字母、数字、字符等组成，但是字符之间不能有空格，且必须输入属性标志。

8.2.2　编辑属性

1. 编辑属性定义

创建属性后，在属性定义与块相关联之前(即只定义了属性但没定义块时)，用户可对其进行编辑。

启用“定义图块属性”命令，可以使用下列几种方法之一：

(1)命令行：DDEDIT。

(2)菜单：“修改”→ “对象”→ “文字”→ “编辑”。

调用 DDEDIT 命令，AutoCAD 提示“选择注释对象”，选取属性定义标记后，AutoCAD 弹出“编辑属性定义”对话框，如图 8-23 所示。在此对话框中用户可修改属性定义的标记、提示及默认值。

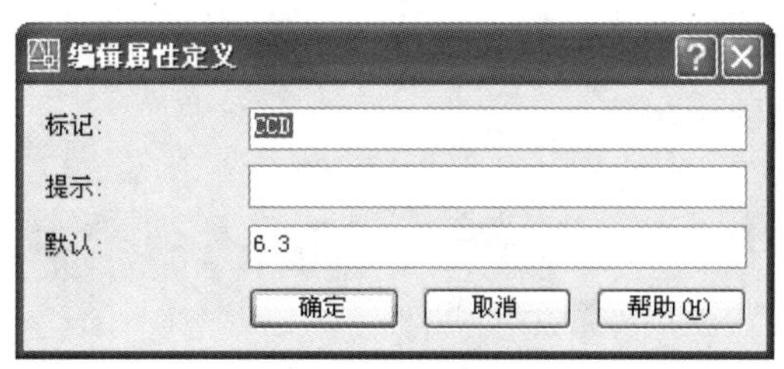

图 8-23　“编辑属性定义”对话框

此外，可以用 DDMODIFY 命令启动“特性”对话框，可修改属性定义的更多项目，方法如下：

(1)命令窗口：DDMODIFY′。

(2)标准工具栏：。

然后单击选择对象按钮，AutoCAD 打开“特性”对话框，如图 8-24 所示。该对话框的“文字”区域中列出了属性定义的标记、提示、默认值、字高和旋转角度等项目，用户可在此对话框进行修改。

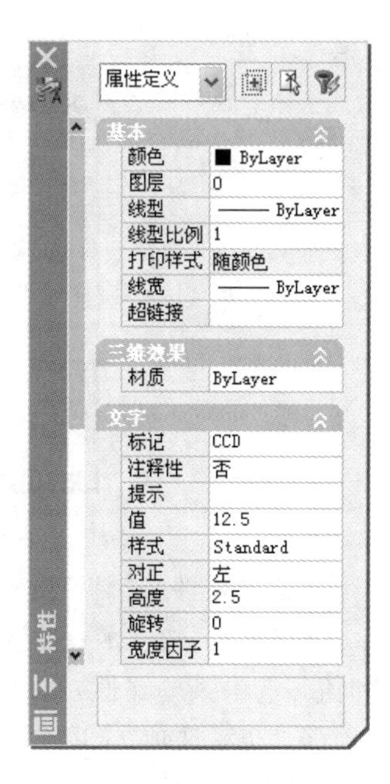

图 8-24　“特性”对话框图

2. 编辑块的属性

与插入到块中的其他对象不同，属性可以独立于块而单独进行编辑。用户可以集中编辑一组属性。在 AutoCAD 中编辑属性的命令有 DDATTE 和 ATTEDIT 两个命令。其中 DDATTE 命令可编辑单个的、非常数的、与特定的块相关联的属性值；而 ATTEDIT 命令可以独立于块，可编辑单个属性或对全局属性进行编辑。

(1)一般属性编辑 DDATTE

用户可以通过在命令窗口输入 DDATTE 来调用,选择块以后,AutoCAD 弹出如图 8-25所示的“编辑属性”对话框。

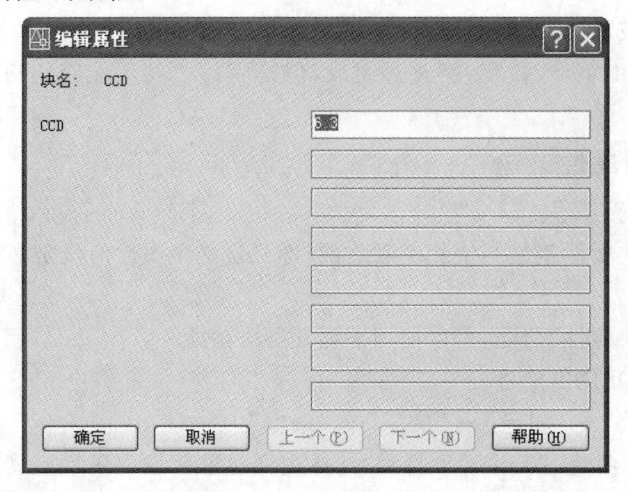

图 8-25 “编辑属性”对话框

(2)增强属性编辑 ATTEDIT

若属性已被创建为块,则用户可用 ATTEDIT 命令来编辑属性值及属性的其他特性。可用以下的任意一种方法来启动:

(1)命令行:EATTEDIT。

(2)菜单:“修改”→“对象”→“属性”→“单个”。

(3)工具栏:“修改Ⅱ”→“编辑属性”。

AutoCAD 提示“选择块”,用户选择要编辑的图块后,AutoCAD 打开“增强属性编辑器”对话框,如图 8-26 所示。在此对话框中用户可对块属性进行编辑。

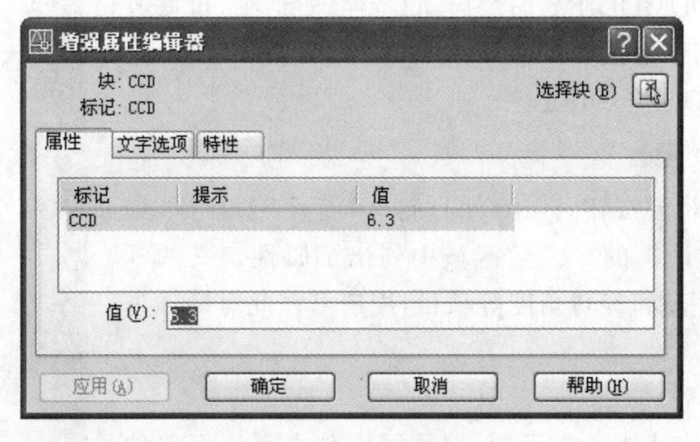

图 8-26 “增强属性编辑器”对话框

“增强属性编辑器”对话框有 3 个选项卡:属性、文字选项和特性,它们有如下功能。

● “属性”选项卡:在该选项卡中,AutoCAD 列出当前块对象中各个属性的标记、提示和值。选中某一属性,用户就可以在“值”框中修改属性的值。

● “文字选项”选项卡:该选项卡用于修改属性文字的一些特性,如文字样式、字高等。选项卡中各选项的含义与“文字样式”对话框中同名选项含义相同。

● “特性”选项卡：在该选项中用户可以修改属性文字的图层、线型和颜色等。

3. 块属性管理器

用户通过块属性管理器，可以有效地管理当前图形中所有块的属性，并能进行编辑。

可用以下的任意一种方法来启动：

(1)命令行：BATTMAN。

(2)菜单：“修改”“→对象属性”→“块属性管理器”。

(3)工具栏：“修改 II” →“块属性管理器”。

启动 BATTMAN 命令，AutoCAD 弹出“块属性管理器”对话框，如图 8-27 所示。

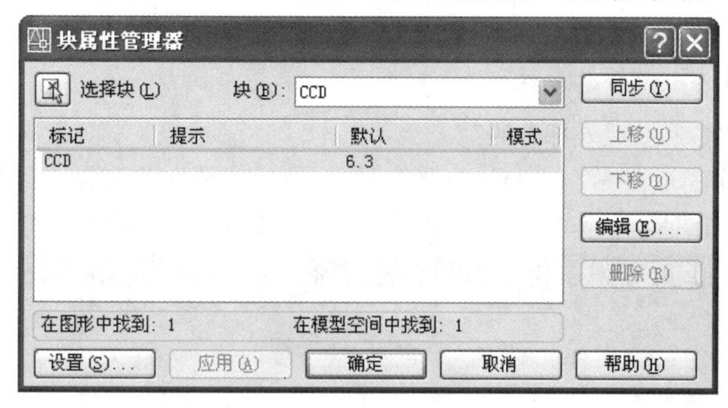

图 8-27 “块属性管理器”对话框

【选项说明】

(1)选择块：通过此按钮选择要操作的块。单击该按钮，AutoCAD 切换到绘图窗口，并提示：“选择块”，用户选择块后，AutoCAD 又返回“块属性管理器”对话框。

(2)“块”下拉列表：用户也可通过此下拉列表选择要操作的块。该列表显示当前图形中所有具有属性的图块名称。

(3)同步：用户修改某一属性定义后，单击此按钮，更新所有块对象中的属性定义。

(4)上移：在属性列表中选中一属性行，单击此按钮，则该属性行向上移动一行。

(5)下移：在属性列表中选中一属性行，单击此按钮，则该属性行向下移动一行。

(6)删除：删除属性列表中选中的属性定义。

(7)编辑：单击此按钮，打开“编辑属性”对话框，该对话框有 3 个选项卡：属性、文字选项、特性。这些选项卡的功能与“增强属性管理器”对话框中同名选项卡功能类似，这里不再讲述。

(8)设置：单击此按钮，弹出“设置”对话框。在该对话框中，用户可以设置在“块属性管理器”对话框的属性列表中显示的那些内容。

8.3 外部参照

外部参照是把已有的图形文件插入到当前图形文件中。不论外部参照的图形文件多么复杂，AutoCAD 只会把它当作一个单独的图形实体。外部参照(也称为 Xref)与插入文件块相比有如下优点：

由于外部参照的图形并不是当前图样的一部分，因而利用 Xref 组合的图样比通过文件块构成的图样要小。

每当 AutoCAD 装载图样时，都将加载最新的 Xref 版本，因此若外部图形文件有所改动，则用户装入的参照图形也将跟随着变动。

利用外部参照将有利于几个人共同完成一个设计项目，因为 Xref 使设计者之间可以容易地察看对方的设计图样，从而协调设计内容；另外，Xref 也使设计人员可以同时使用相同的图形文件进行分工设计。例如，一个建筑设计小组的所有成员通过外部参照就能同时参照建筑物的结构平面图，然后分别开展电路、管道等方面的设计工作。

8.3.1 外部参照

可用以下的任意一种方法来启用外部参照命令：

(1)命令行：XATTACH(或 XA)。

(2)菜单："插入"→"外部参照"。

(3)工具栏："参照"→"外部参照"。

用上述方法输入命令后，AutoCAD 将会弹出"选择参照文件"对话框，如图 8-28 所示。从中选择外部引用图形后，AutoCAD 会弹出"外部参照"对话框，如图 8-29 所示。

图 8-28 "选择参照文件"对话框

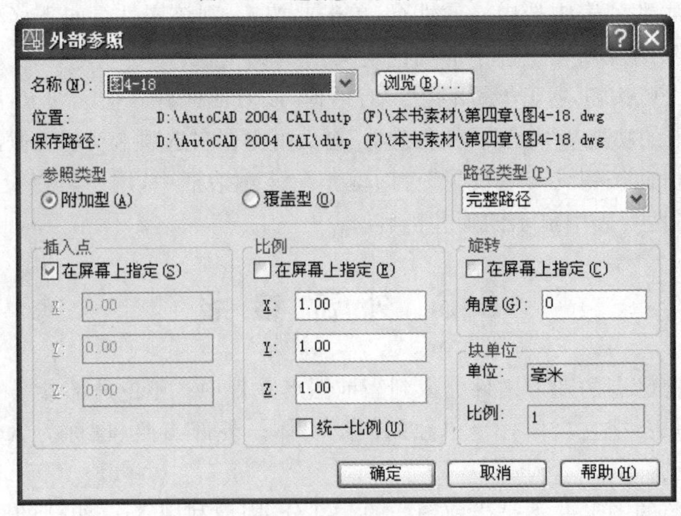

图 8-29 "外部参照"对话框

【选项说明】

(1)名称

该列表显示了当前图形中包含的外部参照文件名称,用户可在列表中直接选取文件,或是单击浏览按钮查找其他参照文件。

(2)附加型

图形文件A嵌套了其他的Xref,而这些文件是以"附加型"方式被引用的,当新文件引用图形A时,用户不仅可以看到A图形本身,还能看到A图中嵌套的Xref。附加方式的Xref不能循环嵌套,即如果A图形引用了B图形,而B又引用了C图形,则C图形不能再引用图形A。

(3)覆盖型

图形A中有多层嵌套的Xref,但它们均以"覆盖型"方式被引用,即当其他图形引用A图时,就只能看到A图形本身,而其包含的任何Xref都不会显示出来。覆盖方式的Xref可以循环引用,这使设计人员可以灵活地察看其他任何图形文件,而无须为图形之间的嵌套关系担忧。

(4)插入点

在此区域中指定外部参照文件的插入基点,可直接在X,Y,Z文本框中输入插入点坐标,或是选中"在屏幕上指定"复选项,然后在屏幕上指定。

(5)比例

在此区域中指定外部参照文件的缩放比例,可直接在X,Y,Z文本框中输入沿这3个方向的比例因子,或是选中"在屏幕上指定"复选项,然后在屏幕上指定。

(6)旋转

确定外部参照文件的旋转角度,可直接在"角度"框中输入角度值,或是选中"在屏幕上指定"选项,然后在屏幕上指定。

8.3.2 更新外部参照文件

当对所参照的图形作了修改后,AutoCAD并不自动更新当前图样中的Xref图形,用户必须重新加载以更新它。在"外部参照管理器"对话框中,可以选择一个参照文件或者同时选取几个文件,然后单击附着按钮以加载外部图形,如图8-30所示。由于可以随时进行更新,因此用户在设计过程中能及时获得最新的Xref文件。

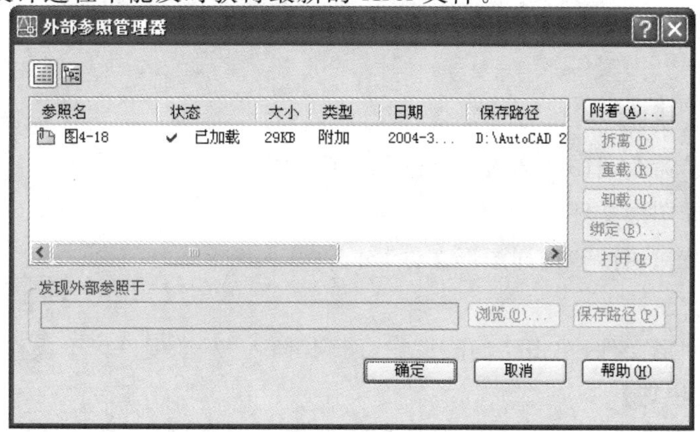

图8-30 "外部参照管理器"对话框

可用以下的任意一种方法来启用“外部参照管理器”命令：

(1)命令行：XREF(或 XR)。

(2)菜单：“插入”→“外部参照管理器”。

(3)工具栏：“参照”→“外部参照管理器”。

(4)快捷菜单：选择外部参照，在绘图区域单击鼠标，然后选择“外部参照管理器”命令。

在图 8-30 所示的对话框中，AutoCAD 提供了两种用于显示外部参考图形的方法：“列表按钮”和“树型”按钮。用户也可以通过 F3 和 F4 功能键在这两种界面形式之间进行切换。在默认情况下，AutoCAD 使用“列表”按钮列表显示所有的外部参照文件以及相关的数据。如果用户单击“树型”按钮，则 AutoCAD 采用树状结构显示参照引用信息。在树状结构中，AutoCAD 以层次结构表示外部参照的层次，显示外部引用的嵌套关系的各层结构。

该对话框中常用选项有如下功能：

(1)附着(A)

单击此按钮，AutoCAD 弹出“选择参照文件”对话框，用户通过此对话框选择要插入的图形文件。

(2)拆离(D)

若要将某个外部参照文件去除，可先在列表框中选中此文件，然后单击此按钮。

(3)重载(R)

在不退出当前图形文件的情况下更新外部引用文件。

(4)卸载(U)

暂时移走当前图形中的某个外部参照文件，但在列表框中仍保留该文件的路径，当希望再次使用此文件时，直接单击此按钮即可。

(5)绑定(B)

通过此按钮将外部参照文件永久地插入当前图形中，使之成为当前文件的一部分。

8.4 插入文件

在绘制图形过程中，如果正在绘制的图形是前面已经画过的，可以通过插入块命令来插入已有的文件。

操作过程如下：

(1)执行“插入块”命令

执行“插入块”命令，打开“插入”对话框，如图 8-31 所示。

(2)打开“选择图形文件”对话框

单击“浏览”按钮，打开“选择图形文件”对话框，如图 8-32 所示。

(3)选择图形文件

选择所需的图形文件，单击“打开”按钮，回到“插入”对话框。以下操作与插入块相同。

【提示、注意、技巧】

(1)插入图形文件之前，应对插入的图形设置插入点，可利用下拉菜单“绘图”“块”“基

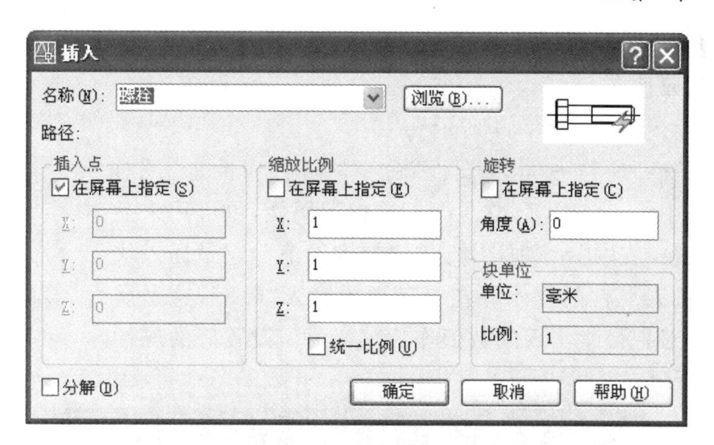

图 8-31　“插入”对话框

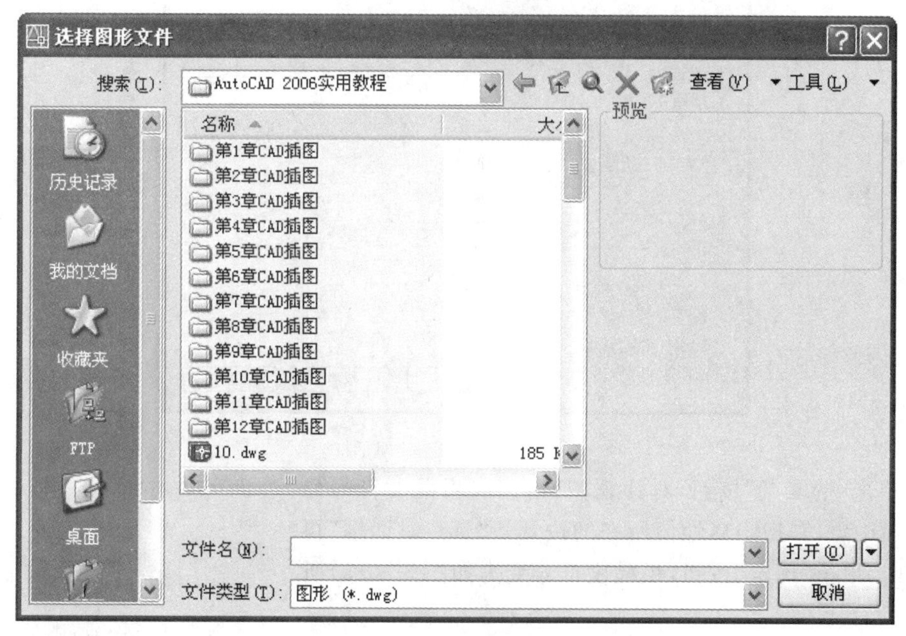

图 8-32　“选择图形文件”对话框

点”来完成。

(2)如果要对插入的图形进行修改,必须将它分解为各个组成部件,然后分别编辑它们。

分解图块的步骤:

①单击“修改”工具条上的 按钮。

②选择要分解的图块。

③单击Enter即可。

【例 8-2】 并标注表面粗糙度,如图 8-33 所示。

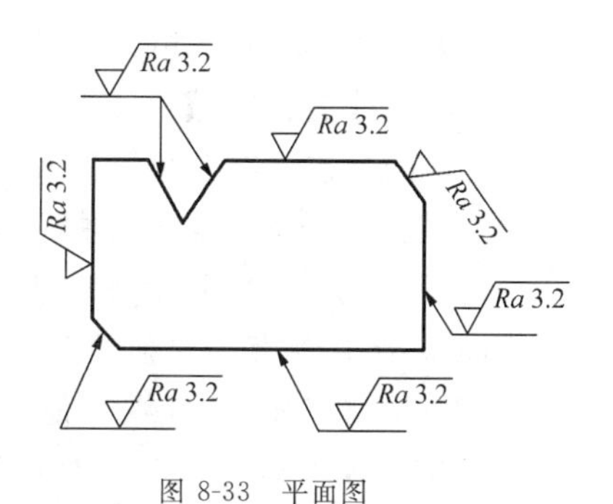

图 8-33　平面图

【操作步骤】

(1)定义块的属性

①绘制粗糙度代号,如图 8-34 所示。

②执行"绘图"→"块" →"定义属性"命令,弹出"属性定义"对话框,在"标记"项中输入"CCD",它主要用来标记属性,也可用来显示属性所在的位置。在"提示"项中输入"粗糙度的值",它是插入块时命令行显示的输入属性的提示。在"值"项中输入"6.3",这是属性值的默认值,一般把最常出现的数值作为默认值。设置好的属性对话框如图8-35所示。

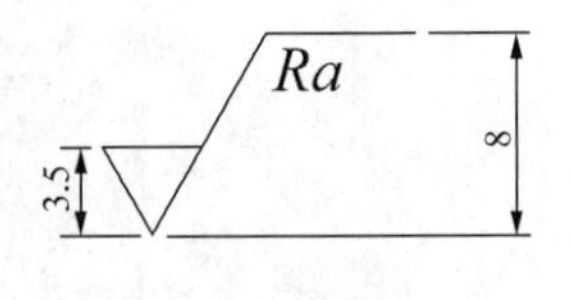

图 8-34　标注粗糙度

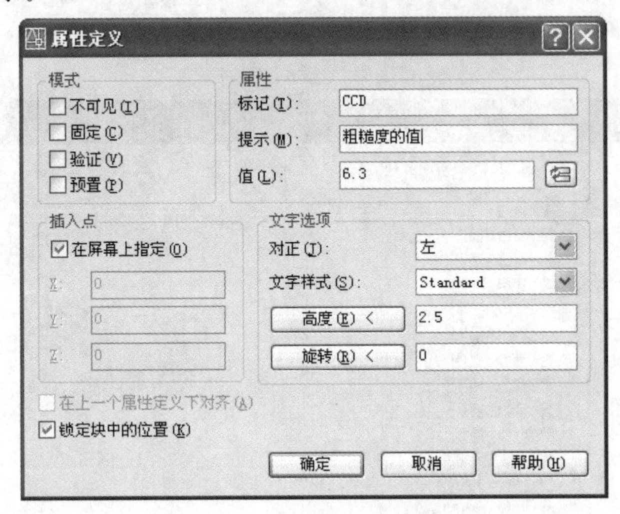

图 8-35　"属性定义"对话框

③单击"拾取点"按钮,对话框消失,选取粗糙度符号延长线下面中点,来指定属性值所在的位置。"属性对话框"再次出现时,单击"确定"按钮,粗糙度符号变为如图 8-36(a)所示图形。

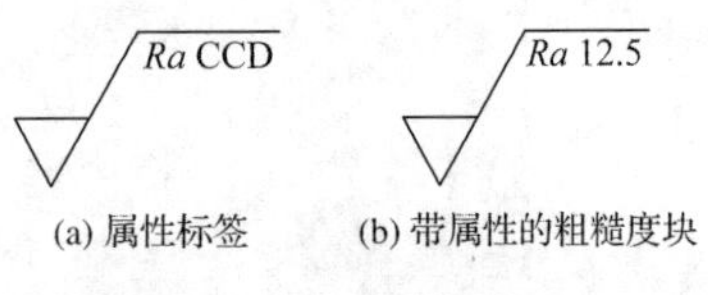

(a) 属性标签　　(b) 带属性的粗糙度块

图 8-36　创建带属性的块

(2)建立带属性的块

执行"创建块"命令,选择整个图形和属性及块的插入点,单击"确定"按钮,一个有属性的块就做成了,如图 8-36(b)所示。

【提示、注意、技巧】

①块的基点设在三角形的底端顶点处。

②"创建块"命令制作的块,只能在当前图形文件中使用。若要使制作的块,供其他图形文件调用,需执行 Wblock 命令创建,即写块。

(3)将图块保存为单独的图形文件

若要保留定义的块,供其他图形文件调用,需执行 WBLOCK 命令。在命令行中输入"WBLOCK(W)"命令,打开"写块"对话框,在目标区内设置"文件名和路径"及"插入单位",如图 8-37 所示,

(4)插入带属性的块

①新建一文件,绘制图 8-33 所示的图形。

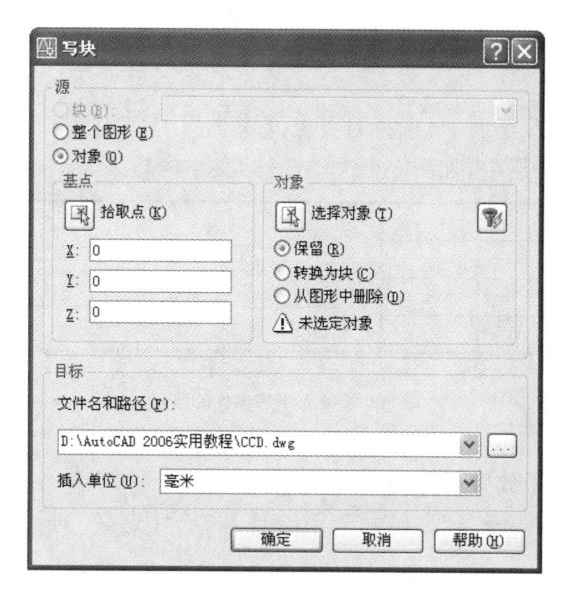

图 8-37　目标区各选项的设置

②执行插入块命令，弹出“插入”对话框，选择定义好的带属性的块进行插入。根据制图规定，有些表面的粗糙度标注需要先执行引线标注。

【例 8-3】绘制如图 8-38 所示标题栏，把它定义为一个带属性的块。（带括号的内容设成有属性，插入时可根据具体情况填写内容）

设计			(日期)	(材料)		(校名)
校核						
审核				比 例		(图样名称)
班级		学号		共　张　第　张		(图样代号)

图 8-38　标题栏

【操作步骤】

(1)画出标题框

如图 8-39 所示，粗细实线应设在不同的图层上。

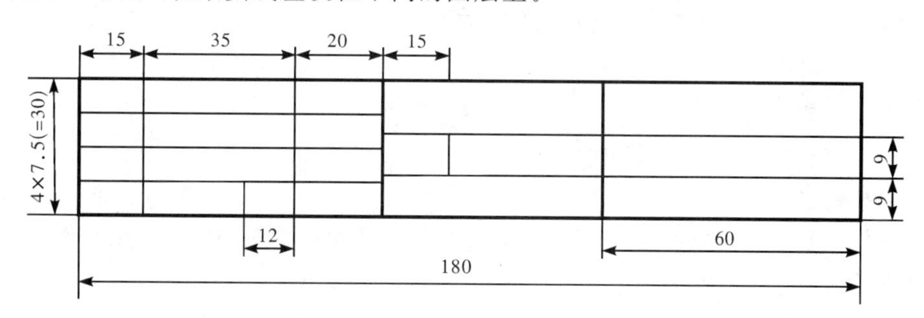

图 8-39　标题框

(2)输入文字

先建一个文本层。设文本类型为 gbenor. shx，并选择使用“大字体”复选框，大字体式样为 gbcbig. shx ，高度设为 0(这样在输入文字时，可根据需要设成不同的高度)，利用单行输入命令，输入文字，如图 8-40 所示。

【提示、注意、技巧】

利用单行命令输入文字时，可选择对齐方式中的“中间”对齐，并借助于一些辅助线(如设计栏中的斜线)使文字居中，如图 8-40 中“设计”文字的输入。

设计						
校核						
审核				比 例		
班级		学号		共　张　第　张		

图 8-40　输入不带属性的部分

(3)指定属性

① 创建一新层，用于放置属性的层。

②执行“绘图”→“块” →“定义属性”，系统打开“属性定义”对话框，用户可以指定属性标签、提示和值。

③在“属性定义”对话框的“插入点”区选定“在屏幕上指定”复选框，单击“确定”按钮，退出“属性定义”对话框后，在绘图区指定要插入属性的位置，标题栏变成如图 8-38 所示。

【提示、注意、技巧】

标签、提示和值的设定：例，标题栏中“(图样名称)”为标签；

提示可写为“输入图样名称”；值可写为“圆弧连接”。

(4)定义块并将其存为文件

①创建块：执行“创建块”命令，选择整个图形和属性及块的插入点(取图形的右下角为插入点)，单击“确定”按钮，一个有属性的块就做成了。

②将所定义的块保存为文件，可供其他文件使用。

8.5　利用剪贴板

8.5.1　“剪切”命令

可用以下的任意一种方法来启用“剪切”命令：

(1)命令行：CUTCLIP。

(2)菜单：“编辑”→“剪切”。

(3)工具栏：“标准”→“剪切” 。

(4)快捷键：Ctrl＋X。

(5)快捷菜单：在绘图区域右击鼠标，从打开的快捷菜单中选择“剪切”命令。

【操作格式】

命令：CUTCLIP ↙

选择对象：(选择要剪切的实体)

执行上述命令后，所选择的实体从当前图形上剪切到剪贴板上，同时从原图形中消失。

8.5.2　“复制”命令

可用以下的任意一种方法来启用“复制”命令：

(1)命令行:COPYCLIP。

(2)菜单:“编辑”→“复制”。

(3)工具栏:“标准”→“复制”。

(4)快捷键:Ctrl+C。

快捷菜单:在绘图区域右击鼠标,从打开的快捷菜单中选择“复制”命令。

【操作格式】

命令:COPYCLIP↙

选择对象:(选择要复制的实体)

执行上述命令后,所选择的实体从当前图形上复制到剪贴板中,原图不变。

使用“剪切”和“复制”功能复制对象时,已复制到目标文件的对象与源对象毫无关系,源对象的改变不会影响复制得到的对象。

8.5.3 “带基点复制”命令

可用以下的任意一种方法来启用“带基点复制”命令:

(1)命令行:COPYBASE。

(2)菜单:“编辑”→“带基点复制”。

(3)快捷键:Ctrl+Shift+C。

(4)快捷菜单:在绘图区域右击鼠标,从快捷菜单中选择“带基点复制”命令。

【操作格式】

命令:COPYBASE↙

指定基点:　　　　(指定基点)

选择对象:　　　　(选择要复制的实体)

执行上述命令后,所选择的实体从当前图形上复制到剪贴板中,原图不变。本命令与“复制”相比,有明显的优越性,因为有基点信息,所以在粘贴插入时,可以根据基点找到准确的插入点。

8.5.4 “粘贴”命令

用以下的任意一种方法来启用“粘贴”命令:

(1)命令行:PASTECLIP。

(2)菜单:“编辑”→“粘贴”。

(3)工具栏:“标准”→“粘贴”。

(4)快捷键:Ctrl+V。

(5)快捷菜单:在绘图区域右击鼠标,从打开的快捷菜单中选择“粘贴”命令。

【操作格式】

命令:PASTECLIP↙

执行上述命令后,保存在剪贴板上的实体被粘贴到当前图形中。

8.6 复制链接对象

用以下的任意一种方法来启用“复制链接对象”命令:

(1)命令行:COPYLINK。

(2)菜单:“编辑”→“复制链接”。

【操作格式】

命令:COPYLINK↙

对象链接和嵌入的操作过程与用剪贴板粘贴的操作类似,但其内部运行机制却有很大的差异。链接对象与其创建应用程序始终保持联系,例如,Word 文档中包含一个 AutoCAD 图形对象,在 Word 中双击该对象,Windows 自动将其装入 AutoCAD 中,以供用户进行编辑;如果对原始 AutoCAD 图形做了修改,则 Word 文档中的图形也随之发生相应的变化。如果是用剪贴板粘贴上的图形,则它只是 AutoCAD 图形的一个拷贝,粘贴之后,就不再与 AutoCAD 图形保持任何联系,原始图形的变化不会对它产生任何作用。

8.7 选择性粘贴对象

用以下的任意一种方法来启用“选择性粘贴对象”命令:

(1)命令:PASTESPEC。

(2)菜单:“编辑”→“选择性粘贴”。

【操作格式】

命令:PASTESPEC↙

系统打开“选择性粘贴”对话框,如图 8-41 所示。在该对话框中进行相关参数设置。

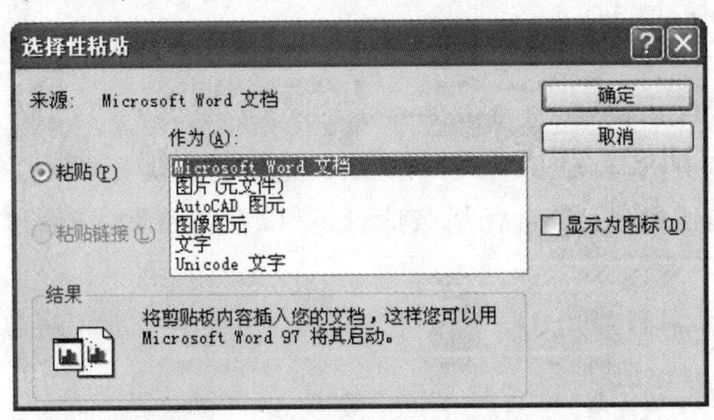

图 8-41 “选择性粘贴”对话框

8.8 粘贴为块

用以下的任意一种方法来启用“粘贴为块”命令:

(1)命令行:PASTEBLOCK。

(2)菜单:“编辑”→“粘贴为块”。

(3)快捷键:Ctrl+Shift+V。

【操作格式】

命令:PASTEBLOCK↙

指定插入点:

指定插入点后,对象以块的形式插入到当前图形中。

习　　题

一、思考题

1. 判断题

(1)在插入时,块可以被缩放或旋转。

(2)WBLOCK 命令生成的图形文件,可被用于任一图形。

(3)一个块中的对象具有它们所在图层的特性,如颜色和线型。

(4)可以用一个 MINSERT 命令建立一个块的矩形阵列。

(5)在用 MINSERT 命令生成的阵列中,当插入后就没有办法改变行数、列数或它们之间的间距。整个 MINSERT 图案被当作一个不可分解的单个对象。

(6)WBLOCK 命令允许将一个已有块转换为图形文件。

(7)如果块以非统一比例(不同的 X、Y 比例)插入,也可以被分解。

2. 填空题

(1)________命令用于将任何对象保存为块。

(2)________命令用于一个指定块的多重插入。

二、练习题

绘制图 8-42 所示图形,并标注尺寸,将表面粗糙度符号设成带属性的块,插入到图形中。

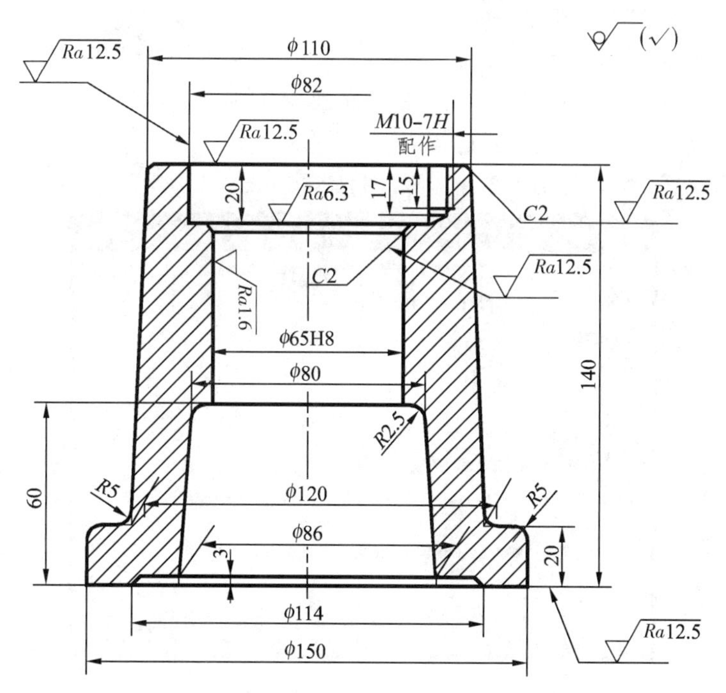

图 8-42　底座零件图

第9章

样板图与设计中心及其他图形设计辅助工具

本章主要介绍了提高绘图效率的两个基本的工具：样板图与设计中心。通过本章的学习，我们将掌握创建样板图的方法，及利用设计中心定位和组织图形数据的方法。

9.1 样 板 图

9.1.1 样板图的概念

AutoCAD创建一个图形文件使用“NEW”或“QNEW”命令。启动创建新图形命令，可以使用下列方法之一：

(1)命令：“NEW”或“QNEW”。

(2)菜单：“文件”→“新建”。

(3)工具栏：“标准”→“ 新建”。

执行上述操作的方式由系统变量“STARTUP”确定。“STARTUP”控制创建新图形时，显示“创建新图形”对话框，还是显示“选择样板”对话框。

STARTUP的值为1：显示“创建新图形”对话框，如图9-1所示。

STARTUP的值为0：显示“选择样板”对话框，如图9-2所示。

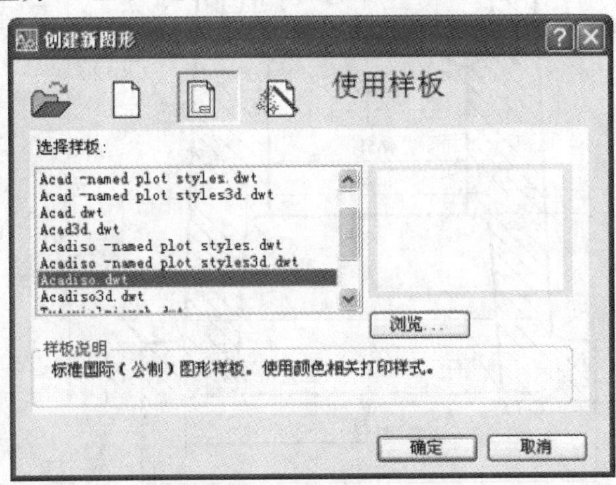

图9-1 “创建新图形”对话框

图 9-2 “选择样板”对话框

【提示、注意、技巧】

STARTUP 的值为 1,应用程序启动时系统会显示“启动”对话框,其选项与“创建新图形”对话框基本相同,如图 9-3 所示。

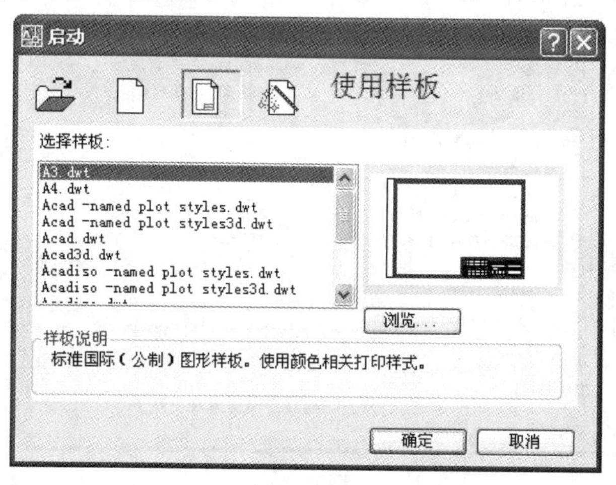

图 9-3 “启动”对话框

STARTUP 的值为 0,应用程序启动时,不显示任何对话框,直接使用 AutoCAD 默认的图形样板文件。默认样板文件英制的是“Acad.dwt”,公制的是“Acadiso.dwt”。

对于三维建模工作空间,默认图形样板文件英制的是“Acad3d.dwt”,公制的是“Acadiso3d.dwt”。

也可以在“选项”对话框“文件”选项卡上设置默认图形样板文件。

1.“启动”对话框和“创建新图形”对话框

图 9-3 和图 9-1 所示的“启动”对话框和“创建新图形”对话框提供了四种选择方式。

(1)打开图形

打开已有图形。仅在应用程序启动时才可以选择。

(2)从草图开始

使用 AutoCAD 的默认设置。

(3)使用样板

选择样板,其实是调用预先定义好的样板图。样板图是一种包含有特定图形设置的图形文件,扩展名为“.DWT”。如果使用样板图来创建新的图形,则新的图形继承了样板图中的所有设置。这样就避免了大量的重复设置工作,而且也可以保证同一项目中所有图形文件的标准统一。新的图形文件与所用的样板文件是相对独立的,因此新图形中的修改不会影响样板文件。

AutoCAD 中为用户提供了风格多样的样板文件,在默认情况下,这些图形样板文件存储在易于访问的 Template 文件夹中。用户可在“创建新图形”对话框中使用这些样板文件,如果用户要使用的样板文件没有存储在“Template”文件夹中,则可选择单击“浏览…”按钮打开“选择样板文件”对话框来查找其他样板文件,如图 9-4 所示。

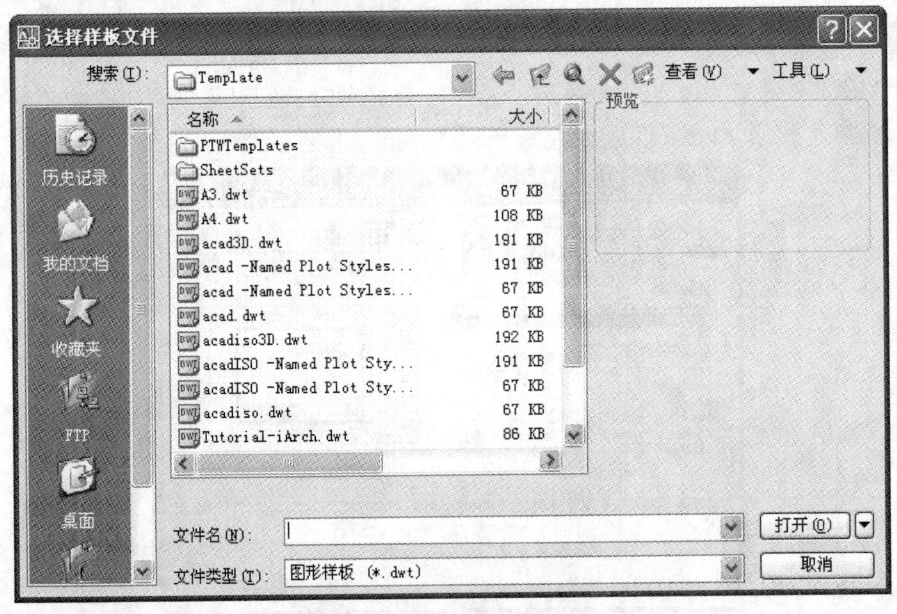

图 9-4 “选择样板文件”对话框

(4)使用向导

设置新图形的单位、角度、角度测量、角度方向和区域等。

2.“选择样板”对话框

在默认情况下,STARTUP 的值为 0。因此,新建一个图形文件显示图 9-2 所示的“选择样板”对话框,从对话框中可选择所需样板。如果用户要使用的样板文件没有存储在“Template”文件夹中,则在“文件类型”下拉列表框选择“dwg”或“dws”,查找其他文件类型作为样板文件。

9.1.2　创建样板图

除了使用 AutoCAD 提供的样板，用户也可以创建自定义样板文件，任何现有图形都可作为样板。通常存储在样板文件中的设置包括：

- 单位类型和精度
- 标题栏、边框和徽标
- 图层名
- 捕捉、栅格和正交设置
- 栅格界限
- 标注样式
- 文字样式
- 线型

默认情况下，图形样板文件存储在 template 文件夹中，以便访问。下面，以一个实例来说明怎样创建样板图。

【例 9-1】建立一个 A3 幅面的样板图，此样板图中包括幅面的设置、层、文本样式、标注样式的设置。

通过此实例的绘制，掌握样板图创建方法。

【绘图步骤】

1. 设置图幅

单击标准工具条上按钮，打开“创建新图形”对话框，选择“使用向导”选项。

利用“快速设置”或“高级设置”，设定单位为“小数”、测量精度为“0.0”、作图区域为“420×297”(A3)。执行“全局缩放”命令，使 A3 图幅全屏显示。

2. 设置层、文本样式、标注样式

(1)建立图层

按需要创建以下图层，并设定颜色及线型，如图 9-5 所示。

图层的颜色可以随意设置，但线型必须按标准设定。

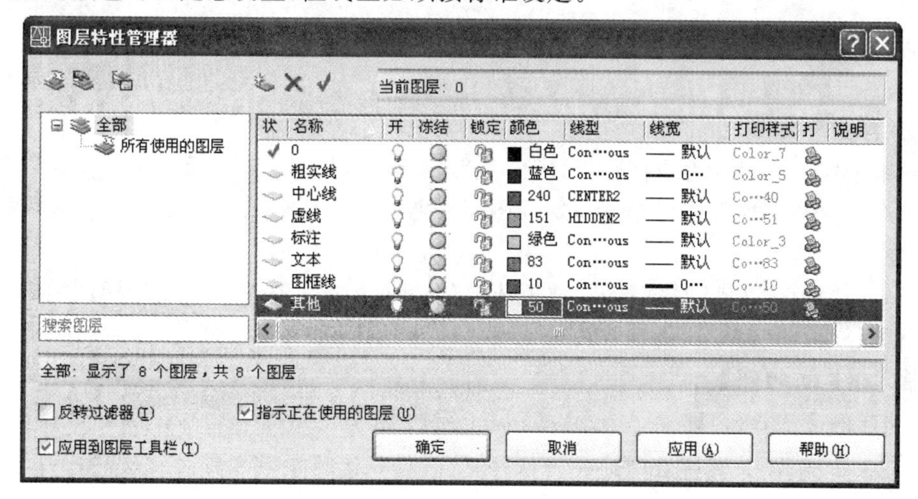

图 9-5　“图层特性管理器”对话框

(2)设置文本样式

① 汉字样式:用于输入汉字,字体选择“gbenor. shx”,选择使用大字体复选框,大字体样式为“gbcbig. shx”。

② 符号样式:用于输入非汉字符号,字体选择“gbenor. shx”。

(3) 设置标注样式

主要包括基本样式、角度样式、非圆样式、抑制样式、公差样式等。

3. 建立边框线、插入标题栏

绘制 A3 图幅的边框线,插入标题栏(见 8.4 节),如图 9-6 所示。

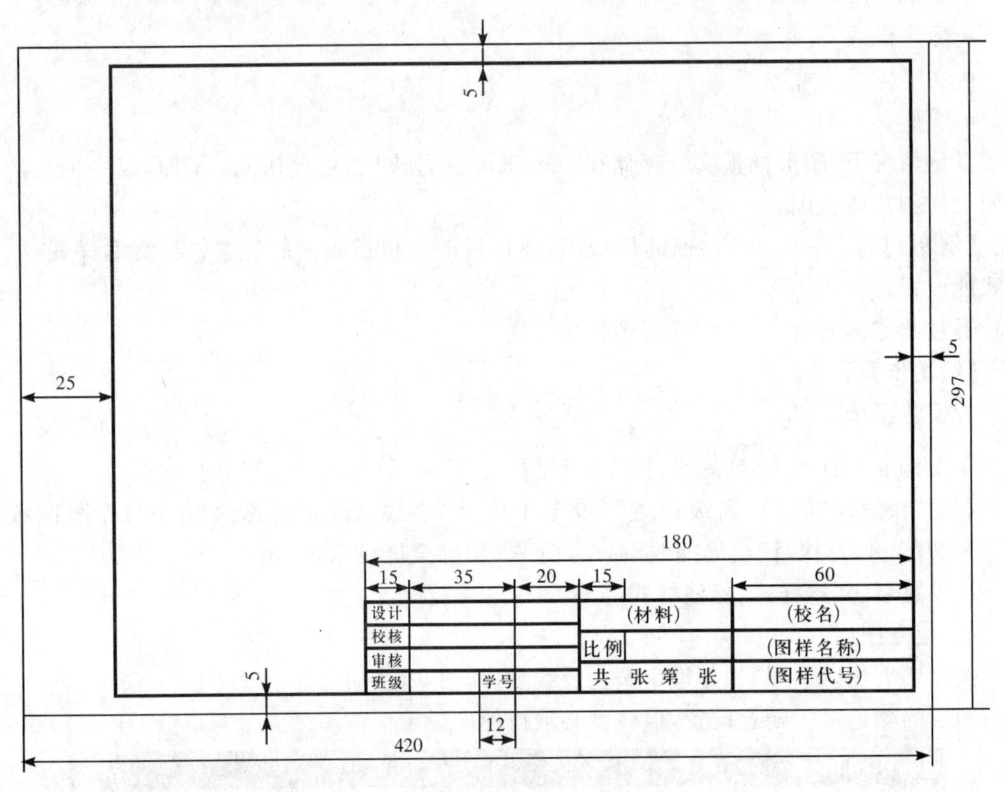

图 9-6　A3 图纸格式

4. 保存图形文件

(1)单击“文件/另存为”,打开“图形另存为”对话框,如图 9-7 所示。

(2)在保存类型栏中选择“AutoCAD 图形样板文件(*. dwt)”在文件名中输入样板文件的名称(A3)。

(3)单击“保存”按钮,系统打开“样板选项”对话框,如图 9-8 所示,在“说明”栏中输入文字“A3 幅面样板图”,单击“确定”按钮。

【提示、注意、技巧】

用同样的方法,可以建立 A0,A1,A2,A4 样板图。

9.1.3　调用样板图的方法

1. 新建图形

在创建新图形时,在“创建新图形”对话框中,选择“使用样板”。

图 9-7　"图形另存为"对话框

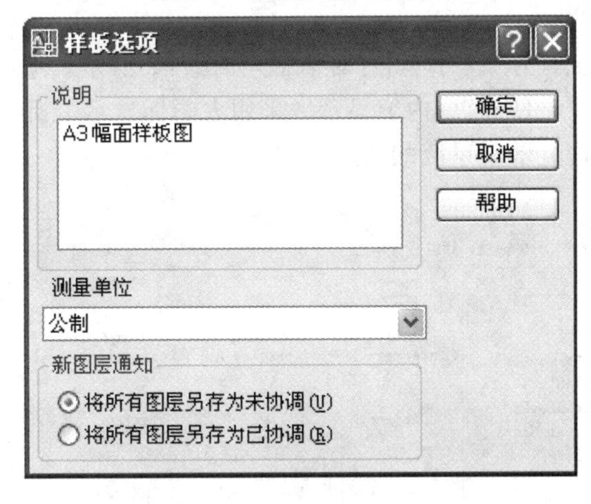

图 9-8　"样板选项"对话框

2. 选择样板文件

在选择样板栏中，选择"A3. dwt"，单击"确定"打开样板图，可在其中进行绘图。

9.2　设计中心

AutoCAD设计中心(AutoCAD Design Center，简称ADC)是AutoCAD中的一个非常有用的工具。它有着类似于Windows资源管理器的界面，可管理图块、外部参照、光栅图像以及来自其他源文件或应用程序的内容，将位于本地计算机、局域网或因特网上的图块、图层、外部参照和用户自定义的图形内容复制并粘贴到当前绘图区中。同时，如果在绘图区打开多个文档，在多文档之间也可以通过简单的拖放操作来实现图形的复制和粘贴。粘贴内容除了包含图形本身外，还包含图层定义、线型、字体等内容。这样资源可得到再利用和共享，提高了图形管理和图形设计的效率。

通常使用 AutoCAD 设计中心可以完成如下工作：

● 浏览和查看各种图形图像文件，并可显示预览图像及其说明文字。

● 查看图形文件中命名对象的定义，将其插入、附着、复制和粘贴到当前图形中。

● 将图形文件(DWG)从控制板拖放到绘图区域中，即可打开图形；而将光栅文件从控制板拖放到绘图区域中，则可查看和附着光栅图像。

在本地和网络驱动器上查找图形文件，并可创建指向常用图形、文件夹和 Internet 地址的快捷方式。

9.2.1 设计中心的启动和界面

AutoCAD 设计中心窗口不同于对话框，它就像和 AutoCAD 一起运行的一个执行文件管理及图形类型处理任务的特殊程序。

调用 AutoCAD 设计中心的方法：

(1)命令行：ADCENTER。

(2)菜单："工具"→"选项板"→"设计中心"。

(3)工具栏："标准"→"设计中心"。

(4)快捷键：Ctrl+2。

执行上述操作，系统打开"设计中心"对话框，如图 9-9 所示。第一次启动设计中心时，它默认打开的选项卡为"文件夹"。内容显示区采用大图标显示了所浏览资源的有关细目或内容，资源管理器的左边显示了系统的树形结构。

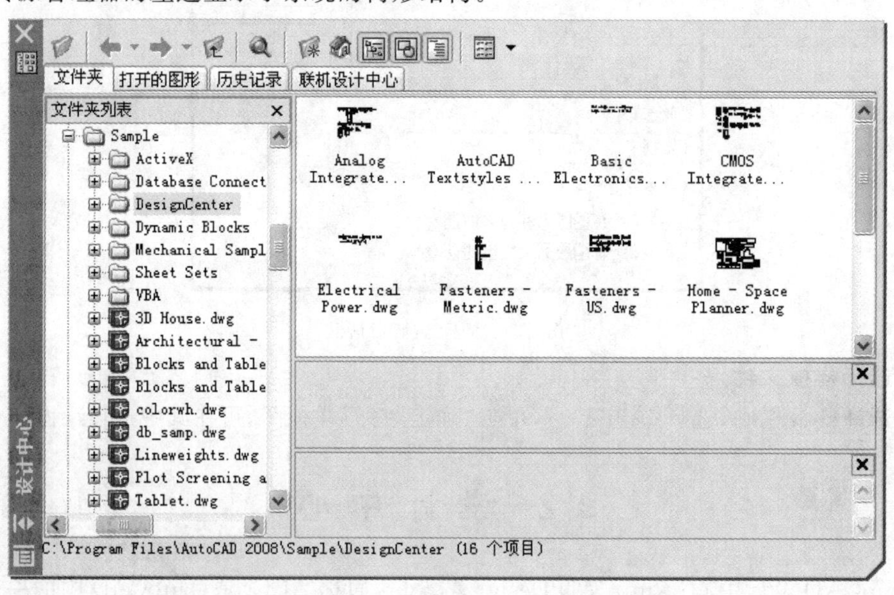

图 9-9　AutoCAD 2008 设计中心的资源管理器和内容显示区

可以依靠鼠标拖动边框来改变 AutoCAD 2008 设计中心管理器和内容显示区以及 AutoCAD 2008 绘图区的大小。

如果要改变 AutoCAD 2008 设计中心的位置，可在 AutoCAD 2008 设计中心的标题栏上用鼠标拖动它，松开鼠标后，AutoCAD 2008 设计中心便处于当前位置，到新位置后，仍可以用鼠标改变各窗口的大小。也可以通过设计中心边框左边下方的"自动隐藏"按钮来自动隐藏设计中心。

9.2.2 显示图形信息

在 AutoCAD 2008 设计中心中，通过“选项卡”和“工具栏”两种方式显示图形信息。

1. 选项卡

AutoCAD 2008 设计中心有 4 个选项卡：“文件夹”“打开的图形”“历史记录”“联机设计中心”。

(1)“文件夹”选项卡

显示设计中心的资源，如图 9-9 所示。该选项卡与 Windows 资源管理器类似。“文件夹”选项卡显示导航图标的层次结构，包括 Web 地址(URL)、计算机驱动器、文件夹、图形和相关的支持文件、外部参照、布局、填充样式和命名对象，图形包括图形中的块、图层、线型、文字样式、标注样式和表格样式。

(2)“打开的图形”选项卡

显示在当前环境中打开的所有图形，其中包括最小化了的图形，如图 9-10 所示，此时选择某个文件，就可以在右边显示该图形的有关设置，如标注样式、布局、块、图层、外部参照等。

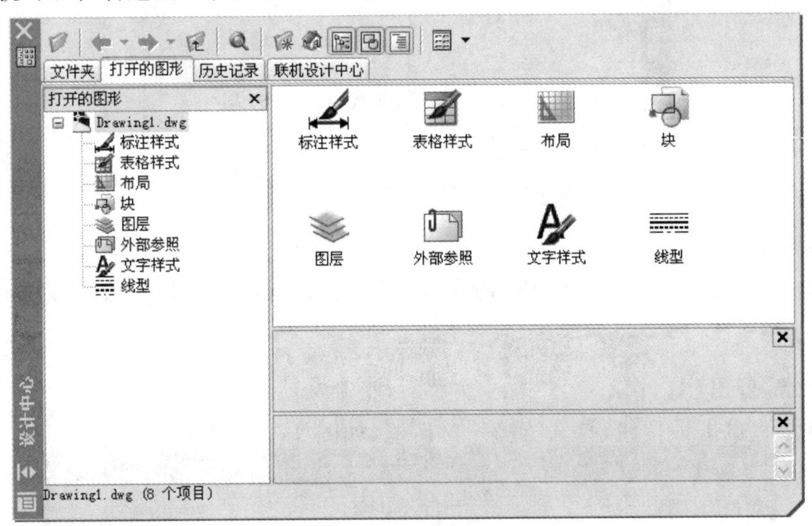

图 9-10 “打开的图形”选项卡

(3)“历史记录”选项卡

显示用户最近访问过的文件，包括这些文件的具体路径，如图 9-11 所示。双击列表中的某个图形文件，可以在“文件夹”选项卡中的树状视图中定位此图形文件，并将其内容加载到内容显示区中。

(4)“联机设计中心”选项卡

通过联机设计中心，可以访问数以万计的预先绘制的符号、制造商信息以及集成商站点，当然，前提是计算机必须与网络连接。如图 9-12 所示。

2. 工具栏

设计中心窗口顶部有一系列的工具，包括“加载”、“上一页(下一页或上一级)”“搜索”“收藏夹”“主页”“树状图切换”“预览”“说明”“视图”等按钮。下面介绍主要的几个按钮。

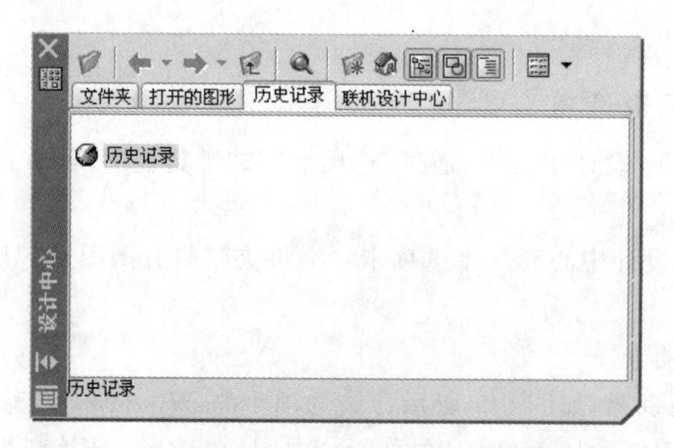

图 9-11 “历史记录”选项卡

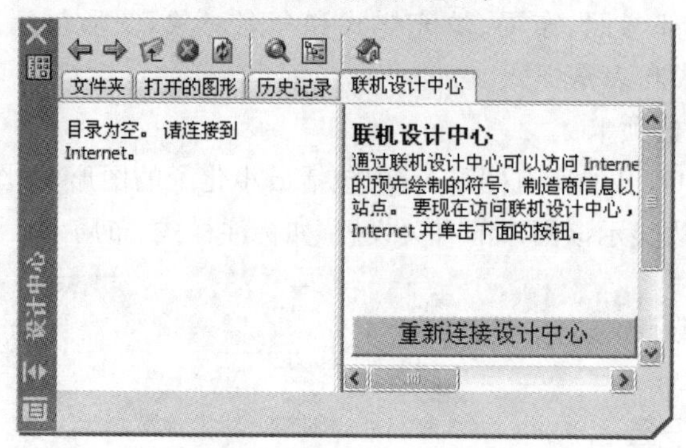

图 9-12 “联机设计中心”选项卡

(1)“加载”按钮

打开“加载”对话框，用户可以利用该对话框从 Windows 桌面、收藏夹或 Internet 上加载文件。

(2)“搜索”按钮

查找对象。单击该按钮，打开“搜索”对话框，如图 9-13 所示。

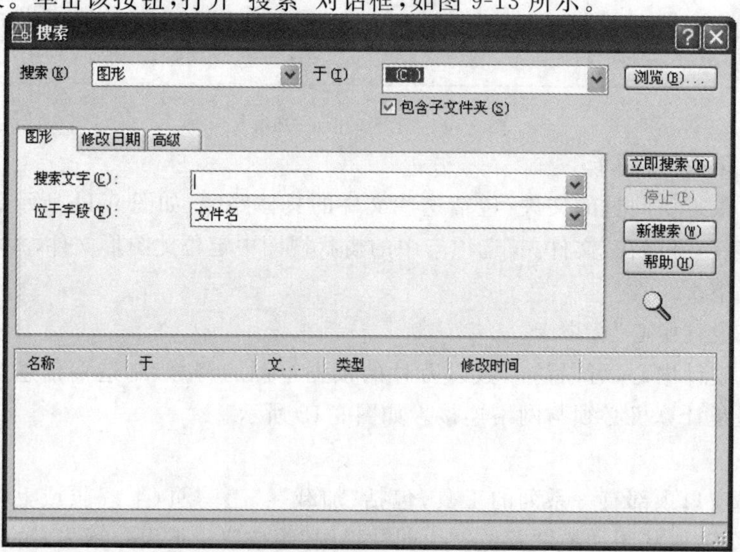

图 9-13 “搜索”对话框

(3)"收藏夹"按钮

在"文件夹列表"中显示 Favorites/Autodesk 文件夹中的内容,用户可以通过收藏夹来标记存放在本地磁盘、网格驱动器或 Internet 网页上的内容。如图 9-14 所示。

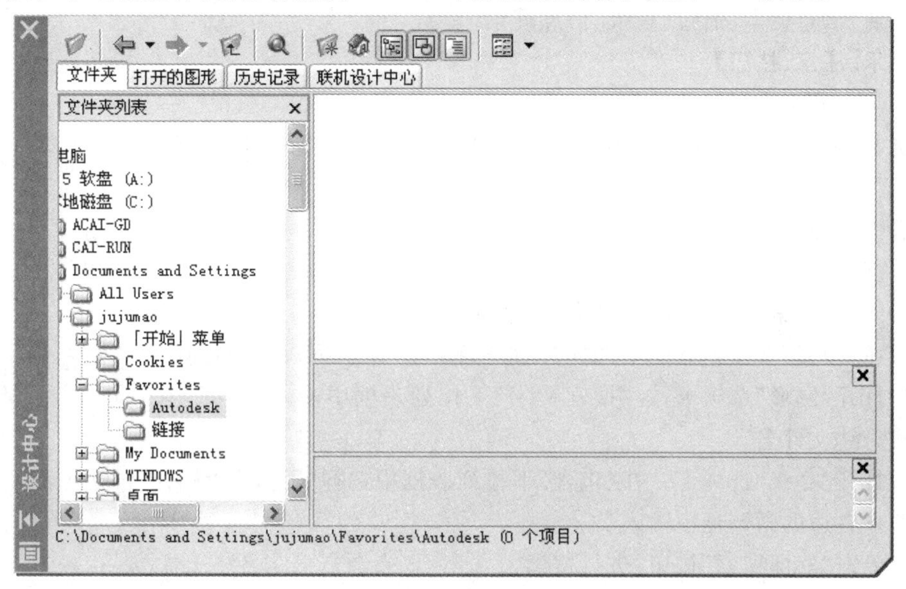

图 9-14　"收藏夹"界面

(4)"主页"按钮

快速定位到设计中心文件夹中,该文件夹位于 AutoCAD 2008\Sample 下,如图 9-15 所示。

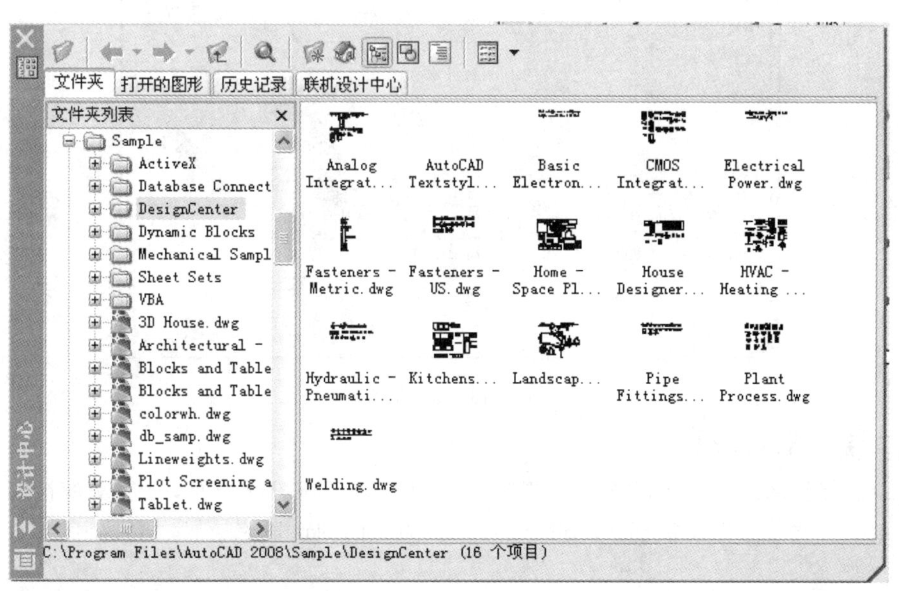

图 9-15　"主页"界面

9.2.3　查找内容

如图 9-13 所示,可以单击"搜索"按钮寻找图形和其他的内容,在设计中心可以查找的内容有：图形、填充图案、填充图案文件、图层、块、图形和块、外部参照、文字样式、线型、标注样式和布局等。

在“搜索”对话框中有 3 个选项卡，分别给出 3 种搜索方式：通过“图形”信息搜索、通过“修改日期”信息搜索、通过“高级”信息搜索。

【提示、注意、技巧】

“adcenter”命令可透明地使用。

【例 9-1】在 AutoCAD 设计中心中查找 D 盘中文件名包含“C＊”文字，大于 2kB 的图形文件。

【操作步骤】

(1)打开 AutoCAD 设计中心。

(2)单击“搜索”按钮，打开“搜索”对话框。

(3)在“搜索”下拉列表框中选择“图形”，在“于”下拉列表框中选择“D:”。

(4)打开“图形”选项卡，在“搜索文字”下拉列表框中输入“C＊”，在“位于字段”下拉列表框中选择“文件名”。

(5)打开“高级”选项卡。在“包含”下拉列表框中选择“无”，在“大小”下拉列表框中选择“至少”，在右边的微调框中输入 2。

(6)单击“立即搜索”按钮，进行搜索。

搜索结果如图 9-16 所示。

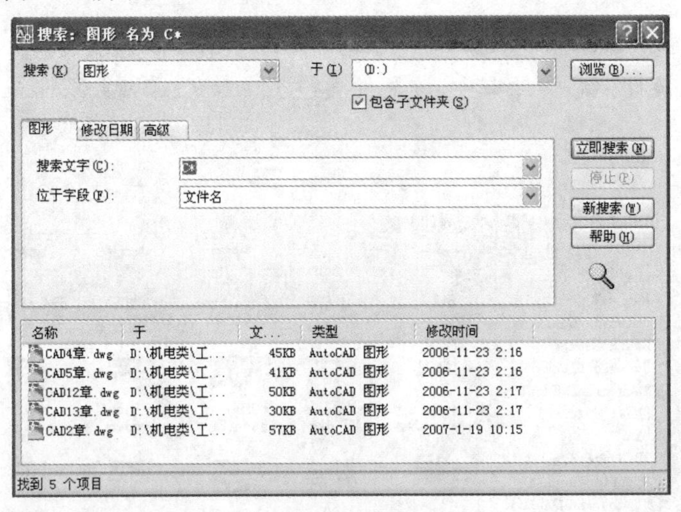

图 9-16　搜索结果

9.2.4　插入图块

用户可以将图块插入到图形中。当将一个图块插入到图形中时，块定义就被拷贝到图形数据库中。在一个图块被插入图形之后，如果原来的图块被修改，则插入到图形中的图块也随之改变。

当其他命令正在执行时，则不能将图块插入到图形中。例如，在提示行正在执行一个命令时，如果插入块，此时光标变成一个带斜线的圆，提示操作无效。另外，一次只能插入一个图块。AutoCAD 设计中心提供了插入图块的两种方法，即“利用鼠标指定比例和旋转方式”和“精确指定坐标、比例和旋转角度方式”。

1. 利用鼠标指定比例和旋转方式插入图块

采用此方法时，AutoCAD 将根据鼠标拉出的线段长度与角度确定比例与旋转角度。

采用该方法插入图块的步骤如下：

(1)从文件夹列表或搜索结果列表中选择要插入的图块，按住鼠标左键，将其拖动到打开的图形。

松开鼠标左键，此时，所选择的对象将插入到当前打开的图形中。利用当前设置的捕捉方式，可以将对象插入到任何存在的图形中。

(2)按下鼠标左键，指定一点作为插入点，移动鼠标，鼠标位置点与插入点之间距离为缩放比例。按下鼠标左键确定比例。同样方法移动鼠标，鼠标指定位置与插入点连线与水平线角度为旋转角度。被选择的对象就根据鼠标指定的比例和角度插入到图形当中。

2. 精确指定坐标、比例和旋转角度插入图块

利用该方法可以设置插入图块的参数，具体方法如下：

(1)从文件夹列表或搜索结果列表中选择要插入的对象，拖动对象到打开的图形。

(2)单击鼠标右键，从快捷菜单中选择“比例”“旋转”等命令，如图 9-17 所示。

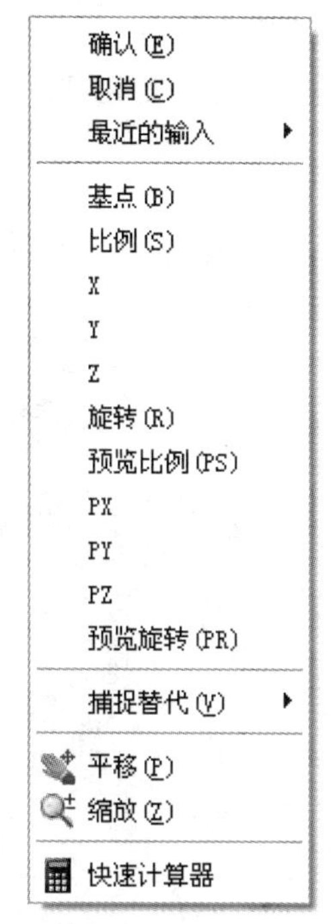

图 9-17　插入对象右键快捷菜单

(3)在相应的命令行提示下输入比例和旋转角度等数值。被选择的对象将根据指定的参数插入到图形中。

9.3　工具选项板

工具选项板是“工具选项板”窗口中选项卡形式的区域，提供组织、共享和放置块及填充图案的有效方法。工具选项板还可以包含由第三方开发人员提供的自定义工具。

9.3.1　打开工具选项板

打开工具选项板，可以使用下列方法之一：

(1)命令行：TOOLPALETTES。

(2)菜单：“工具”→“选项板”→“工具选项板窗口”。

(3)工具栏：“标准”→“工具选项板窗口”。

(4)快捷键：Ctrl＋3。

输入命令以后，系统自动打开工具选项板，如图 9-18 所示。

在工具选项板中，系统设置了一些常用图形选项卡，这些常用图形可以方便用户绘图。

9.3.2　工具选项板的显示控制

1. 移动和缩放工具选项板

用户可以用鼠标按住工具选项板的标题栏，拖动鼠标，即可移动工具选项板。将鼠标指向工具选项板边缘，出现双向箭头，按住鼠标左键拖动即可缩放工具选项板。

2. 自动隐藏

在工具选项板的标题栏中有一个“自动隐藏”按钮，单击该按钮，就可自动隐藏工具选项板，再次单击，则自动打开工具选项板。

3. “透明度”控制

在工具选项板的标题栏中有一个“特性”按钮，单击该按钮，打开快捷菜单，如图 9-19 所示。选择“透明”命令，系统打开“透明”对话框，如图 9-20 所示。通过滑块可以调节工具选项板的透明度。

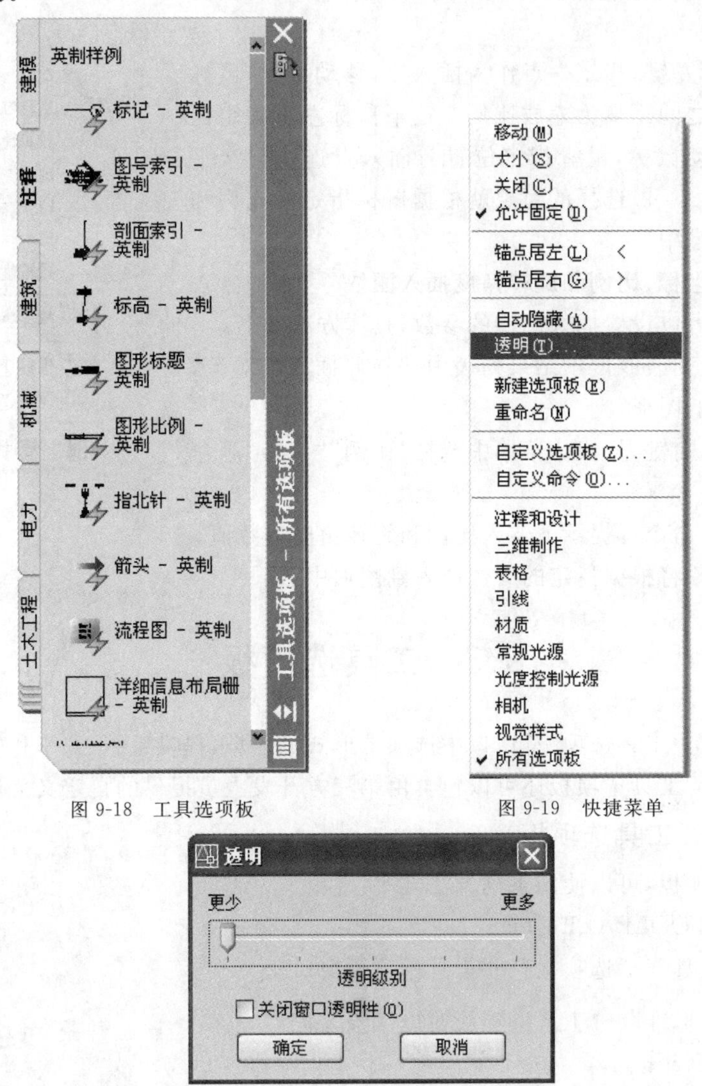

图 9-18 工具选项板

图 9-19 快捷菜单

图 9-20 “透明”对话框

4. “视图”控制

将鼠标放在工具选项板的空白地方，单击鼠标右键，打开快捷菜单，如图 9-21 所示。选择其中的“视图选项”命令，打开“视图选项”对话框，如图 9-22 所示。选择有关选项，拖动滑块可以调节视图中图标或文字的大小。

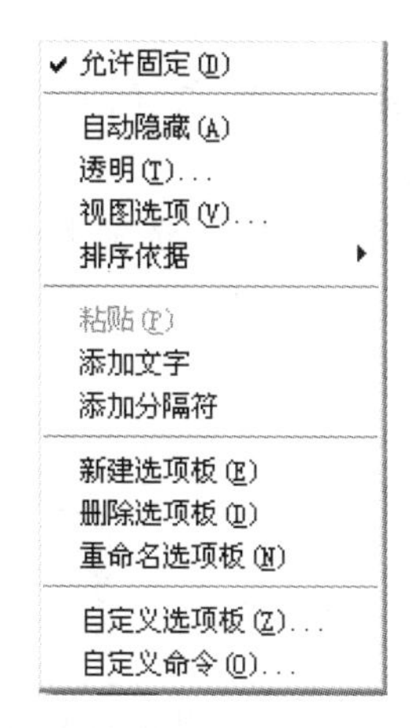

图 9-21　快捷菜单

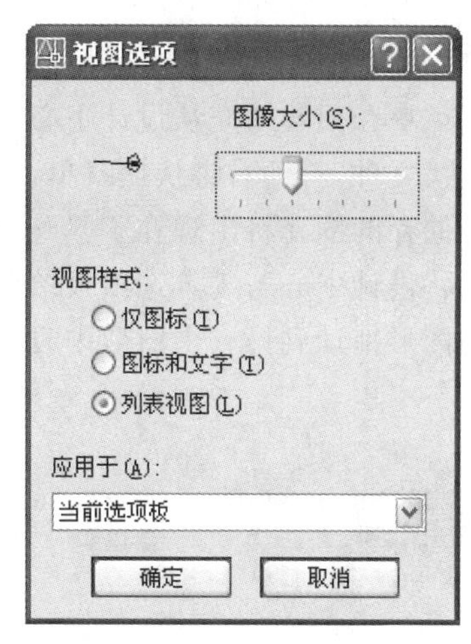

图 9-22　“视图选项”对话框

9.3.3　新建工具选项板

用户可以建立新的工具选项板，这样有利于个性化作图，同时也能够满足特殊作图需要。新建工具选项板，可以使用下列方法之一：

(1)命令行：CUSTOMIZE。

(2)菜单：“工具”→“自定义”→“工具选项板”。

(3)快捷菜单：在任意工具栏上右击鼠标，然后选择“自定义”命令。

(4)工具选项板：“特性”按钮 →“自定义”(或“新建选项板”)。

输入命令，系统打开“自定义”对话框的“工具选项板-所有选项板”选项卡，如图 9-23 所示。将鼠标放在选项板窗口的空白处，单击鼠标右键，打开快捷菜单。选择新建选项板命令，在对话框中可以为新建的工具选项板命名。确定后，工具选项板中就增加了一个新的选项卡，如图 9-24 所示。

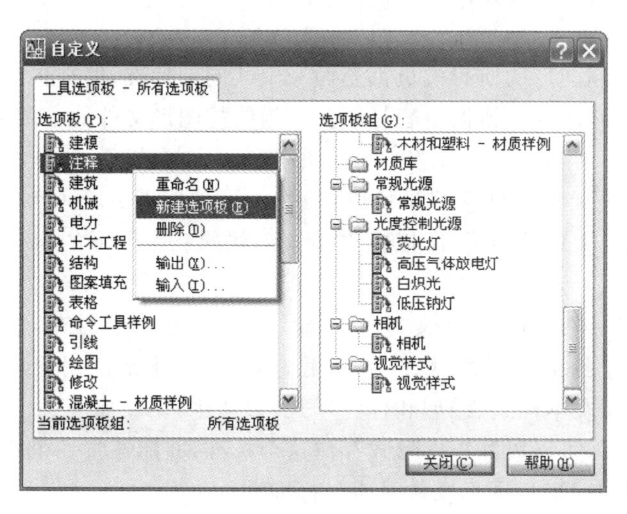

图 9-23　“自定义”对话框的“新建选项板”选项

图 9-24　新增选项卡

9.3.4 向工具选项板添加内容

(1)可将图形、块和图案填充从设计中心移到工具选项板上。例如,在“设计中心”文件夹列表框选中“块”文件,打开右键快捷菜单,从中选择“创建工具选项板”命令,如图 9-25(a)所示。设计中心储存的图元将出现在工具选项板中新建的“块”选项卡上,如图 9-25(b)所示。这样就可以将设计中心与工具选项板结合起来,建立一个快捷方便的工具选项板。将工具选项板中的图形拖动到另一个图形中时,图形将作为块插入。

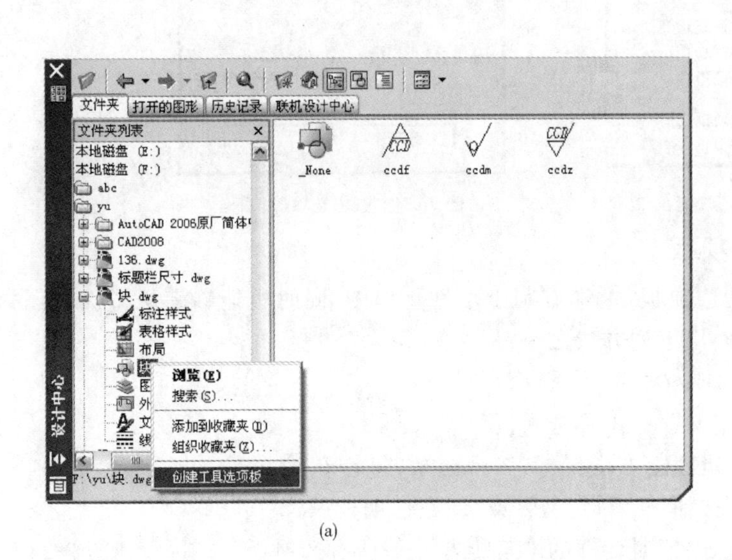

(a)

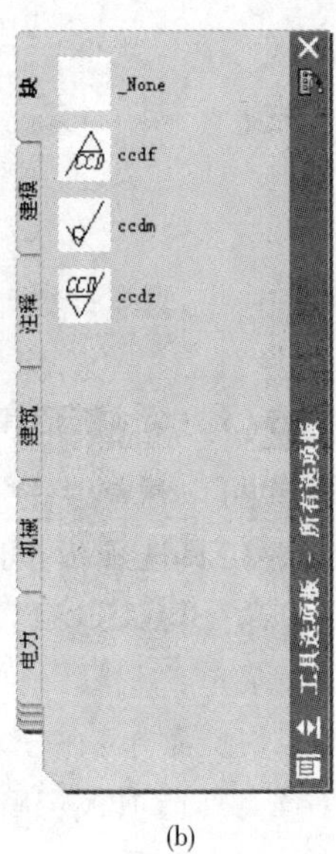

(b)

图 9-25 将储存图元创建成“工具选项板”

(2)使用“剪切”“复制”“粘贴”命令将一个工具选项板中的工具移动或复制到另一个工具选项板中。

9.4 CAD 标 准

在绘制复杂图形时,如果绘制图形的所有人员都遵循一个共同的标准,那么在绘图过程中协调与沟通就会变得十分容易,出现了错误也容易纠正。为维护图形文件的一致性,可以创建标准文件以定义常用属性。标准为命名对象(例如图层和文字样式)定义一组常用特性。为了增强一致性,用户或用户的 CAD 管理员可以创建、应用和核查 AutoCAD 图形中的标准。因为标准可以帮助其他人理解图形,所以在许多人创建同一个图形的协作环境下尤其有用。

CAD 标准其实就是为命名对象(如图层和文本样式)定义了一个公共特性集,所有用户在绘制图形时都应严格按照这个约定来创建、修改和应用 AutoCAD 图形。用户可以根据图形中使用的命名对象(如图层、文本样式、线型和标注样式)来创建 CAD 标准。

用户在定义了一个标准之后,可以以样板的形式存储这个标准,并能够将一个标准文件与多个图形文件相关联,从而检查 CAD 图形文件是否与标准文件一致。

当用户以 CAD 标准文件来检查图形文件是否符合标准时,图形文件中的所有上面提到的命名对象都会被检查到。如果用户在确定一个对象时使用了非标准文件中的名称,那么这个非标准的对象将会被清除出当前图形。任何一个非标准对象都将会被转换成标准对象。

9.4.1 创建 CAD 标准文件

AutoCAD 2008 中,可以为图层、文件样式、线型和标注样式等对象创建标准。如果要创建 CAD 标准,先创建一个定义有图层、标注样式、线型和文本样式的文件,然后以样板的形式存储起来,CAD 标准文件的扩展名为.dws。用户在创建了一个具有上述条件的图形文件后,如果要以该文件作为标准文件,可选择“文件”→“另存为”命令,打开“图形另存为”对话框,如图 9-26 所示。在“文件类型”下拉列表框中选择“AutoCAD 图形标准(*.dws)”,然后单击“保存”按钮,这时就会生成一个和当前图形文件同名,但扩展名为.dws 的标准文件。

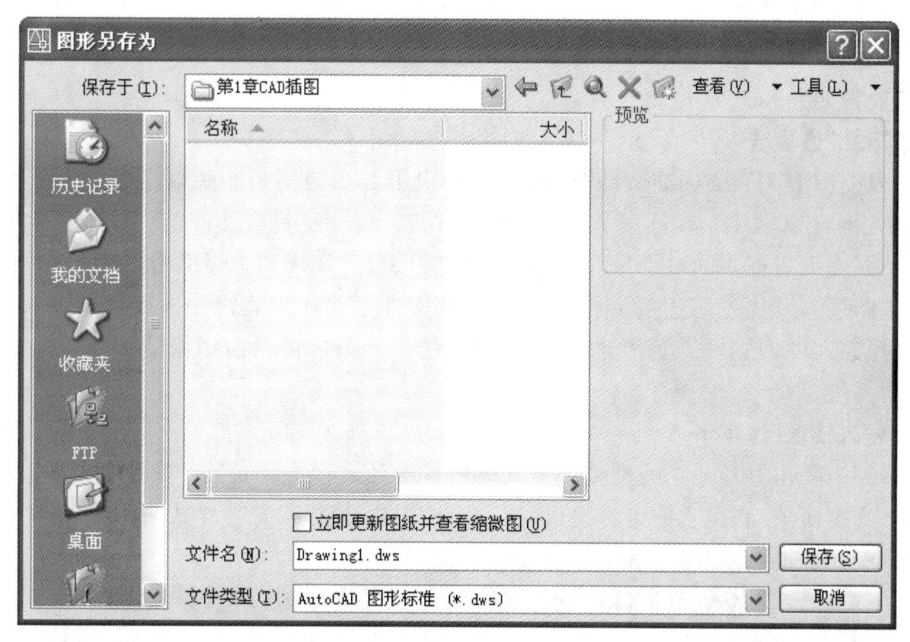

图 9-26 “图形另存为”对话框

9.4.2 关联标准文件

在使用 CAD 标准文件检查图形文件前,首先应该将该图形文件与标准文件关联起来。启用“配置标准”命令,可以使用下列几种方法之一:

(1)命令行:STANDARDS。

(2)菜单:“工具”→“CAD 标准”→“配置”。

(3)工具栏:“CAD 标准”→“配置”(图 9-27)。

图 9-27 “CAD 标准”工具栏

【操作步骤】

命令:STANDARDS↙

系统打开“配置标准”对话框,如图 9-28 所示。

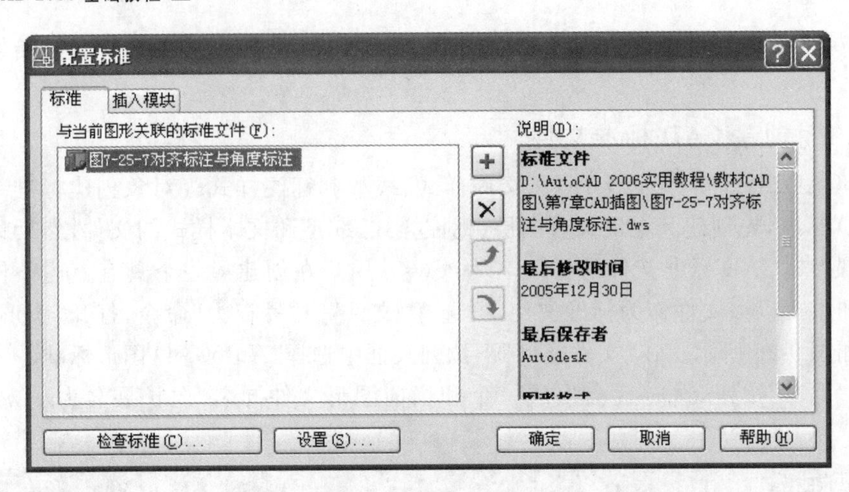

图 9-28 “配置标准”对话框

【选项说明】

1.“标准”选项卡

“与当前图形关联的标准文件”列表框中列出了与当前图形相关联的所有标准(DWS)文件。要添加标准文件,单击“添加标准文件”按钮。要删除标准文件,单击“删除标准文件”按钮。如果此列表框中的多个标准之间发生冲突(例如,如果两个标准指定了名称相同而特性不同的图层),则优先采用第一个显示的标准文件。要在列表框中改变某标准文件的位置,请选择该文件,并单击“上移”按钮或“下移”按钮。用户可以使用快捷菜单添加、删除或重新排列文件。

2.“插入模块”选项卡

该选项卡列出并描述了当前系统上安装的标准插入模块。安装的标准插入模块将用于生成一个命名对象,利用它即可定义(图层、标注样式、线型和文字样式)标准。预计将来第三方应用程序应能够安装其他的插入模块,如图 9-29 所示。

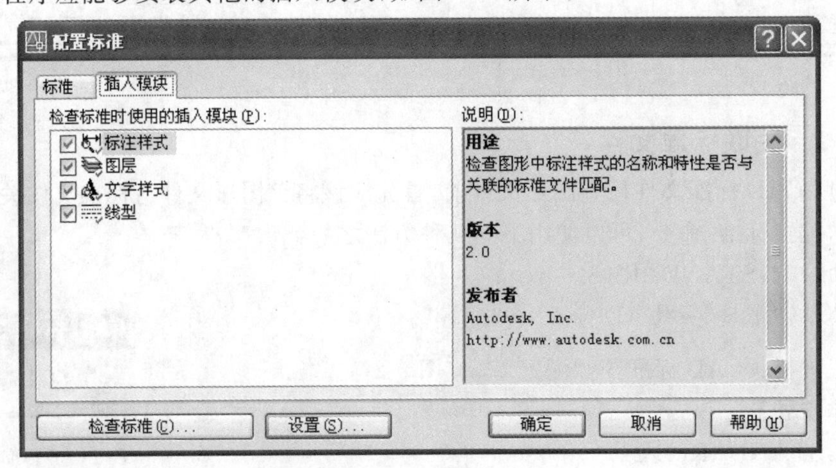

图 9-29 “插入模块”选项卡

9.4.3 使用 CAD 标准检查图形

启用“检查标准”命令,可以使用下列几种方法之一:

(1)命令行:CHECKSTANDARDS。

(2)菜单:"工具"→"CAD标准"→"检查"。

(3)工具栏:"CAD标准"→"检查"。

输入命令以后,系统自动打开"检查标准"对话框,如图9-30(a)所示。其中"问题"列表框提供了关于当前图形中非标准对象的说明。要修复问题,从"替换为"列表框中选择一个替换选项,然后单击"修复"按钮。选中"将此问题标记为忽略"复选框,则将当前问题标记为忽略。检查完成后,显示"检查完成"提示,如图9-30(b)所示,单击"确定"退出。

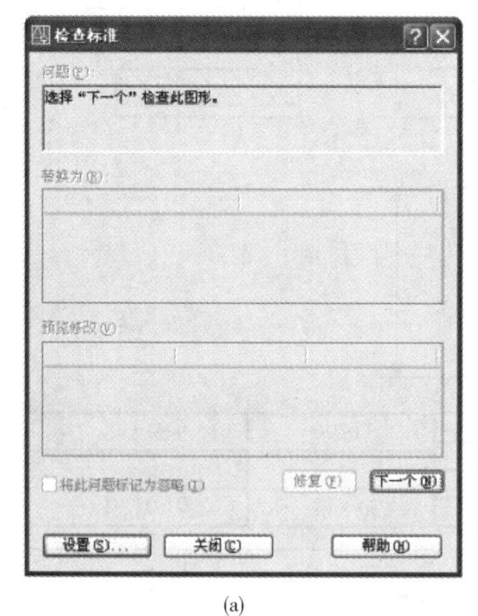

(a)

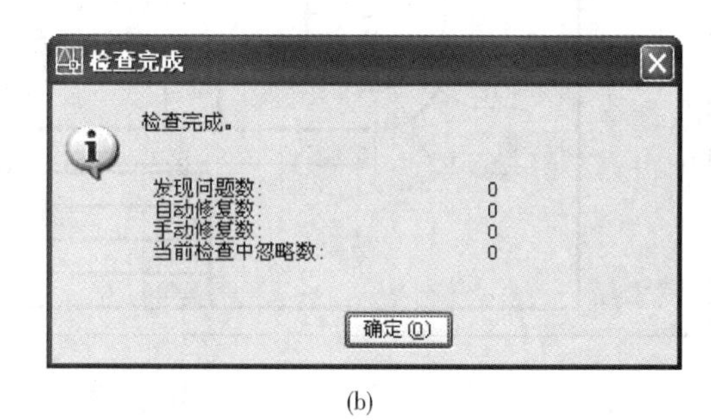

(b)

图9-30　"检查标准"对话框

【提示、注意、技巧】

系统必须先关联标准,然后才能使用CAD标准检查图形。也可以在"配置标准"对话框中单击"检查标准"按钮打开"检查标准"对话框。

习　　题

一、思考题

1. 怎样建立样板图? 怎样调用样板图?
2. 什么是工具选项板? 怎样利用工具选项板进行绘图。
3. 如何调用AutoCAD设计中心?
4. 设计中心以及工具选项板中的图形与普通图形有什么区别? 与图块又有什么区别?
5. 在AutoCAD设计中心中查找D盘中文件名包含"c"文字的图形文件。
6. CAD标准的设置对图形绘制产生哪些有利影响?

二、练习题

1. 利用建立的A3样板图绘制如图9-31所示的图样。
2. 利用AutoCAD设计中心绘制如图9-32所示的图样。

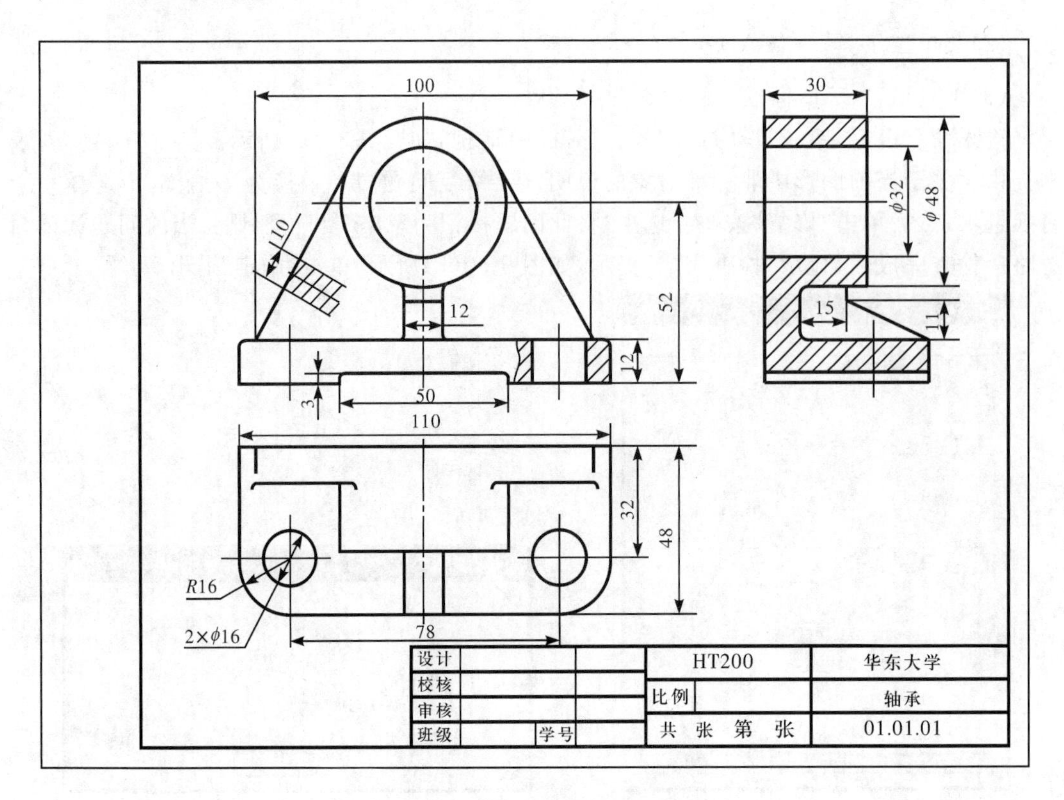

图 9-31　建立 A3 样板图绘制图样

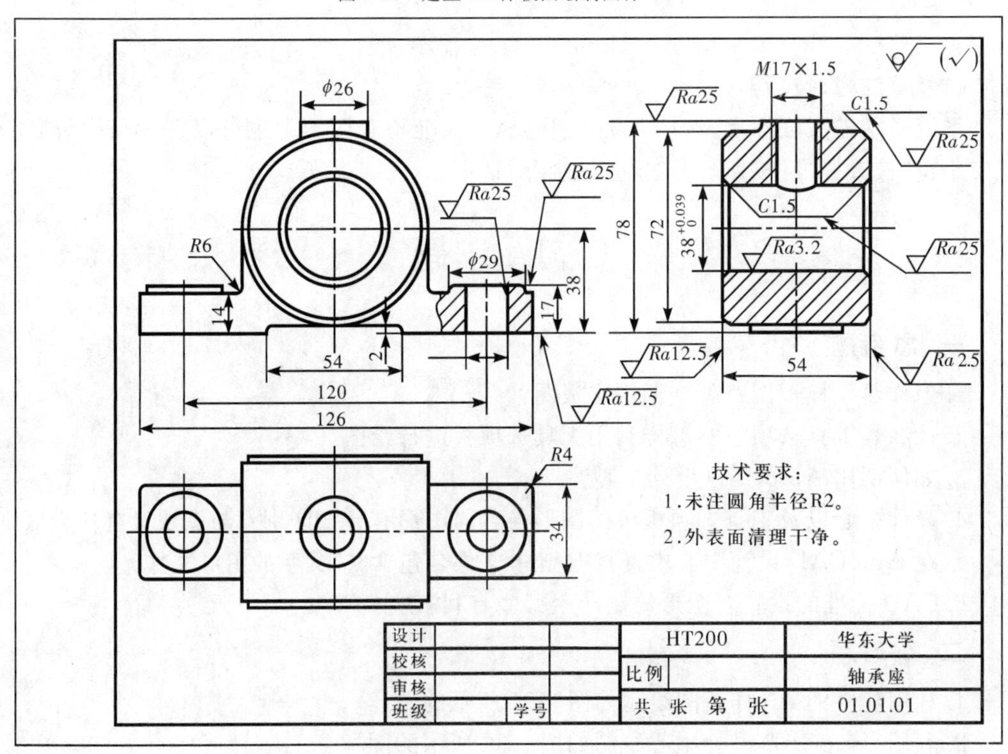

图 9-32　利用 AutoCAD 设计中心绘制图样

第 10 章

绘制机械图样应用实例

工程图样是生产实际中的重要依据。本章通过铣刀头的零件图和装配图绘制实例，综合运用前面所学知识，详细介绍机械图样绘制方法。通过学习，使用户绘图的技能得到进一步的训练，掌握更多的实用技巧。

10.1 工程图样 1——轴的零件图绘制

绘制如图 10-1 所示的轴零件图。通过此实例，了解轴类零件图形的绘制特点，文字、尺寸标注方法，掌握机械零件图绘制的方法。

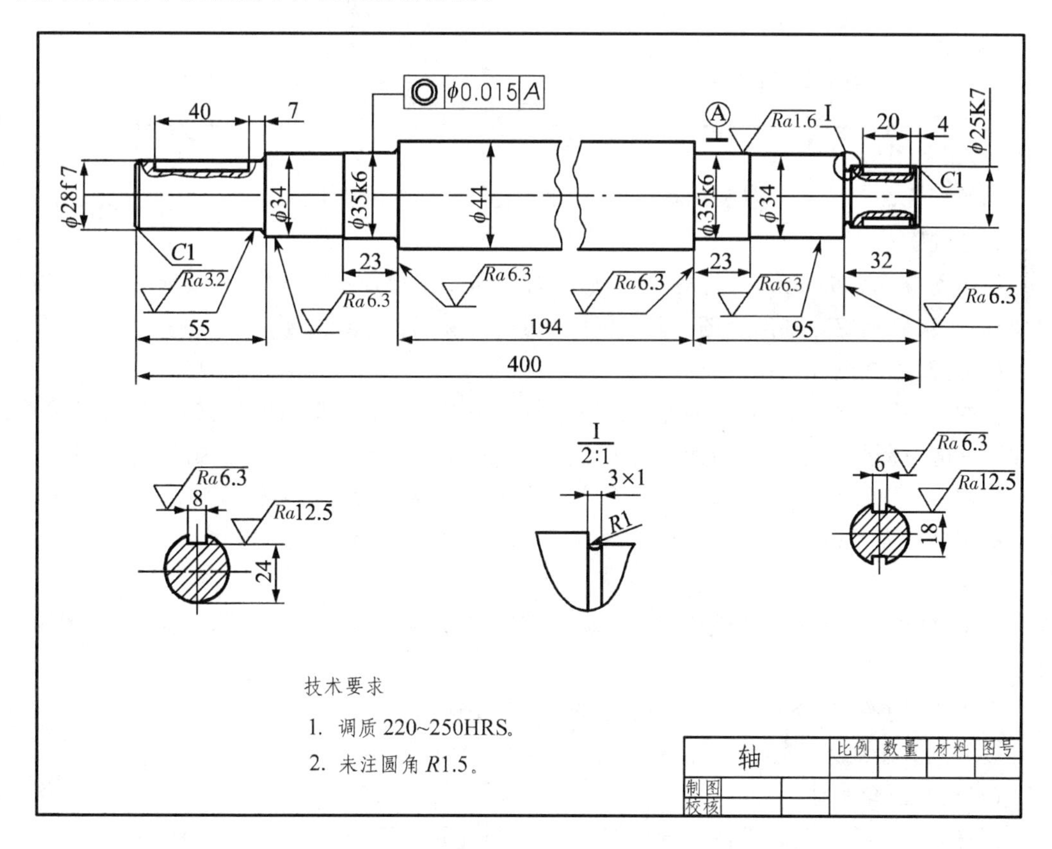

图 10-1 实例 1——轴零件图

【绘图步骤】

1. 调用样板图，命名图形

(1)调用样板图，设置绘图环境

在绘制一幅新图之前应根据所绘图形的大小及个数，确定绘图比例和图纸尺寸，建立或调用符合国家机械制图标准的样板图。绘图应尽量采用 1∶1 比例，假如我们需要一张1∶5的机械图样，通常的做法是，先按 1∶1 比例绘制图形，然后用“比例”命令将所绘图形缩小到原图的 1/5，再将缩小后的图形移至样板图中。

如果没有所需样板图，则应先设置绘图环境。设置包括绘图界限、单位、图层、颜色、线型、文字及尺寸样式等内容。

本例选择 A3 图纸，绘图比例 1∶1，图层、颜色、线型和线宽设置见表 10-1，全局线型比例 1∶1。

表 10-1　图层、颜色、线型和线宽设置

图层名	颜色	线型	线宽
粗实线	绿色	Continuous	0.5
细实线	白色	Continuous	0.25
虚线	黄色	HIDDEN	0.25
中心线	红色	CENTER2	0.25
文字	白色	Continuous	0.25
尺寸	白色	Continuous	0.25

(2)命名图形

用 SAVEAS 命令指定路径保存图形文件，文件名为“轴零件图. dwg”。

2. 绘制图形

绘图前应先分析图形，设计好绘图顺序，合理布置图形，在绘图过程中要充分利用缩放、对象捕捉、极轴追踪等辅助绘图工具，并注意切换图层。

(1)绘制主视图

轴的零件图具有一对称轴，且整个图形沿轴线方向排列，大部分线条与轴线平行或垂直。根据图形这一特点，我们可先画出轴的上半部分，然后用“镜像”命令复制出轴的下半部分。

方法 1：用“偏移”“修剪”命令绘图。根据各段轴径和长度，平移轴线和左端面垂线，然后修剪多余线条绘制各轴段，如图 10-2(a)所示。

方法 2：

①用“直线”命令，结合极轴追踪、自动追踪功能先画出轴一边的外部轮廓线，如图 10-2(b)所示。

②再用“镜像”命令复制另一边的轮廓。如图 10-2(c)所示。

③补画其余线条。如图 10-2(d)所示。

(2)绘制倒角圆角

用“倒角”命令绘制轴端倒角，用“圆角”命令绘制轴肩圆角，如图 10-2(e)所示。

(3)绘制键槽

用样条曲线绘制键槽局部剖面图的波浪线，绘制键槽轮廓线，并进行图案填充。然后用

“样条曲线”命令和“修剪”命令将轴断开，结果如图 10-2(f)所示。

(4)绘制断面视图及其他视图

绘制键槽断面视图和轴肩局部视图，如图 10-2(g)所示。

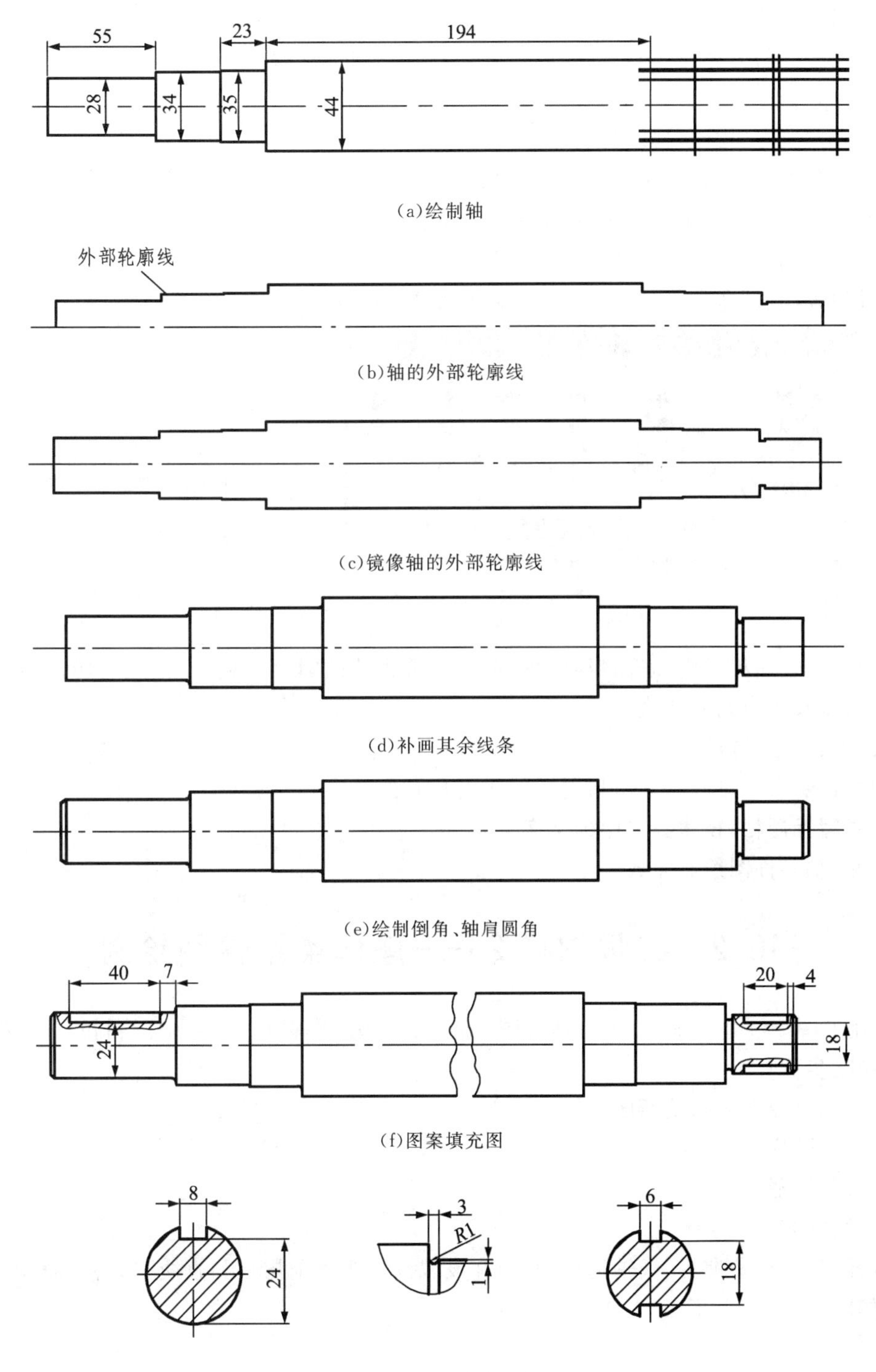

(a)绘制轴

(b)轴的外部轮廓线

(c)镜像轴的外部轮廓线

(d)补画其余线条

(e)绘制倒角、轴肩圆角

(f)图案填充图

(g)绘制局部视图、断面视图

图 10-2　图形的绘制

(5)整理图形

修剪多余线条,将图形调整至合适位置。

3. 标注尺寸和几何公差

(1)标注尺寸:关于标注尺寸见第 7 章。

(2)标注几何公差:以图中同轴度公差为例,说明几何公差的标注方法。

①选择“标注”→“公差”后,弹出“几何公差”对话框,如图 10-3(a)所示。

②单击“符号”按钮,选取“同轴度”符号“◎”。

③在“公差 1”单击左边黑方框,显示“ϕ”符号,在中间白框内输入公差值“0.015”。

④在“基准 1”左边白方框内输入基准代号字母“A”。

⑤单击“确定”按钮,退出“几何公差”对话框。

⑥用“旁注线”命令绘制引线,结果如图 10-3(b)所示。

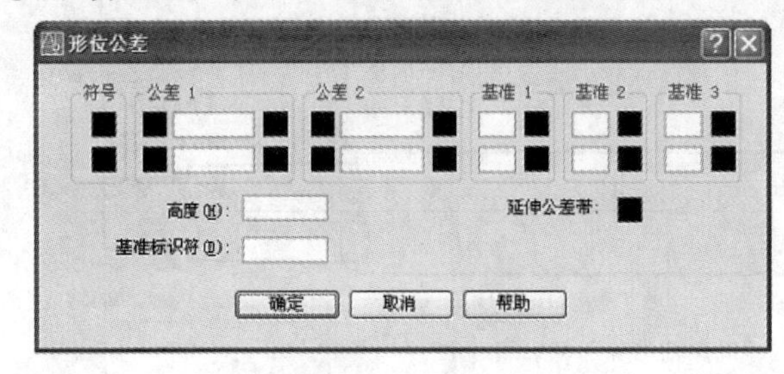

(a)“几何公差”对话框

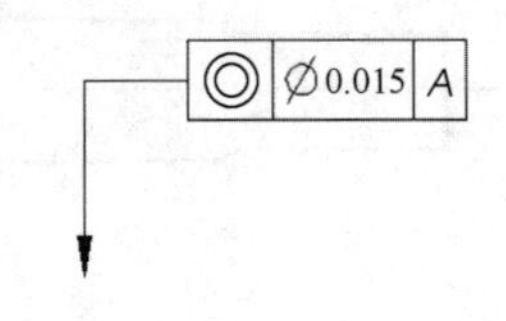

(b)几何公差

图 10-3 几何公差的标注

(3)标注表面粗糙度:表面粗糙度可定义为带属性的“块”来插入,插入时应注意块的大小和方向以及相应的属性值。

【提示、注意、技巧】

用“引线”命令可同时画出指引线并注出几何公差。

4. 书写标题栏、技术要求中的文字

至此,轴零件图绘制完成。

10.2 工程图样 2——座体类零件图绘制

绘制如图 10-4 所示铣刀头底座零件图。通过此实例,掌握机械零件图样绘制的一般方法。

【绘图步骤】

1. 调用样板图开始绘新图

同工程图样 1。

2. 绘制图形

(1)绘制基准线

打开正交、对象捕捉、极轴追踪功能,并设置 0 层为当前层,用“直线”“偏移”命令绘制基准线,如图 10-5 所示。

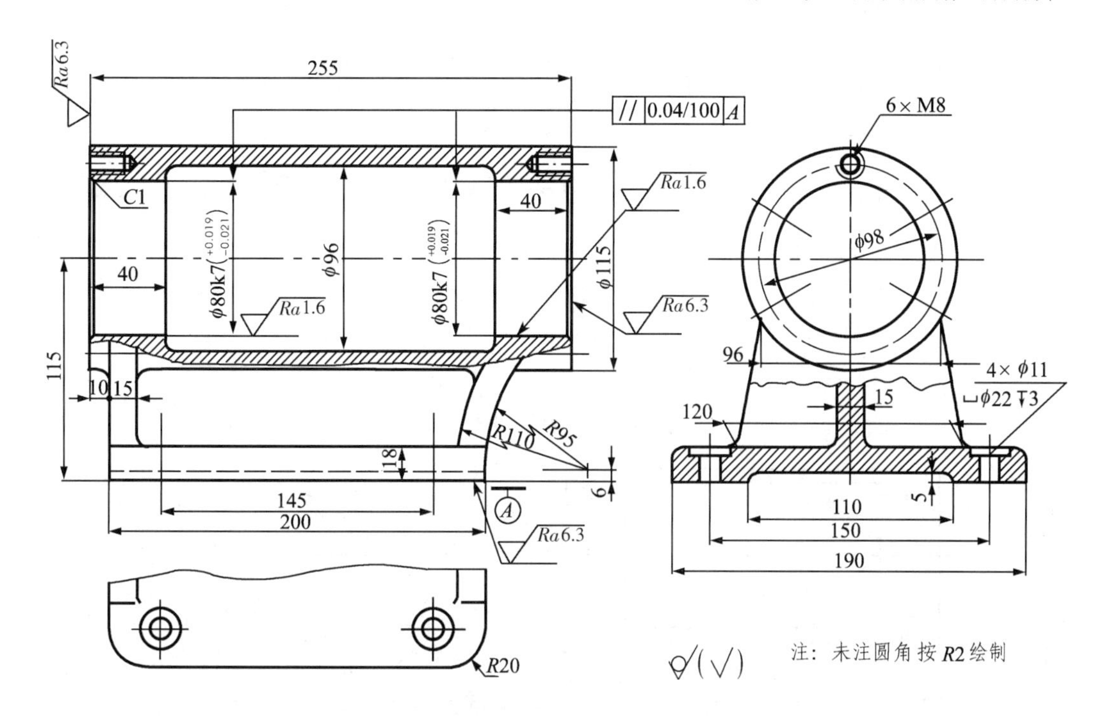

图 10-4　实例 2——铣刀头底座零件图

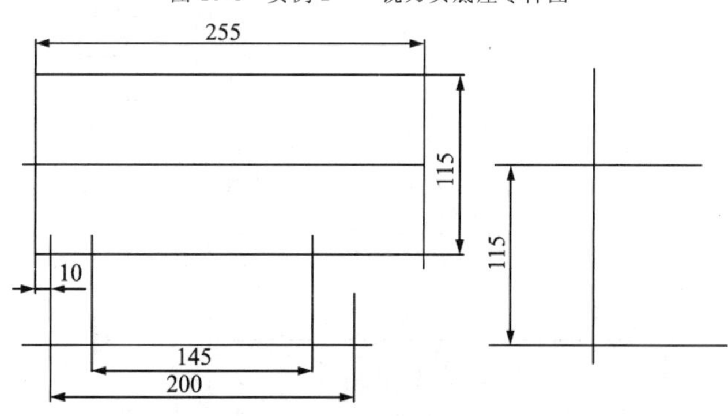

图 10-5　绘制基准线

(2)绘制主视图、左视图上半部分

用“偏移”“修剪”命令绘制主视图及左视图上半部分。用“画圆”命令绘制 $\phi115$，$\phi80$ 圆。对称图形可只画一半，另一半用“镜像”命令复制，结果如图 10-6 所示。

(3)绘制主视图、左视图下半部分

先绘制左视图下半部分左侧图形，用“镜像”命令复制出右侧图形。然后绘制主视图下半部分图形，注意投影关系，如图 10-7 所示。

(4)绘制 $R110$，$R95$ 两圆弧

作辅助线 AB，以 A 点为圆心，以 $R95$ 为半径作辅助圆，确定圆心 O。以 O 点为圆心，绘制 $R95$，$R110$ 两圆弧，如图 10-8 所示。

(5)绘制 M8 螺纹孔

在“中心线”图层，用环形阵列绘制左视图螺纹孔中心线，如图 10-9 所示。

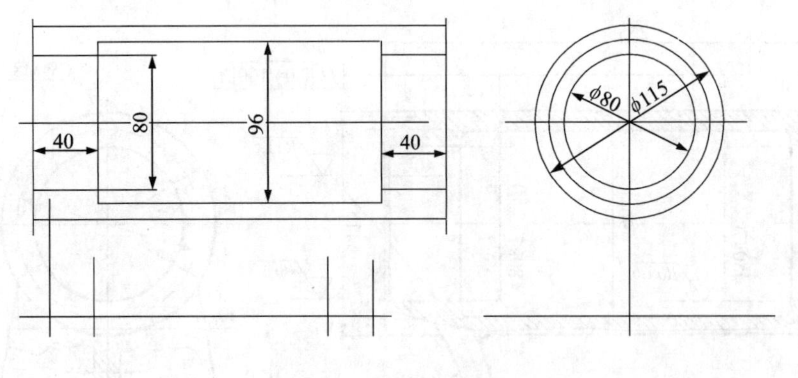

图 10-6　主视图上半部分

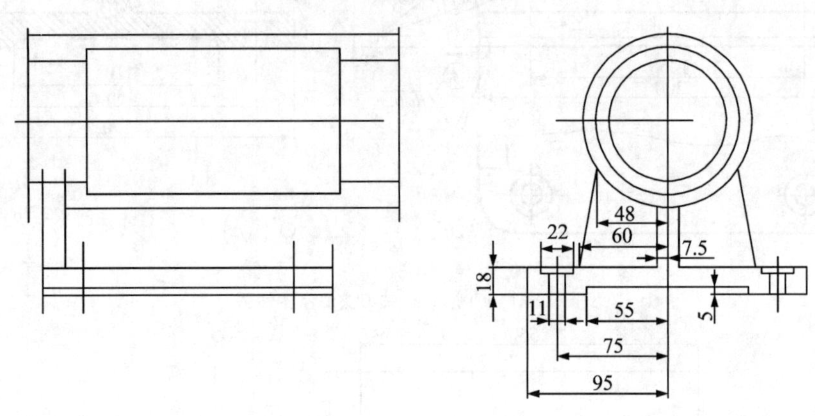

图 10-7　主视图、左视图下半部分

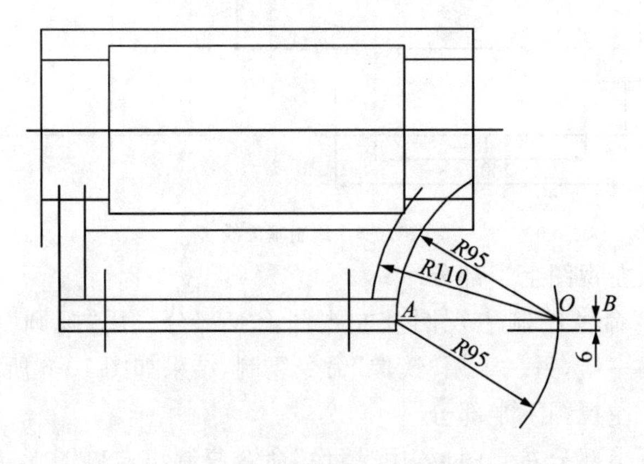

图 10-8　绘制 $R95$、$R110$ 圆弧

(6)绘制倒角、波浪线

用“倒角”命令绘制主视图两端倒角,用“圆角”命令绘制各处圆角。用“样条曲线”绘制波浪线。结果如图 10-10 所示。

(7)绘制俯视图并根据制图标准修改图中线型

绘制俯视图并将图中线型分别更改为“粗实线”“细实线”“中心线”“虚线”。如图 10-11 所示。

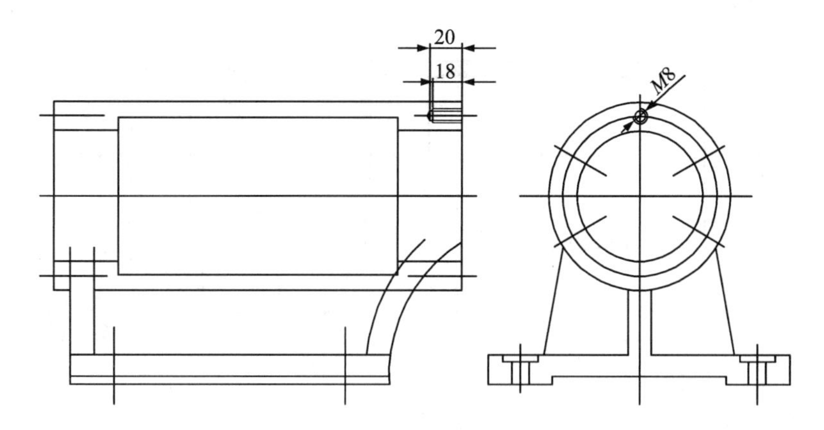

图 10-9　M8 螺纹孔

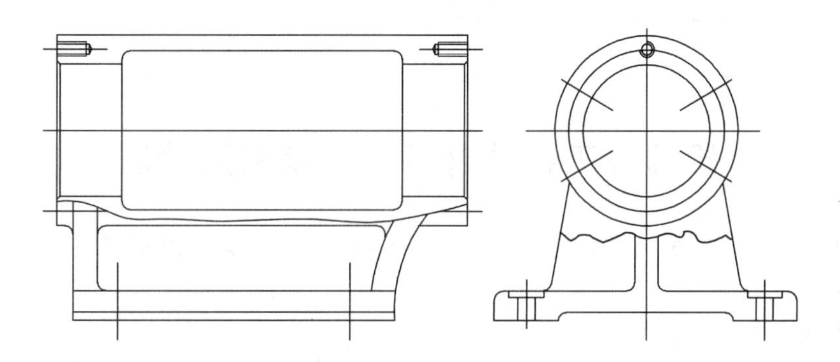

图 10-10　绘制倒角、波浪线

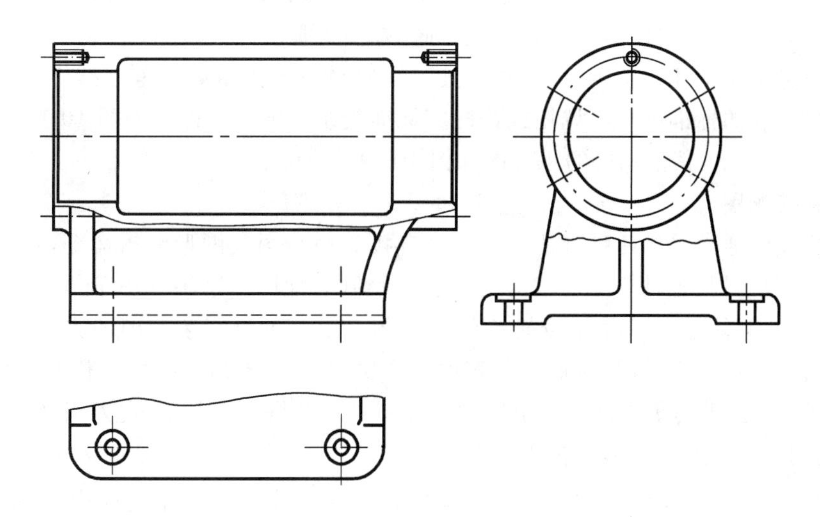

图 10-11　绘制俯视图

(8)绘制剖面线

用“剖面线”命令绘制剖面线，结果如图 10-12 所示。

(9)标注尺寸、书写标题栏及技术要求

座体零件图绘制完成。

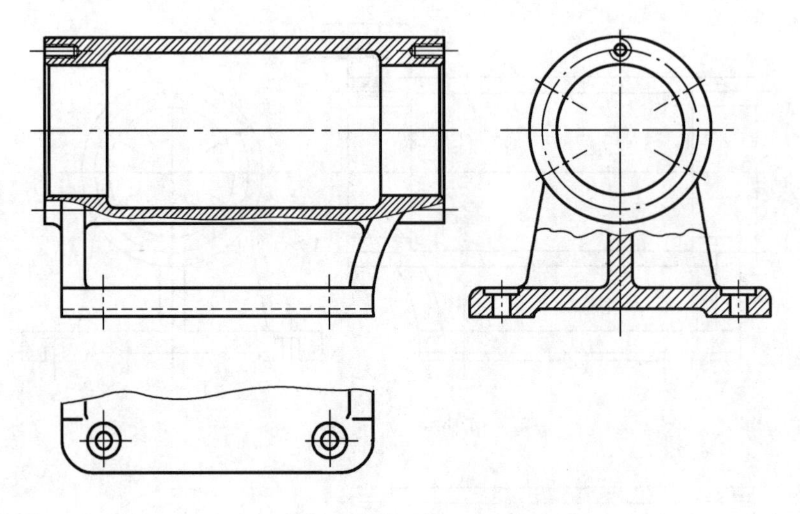

图 10-12 绘制剖面线

10.3 工程图样 3——装配图绘制

绘制如图 10-13 所示铣刀头装配图。通过此实例，介绍机械装配图的绘制方法及步骤。

【绘图步骤】

1. 绘制零件图

用前两节所讲方法绘制铣刀头各零件的零件图，并用“创建图形块”的命令（WBLOCK）依次将各零件定义为块，供以后绘制装配图调用。为保证绘制装配图时各零件之间的相对位置和装配关系，在创建图形块时，要注意选择好插入基准点。

铣刀头整个装配体包括 15 个零件。其中螺栓、轴承、挡圈等都是标准件，可根据规格、型号从用户建立的标准图形库调用或按国家标准绘制。轴的零件图如图 10-1 所示，座体零件图如图 10-4 所示，其他零件的零件图如图 10-14 所示。

2. 绘制装配图

绘制装配图通常采用两种方法。一种是直接利用绘图及图形编辑命令，按手工绘图的步骤，结合对象捕捉、极轴追踪等辅助绘图工具绘制装配图。这种方法不但作图过程繁杂，而且容易出错，只能绘制一些比较简单的装配图。第二种绘制装配图的方法是“拼装法”。即先绘制出各零件的零件图，然后将各零件以图块的形式“拼装”在一起，构成装配图。下面利用 AutoCAD 提供的集成化图形组织和管理工具，用“拼装法”绘制铣刀头装配图。

(1)利用“设计中心”插入座体零件图

选择“工具”→“设计中心”选项，或单击工具栏按钮，打开设计中心选项板，如图 10-15所示。在文件列表中找到铣刀头零件图的存储位置，在“内容区”选择要插入的图形文件，如座体. dwg，按住鼠标左键不放，将图形拖入绘图区空白处，释放鼠标左键，座体零件图便插入到绘图区。

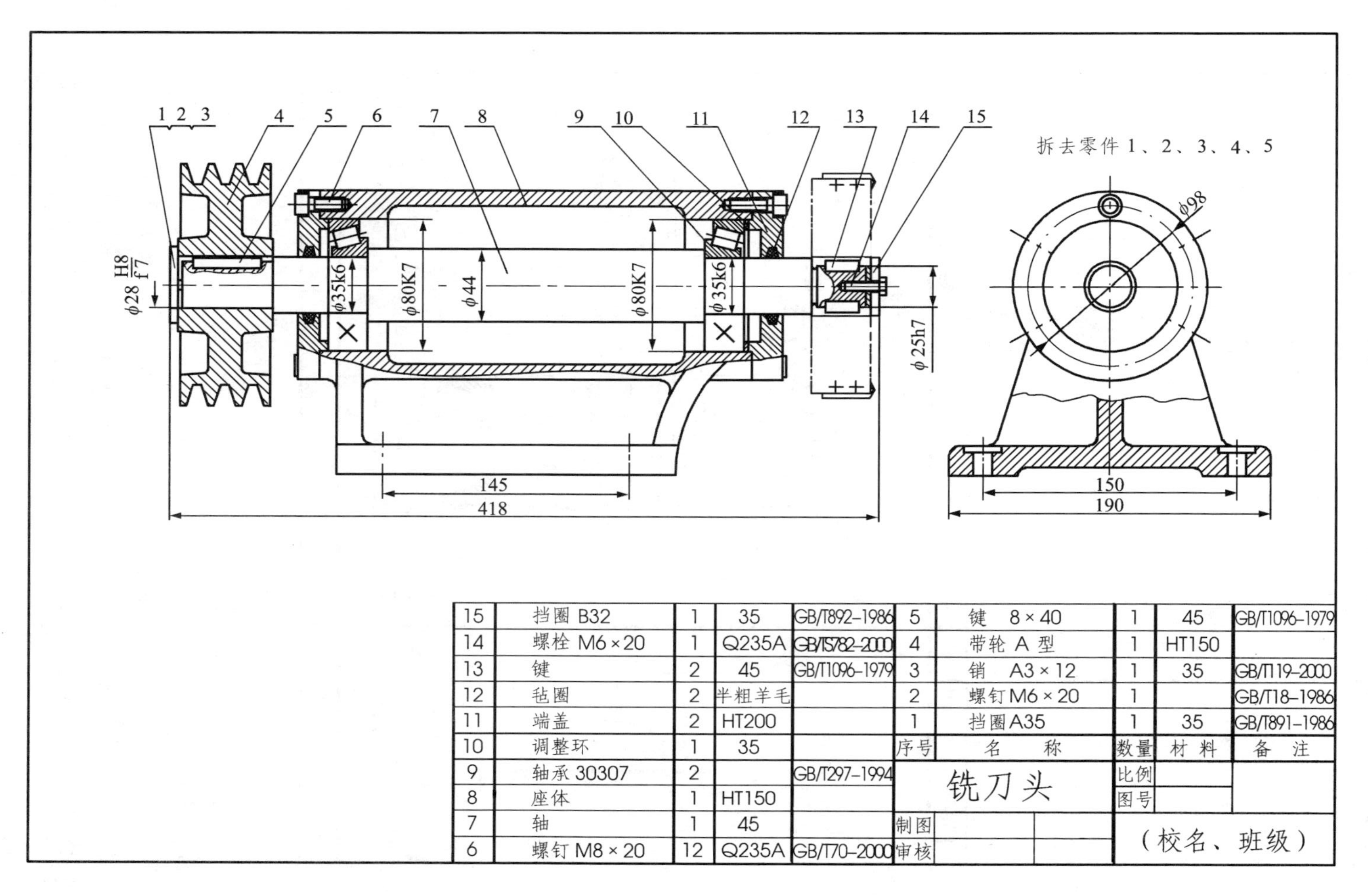

图 10-13　实例 3——铣刀头装配图

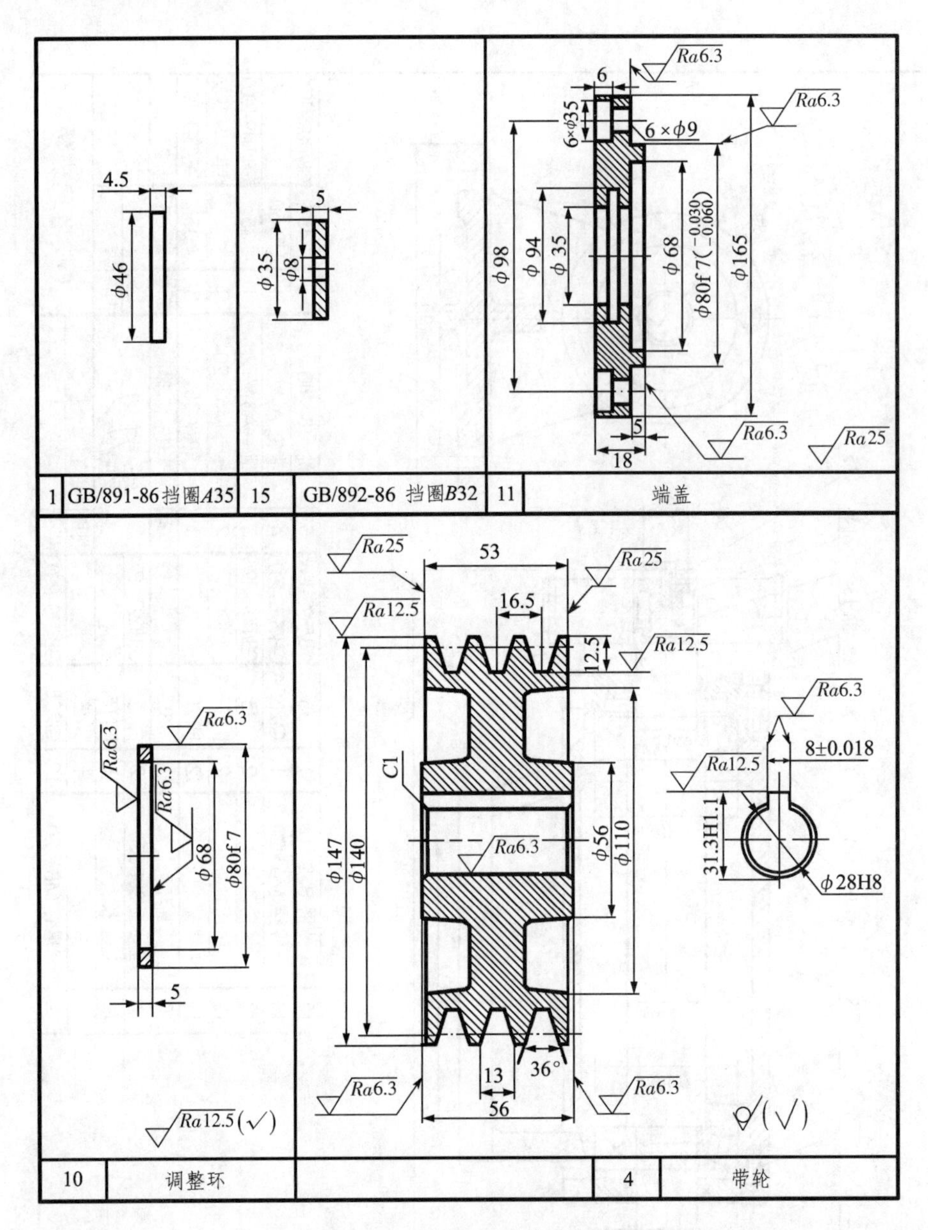

图 10-14 非标准零件的零件图

(2)插入左端盖

用同样方法,以 A 点为基准点插入左端盖。为保证插入准确,应充分使用“缩放”命令和对象捕捉功能。将插入的图形块“分解”,利用“擦除”和“修剪”命令删除或修剪多余线条。修改后的图形如图 10-16 所示。

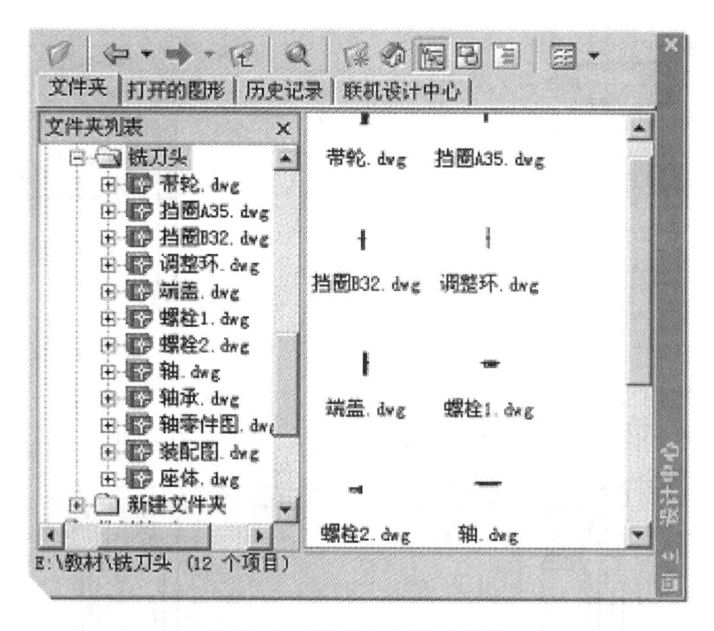

图 10-15　用设计中心插入图形块

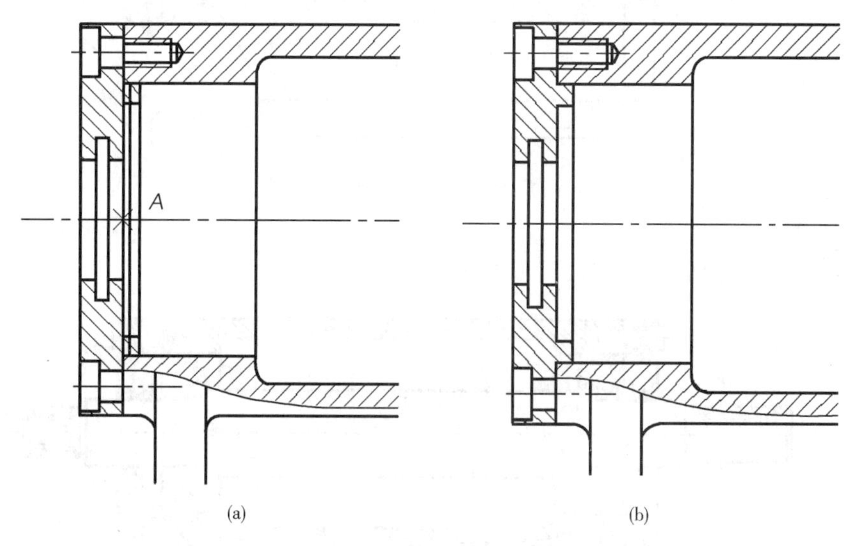

图 10-16　插入座体及左端盖

(3)插入螺钉

以 B 点为基准点插入螺钉，删除、修剪多余线条，如图 10-17 所示。注意相邻两零件的剖面线方向和间隔，以及螺纹连接等要符合制图标准中装配图的规定画法。

(4)插入轴承

以 C 点为基准点插入左端轴承，并修改图形，如图 10-18 所示。

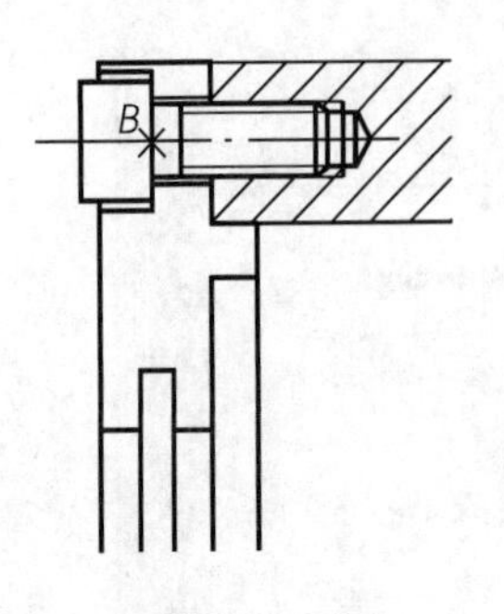

图 10-17　插入螺钉

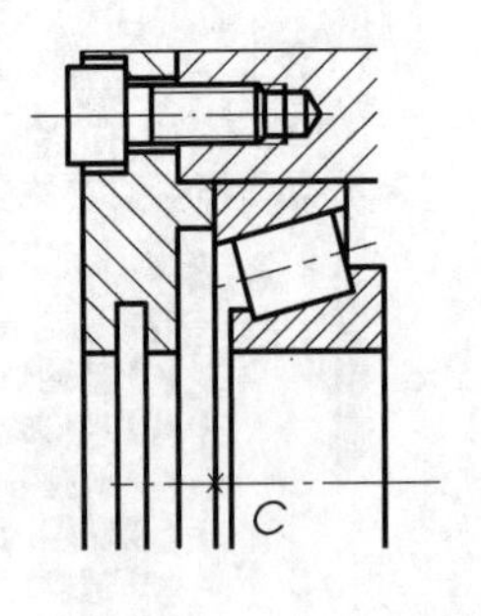

图 10-18　插入轴承

(5)插入右端轴承、端盖和螺钉

重复以上步骤,依次插入右端轴承、端盖和螺钉等,修改图形如图 10-19 所示。

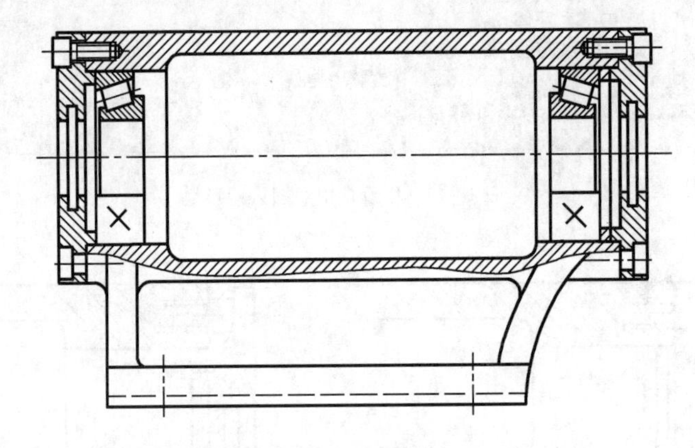

图 10-19　插入右端轴承、端盖、螺钉等

(6)插入轴

以 D 点为基准点插入轴,修改后如图 10-20 所示。

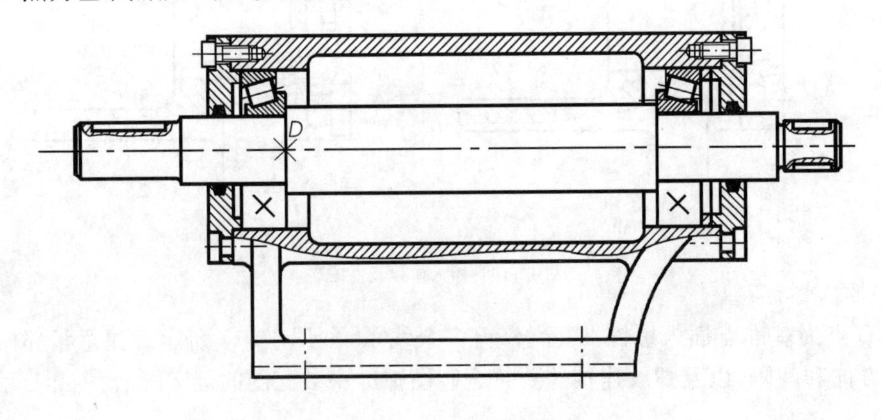

图 10-20　插入轴

(7)插入带轮及轴端挡圈

以 E 点为基准点插入带轮及轴端挡圈,按规定画法绘制键,如图 10-21 所示。

(8)绘制铣刀、键,插入轴端挡板

绘制铣刀、键,插入轴端挡板等,如图 10-22 所示。

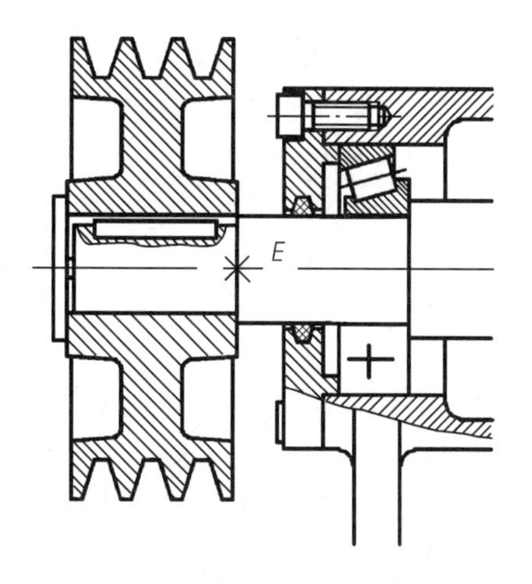

图 10-21　插入带轮及轴端挡圈

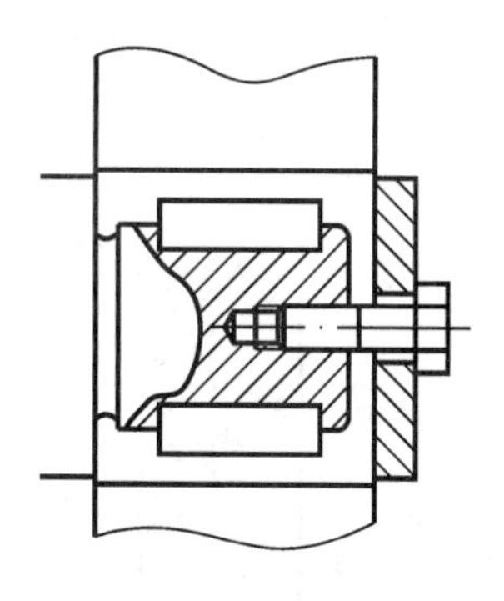

图 10-22　绘制铣刀、键

(9)画油封并对图形进行局部修改

(10)标注装配图尺寸

装配图的尺寸标注一般只标注性能、装配、安装和其他一些重要尺寸,如图 10-13 所示。

(11)编写序号

装配图中的所有零件都必须编写序号,其中相同的零件采用同样的序号,且只编写一次。装配图中的序号应与明细表中的序号一致,如图 10-13 所示。

(12)绘制明细栏

明细栏中的序号自下往上填写。最后书写技术要求,填写标题栏,结果如图 10-13 所示。

至此,铣刀头装配图完成。

习　　题

1. 利用本章所介绍的方法,分别绘制如图 10-23 所示的四个零件的零件图。

2. 利用本章所介绍的方法,并结合上题绘制的零件图,绘制如图 10-24 所示的千斤顶的装配图。

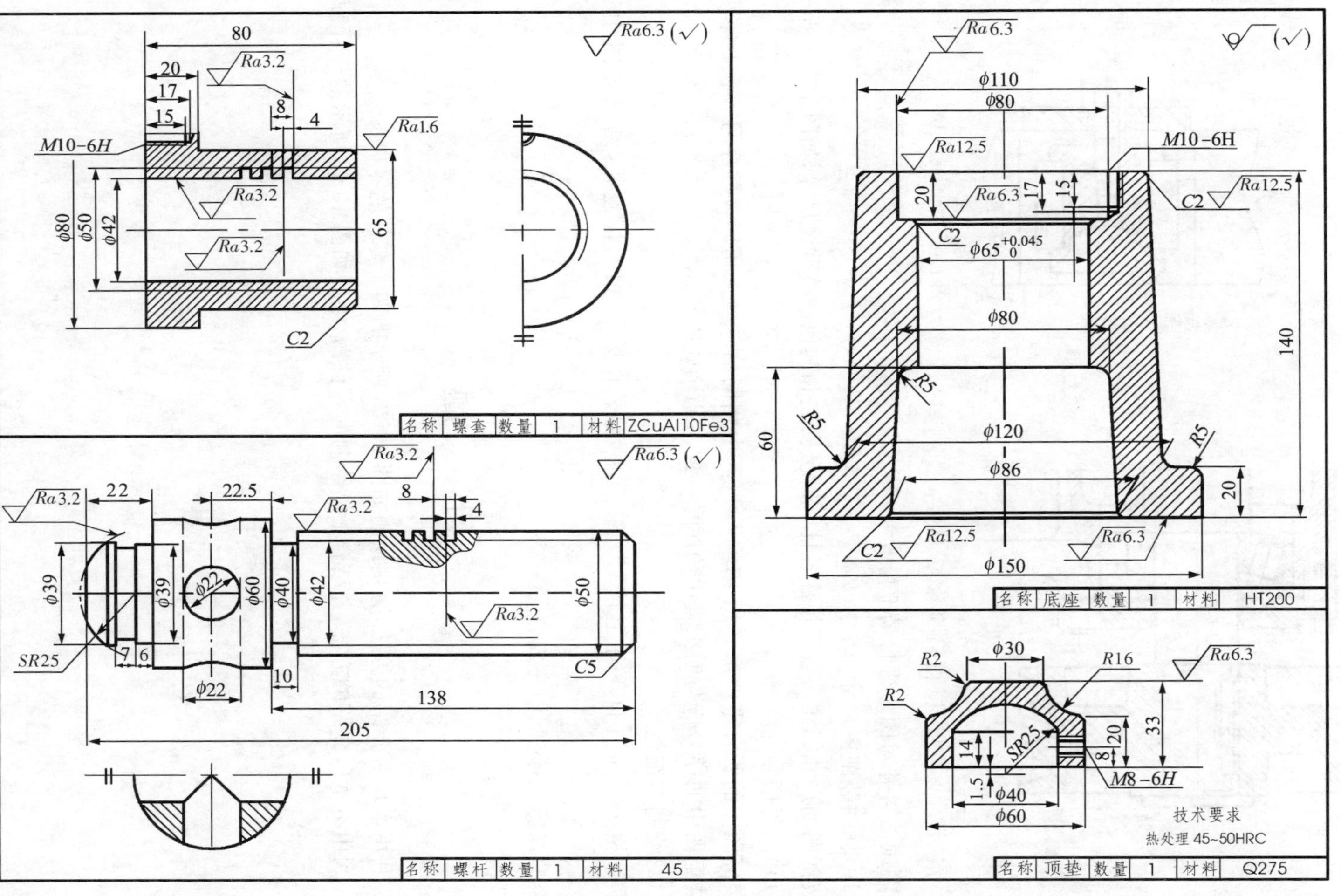

图 10-23　千斤顶的四个零件的零件图

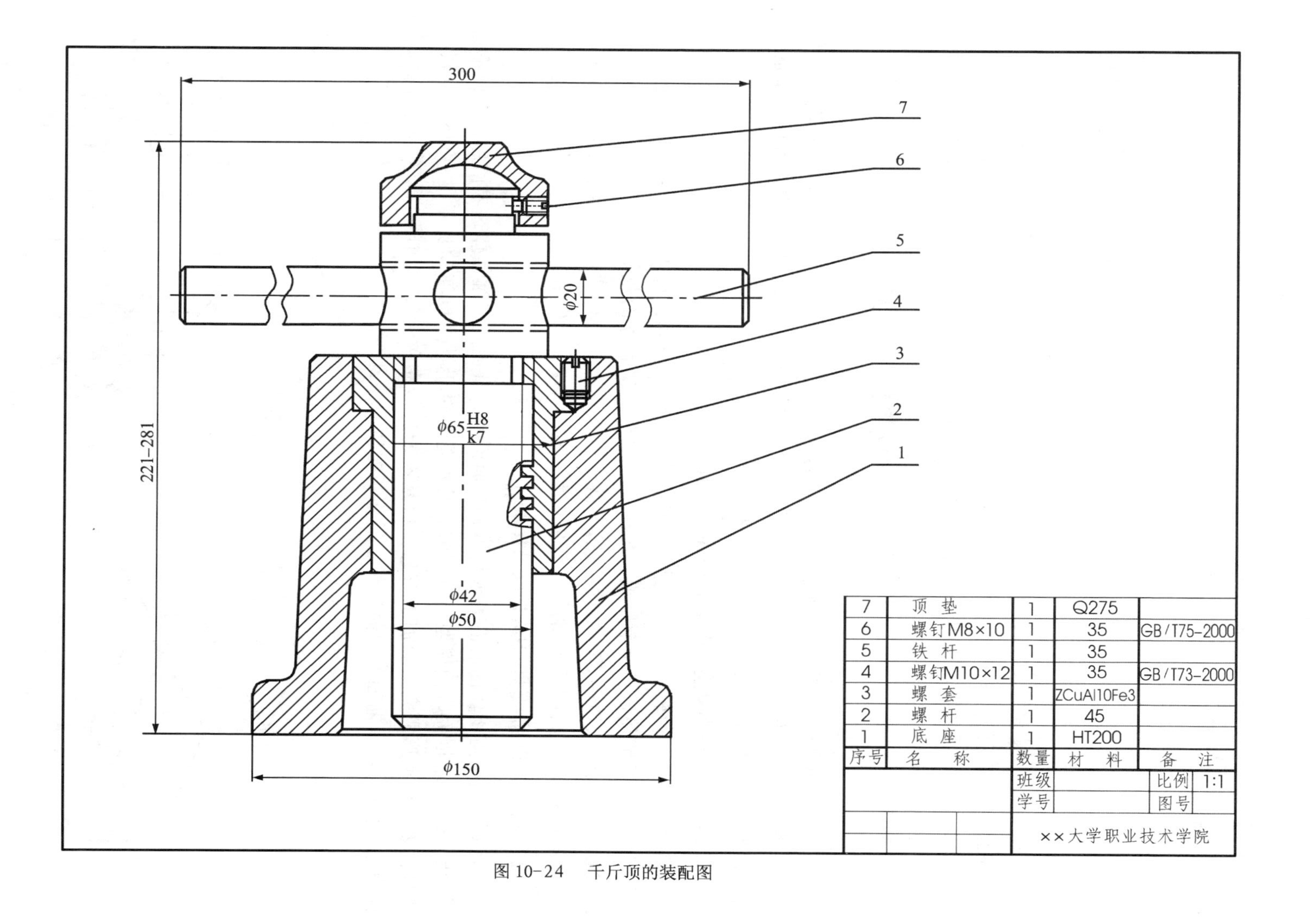

序号	名称	数量	材料	备注
7	顶　垫	1	Q275	
6	螺钉M8×10	1	35	GB/T75-2000
5	铁　杆	1	35	
4	螺钉M10×12	1	35	GB/T73-2000
3	螺　套	1	ZCuAl10Fe3	
2	螺　杆	1	45	
1	底　座	1	HT200	

班级		比例	1:1
学号		图号	
××大学职业技术学院			

图 10-24　千斤顶的装配图

第11章

绘制三维实体基础

AutoCAD 除具有强大的二维绘图功能外，还具备基本的三维造型能力。若物体并无复杂的外表曲面及多变的空间结构关系，则使用 AutoCAD 可以很方便地建立物体的三维模型。AutoCAD 2008 三维绘图功能有了很大的提高，本章将介绍 AutoCAD 三维绘图的基本知识。

11.1 三维几何模型分类

在 AutoCAD 中，用户可以创建 3 种类型的三维模型：线框模型、表面模型及实体模型。这 3 种模型在计算机上的显示方式是相同的，即以线架结构显示出来，但用户可用特定命令使表面模型及实体模型的真实性表现出来。

11.1.1 线框模型(Wireframe Model)

线框模型是一种轮廓模型，它是用线(3D 空间的直线及曲线)表达三维立体，不包含面及体的信息。不能使该模型消隐或着色。又由于其不含有体的数据，用户也不能得到对象的质量、重心、体积、惯性矩等物理特性，不能进行布尔运算。图 11-1 显示了立体的线框模型，在消隐模式下也看到后面的线。线框模型结构简单，易于绘制。

11.1.2 表面模型(Surface Model)

表面模型是用物体的表面表示物体。表面模型具有面及三维立体边界信息。表面不透明，能遮挡光线，因而表面模型可以被渲染及消隐。对于计算机辅助加工，用户还可以根据零件的表面模型形成完整的加工信息。但是不能进行布尔运算。如图 11-2 所示是两个表面模型的消隐效果，前面的圆筒遮住了后面长方体的一部分。

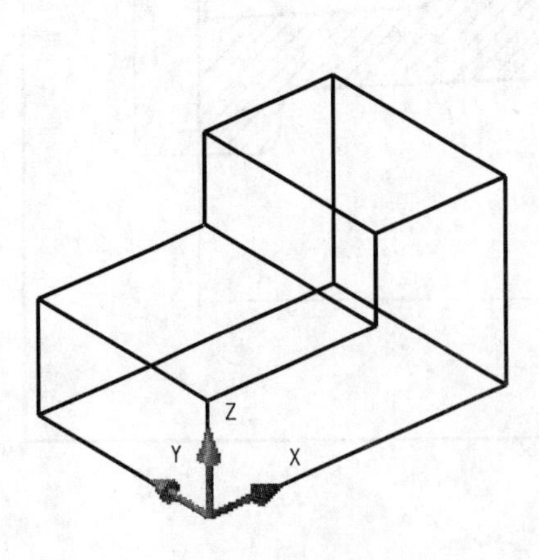

图 11-1 线框模型

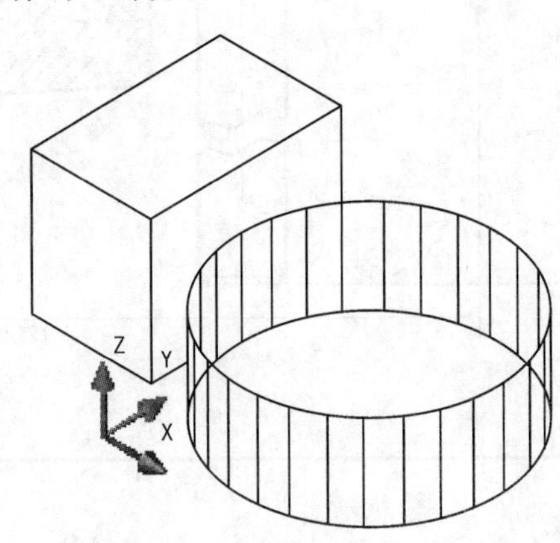

图 11-2 表面模型

11.1.3　实体模型(Solid Model)

实体模型具有线、表面、体的全部信息。对于此类模型，可以区分对象的内部及外部，可以对它进行打孔、切槽和添加材料等布尔运算，对实体装配进行干涉检查，分析模型的质量特性，如质心、体积和惯性矩。对于计算机辅助加工，用户还可利用实体模型的数据生成数控加工代码，进行数控刀具轨迹仿真加工等。如图 11-3 所示是实体模型。

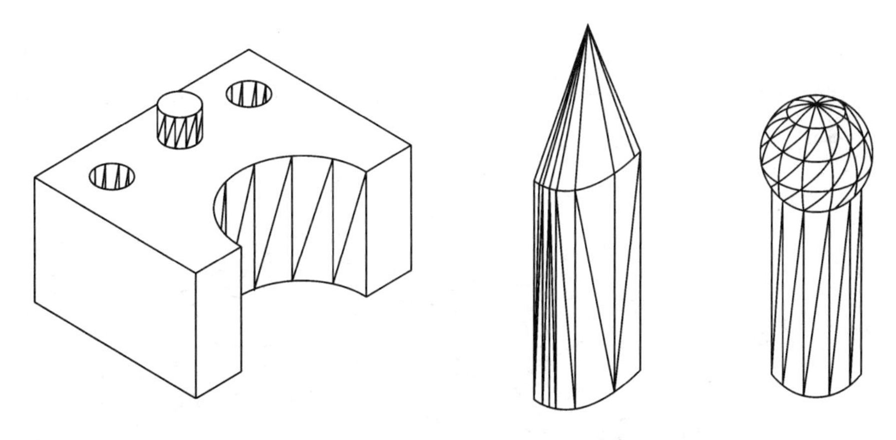

图 11-3　实体模型

11.2　三维建模工作空间

AutoCAD 2008 新增了三维建模工作空间，如图 11-4 所示。打开工作空间的方法见本教材 1.2 节。

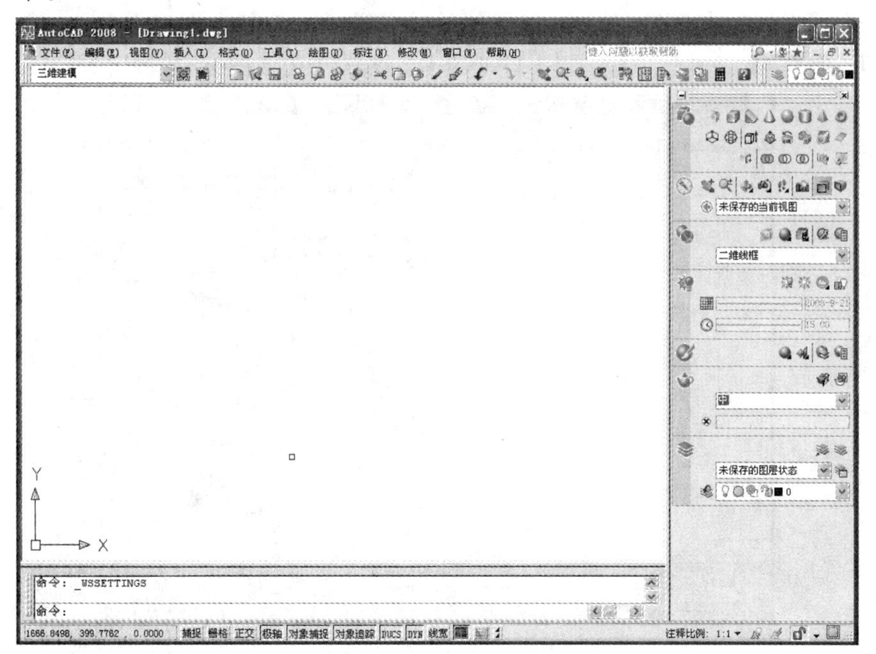

图 11-4　三维建模工作空间

三维建模工作空间的主要组成：

1. 坐标系图标

坐标系图标显示三维状态，默认情况下显示在当前坐标原点的位置。

2. 光标

默认情况下光标显示出 X，Y，Z 轴，可以通过“选项”对话框的“三维建模”选项卡对光标进行有关设置。

3. 栅格

当打开栅格功能，绘图窗口会显示与 XY 坐标面重合的栅格面，帮助在绘制三维图形时确定立体的空间位置，如图 11-5 所示。创建新图形时，选择 ACADISO3D. DWT 为样板文件，也可以得到这样的界面。

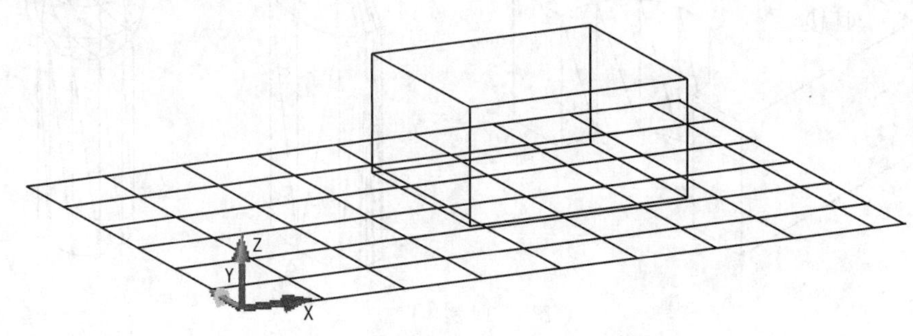

图 11-5　绘图窗口与 XY 坐标面重合的栅格面

4. 面板

面板用于执行各种三维操作命令。面板中包括图层控制台、三维制作控制台、视觉样式控制台、光源控制台、材质控制台、渲染控制台和三维导航控制台，控制台上有用于启动相应命令的按钮和可供选择的下拉列表框。

控制台可以展开或叠起。例如，将光标放在视觉样式控制台图表上单击，控制台会展开，并打开视觉样式工具选项板，如图 11-6 所示。再次单击该图标，控制台叠起。

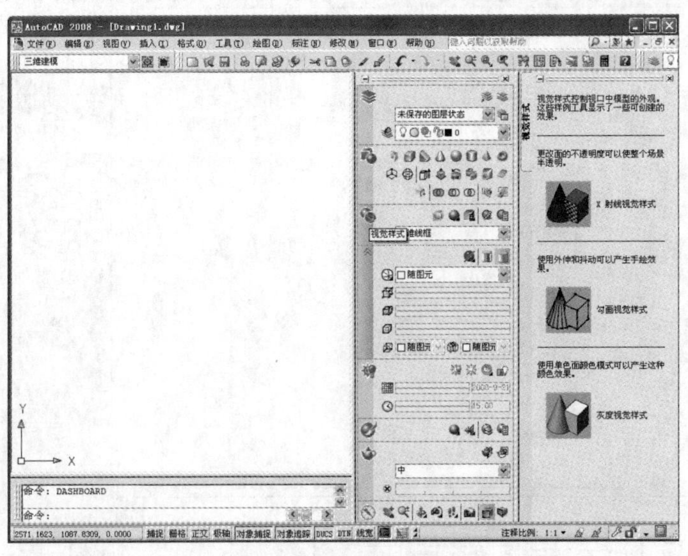

图 11-6　展开的视觉样式控制台和工具选项板

【提示、注意、技巧】

也可以通过工具栏或菜单执行有关三维操作命令。

11.3　三维坐标系统

AutoCAD 2008 使用的是笛卡尔直角坐标系，有两种类型，即世界坐标系“WCS”和用户坐标系“UCS”。默认状态时，AutoCAD 的坐标系是世界坐标系。对于二维绘图，世界坐标系就能满足作图需要。但是在创建三维模型时，常常要以不同位置的空间平面定义 *XY* 坐标平面，创建新的坐标系，根据需要新创建的坐标系称为用户坐标系。

图 11-7 表示的是两种坐标系下的图标。图中“X”或“Y”的剪头方向表示当前坐标轴 *X* 轴或 *Y* 轴的正方向。

在 AutoCAD 2008 中，通过右手法则可以确定直角坐标系 *Z* 轴的正方向和绕轴线旋转的正方向。用户简单地使用右手就可确定所需要的坐标信息。

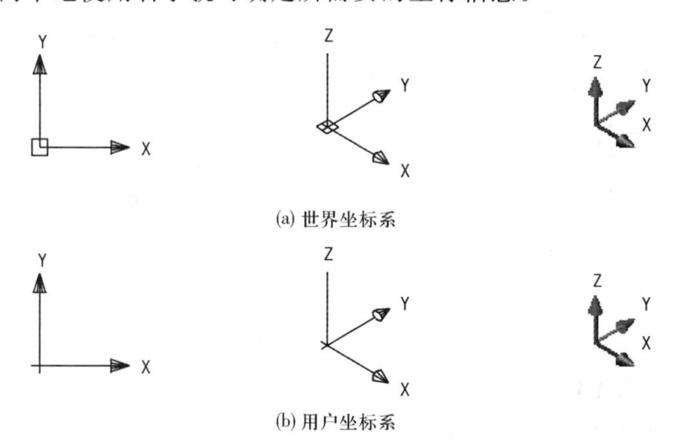

图 11-7　表示坐标系的图标

11.3.1　用三维坐标定义点的位置

1. 用直角坐标定义点的位置

具体格式如下：

绝对坐标格式：X，　Y，　Z

相对坐标格式：@X，　Y，　Z

2. 用柱坐标和球坐标定义点的位置

AutoCAD 还可以用柱坐标和球坐标定义点的位置。

(1)柱面坐标系统类似于 2D 极坐标输入，是由该点在 *XY* 平面的投影点到 *Z* 轴的距离、该点与坐标原点的连线在 *XY* 平面的投影与 *X* 轴的夹角及该点沿 *Z* 轴的距离来定义。

具体格式如下：

绝对坐标形式：XY 距离<角度，Z 距离

相对坐标形式：@XY 距离<角度，Z 距离

例如：绝对坐标(15<30，20)表示在 *XY* 平面的投影点距离 *Z* 轴 15 个单位，该投影点与原点在 *XY* 平面的连线相对于 *X* 轴的夹角为 30°，沿 *Z* 轴离原点 20 个单位的一个点。如图 11-8(a)所示。

(2)球面坐标系统中，3D 球面坐标的输入也类似于 2D 极坐标的输入。球面坐标系统

由坐标点到原点的距离、该点与坐标原点的连线在 XY 平面内的投影与 X 轴的夹角以及该点与坐标原点的连线与 XY 平面的夹角来定义。

具体格式如下：

绝对坐标形式：XYZ 距离<XY 平面内投影角度<与 XY 平面夹角

相对坐标形式：@XYZ 距离<XY 平面内投影角度<与 XY 平面夹角

例如：坐标(18<45<32)表示该点距离原点为 18 个单位，与原点连线的投影在 XY 平面内与 X 轴呈 45°，连线与 XY 平面呈 32°，如图 11-8(b)所示。

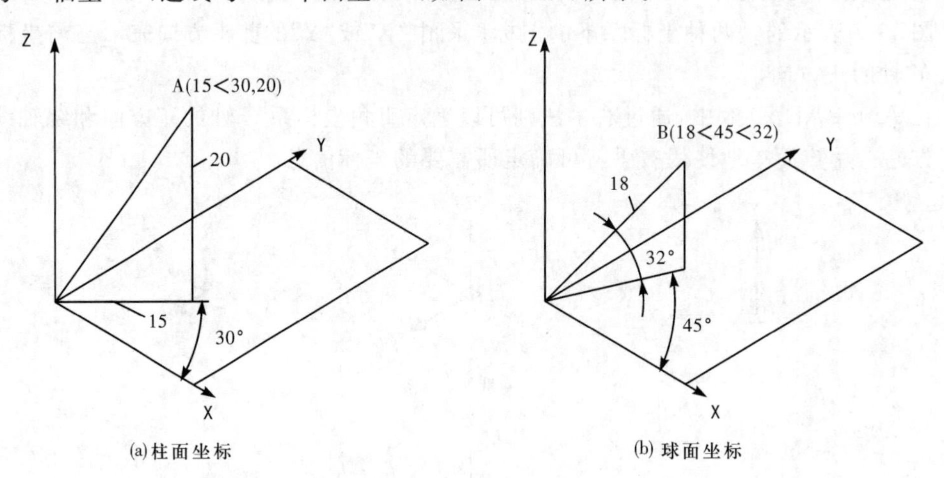

(a)柱面坐标　　(b)球面坐标

图 11-8　柱面坐标和球面坐标

11.3.2 “命名 UCS”

启用“命名 UCS”，可以使用下列方法之一：

(1)命令行：UCSMAN。

(2)菜单：“工具”→“命名 UCS”。

(3)工具栏：UCS→“命名 UCS”或 UCSII→“命名 UCS”。

输入命令，系统打开如图 11-9 所示的 UCS 对话框。

【选项说明】

1.“命名 UCS”选项卡

该选项卡用于显示已有的 UCS、设置当前坐标系，如图 11-9(a)所示。

在“命名 UCS”选项卡中，用户可以将世界坐标系、上一次使用的 UCS 或某一命名的 UCS 设置为当前坐标。具体方法是：从列表框中选择某一坐标系，单击“置为当前”按钮。还可以利用选项卡中的“详细信息”按钮，了解指定坐标系相对于某一坐标系的详细信息。具体步骤是：单击“详细信息”按钮，AutoCAD 出现如图 11-9(b)所示的“UCS 详细信息”对话框，该对话框详细说明了用户所选坐标系的原点及 X 轴、Y 轴和 Z 轴的方向。

2.“正交 UCS”选项卡

“正交 UCS”选项卡用于将 UCS 设置成六个正交模式之一。指定 AutoCAD 提供的六个正交 UCS 之一，六个正交模式如图 11-10 所示。

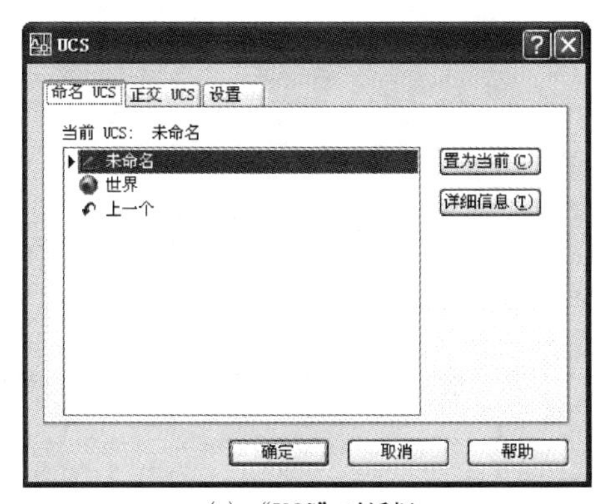

(a) "UCS" 对话框

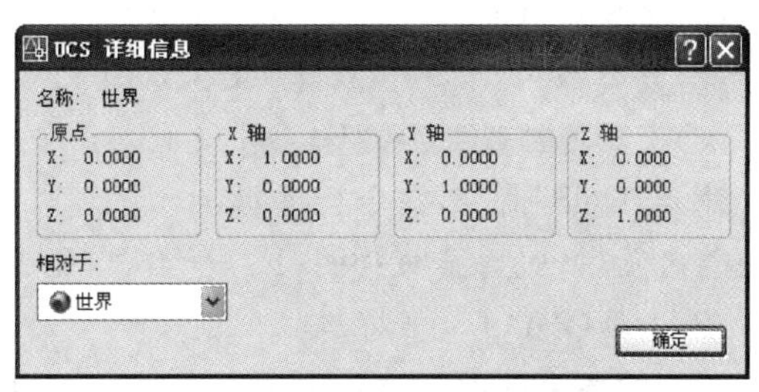

(b) "UCS详细信息" 对话框

图 11-9　"UCS"对话框及"UCS 详细信息"对话框

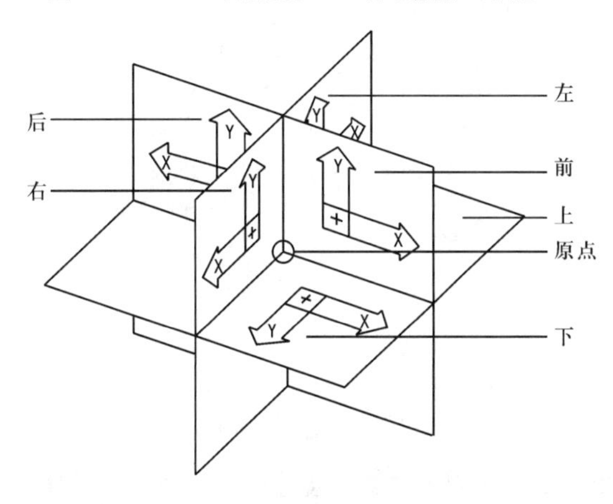

图 11-10　"正交 UCS"的六个模式

单击"正交 UCS"标签，AutoCAD 打开如图 11-11 所示的"正交 UCS"选项卡。其中"深度"列用来定义用户坐标系的 *XY* 平面上的正投影与通过用户坐标系原点的平行平面之间的距离。

3."设置"选项卡

"设置"选项卡用于设置 UCS 图标的显示形式、应用范围等。如果单击"设置"标签，AutoCAD 打开如图 11-12 所示的"设置"选项卡。

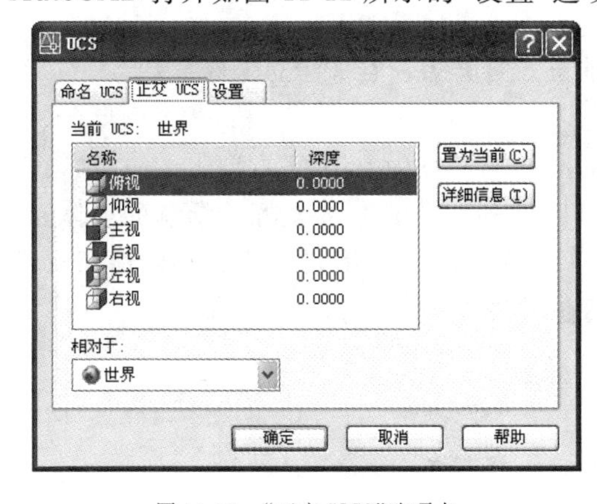

图 11-11　"正交 UCS"选项卡

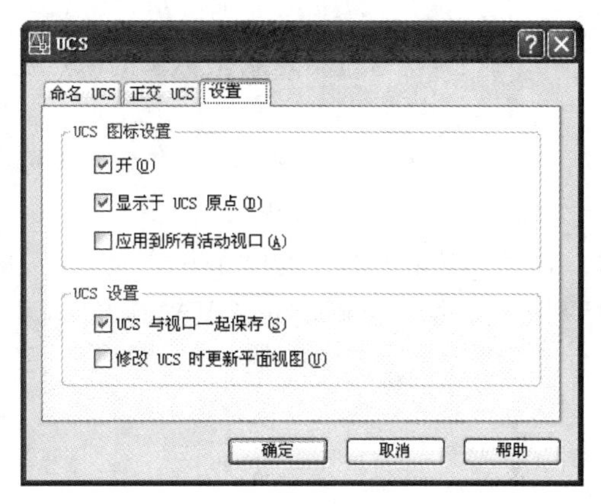

图 11-12　"设置"选项卡

11.3.3 建立用户坐标系“UCS”

启用“UCS”命令,可以使用下列方法之一:

(1)命令行:UCS。

(2)菜单:“工具”→“新建 UCS”(图 11-13)。

(3)工具栏:“UCS”和“UCSⅡ”(图 11-14)。

输入“UCS”命令,命令行提示:

指定 UCS 的原点或[面(F)/命名(NA)/对象(OB)/上一个(P)/视图(V)/世界(W)/X/Y/Z/Z 轴(ZA)]<世界>:

其中的各个选项与菜单选项、工具按钮相对应。

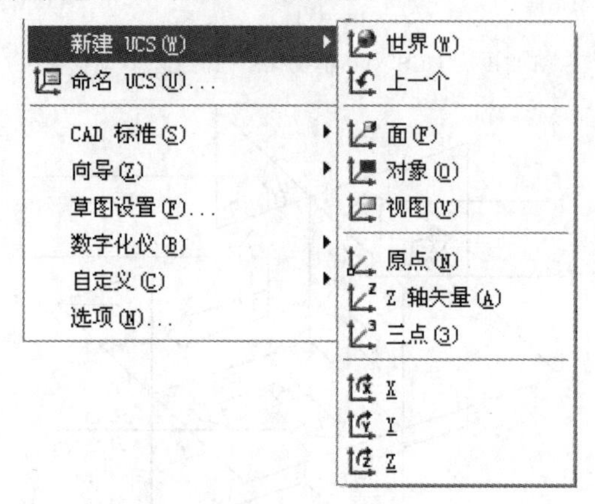

图 11-13 “新建 UCS”的菜单

图 11-14 “UCS”和“UCSⅡ”工具栏

【选项说明】

1.“原点”

指定新 UCS 的原点:将原坐标系平移到指定原点处,新坐标系的坐标轴与原坐标系的坐标轴方向相同。

2.“Z 轴矢量”

Z 轴(ZA):通过指定新坐标系的原点及 Z 轴正方向上的一点来建立坐标系。

3.“三点”

用三点来建立坐标系,第一点为新坐标系的原点,第二点为 X 轴正方向上的一点,第三点为确定 XY 平面 Y 轴正方向上的一点。如图 11-15 所示为在世界坐标系绘制的楔体,图 11-16 所示为在楔体上建立的用户坐标系,从图 11-16 可以知道第三点位置不同而用户坐标系相同。第三点确定的是 Y 轴的方向,可以不在 Y 轴上。

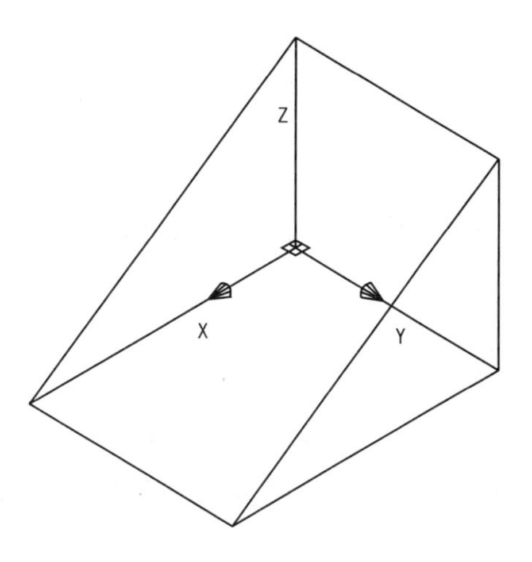

图 11-15　世界坐标系“WCS”中的楔体

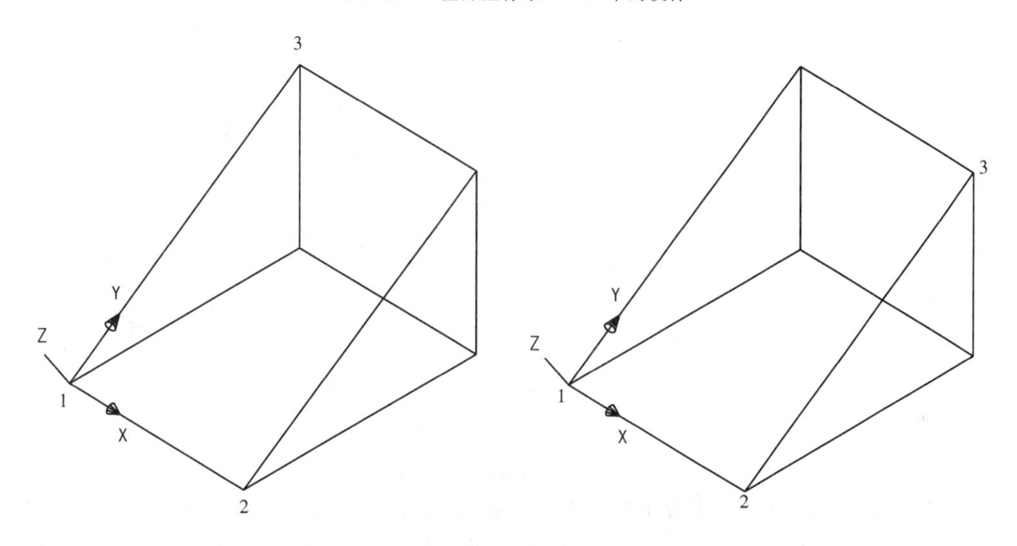

图 11-16　用三点建立的用户坐标系“UCS”

4. “对象”

根据选定三维对象定义新的坐标系。对于非三维面的对象，新 UCS 的 XY 平面与绘制该对象时的 XY 平面平行，但 X 轴和 Y 轴可作不同的旋转。如选择圆为对象，则圆的圆心成为新 UCS 的原点，X 轴通过选择点。

5. “面”

将 UCS 与实体对象的选定面对齐。在选择面的边界内或面的边上单击，被选中的面将亮显，UCS 的 X 轴将与找到的第一个面上的最近的边对齐。

6. “视图”

垂直于观察方向的平面为 XY 平面，建立新的坐标系，UCS 原点保持不变。

7. “X/Y/Z”

将当前 UCS 绕指定轴旋转一定的角度。

8."上一个"

恢复上一个 UCS。AutoCAD 保存创建的最后 10 个坐标系。重复"上一个"选项逐步返回上一个坐标系。

9."应用"

其他视口保存有不同的 UCS 时,将当前 UCS 设置应用到指定的视口或所有活动视口。

10."世界"

将当前用户坐标系设置为世界坐标系。

11.3.4 动态坐标

AutoCAD 2008 具有动态坐标"DUCS"功能,利用"DUCS"可以方便地在三维实体对象各平面的表面上绘制二维图形。图 11-17 所示为用"DUCS"功能在斜平面上绘制圆柱的过程。

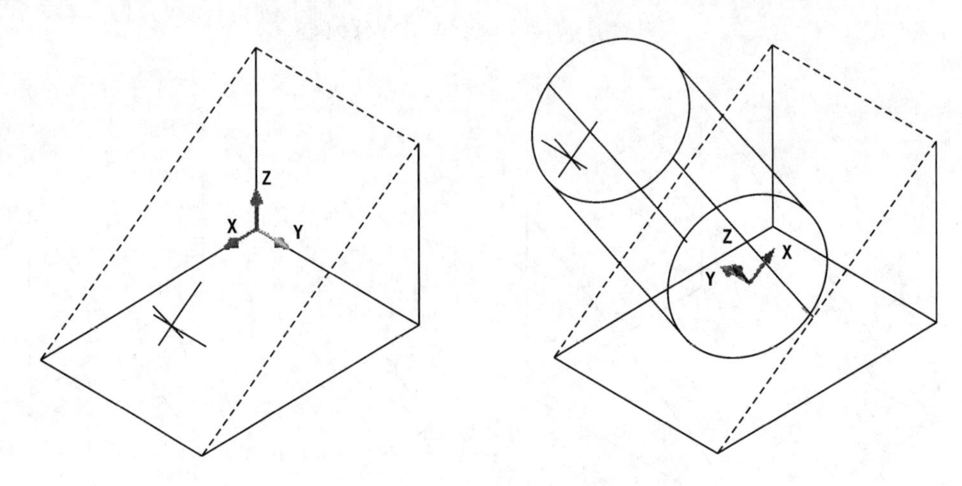

图 11-17 用"DUCS"功能在斜平面上绘制圆柱

打开状态栏的"DUCS",或按 F6 键打开状态栏的"DUCS",当执行绘图命令,提示指定点位置时,将光标移至现有实体对象的表面(必须是平面),该表面会亮显。此时"UCS"的 XY 目标平面与该平面重合。

11.4 设置视点

在绘制三维图形过程中,由于观察和绘图的需要,必须经常变换方位。AutoCAD 默认视图是 XY 平面,方向为 Z 轴的正方向,看不到物体的高度。AutoCAD 提供了多种创建 3D 视图的方法,沿不同的方向观察模型,比较常用的是用标准视图观察模型和三维动态旋转法。

11.4.1 标准视图工具栏

用标准视图工具栏观察实体模型,如图 11-18 所示。

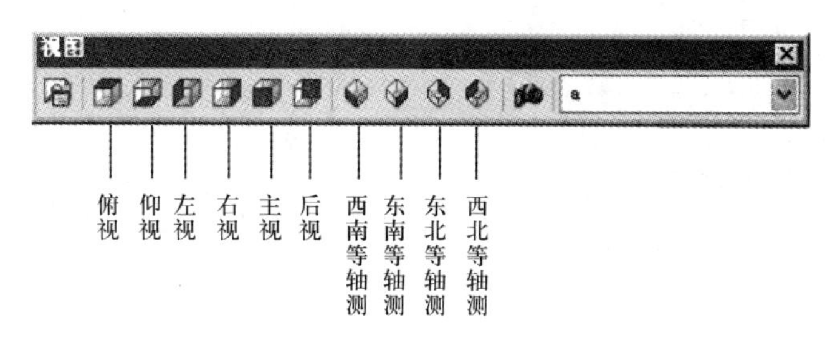

图 11-18　视图工具栏

11.4.2　动态观察三维图形

AutoCAD 2008 提供了具有交互控制功能的动态观察器，用动态观察器，用户可以实时地控制和改变当前视口中创建的三维视图，以得到用户期望的效果。

打开“动态观察器”，可以使用下列方法之一：

(1)命令行：3DORBIT。

(2)菜单：“视图”→“动态观察器”。

(3)工具栏：“动态观察”或“三维导航”(图 11-19)。

图 11-19　“动态观察”或“三维导航”工具栏

(4)快捷菜单：启用交互式三维视图后，在视口中右击鼠标，弹出快捷菜单，如图 11-20 所示，选择有关选项。

动态观察器有“受约束的动态观察”“自由动态观察”“连续动态观察”等方式。

以“受约束的动态观察”为例，执行该命令后，AutoCAD 2008 在当前视口出现一个绿色的大圆，在大圆上有 4 个绿色的小圆，如图 11-21 所示。此时通过拖动鼠标就可以对视图进行旋转观测。

当鼠标在绿色大圆的不同位置进行拖动时，鼠标的表现形式是不同的，视图的旋转方向也不同。视图的旋转由鼠标的位置和光标的表现形式决定，鼠标在不同位置时，光标的表现形式说明如下：

(1)鼠标在大圆内部

鼠标在绿色大圆内部时的外观。此时通过拖动鼠标就可以方便地控制视图在不同方向的旋转。用此方法可进行水平、垂直和对角拖动。

(2)鼠标在大圆外部

鼠标在绿色大圆外部时的外观。此时拖动鼠标可以使视图绕绿色大圆中心与屏幕垂直轴旋转。

(3)鼠标在绿色大圆左右两边的小圆内

鼠标在绿色大圆左右两边小圆内时的外观。此时拖动鼠标可以使视图绕绿色大圆中心的铅垂轴线旋转。

(4)鼠标在绿色大圆上下两边的小圆内

鼠标在绿色大圆上下两边小圆内时的外观。此时拖动鼠标可以使视图绕绿色大圆中心与屏幕水平轴旋转。

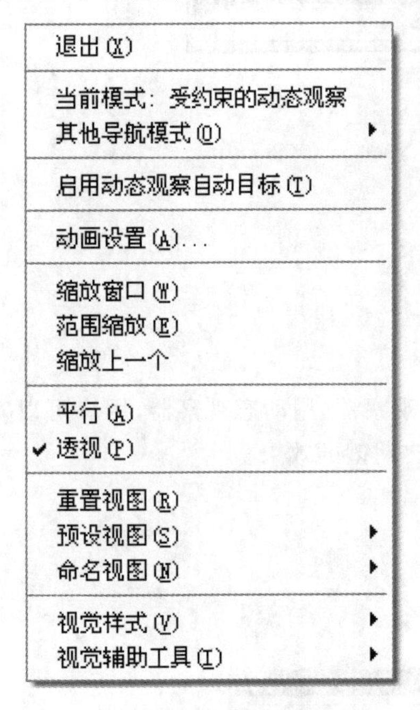

图 11-20　动态观察快捷菜单

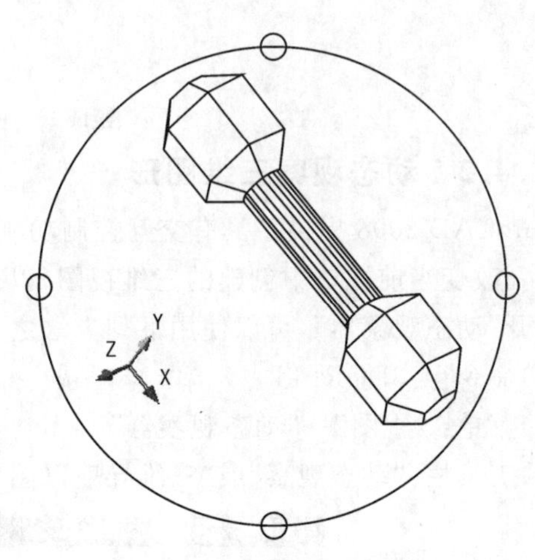

图 11-21　受约束的动态观察器

11.4.3　利用对话框设置视点

启用“视点预置”命令，可以使用下列方法之一：

(1)命令行：DDVPOINT。

(2)菜单：“视图”→“三维视图”→“视点预置”。

输入命令，系统弹出“视点预置”对话框，如图 11-22 所示。

在“视点预置”对话框中，左侧的图形用于确定视点和原点的连线在 *XY* 平面的投影与 *X* 轴正方向的夹角；右侧的图形用于确定视点和原点的连线与其在 *XY* 平面的投影的夹角。用户也可以在“自：*X* 轴”和“自：*XY* 平面”两个文本框内输入相应的角度。“设置为平面视图”按钮用于将三维视图设置为平面视图。用户设置好视点的角度后，单击“确定”按钮，AutoCAD 2008 按该点显示图形。

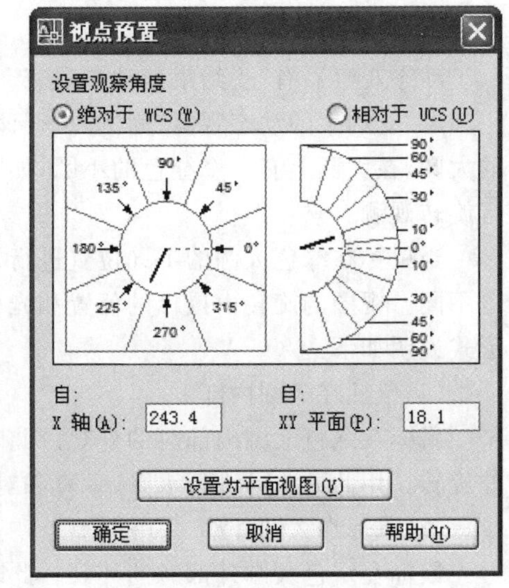

图 11-22　“视点预置”对话框

如图 11-23 所示的为使用“视点预置”对话框设置视点前后三维视图的变化情况，图(a)为在当前视图中画出的着色效果哑铃图，系统默认状态为平面图形；图(b)为设置新视点得到的图形。

(a)　　(b)

图 11-23　使用“视点预置”对话框设置视点

11.4.4　用罗盘确定视点

在 AutoCAD 2008 中，用户可以通过罗盘和三轴架确定视点。执行 VPOINT 命令后，AutoCAD 出现提示“指定视点或[旋转(R)＜显示坐标球和三轴架＞]”，“显示坐标球和三轴架”是系统默认的选项，直接回车即执行＜显示坐标球和三轴架＞命令，AutoCAD 出现如图 11-24 所示的三轴架和罗盘。

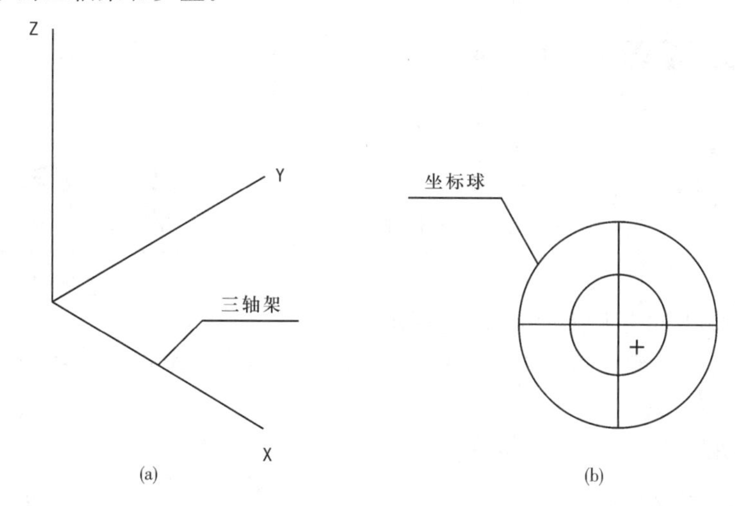

(a)　　(b)

图 11-24　三轴架和罗盘

罗盘是以二维显示的地球仪，它的中心是北极(0,0,1)，相当于视点位于 Z 轴的正方向；内部的圆环为赤道(n,n,0)；外部的圆环为南极(0,0,−1)，相当于视点位于 Z 轴的负方向。

在图中，罗盘相当于球体的俯视图，十字光标表示视点的位置。确定视点时，即拖动鼠标使其在坐标球移动时，三轴架的 X,Y 轴也会绕 Z 轴转动。三轴架转动的角度与光标在坐标球上的位置相对应，光标位于坐标球的不同位置，对应的视点也不相同。当光标位于内环内部时，相当于视点在球体的上半球；当光标位于内环与外环之间时，相当于视点在球体的下半球。用户根据需要确定好视点的位置后回车，AutoCAD 2008 将按该视点显示三维模型。

11.4.5　用菜单设置特殊视点

利用菜单“视点”→“三维视图”菜单中第二、三栏中的各选项可以快速设置特殊的视点。表 11-1 列出了与这些选项相对应的视点的坐标。

表 11-1　　　　　　　　　　　　　　特殊视点

菜单项	视点	菜单项	视点
俯视	(0,0,1)	后视	(0,1,0)
仰视	(0,0,−1)	西南等轴测	(−1,−1,1)
左视	(−1,0,0)	东南等轴测	(1,−1,1)
右视	(1,0,0)	东北等轴测	(1,1,1)
主视	(0,−1,0)	西北等轴测	(−1,1,1)

11.5　视觉样式

用 AutoCAD 创建的三维图形，可以设置视觉样式，即显示效果。启用“视觉样式”命令，可以使用下列方法之一：

(1)命令行：VSCURRENT。

(2)菜单：“视图”→“视觉样式”(图 11-25)。

(3)工具栏：“视觉样式”(图 11-26)。

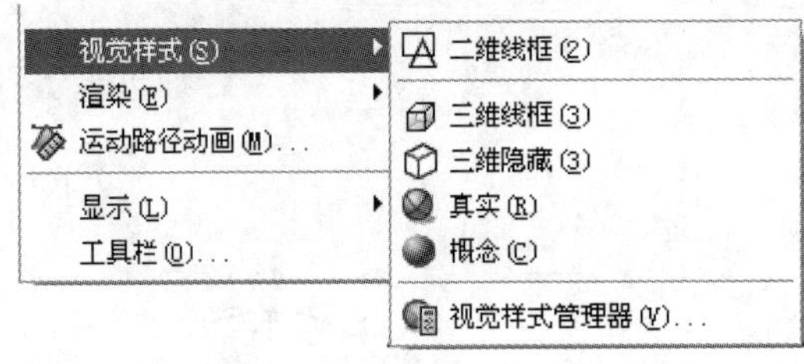

图 11-25　“视觉样式”菜单

图 11-26　“视觉样式”工具栏

输入“VSCURRENT”命令，命令行提示：

输入选项［二维线框(2)/三维线框(3)/三维隐藏(H)/真实(R)/概念(C)/其他(O)］<概念>：

【选项说明】

1.“二维线框”

显示用直线和曲线表示边界的对象。线型和线宽都是可见的，如图 11-27 所示。

2.“三维线框”

显示用直线和曲线表示边界的对象。线型和线宽也是可见的，并显示一个着色的三维 UCS 图标，如图 11-28 所示。

3.“三维隐藏”

显示用三维线框表示的对象并隐藏不可见的直线，如图 11-29 所示。

4.“真实”

着色多边形平面间的对象，并使对象的边平滑化。将显示已附着到对象的材质，如图 11-30 所示。

5.“概念”

着色多边形平面间的对象，并使对象的边平滑化。着色使用冷色和暖色之间的过渡。效果缺乏真实感，但是可以更方便地查看模型的细节，如图 11-31 所示。

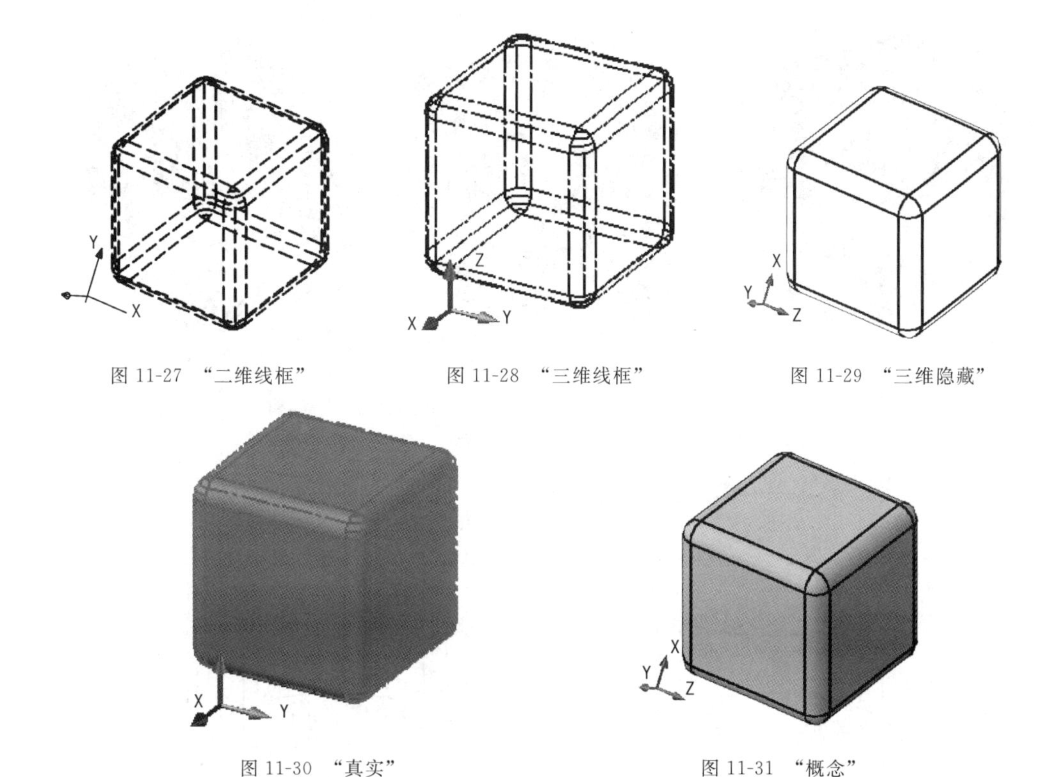

图 11-27　“二维线框”　　图 11-28　“三维线框”　　图 11-29　“三维隐藏”

图 11-30　“真实”　　图 11-31　“概念”

6.“其他”

将显示以下提示：

输入视觉样式名称 [?]：输入当前图形中的视觉样式的名称或输入“?”,以显示名称列表并重复该提示。

7.“管理视觉样式”

通过更改面设置和边设置并使用阴影和背景,可以创建自己的视觉样式。选择该选项,系统弹出图 11-32 所示的“视觉样式管理器”面板,主要有以下几项设置：

(1)着色和着色面

着色和颜色效果可控制模型中间的显示。

(2)显示背景和阴影

视觉样式还控制视口中背景和阴影的显示。

(3)控制边的显示

边模式可以设置为不同类型,有“镶嵌面边”“素线”“无”三种模式,如图 11-33 所示。边还可以使用不同的颜色和线型来显示。

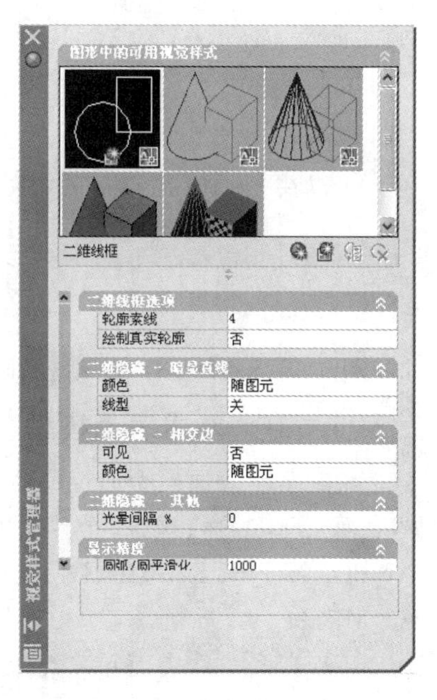

图 11-32　“视觉样式管理器”面板

(4)显示精度

设置圆弧或圆的平滑化、实体平滑度等。可用系统变量“ISOLINES”控制显示曲面线框弯曲部分的素线数目,有效整数值为 0 到 2047,初始值为 4。如图 11-34 是“ISOLINES”值为 4 和 12 时圆柱的“线框”显示形式。

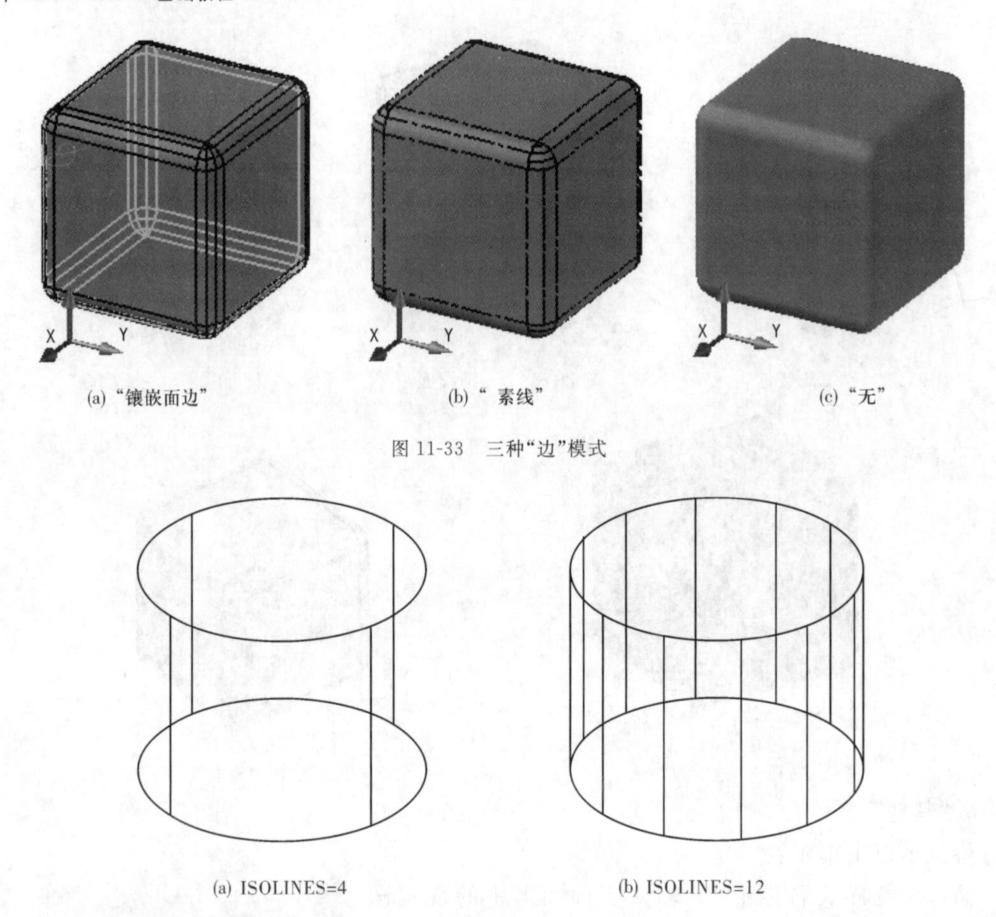

(a)“镶嵌面边”　　(b)“ 素线”　　(c)“无”

图 11-33　三种“边”模式

(a) ISOLINES=4　　(b) ISOLINES=12

图 11-34　ISOLINES 对图形显示的影响

【提示、注意、技巧】

可以在“选项” 对话框的“显示” 选项卡中进行“显示精度”的设置。

11.6　绘制三维表面

用 AutoCAD 2008 绘制三维表面,可分为“基本表面模型”“平面曲面”“网格”面。

11.6.1　基本表面模型

绘制基本表面模型通过命令行输入曲面函数执行。基本表面模型有长方体表面、棱锥体表面、楔体表面、球面、上半球面、下半球面、圆锥面、圆环面。对应的曲面函数分别是 AI_BOX、AI_PYRAMID、AI_WEDGE、AI_SPHERE、AI_DISH、AI_CONE、AI_TORUS、AI_MESH。

下面以长方体表面和棱锥体表面为例,介绍基本表面模型的绘制方法。

1. 长方体表面

绘制一个长、宽、高分别为 80,60,50 的长方体表面。

【操作步骤】

命令：AI_BOX

指定角点给长方体：确定一个角点

指定长度给长方体：80 ↙

指定长方体表面的宽度或［立方体(C)］：60 ↙

指定高度给长方体：50 ↙

指定长方体表面绕 Z 轴旋转的角度或［参照(R)］：↙

按命令行提示操作即可。三维表面也可以设置“视觉样式”，结果如图 11-35 所示。

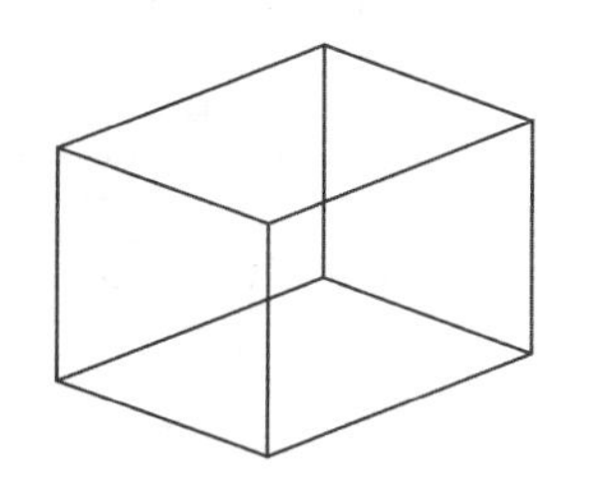

(a) 二维或三维线框视觉样式

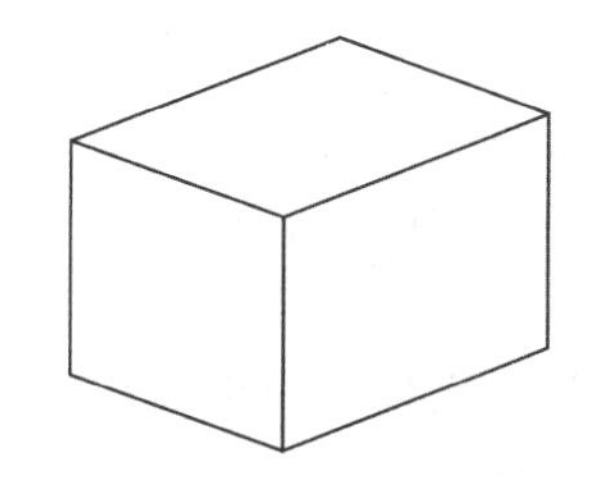

(b) 三维隐藏视觉样式

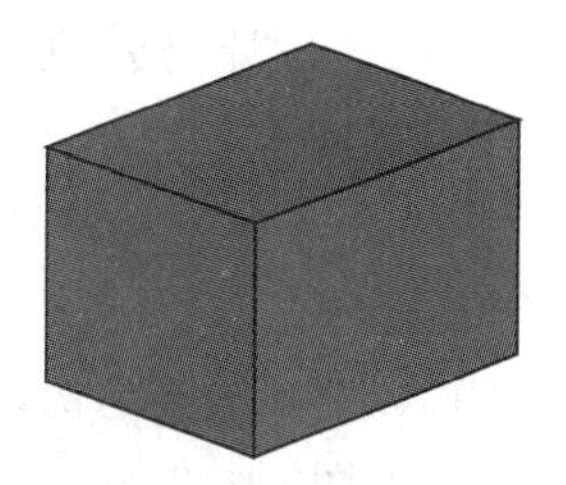

(c) 概念视觉样式

图 11-35　长方体表面

2. 棱锥体表面

绘制一个长、宽、高分别为 60，50，30 的直角棱锥体表面。

【操作步骤】

命令：AI_PYRAMID

指定棱锥面底面的第一角点：0，0，0 ↙

指定棱锥面底面的第二角点：60，0，0 ↙

指定棱锥面底面的第三角点：60，50，0 ↙

指定棱锥面底面的第四角点或［四面体(T)］：0，50，0 ↙

指定棱锥面的顶点或［棱(R)/顶面(T)］：0，50，30 ↙

按命令行提示操作即可，结果如图 11-36 所示。

11.6.2　平面曲面

启用“平面曲面”命令，可以使用下列方法之一：

(1)命令行：PLANESURF。

(2)菜单：“绘图”→“建模”→“平面曲面”。

【操作步骤】

命令：_planesurf

指定第一个角点或［对象(O)］＜对象＞：0，0，0 ↙

指定其他角点：80，50，0 ↙

结果如图 11-37 所示。

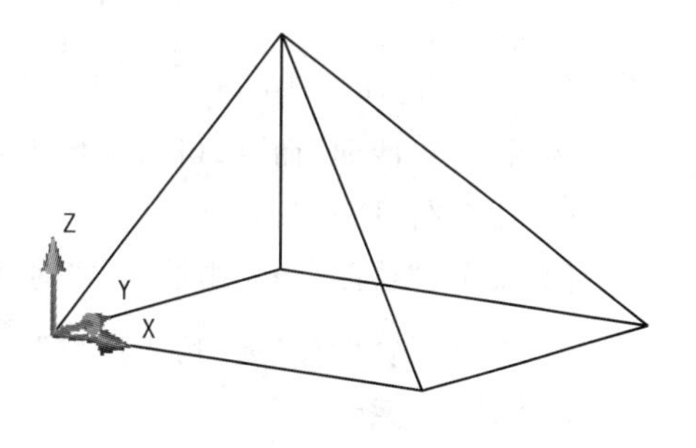

图 11-36　棱锥体表面

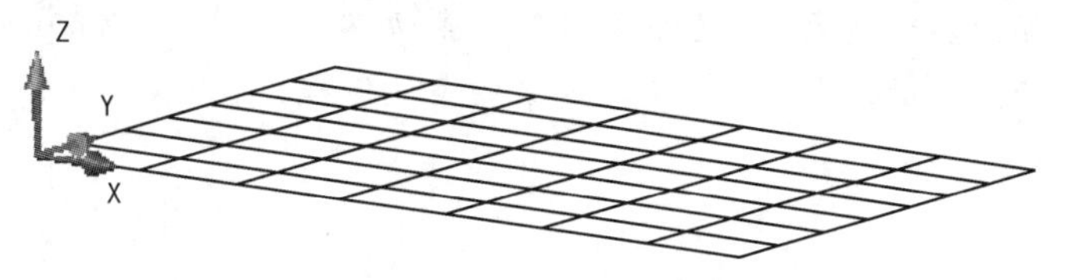

图 11-37　平面曲面

【选项说明】

1. 指定第一个角点

通过指定矩形的对角点绘制矩形平面曲面，执行该选项，提示指定另一角点。

2. 对象(O)

将指定的平面图形转换为平面曲面。

11.6.3 “网格”面

绘制网格面模型可以通过命令行输入命令名，也可以单击“绘图”→“建模”→“网格”的工具按钮，如图 11-38 所示。

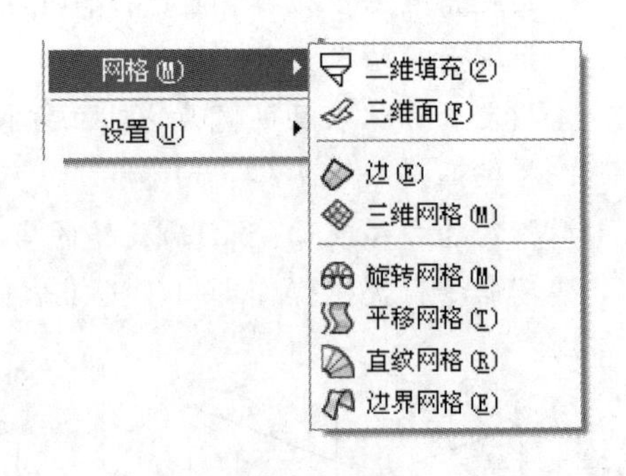

图 11-38 “网格”面模型菜单选项

下面以曲面边界为例，介绍网格面模型的绘制方法。

绘制如图 11-39 所示的边界网格。

绘制 4 条首尾相连的边界，如图 11-40 所示。执行边界曲面命令 EDGESURF，分别拾取绘制的 4 条边界，则得到如图 11-39 所示的边界曲面。

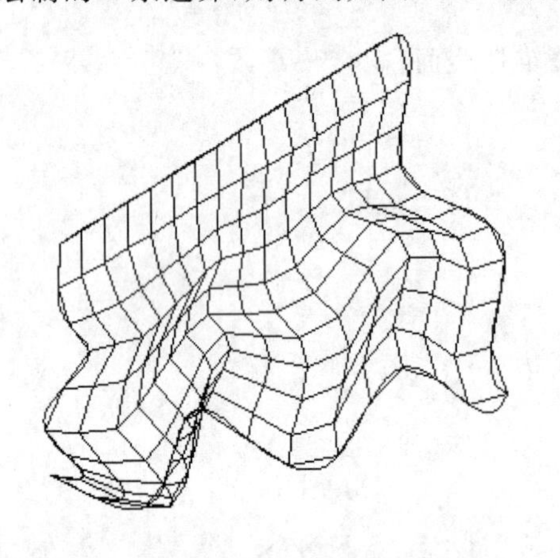

图 11-39 边界网格

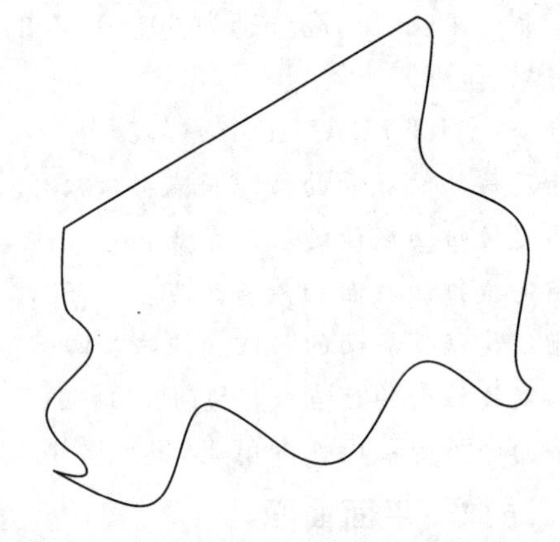

图 11-40 边界曲线

调用“边界曲面”命令，可以使用下列方法之一：

(1)命令行：EDGESURF。

(2)菜单：“绘图”→“建模”→“网格”→“边界网格”。

(3)工具栏：“曲面”→“边界曲面”。

输入命令，系统提示：

当前线框密度：SURFTAB1＝6 SURFTAB2＝6

选择用作曲面边界的对象 1：　(指定第一条边界线)

选择用作曲面边界的对象 2：　(指定第二条边界线)

选择用作曲面边界的对象 3：　(指定第三条边界线)

选择用作曲面边界的对象 4：　(指定第四条边界线)

【选项说明】

系统变量SURFTAB1和SURFTAB2分别控制M,N方向的网格分段数。可通过在命令行输入SURFTAB1改变M方向的默认值,在命令行中输入SURFTAB2改变N方向的默认值。

11.6.4　旋转曲面

用"旋转曲面"命令,绘制图11-41所示的花瓶。

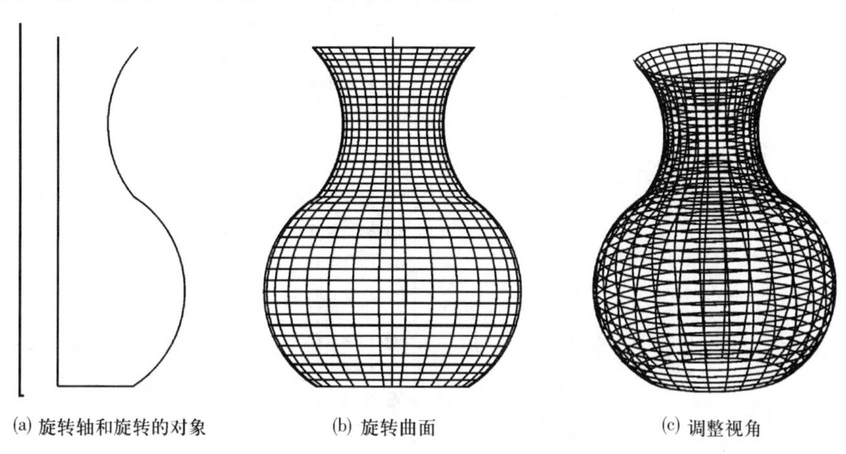

(a) 旋转轴和旋转的对象　　(b) 旋转曲面　　(c) 调整视角

图11-41　利用REVSURF命令绘制花瓶

启用"旋转曲面"命令,可以使用下列方法之一:

(1)命令行:REVSURF。

(2)菜单:"绘图"→"曲面"→"旋转曲面"。

(3)工具栏:"曲面"→"旋转曲面"。

输入命令,系统提示:

当前线框密度:SURFTAB1=6 SURFTAB2=6

选择要旋转的对象:(指定已绘制好的直线、圆弧、圆,或二维、三维多段线)

选择定义旋转轴的对象:(指定已绘制好的用作旋转轴的直线或是开放的二维、三维多段线)

指定起点角度＜0＞:　　(输入值或按Enter键)

指定包含角度(+=逆时针,-=顺时针)＜360＞:　　(输入值或按Enter键)

【选项说明】

1. 起点角度

如果设置为非零值,平面将从生成路径曲线位置的某个偏移处开始旋转。

2. 包含角

用来指定绕转轴旋转的角度。

3. 系统变量

SURFTAB1和SURFTAB2用来控制生成网络的密度。SURFTAB1指定在旋转方向上绘制的网格线的数目,SURFTAB2将指定绘制的网格线数目进行等分。

11.7 绘制基本三维实体

用 AutoCAD 2008 绘制实体模型是三维建模中比较重要的一部分。这些功能命令的菜单选项主要集中在“绘图”菜单的“建模”子菜单和“修改”菜单的“三维操作”“实体编辑”子菜单中，如图 11-42 和图 11-43 所示。

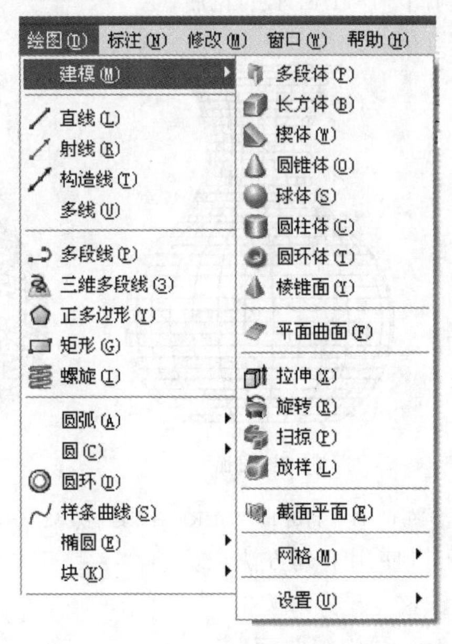

图 11-42 “绘图”菜单的“建模”子菜单

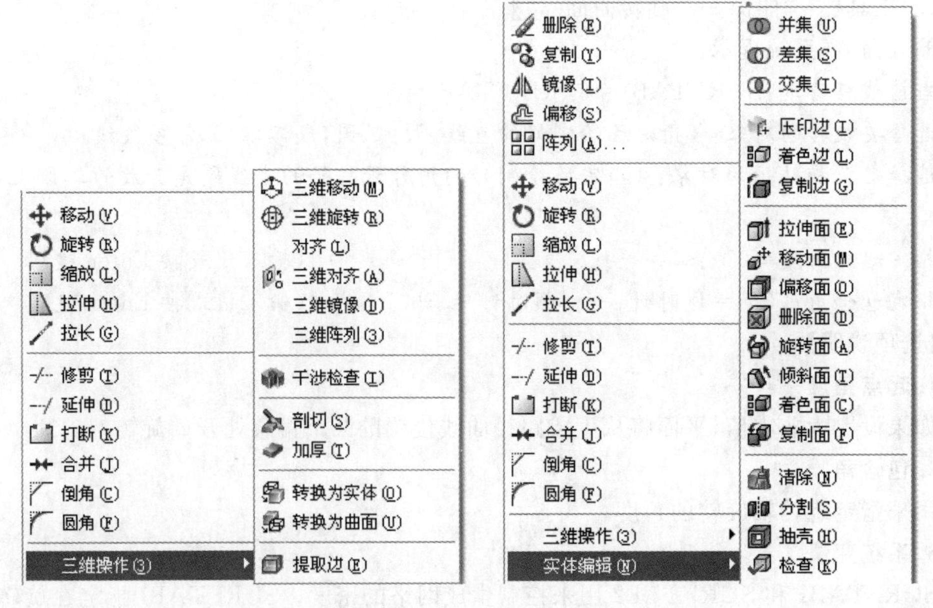

图 11-43 “修改”菜单的“三维操作”和“实体编辑”子菜单

这些功能命令的工具栏操作主要集中在三维建模“面板”“建模”工具栏和“实体编辑”工具栏中，如图 11-44 和 11-45 所示。

图 11-44 三维建模“面板”

图 11-45 “建模”和“实体编辑”工具栏

11.7.1 绘制长方体

启用“长方体”命令，可以使用下列方法之一：

(1)命令行：BOX。

(2)菜单：“绘图”→“建模”→“长方体”。

(3)工具栏：“建模”→“长方体”。

(4)面板：“三维制作”→“长方体”。

【操作步骤】

命令：BOX

指定长方体的角点或[中心点(CE)]<0,0,0>：(指定第一点或回车表示原点是长方体的角点，或输入 CE 代表中心点)

【选项说明】

1. 指定长方体的角点

确定长方体的一个顶点的位置。选择该选项后，命令行继续提示：

指定角点或[立方体(C)/长度(L)]：(指定第二点或输入选项)

(1)角点

指定长方体的其他角点。输入另一角点的坐标值,即可确定该长方体。如果输入的是正值,则沿着当前 UCS 的 X,Y 和 Z 轴的正向绘制长度;如果输入的是负值,则沿着 X,Y 和 Z 轴的负向绘制长度。图 11-46 所示的长方体为使用相对坐标绘制的长方体。

(2)立方体

创建一个长、宽、高相等的长方体。

(3)长度

根据长、宽、高的值绘制长方体。

2. 中心点

使用指定的中心点创建长方体。

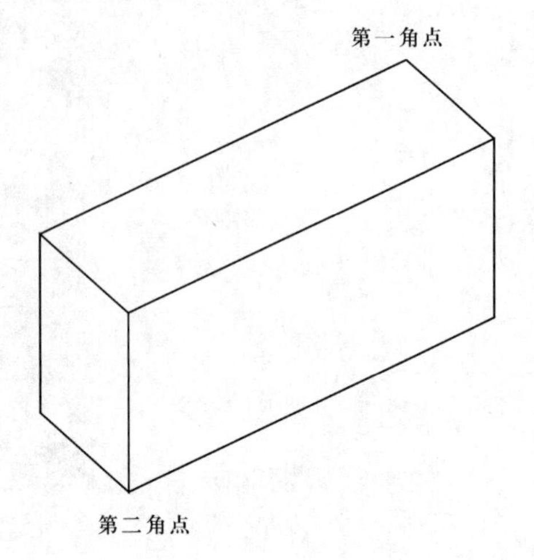

图 11-46　指定长方体的角点绘制的长方体

11.7.2　绘制楔体

启用"楔体"命令,可以使用下列方法之一:

(1)命令行:WEDGE。

(2)菜单:"绘图"→" 建模"→"楔体"。

(3)工具栏:"建模"→"楔体"。

(4)面板:"三维制作"→"楔体"。

【操作步骤】

命令:WEDGE

指定楔体的第一个角点或[中心点(CE)]<0,0,0>

【选项说明】

1. 指定楔体的第一个角点

指定楔体的第一个角点,然后按提示指定下一个角点或长、宽、高,结果如图 11-47 所示。

2. 指定中心点

指定楔体的中心点,然后按提示指定下一个角点或长、宽、高。

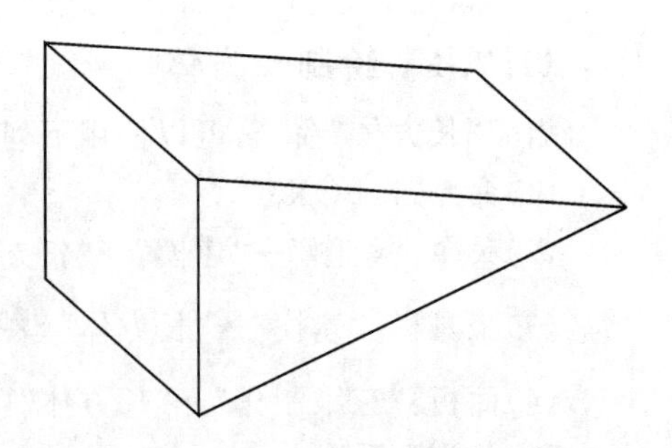

图 11-47　指定长、宽、高创建的楔体

11.7.3　圆柱体

启用"圆柱体"命令,可以使用下列方法之一:

(1)命令行:CYLINDER。

(2)菜单:"绘图"→"建模"→"圆柱体"。

(3)工具栏:"建模"→"圆柱体"。

(4)面板:"三维制作"→ "圆柱体"。

【操作步骤】

命令:CYLINDER↙

当前线框密度:ISOLINES=4

指定圆柱体底面的中心点或[椭圆(E)]<0,0,0>:

【选项说明】

1. 中心点

输入底面圆心的坐标，此选项为系统的默认选项，然后指定底面的半径和高度。AutoCAD按指定的高度创建圆柱体，且圆柱体的中心线与当前坐标系的 *Z* 轴平行，如图 11-48 所示，也可以通过指定另一个端面的圆心来指定高度，AutoCAD 根据圆柱体两个端面的中心位置来创建圆柱体。该圆柱体的中心线就是两个端面圆心的连线。其中图 11-48(a)的线框密度为 4，图 11-48(b)的线框密度为 20(执行 ISOLINES 命令可设置曲面轮廓素线密度)。

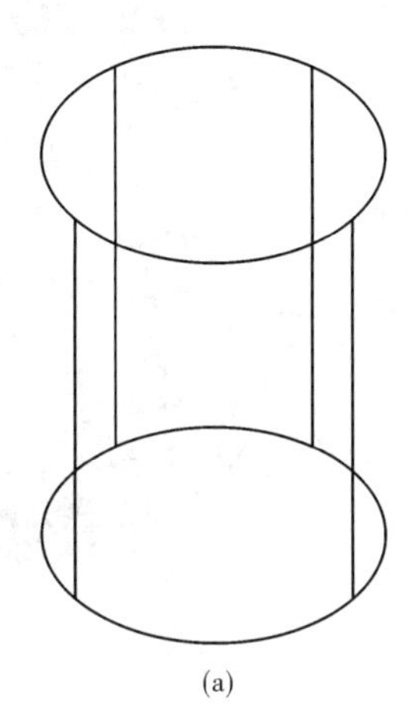

(a)

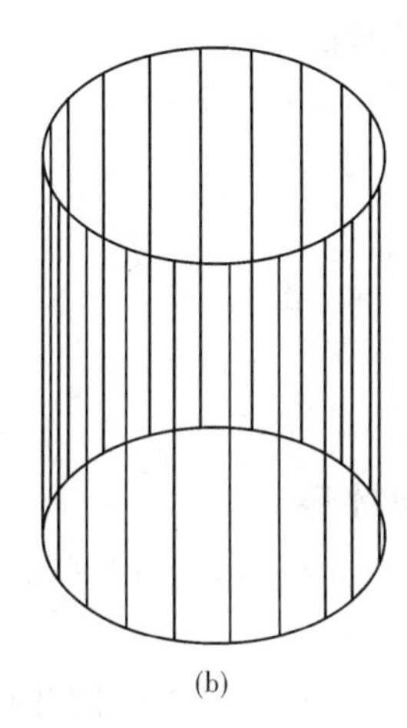

(b)

图 11-48　按指定的高度创建圆柱体

2. 椭圆

绘制椭圆柱体。其中端面椭圆的绘制方法与平面椭圆一样。

11.7.4　圆锥体

启用“圆锥体”命令，可以使用下列方法之一：

(1)命令行：CONE。

(2)菜单：“绘图”→“建模”→“圆锥体”。

(3)工具栏：“建模”→“圆锥体”。

(4)面板：“三维制作”→“圆锥体”。

【操作步骤】

命令：CONE

当前线框密度：ISOLINES=4

指定圆锥体底面的中心点或[椭圆(E)]<0,0,0>：

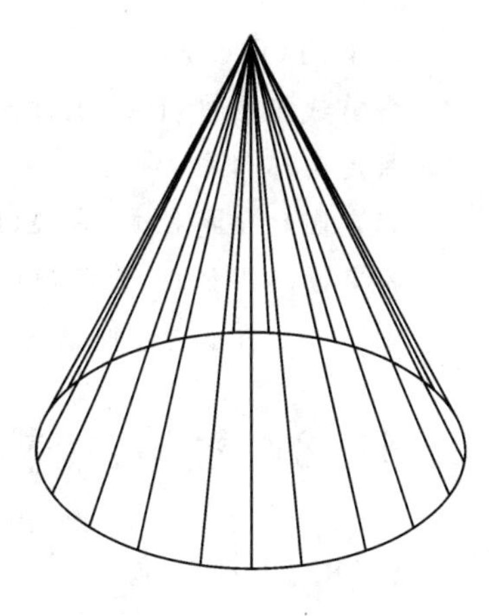

图 11-49　圆锥体

【选项说明】

1. 中心点

指定圆锥体底面的中心位置，然后指定底面半径和锥体高度或顶点位置，图 11-49 所示为绘制的圆锥体。

2. 椭圆

创建底面是椭圆的圆锥体。

11.7.5 球 体

启用“球体”命令，可以使用下列方法之一：

(1)命令行：SPHERE。

(2)菜单：“绘图”→“建模”→“球体”。

(3)工具栏：“建模”→“球体”。

(4)面板：“三维制作”→“圆锥体”。

【操作步骤】

命令：SPHERE↙

当前线框密度：ISOLINES=4

指定球体球心＜0,0,0＞：　　　(输入球心的坐标值)

指定球体半径或[直径(D)]：　　　(输入相应的数值)

结果如图 11-50 所示。

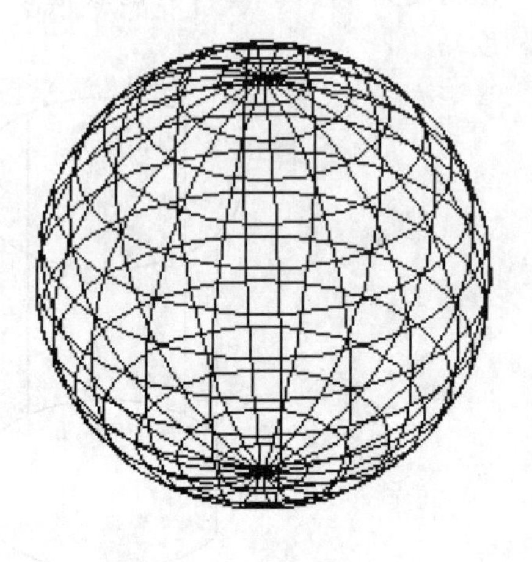

图 11-50　半径为 80 的球体

11.7.6 圆环体

启用“圆环体”命令，可以使用下列方法之一：

(1)命令行：TORUS。

(2)菜单：“绘图”→“建模”→“圆环体”。

(3)工具栏：“建模”→“圆环体”。

(4)面板：“三维制作”→“圆环体”。

【操作步骤】

命令：TORUS

当前线框密度：ISOLINES=4

指定圆环体中心＜0,0,0＞：(指定中心)

指定圆环体半径或[直径(D)]：(指定半径或直径)

指定圆环半径或[直径(D)]：(指定半径或直径)

图 11-51 所示为绘制的圆环体。

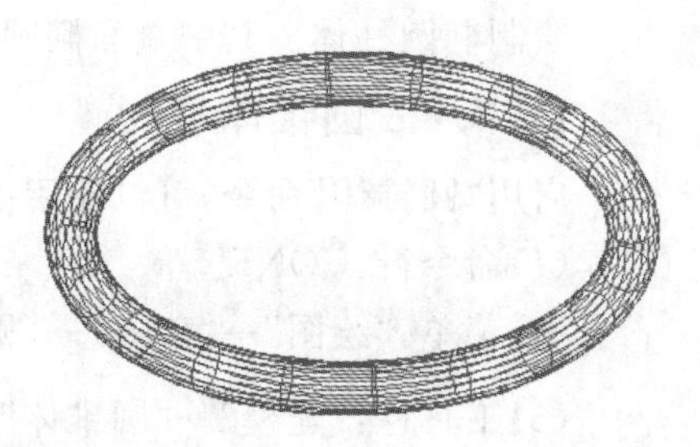

图 11-51　圆环体

11.8 拉伸、旋转、扫掠和放样

11.8.1 位 伸

通过沿指定的方向将对象或平面拉伸出指定距离来创建三维实体或曲面。启用“拉伸”命令，可以使用下列方法之一：

(1)命令行：EXTRUDE。

(2)菜单：“绘图”→“建模”→“拉伸”。

(3)工具栏：“建模”→“拉伸”。

(4)面板:"三维制作"→"拉伸"。

【操作步骤】

命令:EXTRUDE

当前线框密度:ISOLINES=12

选择对象:(选择绘制好的二维对象)

选择对象:(可继续选择对象或按Enter键结束选择)

指定拉伸高度或[方向(D)/路径(P)/倾斜角(T)]

【选项说明】

1. 拉伸对象

可以拉伸的对象有:圆、椭圆、正多边形、用矩形命令绘制的矩形、封闭的样条曲线、封闭的多段线、面域等。含有宽度的多段线在拉伸时宽度被忽略,沿线宽中心拉伸。含有厚度的对象,拉伸时厚度被忽略。

2. 拉伸高度

按指定的高度来拉伸出三维实体对象,对象不必平行于同一平面。输入高度值后,AutoCAD把二维对象按指定的高度拉伸成柱体。如果输入正值,将沿对象所在坐标系的 Z 轴正方向拉伸对象。如果输入负值,将沿 Z 轴负方向拉伸对象。如果所有对象处于同一平面上,将沿该平面的法线方向拉伸对象。默认情况下,将沿对象的法线方向拉伸平面对象。

3. 路径

可以为路径的对象有:直线、圆、椭圆、圆弧、椭圆弧、多段线、样条曲线等。

如果路径没有通过拉伸对象,拉伸时路径将自动移到拉伸对象的轮廓的质心,如图11-52(b)所示。拉伸对象与路径不能在同一平面内,二者一般分别在两个相互垂直的平面内。

如图11-52所示为沿路径曲线拉伸实体。

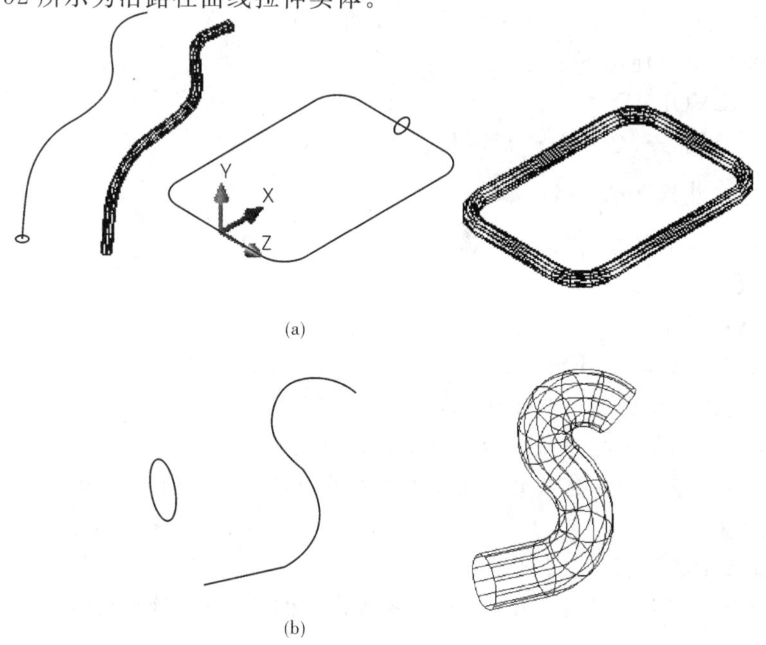

图11-52　沿路径曲线拉伸实体

4. 角度

指定介于－90 和＋90 度之间的角度拉伸出三维实体对象，如图 11-53 所示。默认角度 0 表示在与二维对象所在平面垂直的方向上进行拉伸；如果输入非 0 角度值，正角度表示从基准对象逐渐变细地拉伸，而负角度则表示从基准对象逐渐变粗地拉伸。如图 11-54 所示为不同角度拉伸圆的结果。

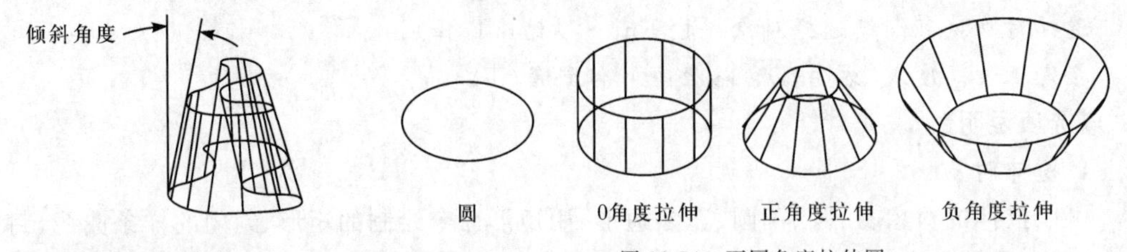

图 11-53 角度

图 11-54 不同角度拉伸圆

【提示、注意、技巧】

指定一个较大的倾斜角或较长的拉伸高度，将导致对象或对象的一部分在到达拉伸高度之前就已经汇聚到一点。如图 11-55 所示，圆的直径为 100，拉伸角度为 45°，拉伸高度为 100。

如果为倾斜角指定一个点而不是输入值，则必须拾取第二个点。用于拉伸的倾斜角由两个指定点之间的连线确定。

DELOBJ 系统变量控制创建实体或曲面时，是自动删除对象和路径，还是提示用户删除对象和路径。

图 11-55 大角度和足够高度拉伸圆

11.8.2 旋 转

绕指定的旋转轴旋转来创建三维实体或曲面。启用“旋转”命令，可以使用下列方法之一：

(1)命令：REVOLVE。

(2)菜单：“绘图”→“建模”→“旋转”。

(3)工具栏：“建模”→“ 旋转”。

(4)面板：“三维制作”→ “旋转”。

【操作步骤】

命令：REVOLVE

当前线框密度：ISOLINES＝12

选择对象：(选择绘制好的二维对象)

选择对象：(可继续选择对象或按 Enter 键结束选择)

指定轴起点或根据以下选项之一定义轴［对象(O)/X/Y/Z］＜对象＞：

【选项说明】

1. 指定旋转轴的起点

通过两个点来定义旋转轴。AutoCAD 将按指定的角度和旋转轴旋转二维对象。

2. 对象

选择已经绘制好的直线段作为旋转轴线。

3. X(Y)轴

将二维对象绕当前坐标系(UCS)的 X(Y)轴旋转。如图 11-56 所示为矩形绕定义轴旋转的结果。

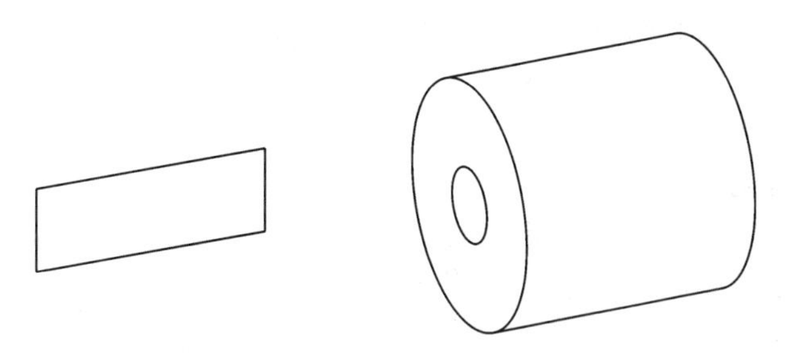

图 11-56　用“旋转”创建实体

11.8.3　扫　掠

使用 SWEEP 命令，可以通过沿开放或闭合的二维或三维路径扫掠开放或闭合的平面曲线(轮廓)创建新实体或曲面，如图 11-57 所示。

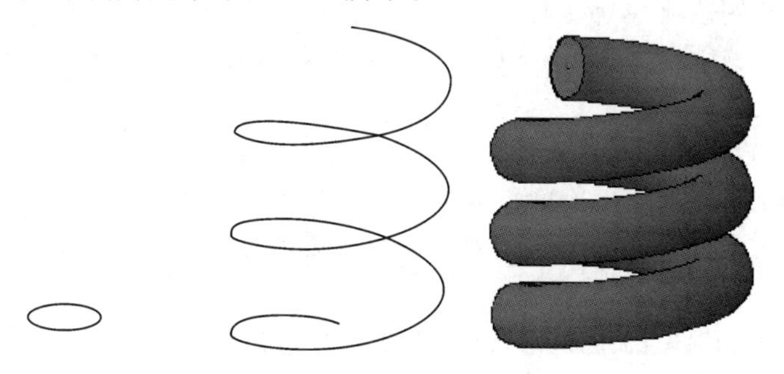

图 11-57　用“扫掠”创建实体

可以扫掠的对象有：直线、圆及圆弧、椭圆及椭圆弧、二维多段线、二维样条曲线、平面三维面、面域、实体的平面等。

可以用作扫掠路径的对象有：直线、圆及圆弧、椭圆及椭圆弧、二维多段线、二维样条曲线、三维多段线、螺旋线、实体或曲面的边等。

与“拉伸”操作不同，扫掠的对象与作为路径的对象可以在同一平面内。

启用“扫掠”命令，可以使用下列方法之一：

(1)命令：SWEEP。

(2)菜单：“绘图”→“ 建模”→“扫掠”。

(3)工具栏：“建模”→“扫掠”。

(4)面板：“三维制作”→ “扫掠” 。

【操作步骤】

命令：SWEEP

当前线框密度：ISOLINES=4

选择要扫掠的对象：(选择绘制好的扫掠对象)

选择要扫掠的对象：(可继续选择对象或按 Enter 键结束选择)

选择扫掠路径或 [对齐(A)/基点(B)/比例(S)/扭曲(T)]：(选择二维或三维扫掠路径，

或输入选项)

【选项说明】

1. 对齐

指定是否对齐轮廓以使其作为扫掠路径切向的法向。默认情况下，轮廓是对齐的。

扫掠前对齐垂直于路径的扫掠对象［是(Y)/否(N)］<是>：输入 No 指定轮廓无须对齐或按 Enter 键指定轮廓对齐。

【提示、注意、技巧】

如果轮廓曲线不垂直于(法线指向)路径曲线起点的切向，则轮廓曲线将自动对齐。出现对齐提示时输入 No 以避免该情况的发生。

2. 基点

指定要扫掠对象的基点。如果指定的点不在选定对象所在的平面上，则该点将被投影到该平面上。

3. 比例

指定比例因子以进行扫掠操作。从扫掠路径的开始到结束，比例因子将统一应用到扫掠的对象。输入比例选项 S，命令行提示：

输入比例因子或［参照(R)］<1.0000>：指定比例因子、输入 R 调用参照选项或按 Enter 键指定默认值

参照：通过拾取点或输入值来根据参照的长度缩放选定的对象。输入 R，命令行提示：

指定起点参照长度 <1.0000>：指定要缩放选定对象的起始长度

指定终点参照长度 <1.0000>：指定要缩放选定对象的最终长度

4. 扭曲

设置正被扫掠的对象的扭曲角度。扭曲角度指沿扫掠路径全部长度的旋转量。输入扭曲选项 S，命令行提示：

输入扭曲角度或允许非平面扫掠路径倾斜［倾斜(B)］<n>：指定小于 360 的角度值、输入 b 打开倾斜或按 ENTER 键指定默认角度值

倾斜：指定被扫掠的曲线是否沿三维扫掠路径(三维多线段、三维样条曲线或螺旋线)自然倾斜(旋转)。

11.8.4 放　样

放样是通过在一组曲线之间的空间内创建三维实体或曲面，一组曲线必须指定两个或多个对象。可以通过指定一系列横截面来创建新的实体或曲面，横截面用于定义结果实体或曲面的截面轮廓(形状)，如图 11-58 所示。

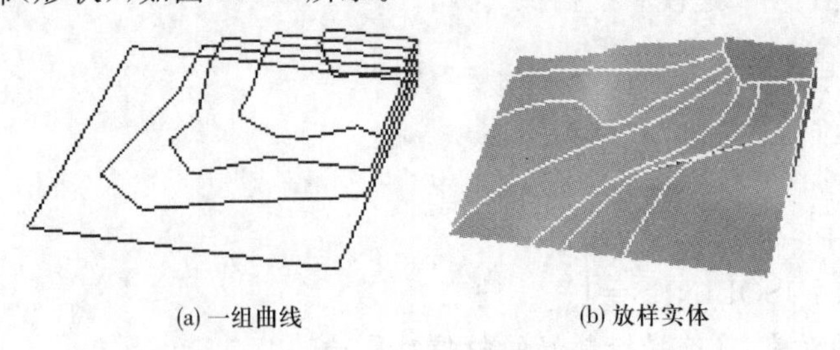

(a) 一组曲线　　(b) 放样实体

图 11-58 利用"放样"创建实体

横截面(通常为曲线或直线)可以是开放的，例如圆弧，也可以是闭合的，例如圆。创建

放样实体或曲面时，可以使用以下对象：

(1)可以用作横截面的对象：直线、圆及圆弧、椭圆及椭圆弧、二维多段线、二维样条曲线、平面三维面、面域、二维实体等。

(2)可以用作放样路径的对象：直线、圆及圆弧、椭圆及椭圆弧、二维多段线、三维多段线、螺旋线等。

(3)可以用作导向的对象：直线、圆及圆弧、椭圆及椭圆弧、二维多段线、三维多段线、二维样条曲线、三维样条曲线等。

启用"放样"命令，可以使用下列方法之一：

(1)命令行：LOFT。

(2)菜单："绘图"→"建模"→"放样"。

(3)工具栏："建模"→"放样"。

(4)面板："三维制作"→"放样"。

【操作步骤】

命令：LOFT

按放样次序选择横截面：(找到 1 个)

按放样次序选择横截面：(找到 1 个，总计 2 个)

按放样次序选择横截面：(可继续选择对象或按 Enter 键结束选择)

输入选项 [导向(G)/路径(P)/仅横截面(C)] <仅横截面>：

【选项说明】

1. 导向

使用"导向"选项，可以选择多条曲线以定义实体或曲面的轮廓，指定控制放样实体或曲面形状的导向曲线。导向曲线是直线或曲线，可通过将其他线框信息添加至对象来进一步定义实体或曲面的形状。可以使用导向曲线来控制点如何匹配相应的横截面以防止出现不希望看到的效果(例如结果实体或曲面中的皱褶)，如图 11-59 所示。

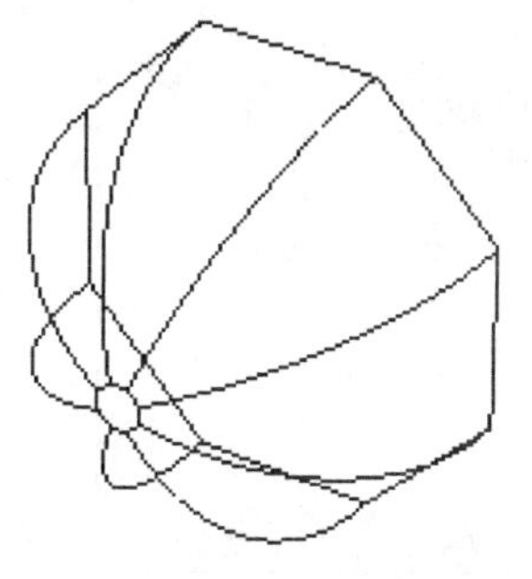

(a) 以导向曲线连接的横截面

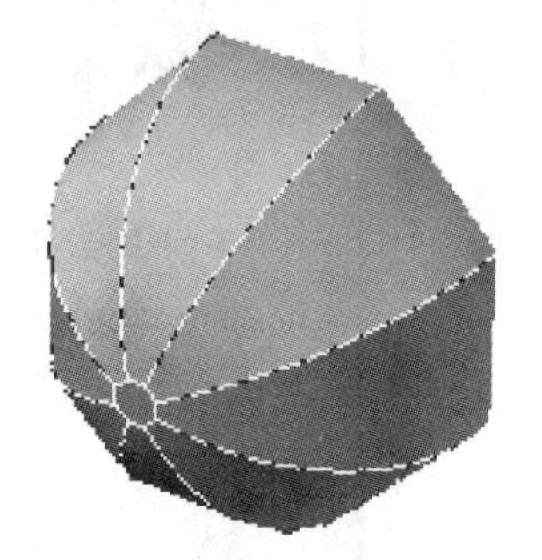

(b) 放样实体

图 11-59　使用"放样"的"导向"创建实体

每条导向曲线必须满足以下条件才能正常工作：

(1)与每个横截面相交。

(2)始于第一个横截面。

(3)止于最后一个横截面。

可以为放样曲面或实体选择任意数量的导向曲线。输入向导选项 G，命令行提示：

选择导向曲线:(选择放样实体或曲面的导向曲线,然后按 Enter 键)

2. 路径

使用"路径"选项,可以选择单一路径曲线以定义实体或曲面的形状,如图 11-60 所示。

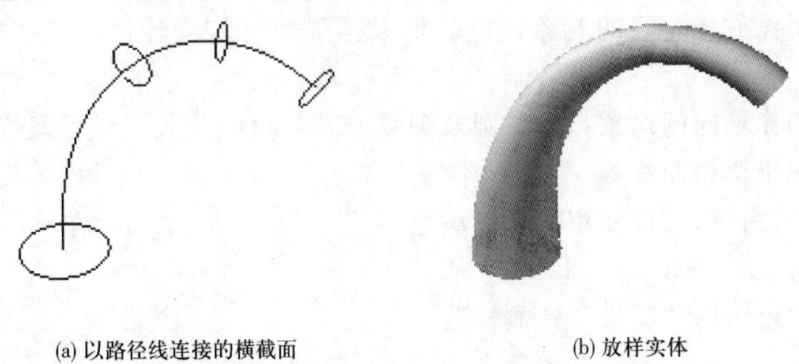

(a) 以路径线连接的横截面　　(b) 放样实体

图 11-60　使用"放样"的"路径"创建实体

输入路径选项 P,命令行提示:

按放样次序选择横截面:(按照曲面或实体将要通过的次序选择开放或闭合的曲线)

路径曲线必须与横截面的所有平面相交。

选择路径:指定放样实体或曲面的单一路径

3. 仅横截面

显示"放样设置"对话框,如图 11-61 所示。通过对话框进行设置,绘制出对应的放样对象。

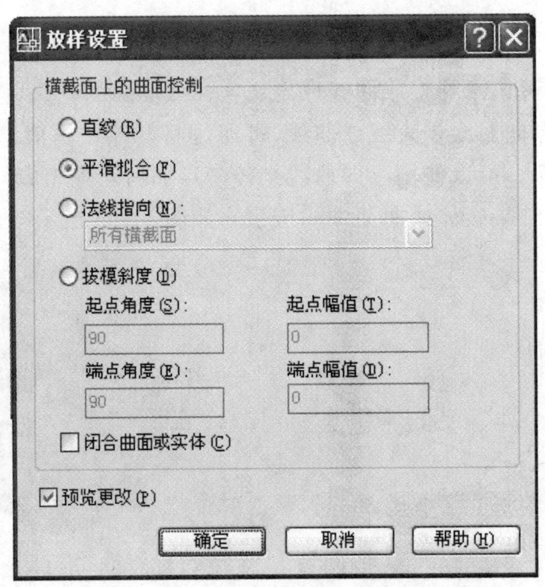

图 11-61　"放样设置"对话框

11.8.5　按住并拖动

单击有限区域以进行按住或拖动操作。启用"按住并拖动"命令,可以使用下列方法之一:

(1)命令行:PRESSPULL。

(2)工具栏:"建模"→"按住并拖动" 。

(3)面板:"三维制作"→"按住并拖动" 。

可以按住或拖动以下任一类型的有限区域。

任何可以通过以零间距公差拾取点来填充的区域、由交叉共面和线性几何体(包括边和块中的几何体)围成的区域、由共面顶点组成的闭合多线段、面域、三维面和二维实体、由与三维实体的任何面共面的几何体(包括面上的边)创建的区域。

11.9 布尔运算

在三维绘图中,复杂实体不能一次生成,一般都是用基本实体组合而成,AutoCAD将布尔运算运用到实体的组合过程中,布尔运算的"并集""差集""交集"运算,可以实现对基本实体进行叠加、挖切、穿孔的操作,从而生成复杂的组合体。

11.9.1 并 集

合并选定的两个或两个以上实体,使之成为一个复合对象。启用"并集"命令,可以使用下列方法之一:

(1)命令行:UNION。

(2)菜单:"修改"→"实体编辑"→"并集"。

(3)工具栏:"实体编辑"→"并集" 。

(4)面板:"三维制作"→"并集" 。

【操作步骤】

命令: UNION

选择对象:(选择要并集的对象,结束选择对象时按 Enter 键)

并集操作结果如图 11-62 所示。

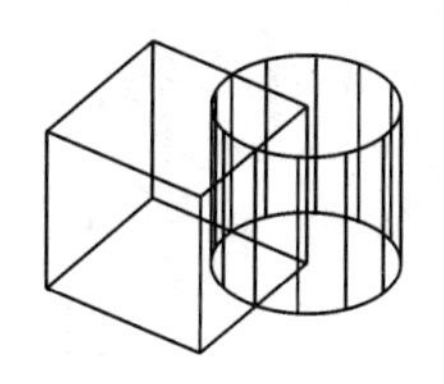

并集的对象(两个)

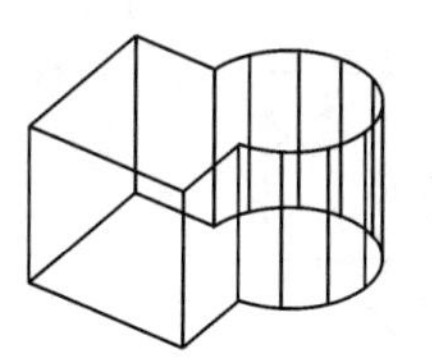

并集的结果

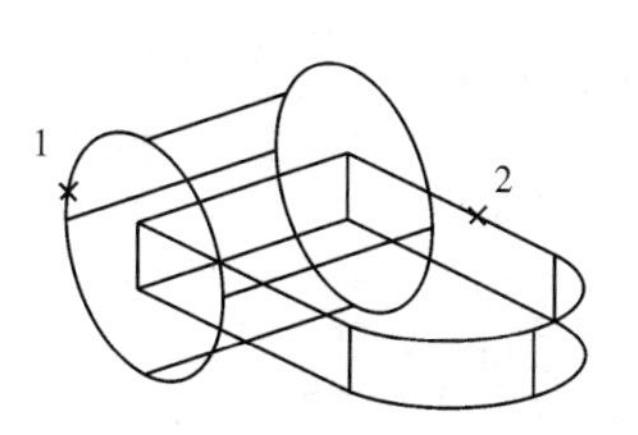

并集的对象(两个)

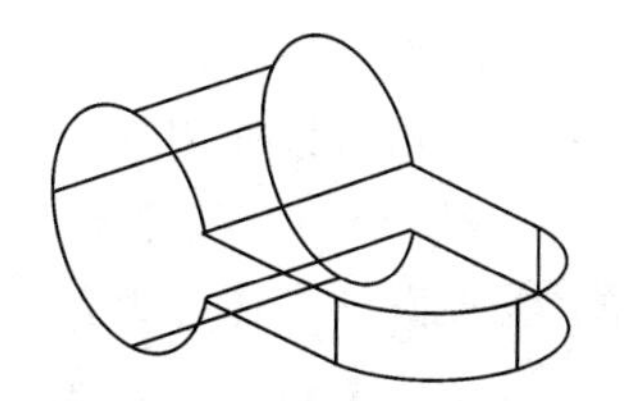

并集的结果

图 11-62 "并集"实体

选择集可包含位于任意多个不同平面中的面域或实体。这些选择集分成单独连接的子集。实体组合在第一个子集中。第一个选定的面域和所有后续共面面域组合在第二个子集中。下一个不与第一个面域共面的面域以及所有后续共面面域组合在第三个子集中，依此类推，直到所有面域都属于某个子集。

得到的复合实体包括所有选定实体所封闭的空间。得到的复合面域包括子集中所有面域所封闭的面积，如图 11-63 所示。

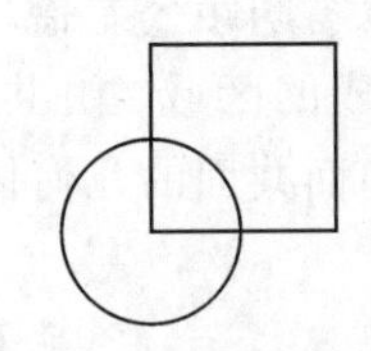

使用UNION之前的面域

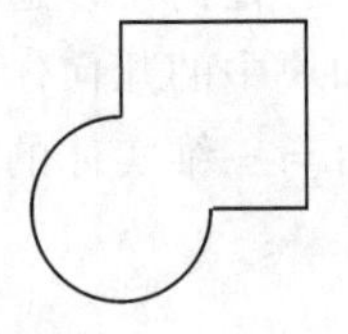

使用UNION后的面域

图 11-63 "并集"面域

11.9.2 差 集

从一组实体中的对象减去另一组实体中的对象，然后创建一个新的实体或面域，如图 11-64 所示。

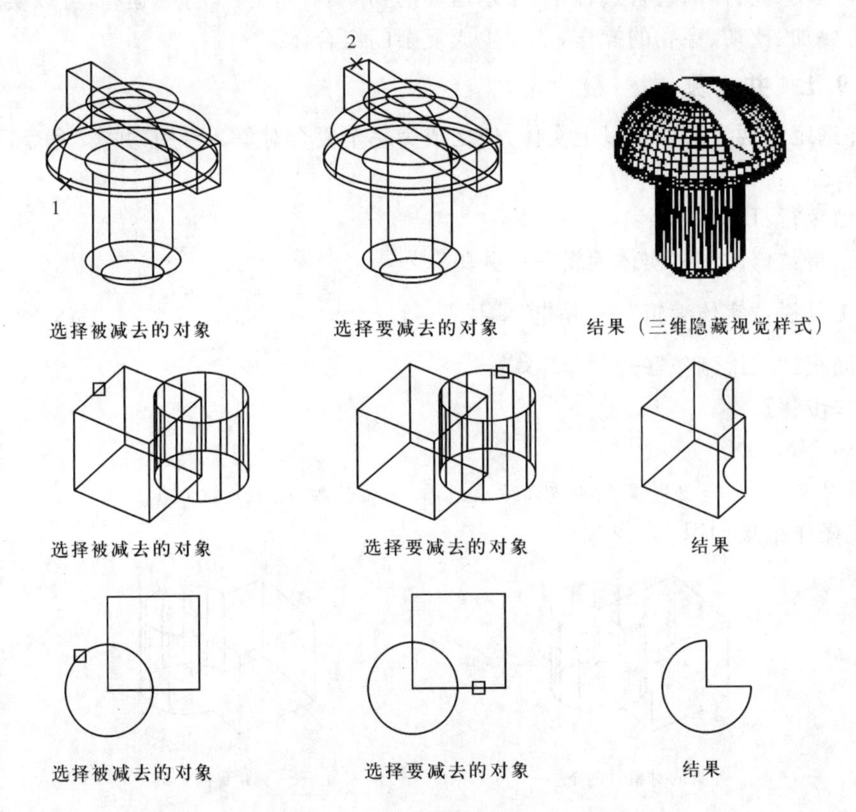

图 11-64 实体和面域"差集"

启用"差集"命令，可以使用下列方法之一：

(1)命令行：SUBTRACT。

(2)菜单："修改"→"实体编辑"→"差集"。

(3)工具栏："实体编辑"→" 差集"。

(4)面板："三维制作"→" 差集"。

【操作步骤】

命令：_SUBTRACT

选择要从中减去的实体或面域…

选择对象：(使用对象选择方法并在完成时按 Enter 键)

选择要减去的实体或面域…

选择对象：(使用对象选择方法并在完成时按 Enter 键)

执行差集操作的两个面域必须位于同一平面上。但是，通过在不同的平面上选择面域集，可同时执行多个 SUBTRACT 操作。程序会在每个平面上分别生成减去的面域。如果没有其他选定的共面面域，则该面域将被拒绝。

11.9.3 交　集

从两个或多个实体或面域的公共体积中和重叠面积中创建复合实体或面域，然后删除非重叠部分，如图 11-65 所示。

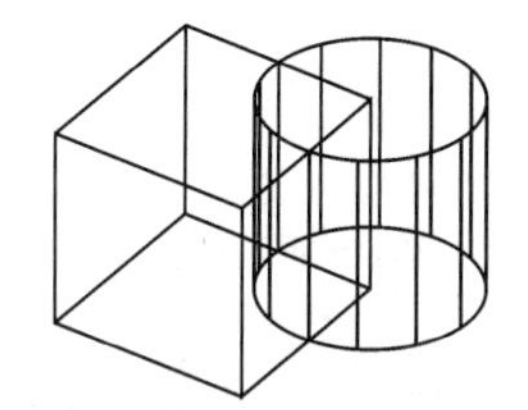

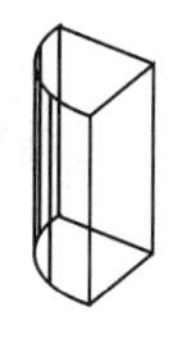

使用INTERSECT之前的面域　使用INTERSECT之后的实体

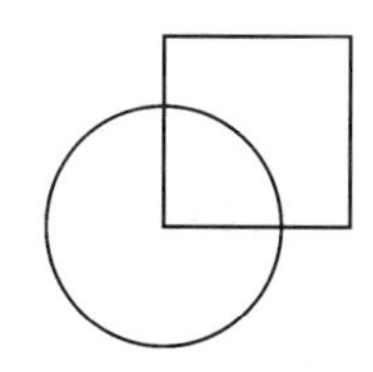

使用INTERSECT之前的面域　使用INTERSECT之后的实体

图 11-65　实体和面域的“交集”

启用“交集”命令，可以使用下列方法之一：

(1)命令行：INTERSECT。

(2)菜单：“修改”→“实体编辑”→“交集”。

(3)工具栏：“实体编辑”→“ 交集”。

(4)面板：“三维制作”→“ 交集”。

【操作步骤】

命令：INTERSECT

选择对象：(使用对象选择方法并在完成时按 Enter 键)

选择集可包含位于任意多个不同平面中的面域或实体。INTERSECT 将选择集分成多个子集，并在每个子集中测试相交部分。第一个子集包含选择集中的所有实体。第二个子集包含第一个选定的面域和所有后续共面的面域。第三个子集包含下一个与第一个面域不共面的面域和所有后续共面面域，如此直到所有的面域分属各个子集为止。

11.10　三维操作

平面图形的基本编辑命令大多也可以用来编辑三维图形，如删除、复制、移动、阵列、镜像等，但有些命令只能在 UCS 的 *XY* 坐标面内操作。因此，AutoCAD 提供了一些三维操作命令，如常用的“三维旋转”“三维镜像”“三维阵列”等。

11.10.1　三维旋转

将选定的对象绕空间轴旋转。启用“三维旋转”命令，可以使用下列方法之一：

(1)命令行:3D ROTATE。

(2)菜单:“修改”→“三维操作”→“三维旋转”。

(3)工具栏:“实体编辑”→“三维旋转”。

(4)面板:“三维制作”→“三维旋转”。

【操作步骤】

命令：_3DROTATE

UCS 当前的正角方向：ANGDIR＝逆时针 ANGBASE＝0

选择对象:(点取要旋转的对象)

选择对象:(选择下一个对象或按 Enter 键)

指定基点：(指定旋转基点)

拾取旋转轴：

指定角的起点或键入角度：

【选项说明】

1. 选择对象

选择要旋转的对象和子对象。子对象即面、边和顶点，按住 Ctrl 键可选择子对象，释放 Ctrl 键恢复选择对象。

选择对象完成后，按 Enter 键退出选择。此时，命令行提示:指定基点。在“指定基点”提示下，在视窗中会出现一个附着在光标上的“旋转夹点工具”，如图 11-66 所示。

“旋转夹点工具”由中心框和三个椭圆形轴控制柄组成，轴控制柄所在平面的垂线称为轴控制柄矢量，与 UCS 的坐标轴平行，轴控制柄的颜色与其矢量平行的坐标轴的颜色相同。

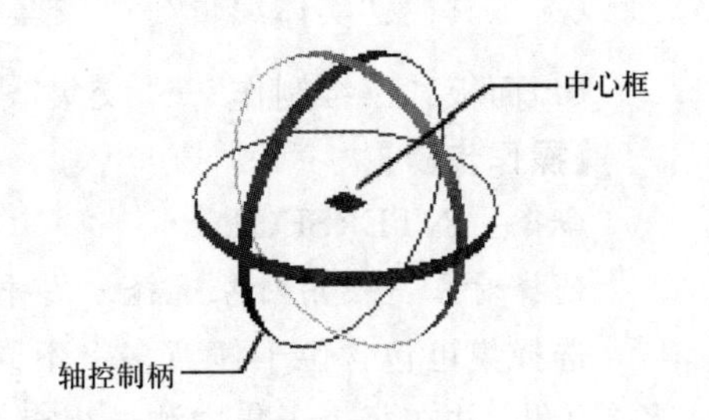

图 11-66　旋转夹点工具

2. 指定基点

在“指定基点”提示下指定旋转基点，“旋转夹点工具”的中心框固定在基点位置。

重排 UCS。在提示“指定基点”时，将指针移动到面、直线段和多段线线段时，可以按 Ctrl＋D 组合键打开动态 UCS，以重排旋转夹点工具。夹点工具根据指针跨越的面边来确定工作平面的方向。可以单击以放置夹点工具，此操作将约束移动操作的方向。指定的坐标相对于该工作平面。放置夹点工具之前，再次按 Ctrl＋D 组合键来关闭动态 UCS 将恢复夹点工具的方向，使其匹配静态 UCS，如图 11-67 所示。

3. 拾取旋转轴

指定基点后，命令行提示：

拾取旋转轴：

将光标悬停在旋转夹点工具的轴控制柄上，直到其变为黄色，同时显示出过中心的矢量，即旋转轴，如图 11-68 所示。然后单击确定旋转轴。

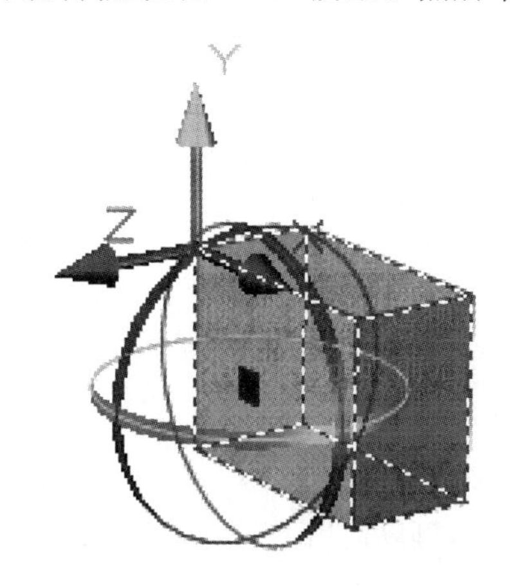

图 11-67　重排 UCS

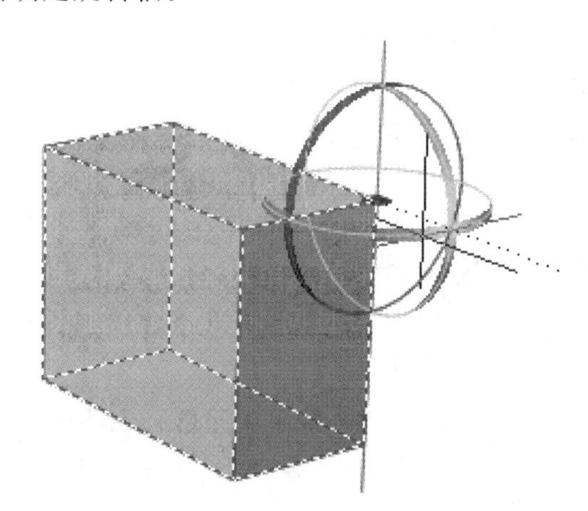

图 11-68　拾取旋转轴

4. 指定旋转角

拾取旋转轴后，命令行提示：

指定角的起点或键入角度：(可以单击或输入值以指定旋转的角度)

【提示、注意、技巧】

如果正在视觉样式设置为二维线框的视口中绘图，则在命令执行期间，3DROTATE 会将视觉样式暂时更改为三维线框。

11.10.2　三维镜像

创建相对于某一平面的镜像对象。启用“三维镜像”命令，可以使用下列方法之一：

(1)命令行：MIRROR3D。

(2)菜单：“修改”→“三维操作”→“三维镜像”。

【操作步骤】

命令：MIRROR3D

选择对象：(选择镜像的对象)

选择对象：(选择下一个对象或按 Enter 键)

指定镜像平面（三点）的第一个点或

[对象(O)/最近的(L)/Z 轴(Z)/视图(V)/XY 平面(XY)/YZ 平面(YZ)/ZX 平面(ZX)/三点(3)] <三点>：

【选项说明】

1. 三点

输入镜像平面上的第一个点的坐标。该选项通过 3 个点确定镜像平面，是系统的默认选项。输入点后，命令行提示：

在镜像平面上指定第二点：(指定点)

在镜像平面上指定第三点：(指定点)

是否删除源对象？[是(Y)/否(N)] <否>：(根据需要确定是否删除源对象)

2. Z 轴

利用指定的平面作为镜像平面。选择该选项后，命令行提示：

在镜像平面上指定点：(输入镜像平面上一点的坐标)

在镜像平面的 z 轴(法向)上指定点：(输入与镜像平面垂直的任意一条直线上任意一点的坐标)

是否删除源对象？[是(Y)/否(N)]：

3. 视图

指定一个平行于当前视图的平面作为镜像平面。

4. *XY*(*YZ*，*ZX*)平面

指定一个平行于当前坐标 *XY*(*YZ*，*ZX*)平面的平面作为镜像平面。

11.10.3 三维阵列

在三维空间中创建对象的矩形阵列或环形阵列。除了指定列数(*X* 方向)和行数(*Y* 方向)以外，还要指定层数(*Z* 方向)。启用"三维阵列"命令，可以使用下列方法之一：

(1)命令行：3DARRAY。

(2)菜单："修改"→"三维操作"→"三维阵列"。

【操作步骤】

命令：3DARRAY

选择对象：(选择阵列的对象)

选择对象：(选择下一个对象或按 Enter 键)

输入阵列类型[矩形(R)/环形(P)]<矩形>：

【选项说明】

1. 矩形

对图形进行矩形阵列复制，是系统的默认选项。

【操作步骤】

输入行数(---)<1>：　　(输入行数)

输入列数(|||)<1>：　　(输入列数)

输入层数(…)<1>：　　(输入层数)

指定行间距(---)<1>：　　(输入行间距)

指定列间距(|||)<1>：　　(输入列间距)

指定层间距(……)<1>：　　(输入层间距)

2. 环形

对图形进行环形阵列复制。

【操作步骤】

输入阵列中的项目数目：(输入阵列的数目)

指定要填充的角度(+=逆时针，-=顺时针)<360>：(输入环形阵列的圆心角)

旋转阵列对象？[是(Y)/否(N)]<是>：(确定阵列的图形是否根据旋转轴线的位置

进行旋转)

指定阵列的中心点:(输入旋转轴上一点的坐标)

指定旋转轴上的第二点:(输入旋转轴上另一点的坐标)

如图 11-69 所示为 2 层 1 行 4 列的矩形阵列示例;图 11-70 所示为环形阵列示例。

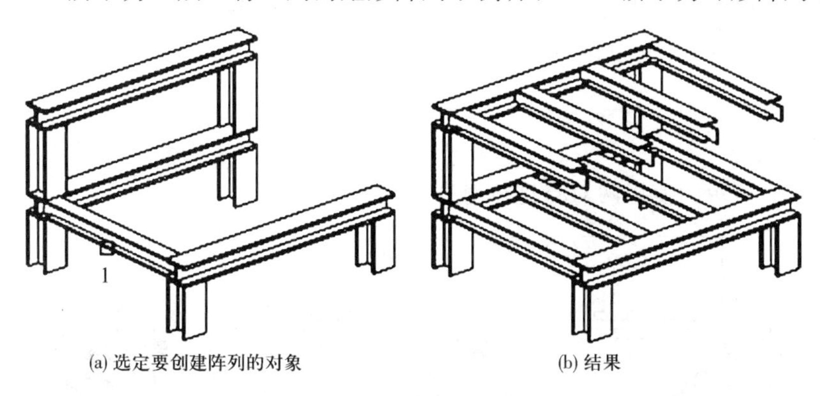

(a) 选定要创建阵列的对象　　(b) 结果

图 11-69　矩形阵列示例

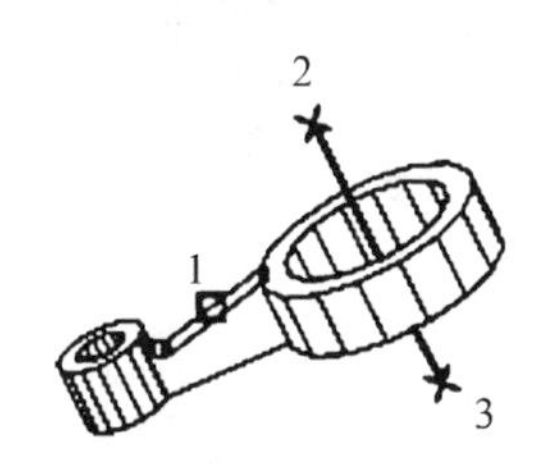

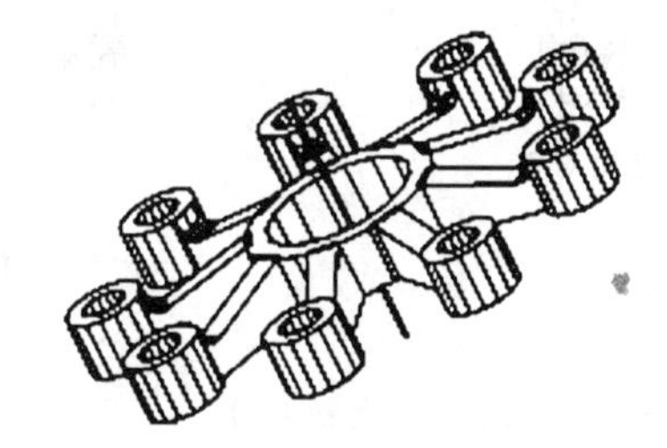

图 11-70　环形阵列示例

11.10.4　三维对齐

在三维空间中将对象与其他对象对齐。启用“三维对齐”命令,可以使用下列方法之一:

(1)命令行:ALIGN。

(2)菜单:“修改”→“三维操作”→“三维对齐”。

(3)工具栏:“建模”→ “三维对齐”。

【操作步骤】

命令:ALIGN

选择对象:选择要对齐的对象或按 Enter 键

指定一对、两对或三对源点和定义点,以对齐选定对象。

【选项说明】

1. 使用一对点

如图 11-71 所示为使用一对点进行对齐示例。

【操作步骤】

指定第一个源点:指定点 (1)

指定第一个目标点:指定点 (2)

指定第二个源点:按 Enter 键

当只选择一对源点和目标点时,选定对象将在二维或三维空间从源点 (1) 移动到目标点 (2)。

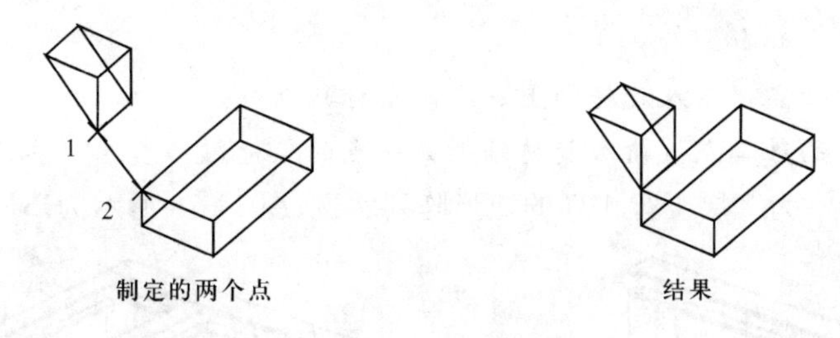

图 11-71 使用一对点对齐示例

2. 使用两对点

如图 11-72 所示为使用两对点进行对齐示例。

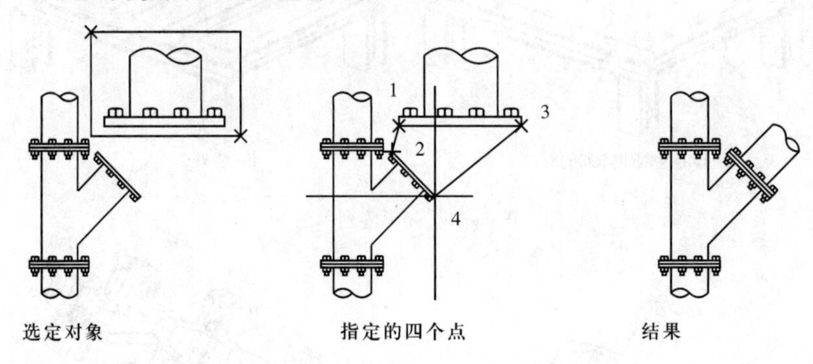

图 11-72 使用两对点对齐示例

【操作步骤】

指定第一个源点：指定点 (1)

指定第一个目标点：指定点 (2)

指定第二个源点：指定点 (3)

指定第二个目标点：指定点 (4)

指定第三个源点：按 Enter 键

根据对齐点缩放对象[是(Y)/否(N)]<否>：输入 Y 或按 Enter 键

当选择两对点时，可以在二维或三维空间移动、旋转和缩放选定对象，以便与其他对象对齐。

第一对源点和目标点定义对齐的基点 (1,2)。第二对点定义旋转的角度 (3,4)。

在输入了第二对点后，系统会给出缩放对象的提示。将以第一目标点和第二目标点 (2,4) 之间的距离作为缩放对象的参考长度。只有使用两对点对齐对象时才能使用缩放。

【提示、注意、技巧】

如果使用两个源点和目标点在非垂直的工作平面上执行三维对齐操作，将会产生不可预料的结果。

3. 使用三对点

如图 11-73 所示为使用三对点进行对齐示例。

【操作步骤】

指定第一个源点：指定点 (1)

指定第一个目标点：指定点 (2)

指定第二个源点：指定点 (3)

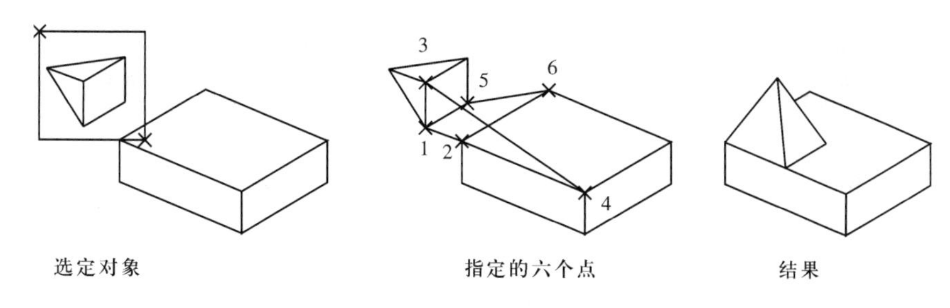

图 11-73　使用三对点对齐示例

指定第二个目标点：指定点（4）

指定第三个源点：指定点（5）

指定第三个目标点：指定点（6）

当选择三对点时，选定对象可在三维空间移动和旋转，使之与其他对象对齐。

选定对象从源点（1）移到目标点（2）。旋转选定对象（1 和 3），使之与目标对象（2 和 4）对齐。然后再次旋转选定对象（3 和 5），使之与目标对象（4 和 6）对齐。

11.11　创建三维实体实例——长方体、倒角、删除面

绘制如图 11-74 所示的实体。

通过绘制此图形，学习长方体命令、实体倒角、删除面命令和用户坐标系的建立方法。

11.11.1　绘制长方体

【操作步骤】

命令行：BOX

指定长方体的角点或［中心点(CE)］<0,0,0>：　　（在屏幕上任意点单击）

指定角点或［立方体(C)/长度(L)］：L↙　　（选择给定长、宽、高模式）

指定长度：30↙

指定宽度：20↙

指定高度：20↙

绘制出长 30，宽 20，高 20 的长方体，如图 11-75 所示。

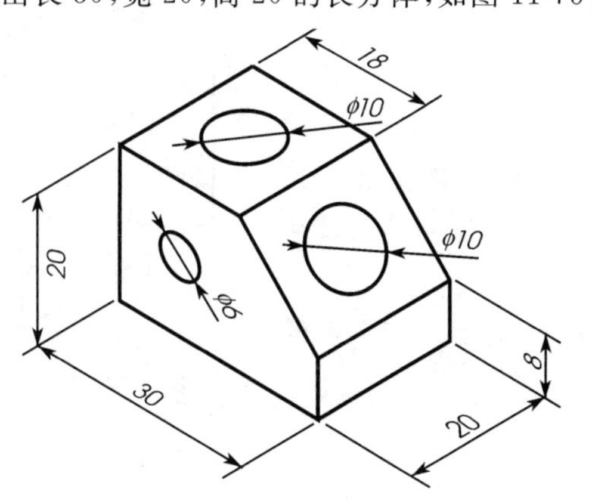

图 11-74　在用户坐标系下绘图

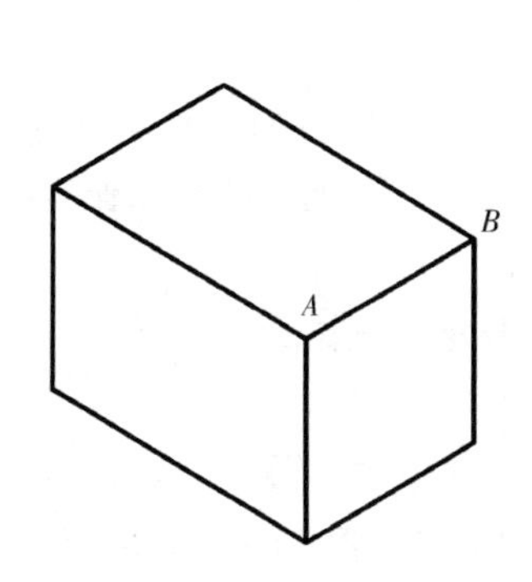

图 11-75　绘制长方体

11.11.2 倒　角

用于二维图形的倒角、圆角编辑命令在三维图中仍然可用。单击“修改”工具栏上的倒角按钮。

【操作步骤】

命令：_CHAMFER

(“修剪”模式）当前倒角距离 1 = 0.0000，距离 2 = 0.0000

选择第一条直线或[多段线(P)/距离(D)/角度(A)/修剪(T)/方式(M)/多个(U)]：(在 AB 直线上单击)

基面选择：

输入曲面选择选项[下一个(N)/当前(OK)] <当前>：（选择默认值）

指定基面的倒角距离：12↙

指定其他曲面的倒角距离 <12.0000>：　（选择默认值 12）

选择边或[环(L)]：在 AB 直线上单击

结果如图 11-76 所示。

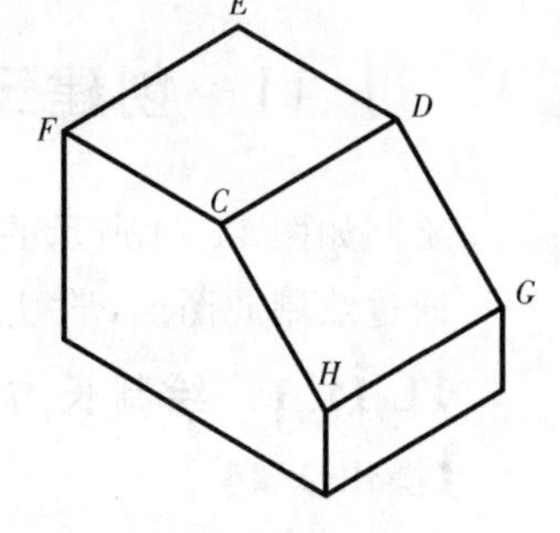

图 11-76　长方体倒角

【提示、注意、技巧】

如果倒角或圆角所创建的面不合适，可使用“删除面”命令删除。

调用“删除面”命令，可以使用下列方法之一：

(1)菜单：“修改”→“实体编辑”→“删除面”。

(2)工具栏：“实体编辑”→“删除面”。

11.11.3 移动坐标系，绘制表面圆

1. 移动坐标系

因为 AutoCAD 只可以在 *XY* 平面上画图，要绘制上表面上的图形，则需要建立用户坐标系。由于世界坐标系的 *XY* 面与 *CDEF* 面平行，且 *X* 轴、*Y* 轴又分别与四边形 *CDEF* 的边平行，因此只要把世界坐标系移到 *CDEF* 面上即可。移动坐标系，只改变坐标原点的位置，不改变 *X*,*Y* 轴的方向。如图 11-77 所示。

【操作步骤】

命令：UCS

当前 UCS 名称：*世界*

输入选项

[新建(N)/移动(M)/正交(G)/上一个(P)/恢复(R)/保存(S)/删除(D)/应用(A)/？/世界(W)] <世界>：M（选择移动选项）

指定新原点或[Z 向深度(Z)] <0,0,0>：<对象捕捉开>选择 F 点单击

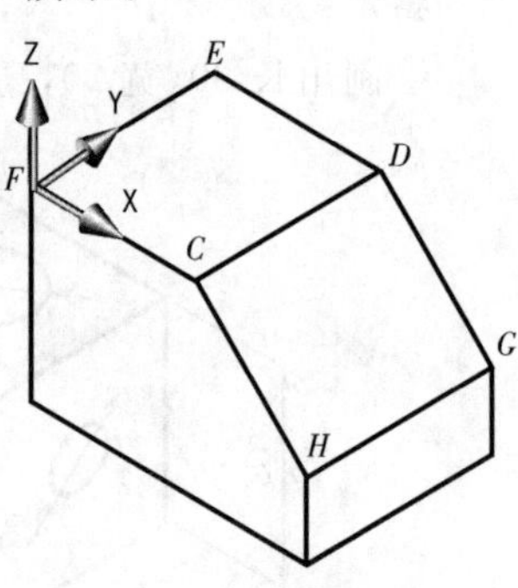

图 11-77　改变坐标系

【提示、注意、技巧】

也可直接调用“移动坐标系”命令：

(1)菜单：“工具”→“移动 UCS(V)”。

(2)工具栏:“UCS” →。

2. 绘制表面圆

打开“对象追踪”“对象捕捉”，调用圆命令，捕捉上表面的中心点，以 5 为半径绘制上表面的圆。结果如图 11-78 所示。

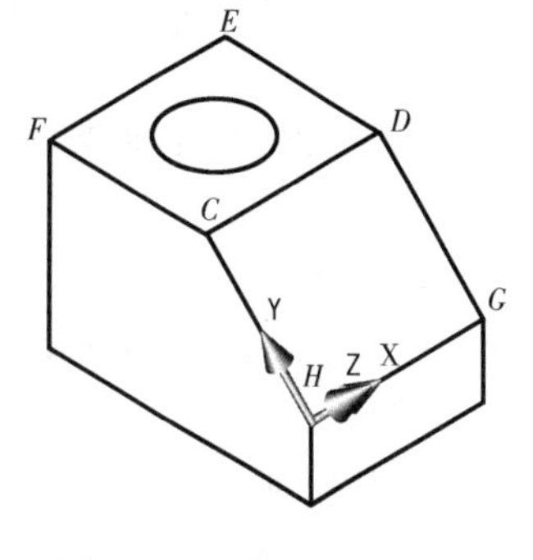

图 11-78　绘制上表面圆

11.11.4　新建用户坐标，绘制斜面上圆

1. “三点”方式新建坐标

【操作步骤】

命令：UCS

当前 UCS 名称：*没有名称*

输入选项［新建(N)/移动(M)/正交(G)/上一个(P)/恢复(R)/保存(S)/删除(D)/应用(A)/？/世界(W)］<世界>：N（新建坐标）

指定新 UCS 的原点或[Z 轴(ZA)/三点(3)/对象(OB)/面(F)/视图(V)/X/Y/Z] <0,0,0>：3（三点方式）

指定新原点 <0,0,0>：在 H 点上单击

在正 X 轴范围上指定点 <50.9844,-27.3562,12.7279>：在 G 点单击

在 UCS XY 平面的正 Y 轴范围上指定点 <49.9844,-26.3562,12.7279>：在 C 点单击

结果如图 11-78 所示。

【提示、注意、技巧】

也可用下面两种方法直接调用“三点”新建用户坐标系：

(1) 菜单：“工具”→“新建 UCS(W)” →“三点(3)”。

(2) 工具栏:“UCS” →。

2. 绘制斜面上圆

方法同前，结果如图 11-79 所示。

11.11.5　选择实体表面建立 UCS，在侧面上画圆

1. 选择实体表面建立 UCS

在命令窗口输入 UCS，调用用户坐标系命令：

命令：UCS

当前 UCS 名称：*世界*

输入选项［新建(N)/移动(M)/正交(G)/上一个(P)/恢复(R)/保存(S)/删除(D)/应用(A)/？/世界(W)］<世界>：N

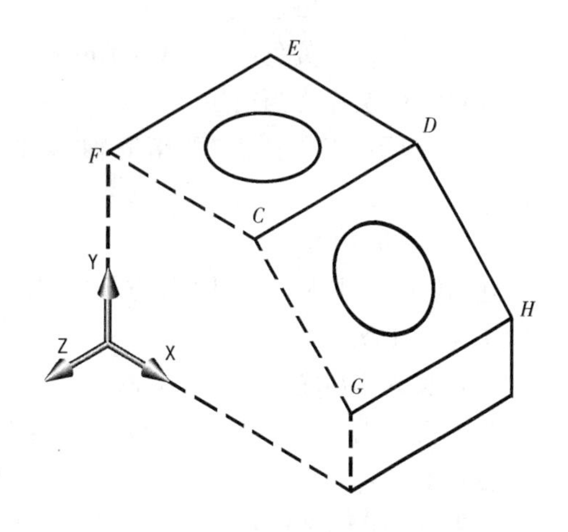

图 11-79　绘制斜面上圆

指定 UCS 的原点或[Z 轴(ZA)/三点(3)/对象(OB)/面(F)/视图(V)/X/Y/Z]<0,0,0>:F

选择实体对象的面:在侧面上接近底边处拾取实体表面

输入选项 [下一个(N)/X 轴反向(X)/Y 轴反向(Y)] <接受>:′(接受图示结果)

结果如图 11-79 所示。

2. 绘制圆

方法同上步,完成图见图 11-80。

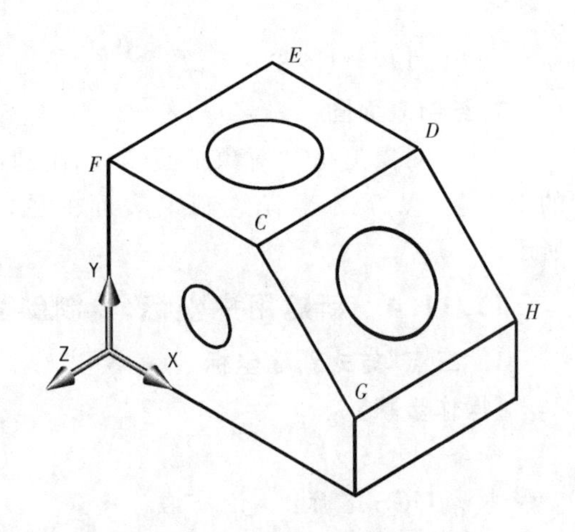

图 11-80 绘制侧面上圆

【提示、注意、技巧】

本例当中介绍的几种用户坐标系建立,意在学习用户坐标系的建立方法。实际绘制图中的三个圆,可利用动态坐标"DUCS"功能,更为方便快捷。

11.12 创建三维实体实例——绘制球、布尔运算

绘制如图 11-81 所示的物体。通过绘制此物体,学习使用圆角命令、布尔运算等编辑三维实体的方法。

【绘图步骤】

1. 绘制正方体

(1)新建两个图层

层 名	颜色	线 型	线宽
实体层	白色	Continues	默认
辅助层	黄色	Continues	默认

图 11-81 骰子

并将实体层作为当前层。

单击"视图"工具栏上"西南等轴测"按钮,将视点设置为西南方向。

(2)绘制正方体

在"建模"工具栏上单击"长方体"按钮,调用长方体命令:

命令:_BOX

指定长方体的角点或 [中心点(CE)] <0,0,0>:在屏幕上任意一点单击

指定角点或 [立方体(C)/长度(L)]: C　　　(绘制立方体)

指定长度: 20

结果如图 11-82 所示。

2. 挖上表面的一个球面坑

(1)移动坐标系到上表面

(2)绘制球

命令行:SPHERE

当前线框密度：ISOLINES＝4　　（说明当前轮廓素线网格线数为 4）

指定球体球心 ＜0,0,0＞：　　（利用双向追踪捕捉上表面的中心）

指定球体半径或［直径(D)］:5

结果如图 11-83 所示。

(3)差集运算

命令：_SUBTRACT

选择对象:在立方体上单击 找到 1 个

选择对象：↙　　（结束被减去实体的选择）

选择要减去的实体或面域：

选择对象:在球体上单击 找到 1 个

选择对象:↙　　（结束差运算）

结果如图 11-84 所示。

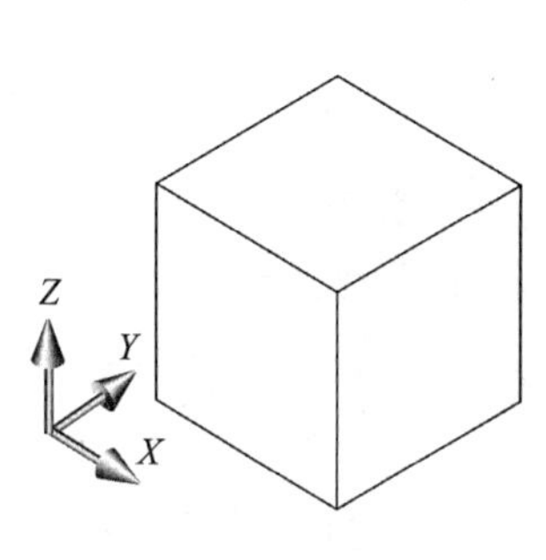

图 11-82　立方体

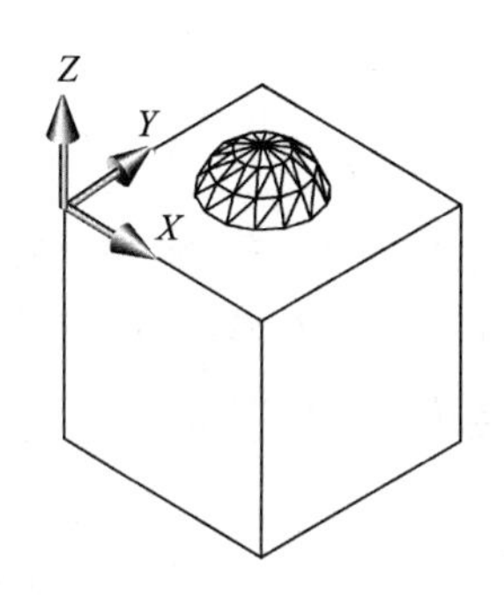

图 11-83　绘制球

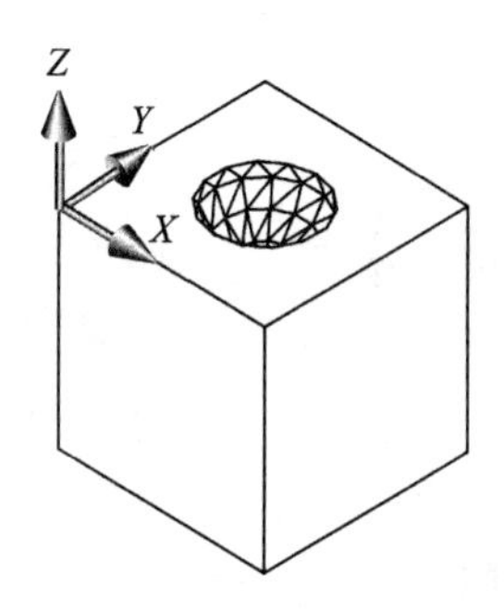

图 11-84　挖坑

3. 在左侧面上挖两个点的球面坑

(1)旋转 UCS

调用 UCS 命令：

命令：_UCS

当前 UCS 名称：*没有名称*

输入选项

［新建(N)/移动(M)/正交(G)/上一个(P)/恢复(R)/保存(S)/删除(D)/应用(A)/? / 世界(W)］＜世界＞：N

指定新 UCS 的原点或[Z 轴(ZA)/三点(3)/对象(OB)/面(F)/视图(V)/X/Y/Z] ＜0,0,0＞：X′

指定绕 X 轴的旋转角度 ＜90＞:↙

(2)确定球心点

在“草图设置”对话框中选择“端点”和“节点”捕捉,并打开“对象捕捉”。

选择辅助层,调用直线命令,连接对角线。

运行“绘图”菜单下的“点”“定数等分”命令,将辅助直线 3 等分,结果如图 11-85(a)所示。

(3)绘制球

捕捉辅助线上的节点为球心,以 4 为半径绘制两个球。

(4)差集运算

调用“差集”命令，以立方体为被减去的实体，两个球为减去的实体，进行差集运算，结果如图 11-85(b)所示。

以同样的方法绘制前表面上的三点坑，如图 11-86 所示。

4. 绘制底面上六个点的球面坑

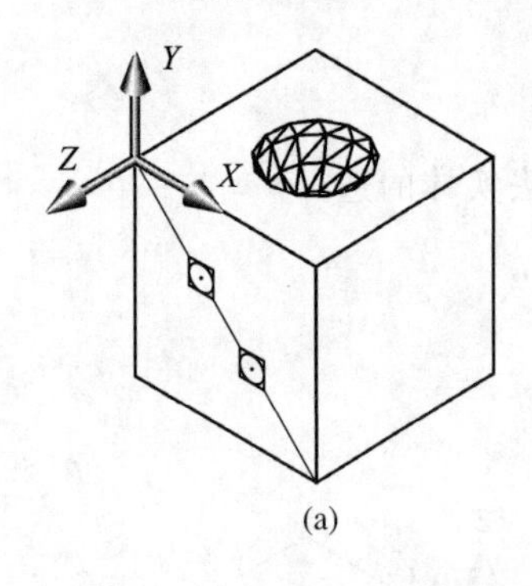

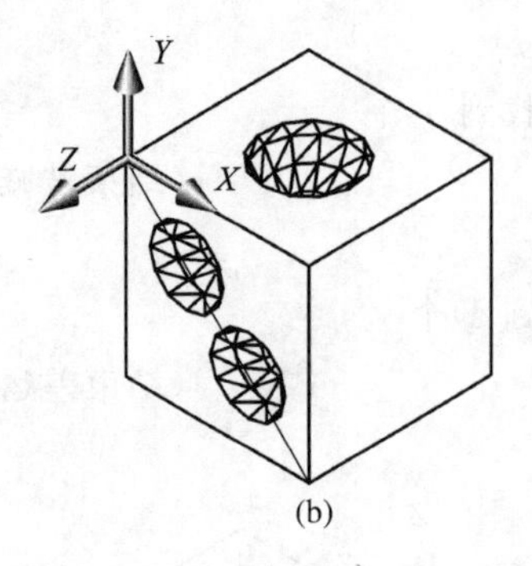

图 11-85　挖两点坑

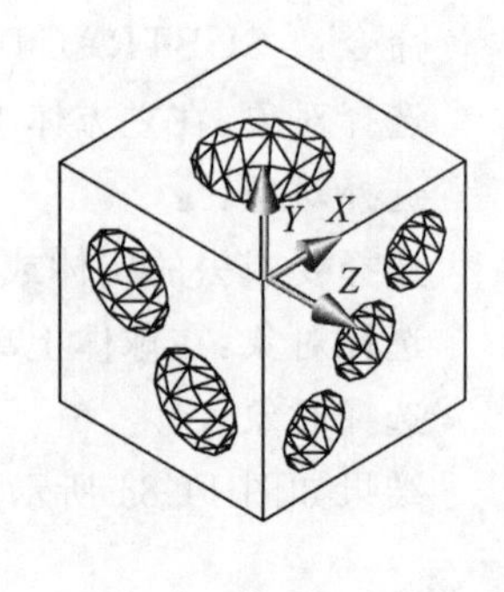

图 11-86　绘制三点坑

单击“三维动态观察器”工具栏上的“三维动态观察”按钮，激活三维动态观察器视图，屏幕上出现弧线圈，将光标移至弧线圈内，出现球形光标，向上拖动鼠标，使立方体的下表面转到上面全部可见位置。按ESC键或ENTER键退出，或者单击鼠标右键显示快捷菜单退出，如图 11-87 所示。

同创建两点坑一样，将上表面作为 *XY* 平面，建立用户坐标系，绘制作图辅助线，定出六个球心点，再绘制六个半径为 3 的球，然后进行布尔运算，结果如图 11-88 所示。

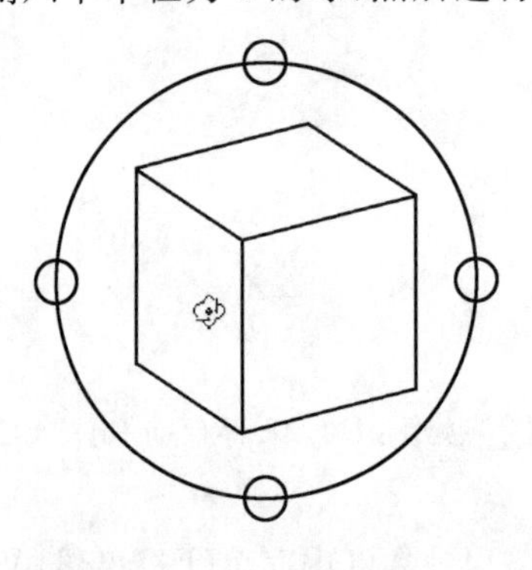

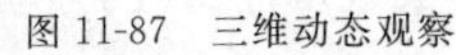

图 11-87　三维动态观察

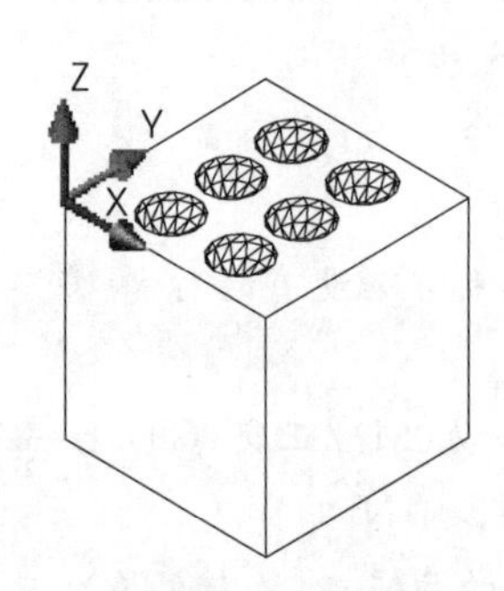

图 11-88　挖六点坑

5. 四点坑和五点坑

用同样的方法，调整好视点，挖另两面上的四点坑和五点坑，结果如图 11-89 所示。

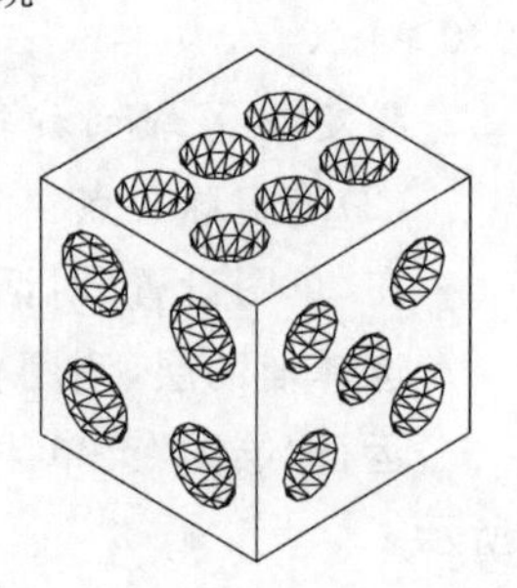

图 11-89　挖坑完成

6.　各棱线圆角

单击“编辑”工具栏上的“圆角”按钮，调用圆角命令：

命令：_FILLET

当前设置：模式 = 修剪，半径 = 6.0000

选择第一个对象或 [多段线(P)/半径(R)/修剪(T)/多个

(U)]：选择上表面一条棱线

输入圆角半径 <6.0000>：2↙

选择边或［链(C)/半径(R)］：选择立方体上表面另 11 条棱线

选择边或［链(C)/半径(R)］：↙

已选定 12 个边用于圆角。

结果如图 11-90 所示，图 11-91 为着色效果图。

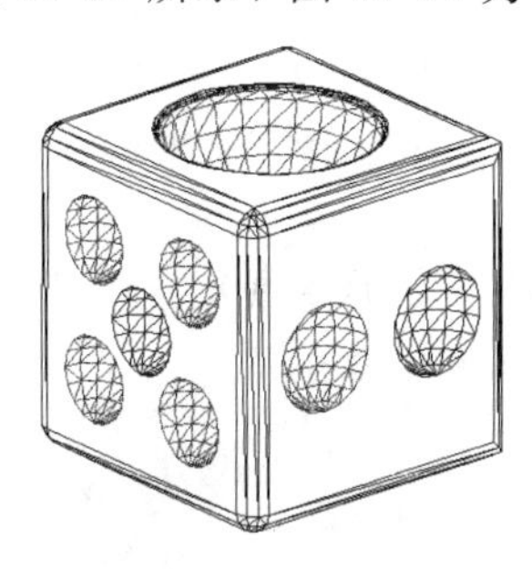

图 11-90　正方体圆角

图 11-91　着色效果图

7. 观察图形

打开视图菜单下的消隐模式，分别单击“视图工具栏”上的各按钮，以不同方向观察图形的变化。

11.13　创建三维实体实例——圆柱、圆锥

绘制如图 11-92 所示的电视塔实体。通过绘制此图形，学习圆柱、圆锥命令的使用。

【绘图步骤】

该图形是由圆柱、圆锥、球组合而成的，球的中心、圆柱、圆锥的轴线在同一中心线上。

1. 绘制基座——圆柱

(1)设置视图方向

设置视图方向为“西南等轴测”方向。

(2)设置线框密度

命令：ISOLINES

输入 ISOLINES 的新值 <4>：20↙

(3)绘制圆柱

命令：_CYLINDER

当前线框密度：ISOLINES=20

指定圆柱体底面的中心点或［椭圆(E)］<0,0,0>：↙

指定圆柱体底面的半径或［直径(D)］：80↙

指定圆柱体高度或［另一个圆心(C)］：10↙

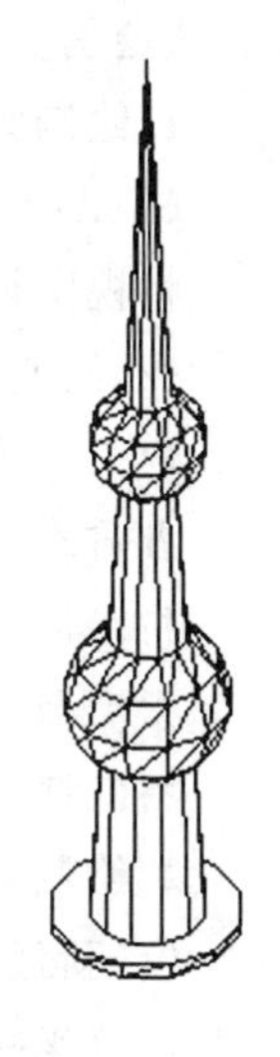

图 11-92　电视塔

2. 绘制圆锥

命令：_CONE

当前线框密度：ISOLINES=20

指定圆锥体底面的中心点或［椭圆(E)］<0,0,0>：0,0,10↙

(底面中心在圆柱上表面中心)

指定圆锥体底面的半径或［直径(D)］：50↙

指定圆锥体高度或［顶点(A)］：800↙

3. 绘制球

单击“建模”工具栏上的球图标，调用球命令。

命令：_SPHERE

当前线框密度：ISOLINES＝20

指定球体球心 <0,0,0>：0,0,250↙

指定球体半径或［直径(D)］：80↙　　（完成底下球的绘制）

命令：_SPHERE　　（再次调用球命令）

当前线框密度：ISOLINES＝20

指定球体球心 <0,0,0>：0,0,450↙

指定球体半径或［直径(D)］：50↙

4. 布尔运算

单击实体编辑工具栏上的并集按钮，调用并集命令。

命令 _UNION

选择对象：窗口选择各个对象 找到 4 个

选择对象：↙

11.14 创建三维实体实例——环

绘制如图 11-93 所示的实体。通过绘制此图形，学习绘制环命令的使用。

【绘图步骤】

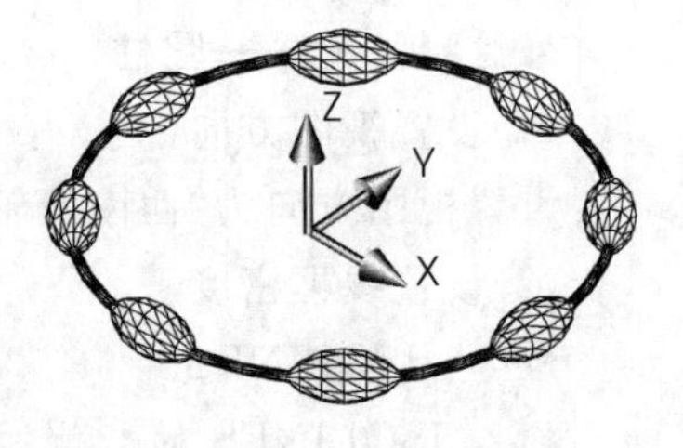

图 11-93 环

1. 绘制大圆环

(1)设置视点

将视图调整到西南等轴测方向。

(2)绘制圆环

命令：_TORUS

当前线框密度：ISOLINES＝4

指定圆环体中心 <0,0,0>：↙

指定圆环体半径或［直径(D)］：100↙

指定圆管半径或［直径(D)］：2↙

2. 绘制环珠

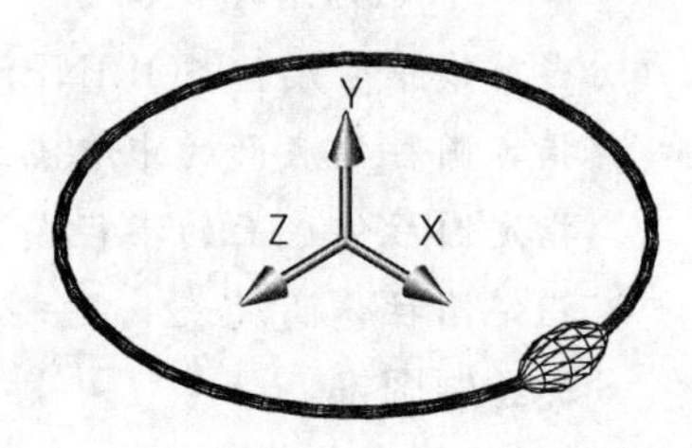

图 11-94 绘制环珠

(1)新建坐标

调整坐标系方向，如图 11-94 所示。

(2)绘制橄榄球

命令：_TORUS

当前线框密度：ISOLINES＝4

指定圆环体中心 <0,0,0>：100,0,0↙
指定圆环体半径或［直径(D)］：－20↙
指定圆管半径或［直径(D)］：30↙

3. 阵列环珠

调整视图方向到俯视图方向，如图 11-95 所示。调用“修改工具栏”上“阵列”命令，以大环的中心为阵列中心，在 360 度范围内阵列环珠，个数为 8 个，完成图如 11-93 所示。

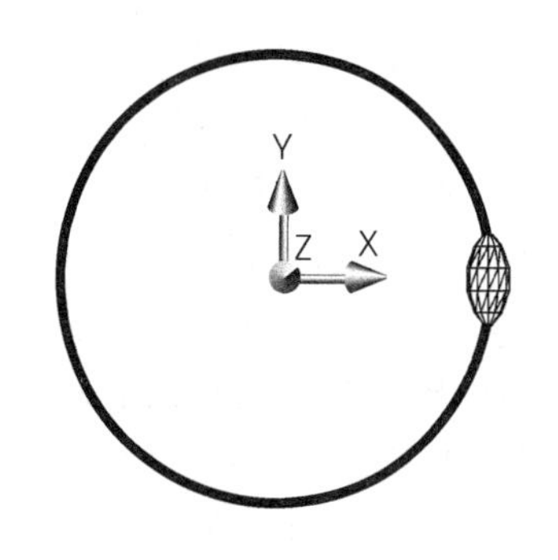

图 11-95　阵列准备图

【提示、注意、技巧】

(1)在绘制环时，如果给定环半径大于圆管半径，则绘制的是正常的环。如果给定环的半径为负值，并且圆管半径大于环半径的绝对值，则绘制的是橄榄形。

(2)阵列对象时，如果阵列对象分布在一个平面上，则可将 XY 平面调整到该平面上，利用平面的“阵列”命令阵列对象，这样比用三维阵列方便得多。

11.15　通过二维图形创建三维实体实例——拉伸

绘制如图 11-96 所示的实体。通过绘制此图形，学习拉伸命令的使用。

【绘图步骤】

1. 画端面图形

(1)绘制长方形

调用矩形命令，绘制长方形，长 100，宽 80。

(2)绘制圆

调用圆命令，绘制直径为 60 的圆。将视图方向调整到“西南等轴测”方向，如图 11-97 所示。

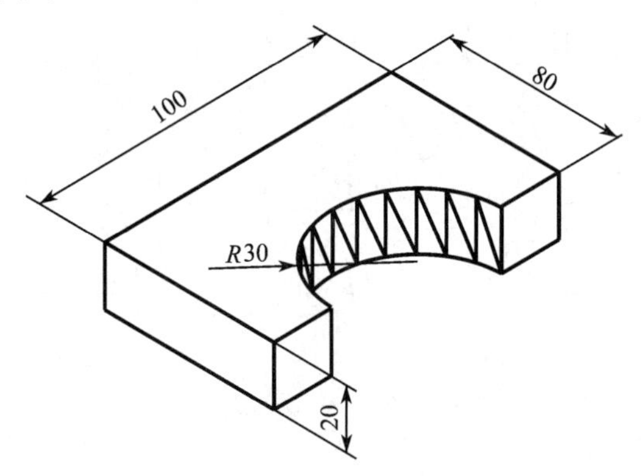

图 11-96　拱形体

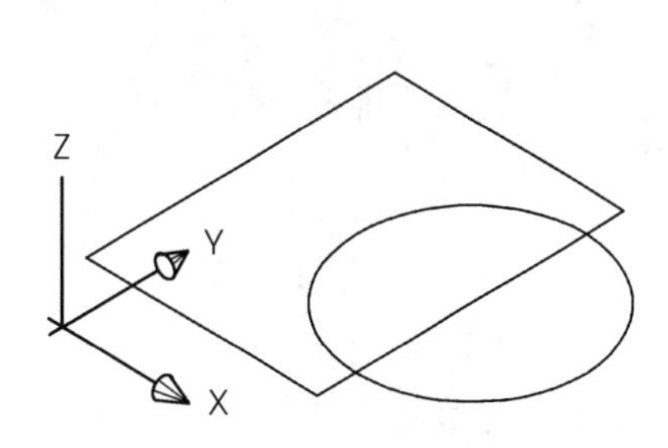

图 11-97　绘制长方形和圆

(3)创建面域

调用“面域”命令，可以使用下列方法之一：

①命令行：REGION。

②菜单：“绘图”→“面域”。

③工具栏：“绘图”→“面域”。

输入命令，系统提示：

选择对象：选择长方形和圆 找到 2 个

选择对象：↙

已提取 2 个环。

已创建 2 个面域。

(4)布尔运算

单击“实体编辑工具栏”上的差集运算命令按钮，用长方形面域减去圆形面域，结果如图 11-98 所示。

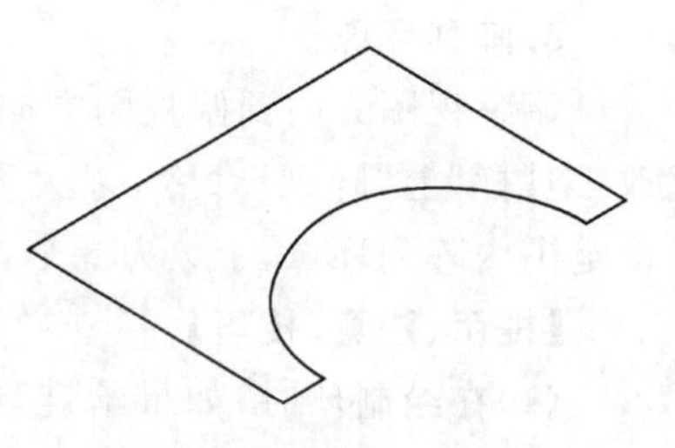

图 11-98　面域计算

2. 拉伸面域

命令：_EXTRUDE

当前线框密度：ISOLINES=4

选择对象：在面域线框上单击 找到 1 个

选择对象：↙

指定拉伸高度或［路径(P)］：20↙

指定拉伸的倾斜角度 <0>：↙

完成图 11-96 所示图形。

11.16　通过二维图形创建实体——旋转

绘制如图 11-99 所示的实体模型。通过绘制此图形，学习旋转命令的使用。

1. 画回转截面

新建图形文件，视图方向调整到主视图方向，调用“多段线”命令，绘制图 11-100(a)所示的封闭图形，再绘制辅助直线 AC，BD，如图 11-100(b)所示。

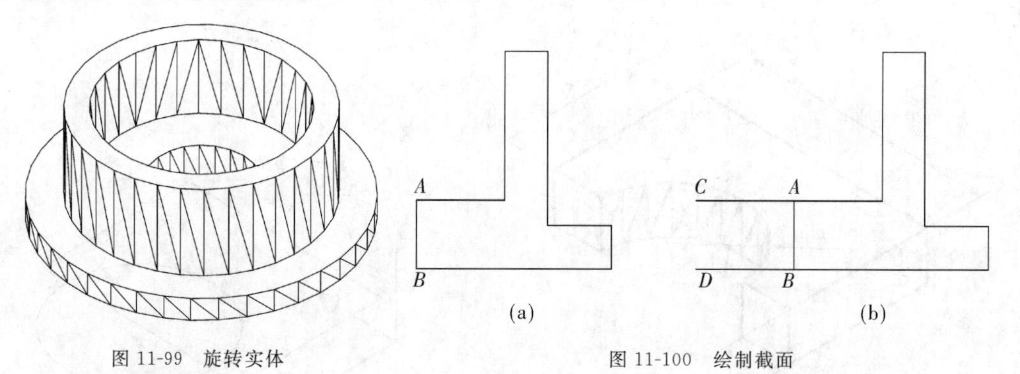

图 11-99　旋转实体

图 11-100　绘制截面

2. 旋转生成实体

命令：_REVOLVE

当前线框密度：ISOLINES=4

选择对象：选择封闭线框 找到 1 个

选择对象：↙　　　　　　　　　　　　　　　　　　(结束选择)

指定旋转轴的起点或

定义轴依照［对象(O)/X 轴(X)/Y 轴(Y)］：选择端点 C　　(按定义轴旋转)

指定轴端点：选择端点 D

指定旋转角度 <360>：↙　　（接受默认，按 360°旋转）

旋转角度可以在 0°～ 360°选择，图 11-101 所示为旋转角度为 180°和 270°时的情况。

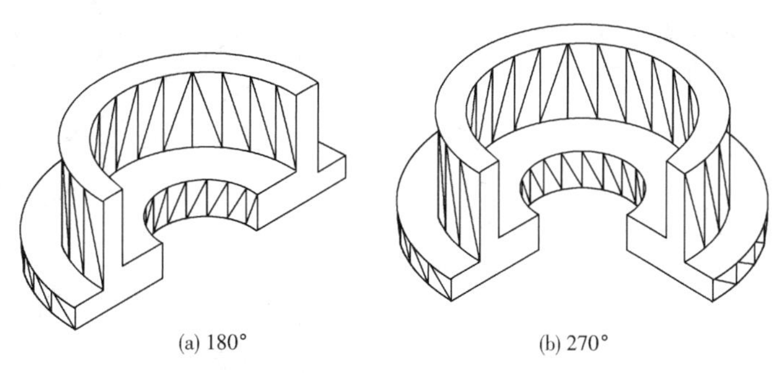

图 11-101　旋转角度为 180°和 270°

11.17　编辑实体——剖切、截面

绘制如图 11-102 所示的实体模型和断面图形。通过绘制此图形，学习剖切命令、切割命令的使用。

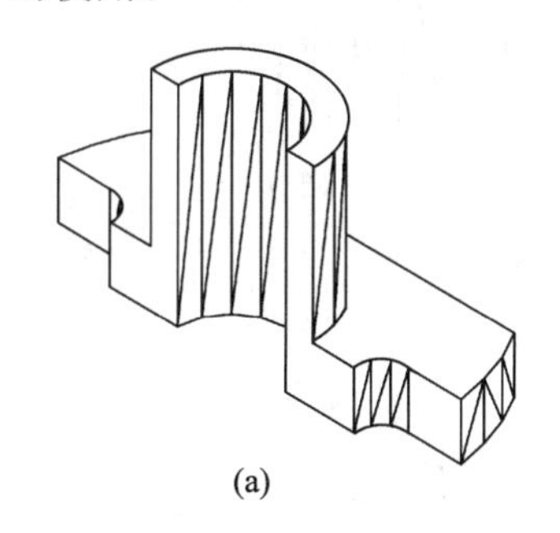
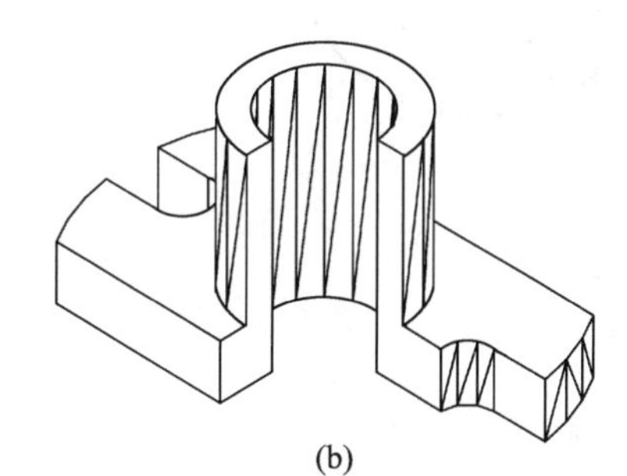
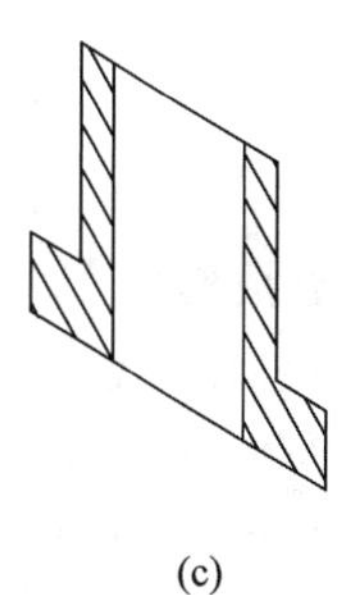

(a)　(b)　(c)

图 11-102　轴承座

【绘图步骤】

1. 绘制底板实体

(1)绘制外形轮廓

按图 11-103 所示尺寸绘制外形轮廓。

(2)创建面域

调用面域命令，选择所有图形，生成两个面域。再调用“差集”命令，用外面的大面域减去中间圆孔面域，完成面域创建。

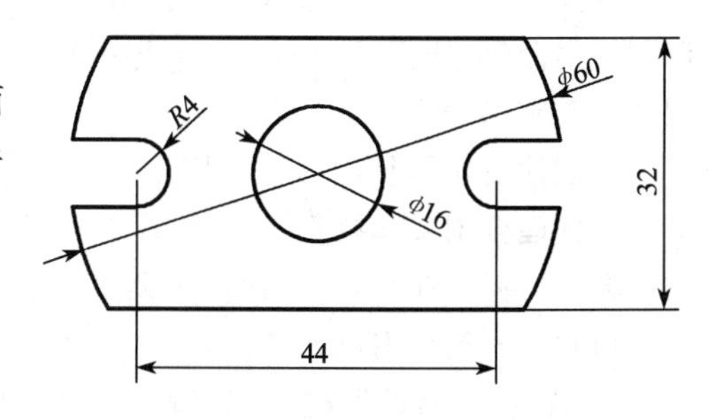

图 11-103　平面图形

(3)拉伸面域

【操作步骤】

命令：_EXTRUDE

当前线框密度：ISOLINES＝4

选择对象：选择图形 找到 1 个

选择对象：↙

指定拉伸高度或［路径(P)］：8↙

指定拉伸的倾斜角度 <0>：↙

结果如图 11-104 所示。

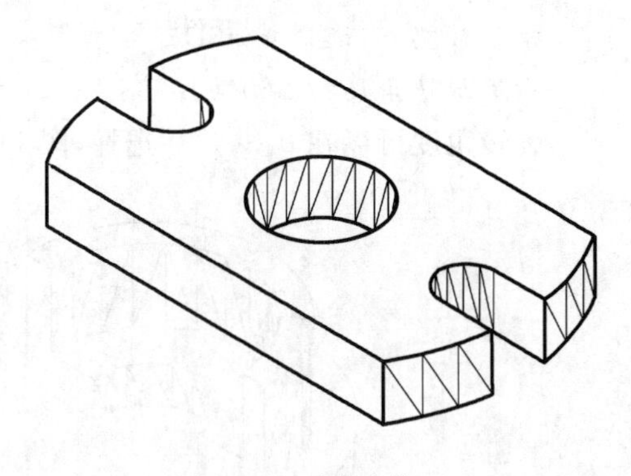

图 11-104 底板实体

2. 创建圆筒

(1)绘制圆

调用圆命令，绘制如图 11-105 所示的图形。

(2)创建环形面域

(3)拉伸实体

调用“建模”工具栏的“拉伸”命令，选择环形面域，以高度为 22，倾斜角度为 0°拉伸面域，生成圆筒。如图 11-106 所示。

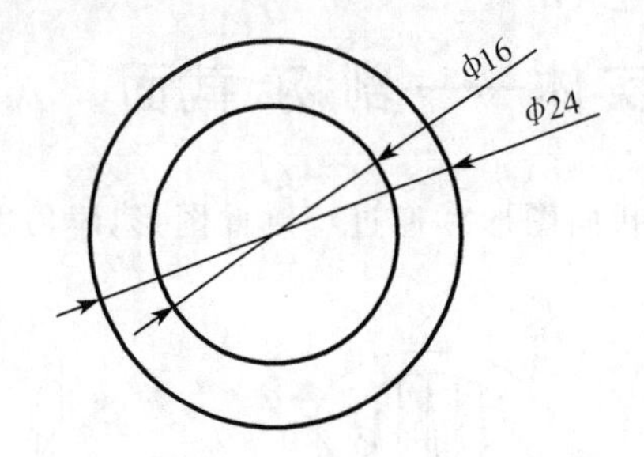

图 11-105 圆筒端面

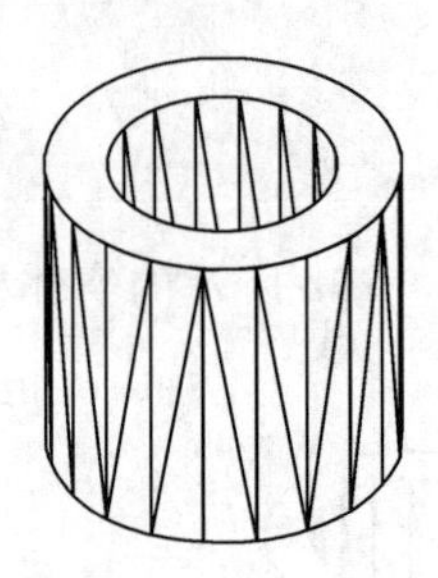

图 11-106 圆筒

3. 合成实体

(1)组装模型

命令：_MOVE

选择对象：选择圆筒 找到 1 个

选择对象：↙

指定基点或位移：选择圆筒下表面圆心

指定位移的第二点或 <用第一点作位移>：选择底板上表面圆孔圆心

(2)并集运算

选择“实体编辑”工具栏上的“并集”按钮，调用并集命令，选择两个实体，合成一个。完成图如图 11-107 所示。

将创建的实体复制两份备用。

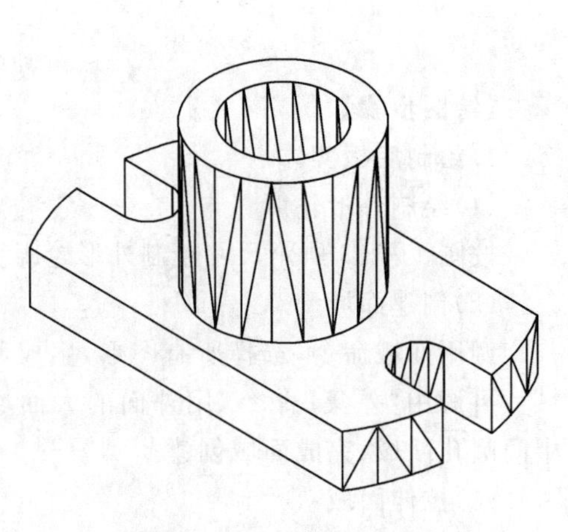

图 11-107 完整的实体

4. 创建全剖实体模型

调用“剖切”命令，可以使用下列方法之一：

(1)命令行：SLICE。

(2)菜单：“修改”→“三维操作”→“剖切”。

【操作步骤】

命令：_SLICE

选择对象：选择实体模型 找到 1 个

选择对象：↙

指定切面上的第一个点，依照［对象(O)/Z 轴(Z)/视图(V)/XY 平面(XY)/YZ 平面(YZ)/ZX 平面(ZX)/三点(3)］＜三点＞：选择左侧 U 形槽上圆心 A

指定平面上的第二个点：选择圆筒上表面圆心 B

指定平面上的第三个点：选择右侧 U 形槽上圆心 C

在要保留的一侧指定点或［保留两侧(B)］：在图形的右上方单击

结果如图 11-102(a)所示。

5. 创建半剖实体模型

(1)剖切完整轴座实体

选择前面复制的完整轴座实体，重复剖切过程，当系统提示："在要保留的一侧指定点或［保留两侧(B)］："时，选择"B"选项，则剖切的实体两侧全保留。结果如图 11-108 所示，虽然看似一个实体，但已经分成前后两部分，并且在两部分中间过 ABC 已经产生一个分界面。

(2)将前部分左右剖切

再调用"剖切"命令：

命令：_SLICE

选择对象：选择前部分实体 找到 1 个

选择对象：↙

指定切面上的第一个点，依照［对象(O)/Z 轴(Z)/视图(V)/XY 平面(XY)/YZ 平面(YZ)/ZX 平面(ZX)/三点(3)］＜三点＞：选择圆筒上表面圆心 B

指定平面上的第二个点：选择底座边中心点 D

指定平面上的第三个点：选择底座边中心点 E

在要保留的一侧指定点或［保留两侧(B)］：在图形左上方单击

结果如图 11-109 所示。

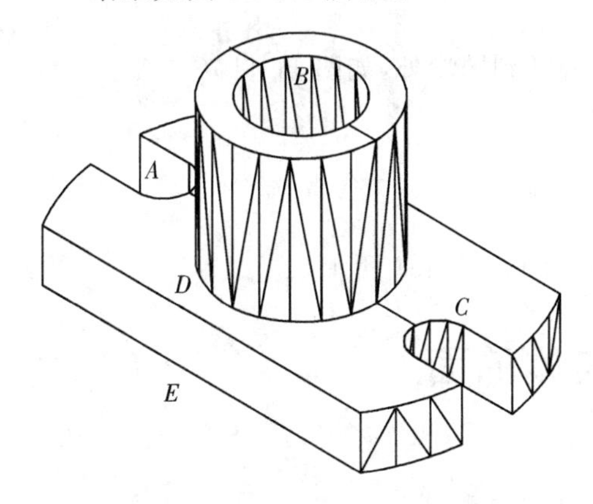

图 11-108　切割成两部分的实体

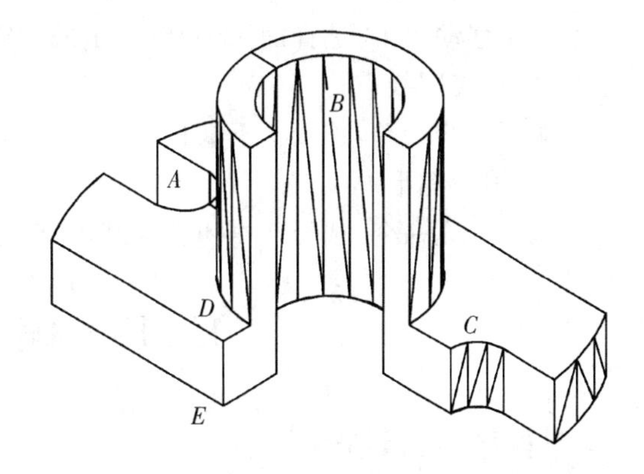

图 11-109　半剖的实体

(3)并集

调用"并集"运算命令，选择两部分实体，将剖切后得到的两部分合成一体，结果如图 11-102(b)所示。

7. 创建断面图

(1)创建实体的横截面

调用“横截面”命令,可以使用下列方法:

命令行:SECTION。

【操作步骤】

命令:_SECTION

选择对象:选择实体 找到 1 个

选择对象:↙

指定截面上的第一个点,依照[对象(O)/Z 轴(Z)/视图(V)/XY 平面(XY)/YZ 平面(YZ)/ZX 平面(ZX)/三点(3)]<三点>:选择左侧 U 形槽上圆心 *A*

指定平面上的第二个点:选择圆筒上表面圆心 *B*

指定平面上的第三个点:选择右侧 U 形槽上圆心 *C*

结果如图 11-110(a)所示(在线框模式下)。

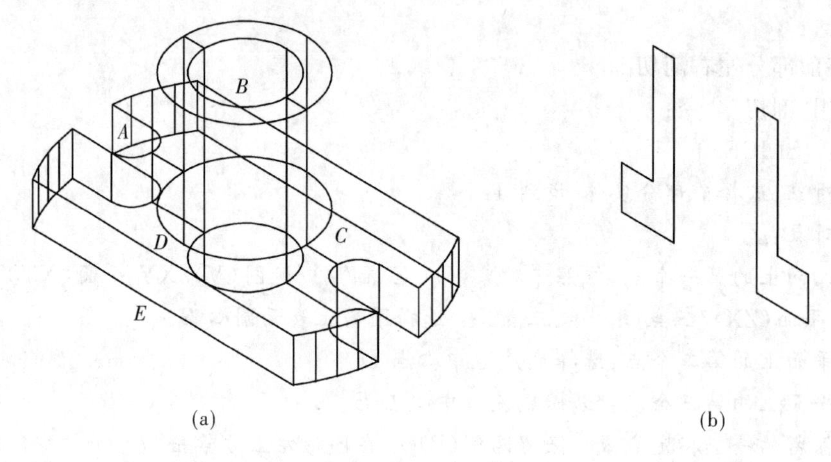

图 11-110 切割实体

(2)移出切割面

调用移动命令,选择图 11-110(a)中的切割面,移动到图形外,如图 11-110(b)所示。

(3)连接图线

调用直线命令,连接上下缺口。

(4)填充图形

调用填充命令,选择两侧闭合区域填充,结果如图 11-102(c) 所示。

11.18 编辑实体的面

11.18.1 拉伸面

“拉伸面”是将选定的三维实体对象的面拉伸到指定的高度或沿一路径拉伸。一次可以选择多个面。

例:将图 11-111(a)所示的实体模型修改成 11-111(b)所示的图形。通过绘制此图形,学习拉伸面命令的使用。

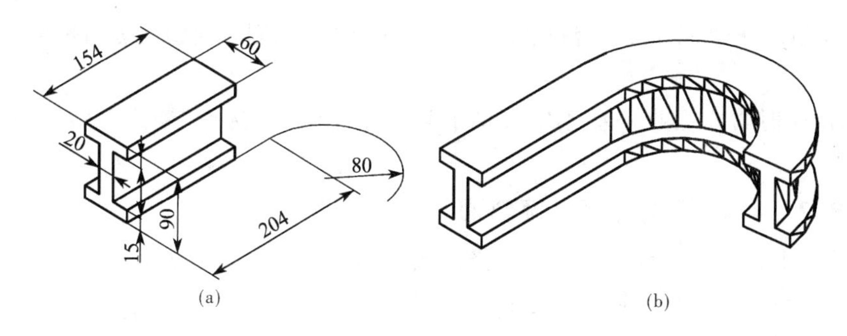

图 11-111　工字钢

【绘图步骤】

(1)绘制平面图形

调用“多段线”命令，按图示尺寸绘制“工”字形平面图形。

(2)创建柱形实体

再选择“建模”工具栏上的“拉伸”命令，视图方向调至西南等轴测方向，创建如图11-111(a)所示实体。

(3)绘制拉伸路径

将坐标系的 *XY* 平面调整到底面上，坐标轴方向与“工”字钢棱线平行，调用“多段线”命令，绘制拉伸路径线。

(4)拉伸面

调用“拉伸面”命令，可以使用下列方法之一：

①命令：SOLIDEDIT。

②菜单：“修改”→“实体编辑”→“拉伸面”。

③工具栏：“实体编辑”→“拉伸面”。

【操作步骤】

命令：_SOLIDEDIT

实体编辑自动检查：SOLIDCHECK=1

输入实体编辑选项 [面(F)/边(E)/体(B)/放弃(U)/退出(X)] <退出>：_face

输入面编辑选项

[拉伸(E)/移动(M)/旋转(R)/偏移(O)/倾斜(T)/删除(D)/复制(C)/着色(L)/放弃(U)/退出(X)] <退出>：_extrude

选择面或 [放弃(U)/删除(R)]：选择工字型实体右端面 找到一个面

选择面或 [放弃(U)/删除(R)/全部(ALL)]：↙

指定拉伸高度或 [路径(P)]：p↙

选择拉伸路径：在路径线上单击

已开始实体校验。

已完成实体校验。

结果如图11-111(b)所示。

【提示、注意、技巧】

(1)命令选项中“指定拉伸高度”的使用方法同“拉伸”命令中的“指定拉伸高度”选项是

不同的,如果输入正值,则沿面的法向拉伸。如果输入负值,则沿面的反法向拉伸,与坐标方向无关。

(2)选择面时常常会把一些不需要的面选择上,此时应选择"删除"选项删除多选择的面。

11.18.2 移动面、旋转面、倾斜面

例:将图 11-112(a)所示的实体模型修改成 11-112(b)所示的图形。通过绘制此图形,学习移动面、旋转面、倾斜面命令的使用。

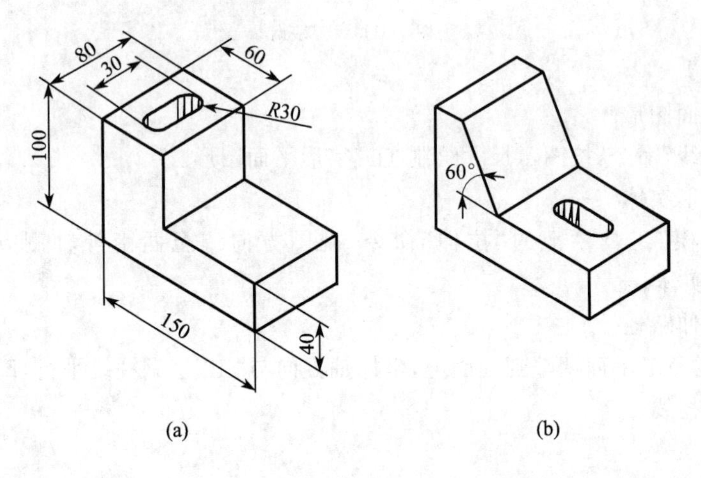

图 11-112 垫块实体

1. 绘制原图形

(1)创建"L"形实体块

新建图形文件,调整到主视图方向,用多段线命令按尺寸绘制"L"形的端面,然后调用"拉伸"命令创建实体。并在其上表面捕捉棱边中点绘制辅助线 AB。如图 11-113(a)所示。

(2)创建腰圆形立体

在俯视图方向按尺寸绘制腰圆形端面,生成面域后,拉伸成实体,并在其上表面绘制辅助线 CD,如图 11-113(b)所示。

(3)布尔运算

选择腰圆形实体,以 CD 的中点为基点移动到 AB 的中点处。然后用"L"形实体减去腰圆形实体。原图形绘制完成,结果如图 11-112(a)所示。

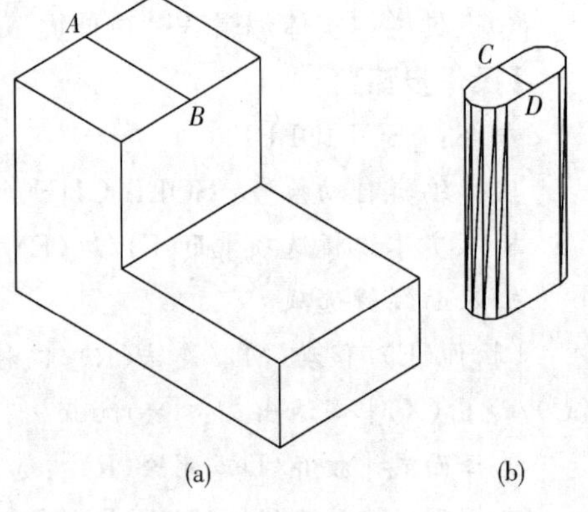

图 11-113 创建原图形

2. 移动面

调用"移动面"命令,可以使用下列方法之一:

(1)命令行:SOLIDEDIT。

(2)菜单:"修改"→"实体编辑" →"移动面"。

(3)工具栏:"实体编辑" →"移动面" 。

【操作步骤】

命令：_SOLIDEDIT

实体编辑自动检查：SOLIDCHECK=1

输入实体编辑选项［面(F)/边(E)/体(B)/放弃(U)/退出(X)］<退出>：_face

输入面编辑选项［拉伸(E)/移动(M)/旋转(R)/偏移(O)/倾斜(T)/删除(D)/复制(C)/着色(L)/放弃(U)/退出(X)］<退出>：_move

选择面或［放弃(U)/删除(R)］：在孔边缘线上单击 找到一个面

选择面或［放弃(U)/删除(R)/全部(ALL)］：在孔边缘线上单击 找到 2 个面

删除面或［放弃(U)/添加(A)/全部(ALL)］：↙

（当只剩下要移动的内孔面时结束选择，如图 11-114(a)所示）

指定基点或位移：选择 *CD* 的中点

指定位移的第二点：选择 *EF* 的中点

已开始实体校验。

已完成实体校验。

结果如图 11-114(b)所示

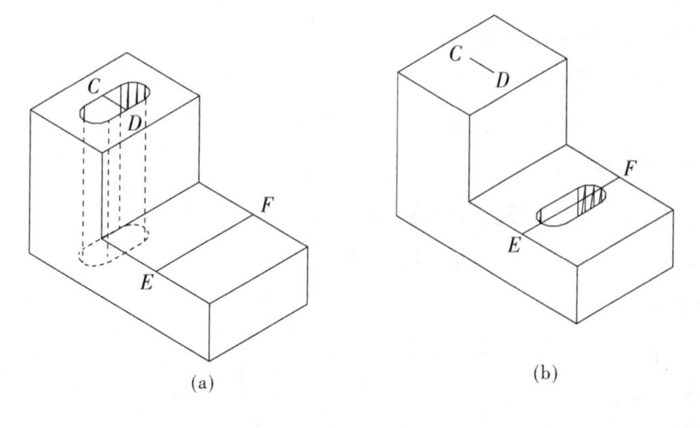

图 11-114　移动面

3. 旋转面

调用"旋转面"命令，可以使用下列方法之一：

(1)命令：SOLIDEDIT。

(2)菜单："修改"→"实体编辑"→"旋转面"。

(3)工具栏："实体编辑"→"旋转面"。

【操作步骤】

命令：_SOLIDEDIT

实体编辑自动检查：SOLIDCHECK=1

输入实体编辑选项［面(F)/边(E)/体(B)/放弃(U)/退出(X)］<退出>：_face

输入面编辑选项［拉伸(E)/移动(M)/旋转(R)/偏移(O)/倾斜(T)/删除(D)/复制(C)/着色(L)/放弃(U)/退出(X)］<退出>：_rotate

选择面或［放弃(U)/删除(R)］：选择内孔表面 找到 2 个面。

……

删除面或［放弃(U)/添加(A)/全部(ALL)］:↙

(同上步一样选择全部内孔表面，当只剩下要移动的内孔面时，结束选择)

指定轴点或［经过对象的轴(A)/视图(V)/X 轴(X)/Y 轴(Y)/Z 轴(Z)］＜两点＞: Z↙

指定旋转原点 ＜0,0,0＞:选择 EF 的中点

指定旋转角度或［参照(R)］: 90↙

已开始实体校验。

已完成实体校验。

结果如图 11-115 所示。

图 11-115　旋转面

4. 倾斜面

调用“倾斜面”命令，可以使用下列方法之一：

(1)命令：SOLIDEDIT。

(2)菜单：“修改”→“实体编辑”→“倾斜面”。

(3)工具栏：“实体编辑”→“倾斜面”。

【操作步骤】

命令：_SOLIDEDIT

实体编辑自动检查：SOLIDCHECK＝1

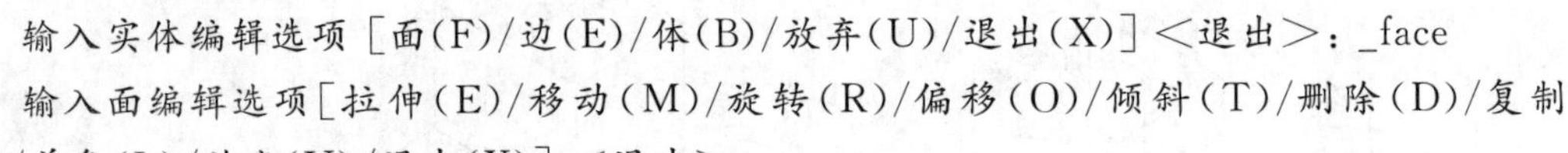

输入实体编辑选项［面(F)/边(E)/体(B)/放弃(U)/退出(X)］＜退出＞：_face

输入面编辑选项［拉伸(E)/移动(M)/旋转(R)/偏移(O)/倾斜(T)/删除(D)/复制(C)/着色(L)/放弃(U)/退出(X)］＜退出＞：_taper

选择面或［放弃(U)/删除(R)］:选择 GHJK 表面 找到一个面。

选择面或［放弃(U)/删除(R)/全部(ALL)］:↙

指定基点:选择 *G* 点

指定沿倾斜轴的另一个点:选择 *H* 点

指定倾斜角度: 30↙

已开始实体校验。

已完成实体校验。

删除辅助线结果如图 11-112(b)所示。

11.18.3　着色面、复制面

将图 11-116(a)所示的实体模型修改成 11-116(b)、(c)所示的图形。通过绘制此图形，学习着色面、复制面命令的使用。

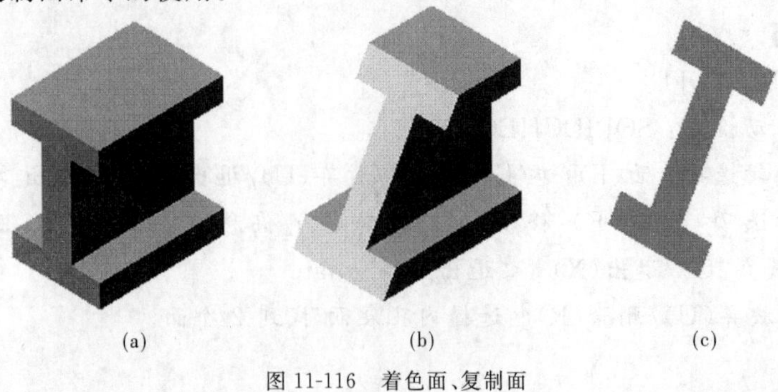

(a)　(b)　(c)

图 11-116　着色面、复制面

1. 创建基本实体

创建图 11-116(a)所示实体(步骤略)。

2. 倾斜面

调用“倾斜面”命令，选择实体的“工字形”端面，以底边为轴，以 30°旋转端面，得到倾斜面。

3. 着色面

调用“着色面”命令，可以使用下列方法之一：

(1)命令：SOLIDEDIT。

(2)菜单：“修改”→“实体编辑”→“着色面”。

(3)工具栏：“实体编辑”→“着色面”。

【操作步骤】

命令：_SOLIDEDIT

实体编辑自动检查：SOLIDCHECK=1

输入实体编辑选项 [面(F)/边(E)/体(B)/放弃(U)/退出(X)] ＜退出＞：_face

输入面编辑选项[拉伸(E)/移动(M)/旋转(R)/偏移(O)/倾斜(T)/删除(D)/复制(C)/着色(L)/放弃(U)/退出(X)] ＜退出＞：_color

选择面或 [放弃(U)/删除(R)]：选择倾斜的端面 找到一个面。

选择面或 [放弃(U)/删除(R)/全部(ALL)]：↙

弹出选择颜色对话框，选择合适的颜色，单击确定。

再按 ESC 键，结束命令。

在面着色或体着色的模式下观察图形，结果如图 11-116(b)所示。

4. 复制面

调用“复制面”命令，可以使用下列方法之一：

(1)命令：SOLIDEDIT。

(2)菜单：“修改”→“实体编辑”→“复制面”。

(3)工具栏：“实体编辑”→“复制面”。

【操作步骤】

命令：_SOLIDEDIT

实体编辑自动检查：SOLIDCHECK=1

输入实体编辑选项 [面(F)/边(E)/体(B)/放弃(U)/退出(X)] ＜退出＞：_face

输入面编辑选项[拉伸(E)/移动(M)/旋转(R)/偏移(O)/倾斜(T)/删除(D)/复制(C)/着色(L)/放弃(U)/退出(X)] ＜退出＞：_copy

选择面或 [放弃(U)/删除(R)]：选择倾斜端面 找到 1 个面。

选择面或 [放弃(U)/删除(R)/全部(ALL)]：↙

指定基点或位移：选择左下角点

指定位移的第二点：选择目标点

再按 ESC 键，结束命令。

结果如图 11-116(c)所示。

11.19 编辑三维实体——抽壳、复制边、对齐、着色边

创建如图 11-117 所示实体。通过绘制此图形，学习抽壳、复制边、着色边命令的使用。

1. 创建长方体

新建一个图形，调用长方体命令，绘制长 400，宽 250，高 120 的长方体。

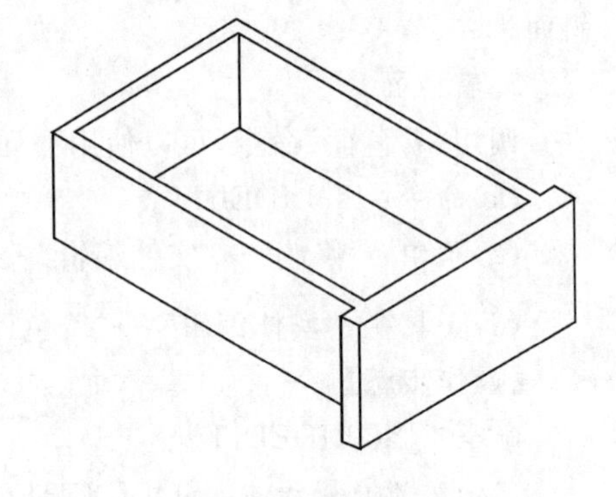

图 11-117 抽屉实体

2. 编辑长方体

(1)抽壳

以下面任意一种方法调用抽壳命令：

①命令：SOLIDEDIT。

②菜单："修改"→"实体编辑" →"抽壳"。

③工具栏:"实体编辑" →"抽壳" 。

【操作步骤】

命令：_SOLDEDIT

实体编辑自动检查：SOLIDCHECK＝1

输入实体编辑选项［面(F)/边(E)/体(B)/放弃(U)/退出(X)］＜退出＞：_body

输入体编辑选项［压印(I)/分割实体(P)/抽壳(S)/清除(L)/检查(C)/放弃(U)/退出(X)］＜退出＞：_shell

选择三维实体:选择长方体

删除面或［放弃(U)/添加(A)/全部(ALL)］：选择长方体上表面 找到一个面，已删除 1 个。

删除面或［放弃(U)/添加(A)/全部(ALL)］：选择长方体前表面 找到一个面，已删除 1 个。

删除面或［放弃(U)/添加(A)/全部(ALL)］:↙

输入抽壳偏移距离：18↙

已开始实体校验。

已完成实体校验。

结果如图 11-118 所示。

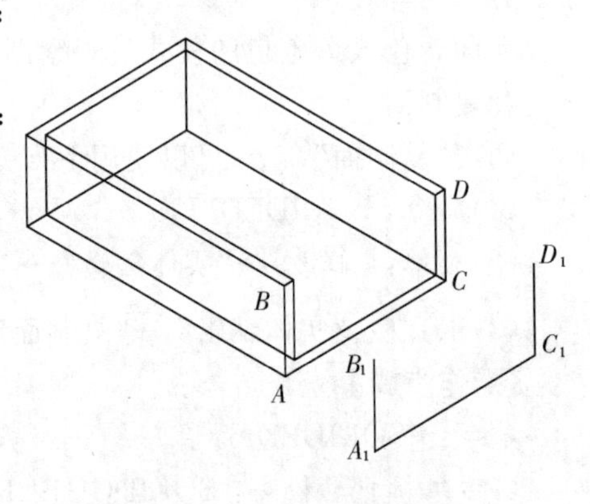

图 11-118 抽壳、复制边

(2)复制边

以下面任意一种方法调用复制边命令：

①命令：SOLIDEDIT。

②菜单："修改"→"实体编辑" →"复制边"。

③工具栏:"实体编辑" →"复制边"。

【操作步骤】

命令：_SOLIDEDIT

实体编辑自动检查：SOLIDCHECK＝1

输入实体编辑选项［面(F)/边(E)/体(B)/放弃(U)/退出(X)］＜退出＞：E↙

输入边编辑选项［复制(C)/着色(L)/放弃(U)/退出(X)］＜退出＞:C↙

选择边或［放弃(U)/删除(R)］:选择 AB 边
选择边或［放弃(U)/删除(R)］:选择 AC 边
选择边或［放弃(U)/删除(R)］:选择 CD 边
选择边或［放弃(U)/删除(R)］:↙
指定基点或位移:选择点 A
指定位移的第二点:选择目标点

再按 ESC 键,结束命令。
得到复制的边框线 A_1B_1,A_1C_1,C_1D_1,如图 11-118 所示。
(3)创建抽屉面板
①新建 UCS,将原点置于 A_1 点,A_1C_1 作为 OX 轴方向,A_1B_1 作为 OY 轴方向。
②调用偏移命令,将直线 A_1B_1,A_1C_1,C_1D_1 向外偏移动 20,如图 11-119 所示。得 EF,EH,HG,再编辑成矩形,创建成面域。
③调用拉伸命令,给定高度 20,拉伸成长方体。
(4)对齐
调用着色边对齐命令:
菜单:"修改"→"三维操作"→"对齐"

【操作步骤】

命令:_ALIGN
选择对象:选择面板 找到 1 个
选择对象:↙
指定第一个源点:选择 FG 中点
指定第一个目标点:选择 BD 中点
指定第二个源点:选择 E 点
指定第二个目标点:选择 A 点
指定第三个源点或 <继续>:选择 G 点
指定第三个目标点:选择 D 点
如图 11-120 所示。

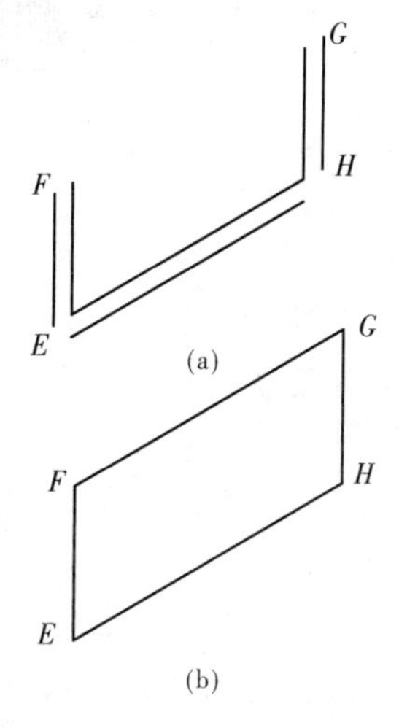

图 11-119 制作抽屉面

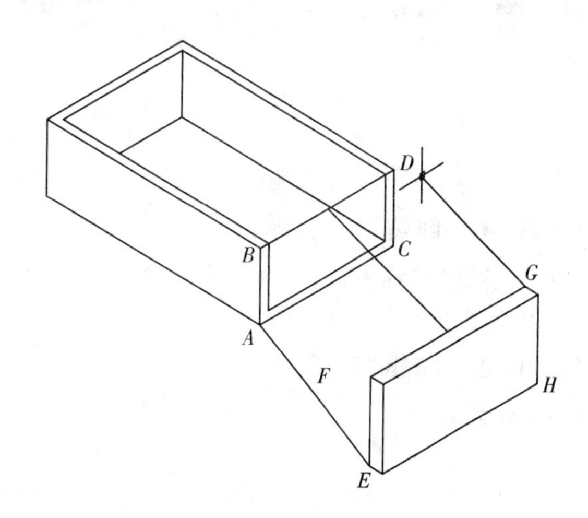

图 11-120 对齐面

(5)布尔运算

删除辅助线 BD。调用“并集”运算命令,选择抽壳体和面板,合并成一个实体。

(6)着色边

AutoCAD可以改变实体边的颜色,这样为在线框模式和消隐模式下编辑实体时,区分不同面上的线提供了方便。

调用“着色边”命令,可以使用下列方法之一:

(1)命令:SOLIDEDIT。

(2)菜单:“修改”→“实体编辑”→“着色边”。

(3)工具栏:“实体编辑”→“着色边”。

执行结果同着色面。

【提示、注意、技巧】

(1)对齐命令在二维和三维下均可以使用。

(2)如果只指定了一点对齐,则把源对象从第一个源点移动到第一个目标点。

(3)如果指定两个对齐点,则相当于移动、缩放。

(4)当指定三个对齐点时,则命令结束后,3个原点定义的平面将与3个目标点定义的平面重合,并且第一个原点要移动到第一个目标点位置。

11.20 编辑实体——压印、3D阵列、3D镜像、3D旋转

创建图11-121(a)、(b)所示实体并把其旋转成图11-121(c)方向。通过绘制此图形,学习压印、3D阵列、3D镜像、3D旋转命令的使用。

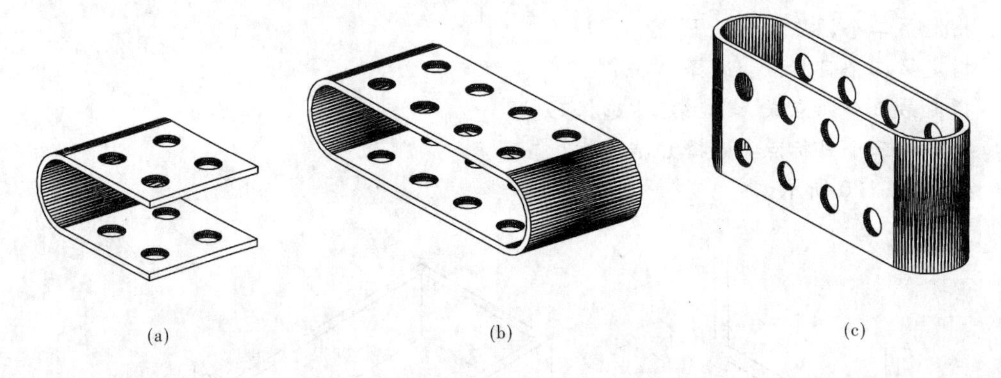

图11-121 环形孔板

11.20.1 创建“U”形板

(1)将视图调整到主视图方向,绘制如图11-122所示的断面形状。

(2)按长度200拉伸成实体。

11.20.2 编辑“U”形板

1.3D阵列对象

(1)绘制表面圆

调整UCS至上表面,方向如图11-123所示。调用圆命令,以(50,50)为圆心,20为半径绘制圆。

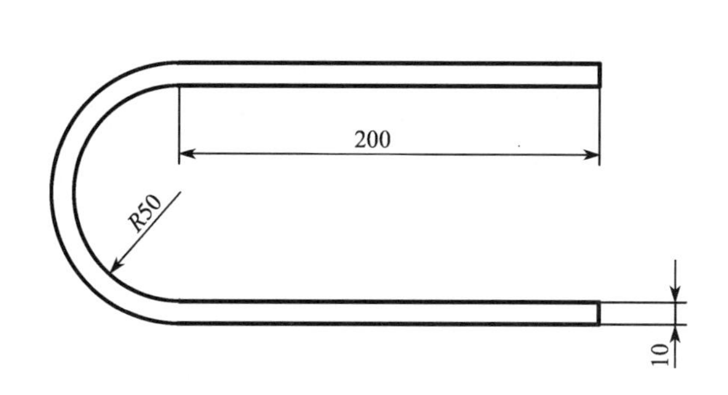

图 11-122 平面图形

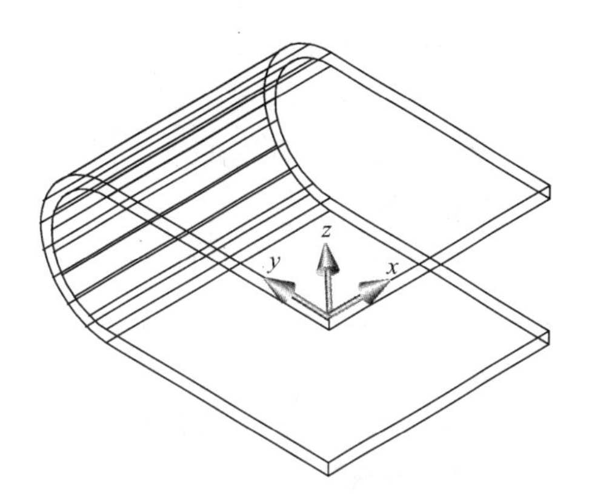

图 11-123 绘制表面

(2)阵列对象

【操作步骤】

命令：_3DARRAY

选择对象：选择圆 找到 1 个

选择对象：↙

输入阵列类型［矩形(R)/环形(P)］<矩形>:R↙

输入行数 (---) <1>：2↙

输入列数 (|||) <1>：2↙

输入层数 (...) <1>：2↙

指定行间距 (---)：100↙

指定列间距 (|||)：100↙

指定层间距 (...)：－110↙

结果如图 11-124 所示。

2. 压印

菜单："修改"→"实体编辑"→"压印"

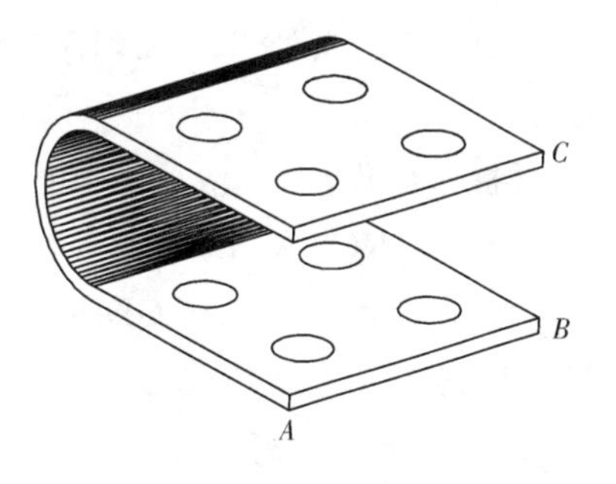

图 11-124 阵列圆

【操作步骤】

命令：_SOLIDEDIT

实体编辑自动检查：SOLIDCHECK＝1

输入实体编辑选项［面(F)/边(E)/体(B)/放弃(U)/退出(X)］<退出>：_body

输入体编辑选项［压印(I)/分割实体(P)/抽壳(S)/清除(L)/检查(C)/放弃(U)/退出(X)］<退出>：_imprint

选择三维实体：选择实体

选择要压印的对象：选择一个圆

是否删除源对象［是(Y)/否(N)］<N>：Y↙

选择要压印的对象：选择另一个圆

是否删除源对象 [是(Y)/否(N)] <N>:↙

……

逐个选择各个圆,完成 8 个圆的压印,压印结果同上步。

3. 拉伸面

调用“实体编辑”工具栏上的“拉伸面”命令,选择各个圆内的表面,以 -10 的高度拉伸表面,得到 8 个通孔。结果如图 11-121(a)所示。

4. 3D 镜像

菜单:“修改”→“三维操作” →“三维镜像”

【操作步骤】

命令:_MIRROR3D

选择对象:选择实体 找到 1 个

选择对象:↙

指定镜像平面 (三点) 的第一个点或 [对象(O)/最近的(L)/Z 轴(Z)/视图(V)/XY 平面(XY)/YZ 平面(YZ)/ZX 平面(ZX)/三点(3)] <三点>:选择端面点 *A*

在镜像平面上指定第二点:选择端面点 *B*

在镜像平面上指定第三点:选择端面点 *C*

是否删除源对象? [是(Y)/否(N)] <否>:↙

结果如图 11-125 所示。

5. 布尔运算

调用“并集”命令,选择两个实体,完成图形,如图 11-121(b)所示。

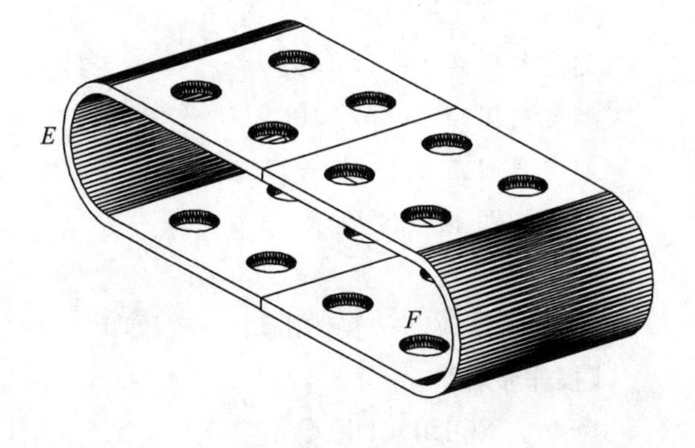

图 11-125 镜像

6. 3D 旋转

调用“三维旋转”命令:

菜单:“修改”→“三维操作” →“三维旋转”

【操作步骤】

命令:_ROTATE3D

当前正向角度: ANGDIR = 逆时针 ANGBASE=0

选择对象:找到 1 个

选择对象:

指定轴上的第一个点或定义轴依据[对象(O)/最近的(L)/视图(V)/X 轴(X)/Y 轴(Y)/Z 轴(Z)/两点(2)]:选择 U 形板左侧中点 *E*

指定轴上的第二点:选择 U 形板右侧中点 *F*

指定旋转角度或 [参照(R)]:90↙

结果如图 11-121(c)所示。

【提示、注意、技巧】

通过压印圆弧、圆、直线、二维和三维多段线、椭圆、样条曲线、面域和三维实体来创建三维实体的新面。可以删除原始压印对象，也可保留下来以供将来编辑使用。压印对象必须与选定实体上的面相交，这样才能压印成功。

11.21　编辑实体——分割、清除、检查实体

学习分割实体、清除和检查命令的使用。

11.21.1　分割实体

可以将布尔运算所创建的组合实体分割成单个零件。如图 11-126(a)所示的实体经"差集"运算后，得到图 11-126(b)所示的四块连在一起的三角形实体块，要使其分开，则要调用"分割"命令。

调用"分割"命令：

(1)命令：SOLIDEDIT。

(2)菜单："修改"→"实体编辑"→"分割"。

(3)工具栏："实体编辑"→"分割"。

【操作步骤】

命令：_SOLIDEDIT

实体编辑自动检查：SOLIDCHECK＝1

输入实体编辑选项［面(F)/边(E)/体(B)/放弃(U)/退出(X)］＜退出＞：_body

输入体编辑选项［压印(I)/分割实体(P)/抽壳(S)/清除(L)/检查(C)/放弃(U)/退出(X)］＜退出＞：_separate

选择三维实体：在任意一个三角形块上单击。

按ESC键结束命令。删除三个块，结果如图 11-126(c)所示。

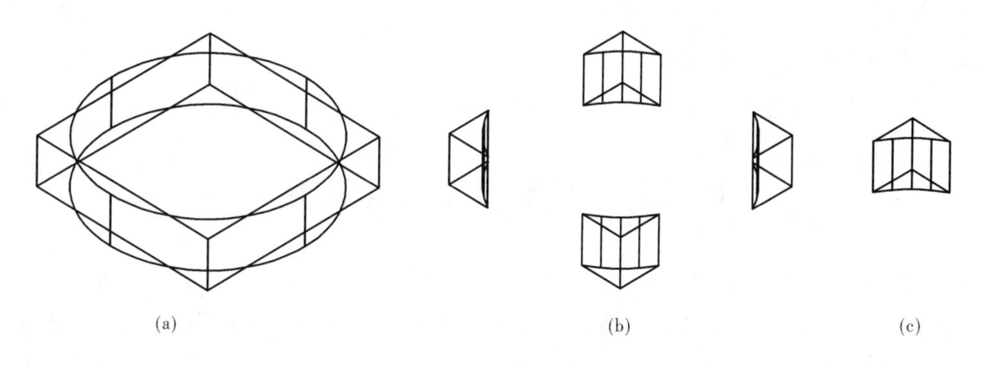

图 11-126　分割

11.21.2　清　除

AutoCAD 将检查实体对象的体、面或边，并且合并共享相同曲面的相邻面。三维实体

对象上所有多余的、压印的以及未使用的边都将被删除。如图 11-127 所示的实体，

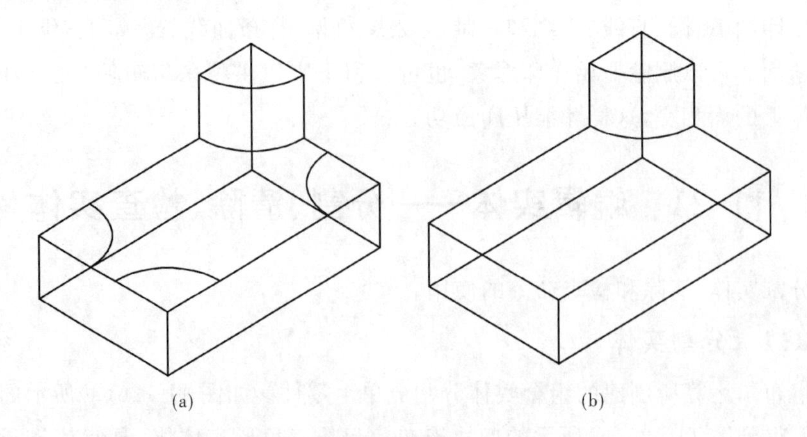

图 11-127　清除

图 11-127(a)上多余的三个圆弧形压印，要通过清除命令删除。调用“清除”命令：

(1)命令行：BOX。

(2)菜单：“修改”→“实体编辑”→“清除”。

(3)工具栏：“修改”→“清除”。

【操作步骤】

命令：_SOLIDEDIT

实体编辑自动检查：SOLIDCHECK=1

输入实体编辑选项［面(F)/边(E)/体(B)/放弃(U)/退出(X)］＜退出＞：_body

输入体编辑选项

［压印(I)/分割实体(P)/抽壳(S)/清除(L)/检查(C)/放弃(U)/退出(X)］＜退出＞：_clean

选择三维实体：在实体上单击

按ESC键结束命令，结果如图 11-127(b)所示。

11.21.3　检查三维实体

验证三维实体对象是否为有效的 ShapeManager 实体。

11.22　实体创建综合应用

AutoCAD 主要用于绘制各种工程技术图样，如机械、建筑工程图。由前面介绍的三维实例可知，AutoCAD 还可以较方便地创建三维立体模型。在实际工程中，如机械产品的加工工程中，可根据创建的三维实体模型实现计算机辅助加工。另外 AutoCAD 还广泛应用于产品造型设计、广告设计等领域。

11.22.1　创建图 11-128(b)所示实体模型

根据图 11-128(a)所示尺寸，创建图 11-128(b)所示实体模型。通过绘制此图形，掌握

创建复杂实体模型的方法。

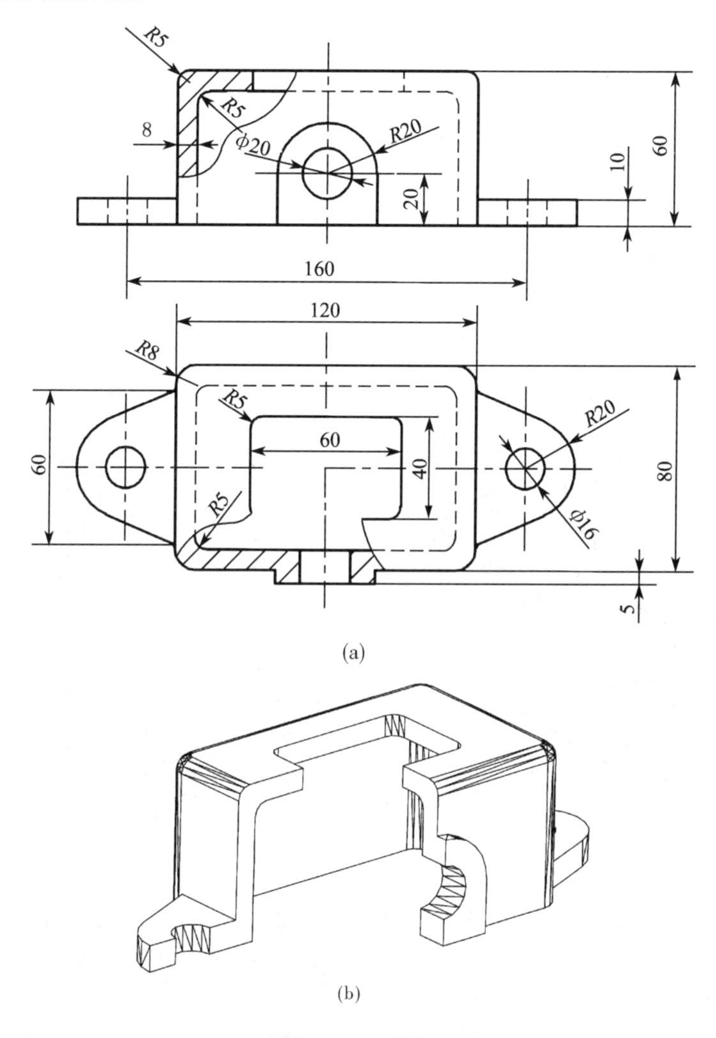

图 11-128　箱体

1. 新建图形文件

设置实体层和辅助线层，并将实体层设置为当前层。将视图方向调整到西南等轴测方向。

2. 创建长方体

调用长方体命令，绘制长 120，宽 80，高 60 的长方体。

3. 圆角

调用圆角命令，以 8 为半径，对四条垂直棱边倒圆角，结果如图 11-129 所示。

4. 创建内腔

(1)抽壳

【操作步骤】

命令：_SOLIDEDIT

实体编辑自动检查：SOLIDCHECK=1

输入实体编辑选项［面(F)/边(E)/体(B)/放弃(U)/退出(X)］<退出>：_body

输入体编辑选项

[压印(I)/分割实体(P)/抽壳(S)/清除(L)/检查(C)/放弃(U)/退出(X)] <退出>: _shell

选择三维实体:在三维实体上单击

删除面或 [放弃(U)/添加(A)/全部(ALL)]:选择上表面 找到一个面,已删除 1 个。

删除面或 [放弃(U)/添加(A)/全部(ALL)]:↙

输入抽壳偏移距离: 8↙

已开始实体校验。

已完成实体校验。

结果如图 11-130 所示。

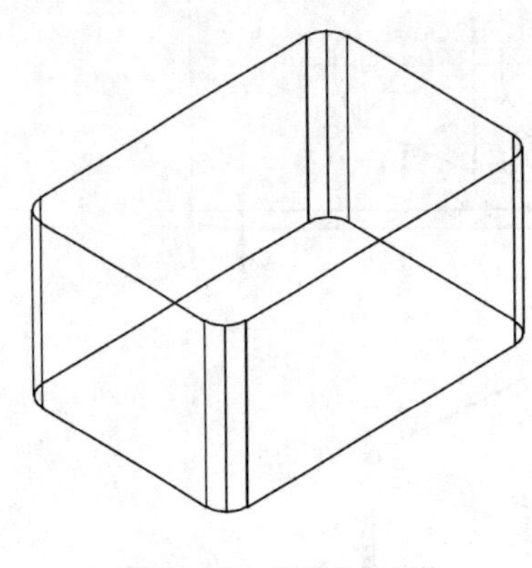

图 11-129 倒圆角长方体

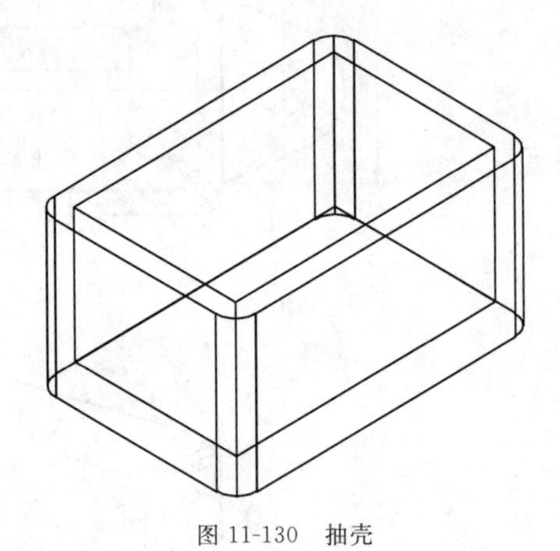

图 11-130 抽壳

(2)倒圆内角

单击“修改”工具栏上的“圆角”命令按钮,调用圆角命令,以 5 为半径,对内表面的四条垂直棱边倒圆角。

5. 创建耳板

(1)绘制耳板端面

将坐标系调至上表面,按尺寸绘制耳板端面图形,并将其生成面域,然后用外面的大面域减去圆形小面域,结果如图 11-131 所示。

(2)拉伸耳板

单击“实体”工具栏上的“拉伸”命令按钮,调用拉伸命令。

【操作步骤】

命令: _EXTRUDE

当前线框密度: ISOLINES=4

选择对象:选择面域 找到 1 个

选择对象: ↙

指定拉伸高度或 [路径(P)]: -10 ↙

指定拉伸的倾斜角度 <0>: ↙

结果如图 11-132 所示。

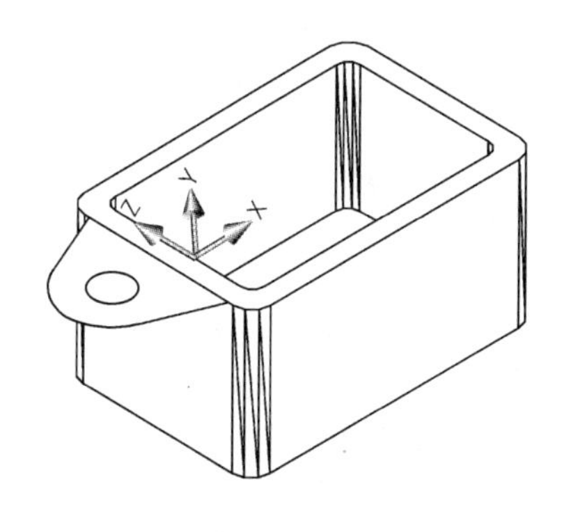

图 11-131　耳板端面

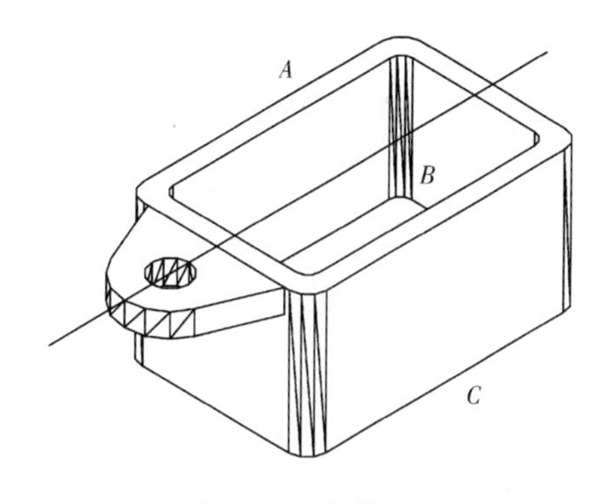

图 11-132　拉伸耳板

(3)镜像另一侧耳板

【操作步骤】

命令：_MIRROR3D

选择对象:选择耳板 找到 1 个

选择对象：↙

指定镜像平面（三点）的第一个点或

［对象(O)/最近的(L)/Z 轴(Z)/视图(V)/XY 平面(XY)/YZ 平面(YZ)/ZX 平面(ZX)/三点(3)］＜三点＞：选择中点 *A*

在镜像平面上指定第二点：选择中点 *B*

在镜像平面上指定第三点：选择中点 *C*

是否删除源对象？［是(Y)/否(N)］＜否＞:N ↙

结果如图 11-133 所示。

(4)布尔运算

调用并集运算命令,将两个耳板和一个壳体合并成一个。

6. 旋转

【操作步骤】

命令：_ROTATE3D

当前正向角度：ANGDIR＝逆时针 ANGBASE＝0

选择对象:选择实体 找到 1 个

选择对象：↙

指定轴上的第一个点或定义轴依据

［对象(O)/最近的(L)/视图(V)/X 轴(X)/Y 轴(Y)/Z 轴(Z)/两点(2)］:选择辅助线端点 *E*

指定轴上的第二点：选择辅助线端点 *F*

指定旋转角度或［参照(R)］：180 ↙

结果如图 11-134 所示。

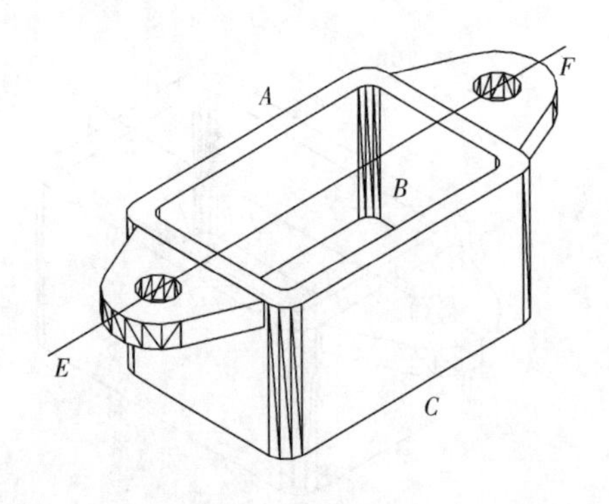

图 11-133　镜像另一侧耳板

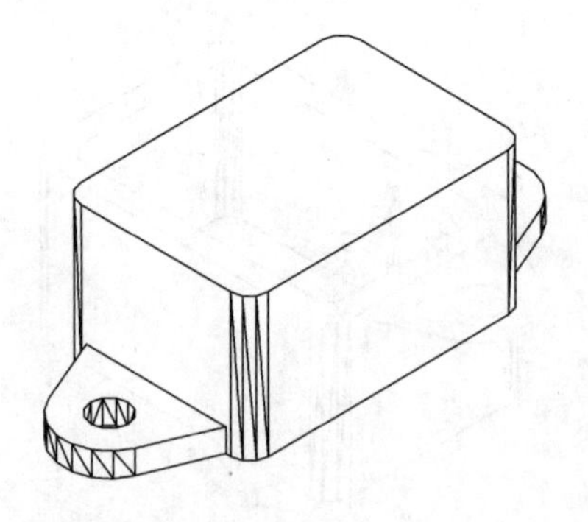

图 11-134　旋转箱体

7. 创建箱体顶盖方孔

(1)绘制方孔轮廓线

调用矩形命令,绘制长 60,宽 40,圆角半径为 5 的矩形,用直线连接边的中点 *MN*,结果如图 11-135(a)所示。

(2)移动矩形线框

连接箱盖顶面长边棱线中点 *G*,*H*,绘制辅助线 *GH*。

再调用移动命令,以 *MN* 的中点为基点,移动矩形线框至箱盖顶面,目标点为 *GH* 的中点。

(3)压印

【操作步骤】

命令：_SOLIDEDIT

实体编辑自动检查：SOLIDCHECK=1

输入实体编辑选项 [面(F)/边(E)/体(B)/放弃(U)/退出(X)] <退出>：_body

输入体编辑选项

[压印(I)/分割实体(P)/抽壳(S)/清除(L)/检查(C)/放弃(U)/退出(X)] <退出>：_imprint

选择三维实体:选择实体

选择要压印的对象:选择矩形线框

是否删除源对象 [是(Y)/否(N)] <N>：Y↙

结果如图 11-135(b)所示。

(4)拉伸面

【操作步骤】

命令：_SOLIDEDIT

实体编辑自动检查：SOLIDCHECK=1

输入实体编辑选项 [面(F)/边(E)/体(B)/放弃(U)/退出(X)] <退出>：_face

输入面编辑选项

[拉伸(E)/移动(M)/旋转(R)/偏移(O)/倾斜(T)/删除(D)/复制(C)/着色(L)/放弃(U)/退出(X)] <退出>：_extrude

选择面或 [放弃(U)/删除(R)]:在压印面上单击 找到一个面。

选择面或 [放弃(U)/删除(R)/全部(ALL)]：↙

指定拉伸高度或 [路径(P)]：-8 ↙

指定拉伸的倾斜角度 <0>：↙

已开始实体校验。

已完成实体校验。

结果如图 11-135(c)所示。

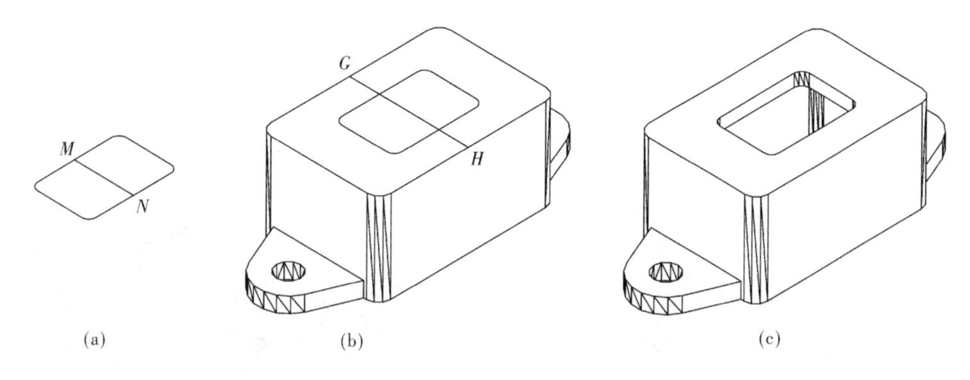

(a)　(b)　(c)

图 11-135　创建顶面方孔

8. 创建前表面凸台

(1)按尺寸绘制凸台轮廓线，创建面域，再将面域压印到实体上，结果如图 11-136(a)所示。

(2)拉伸面

调用拉伸面命令，选择凸台压印面拉伸，高度为 5，拉伸的倾斜角度为 0°，结果如图 11-136(b)所示。

(3)合并

调用"并集"命令，合并凸台与箱体。

(4)创建圆孔

在凸台前表面上绘制直径为 20 的圆，压印到箱体上，然后以 −13 的高度拉伸面，创建出凸台通孔。

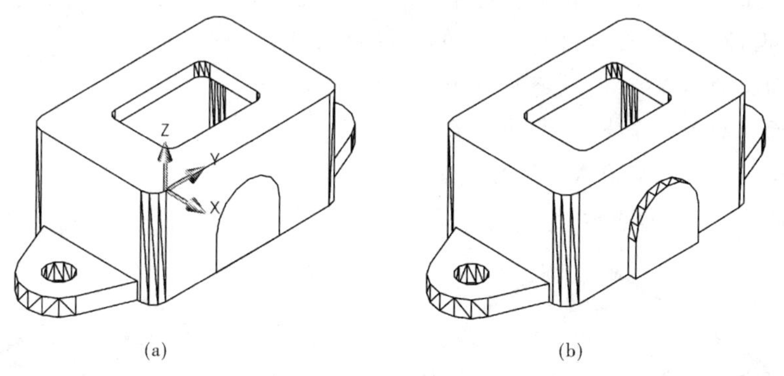

(a)　(b)

图 11-136　创建凸台

9. 倒顶面圆角

将视图方式调整到三维线框模式，调用圆角命令。

【操作步骤】

命令：_FILLET

当前设置：模式 = 修剪，半径 = 5.0000

选择第一个对象或 [多段线(P)/半径(R)/修剪(T)/多个(U)]：选择上表面的一个棱边

输入圆角半径 ＜5.0000＞：5↙

选择边或［链(C)/半径(R)］：C↙

选择边链或［边(E)/半径(R)］：选择上表面的另一个棱边

选择边链或［边(E)/半径(R)］：选择内表面的一个棱边（选择显示如图 11-137(a)所示）

选择边链或［边(E)/半径(R)］：↙

已选定 16 个边用于圆角。

结果如图 11-137(b)所示。

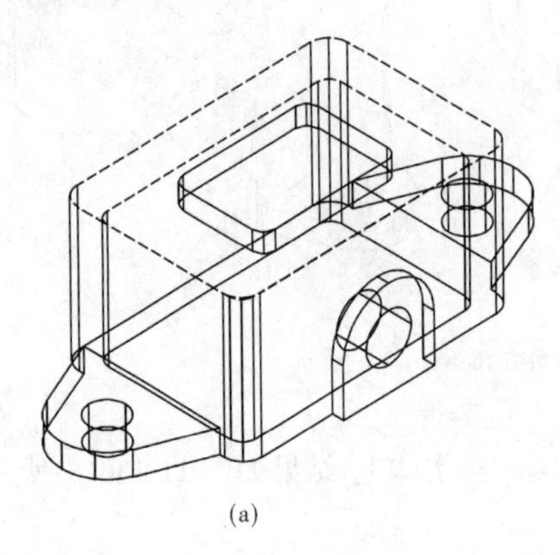

(a)

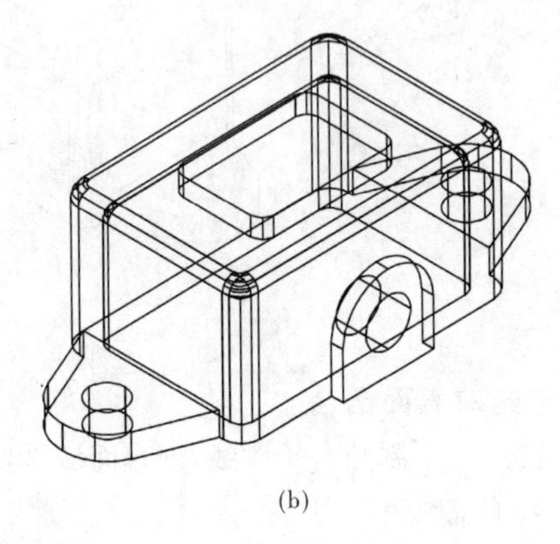

(b)

图 11-137　倒圆角

10. 剖切

(1)剖切实体成前后两部分

【操作步骤】

命令：_SLICE

选择对象：找到 1 个

选择对象：↙

指定切面上的第一个点，依照［对象(O)/Z 轴(Z)/视图(V)/XY 平面(XY)/YZ 平面(YZ)/ZX 平面(ZX)/三点(3)］＜三点＞：选择中点 A

指定平面上的第二个点：选择中点 B

指定平面上的第三个点：选择中点 C

在要保留的一侧指定点或［保留两侧(B)］：B↙

结果如图 11-138(a)所示。

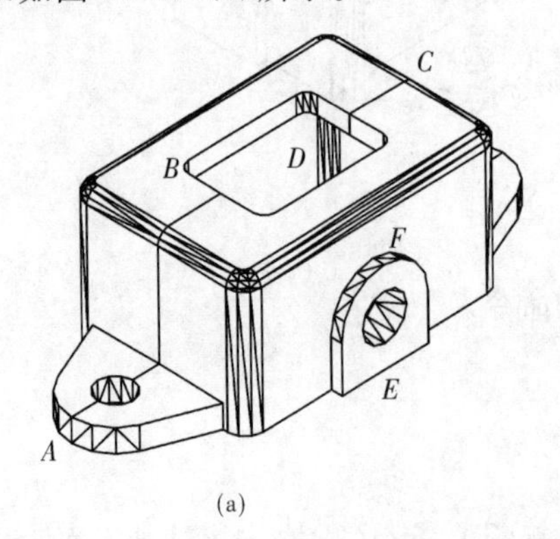

(a)

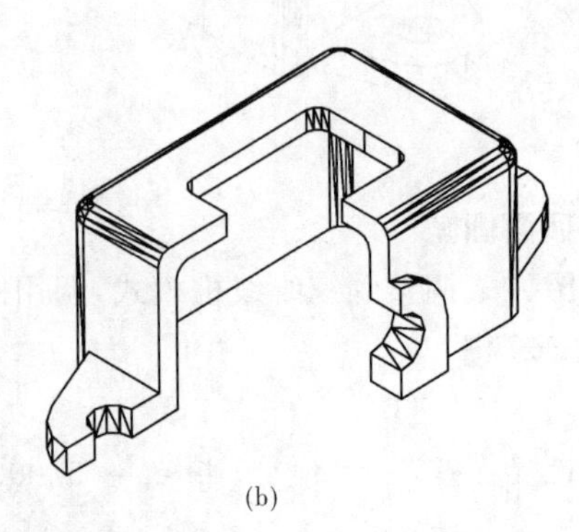

(b)

图 11-138　剖切实体

(2)剖切前半个实体

【操作步骤】

命令：_SLICE

选择对象：选择前半个箱体 找到 1 个

选择对象：↙

指定切面上的第一个点，依照［对象(O)/Z 轴(Z)/视图(V)/XY 平面(XY)/YZ 平面(YZ)/ZX 平面(ZX)/三点(3)］<三点>：选择中点 *D*

指定平面上的第二个点：选择中点 *F*

指定平面上的第三个点：选择中点 *E*

在要保留的一侧指定点或［保留两侧(B)］：在右侧单击

结果如图 11-138(b)所示。

(3)合并实体

调用“并集”命令，将剖切后的实体合并成一个，结果如图 11-138(b)所示。

11.22.2　创建五角星

创建图 11-139 所示的五角星，通过绘制此图形，进一步掌握利用阵列、抽壳、剖切创建实体模型的方法。

1. 创建正四棱柱

在适当位置创建一个如图 11-140 所示的四棱柱。

2. 创建正四棱锥

创建一个如图 11-141 所示的正四棱锥实体，可由四棱柱剖切而成。

(1)在四棱柱的顶面上绘制两条对角线，得顶面的中心点，如图 11-142 所示。

图 11-139　五角星

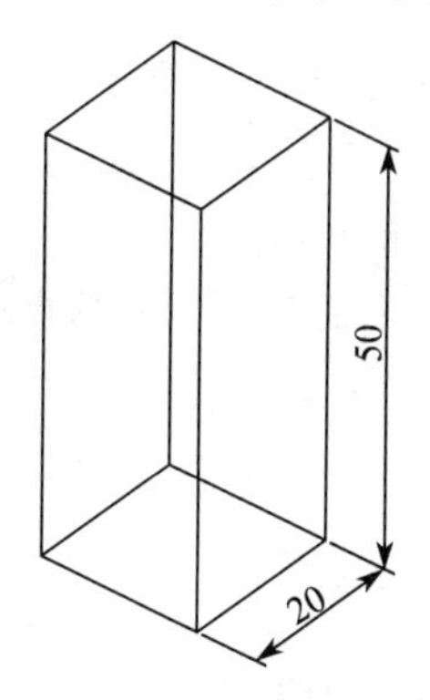

图 11-140　四棱柱

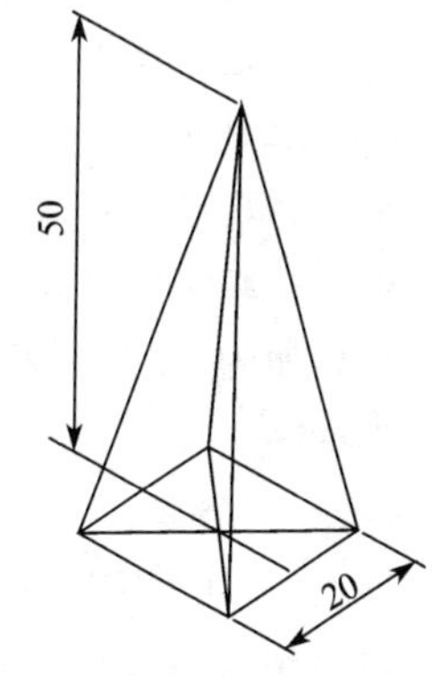

图 11-141　正四棱锥

(2)用三点确定剖切面剖切四棱柱，三点即顶面的中心点和底面的两个端点。

【操作步骤】

命令：_SLICE

选择对象：找到 1 个　　　　　　　　　　(选择四棱柱)

选择对象：↙

指定切面上的第一个点，依照［对象(O)/Z 轴(Z)/视图(V)/XY 平面(XY)/YZ 平面(YZ)/ZX 平面(ZX)/三点(3)］<三点>：　　　　(指定顶面的中心点)

指定平面上的第二个点：　　　　　　　　(指定底面的右侧的一个端点)

指定平面上的第三个点：　　　　　　　　　（指定底面的右侧的另一个端点）

在要保留的一侧指定点或［保留两侧(B)］：　（在实体的左侧确定一点）

结果如图 11-143 所示。用同样方法剖切另外三个部分，可以得到如图 11-141 所示的正四棱锥实体。

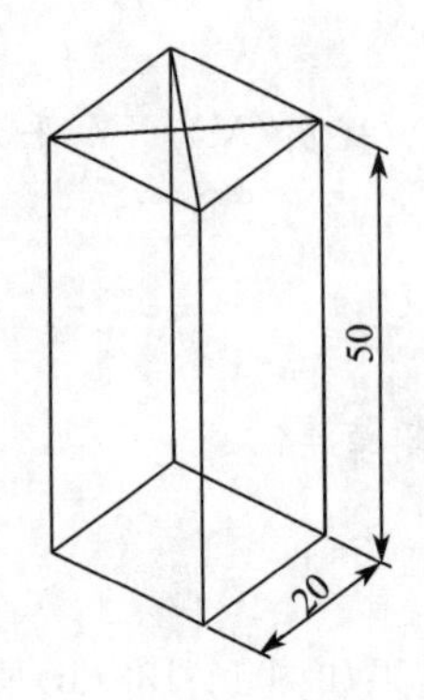

图 11-142　顶面上绘制对角线

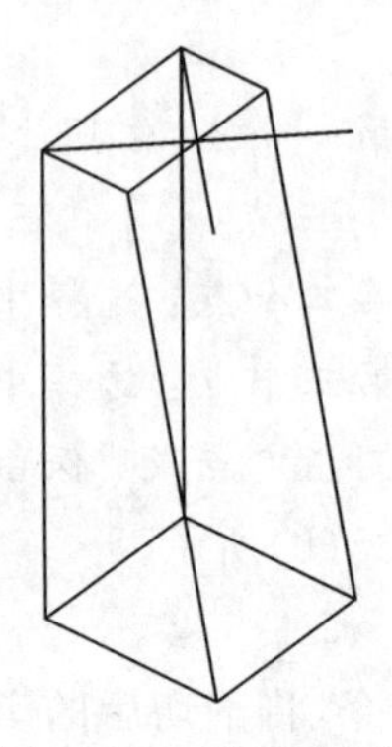

图 11-143　剖切四棱柱

3. 创建五角星实体

以正四棱锥为对象，使用环形阵列。

【操作步骤】

命令：_3DARRAY

选择对象：选择正四棱锥 找到 1 个

选择对象：↙

输入阵列类型［矩形(R)/环形(P)］<矩形>：P↙

输入阵列中的项目数目：5↙

指定要填充的角度（+=逆时针，-=顺时针）<360>：↙

旋转阵列对象？［是(Y)/否(N)］<是>：Y↙

指定阵列的中心点：选择底面一端点

指定旋转轴上的第二点：选择底面的另一对角端点（以其底面上的对角线为阵列轴线）

结果如图 11-144 所示。使用并集命令将 5 个五角星实体合并为一个实体。

4. 抽壳

【操作步骤】

命令：_SOLIDEDIT

实体编辑自动检查：SOLIDCHECK=1

输入实体编辑选项［面(F)/边(E)/体(B)/放弃(U)/退出(X)］<退出>：_body

输入体编辑选项

［压印(I)/分割实体(P)/抽壳(S)/清除(L)/检查(C)/放弃(U)/退出(X)］<退出>：_shell

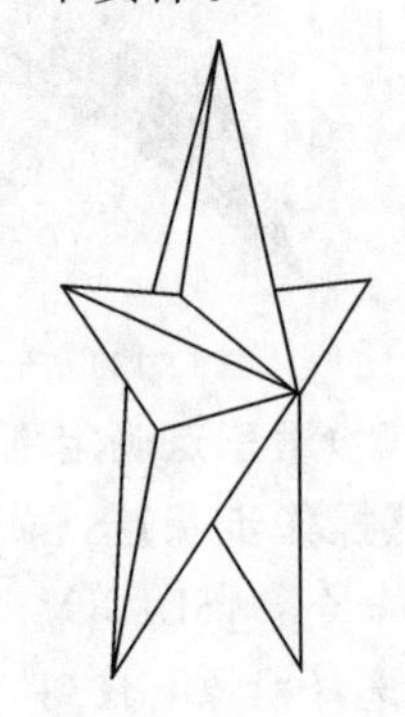

图 11-144　环形阵列创建五角星

选择三维实体：　　　　　　　　　（选择五角星）

选择三维实体：↙

删除面或［放弃(U)/添加(A)/全部(ALL)］：

输入抽壳偏移距离：1

已开始实体校验。

已完成实体校验。

完成抽壳。

5. 剖切

【操作步骤】

命令：_SLICE

选择对象：找到 1 个

选择对象：↙

指定切面上的第一个点，依照［对象(O)/Z 轴(Z)/视图(V)/XY 平面(XY)/YZ 平面(YZ)/ZX 平面(ZX)/三点(3)］<三点>：　(选择一个角点)

指定平面上的第二个点：　(选择第二个角点)

指定平面上的第三个点：　(选择第三个角点)

在要保留的一侧指定点或［保留两侧(B)］：B

结果如图 11-145 所示。

6. 着色

【操作步骤】

命令：_SHADEMODE

当前模式：消隐

输入选项

［二维线框(2D)/三维线框(3D)/消隐(H)/平面着色(F)/体着色(G)/带边框平面着色(L)/带边框体着色(O)］<消隐>：_g

结果如图 11-139 所示。

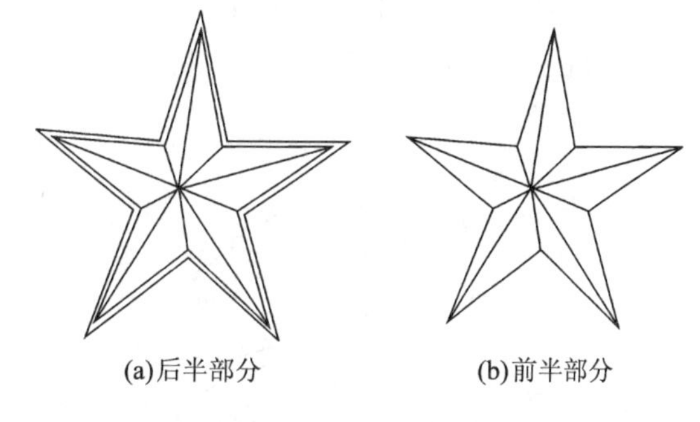

(a)后半部分　(b)前半部分

图 11-145　抽空后剖切的结果

11.22.3　创建足球模型

创建图 11-146 所示的足球模型。

1. 设置图层

新建两个图层，颜色分别为蓝色和黄色。区域选项默认。

2. 绘制正五边形

选择蓝色图层，在适当位置绘制正五边形，设边长 50。在 5 边形内任画 2 条中线，确定中点，如图 11-147 所示。

3. 绘制正六边形

(1)绘制正三角形

用“分解”命令将正五边形各边分解。选择右边线，利用

图 11-146　足球模型

夹点编辑，选中点 1 为基夹点，单击右键，在弹出的快捷菜单中，选择“旋转”“复制”，输入 180 回车、－120 回车，结果得到直线 12，13，连 23 得正三角形 123。利用夹点编辑，选择底线，可绘制出正三角形 145。如图 11-148 所示。

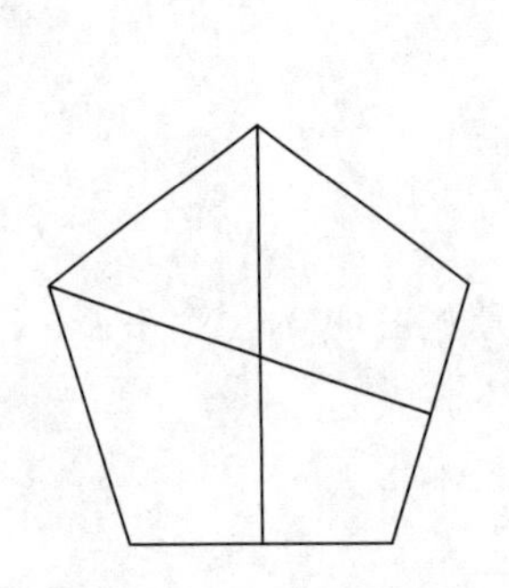

图 11-147　绘制正五边形

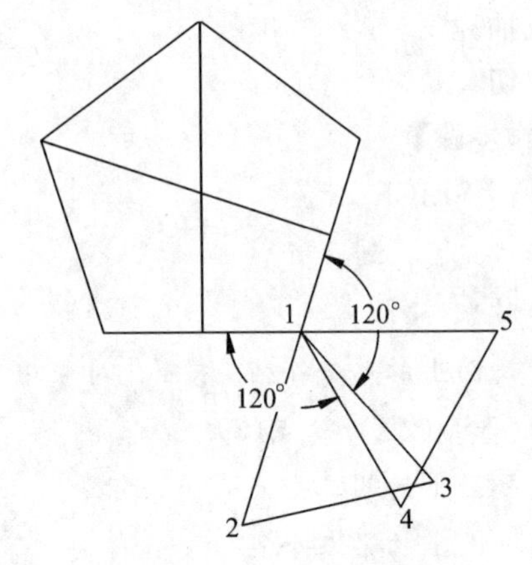

图 11-148　绘制正三角形

(2)“面域”2 个三角形，以三角形为对象分别绕各自的边 12 和 15“旋转实体”，再进行“交集”运算，结果如图 11-149 所示。

(3)在实体的下方轮廓线处绘制一条直线，如图 11-149 所示。然后删除实体部分，如图 11-150 所示

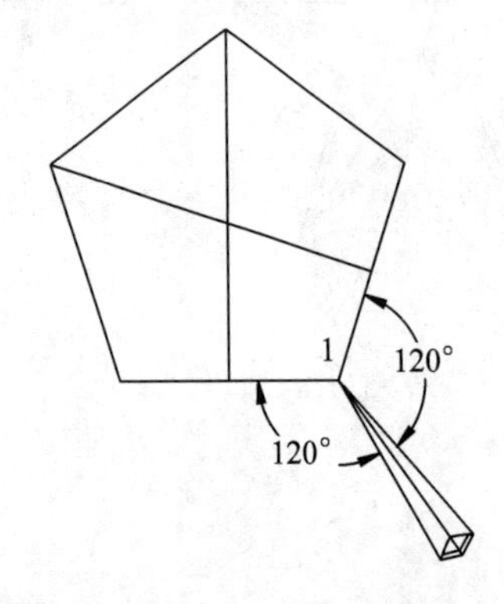

图 11-149　“旋转实体”的“交集”运算结果

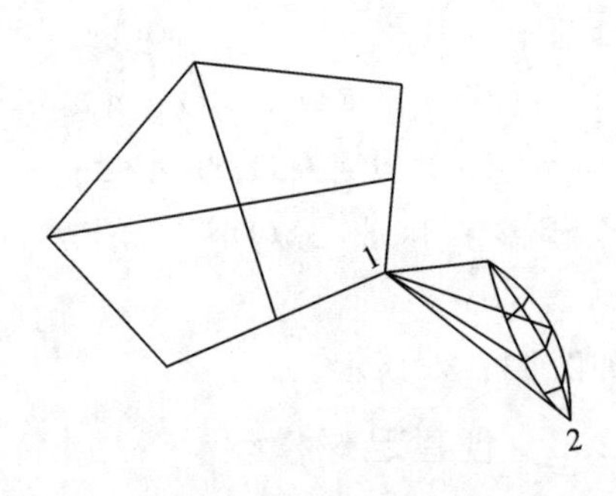

图 11-150　绘制直线

(4)新建坐标，使 *XY* 坐标面与 12 直线和正五边形的底边所确定的平面共面。

【操作步骤】

命令：_UCS

当前 UCS 名称：＊没有名称＊

输入选项

[新建(N)/移动(M)/正交(G)/上一个(P)/恢复(R)/保存(S)/删除(D)/应用(A)/？/世界(W)]＜世界＞：_3(选择 3 点方式确定新坐标)

指定新原点 ＜0,0,0＞：

在正 X 轴范围上指定点 ＜330.9149,145.7053,0.0000＞：(指定底边的中点)

在 UCS XY 平面的正 Y 轴范围上指定点 ＜329.9149,146.7053,0.0000＞：(指定 2 点)

结果如图 11-151 所示。

(5)以直线 12 为边,绘制正六边形,另一条边与正五边形的底边会重合,如图 11-152 所示。

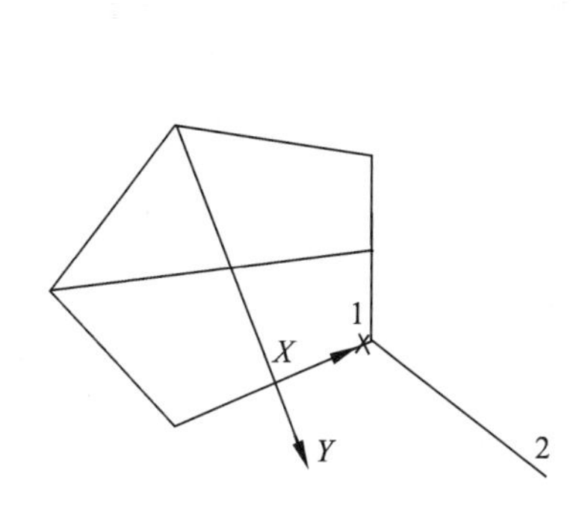

图 11-151　新建坐标

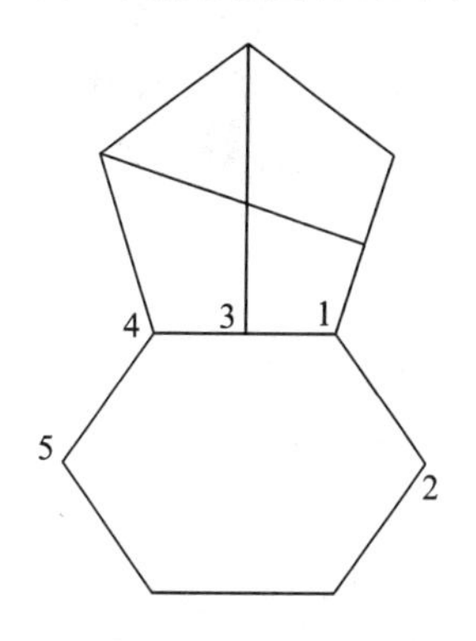

图 11-152　绘制正六边形

4. 确定球心

(1)绘制直线 25,平移坐标原点至直线 25 的中点。以坐标原点为起点绘制正六边形的垂线,长 150。

(2)新建坐标,使 *XY* 坐标面与正五边形平面共面,坐标原点设在中心点,*X* 轴平行底边。以坐标原点为起点绘制正五边形的垂线,长 150。

(3)两条垂线的交点即为球心,垂线即为中心线,删除伸长部分,结果如图 11-153 所示。

5. 创建多边形镶嵌块

(1)整理图形,删除多余图线。将蓝色图层关闭,将正六边形及垂线置为黄色图层。“面域”后拉伸实体,向下拉伸 10。

(2)创建球体,以 *O* 为圆心,过六棱柱棱线上的两端点分别创建球体。用“拉伸面”将六棱柱上表面拉伸 15,如图 11-154 所示。

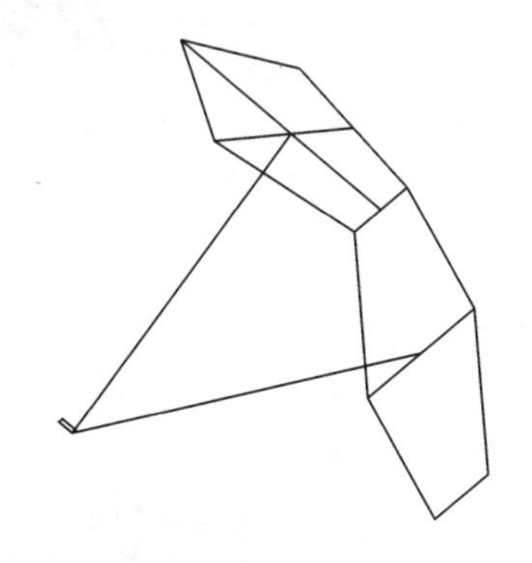

图 11-153　球心的确定

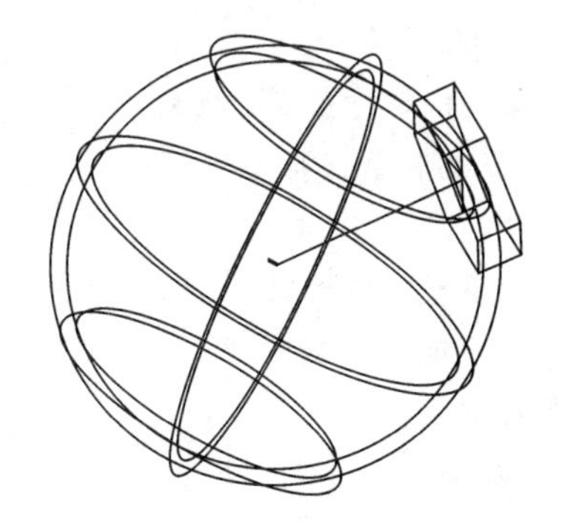

图 11-154　创建六棱柱体和球体

(3)“差集”:大球减小球;“交集”:棱柱与球。创建六边形镶嵌块。圆角顶面六条边,圆角半径设为 5,着色后如图 11-155 所示。

(4)将蓝色图层打开,黄色图层关闭,用同样方法创建五边形镶嵌块。完成后打开图层,如图 11-156 所示。

图 11-155　创建六边形镶嵌块

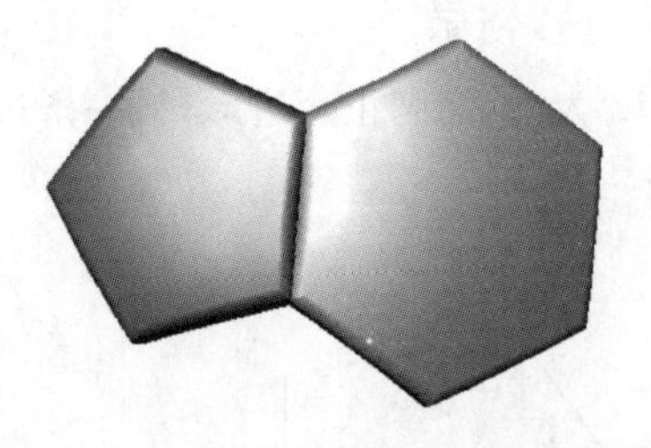

图 11-156　六边形镶嵌块和五边形镶嵌块

6. 阵列多边形镶嵌块

(1)阵列五边形镶嵌块

【操作步骤】

命令：_3DARRAY

正在初始化... 已加载 3DARRAY

选择对象：指定对角点：找到 2 个　　　　　(选择五边形镶嵌块和垂线)

选择对象：↙

输入阵列类型［矩形(R)/环形(P)］＜矩形＞：P↙

输入阵列中的项目数目：2↙

指定要填充的角度（+=逆时针，-=顺时针）＜360＞：120↙

旋转阵列对象？［是(Y)/否(N)］＜Y＞：↙

指定阵列的中心点：　　　　　　　　　(指定球心)

指定旋转轴上的第二点：　　　　　　　(指定正六边形垂线上的一点)

结果如图 11-157 所示。

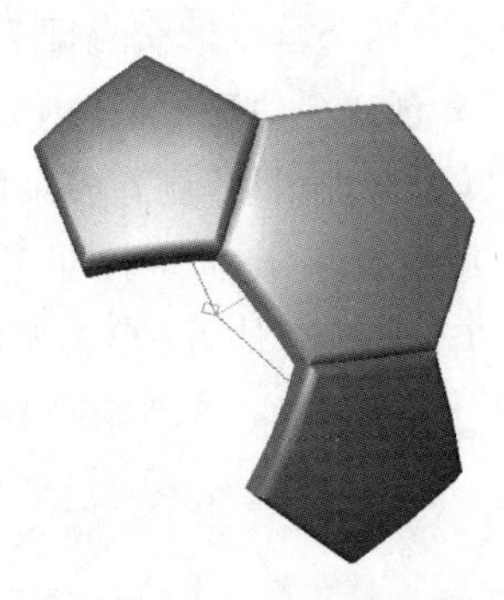

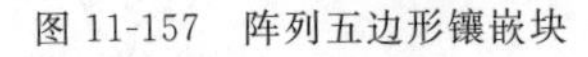

图 11-157　阵列五边形镶嵌块

(2)同时阵列六边形和五边形镶嵌块

【操作步骤】

命令：_3DARRAY

选择对象：指定对角点：找到 4 个　　　　(选择六边形、五边形镶嵌块和垂线)

选择对象：↙

输入阵列类型［矩形(R)/环形(P)］＜矩形＞：P↙

输入阵列中的项目数目：5↙

指定要填充的角度（+=逆时针，-=顺时针）＜360＞：↙

旋转阵列对象？［是(Y)/否(N)］＜Y＞：↙

指定阵列的中心点：(指定球心)

指定旋转轴上的第二点：(指定另一五边形垂线上的一点)

结果如图 11-158 所示。

(3)同时阵列一个六边形镶嵌块。

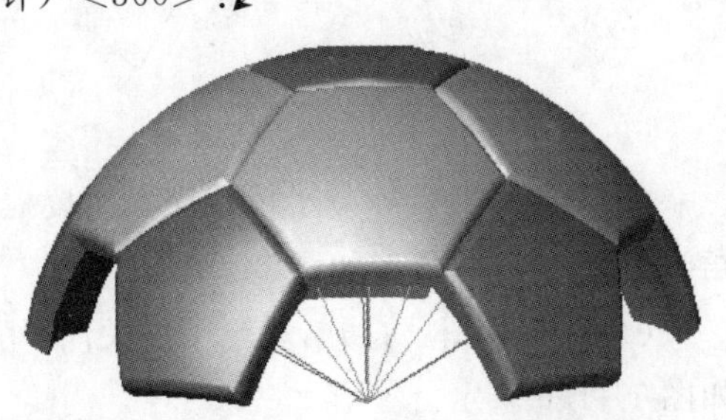

图 11-158　同时阵列六边形和五边形镶嵌块

【操作步骤】

命令：_3DARRAY

选择对象：指定对角点：找到 1 个(选择最前面一个六边形)

选择对象：↙

输入阵列类型［矩形(R)/环形(P)］＜矩形＞:P↙

输入阵列中的项目数目：2↙

指定要填充的角度（＋＝逆时针，－＝顺时针）＜360＞:72°↙

旋转阵列对象?［是(Y)/否(N)］＜Y＞:↙

指定阵列的中心点：　　　　(指定球心)

指定旋转轴上的第二点：　　(指定右边相邻五边形垂线上的一点)

结果如图 11-159 所示。

(4)再一次阵列六边形镶嵌块，以上一个阵列出的六边形镶嵌块为阵列对象，中心六边形镶嵌块的垂线为对称轴，阵列角度为 360°，结果如图 11-160 所示。完成了足球的一半。

7. 复制、翻转、平移

复制并翻转半球后，绕半球的中心轴线旋转 36°后，指定球心为基点平移至另一球心，完成足球的创建操作。

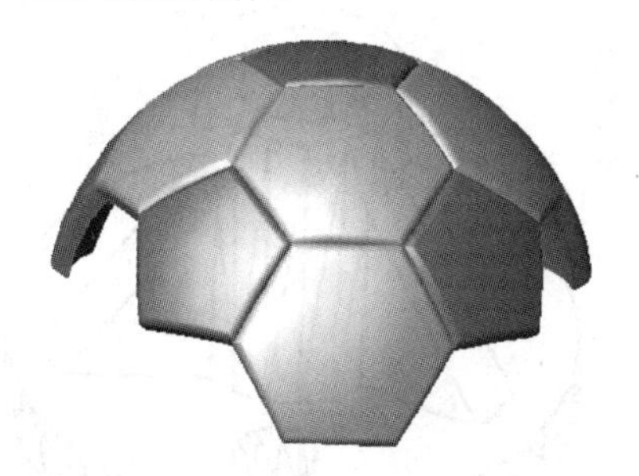

图 11-159　阵列六边形镶嵌块

图 11-160　再一次阵列六边形镶嵌块

习　　题

一、思考题

1. 试分析世界坐标系与用户坐标系的关系。

2. 建立一个用户坐标系并命名保存。

3. 利用动态观察器观察 X：AutoCAD 2008\Sample\Welding Fixture Model 图形。

4. 利用罗盘确定 X：AutoCAD 2008\Sample\Welding Fixture Model 图形视点位置。

二、练习题

1. 按尺寸绘制图 11-161～图 11-164 所示的实体。

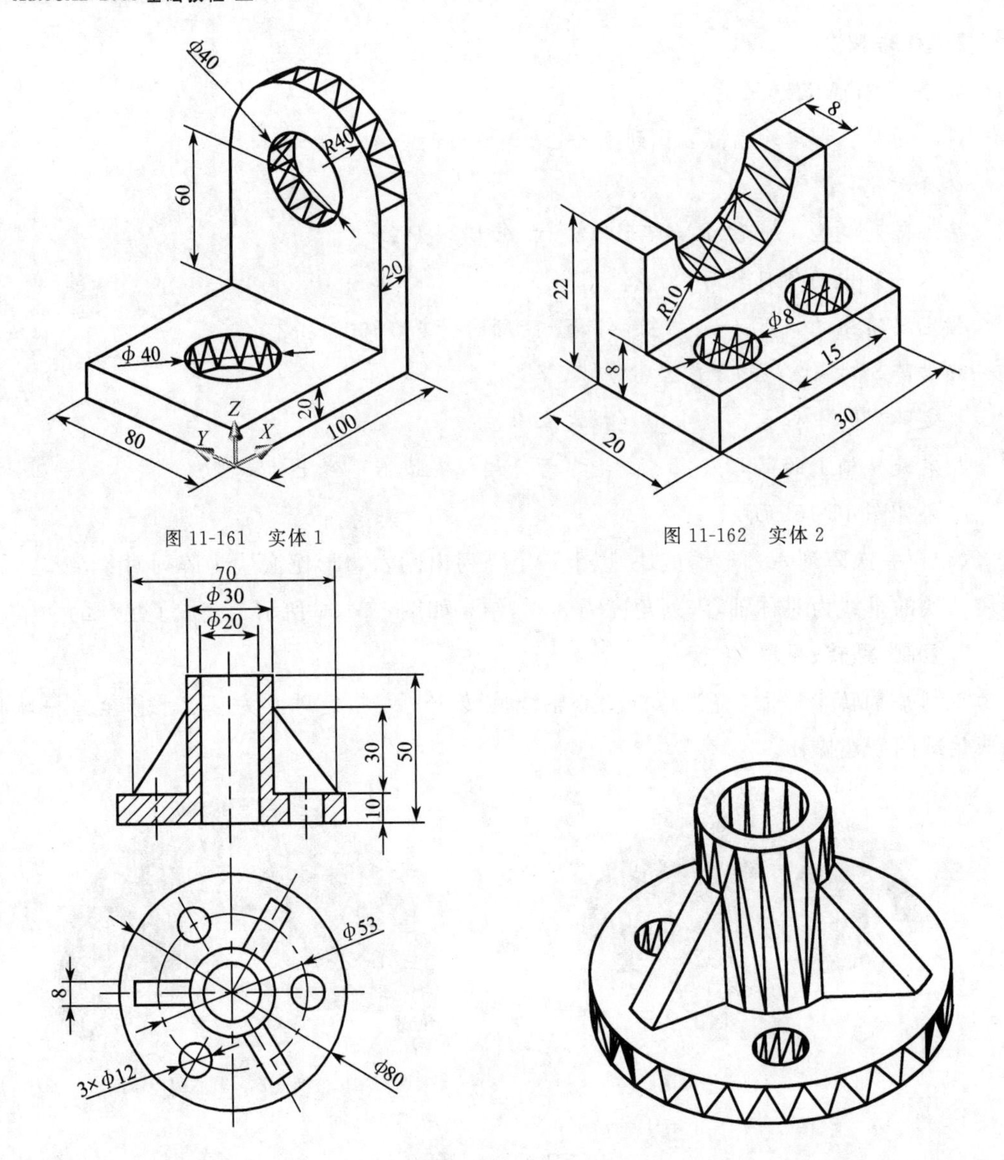

图 11-161 实体 1

图 11-162 实体 2

图 11-163 实体 3

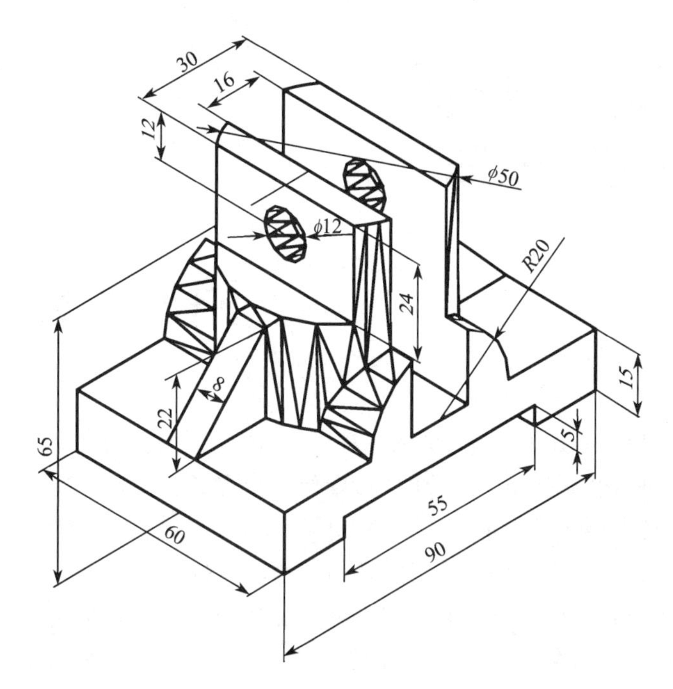

图 11-164 实体 4

2. 绘制图 11-165 和图 11-166 所示的实体，尺寸自定。

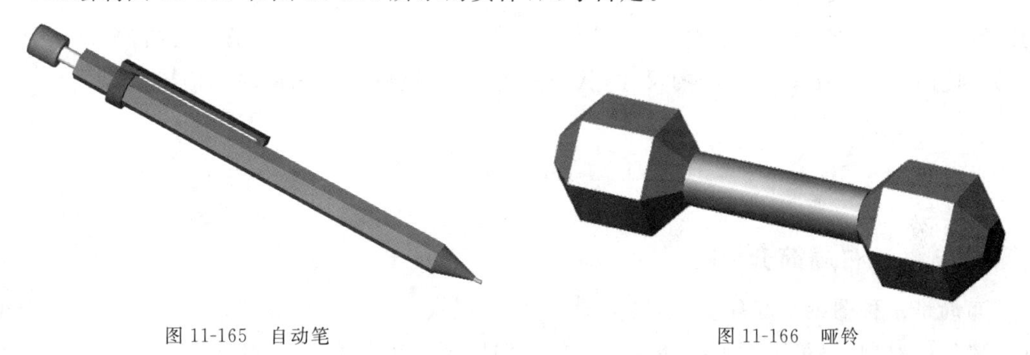

图 11-165 自动笔

图 11-166 哑铃

第12章

图形的打印和输出

在由图板画图转变到用CAD画图的过程中，绘图的目的没有变化，那就是要得到完整图形的"硬拷贝"。所谓"硬拷贝"是指将屏幕图像进行有形的复制。"硬拷贝"通常不仅指打印机输出的图纸，还有许多其他的形式，如幻灯片、可视磁带或用绘图仪输出等。本章将介绍得到图形"硬拷贝"的最常用的方法：用打印机/绘图仪输出。

在使用图板绘图过程中，对于同一图形对象，如果要以两种不同的比例值输出，则需要绘制两张不同比例的该对象的图形。而在使用AutoCAD绘图的过程中，对于同一图形对象，如果只做了很小的修改（如仅仅是图形的比例值不同），那么只需在"打印"对话框中进行一些必要的设置，即用打印机或绘图仪以不同的比例值将该图形对象输出到尺寸大小不同的图纸上就可以了，而不必绘制两张不同比例值的图形。使用AutoCAD绘图，可以在图纸空间中使图形的界限等于图纸的尺寸，从而以1∶1的比例值将图形对象输出。

12.1 创建打印布局

12.1.1 布局简介

布局是一种图纸空间环境，它模拟图纸页面，提供直观的打印设置。在布局中可以创建并放置视口对象，还可以添加标题栏或其他几何图形。可以在图形中创建多个布局以显示不同视图，每个布局可以包含不同的打印比例和图纸尺寸。布局显示的图形与图纸页面上打印出来的图形完全一样。

1. 模型空间与图纸空间

前面各个章节中所有的内容都是在模型空间中进行的，模型空间是一个三维空间，主要用于几何模型的构建。而在对几何模型进行打印输出时，则通常在图纸空间中完成。图纸空间就像一张图纸，打印之前可以在上面排放图形。图纸空间用于创建最终的打印布局，而不用于绘图或设计工作。

在AutoCAD中，图纸空间是以布局的形式来使用的。一个图形文件可包含多个布局，每个布局代表一张单独的打印输出图纸。在绘图区域底部选择"布局"选项卡，就能查看相应的布局。选择"布局"选项卡，就可以进入相应的图纸空间环境，如图12-1所示。

在图纸空间中，用户可随时选择"模型"选项卡（或在命令窗口输入model）来返回模型空间，也可以在当前布局中创建浮动视口来访问模型空间。浮动视口相当于模型空间中的视图对象，用户可以在浮动视口中处理模型空间的对象。在模型空间中的所有修改都将反映到所有图纸空间视口中。

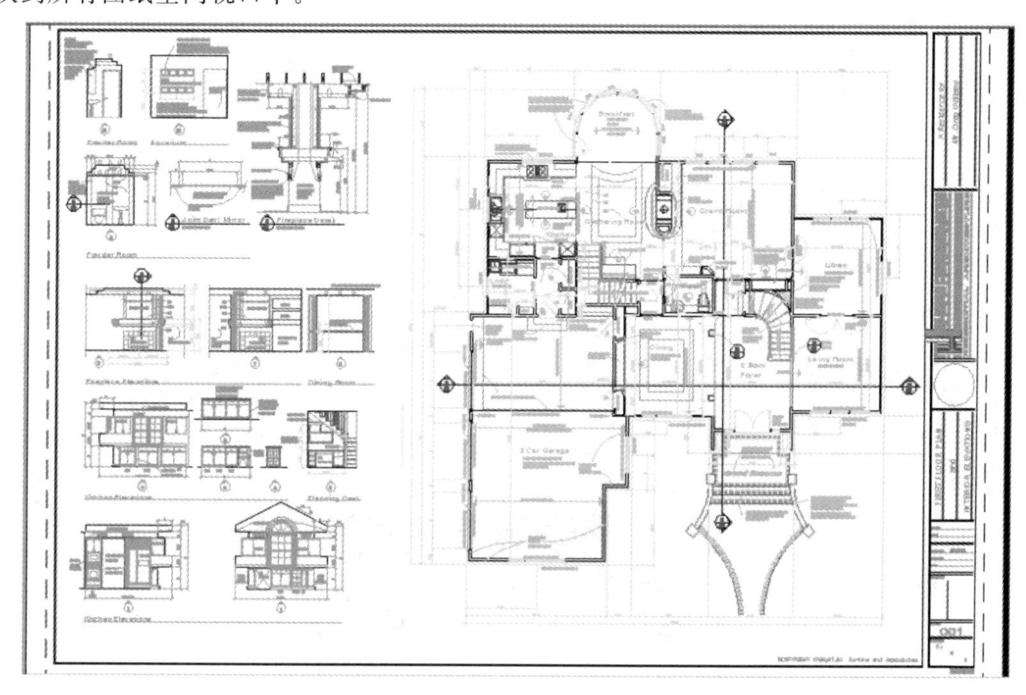

图 12-1 图纸空间的例子

2. 创建布局

我们在建立新图形的时候，AutoCAD 会自动建立一个"模型"选项卡和两个"布局"选项卡。其中，"模型"选项卡用来在模型空间中建立和编辑图形，该选项卡不能删除，也不能重命名；"布局"选项卡用来编辑打印图形的图纸，其个数没有限制，且可以重命名。

创建布局有三种方法：新建布局、来自样板、利用向导。

(1)新建布局

鼠标在绘图窗口下方的"布局"选项卡上右击，在弹出的快捷菜单中选择"新建布局"，系统会自动加"布局 3"的布局。

(2)利用"来自样板的布局"

利用样板来创建新的布局，操作如下：

菜单："插入"→"布局"→"来自样板的布局"。

执行操作后，系统弹出如图 12-2 所示"从文件选择样板"对话框。在该对话框中选择适当的图形文件样板，单击"打开"按钮，系统弹出如图 12-3 所示的"插入布局"对话框。在布局名称下选择适当的布局，单击"确定"按钮，插入该布局。

(3)利用"布局向导"

利用布局向导创建新的布局，操作如下：

菜单："插入"→"布局"→"创建布局向导"。

执行操作后，系统弹出如图 12-4 所示的对话框，在对话框中输入新布局名称。

图 12-2 “从文件选择样板”对话框

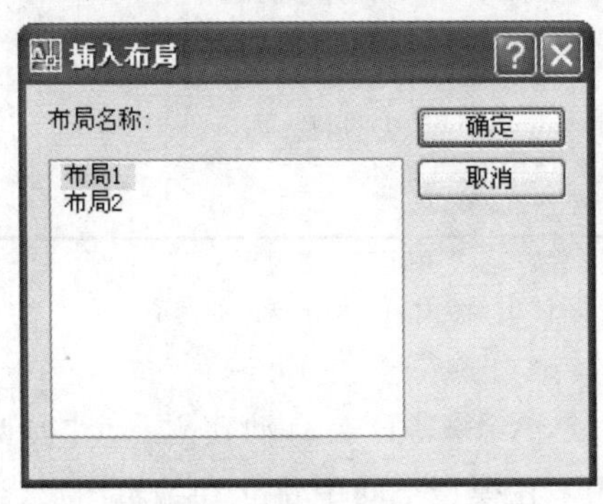

图 12-3 “插入布局”对话框

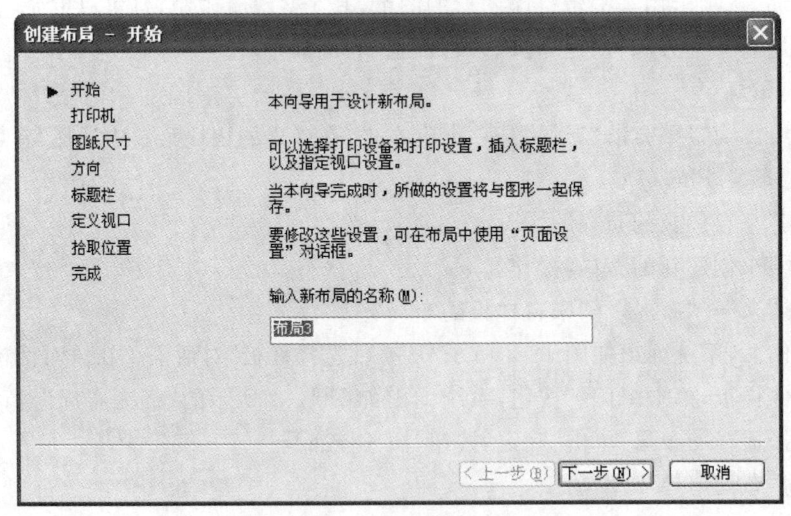

图 12-4 创建布局

单击“下一步”，弹出如图 12-5 所示的对话框，选择打印机。

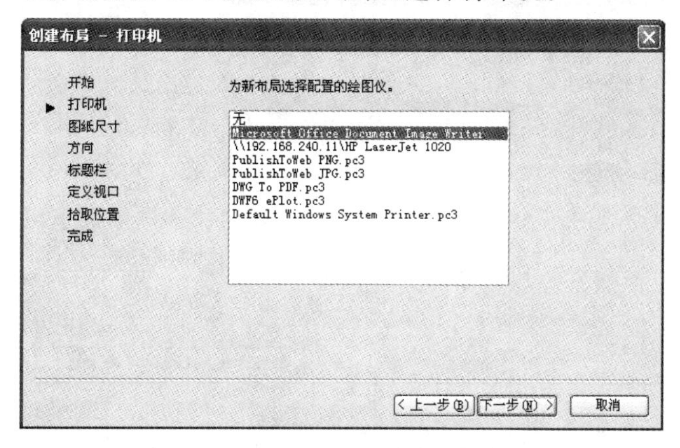

图 12-5　选择打印机

单击“下一步”，弹出如图 12-6 所示对话框中，在此对话框选择图纸尺寸和图形单位。

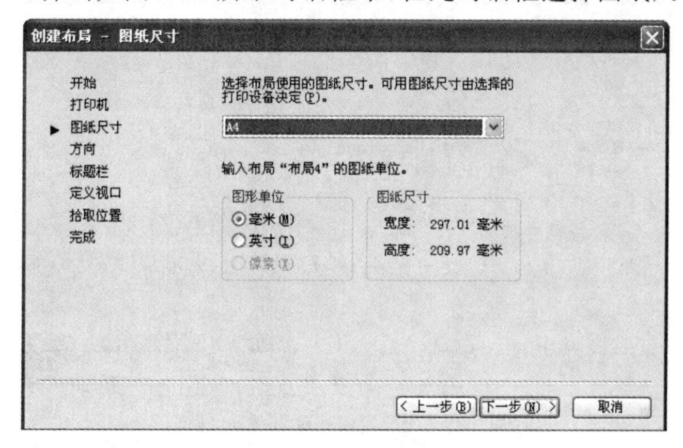

图 12-6　选择图纸尺寸和图形单位

单击“下一步”，在弹出的对话框图 12-7 中，指定打印方向。

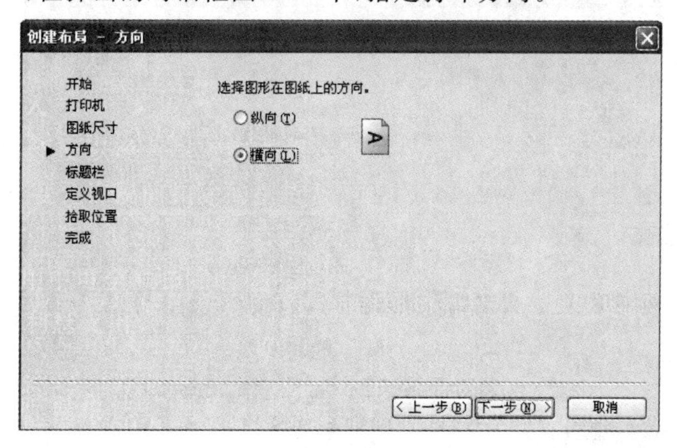

图 12-7　指定打印方向

单击“下一步”，在弹出的对话框图 12-8 中选择标题栏，ISO 为国际标准。

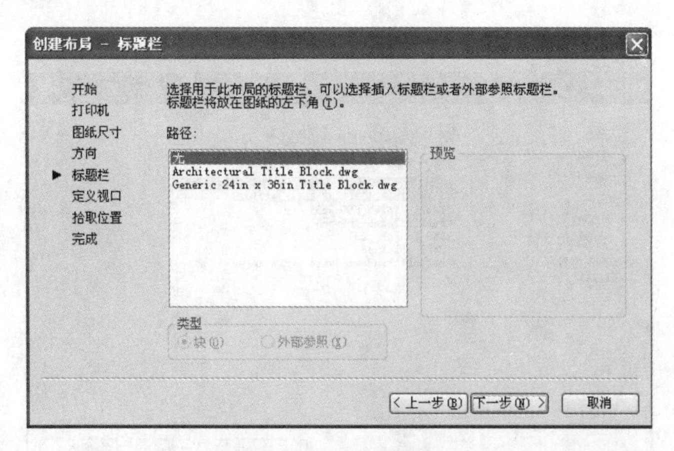

图 12-8　选择标题栏

单击“下一步”,在弹出的对话框(图 12-9)中,定义打印的视口与视口比例。

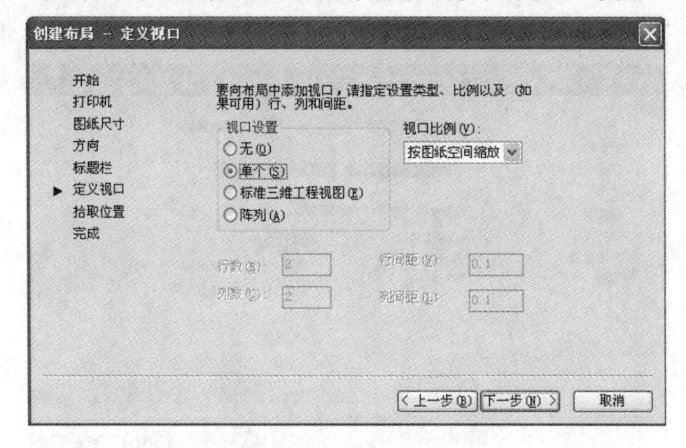

图 12-9　定义打印视口和视口比例

单击“下一步”,指定视口配置的角点,如图 12-10 所示。

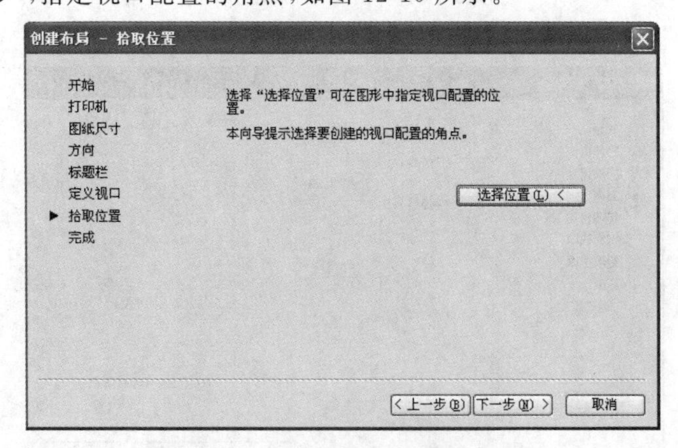

图 12-10　指定视口配置的角点

单击“下一步”,完成创建布局,如图 12-11 所示。

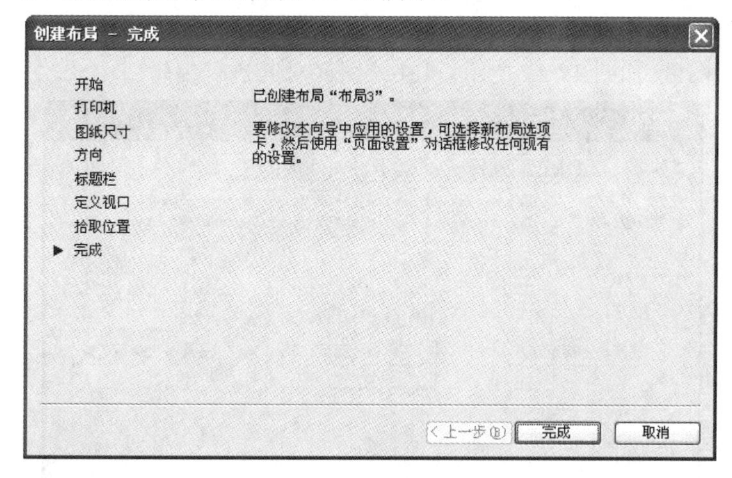

图 12-11　创建布局完成

12.2　输入输出其他格式的文件

AutoCAD 以 DWG 格式保存自身的图形文件,但这种格式不能适用于其他软件平台或应用程序。要在其他应用程序中使用 AutoCAD 图形,必须将其转换为特定的格式。AutoCAD 可以输出多种格式的文件,供用户在不同软件之间交换数据。

AutoCAD 不仅能够输出其他格式的图形文件,以供其他应用软件使用,还可以使用其他软件生成的图形文件。

12.2.1　输入不同格式文件

AutoCAD 可以输入包括 DXF(图形交换格式)、DXB(二进制图形交换)、ACIS(实体造型系统)、3DS(3D Studio)、WMF(Windows 图元)等类型格式的文件,输入方法类似,下面以输入“光栅图像”为例进行讲述。

启用输入“光栅图像”命令,可用下列方法:

(1)命令行:3DSIN 或 IMPORT。

(2)菜单:“插入”→“光栅图像参照”。

输入命令,AutoCAD 打开“选择图像文件”对话框,如图 12-12 所示。在该对话框的文

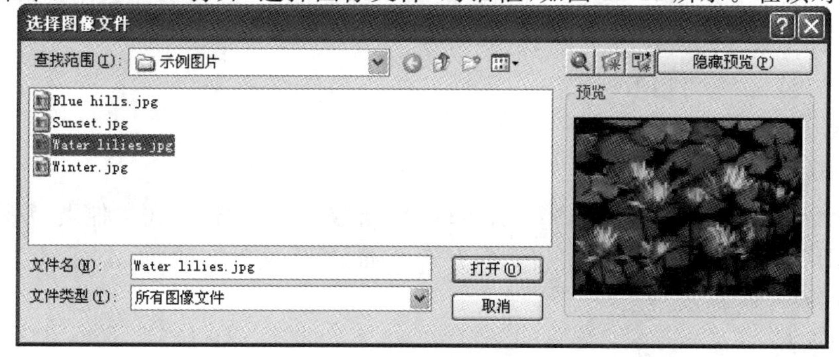

图 12-12　“选择图像文件”对话框

件名列表框中选择一个文件名，单击“打开”按钮，AutoCAD打开“图像”对话框，如图12-13所示，可以在该对话框中进行插入点、比例、旋转角度等设置。完成后单击“确定”，选定的图像被插入到绘图区，如图12-14所示，可在绘图区对其进行编辑。

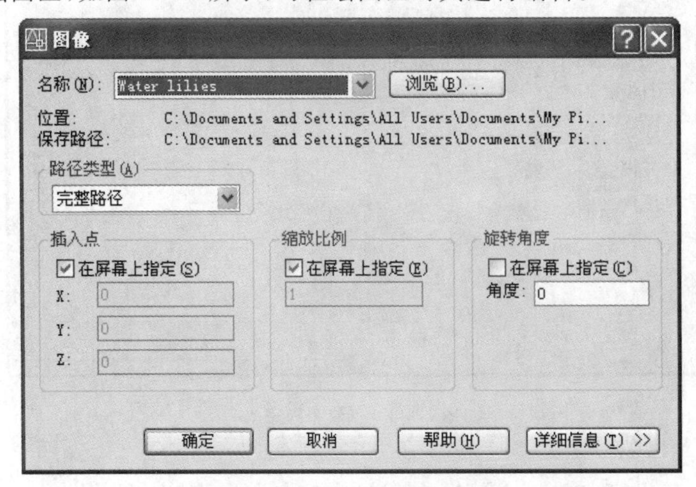

图12-13 “图像”对话框

图12-14 输入的“光栅图像”

12.2.2 输出不同格式文件

AutoCAD可以输出包括3D DWF(图形交换格式)、EPS(封装Postscript)、ACIS(实体造型系统)、WMF(Windows图元)、BMP(位图)、STL(平版印刷)、DXX(属性数据提取)等类型格式的文件，方法类似。图12-15所示的是AutoCAD用三维建模绘制的一个瓶子，下面将该瓶子以BMP(位图)格式文件输出。

启用“输出”命令，可用下列方法：

(1)命令行：EXPORT。

(2)菜单：“文件”→“输出”。

执行命令后，系统弹出如图12-16所示的“输出数据”对话框。在文件类型下拉列表框中选中“位图”，其后缀为“.bmp”。指定保存于桌面，输入文件名后，单击“保存”按钮，系统关闭对话框，命令行提示：

选择对象或 ＜全部对象和视口＞：

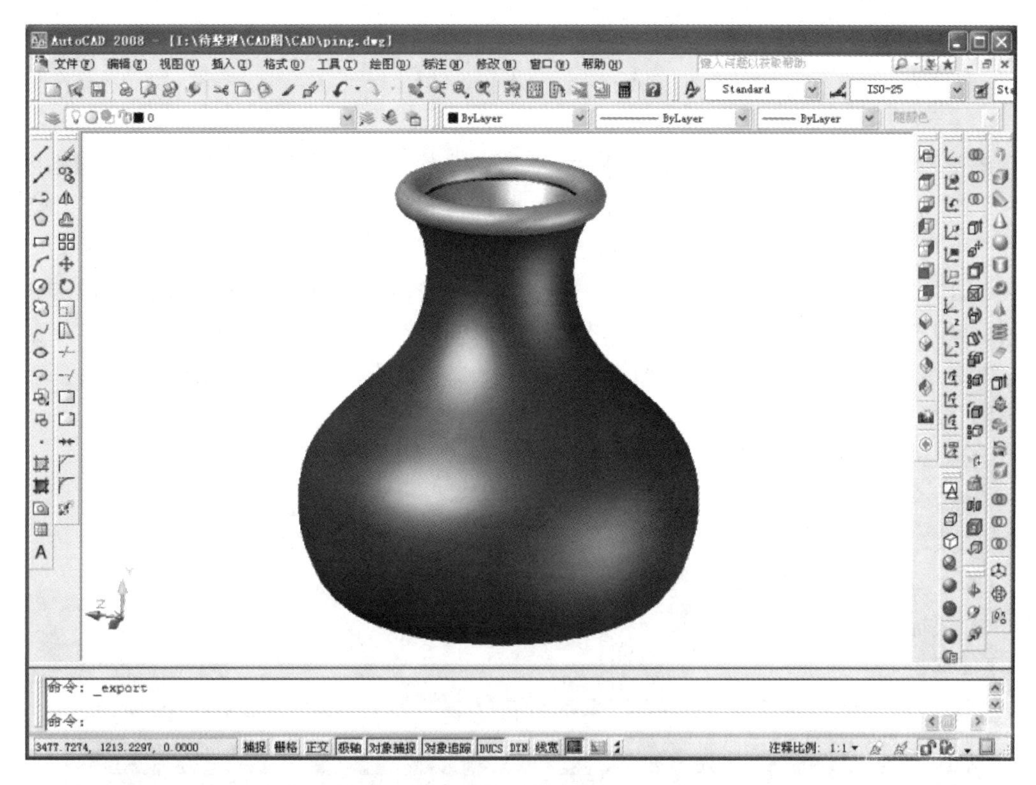

图 12-15　用三维建模绘制的一个瓶子

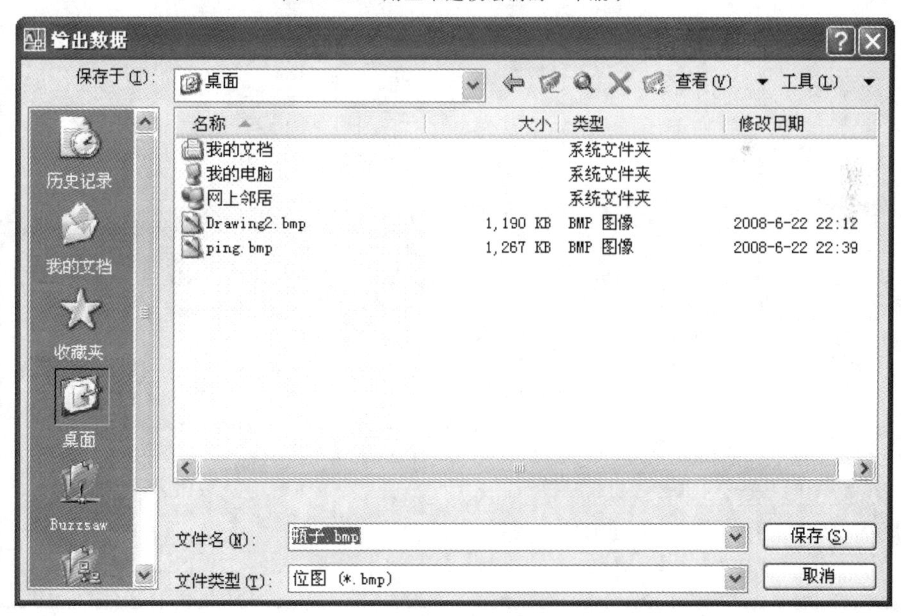

图 12-16　"输出数据"对话框

选择瓶子后完成操作。在桌面上就有了一个"瓶子.bmp"的图元文件，如图 12-17 所示。该文件可以用多种方式的"Picture"程序打开。

图 12-17　输出的图元文件

12.3 打 印

在利用 AutoCAD 建立了图形文件后，通常要进行绘图的最后一个环节，即输出图形。在这个过程中，要想在一张图纸上得到一幅完整的图形，必须恰当地规划图形的布局，合适安排图纸规格和尺寸，正确地选择打印设备及各种打印参数。

在进行绘图输出时，将用到一个重要的命令 PLOT(打印)，该命令可以将图形输出到绘图仪、打印机或图形文件中，AutoCAD 2008 的打印和绘图输出非常方便，其中打印预览功能非常有用，可实现所见即所得。AutoCAD 2008 支持所有的标准 Windows 输出设备。下面分别介绍 PLOT 命令的有关参数设置的知识。

启用"PLOT"命令，可用下列方法之一：

(1)命令行：PLOT。

(2)菜单："文件"→"打印"。

(3)工具栏："标准"→"打印"。

(4)快捷键：Ctrl＋P。

【选项说明】

屏幕显示"打印"对话框，按下右下角的按钮，将对话框展开，如图 12-18 所示。

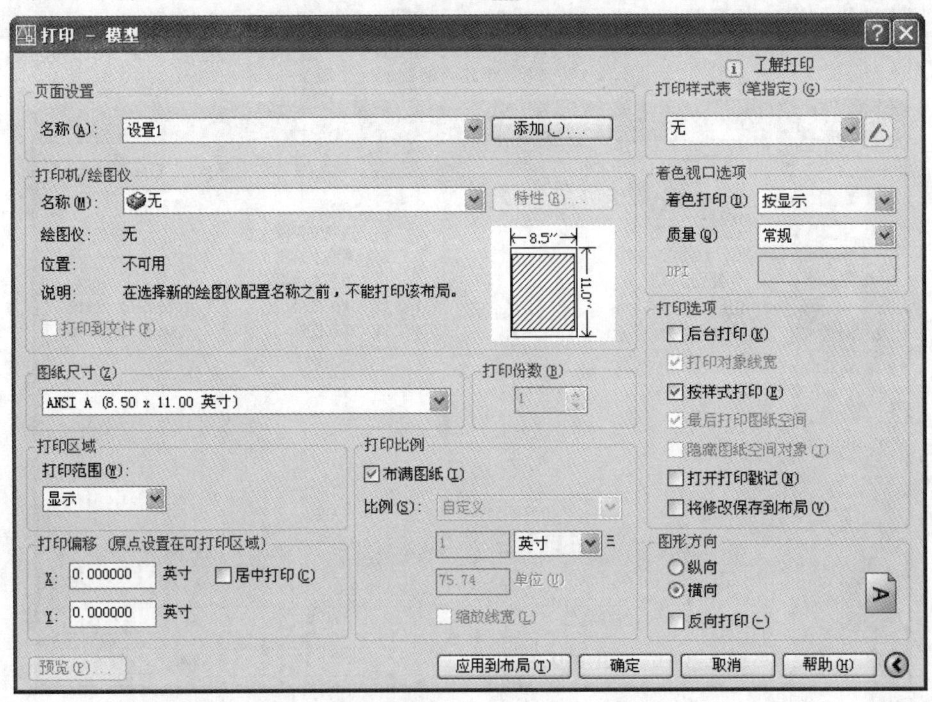

图 12-18 "打印"对话框

在"打印"对话框中可设置打印设备参数和图纸尺寸、打印份数等。

12.3.1 打印设备参数设置

1."打印机/绘图仪"选项组

此选项组用来设置打印机配置。

(1)“名称”下拉列表框：选择系统所连接的打印机或绘图仪名。下面的提示行给出了当前打印机名称、位置以及相应说明。

(2)“特性”按钮：确定打印机或绘图机的配置属性。单击该按钮后，系统打开“绘图仪配置编辑器”对话框，如图 12-19 所示。用户可以对绘图仪的配置进行编辑。

2.“打印样式表”选项组

该选项组用来确定准备输出的图形的有关参数。

(1)“名称”下拉列表框：选择相应的参数配置文件名。

(2)“编辑”按钮：打开“打印样式表编辑器-acad.ctb”对话框的“格式视图”选项卡，如图 12-20 所示。在该对话框中可以编辑有关参数。

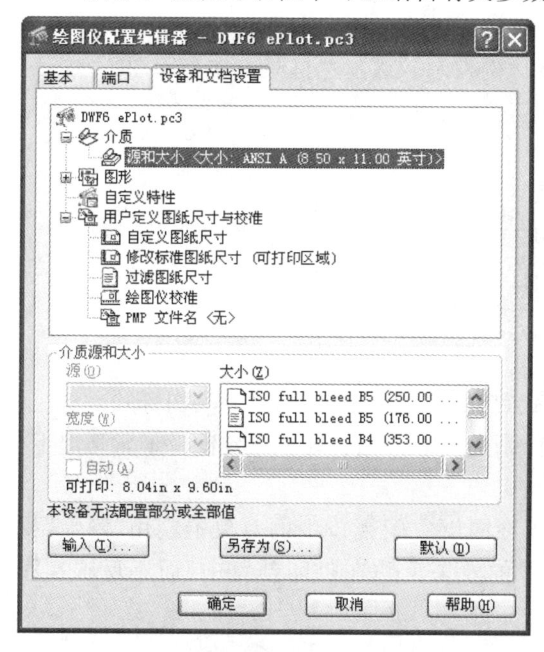

图 12-19　“绘图仪配置编辑器”选项卡

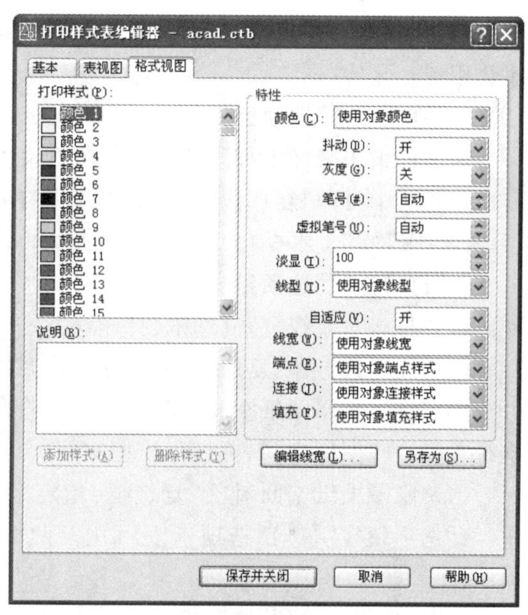

图 12-20　“格式视图”选项卡

12.3.2　打印设置

1.“页面设置”选项组

该选项组用于指定打印的页面设置，也可以通过“添加”按钮添加新设置。

2.“图纸尺寸”选项组

该选项组用来确定图纸的尺寸。

3.“打印份数”选项组

该选项组用来指定打印的份数。

4.“图形方向”选项组

该选项组用来确定打印方向。

5.“打印区域”选项组

该选项组用来确定打印区域的范围。

(1)“窗口”选项：选定打印窗口的大小。

(2)“范围”选项：与“范围缩放”命令相类似，用于告诉系统打印当前绘图空间内所有包含实体的部分(已冻结层除外)。在使用“范围”之前,最好先用“范围缩放”命令查看一下系统将打印的内容。

(3)“图形界限”选项:控制系统打印当前层或由绘图界限所定义的绘图区域。如果当前视点并不处于平面视图状态,系统将作为“范围”选项处理。其中,当前图形在图纸空间时,对话框中显示“布局”按钮,当前图形在模型空间时,对话框显示“图形范围”按钮。

(4)“显示”选项:控制系统打印当前视窗中显示的内容。

6.“打印比例”选项组

该选项组用来确定绘图比例。

(1)“比例”下拉列表框:确定绘图比例。当为“自定义”选项时,可在下面的文本框中自定义任意打印比例。

(2)“缩放线宽”复选框:确定是否打开线宽比例控制。该复选框只有在打印图纸空间时才会用到。

7.“打印偏移”选项组

该选项组用来确定打印位置。各项含义如下:

(1)“居中打印”复选框:控制是否居中打印。

(2)“*X*”“*Y*”文本框:分别控制 *X* 轴和 *Y* 轴打印偏移量。

8.“打印选项”选项组

(1)“打印对象线宽”复选框:打印线宽。

(2)“按样式打印”复选框:选用在“打印样式表”选项组中规定的打印样式打印。

(3)“最后打印图纸空间”复选框:首先打印模型空间,最后打印图纸空间。通常情况下,系统首先打印图纸空间,再打印模型空间。

(4)“隐藏图纸空间对象”复选框:指定是否在图纸空间视口中的对象上应用“隐藏”操作。此选项仅在“布局”选项卡上可用。此设置的效果反映在打印预览中,而不反映在布局中。

9.“着色视口选项”选项组

该选项组指定着色和渲染视口的打印方式,并确定它们的分辨率大小和 DPI 值。

以前只能将三维图像打印为线框。为了打印着色或渲染图像,必须将场景渲染为位图,然后在其他程序中打印此位图。现在使用着色打印便可以在 AutoCAD 中打印着色三维图像或渲染三维图像。还可以使用不同的着色选项和渲染选项设置多个视口。

(1)“着色打印”下拉列表框:指定视图的打印方式。

(2)“质量”下拉列表框:指定着色和渲染视口的打印质量。

(3)DPI 文本框:指定渲染和着色视图每英寸的点数,最大可为当前打印设备分辨率的最大值。只有在“质量”下拉列表框中选择了“自定义”后,此选项才可用。

10.“预览”按钮

此按钮用于预览整个图形窗口中将要打印的图形,如图 12-21 所示。

完成上述绘图参数设置后,可以单击“确定”按钮进行打印输出。

图 12-21　预览显示

习　题

一、选择题

1. 下面哪一项决定了图形中对象的尺寸与打印到图纸后的尺寸两者之间的关系：(　　)

A. AutoCAD 图形中对象的尺寸　　B. 图纸上打印对象的尺寸

C. 打印比例　　D. 以上都是

2. AutoCAD 允许在以下哪种模式下打印图形？(　　)

A. 模型空间　　B. 图纸空间　　C. 布局　　D. 以上都是

3. 在打开一张新图形时，AutoCAD 创建的默认的布局数是：(　　)

A. 0　　B. 1　　C. 2　　D. 无限制

二、简答题

1. DWG 文件可以输出成哪几种格式文件？
2. AutoCAD 中可以输入哪几种格式文件？
3. 试设置某种打印机参数。
4. 打印预览有何作用？
5. 什么是模型空间与图纸空间？
6. 如何使用布局样板快速创建标准布局图？